国家科学技术学术著作出版基金资助出版

无网格方法

(上 册)

程玉民 著

科学出版社
北京

内 容 简 介

本书内容是作者课题组十多年来关于无网格方法的研究成果，分上下两册. 上册的主要内容有：无网格方法的研究进展及存在的问题、无网格方法的逼近函数、改进的无单元 Galerkin 方法、插值型无单元 Galerkin 方法、边界无单元法和无网格方法的数学理论等. 上册末附有弹塑性力学的插值型无单元 Galerkin 方法的 Matlab 程序.

下册内容主要是复变量无网格方法.

本书可供高等院校和科研单位从事计算力学、计算数学、计算物理及科学和工程计算，特别是无网格方法研究的学者和研究生参考，也可供从事工程计算的技术人员参考.

图书在版编目(CIP)数据

无网格方法. 上册/程玉民著. —北京：科学出版社，2015

ISBN 978-7-03-043020-5

Ⅰ. ①无… Ⅱ. ①程… Ⅲ. ①计算力学 Ⅳ. ①O302

中国版本图书馆 CIP 数据核字(2015) 第 009090 号

责任编辑：赵彦超 李静科／责任校对：张凤琴

责任印制：赵德静／封面设计：陈 敬

科学出版社 出版

北京东黄城根北街 16 号

邮政编码：100717

http://www.sciencep.com

三河市骏杰印刷有限公司 印刷

科学出版社发行 各地新华书店经销

*

2015 年 2 月第 一 版 开本：720 × 1000 1/16

2015 年 2 月第一次印刷 印张：31 1/2

字数：621 000

定价：158.00 元

(如有印装质量问题，我社负责调换)

前　言

无网格方法是继有限元法之后发展起来的一种重要的数值方法, 近二十年来发展很快. 无网格方法基于节点建立逼近或插值函数, 与基于网格的数值方法如有限元法和边界元法相比, 在处理诸如大变形、裂纹扩展等问题时不需要进行网格重构, 具有较为明显的优越性. 无网格方法是目前科学和工程计算研究的热点之一.

本书内容是作者课题组十多年来关于无网格方法的研究成果, 包括了作者与其合作者及其指导的博士生和硕士生的研究成果.

本书内容丰富, 不仅包括了无网格方法逼近函数的形成方法, 而且包括了求解各种线性和非线性问题的无网格方法和无网格边界积分方程方法, 以及无网格方法的数学理论. 在着重阐述作者提出的新的逼近函数形成方法的基础上, 重点讲述基于新的逼近函数求解各种问题的无网格方法.

本书分上下两册. 上册的整体安排如下:

第 1 章绪论主要讲述无网格方法的研究进展及存在的问题.

第 2 章是无网格方法的逼近函数, 包括前人研究的重要方法和作者课题组建立的各种逼近函数形成方法, 是本书的基础性内容.

第 3 章是基于改进的移动最小二乘法建立的改进的无单元 Galerkin 方法求解势问题、瞬态热传导、波动方程、弹性力学、弹性动力学和黏弹性力学等问题.

第 4 章基于改进的移动最小二乘插值法建立的插值型无单元 Galerkin 方法, 分别采用奇异权函数和非奇异权函数建立逼近函数, 求解了势问题、弹性力学和弹塑性力学等问题.

第 5 章是边界无单元法的研究工作, 包括势问题、弹性力学和弹性动力学等问题的边界无单元法, 以及插值型边界无单元法、采用非奇异权函数的改进的插值型边界无单元法, 以及重构核粒子边界无单元法等.

第 6 章是无网格方法的数学理论, 包括移动最小二乘法、改进的移动最小二乘插值法, 势问题、弹性力学和热传导问题的无单元 Galerkin 方法的误差估计理论, 以及插值型无单元 Galerkin 方法和有限点法的误差估计.

本书上册末附有弹塑性力学的插值型无单元 Galerkin 方法的 Matlab 程序, 为无网格方法的初学者学习 Matlab 编程之用, 也可为无网格方法的研究者和工程技术人员求解非线性问题提供参考.

下册主要是基于各种复变量移动最小二乘法建立的复变量无网格方法.

在本书出版之时, 作者衷心感谢香港城市大学建筑学与土木工程学系主任 Liew

K M 教授和澳大利亚昆士兰大学的 Kitipornchai S 教授多次提供赴港合作研究机会以及进行的科研合作！感谢课题组彭妙娟教授的研究工作对本书的贡献！感谢作者指导的博士后张赞，博士生李九红 (合作指导)、李树忱、秦义校、戴保东、程荣军、陈丽、任红萍 (合作指导)、高洪芬、王聚丰和孙凤欣，硕士生陈美娟、白福浓和王健菲，以及彭妙娟教授指导的硕士生刘沛、李冬明和李荣鑫的研究工作对本书的贡献！

王聚丰参与了本书第 4 章和第 6 章部分书稿的整理工作；王健菲参与了本书第 3 章的翻译和整理工作；上册附录中的弹塑性力学的插值型无单元 Galerkin 方法的 Matlab 程序，是白福浓编写、王聚丰整理的；彭妙娟和邓亚洁负责本书的校对工作. 特此表示感谢！

感谢我的导师黄艾香教授多年来对我和我的学生的研究工作的指导和帮助！感谢黄艾香教授在国家自然科学基金项目方面的合作，以及在项目进行过程中的总体指导！感谢李开泰教授和何银年教授对本书研究工作的指导和帮助！

感谢冯伟教授和马永其副教授的多年合作，以及在每周课题组活动提出的宝贵意见和建议！

感谢钱跃竑教授的多年合作以及对本书的大力支持！

感谢我的导师嵇醒教授和黄艾香教授对本书的推荐，使得本书得到了国家科学技术学术著作出版基金的资助！感谢科学出版社赵彦超在出版基金申请过程中给予的帮助！同时感谢国家科学技术学术著作出版基金项目的各位评审专家！

感谢科学出版社徐园园和李静科编辑对本书的支持和为出版所做的辛勤工作！

本书的研究工作得到了国家自然科学基金 (批准号：10571118、10871124 和 11171208)、上海市教育委员会科研创新项目 (重点) (批准号：09ZZ99) 和上海大学 211 工程队伍建设项目资助，特此表示感谢！

限于作者水平和时间，书中难免有缺点和不妥之处，敬请批评指正.

程玉民

2014 年 8 月 1 日

目　录

第 1 章　绪　　论

1.1　科学和工程中的数值方法

当今科学研究可分为三种, 即理论、实验和计算. 随着计算科学和计算机技术的迅速发展, 计算在科学研究和工程分析中的作用越来越重要. 特别是目前很多特大工程, 如原子弹爆炸、大型舰船和飞机的设计建造等, 除了少量的实验之外几乎完全依赖于科学计算和分析.

目前科学和工程中的数值方法有加权残数法、有限差分法、有限元法、边界元法和无网格方法等. 有限元法目前已成为研究和应用最为广泛的数值方法, 在科学研究和工程分析方面发挥了巨大作用, 取得了巨大的社会和经济效益.

有限元法[1]将问题所在区域离散为有限单元, 在单元上对求解变量建立基于节点的插值函数近似, 以变分原理或加权残数法建立控制方程, 通过数值积分得到与节点未知量有关的代数方程组, 求解此代数方程组可以得到离散模型的节点变量的数值解, 然后由单元上的插值函数得到求解域内任一点变量的数值解. 有限元法是一种将整体离散为单元, 再从单元分析到整体分析的数值方法. 有限元法简单直观、计算效率高, 一般采用高阶单元或加密网格可获得较高的数值精度. 有限元法有效克服了有限差分法对于区域形状的限制, 对于各种形状的边界都能灵活处理. 但是, 有限元法需在整个求解域上进行离散, 复杂三维结构的有限元网格生成较为困难, 在处理大变形、动态裂纹扩展、流固耦合等问题时, 网格有时会发生畸变, 因此在数值模拟过程中不可避免地要进行网格重构, 这不仅降低了计算效率, 而且会导致计算精度受损.

边界元法[2]是继有限元法之后的一种基于边界单元和节点的数值方法. 边界元法是借助待求解问题的基本解和加权残数法, 将描述该问题的偏微分方程定解问题化为边界积分方程, 并对求解域的边界进行单元离散而形成的数值方法. 边界元法具有半解析、降维、域内应力连续等优点, 但边界元法也有其难以克服的缺点, 如建立边界积分方程时需要基本解、难以处理复杂问题的边界积分方程中的奇异积分、对裂纹扩展等问题也须进行网格重构等, 所有这些问题限制了边界元法的计算效率和应用范围. 边界元法在处理大变形和动态裂纹扩展等问题时, 也需要进行网格重构, 降低了计算效率和计算精度.

为了克服基于网格 (单元和节点) 的数值方法 (如有限元法和边界元法等) 对于单元或网格的依赖性, 20 世纪 90 年代以来, 一种仅仅基于节点而不需划分单元的数值方法——无网格方法[3]取得了很大的发展. 无网格方法试函数的构造是建立在一系列离散的节点上, 场点与节点之间的联系不再通过单元实现, 从而摆脱了网格或单元的约束, 在涉及网格畸变、网格移动等问题时不再需要网格重构, 显示出了较为明显的优势.

无网格方法目前已成为计算科学研究的热点之一. 由于对其研究较晚, 目前尚未解决的问题也较多, 对其相关理论和应用进行研究是非常重要的.

1.2　无网格方法概述

国际上目前将基于点的近似构造试函数、不需要划分单元的各种数值方法称为无网格方法 (Meshless method, 或 Meshfree method).

与基于网格的有限元法一样, 无网格方法的研究主要包括以下三个方面: 试函数的构造、微分方程的离散和边界条件的施加.

无网格方法构造试函数的方法与基于网格的有限元法不同. 在由试函数求得形函数后, 无网格方法建立求解方程的方法与有限元法相同.

无网格方法的核心部分在于形函数的构造, 这也是无网格方法与其他数值方法的根本区别所在. 目前无网格方法中形成形函数的方法主要有: 光滑粒子法 (Smooth particle hydrodynamics method, 简称 SPH)[4]、移动最小二乘法 (Moving least-squares approximation, 简称 MLS)[5−7]、重构核粒子法 (Reproducing kernel particle method, 简称 RKPM)[8,9]、单位分解法 (The partition of unity method)[10]、径向基函数法 (Radial basis functions, 简称 RBF)[11]、点插值法 (Point interpolation method, 简称 PIM)[12]和移动 Kriging 插值法 (Moving Kriging interpolation method)[13]等.

无网格方法建立求解方程的方法主要有加权残数法[14]、变分原理[15]和 Petrov-Galerkin 法[16]以及边界积分方程方法[17]等.

与有限元法不同, 多数无网格方法构造的试函数是非线性的逼近或拟合, 不具有插值特性, 因此在基于 Galerkin 离散方案的无网格方法中, 本质边界条件的施加并不像有限元法那样容易, 需要通过其他方法引入边界条件. 目前已提出了多种处理边界条件的有效方法, 如 Lagrange 乘子法[14]、直接配点法[18]和罚函数法[19]等.

目前发展的无网格方法有十几种, 它们的主要区别在于使用了不同的形函数或微分方程的等效形式, 主要有光滑粒子法[4]、扩散单元法 (Diffuse element method, 即 DEM)[20]、无单元 Galerkin 方法 (Element-free Galerkin method, 即 EFG)[14,21,22]、重构核粒子法 [8,9]、无网格局部 Petrov-Galerkin 方法 (Meshless local Petrov-Galerkin method, 即 MLPG)[16]、径向基函数法[11,23]、Hp-clouds 无网格方法[24]、有限点法 (Finite point method, 即 FPM)[25,26]、自然单元法 (Natural element method, 简称

NEM)[27−29]、无网格 kp-Ritz 方法 (Meshfree kp-Ritz method)[30]、无网格有限元法 (Meshless finite element method)[31]、复变量无网格方法 [32−34]、无网格流形方法 [35,36] 以及各种无网格边界积分方程方法, 如边界点法 (Boundary node method, 简称 BNM)[37,38]、局部边界积分方程方法 (Local boundary integral equation method, 简称 LBIE)[39,40]、边界点插值法 (Boundary point interpolation method)[41]和边界无单元法 (Boundary element-free method, 简称 BEFM)[42−46]等.

无网格方法作为一种数值方法, 是继有限元法之后科学和工程计算方法的重要发展. 无网格方法在处理问题时只需要节点信息, 不需要对求解域进行网格划分, 而且在计算过程中可以根据需要在某一区域增加或减少节点, 便于进行自适应计算, 同时也能提高局部区域的计算精度. 由于其基函数可选择包含反映待求问题解特性的函数, 形函数具有高阶连续性且形式灵活, 求解过程中也不会产生畸形网格, 无网格方法适于分析具有高梯度、超大变形和奇异性等有限元法难以求解的问题. 由于无网格方法具有较高的精度, 对一些复杂问题, 如裂纹扩展等结构破坏过程仿真[47]、梯度材料等新材料问题的性能分析、高速碰撞和爆破及金属冲压成型等, 也可以得到很好的数值结果, 而这些问题也是科学和工程计算中迫切需要解决的难题. 因此, 研究无网格方法具有重要的理论意义和工程应用价值.

1.3 无网格方法的研究进展

对无网格方法的研究可以追溯到 20 世纪 70 年代, 但是由于当时有限元法的巨大成功, 无网格方法并未引起人们的广泛注意. 直到 20 世纪 90 年代初, Nayroles 等[20]基于移动最小二乘法提出了扩散单元法之后, Belytschko 等对扩散单元法进行了改进, 提出了著名的无单元 Galerkin 方法[14], 无网格方法才得到了突飞猛进的发展.

1977 年 Lucy 等提出了光滑粒子法, 这是最早出现的无网格方法, 主要用于研究无边界的天体问题和流体问题[48]. 由于光滑粒子法计算精度低、稳定性差, 一些学者对该方法进行了改进和完善. Libersky 研究了三维动态响应问题的光滑粒子法[49]; Swegle 研究了光滑粒子法的稳定性, 并应用于水下爆炸问题分析[50,51]; Chen 等对光滑粒子法中存在的张拉不稳定现象进行了改进, 提出了光滑粒子法不稳定的起因及稳定化方案[52]; Johnson 将光滑粒子法应用于高速冲击问题, 并利用归一化光滑函数提高精度[53,54]; Liu 对光滑粒子法进行了评述[55], 并研究了光滑粒子法中固体边界的处理方法[56]; Ma 等研究了非均匀岩体和非均质材料的失效问题的光滑粒子法[57,58].

1981 年, Lancaster 等在研究曲面拟合时建立了移动最小二乘法[5]. 移动最小二乘法采用完备多项式作为基函数, 利用误差的加权平方和构造泛函, 得到的逼近函数精度高、光滑性好且导数连续. 20 世纪 90 年代, Nayroles 和 Belytschko 等将移动最小二乘法引入微分方程边值问题的求解中, 使得移动最小二乘法成为无网格方法中构造试函数的主要方法之一.

1992 年, Nayroles 等首次将移动最小二乘法和 Galerkin 方法相结合, 提出了扩散单元法[20], 并分析了 Poisson 方程和弹性问题. 但是, 扩散单元法存在计算精度不高、边界条件不容易施加等缺点, 为此 Belytschko 等对扩散单元法进行了改进, 提出了无单元 Galerkin 方法[14], 掀起了无网格方法的研究热潮. 无单元 Galerkin 方法是目前无网格方法中研究和应用最为广泛的方法之一.

Belytschko 等对无单元 Galerkin 方法中的数值积分以及逼近函数的计算方法进行了研究[59−61], 并将该方法应用于求解动态断裂、裂纹扩展以及应力波的传播等动力学问题[62−64]; 为了避免使用背景网格积分, Beissel 等提出了节点积分方案[65]; Mukherjee 等对移动最小二乘法进行了改进, 以方便无单元 Galerkin 方法处理边界条件[66]; Kaljevic 等利用插值型移动最小二乘法对无单元 Galerkin 方法进行了改进[67]; Ponthot 和 Belytschko 给出了无单元 Galerkin 方法的任意 Lagrangian-Eulerian 公式[68]; Smolinski 等给出了无单元 Galerkin 方法显式时间积分方案, 并用于求解扩散问题[69]; Krysl 与 Belytschko 开发了一个 ESFLIB 形函数库, 并提供接口函数以便在无单元 Galerkin 方法程序中调用[70]; Alves 利用扩展的单位分解有限元权函数讨论了无单元 Galerkin 方法中边界条件的处理方法[71].

Krysl 等将无单元 Galerkin 方法用于板壳分析中[72]; Belytschko 等利用无单元 Galerkin 方法求解静态和动态断裂问题[73]; Sukumar 等利用无单元 Galerkin 方法求解了三维断裂问题[74]; Fleming 和 Belytschko 等提出了求解裂纹尖端应力场的扩展的无单元 Galerkin 方法[75]; Bouillard 等利用无单元 Galerkin 方法求解 Helmholtz 问题[76]; Xu 等利用无单元 Galerkin 方法求解弹塑性材料的 I 型裂纹扩展问题[77]; Belytschko 等利用无单元 Galerkin 方法求解混凝土的断裂问题[78]; Kargarmovin 等利用无单元 Galerkin 方法求解弹塑性问题[79]; Lee 等讨论了无单元 Galerkin 方法的裂纹分析技术[80]; Rao 等利用扩展的无单元 Galerkin 方法讨论了非线性断裂问题[81]; Liew 等将无单元 Galerkin 方法应用于形状记忆合金的变形问题[82]; Zhang 等建立了改进的无单元 Galerkin 方法 (Improved element-free Galerkin method), 并应用于分析三维势问题、波动方程、断裂力学和瞬态热传导问题[21,83−85]; Ren 等提出了势问题和弹性力学的插值型无单元 Galerkin 方法 (Interpolating element-free Galerkin method), 该方法可以直接代入本质边界条件, 克服了无单元 Galerkin 方法需要采用其他方法引入本质边界条件的缺点[22,86]. 为了提高无单元 Galerkin 方法的计算效率, 程玉民等提出了复变量移动最小二乘法及一系列的复变量无单元 Galerkin 方法[6,7,33].

1996 年 Oñate 和 Idelsohn 等采用移动最小二乘法构造逼近函数, 采用配点法进行微分方程的离散, 提出了有限点法[25], 这是一种无需背景积分网格的无网格方法. 随后他们对此方法进行了修正[87], 使其在计算中更稳定, 效率更高, 并将其应用于流体动力学分析[88]. Wang 等建立了等参数有限点法[89]. Wawreńczuk 将有限点法应用于含辐射的玻璃冷却问题[90]. Ortega 建立了浅波方程的自适应有限点法[91].

Atluri 和 Zhu 基于移动最小二乘法和微分方程的局部弱形式, 提出了无网格局部 Petrov-Galerkin 方法[16], 该方法在各节点的局部子域上运用了对称的局部弱形式, 建立了对应于这一节点子域的积分方程, 即积分可在局部子域上完成, 不需要背景网格. Atluri 根据无网格局部 Petrov-Galerkin 方法试函数和权函数取自不同函数空间的特点, 提出了多种不同的无网格局部 Petrov-Galerkin 方法[92−94]. 由于无网格局部 Petrov-Galerkin 方法采用移动最小二乘法构造的逼近函数不具有插值特性, 因此边界条件不能像有限元法一样直接施加, 一般采用罚函数法或 Lagrange 乘子法施加边界条件, 一些学者利用其他方法构造具有插值特性的形函数代替移动最小二乘法的形函数, 克服了无网格局部 Petrov-Galerkin 方法中边界条件不能直接施加的缺点[95,96]. 戴保东等研究了势问题、弹性力学、瞬态热传导和弹性动力学问题的复变量无网格局部 Petrov-Galerkin 方法[97−100]. Dai 和 Zhu 研究了基于 Kriging 插值的无网格局部 Petrov-Galerkin 方法, 并求解了弹性动力学和功能梯度板的几何非线性问题[101,102]. Dai 等建立了改进的无网格局部 Petrov-Galerkin 方法[103]. Chen 等建立了插值型无网格局部 Petrov-Galerkin 方法[104].

为了克服光滑粒子法的不足, Liu 等通过引入修正函数对其核函数进行完善, 使修正后的核函数能够满足一致性条件, 基于 Galerkin 弱形式提出了重构核粒子法[8]. 重构核粒子法现已发展成为的一种较为成熟的无网格方法, 在结构动力学[105]、大变形分析[106−109]、中厚梁板分析[110]、微电子机械系统分析[111]、自由和强迫振动[112]、不稳定的热传导问题[113]等诸多领域中得到了广泛应用.

Liu 等研究了重构核粒子有限元法[114]. Chen 等对重构核粒子法进行了改进, 并应用于不可压缩的有限弹性体分析[115]. Chen 等还讨论了重构核粒子法的节点插值特性[116]. Li 和 Liu 将最小二乘法的思想引入积分核中, 提出了移动最小二乘法的重构核粒子法[117,118]和重构核的分级单位分解方法[119,120]. Liu 等又将小波 (wavelet) 分析中的尺度伸缩平移、多分辨率概念引入重构核粒子法中, 建立了多尺度重构核粒子法 (Multiscale reproducing kernel particle method, 即 MRKPM)[121]. 为了提高重构核粒子法的计算效率, Chen 等提出了复变量重构核粒子法[9,34].

Oden 和 Durate 提出了 Hp-Clouds 无网格方法[24,122], 该方法利用移动最小二乘法建立单位分解函数, 并由此构造逼近函数, 然后基于 Galerkin 积分弱形式建立求解方程. 之后又讨论了其自适应方法. Chen 等研究了 Schrödinger 方程的 Hp-

Clouds 无网格方法[123]. Liszka 等改用配点法, 避免了 Galerkin 积分弱形式中用于积分计算的背景网格, 提出了 Hp 无网格云团法 (Hp meshless clouds method)[124]. Oden 等将有限元形函数作为单位分解函数, 提出了基于 Hp-Clouds 的新型 Hp 有限元法[125]. Mendoncca 等将该方法用于求解铁摩辛柯梁问题[126], Garcia 等将其用于求解厚板的弯曲问题[127].

1996 年, Babuška 和 Melenk 提出了单位分解法[10]. Babuška 对单位分解法进行了严格的数学论证, 并提出了采用特征解析解来扩展基函数的方法. Babuška 和 Melenk 等将单位分解法与有限元法相结合, 提出了单位分解有限元法 (Partition of unity finite element method)[128]和广义有限元法 (Generalized finite element method)[129]. 基于单位分解法的无网格方法在求解动态裂纹扩展问题时, 可以处理任意形状的裂纹, 并且不需要重新划分网格[130,131]. Leung 等将单位分解法引入到边界元法中[132]. Natarajan 等利用单位分解法来研究功能梯度板的屈曲问题[133].

径向基函数法[11]是求解偏微分方程的一种真正无网格方法, 且与空间维数无关. 径向基函数具有形式简单、各向同性等优点, 可以逼近几乎所有的函数[134]. Kansa 将径向基函数和配点法相结合, 建立了用于求解双曲、椭圆和抛物型问题的无网格方法[135,136]. Wendland 将径向基函数和 Galerkin 弱形式相结合, 建立了相应的无网格方法[137]. Bouhamidi 等将径向基函数和基本解方法结合求解了 Helmholtz 问题[138].

1995 年, Braun 和 Sambridge 基于自然邻点插值构造试函数和权函数, 提出了求解偏微分方程的自然单元法[139], 该方法的最大特点是采用自然邻点插值构造的形函数具有 Kronecker δ 函数的性质, 可以直接施加本质边界条件[140,141]. 董轶和马永其等引入杂交元的思想建立了弹性力学和弹塑性力学的杂交自然单元法[29,142].

Liew 等基于 Ritz 法建立了无网格 kp-Ritz 方法, 讨论了板的非线性问题[143]、圆柱壳的动态稳定性[144]、板的后屈曲分析[145]、功能梯度板[146]、sine-Gordon 方程[147]、功能梯度纳米管[148]和生物种群[149]等问题. Cheng 等还建立了 sine-Gordon 方程的移动最小二乘 Ritz 法[150].

Liu 等建立了点插值法[12]. 这一方法是以多项式作为基函数, 在点 x 的邻域内构造满足 Kronecker δ 函数特性的试函数, 可以方便地施加本质边界条件, 不足之处是在计算形函数时容易出现奇异. Liu 等还提出了矩阵变换法[151]、局部径向点插值法[152]和线性一致径向点插值法[153].

2003 年 Idelsohn 等提出了无网格有限元法[31]. 该方法将无网格方法和基于网格的方法相结合, 基于 Voronoi 图来构造形函数, 具有无网格方法和基于网格的数值方法的优点, 但同时也是介于无网格方法和基于网格的数值方法之间的一种方法.

无网格边界积分方程方法是将边界积分方程方法和无网格方法的逼近函数相结合形成的无网格方法.

目前发展的无网格边界积分方程方法主要有 Mukherjee 等提出的边界点法[37]和杂交边界点法[38]、Atluri 等提出的局部边界积分方程方法[39,40]、Liu 等提出的边界点插值法[41]和程玉民等提出的边界无单元法[42−46]等.

Mukherjee 等提出的边界点法是将移动最小二乘法导出的逼近函数代入边界积分方程中, 由于采用节点变量的近似解作为基本未知量, 所以对源点和场点的位移和面力均需应用移动最小二乘法建立逼近函数, 增加了求解和引入边界条件的复杂性, 还需设置 "评估点".

局部边界积分方程方法的思想是在引入局部基本解后在边界节点或内点邻域边界上建立局部边界积分方程, 然后引入移动最小二乘法进行求解. 局部边界积分方程方法的优点是引入 "伴随解" 的概念, 在内部节点子域应用边界积分方程时, 用相关节点位移代替了边界积分方程中的面力项, 使该方法既具有完全无网格的优点又具有有限元求解方程格式. 这一优点使该方法在求解边值问题时较为灵活, 使得其在很多领域得到了应用[154]. 但是, 局部边界积分方程方法不仅需要对求解域离散, 即在域内布点, 而且局部边界是各节点或内点子域的边界, 对原问题的区域来说等于增加了新的边界, 因此计算量要大于边界元法和边界点法.

与边界点法相比, 程玉民等提出的边界无单元法采用的边界积分方程是常见的较为规则的形式, 不需要在源点的邻域内设置 Gauss 点, 也不需选择所谓的 "评估点", 因而求解过程更简单. 与局部边界积分方程方法相比, 边界无单元法使用整体边界上的边界积分方程, 不需要对每一个边界点建立局部边界积分方程, 只要由边界积分方程求得所配边界节点上的未知量, 其他边界节点的未知量可由逼近函数得到. 最为重要的是边界无单元法是无网格边界积分方程方法的直接列式法, 在形成的边界积分方程中直接采用节点变量的真实解为基本未知量, 更容易引入边界条件, 且具有更高的精度. 在此基础上, Miers 和 Telles 建立了弹塑性力学和功能梯度材料分析的边界无单元法[155,156].

Zhang 等提出的杂交边界点法是将移动最小二乘法和杂交位移变分公式相结合而形成的. 该方法不论是逼近函数的构造还是数值积分都不需要网格, 故是一种完全的无网格方法.

Liu 等提出的边界点插值法是将点插值法和边界积分方程相结合而建立的. 这一方法的主要优点是形函数满足 Kronecker δ 函数特性, 便于施加边界条件, 计算量介于边界元法和边界点法之间. 该方法的缺点也比较明显, 例如要适当地选择多项式基函数和一些径向基函数的参数, 否则可能引起矩阵的奇异性和较大的计算误差.

无网格边界积分方程方法不仅具有降维、计算精度高等优点, 而且在形函数构造时摆脱了对于单元的依赖性.

无网格方法与传统的数值方法相比具有试函数构造不需要网格、计算精度高、光滑性好、自适应等优点, 但是计算量大、大部分无网格方法不能直接施加本质边界条件等也是其固有的缺点. 为了克服无网格方法的这些缺点, 一些学者将无网格方法与其他数值方法耦合, 以充分发挥各自的优势, 提高计算效率. 近年来发展了多种无网格方法与有限元法或边界元法的耦合方法, 包括有限元法与无单元 Galerkin 方法耦合[157−162]、无单元 Galerkin 方法与边界元法耦合[163−165]、无网格局部 Petrov-Galerkin 法与有限元法耦合[166,167]、重构核粒子边界无单元法与有限元法耦合[168]及重构核粒子法与有限元法耦合[169]等. 无网格方法的耦合方法除了提高计算速度和处理本质边界条件外, 在处理结构奇异、应力集中和功能梯度材料等问题时也具有优势.

无网格方法在国内取得了大量的理论和应用研究成果. 吴宗敏研究了与时间相关的波动方程的无网格方法[170], 以及抛物型反问题的径向基函数法[171]. 张见明和姚振汉将移动最小二乘法和修正的变分原理相结合, 提出了杂交边界点法[38,172,173]. 张雄等建立了基于配点法和径向基函数法的无网格方法[174], 以及节理岩体分析的无网格方法[175]. 刘谋斌对光滑粒子法进行了大量研究[55,56]. 陈文等研究了势问题的正则无网格方法[176,177]和 Helmholtz 问题的快速多极边界点法[178]. 王东东等研究了 Mindlin-Reissner 板的无网格方法[179], 以及梁板结构的 Hermite 重构核无网格 Galerkin 方法[180]. 申胜平等研究了无网格局部 Petrov-Galerkin 方法的多尺度模拟和热传导问题的无网格局部 Petrov-Galerkin 配点法[181,182]. 韩旭等利用无网格局部 Petrov-Galerkin 方法对热冲击下的非均质磁电热弹性板进行了分析[183], 并研究了混凝土板的有限元和光滑粒子法的自适应耦合算法[184]. 高效伟等研究了热传导等问题的无网格边界元法[185,186]. 李小林和祝家麟等对基于边界积分方程的 Galerkin 无网格方法进行了研究[187−189]. 龙述尧等研究了求解动态断裂、大变形和弹塑性的无网格局部 Petrov-Galerkin 方法[190−192]. 史宝军和袁明武等建立了基于核重构的最小二乘配点法, 并求解了 Helmholtz 方程[193,194]. 谭永基等研究了基于区域分解和径向基函数的无网格 Galerkin 方法[195,196]. 李光耀等研究了 Kriging-HDMR 非线性近似模型方法[197]. 陈海波等建立了改进的无奇异局部边界积分方程方法[198]. 蔡永昌和朱合华等将自然邻点近似位移函数和 Petrov-Galerkin 离散方案相结合提出了一种用于求解弹性问题的无网格局部 Petrov-Galerkin 方法[199]. 田荣和栾茂田对有限覆盖无单元方法进行了研究[200]. 王元汉等对奇异杂交边界点法进行了研究[201]. 张敦福和朱维申利用无单元 Galerkin 方法对裂纹扩展进行数值模拟[202]. 欧阳洁等对黏弹性流体的光滑粒子法和表面流问题的无单元 Galerkin 方法进行了研究[203,204]. 张征和刘更等对接触问题的自适应无网格 Galerkin 方法进行了研究[205]. 彭林欣等研究了折叠板的弯曲和几何非线性问题的无网格方法[206,207]. 孙玉周等研究了共线界面裂纹和共面方形裂纹的边界无单元法[208,209], 及梁的尺寸效应的无网格方法[210]. 陈莘莘等研究了压电结构和动态弹塑性分析的无网格自然邻点插值方法[211,212], 以及随动强化结构的无网格局部 Petrov-Galerkin 方法[213].

无网格方法的数学理论是无网格方法发展的理论基础. Belytschko 等研究了基于连续和不连续形函数的无单元 Galerkin 方法的收敛性[214], 以及无单元 Galerkin 方法的误差估计[215]; Franke 等研究了基于径向基函数的无网格配点法的收敛性问题, 并给出了误差估计[216]; Rynne 等对细线天线的 Galerkin 方法的收敛性进行了讨论[217]; Han 等研究了重构核粒子法的误差分析理论[218]; Voth 等讨论了重构核粒子法在一维情形下的离散误差[219]; Maria 等[220]和 Carlos[221]等分别对移动最小二乘法的误差估计进行了研究; Gavete 等对无单元 Galerkin 方法的误差估计和后验误差估计进行了研究[222−224]; Enrique 对无网格方法中积分的收敛性和精度进行了研究[225]; Rossi 等研究了改进的无单元 Galerkin 方法的误差估计和自适应性[226]; Quinlan 等分析了光滑粒子法的截断误差[227]; Wu 等讨论了求解自由边界扩散问题的径向基函数方法的误差估计[228], 证明了用径向基函数进行离散数据插值和求解偏微分方程的收敛性, 并给出了误差估计[229,230]; Zhang 和 Tan 等研究了采用径向基函数的无网格 Schwarz 方法的收敛性[231]及基于径向基函数的 Petrov-Galerkin 方法的收敛性[232]; Cai 等研究了基于径向基函数的无网格 Galerkin 方法的收敛性和误差估计[233]; 段勇等利用径向基函数法和不重叠区域分解法来求解二阶椭圆型偏微分方程, 并给出了该方法的收敛阶[234]; 程荣军等研究了无单元 Galerkin 方法和有限点法的误差分析[26,235]; 王聚丰等研究了移动最小二乘插值法以及基于该方法形成的插值型无网格方法的误差估计[236].

程玉民及其课题组成员对多种逼近函数及基于这些逼近函数形成的无网格方法进行了研究, 以下在介绍这些工作的同时可以看出本课题组对无网格方法研究的整体思路.

移动最小二乘法由于基于传统的最小二乘法而建立的, 其泛函为加权平方和的最佳逼近形式, 因而具有较高的计算精度; 而基于其形成的无单元 Galerkin 方法是目前研究和应用最为广泛的无网格方法之一, 因而我们在这一方面给予了较多关注, 从逼近函数到无网格方法进行了一系列研究, 提高了移动最小二乘法和无单元 Galerkin 方法的计算精度和计算效率. 在移动最小二乘法方面, 建立了改进的移动最小二乘法、改进的移动最小二乘插值法、复变量移动最小二乘法和改进的复变量移动最小二乘法等, 并基于这些逼近函数的形成方法建立了多种线性和非线性问题的无网格方法, 包括改进的无单元 Galerkin 方法、插值型无单元 Galerkin 方法、复变量无单元 Galerkin 方法、改进的复变量无单元 Galerkin 方法、复变量无网格流形方法、边界无单元法、插值型边界无单元法和复变量边界无单元法等.

程玉民等提出了改进的移动最小二乘法[17], 通过对基函数的正交化, 克服了移动最小二乘法易形成病态方程组的缺点. 将改进的移动最小二乘法和 Galerkin 弱形式结合, 张赞等提出了势问题[84]、瞬态热传导[85]、波动方程[21]、断裂力学[83]和弹性动力学[237]的改进的无单元 Galerkin 方法, 建立了改进的无单元 Galerkin 方法与边界元耦合法[165]. 程荣军等利用改进的无单元 Galerkin 方法求解了 modified equal width 波方程和广义 Camassa-Holm 方程[238,239]. 彭妙娟等研究了三维黏弹性问题的改进的无单元 Galerkin 方法[240]. 改进的无单元 Galerkin 方法具有配点少、精度高、计算速度快的优点, 有效地解决无单元 Galerkin 方法配点过多、计算速度慢、容易形成病态方程组的缺点.

将改进的移动最小二乘法与边界积分方程方法结合, 程玉民、Liew 和彭妙娟等提出了势问题[45]、弹性力学[43,241,242]、弹性动力学[243,244] 和断裂力学[245]的边界无单元法. 边界无单元法是无网格边界积分方程方法的直接解法. 边界无单元法不仅直观而且具有较高的精度, 还可方便地引入边界条件.

将改进的移动最小二乘法与边界积分方程方法结合, 戴保东等提出了改进的局部边界积分方程方法[246,247]. 基于改进的移动最小二乘法, 戴保东等建立了改进的无网格局部 Petrov-Galerkin 方法[103,248].

为了解决无单元 Galerkin 方法等无网格方法计算量大的问题, 程玉民等将复变量理论引入移动最小二乘法提出了一种新的构造形函数的方法, 即复变量移动最小二乘法 (Complex variable moving least-squares approximation, 简称 CVMLS)[6,7,32]. 复变量移动最小二乘法的优点是其形成的二维问题的无网格方法可取较少的节点, 因为其试函数中所含的待定常数减少了. 这样, 对任一场点来说, 其影响域中所含的最小节点数就大大减少了, 进而在整个求解域中所需选取的节点数也可以大大减少. 与基于移动最小二乘法的无网格方法相比, 基于复变量移动最小二乘法的无网格方法在相同节点分布时可提高计算精度, 在相近精度时具有更高的计算速度.

基于复变量移动最小二乘法, 结合变分原理, 程玉民等建立了弹性力学[15]和断裂力学[6,249]的复变量无网格方法 (Complex variable meshless method); 结合 Galerkin 弱形式, 彭妙娟等建立了弹性力学[33]和弹塑性力学[250]的复变量无单元 Galerkin 方法 (Complex variable element-free Galerkin method, 简称 CVEFG); 程玉民等建立了弹性动力学[251]和黏弹性力学[252]的复变量无单元 Galerkin 方法; 李冬明等建立了弹性大变形[253]和弹塑性大变形[254]的复变量无单元 Galerkin 方法; 结合边界积分方程方法, Liew 等建立了弹性动力学的复变量边界无单元方法 (Complex variable boundary element-free method, 简称 CVBEFM)[46]; 结合 Petrov-Galerkin 方法, 戴保东等建立了势问题、热传导和弹性动力学的复变量无网格局部 Petrov-Galerkin 方法[98–100]. 在同样节点分布时, 复变量无单元 Galerkin 方法比传统的无单元 Galerkin 方法具有更高精度; 在同样精度要求的情况下, 复变量无单元 Galerkin 方法则比传统的无单元 Galerkin 方法布置节点少, 从而提高了计算效率.

针对复变量移动最小二乘法中泛函的数学和物理意义不明确的问题, 任红萍等通过建立新的具有明确数学和物理意义的泛函提出了改进的复变量移动最小二乘法[255,256]. 以此建立形函数, 提出了弹性力学的新的复变量无单元 Galerkin 方法[257].

白福浓等采用共轭基函数, 基于任红萍建立的泛函, 提出了基于共轭基的改进的复变量移动最小二乘法 (Improved complex variable moving least-squares approximation, 简称 ICVMLS), 并以此建立形函数, 提出了弹性力学的改进的复变量无单元 Galerkin 方法 (Improved complex variable element-free Galerkin method, 简称 ICVEFG)[258]. 相对于移动最小二乘法和复变量移动最小二乘法, 基于共轭基的改进的复变量移动最小二乘法不仅可以提高计算效率, 而且可以得到更精确的变量导数的数值解. 李冬明等建立了弹性大变形[259]和弹塑性大变形[260]的改进的复变量无单元 Galerkin 方法; 程玉民和王健菲建立了势问题[261]、热传导[262]和对流扩散问题[263]的新的复变量无网格方法.

任红萍等对 Lancaster 的移动最小二乘插值法 (Interpolating moving least-squares method) 进行了改进, 得到了更为简洁的形函数形式[264]. 基于此改进的移动最小二乘插值法 (Improved interpolating moving least-squares method, 简称 IIMLS) 和边界无单元法, 任红萍等建立了势问题和弹性力学的改进的边界无单元法[265,266]; 结合 Galerkin 弱形式, 建立了势问题[86]、弹性力学[22]和热传导问题[267]的插值型无单元 Galerkin 方法. 由于改进的移动最小二乘插值法的形函数具有插值特性, 所以插值型无单元 Galerkin 方法可以直接代入边界条件, 不像无单元 Galerkin 方法那样需要采用其他方法来处理本质边界条件, 所以该方法的公式更简单, 计算效率更高.

Lancaster 和任红萍等建立的移动最小二乘插值法均采用了奇异权函数来得到具有插值特性的形函数, 这为数值处理造成一定的困难, 也容易产生截断误差. 为了解决这个问题, 王聚丰和孙凤欣等提出了采用非奇异权函数的改进的移动最小二乘插值法, 并建立了势问题[268,269]和弹性力学[270]的改进的插值型无单元 Galerkin 方法和改进的插值型边界无单元法[271,272].

李树忱等推导了基于加权残数法的数值流形方法的格式[273]. 在此基础上, 结合单位分解法, 李树忱等提出了弹性力学[35]和断裂力学[274−278]的无网格流形方法. 无网格流形方法在无网格方法中引入了有限覆盖技术, 避免了无网格方法在构造逼近函数时由于结构不连续带来的困难. 无网格流形方法特别适合模拟裂纹扩展和岩石破碎等问题. 基于复变量移动最小二乘法建立形函数, 结合数值流形方法, 高洪芬等建立了弹性力学的复变量数值流形方法[279], 及弹性力学[280]、断裂力学[36]和界面力学[281]的复变量无网格流形方法 (Complex variable meshless manifold method, 简称 CVMMM).

重构核粒子法是另外一种较为重要的形函数构造方法. 基于重构核粒子法和边界无单元法, 秦义校等建立了势问题[282,283]和弹性力学[44]的重构核粒子边界无单元法, 弹性力学的插值型重构核粒子法[284]以及弹性力学的重构核粒子边界无单元法与有限元法的耦合法[168].

将复变量理论引入重构核粒子法, 陈丽等建立了复变量重构核粒子法 (Complex variable reproducing kernel particle method, 简称 CVRKPM)[34]. 以此方法建立形函数, 陈丽等提出了势问题[285]、瞬态热传导[286]、弹性力学[34]、弹性动力学[287]和弹塑性力学[9,288]等问题的复变量重构核粒子法. 翁云杰等建立了对流扩散问题[289]和热传导反问题[290]的复变量重构核粒子法. 陈丽等建立了复变量重构核粒子法与有限元法的耦合法[169,291].

无网格方法的数学理论是我们关注的另一个重要方面, 因为无网格方法的逼近函数比有限元法复杂, 因而其数学理论要比有限元法复杂得多, 这方面的工作目前在国际上也比较少. 程荣军等研究了移动最小二乘法的误差估计[26], 以及势问题[292]、弹性力学[293]和热传导问题[235]的无单元 Galerkin 方法的收敛性和误差估计理论, 还研究了有限点法的误差估计[26]. 王聚丰等研究了插值型移动最小二乘法及其无网格方法的误差估计[236,294]. 任红萍等也研究了移动最小二乘法的误差估计[295]. 程玉民主编了一期 SCI 期刊 *Mathematical Problems in Engineering* 的特刊来关注无网格方法数学理论的研究进展[296].

关于无网格方法的其他研究工作还有, 程荣军研究了热传导反问题的有限点法[297,298]; 戴保东等建立了势问题[23]和弹性力学[40]的径向基函数——局部边界积分方程方法; 陈丽和戴保东等研究了势问题[104]、热传导问题[299]和弹性动力学[101]基于 Kriging 插值的无网格局部 Petrov-Galerkin 方法; 戴保东等建立了基于 Kriging 插值的边界点法[300]和二维固体的移动 Kriging 插值法[301]; 葛红霞等研究了时间分数阶扩散方程的移动 Kriging 插值法[302]; 王聚丰等讨论了非线性广义正则长波方程的无网格方法[303]; 程荣军等还研究了一些数学物理方程的无网格方法[304−309].

由于无网格方法在场函数逼近、局部特性的描述以及在处理裂纹扩展和大变形等复杂问题方面具有有限元法和边界元法等方法不可比拟的优点, 无网格方法将成为继有限元法之后科学和工程计算的又一重要的数值方法.

1.4 无网格方法的发展趋势

虽然无网格方法从产生到现在已有二十余年的历史, 但是它的发展才刚刚起步. 与有限元法相比, 无论是方法本身、数学理论还是工程应用等方面, 都还有许多尚未解决的问题, 这些问题也是今后无网格方法的发展趋势.

作者认为无网格方法存在的问题和今后的发展趋势主要有以下几个方面:

1. 无网格方法的计算量较大. 无网格方法通常比传统的有限元和边界元法更费机时, 其原因是在不同点的形函数及其导数不同; 在形函数的计算过程中涉及矩阵求逆及多个矩阵的相乘, 远比有限元法复杂. 如何提高无网格方法的计算效率以适应大规模的科学和工程计算是目前迫切需要解决的问题之一.

2. 无网格方法的数学理论方面的研究. 无网格方法作为新发展的一类数值方法, 其相关的数学理论的研究只是刚刚开始, 这就限制了无网格方法的发展和应用. 要使无网格方法的研究和应用进一步深入, 就必须建立无网格方法的完善的数学理论, 如收敛性、稳定性和误差分析等; 数值积分方法也是目前无网格方法数学理论方面需要研究的问题, 虽然发展了背景网格和点积分等方法, 但是点积分缺乏必要的数学理论支持, 精度也明显受损; 无网格方法的节点布置较为随意, 如何合理布置节点以获得最佳精度还需进行研究; 无网格方法的权函数中包含控制影响域大小的比例参数, 目前都是凭经验选取, 也需从数学理论方面进行研究.

3. 无网格方法应用软件的研究. 要想使无网格方法得到广泛应用, 就必须开发其通用或专用的应用软件.

4. 无网格方法在复杂工程问题中的应用. 目前还少见用无网格方法来求解复杂的工程实际问题, 这方面也需要进一步研究.

5. 无网格方法并行算法的研究. 由于无网格方法比传统的有限元法计算量更大, 所以无网格方法的并行算法的研究显得比有限元法的并行算法更为重要, 目前这方面的研究还很少.

1.5 本书的主要内容

本书的主要内容来自作者及其合作者香港城市大学建筑学与土木工程学系主任 Liew K M 教授、澳大利亚昆士兰大学的 Kitipornchai S 教授和上海大学彭妙娟教授的研究工作, 以及作者指导 (含合作指导) 的 11 位博士生和 7 为硕士生的学位论文. 这些学生的学位论文为:

李九红, 复变量无网格方法及其应用研究, 西安理工大学博士学位论文, 2004

李树忱, 断续节理岩体的无网格流形方法和实验研究, 上海大学博士学位论文, 2004

戴保东, 改进的无网格局部边界积分方程方法研究, 上海大学博士学位论文, 2006

秦义校, 重构核粒子边界无单元法研究, 上海大学博士学位论文, 2007

程荣军, 无网格方法的误差估计和收敛性研究, 上海大学博士学位论文, 2007

陈丽, 复变量重构核粒子法研究, 上海大学博士学位论文, 2007

张赞, 改进的无单元 Galerkin 方法的数值发展及其工程应用, 香港城市大学博士学位论文, 2009

任红萍, 插值型无网格方法研究, 上海大学博士学位论文, 2010

高洪芬, 复变量无网格流形方法研究, 上海大学博士学位论文, 2010

王聚丰, 插值型移动最小二乘法及其无网格方法的误差估计, 上海大学博士学位论文, 2013

孙凤欣, 基于非奇异权的改进的插值型无网格方法研究, 上海大学博士学位论文, 2014

陈美娟, 弹性力学的边界积分方程——边界无单元法, 上海大学硕士学位论文, 2003

张赞, 改进的无单元 Galerkin 方法及其与边界元的耦合法, 上海大学硕士学位论文, 2006

刘沛, 复变量无单元 Galerkin 方法研究, 上海大学硕士学位论文, 2008

李冬明, 弹塑性和大变形问题的复变量无单元 Galerkin 方法, 上海大学硕士学位论文, 2011

白福浓, 弹性和弹塑性力学的新的复变量无单元 Galerkin 方法, 上海大学硕士学位论文, 2012

王健菲, 基于共轭基的新的复变量无网格方法, 上海大学硕士学位论文, 2013

李荣鑫, 黏弹性问题的新型无网格方法研究, 上海大学硕士学位论文, 2013

本书所列研究成果由以下基金项目资助: 国家自然科学基金项目 “非线性问题的边界无单元法及其快速算法”(批准号: 10571118)、“无单元 Galerkin 方法的改进及其误差估计理论”(批准号: 10871124) 和 “大跨空间结构非线性分析的无网格方法及其误差估计”(批准号: 11171208), 以及上海市教育委员会科研创新项目 (重点) “凝胶材料非线性分析的无网格方法”(批准号: 09ZZ99) 和上海大学 211 工程队伍建设项目.

第 2 章　无网格方法的逼近函数

无网格方法采用基于点的近似, 构造逼近函数 (或插值函数) 是建立无网格方法的关键.

无网格方法形成逼近函数的主要方法有: 光滑粒子法、移动最小二乘法、单位分解法、重构核粒子法以及径向基函数法等.

本章将对无网格方法形成逼近函数的主要方法进行阐述. 除了介绍上述几种基本的逼近函数形成方法外, 重点阐述了作者关于改进的移动最小二乘法、移动最小二乘插值法、复变量移动最小二乘法和复变量重构核粒子法等研究工作.

2.1　光滑粒子法

光滑粒子法是无网格方法中构造逼近函数的最简单的方法.

在区域 Ω, 函数 $u(\boldsymbol{x})$ 的逼近函数 $u^h(\boldsymbol{x})$ 取为

$$u^h(\boldsymbol{x}) = \int_\Omega w(\boldsymbol{x}-\boldsymbol{y},\rho)u(\boldsymbol{y})\mathrm{d}\Omega, \tag{2.1.1}$$

其中 $w(\boldsymbol{x}-\boldsymbol{y},\rho)$ 称为核函数 (Kernel function) 或权函数 (Weight function), ρ 为权函数的影响域 (Domain of influence) 的度量, 影响域也称支持域 (Support domain) 或紧支域 (Compact support).

在数值计算时, 需要对式 (2.1.1) 进行离散. 利用数值积分可以得到式 (2.1.1) 的离散形式

$$u^h(\boldsymbol{x}) = \sum_{I=1}^{n} w(\boldsymbol{x}-\boldsymbol{x}_I)u_I\Delta\Omega_I, \tag{2.1.2}$$

其中

$$u_I = u(\boldsymbol{x}_I), \quad I = 1,2,\cdots,n, \tag{2.1.3}$$

n 为影响域覆盖点 $\boldsymbol{x}$ 的节点数, $\Delta\Omega_I$ 是关于节点 $\boldsymbol{x}_I$ 局部区域的度量.

式 (2.1.2) 可以写为

$$u^h(\boldsymbol{x}) = \sum_{I=1}^{n} \Phi_I(\boldsymbol{x})u_I, \tag{2.1.4}$$

其中

$$\Phi_I(\boldsymbol{x}) = w(\boldsymbol{x}-\boldsymbol{x}_I)u_I\Delta\Omega_I \tag{2.1.5}$$

称为形函数 (Shape function).

式 (2.1.4) 即为光滑粒子法的近似函数的表达式.

一般情况下, $u_I \neq u^h(\boldsymbol{x}_I)$, 即 $\Phi_I(\boldsymbol{x}_J) \neq \delta_{IJ}$, 其中 δ_{IJ} 为 Kronecker δ 函数. 所以, 式 (2.1.4) 的近似函数只是一种逼近函数, 而不是插值函数.

在无网格方法中, 权函数是具有紧支特性的局部函数, 一般满足如下条件:

(1) 设 Ω_I 为节点 $\boldsymbol{x}_I$ 处权函数的影响域, ρ_I 表示 $\boldsymbol{x}_I$ 的影响域的大小. 在 Ω_I 内, $w(\boldsymbol{x}-\boldsymbol{x}_I,\rho_I)>0$;

(2) 在影响域 Ω_I 外, $w(\boldsymbol{x}-\boldsymbol{x}_I,\rho_I)=0$;

(3) $\displaystyle\int_\Omega w(\boldsymbol{x}-\boldsymbol{x}_I,\rho_I)\mathrm{d}\Omega=1$;

(4) $w(\boldsymbol{x}-\boldsymbol{x}_I,\rho_I)$ 是 $\|\boldsymbol{x}-\boldsymbol{x}_I\|$ 的单调减函数;

(5) 当 $\rho_I\to 0$ 时, $w(\boldsymbol{x}-\boldsymbol{x}_I,\rho_I)\to\delta(\boldsymbol{x}-\boldsymbol{x}_I)$. 这里 $\delta(\boldsymbol{x})$ 为 Dirac δ 函数.

权函数的示意图如图 2.1.1 所示.

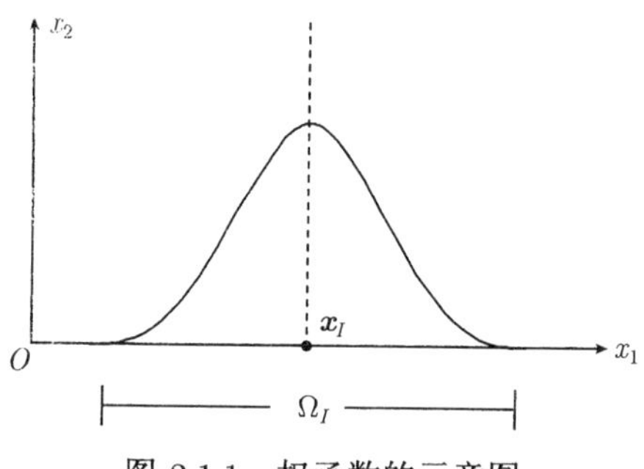

图 2.1.1　权函数的示意图

二维情况下, 权函数的影响域一般取为圆域或矩形域, 如图 2.1.2 所示. 三维情况下, 权函数的影响域可取为球域或六面体域. 各节点的影响域的大小可以不同.

对圆域或球域, 常用的权函数有:

1) 指数函数

$$w(d)=\begin{cases} e^{-\left(\frac{d}{\hat{c}}\right)^2} & d\leqslant 1 \\ 0 & d>1 \end{cases}, \tag{2.1.6}$$

其中

$$d=\frac{d_I}{\rho_I}, \tag{2.1.7}$$

$$d_I=\|\boldsymbol{x}-\boldsymbol{x}_I\|, \tag{2.1.8}$$

$\hat{c}$ 是一个常数.

在本书中, 取

$$\rho_I=d_{\max}\cdot c_I, \tag{2.1.9}$$

其中 $d_{\max}$ 是控制节点影响域大小的比例参数, c_I 是节点 $\boldsymbol{x}_I$ 到最近的邻近节点的距离, $\rho = \max\limits_I\{\rho_I\}$.

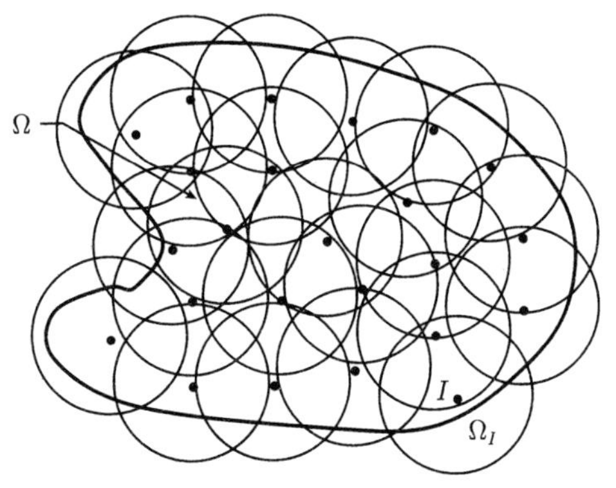

(a) 圆域

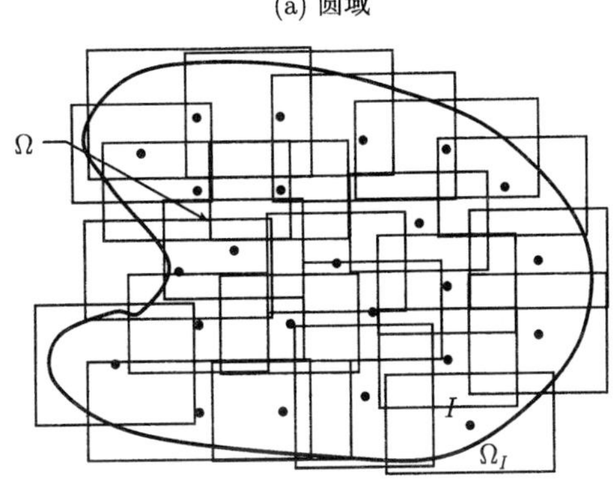

(b) 矩形域

图 2.1.2 无网格方法的节点及其权函数的影响域

2) Gauss 函数

$$w(d) = \begin{cases} \dfrac{e^{-(d_I/\hat{c})^2} - e^{-(\rho_I/\hat{c})^2}}{1 - e^{-(\rho_I/\hat{c})^2}} & d \leqslant 1 \\ 0 & d > 1 \end{cases}. \tag{2.1.10}$$

3) 三次样条函数

$$w(d) = \begin{cases} \dfrac{2}{3} - 4d^2 + 4d^3 & d \leqslant \dfrac{1}{2} \\ \dfrac{4}{3} - 4d + 4d^2 - \dfrac{4}{3}d^3 & \dfrac{1}{2} < d \leqslant 1 \\ 0 & d > 1 \end{cases}. \tag{2.1.11}$$

三次样条函数及其导数如图 2.1.3 所示, 图中实线为三次样条函数, 虚线为其导数.

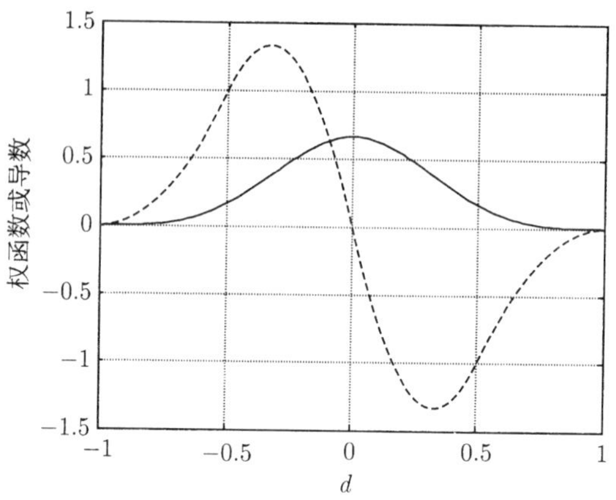

图 2.1.3　三次样条权函数及其导数

4) 四次样条函数

$$w(d)=\begin{cases}1-6d^2+8d^3-3d^4 & d\leqslant 1\\ 0 & d>1\end{cases}. \tag{2.1.12}$$

四次样条函数及其导数的曲线如图 2.1.4 所示, 图中实线为四次样条函数, 虚线为其导数.

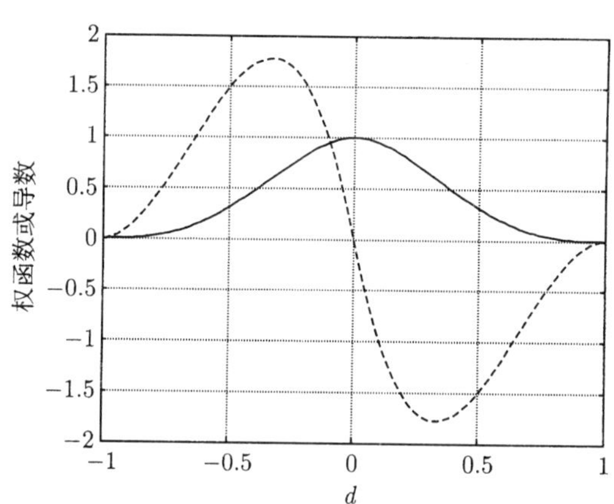

图 2.1.4　四次样条权函数及其导数

对矩形域或六面体域, 其权函数可由上述权函数的张量积得到, 即

$$w(\boldsymbol{x}-\boldsymbol{x}_I)=w(x_1-x_{I1})w(x_1-x_{I2}), \tag{2.1.13}$$

其中 $\boldsymbol{x}=(x_1,x_2)\in\mathbf{R}^2,\boldsymbol{x}_I=(x_{I1},x_{I2})\in\mathbf{R}^2$; 或

$$w(\boldsymbol{x}-\boldsymbol{x}_I)=w(x_1-x_{I1})w(x_2-x_{I2})w(x_3-x_{I3}), \tag{2.1.14}$$

其中 $\boldsymbol{x}=(x_1,x_2,x_3)\in\mathbf{R}^3,\boldsymbol{x}_I=(x_{I1},x_{I2},x_{I3})\in\mathbf{R}^3$.

对矩形域或六面体域, 影响域的大小为

$$\rho_{Ii}=d_{\max}\cdot c_{Ii}, \tag{2.1.15}$$

其中 c_{Ii} 是节点 $\boldsymbol{x}_I$ 到最近的邻近节点的 x_i 方向的距离. 对二维问题, $i=1,2$; 对三维问题, $i=1,2,3$.

比例参数 $d_{\max}$ 控制节点影响域的大小, 因此 $d_{\max}$ 的取值直接关系到数值结果的计算精度. $d_{\max}$ 的大小一般要求满足以下两个条件: 一是要保证所有节点权函数的影响域的并集能覆盖整个求解域; 二是保证局部影响域包含的节点数不能少于基函数的项数. 为了提高精度和保证矩阵可逆运算, 节点权函数的影响域应尽可能大些, 但为了保持逼近函数的局部特性, 节点权函数的影响域也不能太大, 否则会无谓增加计算量.

2.2 移动最小二乘法

移动最小二乘法来源于最小二乘法, 由于其具有较高的精度, 目前已成为构造无网格方法逼近函数的最为普遍的方法之一. 本节首先介绍移动最小二乘法, 然后阐述 Mukherjee 和程玉民对移动最小二乘法的改进, 以及程玉民等提出的移动最小二乘插值法和几种复变量移动最小二乘法.

2.2.1 移动最小二乘法

在移动最小二乘法中, 取试函数

$$u^h(\boldsymbol{x})=\sum_{i=1}^{m}p_i(\boldsymbol{x})\cdot a_i(\boldsymbol{x})=\boldsymbol{p}^{\mathrm{T}}(\boldsymbol{x})\cdot\boldsymbol{a}(\boldsymbol{x}),\quad \boldsymbol{x}\in\Omega \tag{2.2.1}$$

为函数 $u(\boldsymbol{x})$ 的逼近函数. 这里 m 是基函数的个数, $p_i(\boldsymbol{x})$ 是基函数, $a_i(\boldsymbol{x})$ 是相应的系数. 基函数的通常形式为

线性基:

$$\boldsymbol{p}^{\mathrm{T}}=(1,x_1)\quad(\text{对一维区域}) \tag{2.2.2}$$

$$\boldsymbol{p}^{\mathrm{T}}=(1,x_1,x_2)\quad(\text{对二维区域}) \tag{2.2.3}$$

二次基:

$$\boldsymbol{p}^{\mathrm{T}}=(1,x_1,x_1^2)\quad(\text{对一维区域}) \tag{2.2.4}$$

$$\boldsymbol{p}^{\mathrm{T}}=(1,x_1,x_2,x_1^2,x_1x_2,x_2^2)\quad(\text{对二维区域}) \tag{2.2.5}$$

对应于式 (2.2.1) 的整体逼近, 在点 $\boldsymbol{x}$ 邻域内的局部逼近定义为

$$u^h(\boldsymbol{x},\bar{\boldsymbol{x}})=\sum_{i=1}^{m}p_i(\bar{\boldsymbol{x}})\cdot a_i(\boldsymbol{x})=\boldsymbol{p}^{\mathrm{T}}(\bar{\boldsymbol{x}})\cdot\boldsymbol{a}(\boldsymbol{x}),\tag{2.2.6}$$

其中 $\bar{\boldsymbol{x}}$ 为点 $\boldsymbol{x}$ 局部邻域内的点.

式 (2.2.6) 中的系数 $a_i(\boldsymbol{x})$ 根据加权最小二乘法来确定, 它使得对函数 $u(\boldsymbol{x})$ 的局部逼近误差最小.

定义泛函

$$\begin{aligned}J&=\sum_{I=1}^{n}w(\boldsymbol{x}-\boldsymbol{x}_I)[u^h(\boldsymbol{x},\boldsymbol{x}_I)-u_I]^2\\&=\sum_{I=1}^{n}w(\boldsymbol{x}-\boldsymbol{x}_I)\left[\sum_{i=1}^{m}p_i(\boldsymbol{x}_I)\cdot a_i(\boldsymbol{x})-u_I\right]^2,\end{aligned}\tag{2.2.7}$$

其中 $\boldsymbol{x}_I$ 为影响域覆盖点 $\boldsymbol{x}$ 的节点, n 是影响域覆盖点 $\boldsymbol{x}$ 的节点数, $u_I=u(\boldsymbol{x}_I)$.

式 (2.2.7) 可用矩阵形式表示为

$$J=(\boldsymbol{Pa}-\boldsymbol{u})^{\mathrm{T}}\boldsymbol{W}(\boldsymbol{x})(\boldsymbol{Pa}-\boldsymbol{u}),\tag{2.2.8}$$

其中

$$\boldsymbol{u}^{\mathrm{T}}=(u_1,u_2,\cdots,u_n),\tag{2.2.9}$$

$$\boldsymbol{P}=\begin{bmatrix}p_1(\boldsymbol{x}_1)&p_2(\boldsymbol{x}_1)&\cdots&p_m(\boldsymbol{x}_1)\\p_1(\boldsymbol{x}_2)&p_2(\boldsymbol{x}_2)&\cdots&p_m(\boldsymbol{x}_2)\\\vdots&\vdots&\ddots&\vdots\\p_1(\boldsymbol{x}_n)&p_2(\boldsymbol{x}_n)&\cdots&p_m(\boldsymbol{x}_n)\end{bmatrix},\tag{2.2.10}$$

$$\boldsymbol{W}(\boldsymbol{x})=\begin{bmatrix}w(\boldsymbol{x}-\boldsymbol{x}_1)&0&\cdots&0\\0&w(\boldsymbol{x}-\boldsymbol{x}_2)&\cdots&0\\\vdots&\vdots&\ddots&\vdots\\0&0&\cdots&w(\boldsymbol{x}-\boldsymbol{x}_n)\end{bmatrix}.\tag{2.2.11}$$

为了得到 $\boldsymbol{a}(\boldsymbol{x})$, 对 J 取极值, 即得

$$\frac{\partial J}{\partial\boldsymbol{a}}=\boldsymbol{A}(\boldsymbol{x})\boldsymbol{a}(\boldsymbol{x})-\boldsymbol{B}(\boldsymbol{x})\boldsymbol{u}=0,\tag{2.2.12}$$

即

$$\boldsymbol{A}(\boldsymbol{x})\boldsymbol{a}(\boldsymbol{x})=\boldsymbol{B}(\boldsymbol{x})\boldsymbol{u},\tag{2.2.13}$$

其中矩阵 $\boldsymbol{A}(\boldsymbol{x})$ 和 $\boldsymbol{B}(\boldsymbol{x})$ 分别为

$$\boldsymbol{A}(\boldsymbol{x}) = \boldsymbol{P}^{\mathrm{T}}\boldsymbol{W}(\boldsymbol{x})\boldsymbol{P}, \tag{2.2.14}$$

$$\boldsymbol{B}(\boldsymbol{x}) = \boldsymbol{P}^{\mathrm{T}}\boldsymbol{W}(\boldsymbol{x}). \tag{2.2.15}$$

由式 (2.2.13), 可得

$$\boldsymbol{a}(\boldsymbol{x}) = \boldsymbol{A}^{-1}(\boldsymbol{x})\boldsymbol{B}(\boldsymbol{x})\boldsymbol{u}. \tag{2.2.16}$$

这样, 逼近函数 $u^h(\boldsymbol{x})$ 的表达式为

$$u^h(\boldsymbol{x}) = \boldsymbol{\Phi}(\boldsymbol{x})\boldsymbol{u} = \sum_{I=1}^{n} \Phi_I(\boldsymbol{x})u_I, \tag{2.2.17}$$

其中 $\boldsymbol{\Phi}(\boldsymbol{x})$ 为形函数,

$$\boldsymbol{\Phi}(\boldsymbol{x}) = (\Phi_1(\boldsymbol{x}), \Phi_2(\boldsymbol{x}), \cdots, \Phi_n(\boldsymbol{x})) = \boldsymbol{p}^{\mathrm{T}}(\boldsymbol{x})\boldsymbol{A}^{-1}(\boldsymbol{x})\boldsymbol{B}(\boldsymbol{x}). \tag{2.2.18}$$

类似于光滑粒子法, 一般情况下, $u_I \neq u^h(\boldsymbol{x}_I)$, 即 $\Phi_I(\boldsymbol{x}_J) \neq \delta_{IJ}$. 所以, 式 (2.2.17) 的近似函数也是一种逼近函数, 而不是插值函数.

由式 (2.2.18) 可得 $\Phi_I(\boldsymbol{x})$ 的偏导数

$$\Phi_{I,i}(\boldsymbol{x}) = \sum_{j=1}^{m} [p_{j,i}(\boldsymbol{A}^{-1}\boldsymbol{B})_{jI} + p_j((\boldsymbol{A}^{-1})_{,i}\boldsymbol{B} + \boldsymbol{A}^{-1}\boldsymbol{B}_{,i})_{jI}], \tag{2.2.19}$$

其中

$$(\boldsymbol{A}^{-1})_{,i} = -\boldsymbol{A}^{-1}\boldsymbol{A}_{,i}\boldsymbol{A}^{-1}. \tag{2.2.20}$$

2.2.2 Mukherjee 改进的移动最小二乘法

在移动最小二乘法中, $u_I \neq u^h(\boldsymbol{x}_I)$, 这给处理本质边界条件造成了一定困难. 为了更好地处理本质边界条件, Mukherjee 对移动最小二乘法进行了改进[66]. 构造新的泛函

$$J_{new} = \sum_{I=1}^{n} w(\boldsymbol{x} - \boldsymbol{x}_I)\left[\sum_{i=1}^{m} p_i(\boldsymbol{x}_I)a_i(\boldsymbol{x}) - \hat{u}_I\right]^2, \tag{2.2.21}$$

其中 $\hat{u}_I$ 为节点变量的近似值.

类似于 2.2.1 节的推导, 可得

$$u^h(\boldsymbol{x}) = \sum_{I=1}^{n} \Phi_I(\boldsymbol{x})\hat{u}_I. \tag{2.2.22}$$

由上可看出, 2.2.1 节中的移动最小二乘法是用节点上未知变量的值来表示试函数的, 且其泛函是通过节点上局部近似函数值和节点未知变量的真实值之差的加权平方和来定义的; 而本节是采用节点未知变量的近似值 (或名义值) 来表示试函数的, 而且其构造的泛函是通过节点上局部近似函数值和节点未知变量的近似值 (或名义值) 之差的加权平方和来定义的. 从物理意义来讲, 式 (2.2.21) 的泛函引入了误差, 而移动最小二乘法的泛函式 (2.2.7) 则没有引入误差.

2.2.3　程玉民改进的移动最小二乘法

移动最小二乘法是在最小二乘法的基础上建立起来的. 对每一个固定点来说, 移动最小二乘法其实就是最小二乘法. 最小二乘法的缺点在移动最小二乘法中依然存在. 最小二乘法的缺点之一是其形成的法方程组有时是病态的或者是奇异的. 所以, 在移动最小二乘法中, 当 m 较大时, 方程 (2.2.13) 有时是病态的, 甚至是奇异的. 这样, 方程 (2.2.13) 就难以求解或获得正确的解. 若选取正交函数作为基函数, 则所得到的方程即不病态也不奇异, 而且不需求矩阵的逆, 可直接得到该方程组的解.

1. Hilbert 空间 span($\boldsymbol{p}$)

为了讨论正交基函数, 我们先来证明 span($\boldsymbol{p}$) 是一个 Hilbert 空间.

对 $\forall f(\boldsymbol{x}), g(\boldsymbol{x}) \in \text{span}(\boldsymbol{p})$, 定义

$$(f,g) = \sum_{I=1}^{n} w(\boldsymbol{x}-\boldsymbol{x}_I) f(\boldsymbol{x}_I) g(\boldsymbol{x}_I), \tag{2.2.23}$$

那么 (f,g) 是一个内积, span($\boldsymbol{p}$) 是一个内积空间. 下面给出证明.

(a) 由式 (2.2.23) 可得

$$(f,g) = (g,f). \tag{2.2.24}$$

(b) α, β 为常数, 那么

$$(\alpha f + \beta g, h) = \alpha(f,h) + \beta(g,h). \tag{2.2.25}$$

(c) 对 $\forall f(\boldsymbol{x}) \in \text{span}(\boldsymbol{p})$, 可得

$$(f,f) = \sum_{I=1}^{n} w(\boldsymbol{x}-\boldsymbol{x}_I) f^2(\boldsymbol{x}_I) \geqslant 0. \tag{2.2.26}$$

若 $(f,f)=0$, 那么 $w(\boldsymbol{x}-\boldsymbol{x}_I)=0$ 或 $f(\boldsymbol{x}_I)=0$, $I=1,2,\cdots,n$. 在移动最小二乘法中 $w(\boldsymbol{x}-\boldsymbol{x}_I)\neq 0$, 所以有 $f(\boldsymbol{x}_I)=0$, $I=1,2,\cdots,n$.

所以 (f,g) 是一个内积.

由于 span($\boldsymbol{p}$) 是一个线性空间, 则 span($\boldsymbol{p}$) 是一个内积空间.

对内积空间 span($\boldsymbol{p}$) 来说, 如果它是完备的, 那么它是一个 Hilbert 空间. 现在我们来证明 span($\boldsymbol{p}$) 是完备的.

设 $\{f_k(\boldsymbol{x})\}$ 为 span($\boldsymbol{p}$) 中的任一收敛级数, 且

$$\lim_{k\to\infty} f_k(\boldsymbol{x}) = f(\boldsymbol{x}). \tag{2.2.27}$$

将 $f_k(\boldsymbol{x})$ 表示为

$$f_k(\boldsymbol{x}) = \sum_{l=1}^{m} a_{kl} p_l(\boldsymbol{x}), \quad k = 1, 2, \cdots, \tag{2.2.28}$$

其中 a_{kl} 为常数. 那么

$$\lim_{k\to\infty} f_k(\boldsymbol{x}) = \lim_{k\to\infty} \sum_{l=1}^{m} a_{kl} p_l(\boldsymbol{x}) = \sum_{l=1}^{m} (\lim_{k\to\infty} a_{kl}) p_l(\boldsymbol{x}). \tag{2.2.29}$$

由于极限 $\lim\limits_{k\to\infty} f_k(\boldsymbol{x})$ 存在, 则极限 $\lim\limits_{k\to\infty} a_{kl}$ 存在, 即

$$\lim_{k\to\infty} a_{kl} = a_l, \tag{2.2.30}$$

可得

$$\lim_{k\to\infty} f_k(\boldsymbol{x}) = \sum_{l=1}^{m} a_l p_l(\boldsymbol{x}), \tag{2.2.31}$$

即

$$f(\boldsymbol{x}) = \sum_{l=1}^{m} a_l p_l(\boldsymbol{x}). \tag{2.2.32}$$

因此 $f(\boldsymbol{x}) \in \text{span}(\boldsymbol{p})$. 这就证明了 span($\boldsymbol{p}$) 是完备的, 所以 span($\boldsymbol{p}$) 是一个 Hilbert 空间.

2. 带权的正交函数族

对于点集 $\{\boldsymbol{x}_i\}$ 和权函数 $\{w_i\}$, 若一组函数 $\varphi_1(\boldsymbol{x}), \varphi_2(\boldsymbol{x}), \cdots, \varphi_m(\boldsymbol{x})$ 满足如下条件:

$$(\varphi_k, \varphi_j) = \sum_{i=1}^{n} w_i \varphi_k(\boldsymbol{x}_i) \varphi_j(\boldsymbol{x}_i) = \begin{cases} 0 & k \neq j \\ A_k & k = j \end{cases}, \quad (k, j = 1, 2, \cdots, m) \tag{2.2.33}$$

则称 $\varphi_1(\boldsymbol{x}), \varphi_2(\boldsymbol{x}), \cdots, \varphi_m(\boldsymbol{x})$ 是关于点集 $\{\boldsymbol{x}_i\}$ 带权 $\{w_i\}$ 的正交函数族. 当 $\varphi_1(\boldsymbol{x}), \varphi_2(\boldsymbol{x}), \cdots, \varphi_m(\boldsymbol{x})$ 是多项式时, 就称 $\varphi_1(\boldsymbol{x}), \varphi_2(\boldsymbol{x}), \cdots, \varphi_m(\boldsymbol{x})$ 是关于点集 $\{\boldsymbol{x}_i\}$ 带权 $\{w_i\}$ 的正交多项式.

3. 改进的移动最小二乘法

方程 (2.2.13) 可写成

$$\begin{bmatrix} (p_1,p_1) & (p_1,p_2) & \cdots & (p_1,p_m) \\ (p_2,p_1) & (p_2,p_2) & \cdots & (p_2,p_m) \\ \vdots & \vdots & \ddots & \vdots \\ (p_m,p_1) & (p_m,p_2) & \cdots & (p_m,p_m) \end{bmatrix} \begin{bmatrix} a_1(\boldsymbol{x}) \\ a_2(\boldsymbol{x}) \\ \vdots \\ a_m(\boldsymbol{x}) \end{bmatrix} = \begin{bmatrix} (p_1,u_I) \\ (p_2,u_I) \\ \vdots \\ (p_m,u_I) \end{bmatrix}. \tag{2.2.34}$$

若 $\{p_i(\boldsymbol{x})\}$, $i=1,2,\cdots,m$, 为 Hilbert 空间 $\mathrm{span}(\boldsymbol{p})$ 上的关于点集 $\{\boldsymbol{x}_i\}$ 的带权的正交基函数族, 即

$$(p_i,p_j)=0, \quad i\neq j, \tag{2.2.35}$$

则方程 (2.2.34) 可写成

$$\begin{bmatrix} (p_1,p_1) & 0 & \cdots & 0 \\ 0 & (p_2,p_2) & \cdots & 0 \\ \vdots & \vdots & \ddots & \vdots \\ 0 & 0 & \cdots & (p_m,p_m) \end{bmatrix} \begin{bmatrix} a_1(\boldsymbol{x}) \\ a_2(\boldsymbol{x}) \\ \vdots \\ a_m(\boldsymbol{x}) \end{bmatrix} = \begin{bmatrix} (p_1,u_I) \\ (p_2,u_I) \\ \vdots \\ (p_m,u_I) \end{bmatrix}. \tag{2.2.36}$$

这样, 可以直接得到系数 $a_i(\boldsymbol{x})$, 即

$$a_i(\boldsymbol{x})=\frac{(p_i,u_I)}{(p_i,p_i)}, \quad i=1,2,\cdots,m, \tag{2.2.37}$$

写成矩阵形式

$$\boldsymbol{a}(\boldsymbol{x})=\boldsymbol{A}^*(\boldsymbol{x})\boldsymbol{B}(\boldsymbol{x})\boldsymbol{u}, \tag{2.2.38}$$

其中

$$\boldsymbol{A}^*(\boldsymbol{x})=\begin{bmatrix} \dfrac{1}{(p_1,p_1)} & 0 & \cdots & 0 \\ 0 & \dfrac{1}{(p_2,p_2)} & \cdots & 0 \\ \vdots & \vdots & \ddots & \vdots \\ 0 & 0 & \cdots & \dfrac{1}{(p_m,p_m)} \end{bmatrix}. \tag{2.2.39}$$

将式 (2.2.37) 代入式 (2.2.6) 可得

$$u^h(\boldsymbol{x})=\boldsymbol{\Phi}^*(\boldsymbol{x})\boldsymbol{u}=\sum_{I=1}^{n}\Phi_I^*(\boldsymbol{x})u_I, \tag{2.2.40}$$

其中 $\boldsymbol{\Phi}^*(\boldsymbol{x})$ 为形函数,

$$\boldsymbol{\Phi}^*(\boldsymbol{x})=(\Phi_1^*(x),\Phi_2^*(x),\cdots,\Phi_n^*(x))=\boldsymbol{p}^{\mathrm{T}}(\boldsymbol{x})\boldsymbol{A}^*(\boldsymbol{x})\boldsymbol{B}(\boldsymbol{x}). \tag{2.2.41}$$

这样, 系数 $a_i(\boldsymbol{x})$ 可以简单、直接地得到, 不需要求矩阵 $\boldsymbol{A}(\boldsymbol{x})$ 的逆, 避免了求解病态或奇异的方程组, 既提高了效率, 又提高了精度.

4. 离散点上带权的正交基函数的构造

利用 Schmidt 正交化方法, 带权的正交基函数可构造如下:

$$\begin{aligned} &p_1 = 1, \\ &p_i = r^{i-1} - \sum_{k=1}^{i-1} \frac{(r^{i-1}, p_k)}{(p_k, p_k)} p_k, \quad i = 2, 3, \cdots, \end{aligned} \tag{2.2.42}$$

也可表示为

$$\begin{aligned} &p_1 = 1, \\ &p_2 = r - a_2, \\ &p_i = (r - a_i)p_{i-1} - b_i p_{i-2}, \quad i = 3, 4, \cdots, \end{aligned} \tag{2.2.43}$$

其中

$$a_i = \frac{(rp_{i-1}, p_{i-1})}{(p_{i-1}, p_{i-1})}, \tag{2.2.44}$$

$$b_i = \frac{(p_{i-1}, p_{i-1})}{(p_{i-2}, p_{i-2})}, \tag{2.2.45}$$

对一维问题, $r = x_1$; 对二维问题, $r = f(x_1, x_2)$, 例如可取 $r = \sqrt{x_1^2 + x_2^2}$ 或 $r = x_1 + x_2$ 等; 对三维问题, $r = f(x_1, x_2, x_3)$, 例如可取 $r = \sqrt{x_1^2 + x_2^2 + x_3^2}$ 或 $r = x_1 + x_2 + x_3$ 等.

另外, 也可利用 Schmidt 正交化方法将类似于式 (2.2.3)—(2.2.6) 的基函数正交化. 例如对基函数

$$\boldsymbol{q} = (q_i) = (1, x_1, x_2, x_1^2, x_1 x_2, x_2^2, \cdots) \tag{2.2.46}$$

正交化得到的正交基函数为

$$p_i = q_i - \sum_{k=1}^{i-1} \frac{(q_i, p_k)}{(p_k, p_k)} p_k, \quad i = 1, 2, 3, \cdots. \tag{2.2.47}$$

若选取式 (2.2.42) 或 (2.2.43) 作为基函数, 则在试函数阶次相同的情况下, 试函数中的待定系数的个数比原来要少. 对线性基, 原来的待定系数是 3 个, 现在是 2 个; 对二次基, 原来的待定系数是 6 个, 现在是 3 个. 这样, 对任一场点来说, 其影响域中所含的最小节点数就大大减少了, 进而在整个求解域中所需选取的节点数也可以大大减少. 所以在精度相同的情况下, 改进的移动最小二乘法形成的无网格方法比移动最小二乘法形成的无网格方法的节点数要少得多.

对于给定点 $\boldsymbol{x}$, 采用加权最小二乘法, 使得局部逼近函数 $u^h(\boldsymbol{x},\bar{\boldsymbol{x}})$ 和未知函数 $u(\bar{\boldsymbol{x}})$ 在点 $\boldsymbol{x}$ 的权函数影响域内取值相差最小. 为此定义泛函

$$J=\sum_{I\in\tau_{\boldsymbol{x}}} w(\boldsymbol{x},\boldsymbol{x}_I)[u^h(\boldsymbol{x},\boldsymbol{x}_I)-u_I]^2, \tag{2.2.57}$$

其中 $w(\boldsymbol{x},\boldsymbol{x}_I)$ 是由式 (2.2.51) 给定的权函数.

通过对泛函 J 求极小值, 可得

$$(u(\cdot)-u^h(\boldsymbol{x},\cdot),\tilde{p}_0)_{\boldsymbol{x}}=0, \tag{2.2.58}$$

$$(u(\cdot)-u^h(\boldsymbol{x},\cdot),\tilde{p}_i)_{\boldsymbol{x}}=0,\quad i=1,2,\cdots,\bar{m}. \tag{2.2.59}$$

于是有

$$a_0(\boldsymbol{x})=(u,\tilde{p}_0)_{\boldsymbol{x}}, \tag{2.2.60}$$

$$a_0(\boldsymbol{x})(\tilde{p}_0,\tilde{p}_j)_{\boldsymbol{x}}+\sum_{i=1}^{\bar{m}}a_i(\boldsymbol{x})(\tilde{p}_i,\tilde{p}_j)_{\boldsymbol{x}}=(u,\tilde{p}_j)_{\boldsymbol{x}},\quad j=1,2,\cdots,\bar{m}. \tag{2.2.61}$$

由式 (2.2.52) 有

$$\tilde{p}_0(\boldsymbol{x};\bar{\boldsymbol{x}})a_0(\boldsymbol{x})=\frac{1}{\left[\sum\limits_{I\in\tau_{\boldsymbol{x}}}w(\boldsymbol{x},\boldsymbol{x}_I)\right]^{1/2}}(u,\tilde{p}_0)_{\boldsymbol{x}}=\sum_{I\in\tau_{\boldsymbol{x}}}v(\boldsymbol{x},\boldsymbol{x}_I)u_I=\boldsymbol{S}u. \tag{2.2.62}$$

于是式 (2.2.61) 可以变形为

$$\sum_{i=1}^{\bar{m}}a_i(\boldsymbol{x})(\tilde{p}_i,\tilde{p}_j)_{\boldsymbol{x}}=(u-\boldsymbol{S}u,\tilde{p}_j)_{\boldsymbol{x}},\quad j=1,2,\cdots,\bar{m}. \tag{2.2.63}$$

Lancaster 提出的移动最小二乘插值法中, 试函数的未知参数 $a_i(\boldsymbol{x})$ $(i=1,2,\cdots,\bar{m})$ 由线性方程组 (2.2.63) 求得. 但是事实上, 根据下面引理, 式 (2.2.63) 可以进一步简化.

引理 2.2.2　若权函数由式 (2.2.51) 给定, 那么对于 $\forall\boldsymbol{x}\in\Omega$ 成立

$$(\boldsymbol{S}u,\tilde{p}_i)_{\boldsymbol{x}}=0,\quad i=1,2,\cdots,\bar{m}. \tag{2.2.64}$$

证明　由于 $\boldsymbol{S}u=\sum\limits_{I\in\tau_{\boldsymbol{x}}}v(\boldsymbol{x},\boldsymbol{x}_I)u_I$, 所以只需证明

$$(1,\tilde{p}_i)_{\boldsymbol{x}}=0,\quad i=1,2,\cdots,\bar{m} \tag{2.2.65}$$

成立即可.

由式 (2.2.52), (2.2.53), (2.2.58) 和 (2.2.59), 若 $\boldsymbol{x} \notin \boldsymbol{X}$ 且 $\boldsymbol{x} \in \Omega$, 则本引理显然成立. 于是只需证明

$$\lim_{\boldsymbol{x} \to \boldsymbol{x}_I} (\tilde{p}_i, 1)_{\boldsymbol{x}} = 0, \quad \forall \boldsymbol{x}_I \in \boldsymbol{X}. \tag{2.2.66}$$

由于

$$\begin{aligned}
\lim_{\boldsymbol{x} \to \boldsymbol{x}_I} (\tilde{p}_i, 1)_{\boldsymbol{x}} &= \lim_{\boldsymbol{x} \to \boldsymbol{x}_I} \sum_{J \in \tau_{\boldsymbol{x}}} w(\boldsymbol{x}, \boldsymbol{x}_J) \tilde{p}_i(\boldsymbol{x}; \boldsymbol{x}_J) \\
&= \lim_{\boldsymbol{x} \to \boldsymbol{x}_I} \sum_{J \in \tau_{\boldsymbol{x}}, J \neq I} w(\boldsymbol{x}, \boldsymbol{x}_J)[p_i(\boldsymbol{x}_J) - \boldsymbol{S} p_i(\boldsymbol{x})] \\
&\quad + \lim_{\boldsymbol{x} \to \boldsymbol{x}_I} w(\boldsymbol{x}, \boldsymbol{x}_I)[p_i(\boldsymbol{x}_I) - \boldsymbol{S} p_i(\boldsymbol{x})] \\
&= \sum_{J \in \tau_{\boldsymbol{x}}, J \neq I} w(\boldsymbol{x}_I, \boldsymbol{x}_J)[p_i(\boldsymbol{x}_J) - p_i(\boldsymbol{x}_I)] \\
&\quad + \lim_{\boldsymbol{x} \to \boldsymbol{x}_I} \frac{w(\boldsymbol{x}, \boldsymbol{x}_I)}{\sum\limits_{J \in \tau_{\boldsymbol{x}}} w(\boldsymbol{x}, \boldsymbol{x}_J)} \sum_{J \in \tau_{\boldsymbol{x}}, J \neq I} w(\boldsymbol{x}, \boldsymbol{x}_J)[p_i(\boldsymbol{x}_I) - p_i(\boldsymbol{x}_J)] \\
&= \sum_{J \in \tau_{\boldsymbol{x}}, J \neq I} w(\boldsymbol{x}_I, \boldsymbol{x}_J)[p_i(\boldsymbol{x}_J) - p_i(\boldsymbol{x}_I)] \\
&\quad + \sum_{J \in \tau_{\boldsymbol{x}}, J \neq I} w(\boldsymbol{x}_I, \boldsymbol{x}_J)[p_i(\boldsymbol{x}_I) - p_i(\boldsymbol{x}_J)] = 0,
\end{aligned} \tag{2.2.67}$$

从而引理得证.

根据引理 2.2.2, 式 (2.2.63) 可以简化为

$$\sum_{i=1}^{\bar{m}} a_i(\boldsymbol{x})(\tilde{p}_i, \tilde{p}_j)_{\boldsymbol{x}} = (u, \tilde{p}_j)_{\boldsymbol{x}}, \quad j = 1, 2, \cdots, \bar{m}. \tag{2.2.68}$$

可以看出, 式 (2.2.68) 比式 (2.2.63) 更简单, 计算量更小. 这就意味着本节改进的移动最小二乘插值法比 Lancaster 的移动最小二乘插值法计算效率更高.

式 (2.2.68) 可表示成矩阵形式

$$\boldsymbol{A}(\boldsymbol{x})\boldsymbol{a}(\boldsymbol{x}) = \boldsymbol{F}_W(\boldsymbol{x})\boldsymbol{u}, \tag{2.2.69}$$

其中

$$\boldsymbol{a}^{\mathrm{T}}(\boldsymbol{x}) = (a_1(\boldsymbol{x}), a_2(\boldsymbol{x}), \cdots, a_{\bar{m}}(\boldsymbol{x})), \tag{2.2.70}$$

$$\boldsymbol{A}(\boldsymbol{x}) = \boldsymbol{F}_W(\boldsymbol{x})\boldsymbol{F}^{\mathrm{T}}(\boldsymbol{x}), \tag{2.2.71}$$

$$\boldsymbol{F}(\boldsymbol{x}) = \begin{bmatrix} \tilde{p}_1(\boldsymbol{x}; \boldsymbol{x}_1) & \tilde{p}_1(\boldsymbol{x}; \boldsymbol{x}_2) & \cdots & \tilde{p}_1(\boldsymbol{x}; \boldsymbol{x}_n) \\ \tilde{p}_2(\boldsymbol{x}; \boldsymbol{x}_1) & \tilde{p}_2(\boldsymbol{x}; \boldsymbol{x}_2) & \cdots & \tilde{p}_2(\boldsymbol{x}; \boldsymbol{x}_n) \\ \vdots & \vdots & \ddots & \vdots \\ \tilde{p}_{\bar{m}}(\boldsymbol{x}; \boldsymbol{x}_1) & \tilde{p}_{\bar{m}}(\boldsymbol{x}; \boldsymbol{x}_2) & \cdots & \tilde{p}_{\bar{m}}(\boldsymbol{x}; \boldsymbol{x}_n) \end{bmatrix}, \tag{2.2.72}$$

并且矩阵 $\boldsymbol{F}_W(\boldsymbol{x}) = (\varpi_{kJ}(\boldsymbol{x}))_{\bar{m}\times n}$ 的元素为

$$\varpi_{kJ}(\boldsymbol{x}) = \begin{cases} w(\boldsymbol{x}, \boldsymbol{x}_J)\tilde{p}_k(\boldsymbol{x}; \boldsymbol{x}_J) & \boldsymbol{x} \neq \boldsymbol{x}_J \\ v(\boldsymbol{x}, \boldsymbol{x}_J) \displaystyle\sum_{I\in\tau_{\boldsymbol{x}}, I\neq J} w(\boldsymbol{x}, \boldsymbol{x}_I)[p_k(\boldsymbol{x}_J) - p_k(\boldsymbol{x}_I)] & \boldsymbol{x} = \boldsymbol{x}_J \end{cases}. \tag{2.2.73}$$

于是可以求得未知系数为

$$\boldsymbol{a}(\boldsymbol{x}) = \boldsymbol{A}^{-1}(\boldsymbol{x})\boldsymbol{F}_W(\boldsymbol{x})\boldsymbol{u}. \tag{2.2.74}$$

从而可以求出局部逼近函数为

$$u^h(\boldsymbol{x}, \bar{\boldsymbol{x}}) = \boldsymbol{\Phi}^{\mathrm{T}}(\boldsymbol{x})\boldsymbol{u} = \boldsymbol{S}u + \sum_{i=1}^{\bar{m}} a_i(\boldsymbol{x})\tilde{p}_i(\boldsymbol{x}; \bar{\boldsymbol{x}}). \tag{2.2.75}$$

因而也就可以得到 $u(\boldsymbol{x})$ 的全局逼近函数为

$$u^h(\boldsymbol{x}) = \boldsymbol{\Phi}^{\mathrm{T}}(\boldsymbol{x})\boldsymbol{u} = \boldsymbol{S}u + \sum_{i=1}^{\bar{m}} a_i(\boldsymbol{x})g_i(\boldsymbol{x}), \tag{2.2.76}$$

其中形函数矩阵为

$$\boldsymbol{\Phi}^{\mathrm{T}}(\boldsymbol{x}) = (\Phi_1(\boldsymbol{x}), \Phi_2(\boldsymbol{x}), \cdots, \Phi_n(\boldsymbol{x})) = \boldsymbol{v}^{\mathrm{T}} + \boldsymbol{p}^{\mathrm{T}}(\boldsymbol{x})\boldsymbol{A}^{-1}(\boldsymbol{x})\boldsymbol{F}_W(\boldsymbol{x}), \tag{2.2.77}$$

且

$$\boldsymbol{v}^{\mathrm{T}} = (v(\boldsymbol{x}, \boldsymbol{x}_1), v(\boldsymbol{x}, \boldsymbol{x}_2), \cdots, v(\boldsymbol{x}, \boldsymbol{x}_n)), \tag{2.2.78}$$

$$\boldsymbol{p}^{\mathrm{T}}(\boldsymbol{x}) = (g_1(\boldsymbol{x}), g_2(\boldsymbol{x}), \cdots, g_{\bar{m}}(\boldsymbol{x})), \tag{2.2.79}$$

$$g_i(\boldsymbol{x}) = p_i(\boldsymbol{x}) - \boldsymbol{S}p_i(\boldsymbol{x}). \tag{2.2.80}$$

式 (2.2.77) 即为本节改进的移动最小二乘插值法的形函数. 从式 (2.2.63) 和 (2.2.68) 可以看出, 本节的形函数比 Lancaster 的移动最小二乘插值法的形函数更加简单, 计算量更小.

从式 (2.2.76) 可以看出, 本节改进的移动最小二乘插值法试函数中待定系数个数比移动最小二乘法少一个, 这就使得其具有较高的计算效率, 并可减少系数矩阵奇异性的产生几率, 这种优势在线性基情形下更加明显.

下面给出本节改进的移动最小二乘插值法的逼近函数的性质.

性质 2.2.1　由改进的移动最小二乘插值法构造的逼近函数满足 Kronecker δ 函数的性质.

由引理 2.2.1 即可证明此性质.

性质 2.2.2　基函数的任意线性组合可以由改进的移动最小二乘插值法准确重构.

证明 改进的移动最小二乘插值法逼近函数的构造过程其实就是定义了一个线性算子 $\mathscr{A}$, 也即

$$\mathscr{A}u(\boldsymbol{x}) = u^h(\boldsymbol{x}). \tag{2.2.81}$$

因此只需证明

$$\mathscr{A}p_i(\boldsymbol{x}) = p_i(\boldsymbol{x}), \quad 0 \leqslant i \leqslant m \tag{2.2.82}$$

即可.

若令 $u = p_0(\boldsymbol{x}) = 1$, 则由式 (2.2.63) 可得

$$\sum_{i=1}^{\bar{m}} a_i(\boldsymbol{x})(\tilde{p}_i, \tilde{p}_j)_{\boldsymbol{x}} = (u - \boldsymbol{S}u, \tilde{p}_j)_{\boldsymbol{x}} = 0, \quad j = 1, 2, \cdots, \bar{m}. \tag{2.2.83}$$

于是

$$a_k(\boldsymbol{x}) = 0, \quad k = 1, 2, \cdots, \bar{m}. \tag{2.2.84}$$

从而有

$$\mathscr{A}p_0(\boldsymbol{x}) = \boldsymbol{S}p_0(\boldsymbol{x}) = 1. \tag{2.2.85}$$

若令 $u = p_k(\boldsymbol{x}), k = 1, 2, \cdots, \bar{m}$, 则由式 (2.2.63) 有

$$\sum_{i=1}^{\bar{m}} a_i(\boldsymbol{x})(\tilde{p}_i, \tilde{p}_j)_{\boldsymbol{x}} = (\tilde{p}_k, \tilde{p}_j)_{\boldsymbol{x}}. \tag{2.2.86}$$

于是

$$a_i(\boldsymbol{x}) = 0, \quad i \neq k, \tag{2.2.87}$$

$$a_k(\boldsymbol{x}) = 1. \tag{2.2.88}$$

从而有

$$\mathscr{A}p_k(\boldsymbol{x}) = \boldsymbol{S}p_k(\boldsymbol{x}) + g_k(\boldsymbol{x}) = p_k(\boldsymbol{x}). \tag{2.2.89}$$

性质得证.

类似于移动最小二乘法, 对于改进的移动最小二乘插值法也可以证明:

性质 2.2.3 若基函数为 m 阶的完全多项式, 则有

$$\sum_{I=1}^{n} \Phi_I(\boldsymbol{x})(\boldsymbol{x}_I - \boldsymbol{x})^{\eta} = \delta_{\eta 0}, \tag{2.2.90}$$

$$\sum_{I=1}^{n} D^{\xi}\Phi_I(\boldsymbol{x})(\boldsymbol{x}_I - \boldsymbol{x})^{\eta} = \eta!\delta_{\eta\xi}. \tag{2.2.91}$$

证明 根据性质 2.2.1, 若基函数为 m 阶的完全多项式, 则任何阶数不超过 m 阶的多项式都可以由改进的移动最小二乘插值法完全准确重构.

当 $|\eta|=0$ 时, 本性质是显然成立的.

对于任意给定的 $\boldsymbol{a}\in\Omega$, 有

$$\sum_{I=1}^{n}\Phi_I(\boldsymbol{x})(\boldsymbol{x}_I-\boldsymbol{a})^{\eta}=(\boldsymbol{x}-\boldsymbol{a})^{\eta},\quad 1\leqslant|\eta|\leqslant m. \tag{2.2.92}$$

对两边分别求导数, 可得

$$\sum_{I=1}^{n}D^{\xi}\Phi_I(\boldsymbol{x})(\boldsymbol{x}_I-\boldsymbol{a})^{\eta}=D^{\xi}(\boldsymbol{x}-\boldsymbol{a})^{\eta},\quad 1\leqslant|\eta|\leqslant m,\quad |\xi|\leqslant m. \tag{2.2.93}$$

因为 $\boldsymbol{a}$ 取值是任意的, 则在式 (2.2.92) 和 (2.2.93) 中, 若特别令 $\boldsymbol{a}=\boldsymbol{x}$, 于是有

$$\sum_{I=1}^{n}\Phi_I(\boldsymbol{x})(\boldsymbol{x}_I-\boldsymbol{a})^{\eta}\bigg|_{\boldsymbol{a}=\boldsymbol{x}}=(\boldsymbol{x}-\boldsymbol{a})^{\eta}\bigg|_{\boldsymbol{a}=\boldsymbol{x}},\quad 1\leqslant|\eta|\leqslant m. \tag{2.2.94}$$

$$\sum_{I=1}^{n}D^{\xi}\Phi_I(\boldsymbol{x})(\boldsymbol{x}_I-\boldsymbol{a})^{\eta}\bigg|_{\boldsymbol{a}=\boldsymbol{x}}=D^{\xi}(\boldsymbol{x}-\boldsymbol{a})^{\eta}\bigg|_{\boldsymbol{a}=\boldsymbol{x}},\quad 1\leqslant|\eta|\leqslant m,\quad |\xi|\leqslant m. \tag{2.2.95}$$

又由于

$$(\boldsymbol{x}-\boldsymbol{a})^{\eta}\bigg|_{\boldsymbol{a}=\boldsymbol{x}}=\delta_{\eta 0}, \tag{2.2.96}$$

$$D^{\xi}(\boldsymbol{x}-\boldsymbol{a})^{\eta}\bigg|_{\boldsymbol{a}=\boldsymbol{x}}=\eta!\delta_{\eta\xi}, \tag{2.2.97}$$

从而性质得证.

以下给出 4 个算例来说明本节改进的移动最小二乘插值法构造的逼近函数具有较高的精度. 算例中, 逼近函数 $u^h(\boldsymbol{x})$ 由已知 $u(\boldsymbol{x})$ 利用改进的移动最小二乘插值法来构造. 定义 L_∞ 误差为

$$L_\infty\equiv\max_{\boldsymbol{x}_I\in X}|\mathscr{A}u(\boldsymbol{x}_I)-u(\boldsymbol{x}_I)|. \tag{2.2.98}$$

在本节算例中, 节点都是规则分布的. 为简单起见, $d_{\max}=2.5$, 且基函数取二阶完全多项式.

例 2.2.1　已知函数取作三角函数 $u(x)=\sin^2 x+\cos x$, $x\in[a,b]\subset\mathbf{R}$.

当区间 $[a,b]=[0,\pi]$ 时, 图 2.2.1 给出了改进的移动最小二乘插值法的逼近函数在节点处的 L_∞ 误差对于不同影响域半径的变化情况. 可以看出, 节点处的误差全部为零, 这也验证了改进的移动最小二乘插值法的形函数满足插值特性. 当取 41 个规则节点时, 在图 2.2.2－图 2.2.4 中分别给出了逼近函数及其导数的数值解和解析解, 可以看出改进的移动最小二乘插值法构造的逼近函数及其导数有较高的精度.

为比较采用式 (2.2.49) 的奇异权函数和采用本节改进的式 (2.2.51) 的奇异权函数的不同效果, 当 $[a,b]=[0,10^{-5}]$ 且取 11 个规则节点时, 分别用式 (2.2.49) 和式

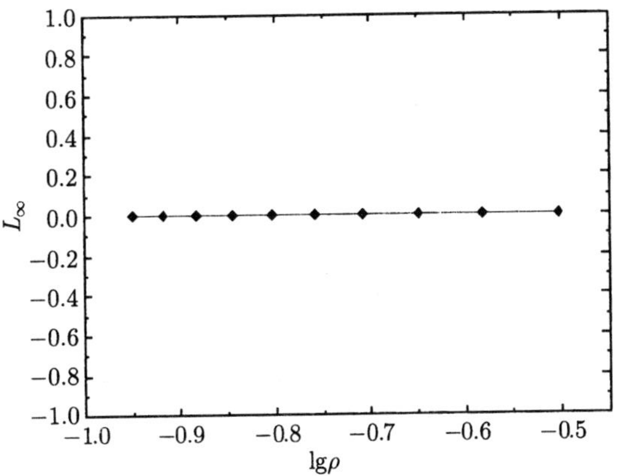

图 2.2.1 $u(x)$ 的 L_∞ 误差

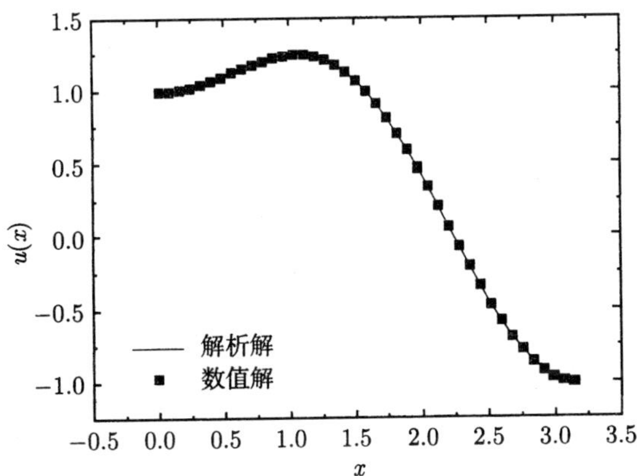

图 2.2.2 $u(x)$ 的数值解和解析解

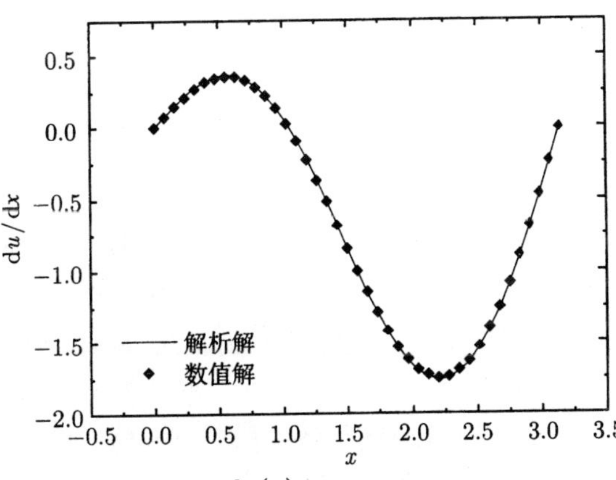

图 2.2.3 $\dfrac{\mathrm{d}u(x)}{\mathrm{d}x}$ 的数值解和解析解

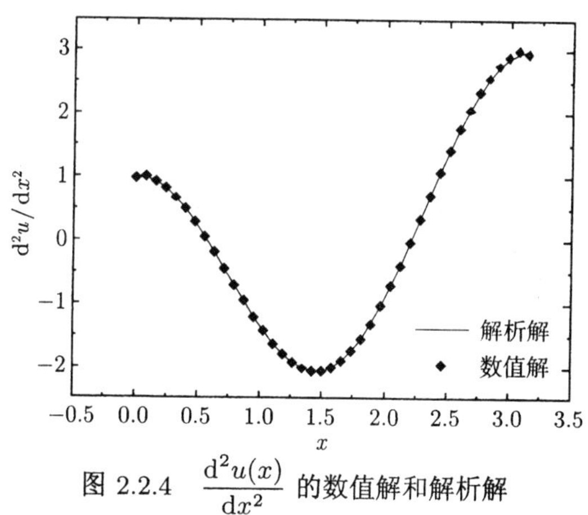

图 2.2.4　$\dfrac{\mathrm{d}^2u(x)}{\mathrm{d}x^2}$ 的数值解和解析解

(2.2.51) 的权函数来构造改进的移动最小二乘插值法的逼近函数, 求得逼近函数的一阶导数在节点处绝对误差的最大值分别是 $10^{-7.82}$ 和 $10^{-8.93}$, 而二阶导数的绝对误差的最大值分别是 $10^{-0.69}$ 和 $10^{-0.73}$. 可以看出, 采用本节改进的奇异权函数所得的数值解具有较小的误差. 当 $[a,b]=[0,10^{-7}]$ 且取 11 个规则节点时, 若采用式 (2.2.49) 的权函数计算形函数时, 相应的 Matlab 程序将出现系数矩阵奇异性的提示, 无法获得数值结果. 但是若采用本节改进的权函数式 (2.2.51) 时, 将不会出现任何奇异性的提示, 可以得到较精确的数值计算结果. 可以看出, 移动最小二乘插值法采用本节改进的奇异权函数时, 可以减少形函数计算中系数矩阵奇异性的产生, 提高计算精度.

例 2.2.2　已知函数取作指数函数 $u(x)=e^{-2x}$, $x\in[a,b]\subset\mathbf{R}$.

当 $x\in[0,2]$ 时, 图 2.2.5 给出了改进的移动最小二乘插值法的逼近函数的 L_∞ 误差, 再次验证了改进的移动最小二乘插值法的形函数满足 Kronecker δ 函数的性质. 当取 51 个规则节点时, 图 2.2.6－图 2.2.8 分别给出了逼近函数及其导数的数值解和解析解, 可以看出改进的移动最小二乘插值法构造的逼近函数及其导数有较高的精度.

为再次比较奇异权函数采用式 (2.2.49) 和式 (2.2.51) 的不同效果, 当 $[a,b]=[0,10^{-5}]$ 且取 11 个规则节点时, 分别用式 (2.2.49) 和式 (2.2.51) 的权函数来构造改进的移动最小二乘插值法的逼近函数, 求得逼近函数的一阶导数在节点处的最大绝对误差分别是 $10^{-7.83}$ 和 $10^{-8.93}$, 而二阶导数的最大误差分别是 $10^{-0.69}$ 和 $10^{-0.73}$. 可以看出, 采用本节改进的奇异权函数所得的数值解具有较小的误差. 当 $[a,b]=[0,10^{-7}]$ 且取 11 个规则节点时, 若采用式 (2.2.49) 的权函数计算形函数时, 相应的 Matlab 程序将出现系数矩阵奇异性的提示, 无法获得数值结果. 但是若采用式 (2.2.51) 的权函数时将不会出现任何奇异性的提示, 可以得到较精确的数值计算结果. 同样可以看出, 移动最小二乘插值法采用本节改进的奇异权函数时, 可以减少形函数计算中系数矩阵奇异性的产生, 提高计算精度.

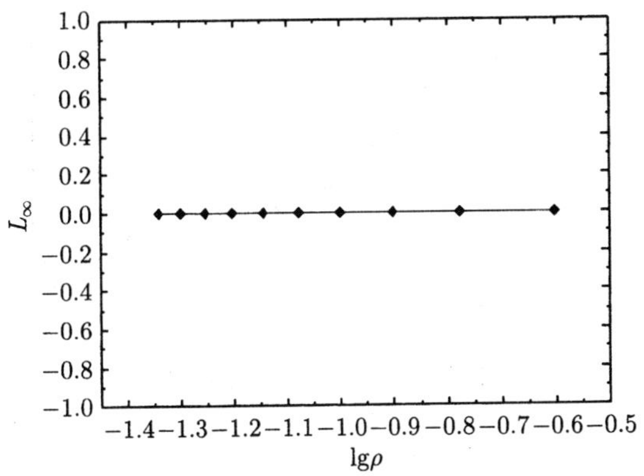

图 2.2.5 $u(x)$ 的 L_∞ 误差

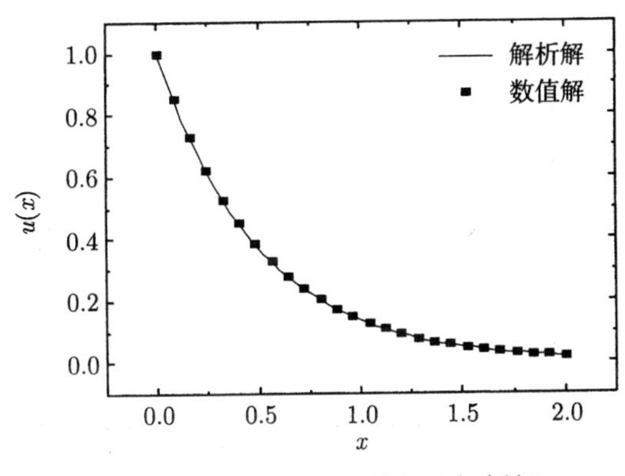

图 2.2.6 $u(x)$ 的数值解和解析解

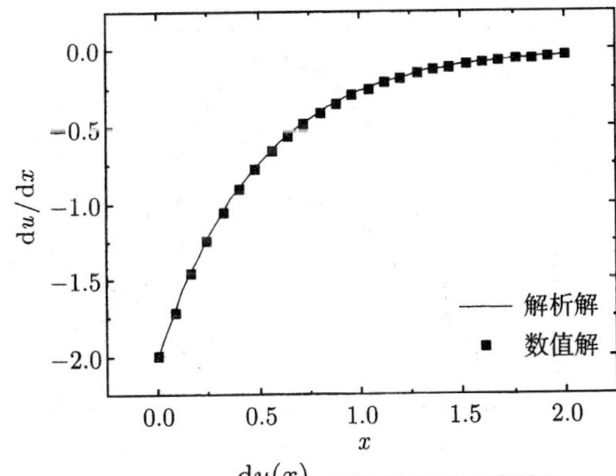

图 2.2.7 $\dfrac{\mathrm{d}u(x)}{\mathrm{d}x}$ 的数值解和解析解

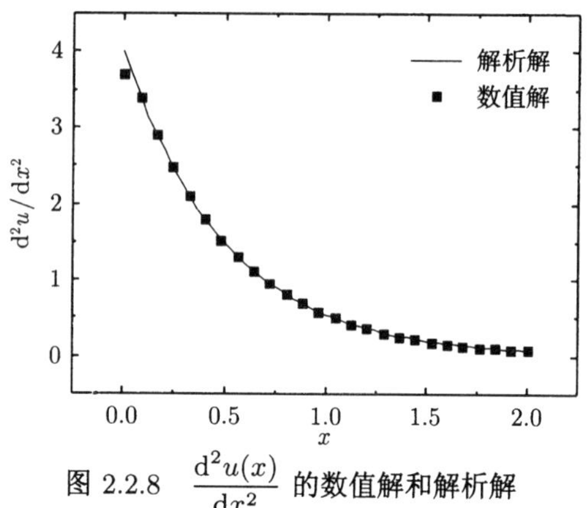

图 2.2.8　$\dfrac{\mathrm{d}^2u(x)}{\mathrm{d}x^2}$ 的数值解和解析解

例 2.2.3　已知函数取作 $u = u(x_1, x_2) = \cos x_2 \sin x_1$, $\Omega = [0, \pi] \times [0, \pi] \subset \mathbf{R}^2$.

图 2.2.9 给出了改进的移动最小二乘插值法的逼近函数的 L_∞ 误差针对权函数影响域半径的变化情况. 可以看出, 对于二维函数, 其节点处的误差仍然为零, 这也

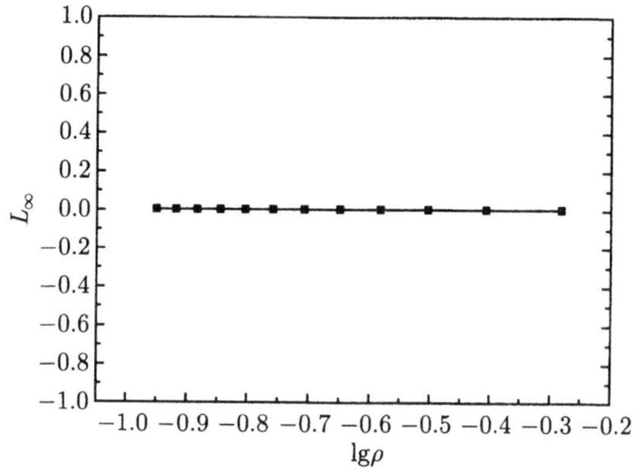

图 2.2.9　节点处的 L_∞ 误差

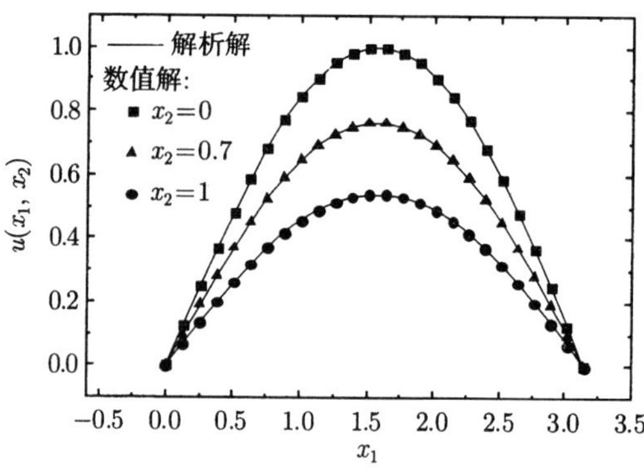

图 2.2.10　u 的数值解和解析解

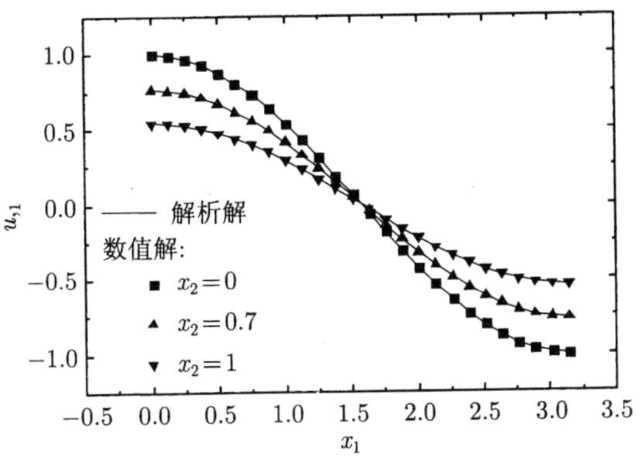

图 2.2.11 $u_{,1}$ 的数值解和解析解

意味着改进的移动最小二乘插值法的形函数在二维情形仍然满足 Kronecker δ 性质. 当采用 31×31 个规则节点时, 图 2.2.10 和图 2.2.11 分别给出了 u 和 $u_{,1}$ 的数值解和解析解. 可以看出, 在二维情形下, 改进的移动最小二乘插值法的逼近函数及其导数仍然有较高的精度.

例 2.2.4 已知函数取作 $u=u(x_1,x_2)=e^{2x_1}\ln(x_2+1), \Omega=[0,1]\times[0,1]\subset \mathbf{R}^2$.

图 2.2.12 给出了改进的移动最小二乘插值法的逼近函数的 L_∞ 误差, 再次显示了节点处的误差为零, 也即其形函数满足 Kronecker δ 函数性质. 当采用 21×21 个规则节点时, 图 2.2.13 和图 2.2.14 分别给出函数 u 和 $u_{,2}$ 的数值解和解析解, 其中 $x_2=0.12, 0.32, 0.62$. 可以看出, 改进的移动最小二乘插值法具有较高的精度.

本节对 Lancaster 所使用的奇异权函数的形式进行了改进, 证明了 Lancaster 形函数公式中的一些内积为零, 得到了比 Lancaster 的结果更为简单的移动最小二乘插值法形函数计算公式, 可提高形函数的计算效率.

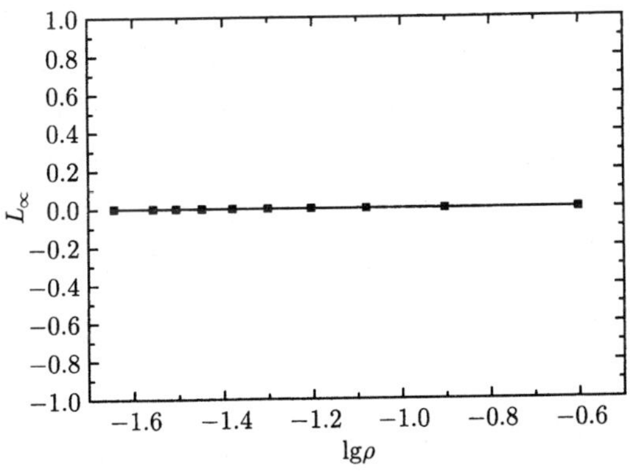

图 2.2.12 L_∞ 误差

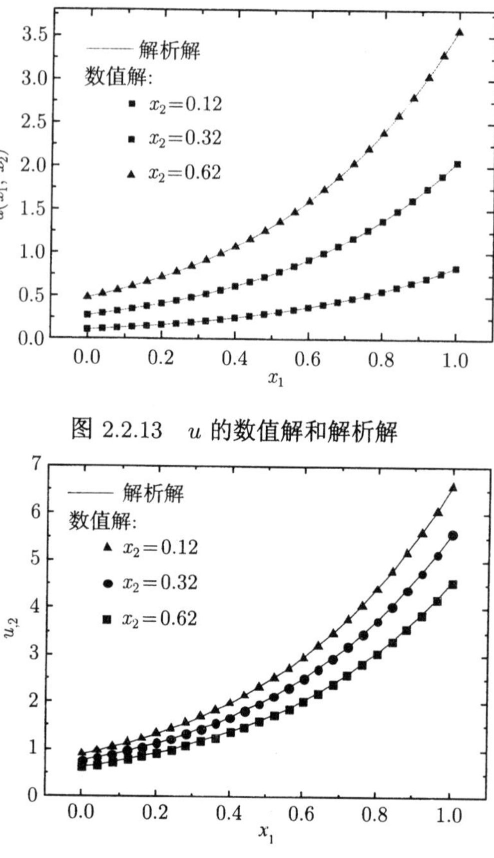

图 2.2.13　u 的数值解和解析解

图 2.2.14　$u_{,2}$ 的数值解和解析解

移动最小二乘法的形函数不满足 Kronecker δ 函数的性质, 使得基于移动最小二乘法的无网格方法对边界条件不能像有限元法一样直接施加, 增加了处理边界条件的难度. 而移动最小二乘插值法恰好能克服这个不利因素, 其形函数满足 Kronecker δ 函数的性质, 使得基于移动最小二乘插值法建立的无网格方法可以直接引入边界条件. 同时移动最小二乘插值法试函数中待定系数的个数比移动最小二乘法少一个, 这就使得移动最小二乘插值法具有较高的计算效率, 也就更能保证移动最小二乘插值法的紧支性, 减少形函数计算中矩阵奇异性的产生几率.

本节改进的移动最小二乘插值法以及其一些性质, 是本书插值型无网格方法的基础.

2.2.5　基于非奇异权函数的移动最小二乘插值法

Lancaster 的移动最小二乘插值法和 2.2.4 节改进的移动最小二乘插值法采用了奇异权函数, 给数值求解造成了一定的困难并产生了截断误差. 为了克服这个缺点, 本节将提出采用非奇异权的改进的移动最小二乘插值法. 该方法形函数中待定系数比传统的移动最小二乘法少一个, 并且其形函数同样满足 Kronecker δ 函数的性质, 使得基于该方法建立的无网格方法可以直接引入本质边界条件.

本节将采用非奇异权函数的改进的移动最小二乘插值法构造函数 $u(\boldsymbol{x})$ 的逼近函数 $u^h(\boldsymbol{x})$, 使其形函数满足 Kronecker δ 函数的性质.

令 $p_0(\boldsymbol{x})$, $p_1(\boldsymbol{x})$, $\cdots$, $p_{\bar{m}}(\boldsymbol{x})$ 表示给定用来构造逼近函数的一组基函数, 其中 $p_0(\boldsymbol{x}) \equiv 1$, 基函数为 $\bar{m}+1$ 个. 为了使得权函数是非奇异的, 并且逼近函数满足插值性质, 将由给定的基函数构造一组新的基函数. 令

$$\tilde{p}_i(\bar{\boldsymbol{x}})_{\boldsymbol{x}} = p_i(\bar{\boldsymbol{x}}) - \sum_{I=1}^{n} v(\boldsymbol{x}, \boldsymbol{x}_I) p_i(\boldsymbol{x}_I), \quad i = 0, 1, 2, \cdots, \bar{m}, \tag{2.2.99}$$

其中 $\bar{\boldsymbol{x}}$ 表示点 $\boldsymbol{x}$ 局部影响域中的点, $\boldsymbol{x}_I$ $(I = 1, 2, \cdots, n)$ 为影响域覆盖 $\boldsymbol{x}$ 的节点, 并且函数 $v(\boldsymbol{x}, \boldsymbol{x}_I)$ 满足以下条件:

$$\begin{cases} \text{(a)} v(\boldsymbol{x}_I, \boldsymbol{x}_J) = \delta_{IJ}, & \forall I, J \in \tau_{\boldsymbol{x}}; \\ \text{(b)} \displaystyle\sum_{I \in \tau_{\boldsymbol{x}}} v(\boldsymbol{x}, \boldsymbol{x}_I) = 1, & \forall \boldsymbol{x} \in \Omega. \end{cases} \tag{2.2.100}$$

函数 $v(\boldsymbol{x}, \boldsymbol{x}_I)$ 的形式并不唯一, 在一维空间可以采用以下形式:

$$v(x, x_I) = \prod_{J \neq I} \frac{x - x_J}{x_I - x_J}; \tag{2.2.101}$$

在 $n(n \geqslant 1)$ 维空间可以采用以下形式:

$$v(\boldsymbol{x}, \boldsymbol{x}_I) = \frac{\zeta(\boldsymbol{x}, \boldsymbol{x}_I)}{\displaystyle\sum_{J=1}^{n} \zeta(\boldsymbol{x}, \boldsymbol{x}_J)}, \tag{2.2.102}$$

其中

$$\zeta(\boldsymbol{x}, \boldsymbol{x}_I) = \prod_{J \neq I} \frac{\|\boldsymbol{x} - \boldsymbol{x}_J\|^2}{\|\boldsymbol{x}_I - \boldsymbol{x}_J\|^2}; \tag{2.2.103}$$

或者在 $n(n \geqslant 1)$ 维空间也可以采用以下形式:

$$v(\boldsymbol{x}, \boldsymbol{x}_I) = \frac{s_L^2 s_I^{-2}}{1 + s_L^2 \displaystyle\sum_{J=1, J \neq L}^{n} s_J^{-2}}, \tag{2.2.104}$$

其中 $s_I = \cos\left(\dfrac{\pi}{2} r_I^2\right) d_I$, $r_I = \dfrac{d_I}{\rho_I}$, 并且 $s_L = \min\{s_I\}$.

当采用式 (2.2.104) 计算时, 本节采用非奇异权函数的改进的移动最小二乘插值法将满足全局相容性, 而采用式 (2.2.101) 或 (2.2.102) 计算时, 将不满足全局相容性. 从数值算例来看, 是否满足全局相容性, 计算精度并不会有明显差异. 若要使得式 (2.2.102) 满足全局相容性, 可以在式 (2.2.103) 等号右边项前乘以一个紧支函数, 也即

$$\zeta(\boldsymbol{x},\boldsymbol{x}_I)=m_I(\boldsymbol{x})\prod_{J\neq I}\frac{\|\boldsymbol{x}-\boldsymbol{x}_J\|^2}{\|\boldsymbol{x}_I-\boldsymbol{x}_J\|^2}, \tag{2.2.105}$$

其中 $m_I(\boldsymbol{x})=m(\boldsymbol{x}-\boldsymbol{x}_I)\in C^l(\Omega)$, 当 $\boldsymbol{x}\in\Omega_I$ 时 $m_I(\boldsymbol{x})>0$, 当 $\boldsymbol{x}\notin\Omega_I$ 时 $m_I(\boldsymbol{x})=0$. 一般情况下, 函数 $m_I(\boldsymbol{x})$ 可以取作三角函数或者其他非奇异权函数.

对函数 $u(\boldsymbol{x})$ 也作与基函数相同的变换, 也即构造局部函数

$$\tilde{u}(\bar{\boldsymbol{x}})_{\boldsymbol{x}}=u(\bar{\boldsymbol{x}})-\sum_{I=1}^{n}v(\boldsymbol{x},\boldsymbol{x}_I)u(\boldsymbol{x}_I). \tag{2.2.106}$$

下面采用最小二乘法以获得局部函数 $\tilde{u}(\bar{x})_{\boldsymbol{x}}$ 的逼近函数. 为此构造如下形式的局部逼近函数:

$$\tilde{u}^h(\bar{\boldsymbol{x}})_{\boldsymbol{x}}=\sum_{i=0}^{\bar{m}}\tilde{p}_i(\bar{\boldsymbol{x}})_{\boldsymbol{x}}\tilde{a}_i(\boldsymbol{x}), \tag{2.2.107}$$

其中 $\bar{\boldsymbol{x}}$ 仍然是点 $\boldsymbol{x}$ 影响域中的点, 且 $\tilde{a}_i(\boldsymbol{x})$ $(i=0,1,\cdots,\bar{m})$ 为待定系数.

由式 (2.2.99) 可得

$$\tilde{p}_1(\bar{\boldsymbol{x}})_{\boldsymbol{x}}\equiv 1-\sum_{I=1}^{n}v(\boldsymbol{x},\boldsymbol{x}_I)=0. \tag{2.2.108}$$

于是由式 (2.2.107) 可以得到

$$\tilde{u}^h(\bar{\boldsymbol{x}})_{\boldsymbol{x}}=\sum_{i=1}^{\bar{m}}\tilde{p}_i(\bar{\boldsymbol{x}})_{\boldsymbol{x}}\tilde{a}_i(\boldsymbol{x}). \tag{2.2.109}$$

由式 (2.2.109) 可以看出, 当基函数为 $\bar{m}+1$ 个时, 本节采用非奇异权的改进的移动最小二乘插值法需要确定的待定系数是 $\bar{m}$ 个, 而传统的移动最小二乘法的待定系数是 $\bar{m}+1$ 个, 本节方法中待定系数比传统的移动最小二乘法少一个, 所以虽然本节在构造逼近函数时需要对基函数进行变换, 但是该方法仍然具有较高的计算效率.

对于给定点 $\boldsymbol{x}$, 采用加权最小二乘法, 使得局部逼近函数 $\tilde{u}^h(\bar{\boldsymbol{x}})_{\boldsymbol{x}}$ 和未知函数 $\tilde{u}(\bar{\boldsymbol{x}})_{\boldsymbol{x}}$ 在点 $\boldsymbol{x}$ 的局部影响域内取值相差最小. 为此定义泛函

$$J=\sum_{I=1}^{n}w(\boldsymbol{x}-\boldsymbol{x}_I)[\tilde{u}^h(\boldsymbol{x}_I)_{\boldsymbol{x}}-\tilde{u}(\boldsymbol{x}_I)_{\boldsymbol{x}}]^2$$

$$= \sum_{I=1}^{n} w(\boldsymbol{x}-\boldsymbol{x}_I)\left[\sum_{I=1}^{n} v(\boldsymbol{x},\boldsymbol{x}_I)u(\boldsymbol{x}_I)+\sum_{i=1}^{\bar{m}}\tilde{p}_i(\boldsymbol{x}_I)_{\boldsymbol{x}}\tilde{a}_i(\boldsymbol{x})-u(\boldsymbol{x}_I)\right]^2, \quad (2.2.110)$$

其中 $w(\boldsymbol{x}-\boldsymbol{x}_I)$ 可取作传统移动最小二乘法的任何非奇异的权函数.

将式 (2.2.110) 写成矩阵形式有

$$J = (\boldsymbol{V}(\boldsymbol{x})\boldsymbol{u} + \tilde{\boldsymbol{P}}(\boldsymbol{x})\tilde{\boldsymbol{a}}(\boldsymbol{x}) - \boldsymbol{u})^{\mathrm{T}}\boldsymbol{W}(\boldsymbol{x})(\boldsymbol{V}(\boldsymbol{x})\boldsymbol{u} + \tilde{\boldsymbol{P}}(\boldsymbol{x})\tilde{\boldsymbol{a}}(\boldsymbol{x}) - \boldsymbol{u}), \quad (2.2.111)$$

其中

$$\tilde{\boldsymbol{a}}^{\mathrm{T}}(\boldsymbol{x}) = (\tilde{a}_1(\boldsymbol{x}), \tilde{a}_2(\boldsymbol{x}), \cdots, \tilde{a}_{\bar{m}}(\boldsymbol{x})), \quad (2.2.112)$$

$$\boldsymbol{W}(\boldsymbol{x}) = \begin{bmatrix} w(\boldsymbol{x}-\boldsymbol{x}_1) & 0 & \cdots & 0 \\ 0 & w(\boldsymbol{x}-\boldsymbol{x}_2) & \cdots & 0 \\ \vdots & \vdots & \ddots & \vdots \\ 0 & 0 & \cdots & w(\boldsymbol{x}-\boldsymbol{x}_n) \end{bmatrix}, \quad (2.2.113)$$

$$\tilde{\boldsymbol{P}}(\boldsymbol{x}) = \begin{bmatrix} \tilde{p}_1(\boldsymbol{x}_1)_{\boldsymbol{x}} & \tilde{p}_2(\boldsymbol{x}_1)_{\boldsymbol{x}} & \cdots & \tilde{p}_{\bar{m}}(\boldsymbol{x}_1)_{\boldsymbol{x}} \\ \tilde{p}_1(\boldsymbol{x}_2)_{\boldsymbol{x}} & \tilde{p}_2(\boldsymbol{x}_2)_{\boldsymbol{x}} & \cdots & \tilde{p}_{\bar{m}}(\boldsymbol{x}_2)_{\boldsymbol{x}} \\ \vdots & \vdots & \ddots & \vdots \\ \tilde{p}_1(\boldsymbol{x}_n)_{\boldsymbol{x}} & \tilde{p}_2(\boldsymbol{x}_n)_{\boldsymbol{x}} & \cdots & \tilde{p}_{\bar{m}}(\boldsymbol{x}_n)_{\boldsymbol{x}} \end{bmatrix}, \quad (2.2.114)$$

$$\boldsymbol{V}(\boldsymbol{x}) = \begin{bmatrix} v(\boldsymbol{x},\boldsymbol{x}_1) & v(\boldsymbol{x},\boldsymbol{x}_2) & \cdots & v(\boldsymbol{x},\boldsymbol{x}_n) \\ v(\boldsymbol{x},\boldsymbol{x}_1) & v(\boldsymbol{x},\boldsymbol{x}_2) & \cdots & v(\boldsymbol{x},\boldsymbol{x}_n) \\ \vdots & \vdots & \ddots & \vdots \\ v(\boldsymbol{x},\boldsymbol{x}_1) & v(\boldsymbol{x},\boldsymbol{x}_2) & \cdots & v(\boldsymbol{x},\boldsymbol{x}_n) \end{bmatrix}_{n\times n}. \quad (2.2.115)$$

通过求极值,

$$\frac{\partial J}{\partial \tilde{a}_i} = 0, \quad i = 2, 3, \cdots, \bar{m}, \quad (2.2.116)$$

于是可以得到

$$\tilde{\boldsymbol{A}}(\boldsymbol{x})\tilde{\boldsymbol{a}}(\boldsymbol{x}) = \tilde{\boldsymbol{B}}(\boldsymbol{x})\boldsymbol{u}, \quad (2.2.117)$$

其中

$$\tilde{\boldsymbol{A}}(\boldsymbol{x}) = \tilde{\boldsymbol{P}}^{\mathrm{T}}(\boldsymbol{x})\boldsymbol{W}(\boldsymbol{x})\tilde{\boldsymbol{P}}(\boldsymbol{x}), \quad (2.2.118)$$

$$\tilde{\boldsymbol{B}}(\boldsymbol{x}) = \tilde{\boldsymbol{P}}^{\mathrm{T}}(\boldsymbol{x})\boldsymbol{W}(\boldsymbol{x})(\boldsymbol{E} - \boldsymbol{V}(\boldsymbol{x})), \quad (2.2.119)$$

$\boldsymbol{E}$ 是一个 $n \times n$ 的单位矩阵.

由式 (2.2.117) 可以求得待定系数

$$\tilde{\boldsymbol{a}}(\boldsymbol{x}) = \tilde{\boldsymbol{A}}^{-1}(\boldsymbol{x})\tilde{\boldsymbol{B}}(\boldsymbol{x})\boldsymbol{u}. \quad (2.2.120)$$

于是可以得到函数 $\tilde{u}(\bar{\boldsymbol{x}})_{\boldsymbol{x}}$ 的局部逼近函数

$$\tilde{u}^h(\bar{\boldsymbol{x}})_{\boldsymbol{x}} = \sum_{i=2}^{m} \tilde{p}_i(\bar{\boldsymbol{x}})_{\boldsymbol{x}} \tilde{a}_i(\boldsymbol{x}) = \tilde{\boldsymbol{p}}(\bar{\boldsymbol{x}})_{\boldsymbol{x}} \tilde{\boldsymbol{A}}^{-1}(\boldsymbol{x}) \tilde{\boldsymbol{B}}(\boldsymbol{x}) \boldsymbol{u}, \tag{2.2.121}$$

其中

$$\tilde{\boldsymbol{p}}(\bar{\boldsymbol{x}})_{\boldsymbol{x}} = (\tilde{p}_1(\bar{\boldsymbol{x}})_{\boldsymbol{x}}, \tilde{p}_2(\bar{\boldsymbol{x}})_{\boldsymbol{x}}, \cdots, \tilde{p}_{\bar{m}}(\bar{\boldsymbol{x}})_{\boldsymbol{x}}). \tag{2.2.122}$$

根据式 (2.2.106) 和 (2.2.121), 于是可以得到函数 $u(\boldsymbol{x})$ 的逼近函数为

$$u^h(\boldsymbol{x}) = \boldsymbol{\Phi}(\boldsymbol{x}) \boldsymbol{u} = \sum_{I=1}^{n} \Phi_I(\boldsymbol{x}) u(\boldsymbol{x}_I), \tag{2.2.123}$$

其中形函数矩阵

$$\boldsymbol{\Phi}(\boldsymbol{x}) = \boldsymbol{v}^{\mathrm{T}}(\boldsymbol{x}) + \boldsymbol{g}^{\mathrm{T}}(\boldsymbol{x}) \tilde{\boldsymbol{A}}^{-1}(\boldsymbol{x}) \tilde{\boldsymbol{B}}(\boldsymbol{x}), \tag{2.2.124}$$

$$\boldsymbol{v}^{\mathrm{T}}(\boldsymbol{x}) = (v(\boldsymbol{x}, \boldsymbol{x}_1), v(\boldsymbol{x}, \boldsymbol{x}_2), \cdots, v(\boldsymbol{x}, \boldsymbol{x}_n)), \tag{2.2.125}$$

$$\boldsymbol{g}^{\mathrm{T}}(\boldsymbol{x}) = (g_1(\boldsymbol{x}), g_2(\boldsymbol{x}), \cdots, g_{\bar{m}}(\boldsymbol{x})), \tag{2.2.126}$$

$$g_i(\boldsymbol{x}) = p_i(\boldsymbol{x}) - \sum_{I=1}^{n} v(\boldsymbol{x}, \boldsymbol{x}_I) p_i(\boldsymbol{x}_I). \tag{2.2.127}$$

通过求导可以得到形函数的一阶偏导数为

$$\boldsymbol{\Phi}_{,i}(\boldsymbol{x}) = \boldsymbol{v}_{,i}^{\mathrm{T}}(\boldsymbol{x}) + \boldsymbol{g}_{,i}^{\mathrm{T}}(\boldsymbol{x}) \tilde{\boldsymbol{A}}^{-1}(\boldsymbol{x}) \tilde{\boldsymbol{B}}(\boldsymbol{x}) + \boldsymbol{g}^{\mathrm{T}}(\boldsymbol{x}) \tilde{\boldsymbol{A}}^{-1}(\boldsymbol{x}) \boldsymbol{B}_{,i}(\boldsymbol{x}) + \boldsymbol{g}^{\mathrm{T}}(\boldsymbol{x}) \tilde{\boldsymbol{A}}_{,i}^{-1}(\boldsymbol{x}) \tilde{\boldsymbol{B}}(\boldsymbol{x}), \tag{2.2.128}$$

其中

$$\tilde{\boldsymbol{A}}_{,i}^{-1}(\boldsymbol{x}) = -\tilde{\boldsymbol{A}}^{-1}(\boldsymbol{x}) \tilde{\boldsymbol{A}}_{,i}(\boldsymbol{x}) \tilde{\boldsymbol{A}}^{-1}(\boldsymbol{x}). \tag{2.2.129}$$

式 (2.2.124) 即为本节提出的新的采用非奇异权的改进的移动最小二乘插值法的形函数.

与 Lancaster 的移动最小二乘插值法相比, 本节新的改进的移动最小二乘插值法采用了非奇异权函数, 这也意味着任何移动最小二乘法的权函数都可以作为本书中的插值型无网格方法构造形函数的权函数, 可以克服传统移动最小二乘插值法因权函数奇异导致的计算不便.

虽然本节新的改进的移动最小二乘插值法在计算形函数时需要对基函数进行函数变换, 但是从式 (2.2.107) 和 (2.2.109) 可以看出, 该方法中待定系数比传统移动最小二乘法少一个, 这就使得新方法计算效率较高. 在计算形函数时, 该方法求逆矩阵的阶数比移动最小二乘法少一阶, 因此当用较少的节点来计算形函数时, 该方法也可减少系数矩阵奇异性的产生, 获得较高的计算精度.

本节采用非奇异权函数的移动最小二乘插值法的形函数满足 Kronecker δ 函数的性质, 使得基于该方法建立的无网格方法可以直接引入本质边界条件, 可在简化公式的同时提高计算精度和计算效率.

下面来讨论采用非奇异权函数的改进的移动最小二乘插值法的性质.

性质 2.2.4 由采用非奇异权的改进的移动最小二乘插值法构造的形函数满足 Kronecker δ 函数的性质, 即

$$\Phi_I(\boldsymbol{x}_J) = \delta_{IJ}. \tag{2.2.130}$$

证明 因为 $v(\boldsymbol{x}_I, \boldsymbol{x}_J) = \delta_{IJ}$, 于是有

$$g_i(\boldsymbol{x}_J) = p_i(\boldsymbol{x}_J) - \sum_{I=1}^{n} v(\boldsymbol{x}_J, \boldsymbol{x}_I) p_i(\boldsymbol{x}_I) = 0. \tag{2.2.131}$$

当 $\boldsymbol{x}$ 的取值等于某个节点时, $\boldsymbol{g}^{\mathrm{T}}(\boldsymbol{x})$ 为一个 $1\times\bar{m}$ 的零向量, 于是由式 (2.2.124) 可以得到

$$\Phi_I(\boldsymbol{x}_J) = v(\boldsymbol{x}_I, \boldsymbol{x}_J) = \delta_{IJ}. \tag{2.2.132}$$

性质 2.2.5 若权函数 $w(\boldsymbol{x} - \boldsymbol{x}_I) \in C^l(\Omega)$, 则 $u^h(\boldsymbol{x}) \in C^l(\Omega)$, 并且基函数的任意线性组合可以由新的改进的移动最小二乘插值法准确重构, 即若令

$$u(\boldsymbol{x}) = \beta_0 p_0(\boldsymbol{x}) + \beta_1 p_1(\boldsymbol{x}) + \cdots + \beta_{\bar{m}} p_{\bar{m}}(\boldsymbol{x}), \tag{2.2.133}$$

其中 $\beta_1, \beta_2, \cdots, \beta_{\bar{m}}$ 为任意常数, 则有

$$u^h(\boldsymbol{x}) = u(\boldsymbol{x}). \tag{2.2.134}$$

证明 若令 $u(\boldsymbol{x}) = p_0(\boldsymbol{x}) \equiv 1$, 可得

$$J = \sum_{I=1}^{n} w(\boldsymbol{x} - \boldsymbol{x}_I) \left[\sum_{i=1}^{\bar{m}} \tilde{p}_i(\boldsymbol{x}_I)_{\boldsymbol{x}} \tilde{a}_i(\boldsymbol{x}) \right]^2. \tag{2.2.135}$$

显然, 当且仅当 $\tilde{a}_i(\boldsymbol{x}) = 0\ (i = 1, 2, \cdots, \bar{m})$ 时, 泛函 J 才取得其最小值 $J = 0$, 也即有 $\tilde{\boldsymbol{a}}(\boldsymbol{x})$ 为一个零向量. 于是由式 (2.2.123) 可以得到

$$\begin{aligned} u^h(\boldsymbol{x}) &= \boldsymbol{\Phi}(\boldsymbol{x})\boldsymbol{u} = [\boldsymbol{v}^{\mathrm{T}}(\boldsymbol{x}) + \boldsymbol{g}^{\mathrm{T}}(\boldsymbol{x})\tilde{\boldsymbol{A}}^{-1}(\boldsymbol{x})\tilde{\boldsymbol{B}}(\boldsymbol{x})]\boldsymbol{u} \\ &= \boldsymbol{v}^{\mathrm{T}}(\boldsymbol{x})\boldsymbol{u} = \sum_{I=1}^{n} v(\boldsymbol{x}, \boldsymbol{x}_I) = 1. \end{aligned} \tag{2.2.136}$$

若令 $u(\boldsymbol{x}) = p_j(\boldsymbol{x}),\ j = 1, 2, \cdots, \bar{m}$, 可得

$$J = \sum_{I=1}^{n} w(\boldsymbol{x} - \boldsymbol{x}_I) \left[\sum_{i=1}^{\bar{m}} \tilde{p}_i(\boldsymbol{x}_I)_{\boldsymbol{x}} \tilde{a}_i(\boldsymbol{x}) - \tilde{p}_j(\boldsymbol{x}_I)_{\boldsymbol{x}} \right]^2. \tag{2.2.137}$$

于是, 当且仅当 $\tilde{a}_j(\boldsymbol{x})=1$ 并且 $\tilde{a}_i(\boldsymbol{x})=0,\ i\neq j$ 时, 泛函 J 取得最小值. 于是由式 (2.2.123) 可得

$$u^h(\boldsymbol{x})=\sum_{I=1}^{n}v(\boldsymbol{x},\boldsymbol{x}_I)p_j(\boldsymbol{x}_I)+g_j(\boldsymbol{x})=p_j(\boldsymbol{x}). \tag{2.2.138}$$

性质得证.

类似于移动最小二乘法, 对于本节基于非奇异权函数的改进的移动最小二乘插值法也可以证明成立下面性质.

性质 2.2.6 若基函数为 m 阶的完全多项式, 则有

$$\sum_{I=1}^{n}\Phi_I(\boldsymbol{x})(\boldsymbol{x}_I-\boldsymbol{x})^{\eta}=\delta_{\eta 0},\quad |\eta|\leqslant m, \tag{2.2.139}$$

$$\sum_{I=1}^{n}D^{\xi}\Phi_I(\boldsymbol{x})(\boldsymbol{x}_I-\boldsymbol{x})^{\eta}=\eta!\delta_{\eta\xi},\quad 1\leqslant|\eta|\leqslant m,|\xi|\leqslant m. \tag{2.2.140}$$

证明 根据性质 2.2.5, 若基函数为 m 阶完全多项式, 则任何阶数不超过 m 阶的多项式都可以由新的改进的移动最小二乘插值法完全准确重构.

当 $|\eta|=0$ 时, 本性质是显然成立的.

对于任意给定的 $\boldsymbol{a}\in\Omega$, 若令 $u(\boldsymbol{x})=(\boldsymbol{x}-\boldsymbol{a})^{\eta}$, 由于 $(\boldsymbol{x}-\boldsymbol{a})^{\eta}$ 为阶数不大于 m 的多项式, 于是有 $u^h(\boldsymbol{x})=u(\boldsymbol{x})=(\boldsymbol{x}-\boldsymbol{a})^{\eta}$, 也即

$$\sum_{I=1}^{n}\Phi_I(\boldsymbol{x})u(\boldsymbol{x}_I)=\sum_{I=1}^{n}\Phi_I(\boldsymbol{x})(\boldsymbol{x}_I-\boldsymbol{a})^{\eta}=(\boldsymbol{x}-\boldsymbol{a})^{\eta},\quad 1\leqslant|\eta|\leqslant m. \tag{2.2.141}$$

对式 (2.2.141) 求导可得

$$\sum_{I=1}^{n}D^{\xi}\Phi_I(\boldsymbol{x})(\boldsymbol{x}_I-\boldsymbol{a})^{\eta}=D^{\xi}(\boldsymbol{x}-\boldsymbol{a})^{\eta},\quad 1\leqslant|\eta|\leqslant m,|\xi|\leqslant m. \tag{2.2.142}$$

因为 $\boldsymbol{a}$ 取值是任意的, 则在式 (2.2.141) 和 (2.2.142) 中, 若特别令 $\boldsymbol{a}=\boldsymbol{x}$ 可得

$$\sum_{I=1}^{n}\Phi_I(\boldsymbol{x})(\boldsymbol{x}_I-\boldsymbol{a})^{\eta}\big|_{\boldsymbol{a}=\boldsymbol{x}}=(\boldsymbol{x}-\boldsymbol{a})^{\eta}\big|_{\boldsymbol{a}=\boldsymbol{x}},\quad 1\leqslant|\eta|\leqslant m, \tag{2.2.143}$$

$$\sum_{I=1}^{n}D^{\xi}\Phi_I(\boldsymbol{x})(\boldsymbol{x}_I-\boldsymbol{a})^{\eta}\big|_{\boldsymbol{a}=\boldsymbol{x}}=D^{\xi}(\boldsymbol{x}-\boldsymbol{a})^{\eta}\big|_{\boldsymbol{a}=\boldsymbol{x}},\quad 1\leqslant|\eta|\leqslant m,|\xi|\leqslant m. \tag{2.2.144}$$

又由于

$$(\boldsymbol{x}-\boldsymbol{a})^{\eta}\big|_{\boldsymbol{a}=\boldsymbol{x}}=\delta_{\eta 0}, \tag{2.2.145}$$

$$D^{\xi}(\boldsymbol{x}-\boldsymbol{a})^{\eta}\big|_{\boldsymbol{a}=\boldsymbol{x}}=\eta!\delta_{\eta\xi}, \tag{2.2.146}$$

从而性质得证.

以下将通过两个算例来验证采用非奇异权函数的改进的移动最小二乘插值法的有效性. 算例中, 逼近函数 $u^h(\boldsymbol{x})$ 将根据采用非奇异权函数的改进的移动最小二乘插值法由已知函数 $u(\boldsymbol{x})$ 构造, 基函数为线性基函数; 任何移动最小二乘法的权函数都可以作为本节改进的移动最小二乘插值法的权函数, 算例中将采用三次样条权函数.

定义误差

$$e^{(\xi)}=\frac{1}{M}\sqrt{\sum_{I=1}^{M}\left[\partial^{(\xi)}[u_I^h-u_I]\right]^2\Big/\sum_{I=1}^{M}\left[\partial^{(\xi)}u_I\right]^2}, \tag{2.2.147}$$

其中 M 为节点总数, 并且在一维空间时 ξ 为整数,

$$\partial^{(\xi)}u=\frac{\mathrm{d}^{\xi}}{\mathrm{d}x^{\xi}}u; \tag{2.2.148}$$

在二维空间时, $\xi=(i,j)$ 为向量, 且

$$\partial^{(\xi)}u=\frac{\partial^{i+j}}{\partial x_1^i\partial x_2^j}u. \tag{2.2.149}$$

例 2.2.5 考虑一维空间情形, 设已知函数

$$u(x)=\sin x\ln(x+1),\quad \Omega=[0,2\pi]. \tag{2.2.150}$$

将在规则和不规则节点两种情形下对算例进行研究, 其中不规则节点是通过对规则节点添加随机扰动产生的, 即

$$\tilde{x}_I=x_I+\mathrm{rand}, \tag{2.2.151}$$

其中 x_I 和 $\tilde{x}_I$ 分别表示规则节点坐标和随机扰动后的不规则节点坐标, rand 为服从区间 $\left[-\dfrac{l}{5},\dfrac{l}{5}\right]$ 上的一个随机数, 由 Matlab 软件产生, l 代表相应规则节点下的相邻节点间距.

在采用如表 2.2.1 所示的 31 个规则和不规则节点时, 图 2.2.15 给出了利用本节改进的移动最小二乘插值法和移动最小二乘法构造的函数 $u(x)$ 的逼近函数值, 图 2.2.16 给出了逼近函数一阶导数值. 可以看出, 本节改进的移动最小二乘插值法具有较高的精度.

表 2.2.1　采用 31 个节点时的规则和不规则节点坐标

规则节点坐标	0.000	0.209	0.419	0.628	0.838	1.047	1.257	1.466
	1.676	1.885	2.094	2.304	2.513	2.723	2.932	3.142
	3.351	3.560	3.770	3.979	4.189	4.398	4.608	4.817
	5.027	5.236	5.445	5.655	5.864	6.074	6.283	
不规则节点坐标	0.000	0.234	0.453	0.630	0.882	1.076	1.301	1.484
	1.699	1.888	2.104	2.339	2.531	2.770	2.938	3.193
	3.379	3.597	3.822	3.994	4.210	4.423	4.648	4.860
	5.032	5.245	5.464	5.658	5.892	6.091	6.283	

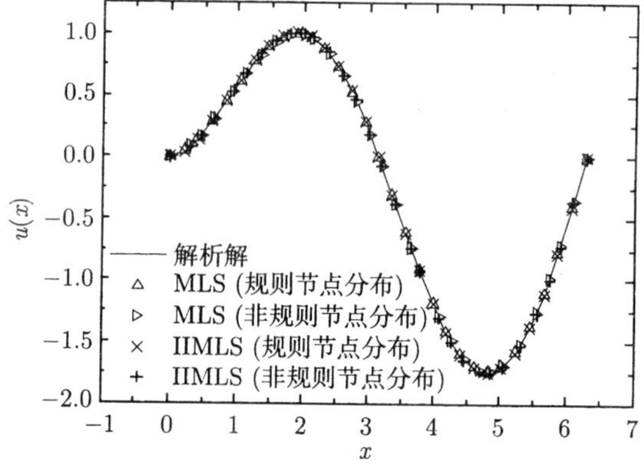

图 2.2.15　$u(x)$ 的数值解和解析解

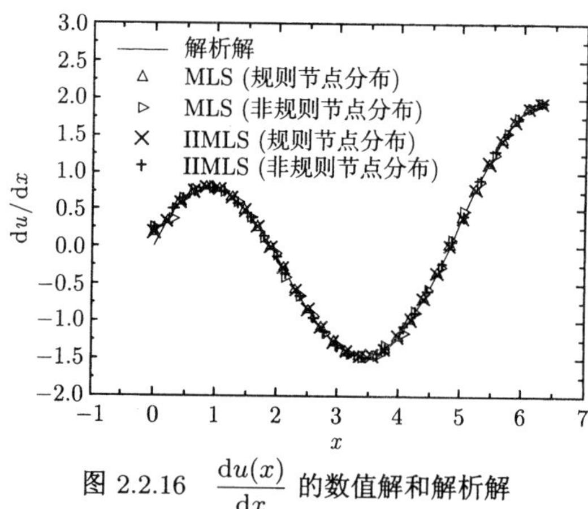

图 2.2.16　$\frac{\mathrm{d}u(x)}{\mathrm{d}x}$ 的数值解和解析解

在规则和不规则节点分布时, 图 2.2.17 给出了移动最小二乘法、Lancaster 的移动最小二乘插值法和本节方法的误差 $e^{(0)}$. 可以看出, 本节改进的移动最小二乘插值法构造的逼近函数具有 Kronecker δ 函数性质.

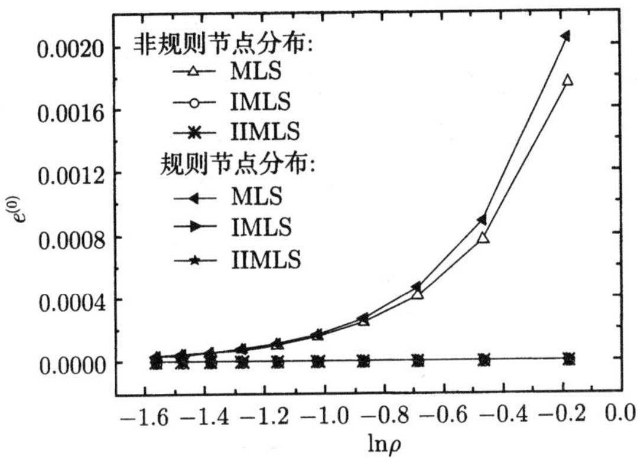

图 2.2.17 几种方法的误差 $e^{(0)}$

在规则节点分布时, 图 2.2.18 给出了移动最小二乘法、Lancaster 的移动最小二乘插值法和本节方法所构造的逼近函数的一阶导数的误差 $e^{(1)}$, 而图 2.2.19 给出了

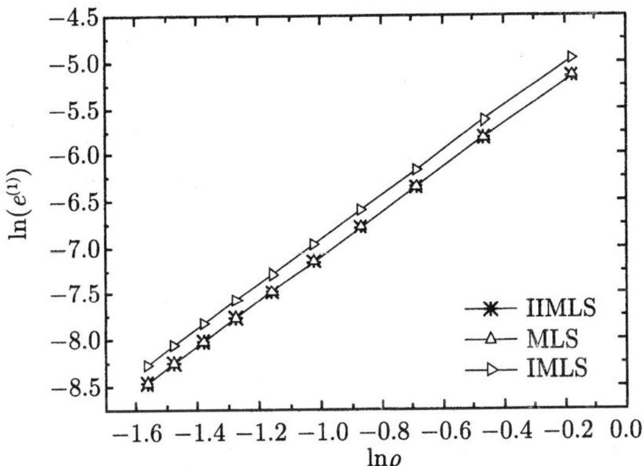

图 2.2.18 规则节点分布时几种方法的误差 $e^{(1)}$

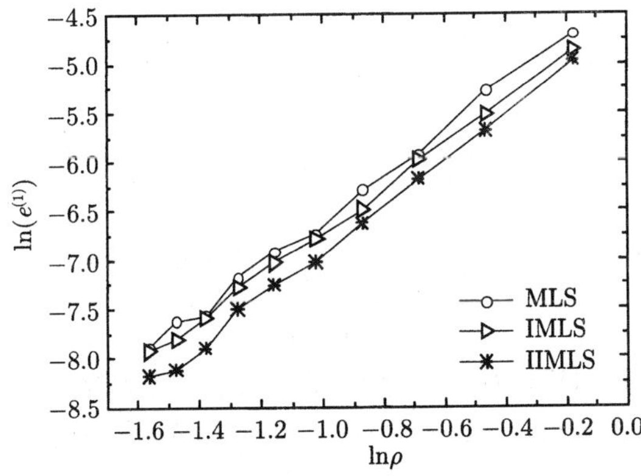

图 2.2.19 不规则节点分布时几种方法的误差 $e^{(1)}$

不规则节点下的误差 $e^{(1)}$. 可以看出, 移动最小二乘法、Lancaster 的移动最小二乘插值法和本节方法的误差收敛阶是几乎相等的, 但本节改进的移动最小二乘插值法比 Lancaster 的移动最小二乘插值法具有更高的精度.

例 2.2.6 考虑二维空间情形, 设已知函数为

$$u(x_1,x_2)=e^{x_1}\sin x_2,\quad (x_1,x_2)\in\Omega=[0,3]\times[0,3]. \tag{2.2.152}$$

下面将在规则和不规则节点两种情形下对本算例进行研究, 其中不规则节点是通过对规则节点添加随机扰动产生的, 按以下方法产生:

$$\tilde{\boldsymbol{x}}_I=\boldsymbol{x}_I+\mathbf{rand}, \tag{2.2.153}$$

其中 $\boldsymbol{x}_I$ 和 $\tilde{\boldsymbol{x}}_I$ 分别表示规则节点坐标和随机扰动后的不规则节点坐标, $\mathbf{rand}$ 为服从区域 $\left[-\frac{c_1}{5},\frac{c_1}{5}\right]\times\left[-\frac{c_2}{5},\frac{c_2}{5}\right]$ 上的一个随机数向量, 由 Matlab 软件产生, 并且 c_1 和 c_2 分别代表规则节点下横坐标和纵坐标方向相邻两节点间距.

当采用 21×21 个规则和不规则节点时, 图 2.2.20 给出了由移动最小二乘法和本节方法所构造的函数 u 在直线 $x_2=3$ 上的数值解, 图 2.2.21 给出了偏导数 $u_{,2}$ 在直线 $x_2=3$ 上的数值解, 其中不规则节点仍然是在规则节点基础上通过随机扰动产生. 可以看出, 在二维空间中, 本节改进的移动最小二乘插值法仍然有较高精度.

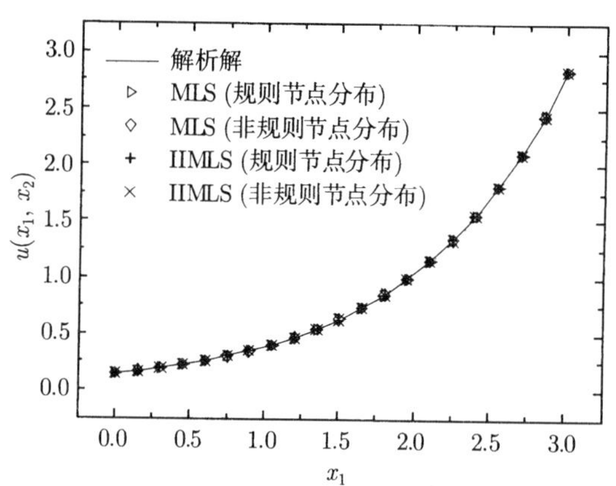

图 2.2.20 $x_2=3$ 时 $u(x_1,x_2)$ 的数值解和解析解

在采用 11×11, 16×16, 21×21 和 26×26 个规则和不规则节点时, 移动最小二乘法、Lancaster 的移动最小二乘插值法和本节方法的误差 $e^{(0,0)}$ 如图 2.2.22 所示. 显然, 本节方法和 Lancaster 的移动最小二乘插值法构造的逼近函数均具有 Kronecker δ 函数性质.

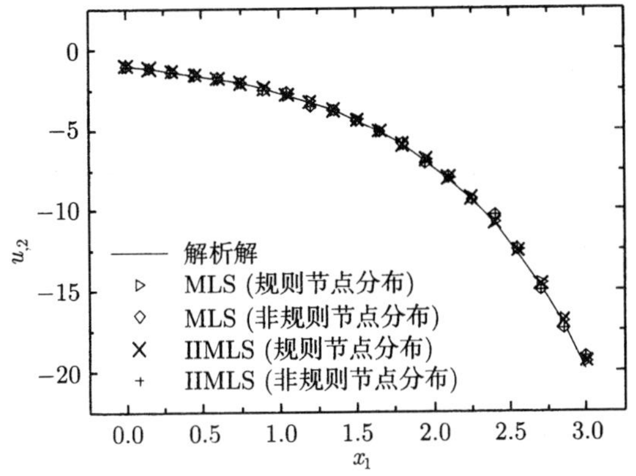

图 2.2.21 $x_2 = 3$ 时 $u_{,2}$ 的数值解和解析解

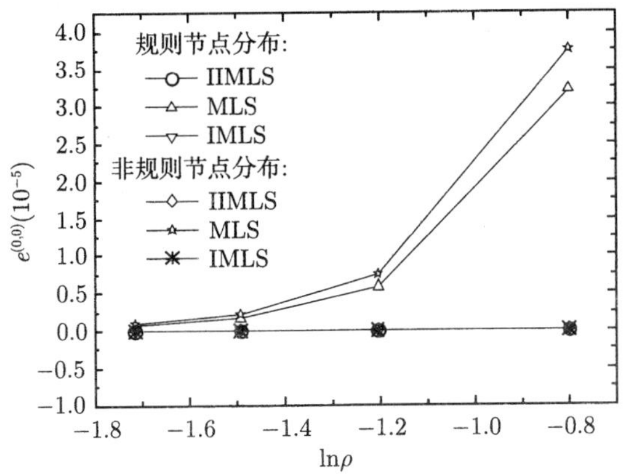

图 2.2.22 几种方法的误差 $e^{(0,0)}$

在采用 11×11, 16×16, 21×21 和 26×26 个规则节点时, 移动最小二乘法、Lancaster 的移动最小二乘插值法和本节方法的误差 $e^{(1,0)}$ 如图 2.2.23 所示. 在对规则节点分布作随机扰动后, 不规则节点分布下的误差 $e^{(1,0)}$ 如图 2.2.24 所示. 可以看出, 在二维空间中, 移动最小二乘法、Lancaster 的移动最小二乘插值法和本节方法的误差收敛阶是几乎相等的, 但是本节改进的移动最小二乘插值法比 Lancaster 的移动最小二乘插值法和移动最小二乘法具有更小的误差, 因此本节改进的移动最小二乘插值法具有较高的计算精度.

本节提出了一种新的改进的移动最小二乘插值法, 该方法采用非奇异权函数, 任何移动最小二乘法的权函数都可以作为该方法的权函数. 该方法克服了 Lancaster 的移动最小二乘插值法因为权函数奇异导致的计算不便.

本书改进的非奇异权的移动最小二乘插值法其形函数满足 Kronecker δ 函数的性质, 使得基于该方法建立的无网格方法可以直接引入本质边界条件. 虽然本节方法在计算形函数时需要对基函数进行函数变换, 但是因为该方法比移动最小二乘法的待定系数少一个, 使得求逆矩阵的阶数少一阶, 这就使得本节方法具有较高的计算精度; 同时可以用更少的节点来计算形函数, 也就更能保证移动最小二乘插值法的紧支性, 减少形函数计算中矩阵奇异性的产生, 提高计算精度和计算效率.

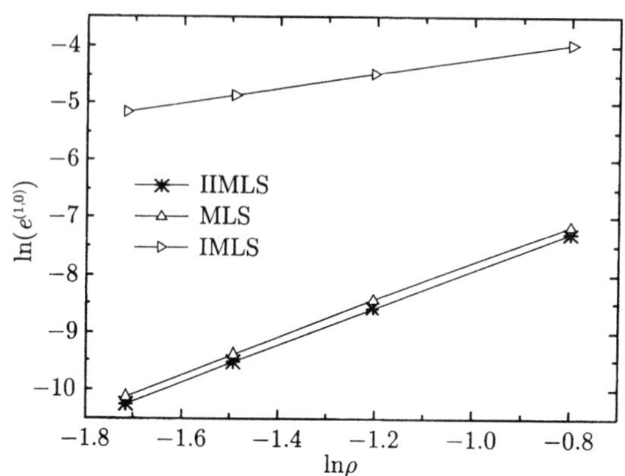

图 2.2.23　规则节点分布时几种方法的误差 $e^{(1,0)}$

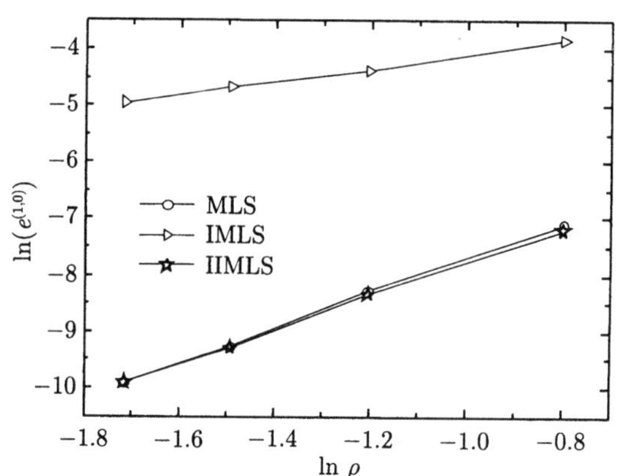

图 2.2.24　不规则节点分布时几种方法的误差 $e^{(1,0)}$

2.2.6　复变量移动最小二乘法

提出复变量移动最小二乘法主要是针对目前移动最小二乘法形成的无网格方法配点过多的问题. 移动最小二乘法是对标量而言的, 而复变量移动最小二乘法则是对向量函数的逼近.

取试函数

$$u^h(z)=u_1^h(z)+\mathrm{i}u_2^h(z)=\sum_{i=1}^{m}p_i(z)\cdot a_i(z)=\boldsymbol{p}^{\mathrm{T}}(z)\cdot\boldsymbol{a}(z),\quad z=x_1+\mathrm{i}x_2\in\Omega.\tag{2.2.154}$$

对应于式 (2.2.154) 的整体逼近, 在点 z 的邻域内的局部逼近定义为

$$u^h(z,\hat{z}) = \sum_{i=1}^{m} p_i(\hat{z}) \cdot a_i(z) = \boldsymbol{p}^{\mathrm{T}}(\hat{z}) \cdot \boldsymbol{a}(z). \tag{2.2.155}$$

定义泛函

$$\begin{aligned} J &= \sum_{I=1}^{n} w(z-z_I)[u^h(z,z_I) - u(z_I)]^2 \\ &= \sum_{I=1}^{n} w(z-z_I)\left[\sum_{i=1}^{m} p_i(z_I)\cdot a_i(z) - u(z_I)\right]^2, \end{aligned} \tag{2.2.156}$$

其中 z_I 为影响域覆盖点 z 的节点,

$$u(z_I) = u_1(z_I) + \mathrm{i}u_2(z_I). \tag{2.2.157}$$

式 (2.2.156) 可用矩阵形式表示为

$$J = (\boldsymbol{Pa} - \boldsymbol{u}^*)^{\mathrm{T}} \boldsymbol{W}(z)(\boldsymbol{Pa} - \boldsymbol{u}^*), \tag{2.2.158}$$

其中

$$\boldsymbol{u}^* = (u(z_1), u(z_2), \cdots, u(z_n))^{\mathrm{T}} = \boldsymbol{Qu}, \tag{2.2.159}$$

$$\boldsymbol{u} = (u_1(z_1), u_2(z_1), u_1(z_2), u_2(z_2), \cdots, u_1(z_n), u_2(z_n))^{\mathrm{T}}, \tag{2.2.160}$$

$$\boldsymbol{Q} = \begin{bmatrix} 1 & \mathrm{i} & 0 & 0 & 0 & 0 & \cdots & 0 & 0 \\ 0 & 0 & 1 & \mathrm{i} & 0 & 0 & \cdots & 0 & 0 \\ 0 & 0 & 0 & 0 & 1 & \mathrm{i} & \cdots & 0 & 0 \\ \vdots & \vdots & \vdots & \vdots & \vdots & \vdots & \ddots & \vdots & \vdots \\ 0 & 0 & 0 & 0 & 0 & 0 & \cdots & 1 & \mathrm{i} \end{bmatrix}_{n\times 2n}, \tag{2.2.161}$$

$$\boldsymbol{P} = \begin{bmatrix} p_1(z_1) & p_2(z_1) & \cdots & p_m(z_1) \\ p_1(z_2) & p_2(z_2) & \cdots & p_m(z_2) \\ \vdots & \vdots & \ddots & \vdots \\ p_1(z_n) & p_2(z_n) & \cdots & p_m(z_n) \end{bmatrix}, \tag{2.2.162}$$

$$\boldsymbol{W}(z) = \begin{bmatrix} w(z-z_1) & 0 & \cdots & 0 \\ 0 & w(z-z_2) & \cdots & 0 \\ \vdots & \vdots & \ddots & \vdots \\ 0 & 0 & \cdots & w(z-z_n) \end{bmatrix}. \tag{2.2.163}$$

为了得到 $\boldsymbol{a}(z)$, 对 J 取极值, 即得

$$\frac{\partial J}{\partial \boldsymbol{a}}=\boldsymbol{A}(z)\boldsymbol{a}(z)-\boldsymbol{B}(z)\boldsymbol{u}^*=0, \tag{2.2.164}$$

即

$$\boldsymbol{A}(z)\boldsymbol{a}(z)=\boldsymbol{B}(z)\boldsymbol{u}^*, \tag{2.2.165}$$

可得

$$\boldsymbol{a}(z)=\boldsymbol{A}^{-1}(z)\boldsymbol{B}(z)\boldsymbol{u}^*. \tag{2.2.166}$$

这样, 逼近函数 $u^h(z)$ 的表达式为

$$u^h(z)=\boldsymbol{\Phi}(z)\boldsymbol{u}^*=\sum_{I=1}^{n}\Phi_I(z)u(z_I), \tag{2.2.167}$$

则有

$$u_1^h(z)=\mathrm{Re}[\boldsymbol{\Phi}(z)\boldsymbol{u}^*]=\mathrm{Re}\left[\sum_{I=1}^{n}\Phi_I(z)u(z_I)\right], \tag{2.2.168}$$

$$u_2^h(z)=\mathrm{Im}[\boldsymbol{\Phi}(z)\boldsymbol{u}^*]=\mathrm{Im}\left[\sum_{I=1}^{n}\Phi_I(z)u(z_I)\right]. \tag{2.2.169}$$

以上就是复变量移动最小二乘法的推导.

复变量移动最小二乘法的优点是其形成的二维问题的无网格方法可取较少的节点, 因为其试函数中所含的待定系数减少了. 对线性基, 原来的基函数为 $\boldsymbol{p}^{\mathrm{T}}=(1,x_1,x_2)$, 待定系数是 3 个, 现在的基函数为 $\boldsymbol{p}^{\mathrm{T}}=(1,z)$, 待定系数是 2 个; 对二次基, 原来的基函数为 $\boldsymbol{p}^{\mathrm{T}}=(1,x_1,x_2,x_1^2,x_1x_2,x_2^2)$, 待定系数是 6 个, 现在的基函数为 $\boldsymbol{p}^{\mathrm{T}}=(1,z,z^2)$, 待定系数是 3 个. 这样, 对任一场点来说, 其影响域中所含的最小节点数就大大减少了, 进而在整个求解域中所需选取的节点数也可以大大减少.

在复变量移动最小二乘法中, 当 m 较大时, 方程 (2.2.165) 有时是病态的, 甚至是奇异的. 这样, 方程 (2.2.165) 就难以求解或获得较为精确的解. 若选取正交函数作为基函数, 则所得到的方程既不病态也不奇异, 而且不需求矩阵的逆, 可直接得到该方程组的解.

方程 (2.2.165) 可写成

$$\begin{bmatrix}(p_1,p_1)_z & (p_1,p_2)_z & \cdots & (p_1,p_m)_z\\(p_2,p_1)_z & (p_2,p_2)_z & \cdots & (p_2,p_m)_z\\\vdots & \vdots & \ddots & \vdots\\(p_m,p_1)_z & (p_m,p_2)_z & \cdots & (p_m,p_m)_z\end{bmatrix}\begin{bmatrix}a_1(z)\\a_2(z)\\\vdots\\a_m(z)\end{bmatrix}=\begin{bmatrix}(p_1,u(z_I))_z\\(p_2,u(z_I))_z\\\vdots\\(p_m,u(z_I))_z\end{bmatrix}, \tag{2.2.170}$$

其中

$$(h,g)_z=\sum_{I=1}^{n}w(z-z_I)h(z_I)g(z_I). \tag{2.2.171}$$

若 $\{p_i(z)\}$, $i=1,2,\cdots,m$, 为 Hilbert 空间 span($\boldsymbol{p}$) 上的关于点集 $\{z_i\}$ 的带权的正交基函数族, 即

$$(p_i,p_j)_z=0,\quad i\neq j, \tag{2.2.172}$$

则方程 (2.2.170) 可写成

$$\begin{bmatrix}(p_1,p_1)_z & 0 & \cdots & 0\\ 0 & (p_2,p_2)_z & \cdots & 0\\ \vdots & \vdots & \ddots & \vdots\\ 0 & 0 & \cdots & (p_m,p_m)_z\end{bmatrix}\begin{bmatrix}a_1(z)\\ a_2(z)\\ \vdots\\ a_m(z)\end{bmatrix}=\begin{bmatrix}(p_1,u(z_I))_z\\ (p_2,u(z_I))_z\\ \vdots\\ (p_m,u(z_I))_z\end{bmatrix}. \tag{2.2.173}$$

这样可以直接得到系数 $a_i(z)$, 即

$$a_i(z)=\frac{(p_i,u(z_I))_z}{(p_i,p_i)_z},\quad i=1,2,\cdots,m, \tag{2.2.174}$$

写成矩阵形式

$$\boldsymbol{a}(z)=\boldsymbol{A}^*(z)\boldsymbol{B}(z)\boldsymbol{u}^*, \tag{2.2.175}$$

其中

$$\boldsymbol{A}^*(z)=\begin{bmatrix}\dfrac{1}{(p_1,p_1)_z} & 0 & \cdots & 0\\ 0 & \dfrac{1}{(p_2,p_2)_z} & \cdots & 0\\ \vdots & \vdots & \ddots & \vdots\\ 0 & 0 & \cdots & \dfrac{1}{(p_m,p_m)_z}\end{bmatrix}. \tag{2.2.176}$$

将式 (2.2.175) 代入式 (2.2.155) 可得

$$u^h(z)=\boldsymbol{\Phi}^*(z)\boldsymbol{u}^*=\sum_{I=1}^{n}\Phi_I^*(z)u(z_I), \tag{2.2.177}$$

则有

$$u_1^h(z)=\mathrm{Re}\left[\boldsymbol{\Phi}^*(z)\boldsymbol{u}^*\right]=\mathrm{Re}\left[\sum_{I=1}^{n}\Phi_I^*(z)u(z_I)\right], \tag{2.2.178}$$

$$u_2^h(z)=\mathrm{Im}\left[\boldsymbol{\Phi}^*(z)\boldsymbol{u}^*\right]=\mathrm{Im}\left[\sum_{I=1}^{n}\Phi_I^*(z)u(z_I)\right], \tag{2.2.179}$$

其中 $\boldsymbol{\Phi}^*(z)$ 为形函数,

$$\boldsymbol{\Phi}^*(z) = (\Phi_1^*(z), \Phi_2^*(z), \cdots, \Phi_n^*(z)) = \boldsymbol{p}^{\mathrm{T}}(z)\boldsymbol{A}^*(z)\boldsymbol{B}(z). \tag{2.2.180}$$

这样, 系数 $a_i(z)$ 可以简单、直接地得到, 不需要求矩阵的逆, 方程 (2.2.165) 也不可能是病态的或奇异的.

2.2.7 改进的复变量移动最小二乘法

复变量移动最小二乘法推导过程中建立的泛函缺乏明确的数学和物理意义, 针对这个问题, 本节通过建立新的具有明确的数学和物理意义的泛函, 建立了新的改进的复变量移动最小二乘法.

定义泛函

$$\begin{aligned}J &= \sum_{I=1}^{n} w(z-z_I)\left|u^h(z,z_I)-u(z_I)\right|^2 \\ &= \sum_{I=1}^{n} w(z-z_I)(u^h(z,z_I)-u(z_I))\overline{(u^h(z,z_I)-u(z_I))} \\ &= \sum_{I=1}^{n} w(z-z_I)\left(\sum_{i=1}^{m} p_i(z_I)\cdot a_i(z)-u(z_I)\right)\cdot\overline{\left(\sum_{i=1}^{m} p_i(z_I)\cdot a_i(z)-u(z_I)\right)},\end{aligned} \tag{2.2.181}$$

选择系数 $a_i(z)$, $i=1,2,\cdots,m$, 使泛函 J 取极小值.

对于函数 $f(z)$, 在点 z 处, 记

$$\boldsymbol{f} = (f(z_1), f(z_2), \cdots, f(z_n))^{\mathrm{T}}, \tag{2.2.182}$$

其共轭向量为

$$\bar{\boldsymbol{f}} = (\overline{f(z_1)}, \overline{f(z_2)}, \cdots, \overline{f(z_n)})^{\mathrm{T}}. \tag{2.2.183}$$

定义函数 $f(z), g(z)$ 在点 z 的内积为

$$(f,g)_z = (\boldsymbol{f},\boldsymbol{g})_z = \boldsymbol{f}^{\mathrm{T}}\boldsymbol{W}(z)\bar{\boldsymbol{g}} = \sum_{I=1}^{n} f(z_I)w(z-z_I)\overline{g(z_I)}, \tag{2.2.184}$$

相应定义 z-范数为

$$\|f\|_z = [(f,f)_z]^{\frac{1}{2}}. \tag{2.2.185}$$

式 (2.2.181) 可用矩阵形式表示为

$$J = (\boldsymbol{P}\boldsymbol{a}(z)-\boldsymbol{u}^*(z))^{\mathrm{T}}\boldsymbol{W}(z)\overline{(\boldsymbol{P}\boldsymbol{a}(z)-\boldsymbol{u}^*(z))} = \left\|\boldsymbol{p}^{\mathrm{T}}(z)\cdot\boldsymbol{a}(z)-u\right\|_z^2, \tag{2.2.186}$$

其中

$$\boldsymbol{p}^{\mathrm{T}}(z)=(p_1(z),p_2(z),\cdots,p_m(z)),\tag{2.2.187}$$

$$\boldsymbol{a}^{\mathrm{T}}(z)=(a_1(z),a_2(z),\cdots,a_m(z)),\tag{2.2.188}$$

$$\boldsymbol{u}^*(z)=(u(z_1),u(z_2),\cdots,u(z_n))^{\mathrm{T}}=(u_1,u_2,\cdots,u_n)=\boldsymbol{Q}\boldsymbol{u},\tag{2.2.189}$$

$$\boldsymbol{u}=(u_1(z_1),u_2(z_1),u_1(z_2),u_2(z_2),\cdots,u_1(z_n),u_2(z_n))^{\mathrm{T}}.\tag{2.2.190}$$

由式 (2.2.186) 得

$$J=\|a_1p_1+a_2p_2+\cdots+a_mp_m-u\|_z^2,\tag{2.2.191}$$

则 u 在空间 $\mathrm{span}(p_1, p_2, \cdots, p_m)$ 的投影 $u^{(1)}$ 对应的

$$J^{(1)}=\left\|u^{(1)}-u\right\|_z^2\tag{2.2.192}$$

即为最小.

将 u 正交分解为

$$u=u^{(1)}+u^{(2)},\tag{2.2.193}$$

其中

$$u^{(2)}\perp\mathrm{span}(p_1,p_2,\cdots,p_m).\tag{2.2.194}$$

于是可得

$$(p_1,u^{(2)})_z=0,\quad i=1,2,\cdots,m.\tag{2.2.195}$$

由 (2.2.193) 式可得

$$(p_i,u)_z=(p_i,u^{(1)})_z+(p_i,u^{(2)})=(p_i,u^{(1)}),\quad i=1,2,\cdots,m,\tag{2.2.196}$$

即

$$(p_i,u)=(p_i,a_1p_1+a_2p_2+\cdots+a_mp_m),\tag{2.2.197}$$

由式 (2.2.197) 可得

$$\begin{bmatrix}(p_1,p_1)_z & (p_1,p_2)_z & \cdots & (p_1,p_m)_z\\(p_2,p_1)_z & (p_2,p_2)_z & \cdots & (p_2,p_m)_z\\ \vdots & \vdots & \ddots & \vdots\\(p_m,p_1)_z & (p_m,p_2)_z & \cdots & (p_m,p_m)_z\end{bmatrix}\begin{bmatrix}\bar{a}_1(z)\\ \bar{a}_2(z)\\ \vdots\\ \bar{a}_m(z)\end{bmatrix}=\begin{bmatrix}(p_1,u)_z\\(p_2,u)_z\\ \vdots\\(p_m,u)_z\end{bmatrix},\tag{2.2.198}$$

即

$$(\boldsymbol{P}^{\mathrm{T}}\boldsymbol{W}(z)\bar{\boldsymbol{P}})\bar{\boldsymbol{a}}(z)=\boldsymbol{P}^{\mathrm{T}}\boldsymbol{W}(z)\bar{\boldsymbol{u}}^*,\tag{2.2.199}$$

式 (2.2.199) 两边取共轭即得如下方程组

$$(\bar{\boldsymbol{P}}^{\mathrm{T}}\boldsymbol{W}(z)\boldsymbol{P})\boldsymbol{a}(z)=\bar{\boldsymbol{P}}^{\mathrm{T}}\boldsymbol{W}(z)\boldsymbol{u}^{*}. \tag{2.2.200}$$

解方程组 (2.2.200) 可得

$$\boldsymbol{a}(z)=\boldsymbol{D}^{-1}(z)\boldsymbol{F}(z)\boldsymbol{u}^{*}, \tag{2.2.201}$$

其中

$$\boldsymbol{D}(z)=\bar{\boldsymbol{P}}^{\mathrm{T}}\boldsymbol{W}(z)\boldsymbol{P}, \tag{2.2.202}$$

$$\boldsymbol{F}(z)=\bar{\boldsymbol{P}}^{\mathrm{T}}\boldsymbol{W}(z). \tag{2.2.203}$$

将式 (2.2.201) 代入式 (2.2.155) 得到逼近函数 $u^h(z)$ 的表达式为

$$u^{h}(z)=\boldsymbol{p}^{\mathrm{T}}(z)\cdot\boldsymbol{a}(z)=\boldsymbol{p}^{\mathrm{T}}(z)\boldsymbol{D}^{-1}(z)\boldsymbol{F}(z)\boldsymbol{u}^{*}=\boldsymbol{\Phi}(z)\boldsymbol{u}^{*}=\sum_{I=1}^{n}\Phi_{I}(z)u(z_{I}), \tag{2.2.204}$$

形函数 $\boldsymbol{\Phi}(z)$ 为

$$\boldsymbol{\Phi}(z)=\boldsymbol{p}^{\mathrm{T}}(z)\boldsymbol{D}^{-1}(z)\boldsymbol{F}(z), \tag{2.2.205}$$

则有

$$u_{1}^{h}(z)=\mathrm{Re}[\boldsymbol{\Phi}(z)\boldsymbol{u}^{*}]=\mathrm{Re}\left[\sum_{I=1}^{n}\Phi_{I}(z)u(z_{I})\right], \tag{2.2.206}$$

$$u_{2}^{h}(z)=\mathrm{Im}[\boldsymbol{\Phi}(z)\boldsymbol{u}^{*}]=\mathrm{Im}\left[\sum_{I=1}^{n}\Phi_{I}(z)u(z_{I})\right]. \tag{2.2.207}$$

这时可以看出, 泛函 J 就同时建立了函数 $u_1(z)$ 和 $u_2(z)$ 的最佳平方逼近, 即建立了向量 (u_1,u_2) 的逼近, 具有明确的数学和物理意义.

而上节中复变量移动最小二乘法建立的泛函, 即式 (2.2.156), 是实变量移动最小二乘法的形式上的推广, 因为它的值是复数, 不是非负实数, 已经不代表误差了, 所以也就没有数学和物理意义了.

2.2.8　复变量移动最小二乘插值法

在空间 $\mathrm{span}(p_1,p_2,\cdots,p_m)$ 中, 将基函数 $p_1(z)\equiv 1$ 在点 z 单位化为

$$\beta_{z}^{(1)}=\frac{p_{1}}{\|p_{1}\|_{z}}=\frac{1}{\left[\sum_{I=1}^{n}w(z-z_{I})\right]^{\frac{1}{2}}}, \tag{2.2.208}$$

然后, 将 $p_2(z), p_3(z), \cdots, p_m(z)$ 与 $\beta_z^{(1)}$ 正交化, 有

$$b_z^{(i)}(z) = p_i(z) - (p_i, \beta_z^{(1)})_z \beta_z^{(1)} = p_i(z) - \frac{\sum_{I=1}^{n} p_i(z_I) w(z - z_I)}{\sum_{I=1}^{n} w(z - z_I)}$$

$$= p_i(z) - \sum_{I=1}^{n} p_i(z_I) v(z - z_I), \quad i = 2, 3, \cdots, m, \tag{2.2.209}$$

即

$$b_z^{(i)}(z) = p_i(z) - p_i^s(z), \tag{2.2.210}$$

$$b_z^{(i)}(z_j) = p_i(z_j) - p_i^s(z) = p_i(z_j) - \boldsymbol{v}^{\mathrm{T}}(z)\boldsymbol{p}_i, \quad j = 1, 2, \cdots, n, \tag{2.2.211}$$

$$\boldsymbol{C}_z = \begin{bmatrix} b_z^{(2)}(z_1) & b_z^{(3)}(z_1) & \cdots & b_z^{(m)}(z_1) \\ b_z^{(2)}(z_2) & b_z^{(3)}(z_2) & \cdots & b_z^{(m)}(z_2) \\ \vdots & \vdots & \ddots & \vdots \\ b_z^{(2)}(z_n) & b_z^{(3)}(z_n) & \cdots & b_z^{(m)}(z_n) \end{bmatrix}. \tag{2.2.212}$$

现在我们对新的基 $\beta_z^{(1)}(z), b_z^{(2)}(z), \cdots, b_z^{(m)}(z)$ 应用移动最小二乘法. 注意到基函数中后面 $m-1$ 个与第一个基的正交性以及第一个基的范数是 1, 则逼近函数为

$$u^h(z) = (u, \beta_z^{(1)})_z \beta_z^{(1)}(z) + \sum_{i=2}^{m} a_{i-1}(z) b_z^{(i)}(z), \tag{2.2.213}$$

即

$$u^h(z) = \boldsymbol{v}^{\mathrm{T}}(z)\boldsymbol{u}^* + \boldsymbol{b}^{\mathrm{T}}(z)\boldsymbol{a}(z), \tag{2.2.214}$$

其中

$$\boldsymbol{b}(z) = (b_z^{(2)}(z), b_z^{(3)}(z), \cdots, b_z^{(m)}(z))^{\mathrm{T}}. \tag{2.2.215}$$

由移动最小二乘法可得

$$\boldsymbol{a}(z) = \boldsymbol{A}_z^{-1}(z)\boldsymbol{B}_z(z)\boldsymbol{f}, \tag{2.2.216}$$

这里

$$\boldsymbol{A}_z(z) = \bar{\boldsymbol{C}}_z^{\mathrm{T}} \boldsymbol{W}(z) \boldsymbol{C}_z, \tag{2.2.217}$$

$$\boldsymbol{B}_z(z) = \bar{\boldsymbol{C}}_z^{\mathrm{T}} \boldsymbol{W}(z). \tag{2.2.218}$$

将式 (2.2.216) 代入式 (2.2.214) 可得

$$u^h(z) = \boldsymbol{v}^{\mathrm{T}}(z)\boldsymbol{u}^* + \boldsymbol{b}^{\mathrm{T}}(z)\boldsymbol{A}_z^{-1}(z)\boldsymbol{B}_z(z)\boldsymbol{u}^*, \tag{2.2.219}$$

即

$$u^h(z) = \boldsymbol{\Phi}(z)\boldsymbol{u}^* = \sum_{I=1}^{n} \Phi_I(z)u(z_I), \tag{2.2.220}$$

形函数为

$$\boldsymbol{\Phi}(z) = \boldsymbol{v}^{\mathrm{T}}(z) + \boldsymbol{b}^{\mathrm{T}}(z)\boldsymbol{A}_z^{-1}(z)\boldsymbol{B}_z(z), \tag{2.2.221}$$

由此可得

$$u_1^h(z) = \mathrm{Re}[\boldsymbol{\Phi}(z)\boldsymbol{u}^*] = \mathrm{Re}\left[\sum_{I=1}^{n} \Phi_I(z)u(z_I)\right], \tag{2.2.222}$$

$$u_2^h(z) = \mathrm{Im}[\boldsymbol{\Phi}(z)\boldsymbol{u}^*] = \mathrm{Im}\left[\sum_{I=1}^{n} \Phi_I(z)u(z_I)\right]. \tag{2.2.223}$$

以下证明本节得到的逼近函数式 (2.2.220) 的插值性质.

引理 2.2.3　若取 $w(z-z_i) = \dfrac{1}{|z-z_i|^{\alpha}}$($\alpha$ 为一正偶数, $i=1,2,\cdots,n$), 则

(1) $0 < v(z-z_i) < 1$; (2.2.224)

(2) $\sum_{I=1}^{n} v(z-z_I) = 1$; (2.2.225)

(3) $\lim_{z\to z_j} v(z-z_i) = \delta_{ij}$; (2.2.226)

(4) $\lim_{\substack{z\to z_k \\ k\neq j}} w(z-z_k)v(z-z_j) = w(z_k-z_j)$; (2.2.227)

(5) $\lim_{z\to z_i} f^s(z) = f(z_i)$; (2.2.228)

(6) $\lim_{z\to z_j} b_z^{(i)}(z) = 0$; (2.2.229)

(7) $\lim_{z\to z_i} \boldsymbol{b}(z) = \boldsymbol{0}$. (2.2.230)

因为权函数在插值点的奇异性, 我们先计算经过正交处理后的基之间以及它们和任意向量的内积当自变量趋于插值点时的极限情况.

引理 2.2.4　当 $z\to z_k$ 时, $(b_z^{(i)}, f)_z$ 和 $(b_z^{(i)}, b_z^{(l)})_z (i,l=2,3,\cdots,m)$ 的极限都存在, 且分别为

(1) $\lim_{z\to z_k} (b_z^{(i)}, f)_z = \sum_{\substack{I=1 \\ I\neq k}}^{n} [p_i(z_I)-p_i(z_k)]w(z_I-z_k)\overline{[f(z_I)-f(z_k)]}$. (2.2.231)

(2) $\lim_{z\to z_k} (b_z^{(i)}, b_z^{(l)})_z = \sum_{\substack{I=1 \\ I\neq k}}^{n} [p_i(z_I)-p_i(z_k)]w(z_I-z_k)\overline{[p_l(z_I)-p_l(z_k)]}$. (2.2.232)

故当 $z\to z_k$ 时, $\boldsymbol{A}_z(z)$, $\boldsymbol{B}_z(z)$ 的极限存在, 从而 $\boldsymbol{a}(z)$ 的极限存在.

证明　(1) 首先由内积定义知

$$(b_z^{(i)}, f)_z = \sum_{I=1}^{n} \overline{f(z_I)}w(z-z_I)b_z^{(i)}(z_I), \tag{2.2.233}$$

由引理 2.2.3 知

$$\overline{f(z_I)}w(z-z_I)b_z^{(i)}(z_I)=\overline{f(z_I)}w(z-z_I)\left[p_i(z_I)-\frac{\sum\limits_{j=1}^{n}w(z-z_j)p_i(z_j)}{\sum\limits_{j=1}^{n}w(z-z_j)}\right]$$

$$=\overline{f(z_I)}w(z-z_I)\frac{\sum\limits_{j=1}^{n}w(z-z_j)\left[p_i(z_I)-p_i(z_j)\right]}{\sum\limits_{j=1}^{n}w(z-z_j)}$$

$$=\overline{f(z_I)}v(z-z_I)\sum_{\substack{j=1\\ j\neq I}}^{n}w(z-z_j)\left[p_i(z_I)-p_i(z_j)\right].\quad(2.2.234)$$

所以

$$\lim_{z\to z_k}(b_z^{(i)},f)_z=\lim_{z\to z_k}\sum_{I=1}^{n}\overline{f(z_I)}v(z-z_I)\sum_{\substack{j=1\\ j\neq I}}^{n}w(z-z_j)\left[p_i(z_I)-p_i(z_j)\right]$$

$$=\lim_{z\to z_k}\sum_{\substack{I=1\\ I\neq k}}^{n}\overline{f(z_I)}v(z-z_I)w(z-z_k)\left[p_i(z_I)-p_i(z_k)\right]$$

$$+\overline{f(z_k)}\sum_{\substack{j=1\\ j\neq k}}^{n}w(z_k-z_j)\left[p_i(z_k)-p_i(z_j)\right]$$

$$=\sum_{\substack{I=1\\ I\neq k}}^{n}\overline{f(z_I)}w(z_k-z_I)\left[p_i(z_I)-p_i(z_k)\right]$$

$$+\overline{f(z_k)}\sum_{\substack{j=1\\ j\neq k}}^{n}w(z_k-z_j)\left[p_i(z_k)-p_i(z_j)\right]$$

$$=\sum_{\substack{I=1\\ I\neq k}}^{n}\overline{\left[f(z_I)-f(z_k)\right]}w(z_I-z_k)\left[p_i(z_I)-p_i(z_k)\right].$$

(2) 由内积定义知

$$(b_z^{(i)},b_z^{(l)})_z=\sum_{I=1}^{n}b_z^{(i)}(z_I)w(z-z_I)\overline{b_z^{(l)}(z_I)},\quad(2.2.235)$$

由 (1) 以及引理 2.2.3 的结论知

$$\lim_{z\to z_k}(b_z^{(i)},b_z^{(l)})_z=\lim_{z\to z_k}\sum_{I=1}^{n}\overline{b_z^{(l)}(z_I)}v(z-z_I)\left[p_i(z_I)-p_i(z_j)\right]$$

$$= \lim_{z \to z_k} \sum_{\substack{I=1 \\ I \neq k}}^{n} \overline{b_z^{(l)}(z_I)} v(z - z_I) w(z - z_k) \left[p_i(z_I) - p_i(z_k)\right]$$

$$+ \lim_{z \to z_k} \overline{b_z^{(l)}(z_k)} \sum_{\substack{j=1 \\ j \neq k}}^{n} w(z_j - z_k) \left[p_i(z_k) - p_i(z_j)\right]$$

$$= \sum_{\substack{I=1 \\ I \neq k}}^{n} \overline{[p_l(z_I) - p_l(z_k)]} w(z_I - z_k) \left[p_i(z_I) - p_i(z_k)\right]$$

证毕.

定理 2.2.1 $\lim_{z \to z_i} f^h(z) = f(z_i) = f_i$ (2.2.236)

证明 由式 (2.2.214) 以及引理 2.2.3 和引理 2.2.4 可得

$$\lim_{z \to z_i} f^h(z) = \lim_{z \to z_i} f^s(z) + \lim_{z \to z_i} \boldsymbol{b}^{\mathrm{T}}(z) \lim_{z \to z_i} \boldsymbol{a}(z) = f(z_i).$$

证毕.

2.2.9 基于共轭基的复变量移动最小二乘法

采用复变量共轭基函数, 本节提出了一种新的改进的复变量移动最小二乘法, 逼近函数取为

$$u^h(z) = u_1^h(z) + \mathrm{i}u_2^h(z) = \sum_{i=1}^{m} \bar{p}_i(z) a_i(z) = \bar{\boldsymbol{p}}^{\mathrm{T}}(z)\boldsymbol{a}(z), \quad z = x_1 + \mathrm{i}x_2 \in \Omega, \tag{2.2.237}$$

其中 $\bar{\boldsymbol{p}}^{\mathrm{T}}(z) = (\bar{p}_1(z), \bar{p}_2(z), \cdots, \bar{p}_m(z))$ 是基向量, 它是向量 $\boldsymbol{p}^{\mathrm{T}}(z)$ 的共轭向量.

相对于整体逼近, 在点 z 影响域内的局部逼近定义为

$$u^h(z, \hat{z}) = \sum_{i=1}^{m} \bar{p}_i(\hat{z}) \cdot a_i(z) = \bar{\boldsymbol{p}}^{\mathrm{T}}(\hat{z}) \cdot \boldsymbol{a}(z). \tag{2.2.238}$$

定义泛函

$$\begin{aligned} J &= \sum_{I=1}^{n} w(z - z_I) \left|u^h(z_I, z) - u(z_I)\right|^2 \\ &= \sum_{I=1}^{n} w(z - z_I)(u^h(z_I, z) - u(z_I))\overline{(u^h(z_I, z) - u(z_I))} \\ &= \sum_{I=1}^{n} w(z - z_I) \left(\sum_{i=1}^{m} \bar{p}_i(z_I) \cdot a_i(z) - u(z_I) \right) \\ &\quad \times \overline{\left(\sum_{i=1}^{m} \bar{p}_i(z_I) \cdot a_i(z) - u(z_I) \right)}. \end{aligned} \tag{2.2.239}$$

由式 (2.2.239) 可得

$$J=(\bar{\boldsymbol{P}}\boldsymbol{a}(z)-\boldsymbol{u}^*(z))^{\mathrm{T}}\boldsymbol{W}(z)\overline{(\bar{\boldsymbol{P}}\boldsymbol{a}(z)-\boldsymbol{u}^*(z))}=\left\|\bar{\boldsymbol{p}}^{\mathrm{T}}(z)\cdot\boldsymbol{a}(z)-u\right\|_z^2, \quad (2.2.240)$$

其中

$$\bar{\boldsymbol{P}}=\begin{bmatrix}\bar{p}_1(z_1) & \bar{p}_2(z_1) & \cdots & \bar{p}_m(z_1)\\ \bar{p}_1(z_2) & \bar{p}_2(z_2) & \cdots & \bar{p}_m(z_2)\\ \vdots & \vdots & \ddots & \vdots\\ \bar{p}_1(z_n) & \bar{p}_2(z_n) & \cdots & \bar{p}_m(z_n)\end{bmatrix}_{n\times m}, \quad (2.2.241)$$

即

$$J=\|a_1\bar{p}_1+a_2\bar{p}_2+\cdots+a_m\bar{p}_m-u\|_z^2, \quad (2.2.242)$$

这里 $\bar{p}_i=\bar{p}_i(z)$, $i=1,2,\cdots,m$.

$u^{(1)}$ 表示 u 在空间 $\mathrm{span}(\bar{p}_1,\bar{p}_2,\cdots,\bar{p}_m)$ 上的投影, 于是

$$J^{(1)}=\left\|u^{(1)}-u\right\|_z^2 \quad (2.2.243)$$

为泛函 J 的最小值.

函数 u 可以分解成

$$u=u^{(1)}+u^{(2)}, \quad (2.2.244)$$

其中 $u^{(2)}\perp\mathrm{span}(\bar{p}_1,\bar{p}_2,\cdots,\bar{p}_m)$, 于是可得

$$(\bar{p}_i,u^{(2)})_z=0,\quad i=1,2,\cdots,m, \quad (2.2.245)$$

则

$$(\bar{p}_i,u)_z=(\bar{p}_i,u^{(1)})_z+(\bar{p}_i,u^{(2)})_z=(\bar{p}_i,u^{(1)})_z,\quad i=1,2,\cdots,m, \quad (2.2.246)$$

即

$$(\bar{p}_i,u)_z=(\bar{p}_i,u^{(1)})_z=(\bar{p}_i,a_1\bar{p}_1+a_2\bar{p}_2+\cdots+a_m\bar{p}_m)_z, \quad (2.2.247)$$

于是, 有

$$\begin{bmatrix}(\bar{p}_1,\bar{p}_1)_z & (\bar{p}_1,\bar{p}_2)_z & \cdots & (\bar{p}_1,\bar{p}_m)_z\\ (\bar{p}_2,\bar{p}_1)_z & (\bar{p}_2,\bar{p}_2)_z & \cdots & (\bar{p}_2,\bar{p}_m)_z\\ \vdots & \vdots & \ddots & \vdots\\ (\bar{p}_m,\bar{p}_1)_z & (\bar{p}_m,\bar{p}_2)_z & \cdots & (\bar{p}_m,\bar{p}_m)_z\end{bmatrix}\begin{bmatrix}\bar{a}_1(z)\\ \bar{a}_2(z)\\ \vdots\\ \bar{a}_m(z)\end{bmatrix}=\begin{bmatrix}(\bar{p}_1,u)_z\\ (\bar{p}_2,u)_z\\ \vdots\\ (\bar{p}_m,u)_z\end{bmatrix}, \quad (2.2.248)$$

即

$$(\bar{\boldsymbol{P}}^{\mathrm{T}}\boldsymbol{W}(z)\boldsymbol{P})\bar{\boldsymbol{a}}(z)=\bar{\boldsymbol{P}}^{\mathrm{T}}\boldsymbol{W}(z)\bar{\boldsymbol{u}}^*. \quad (2.2.249)$$

对式 (2.2.249) 求共轭, 可得

$$(\boldsymbol{P}^{\mathrm{T}}\boldsymbol{W}(z)\bar{\boldsymbol{P}})\boldsymbol{a}(z)=\boldsymbol{P}^{\mathrm{T}}\boldsymbol{W}(z)\boldsymbol{u}^{*}, \tag{2.2.250}$$

于是有

$$\boldsymbol{a}(z)=\boldsymbol{C}^{-1}(z)\boldsymbol{B}(z)\boldsymbol{u}^{*}, \tag{2.2.251}$$

这里

$$\boldsymbol{C}(z)=\boldsymbol{P}^{\mathrm{T}}\boldsymbol{W}(z)\bar{\boldsymbol{P}}. \tag{2.2.252}$$

局部逼近 $u^h(z,\hat{z})$ 的表达式可以写成

$$u^h(z,\hat{z})=\boldsymbol{\Phi}(z)\boldsymbol{u}^{*}=\sum_{I=1}^{n}\Phi_I(z)u(z_I), \tag{2.2.253}$$

这里形函数

$$\boldsymbol{\Phi}(z)=(\Phi_1(z),\Phi_2(z),\cdots,\Phi_n(z))=\bar{\boldsymbol{p}}^{\mathrm{T}}(z)\boldsymbol{C}^{-1}(z)\boldsymbol{B}(z). \tag{2.2.254}$$

由式 (2.2.253), 可得

$$u_1^h(z)=\mathrm{Re}[\boldsymbol{\Phi}(z)\boldsymbol{u}^{*}]=\mathrm{Re}\left[\sum_{I=1}^{n}\Phi_I(z)u(z_I)\right], \tag{2.2.255}$$

$$u_2^h(z)=\mathrm{Im}[\boldsymbol{\Phi}(z)\boldsymbol{u}^{*}]=\mathrm{Im}\left[\sum_{I=1}^{n}\Phi_I(z)u(z_I)\right]. \tag{2.2.256}$$

和复变量移动最小二乘法相比, 新的改进的复变量移动最小二乘法的泛函具有明确的物理意义, 其定义和实变量移动最小二乘法一致, 都表示逼近函数对函数 $u(z)$ 的局部逼近加权误差, 形函数的求解要求局部逼近加权误差最小. 同时, 在求解过程中引入了共轭基函数, 将改进的复变量移动最小二乘法中的式 (2.2.202) 和 (2.2.203) 中矩阵共轭的计算转为向量 $\boldsymbol{p}^{\mathrm{T}}(z)$ 共轭使得计算简化, 进一步减少了计算量, 从而提高了计算精度.

取 $u_1(x_1,x_2)=\left(1-\dfrac{x_1}{2}\right)x_1x_2+\dfrac{1}{2}x_2^3-x_2$, $u_2(x_1,x_2)=-\dfrac{1}{2}\left[(1-x_1)x_2^2+\left(1-\dfrac{x_1}{3}\right)x_1^2\right]-x_1$. 设置 441 个节点 (x_{1i},x_{2j}), 其中 $x_{1i}=0.1\times i-0.1$, $x_{2j}=0.1\times j-0.1$, $(i,j=1,2,\cdots,21)$ 我们计算在点 $(\theta_{1i},\theta_{2i})(i=1,2,\cdots,20001;\ \theta_{1i}=0.45,\ \theta_{2i}=0.0001\times i-0.0001)$ 处 20001 个函数值和其导数值, 本节新的改进的复变量移动最小二乘法只需 41.0519 s, 而改进的复变量移动最小二乘法需要 42.6279 s.

函数 u_1 和 u_2 的逼近值如图 2.2.25 和图 2.2.26 所示, 可以看出两种方法对原函数的逼近效果都很好, 但是基于共轭基的改进的复变量移动最小二乘法对其导数

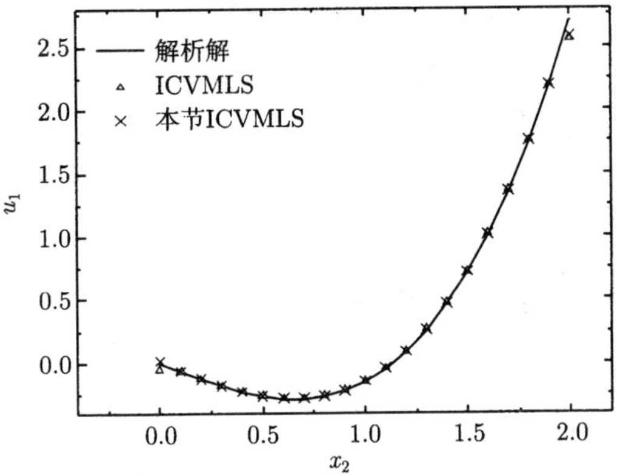

图 2.2.25 当 $x_1 = 0.45$ 时函数 u_1 逼近值

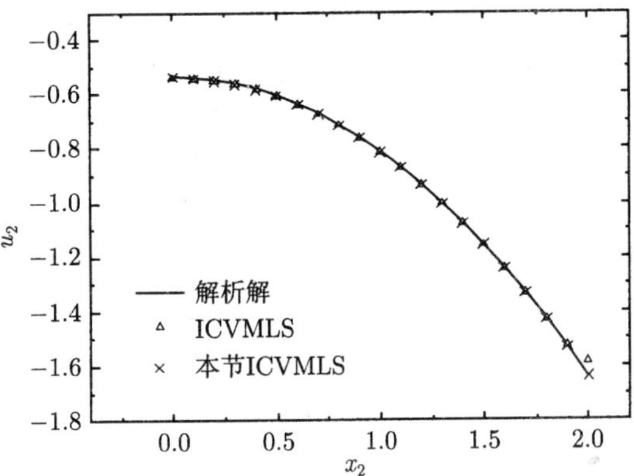

图 2.2.26 当 $x_1 = 0.45$ 时函数 u_2 逼近值

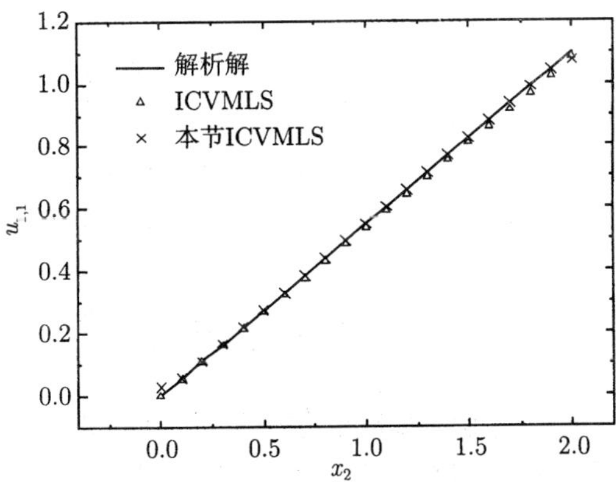

图 2.2.27 当 $x_1 = 0.45$ 时函数 $u_{1,1}$ 逼近值

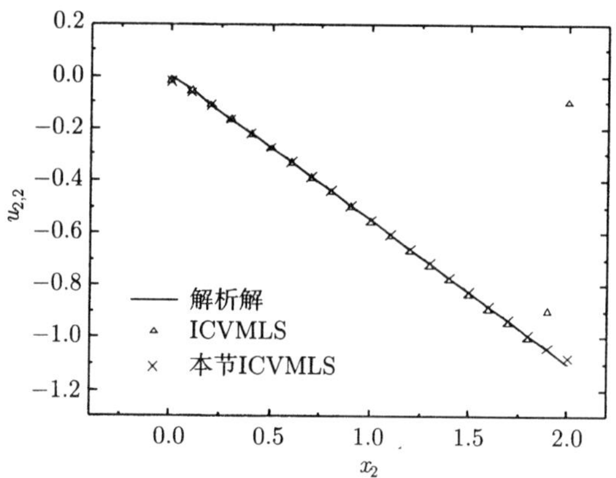

图 2.2.28　$x_1 = 0.45$ 时函数 $u_{2,2}$ 逼近值

表 2.2.2　在靠近边界处函数 $u_{2,2}$ 逼近值比较

节点坐标	解析解	本节 ICVMLS	ICVMLS
(0.45, 1.9991)	−1.0995	−1.07865	−0.107872
(0.45, 1.9992)	−1.09956	−1.07869	−0.10669
(0.45, 1.9993)	−1.09962	−1.07872	−0.105507
(0.45, 1.9994)	−1.09967	−1.07876	−0.104323
(0.45, 1.9995)	−1.09973	−1.0788	−0.103138
(0.45, 1.9996)	−1.09978	−1.07883	−0.101952
(0.45, 1.9997)	−1.09984	−1.07887	−0.100765
(0.45, 1.9998)	−1.09989	−1.0789	−0.0995769
(0.45, 1.9999)	−1.09994	−1.07894	−0.104323
(0.45, 2.0000)	−1.1	−1.07898	−0.103138

的逼近好于改进的复变量移动最小二乘法, 如图 2.2.27 和图 2.2.28 所示. 在边界处, 基于共轭基的改进的复变量移动最小二乘法远远好于改进的复变量移动最小二乘法, 如表 2.2.2 所示. 综上, 我们认为基于共轭基的改进的复变量移动最小二乘法的计算效率和计算精度都优于改进的复变量移动最小二乘法.

为避免混淆, 本节中用 “ICVMLS” 表示改进的复变量移动最小二乘法, 用 “本节 ICVMLS” 表示本节提出的基于共轭基的改进的复变量移动最小二乘法.

2.3　单位分解法

与其他无网格方法的逼近函数构造方法类似, 在单位分解法中, 对区域 Ω, 用一系列相互交错的子域 Ω_I 来覆盖, 每一个子域 Ω_I 都与一个函数 $\Phi_I(\boldsymbol{x})$ 对应, 函数 $\Phi_I(\boldsymbol{x})$ 满足

$$\Phi_I(\boldsymbol{x}) \neq 0, \quad \boldsymbol{x} \in \Omega_I, \tag{2.3.1}$$

$$\Phi_I(\boldsymbol{x}) = 0, \quad \boldsymbol{x} \notin \Omega_I, \tag{2.3.2}$$

及单位分解条件

$$\sum_{I=1}^{n} \Phi_I(\boldsymbol{x}) = 1, \quad \boldsymbol{x} \in \Omega, \tag{2.3.3}$$

其中 n 为子域 Ω_I(或其对应的节点 $\boldsymbol{x}_I$) 的总数. 这里函数 $\Phi_I(\boldsymbol{x})$ 称为单位分解法的形函数.

单位分解法形函数的这种结构与其他无网格方法形函数的结构是相同的. 由移动最小二乘法可知, 其形函数 $\Phi_I(\boldsymbol{x})$ 满足

$$\sum_{I=1}^{n} \Phi_I(\boldsymbol{x})\boldsymbol{x}_I^k = \boldsymbol{x}^k, \quad 0 \leqslant k \leqslant m, \tag{2.3.4}$$

其中 m 为多项式基函数的次数. 当 $k=0$ 时, 可得

$$\sum_{I=1}^{n} \Phi_I(\boldsymbol{x}) = 1, \tag{2.3.5}$$

即移动最小二乘法的形函数 $\Phi_I(\boldsymbol{x})$ 也满足单位分解条件 (2.3.3).

单位分解法可构造多种无网格方法. Babuška 和 Melenk 在求解一维 Helmholtz 方程时引入了如下形式的逼近函数:

$$u^h(x) = \sum_{I=1}^{n} \Phi_I^0(x)(a_{0I} + a_{1I}x + \cdots + a_{kI}x^k + b_{1I}\sinh nx + b_{2I}\cosh nx), \tag{2.3.6}$$

可写为

$$u^h(x) = \sum_{I=1}^{n} \Phi_I^0(x) \sum_{i=1}^{k+2} \beta_{iI} p_i(x), \tag{2.3.7}$$

其中

$$\boldsymbol{\beta} = (\beta_{iI}) = (a_{0I}, a_{1I}, \cdots, a_{kI}, b_{1I}, b_{2I}), \tag{2.3.8}$$

$$\boldsymbol{p}^{\mathrm{T}} = (p_i)^{\mathrm{T}} = (1, x, \cdots, x^k, \sinh x, \cosh x), \tag{2.3.9}$$

$\Phi_I^0(x)$ 为 0 阶的移动最小二乘法的形函数, 即其多项式基函数的次数为 0, 也称为 Shepard 函数,

$$\Phi_I^0(x) = \frac{w(x - x_I)}{\sum\limits_{I=1}^{n} w(x - x_I)}. \tag{2.3.10}$$

Babuška 和 Melenk 也引入了如下形式的逼近函数[128]:

$$u^h(\boldsymbol{x}) = \sum_{J:\boldsymbol{x}_I \in \Omega_J} \Phi_J^0(\boldsymbol{x}) \sum_{I=1}^{n} u_I L_{JI}(\boldsymbol{x}) = \sum_{I=1}^{n} \sum_{J:\boldsymbol{x}_I \in \Omega_J} \Phi_J^0(\boldsymbol{x}) L_{JI}(\boldsymbol{x}) u_I, \tag{2.3.11}$$

其中 $L_{IJ}(\boldsymbol{x})$ 为 Lagrange 插值函数, 则 $\forall J$, 有 $L_{JI}(\boldsymbol{x}_K)=\delta_{IK}$.

可以看出, 式 (2.3.11) 中的形函数

$$\Phi_I(\boldsymbol{x})=\sum_{J:\boldsymbol{x}_I\in\Omega_J}\Phi_J^0(\boldsymbol{x})L_{JI}(\boldsymbol{x}), \tag{2.3.12}$$

满足 Kronecker δ 函数的性质, 即

$$\Phi_I(\boldsymbol{x}_K)=\sum_{J:\boldsymbol{x}_I\in\Omega_J}\Phi_J^0(\boldsymbol{x})L_{JI}(\boldsymbol{x}_K)=\sum_{J:\boldsymbol{x}_I\in\Omega_J}\Phi_J^0(\boldsymbol{x})\delta_{IK}=\delta_{IK}. \tag{2.3.13}$$

Duarte 和 Oden 利用 k 阶的移动最小二乘法形函数建立了如下的更为一般的逼近函数:

$$u^h(\boldsymbol{x})=\sum_{I=1}^{n}\Phi_I^k(\boldsymbol{x})\left(u_I+\sum_{i=1}^{m}b_{iI}q_i(\boldsymbol{x})\right), \tag{2.3.14}$$

其中 $\Phi_I^k(\boldsymbol{x})$ 为 k 阶移动最小二乘法形函数, $q_i(\boldsymbol{x})$ 为次数高于 k 的单项式基函数.

在处理裂纹等问题时常常要引入扩展基函数, 可对扩展基函数采用不同的单位分解函数, 以减小 u_I 和系数 b_{iI} 的线性相关性, 如可取

$$u^h(\boldsymbol{x})=\sum_{I=1}^{n_1}\Phi_I^k(\boldsymbol{x})u_I+\sum_{I=1}^{n_2}\Phi_I^0(\boldsymbol{x})\sum_{i=1}^{m}b_{iI}q_i(\boldsymbol{x}), \tag{2.3.15}$$

这里 $q_i(\boldsymbol{x})$ 为扩展基函数, 在分析裂纹问题时可以是表征裂纹尖端奇异性的项. 一般来说, $n_2\ll n_1$, 这是因为扩展基函数的系数在求解域变化很小.

2.4 重构核粒子法

重构核粒子法是在光滑粒子法基础上发展起来的无网格方法, 也是构造无网格方法逼近函数的主要方法之一.

重构核粒子法在构造插值形函数时, 在光滑粒子法中引入核函数修正项, 使理论上精确重构有限域的近似函数成为可能. 重构核粒子法形成的形函数具有不低于重构核函数的光滑性, 且能准确重构多项式在插值点的精确值, 有较完善的数学理论支持, 其构造的试函数具有较高的精度. 重构核粒子法的缺点是其形成的形函数一般不具有 Kronecker δ 函数的特性.

Liu 等对重构核粒子法进行了改进, 改进的重构核粒子法的形函数是通过简单函数引入插值特性, 并利用增强函数构造重构条件, 得到一个具有任意离散点插值特性的形函数. 改进的重构核粒子法形函数能精确重构插值点多项式的真值、具有不低于核函数的高阶光滑性.

本节先介绍重构核粒子法, 然后阐述陈丽和程玉民提出的复变量重构核粒子法.

2.4.1 重构核粒子法

1. 重构核粒子法

在重构核粒子法中, 近似函数构造过程中的关键步骤是, 通过修正核函数 $\bar{w}(\boldsymbol{x}-\boldsymbol{x}')$ 来构造函数 $u(\boldsymbol{x})$ 的逼近函数 $u^h(\boldsymbol{x})$, 即

$$u^h(\boldsymbol{x})=\int_\Omega u(\boldsymbol{x}')\bar{w}(\boldsymbol{x}-\boldsymbol{x}')\mathrm{d}\boldsymbol{x}', \tag{2.4.1}$$

式中, $\bar{w}(\boldsymbol{x}-\boldsymbol{x}')$ 为修正核函数

$$\bar{w}(\boldsymbol{x}-\boldsymbol{x}')=C(\boldsymbol{x};\boldsymbol{x}-\boldsymbol{x}')w(\boldsymbol{x}-\boldsymbol{x}'), \tag{2.4.2}$$

其中 $C(\boldsymbol{x};\boldsymbol{x}-\boldsymbol{x}')$ 为修正函数, 一般可表示为多项式基函数的线性组合. 取修正函数为

$$C(\boldsymbol{x};\boldsymbol{x}-\boldsymbol{x}')=\sum_{i=1}^m p_i(\boldsymbol{x}-\boldsymbol{x}')b_i(\boldsymbol{x})=\boldsymbol{p}^{\mathrm{T}}(\boldsymbol{x}-\boldsymbol{x}')\boldsymbol{b}(\boldsymbol{x}),\quad \boldsymbol{x}\in\Omega, \tag{2.4.3}$$

其中 $p_i(\boldsymbol{x}-\boldsymbol{x}')$ 是基函数, 通常形式同式 (2.2.2)−(2.2.5), m 是基函数的个数; $b_i(\boldsymbol{x})$ 是对应的未知系数,

$$\boldsymbol{b}(\boldsymbol{x})=(b_1(\boldsymbol{x}),b_2(\boldsymbol{x}),\cdots,b_m(\boldsymbol{x}))^{\mathrm{T}}, \tag{2.4.4}$$

对应于式 (2.4.1) 的核近似, 采用梯形积分法可得式 (2.4.1) 的离散形式为

$$\begin{aligned}u^h(\boldsymbol{x})&=\sum_{I=1}^n\bar{w}(\boldsymbol{x}-\boldsymbol{x}_I)u(\boldsymbol{x}_I)\Delta V_I\\&=\sum_{I=1}^n C(\boldsymbol{x};\boldsymbol{x}-\boldsymbol{x}_I)w(\boldsymbol{x}-\boldsymbol{x}_I)u_I\Delta V_I,\end{aligned} \tag{2.4.5}$$

其中 $w(\boldsymbol{x}-\boldsymbol{x}_I)$ 是具有紧支集特性的权函数, $\boldsymbol{x}_I$ 为影响域覆盖点 $\boldsymbol{x}$ 的节点, ΔV_I 是与节点 $\boldsymbol{x}_I$ 有关的区域度量,

$$\sum_{I=1}^n\Delta V_I=V, \tag{2.4.6}$$

对二维问题, V 指的是整个求解域 Ω 的面积.

式 (2.4.5) 可用矩阵形式表示为

$$u^h(\boldsymbol{x})=\boldsymbol{C}(\boldsymbol{x})\boldsymbol{W}(\boldsymbol{x})\boldsymbol{V}\boldsymbol{u}, \tag{2.4.7}$$

其中

$$\boldsymbol{u}=(u_1,u_2,\cdots,u_n)^{\mathrm{T}}, \tag{2.4.8}$$

$$\boldsymbol{W}(\boldsymbol{x})=\begin{bmatrix} w(\boldsymbol{x}-\boldsymbol{x}_1) & 0 & \cdots & 0 \\ 0 & w(\boldsymbol{x}-\boldsymbol{x}_2) & \cdots & 0 \\ \vdots & \vdots & \ddots & \vdots \\ 0 & 0 & \cdots & w(\boldsymbol{x}-\boldsymbol{x}_n) \end{bmatrix}, \tag{2.4.9}$$

$$\boldsymbol{V}=\begin{bmatrix} \Delta V_1 & 0 & \cdots & 0 \\ 0 & \Delta V_2 & \cdots & 0 \\ \vdots & \vdots & \ddots & \vdots \\ 0 & 0 & \cdots & \Delta V_n \end{bmatrix}. \tag{2.4.10}$$

令

$$C_I(\boldsymbol{x})=C(\boldsymbol{x};\boldsymbol{x}-\boldsymbol{x}_I), \tag{2.4.11}$$

则

$$\boldsymbol{C}(\boldsymbol{x})=(C_1(\boldsymbol{x}),C_2(\boldsymbol{x}),\cdots,C_n(\boldsymbol{x}))=\boldsymbol{b}^{\mathrm{T}}(\boldsymbol{x})\boldsymbol{P}, \tag{2.4.12}$$

其中

$$\boldsymbol{P}=\begin{bmatrix} p_1(\boldsymbol{x}-\boldsymbol{x}_1) & p_1(\boldsymbol{x}-\boldsymbol{x}_2) & \cdots & p_1(\boldsymbol{x}-\boldsymbol{x}_n) \\ p_2(\boldsymbol{x}-\boldsymbol{x}_1) & p_2(\boldsymbol{x}-\boldsymbol{x}_2) & \cdots & p_2(\boldsymbol{x}-\boldsymbol{x}_n) \\ \vdots & \vdots & \ddots & \vdots \\ p_m(\boldsymbol{x}-\boldsymbol{x}_1) & p_m(\boldsymbol{x}-\boldsymbol{x}_2) & \cdots & p_m(\boldsymbol{x}-\boldsymbol{x}_n) \end{bmatrix}. \tag{2.4.13}$$

系数 $b_i(\boldsymbol{x})$ 是根据逼近函数的重构条件来确定的, 它同时确保了逼近函数的相应精度.

将 $u^h(\boldsymbol{x})$ 进行 Taylor 级数展开, 即得

$$u^h(\boldsymbol{x})=m_0(\boldsymbol{x})u(\boldsymbol{x})+\sum_{i=1}^{\infty}\frac{(-1)^i}{i!}m_i(\boldsymbol{x})u^{(i)}(\boldsymbol{x}), \tag{2.4.14}$$

其中

$$m_i(\boldsymbol{x})=\sum_{I=1}^{n}p_i(\boldsymbol{x})C(\boldsymbol{x}\,;\boldsymbol{x}-\boldsymbol{x}_I)w(\boldsymbol{x}-\boldsymbol{x}_I)\nabla V_I. \tag{2.4.15}$$

由式 (2.4.14) 可得改进核函数的重构条件为

$$m_0(\boldsymbol{x})=1, \tag{2.4.16}$$

$$m_i(\boldsymbol{x})=0,\quad i=1,2,\cdots, \tag{2.4.17}$$

即

$$\boldsymbol{M}(\boldsymbol{x})\boldsymbol{b}(\boldsymbol{x}) = \boldsymbol{H}, \tag{2.4.18}$$

其中

$$\boldsymbol{M}(\boldsymbol{x}) = \sum_{I=1}^{n} \boldsymbol{p}(\boldsymbol{x}-\boldsymbol{x}_I)\boldsymbol{p}^{\mathrm{T}}(\boldsymbol{x}-\boldsymbol{x}_I)w(\boldsymbol{x}-\boldsymbol{x}_I)\Delta V_I, \tag{2.4.19}$$

$$\boldsymbol{H} = (1, 0, \cdots, 0)^{\mathrm{T}}, \tag{2.4.20}$$

即得

$$\boldsymbol{b}(\boldsymbol{x}) = \boldsymbol{M}^{-1}(\boldsymbol{x})\boldsymbol{H}. \tag{2.4.21}$$

这样, 逼近函数 $u^h(\boldsymbol{x})$ 可表示为

$$u^h(\boldsymbol{x}) = \sum_{I=1}^{n} \Phi_I(\boldsymbol{x})u_I = \boldsymbol{\Phi}(\boldsymbol{x})\boldsymbol{u}, \tag{2.4.22}$$

其中 $\boldsymbol{\Phi}(\boldsymbol{x})$ 为形函数,

$$\boldsymbol{\Phi}(\boldsymbol{x}) = (\Phi_1(\boldsymbol{x}), \Phi_2(\boldsymbol{x}), \cdots, \Phi_n(\boldsymbol{x})) = \boldsymbol{C}(\boldsymbol{x})\boldsymbol{W}(\boldsymbol{x})\boldsymbol{V}. \tag{2.4.23}$$

从以上构造形函数的过程可以看出, $\boldsymbol{M}$ 是非奇异的, 这样就避免了采用移动最小二乘法构造形函数容易形成病态方程组的缺点, 使所形成的无网格方法具有较高的计算精度. 形函数 $\Phi_I(\boldsymbol{x})$ 的光滑性极大地依赖于权函数 $w(\boldsymbol{x}-\boldsymbol{x}_I)$ 的光滑性, 比如, 若 $w(\boldsymbol{x}-\boldsymbol{x}_I) \in C^l(\Omega_I)$, 则 $\Phi_I(\boldsymbol{x}) \in C^l(\Omega_I)$. 还应注意, 为在离散意义上保证重构条件, 矩阵 $\boldsymbol{M}$ 及其微分涉及的积分运算须采用相同的积分方法, 通常采用梯形积分方法.

因为 $\Phi_I(\boldsymbol{x}_J) \neq \delta_{IJ}$, 则 $u^h(\boldsymbol{x}_I) \neq u(\boldsymbol{x}_I)$. 但是, 对于一维情况, 当权函数或核函数的影响域包含节点的数目等于基函数中单项式的数目时, 重构核粒子法的形函数具有插值特性. 以一维情况下二次基函数形成的形函数为例, 若节点 x_I 的影响域包含三个节点, 则此时形成的重构核粒子法的形函数具有 Kronecker δ 函数的特性. 在一维边值问题中, 这个性质对处理边界条件非常有利; 同理, 在二维边值问题的边界积分方程的无网格方法中, 利用这一性质可以方便地处理本质边界条件. 利用这一性质构造边界节点插值形函数, 可取得较高精度的数值分析结果.

2. 重构核粒子法的形函数导数

由式 (2.4.5) 和式 (2.4.23) 可知

$$\Phi_I(\boldsymbol{x}) = \bar{w}(\boldsymbol{x}-\boldsymbol{x}_I)\Delta V_I = C(\boldsymbol{x}; \boldsymbol{x}-\boldsymbol{x}_I)w(\boldsymbol{x}-\boldsymbol{x}_I)\Delta V_I, \tag{2.4.24}$$

由式 (2.4.12) 可知

$$C(\boldsymbol{x}; \boldsymbol{x}-\boldsymbol{x}_I) = \boldsymbol{p}^{\mathrm{T}}(\boldsymbol{x}-\boldsymbol{x}_I)\boldsymbol{b}(\boldsymbol{x}), \tag{2.4.25}$$

结合式 (2.4.21) 可得

$$\Phi_I(\boldsymbol{x}) = \boldsymbol{p}^{\mathrm{T}}(\boldsymbol{x}-\boldsymbol{x}_I)\boldsymbol{M}^{-1}(\boldsymbol{x})\boldsymbol{H}w(\boldsymbol{x}-\boldsymbol{x}_I)\Delta V_I. \tag{2.4.26}$$

一维情况时, 取

$$\Delta V_I = \Delta x_I = \frac{1}{2}(x_{I+1} - x_{I-1}), \tag{2.4.27}$$

可得形函数的导数

$$\frac{\mathrm{d}\Phi_I(x)}{\mathrm{d}x} = \left[\frac{\mathrm{d}C(x\,;x-x_I)}{\mathrm{d}x}w(x-x_I) + C(x\,;x-x_I)\frac{\mathrm{d}w(x-x_I)}{\mathrm{d}x}\right]\Delta x_I, \tag{2.4.28}$$

其中

$$\frac{\mathrm{d}C(x\,;x-x_I)}{\mathrm{d}x} = \frac{\mathrm{d}\boldsymbol{p}^{\mathrm{T}}(x-x_I)}{\mathrm{d}x}\boldsymbol{b}(x) + \boldsymbol{p}^{\mathrm{T}}(x-x_I)\frac{\mathrm{d}\boldsymbol{b}(x)}{\mathrm{d}x}. \tag{2.4.29}$$

由式 (2.4.18) 可得

$$\frac{\mathrm{d}\boldsymbol{M}(x)}{\mathrm{d}x}\boldsymbol{b}(x) + \boldsymbol{M}(x)\frac{\mathrm{d}\boldsymbol{b}(x)}{\mathrm{d}x} = \boldsymbol{0}, \tag{2.4.30}$$

因此

$$\frac{\mathrm{d}\boldsymbol{b}(x)}{\mathrm{d}x} = -\boldsymbol{M}^{-1}(x)\frac{\mathrm{d}\boldsymbol{M}(x)}{\mathrm{d}x}\boldsymbol{b}(x). \tag{2.4.31}$$

将式 (2.4.29) 和 (2.4.31) 代入式 (2.4.28) 即得一维情况时形函数的导数.

对于二维情况, 基函数向量 $\boldsymbol{p}(\boldsymbol{x}-\boldsymbol{x}_I)$ 可写为下列一般形式

$$\begin{aligned}\boldsymbol{p}^{\mathrm{T}}(\boldsymbol{x}-\boldsymbol{x}_I) =&(1, x_1-x_{I1}, x_2-x_{I2}, (x_1-x_{I1})^2,\\ &(x_1-x_{I1})(x_2-x_{I2}), (x_2-x_{I2})^2, \cdots, (x_2-x_{I2})^m).\end{aligned} \tag{2.4.32}$$

未知系数组成的向量 $\boldsymbol{b}(\boldsymbol{x})$ 可写为

$$\boldsymbol{b}^{\mathrm{T}}(\boldsymbol{x}) = (b_{00}(\boldsymbol{x}), b_{10}(\boldsymbol{x}), b_{01}(\boldsymbol{x}), b_{20}(\boldsymbol{x}), b_{11}(\boldsymbol{x}), b_{02}(\boldsymbol{x}), \cdots, b_{0m}(\boldsymbol{x})), \tag{2.4.33}$$

则修正函数可表示为

$$C(\boldsymbol{x}\,;\boldsymbol{x}-\boldsymbol{x}_I) = \sum_{n_1+n_2=0}^{m} b_{n_1n_2}(\boldsymbol{x})(x_1-x_{I1})^{n_1}(x_2-x_{I2})^{n_2}. \tag{2.4.34}$$

二维情况时, 最方便的粒子体积定义是使用乘法规则, 如

$$\Delta V_I = \Delta x_{I1}\Delta x_{I2}. \tag{2.4.35}$$

形函数的一阶偏导数如下:

$$\begin{bmatrix}\Phi_{I,1}(\boldsymbol{x})\\ \Phi_{I,2}(\boldsymbol{x})\end{bmatrix} = \begin{bmatrix}(C_{,1}(\boldsymbol{x};\boldsymbol{x}-\boldsymbol{x}_I)w(\boldsymbol{x}-\boldsymbol{x}_I) + C(\boldsymbol{x};\boldsymbol{x}-\boldsymbol{x}_I)w_{,1}(\boldsymbol{x}-\boldsymbol{x}_I))\Delta V_I\\ (C_{,2}(\boldsymbol{x};\boldsymbol{x}-\boldsymbol{x}_I)w(\boldsymbol{x}-\boldsymbol{x}_I) + C(\boldsymbol{x};\boldsymbol{x}-\boldsymbol{x}_I)w_{,2}(\boldsymbol{x}-\boldsymbol{x}_I))\Delta V_I\end{bmatrix}, \tag{2.4.36}$$

式中

$$C_{,j}(\boldsymbol{x};\boldsymbol{x}-\boldsymbol{x}_I)=\boldsymbol{p}_{,j}^{\mathrm{T}}(\boldsymbol{x}-\boldsymbol{x}_I)\boldsymbol{b}(\boldsymbol{x})+\boldsymbol{p}^{\mathrm{T}}(\boldsymbol{x}-\boldsymbol{x}_I)\boldsymbol{b}_{,j}(\boldsymbol{x}), \tag{2.4.37}$$

$$\boldsymbol{b}_{,j}(\boldsymbol{x})=-\boldsymbol{M}^{-1}(\boldsymbol{x})\boldsymbol{M}_{,j}(\boldsymbol{x})\boldsymbol{b}(\boldsymbol{x}), \tag{2.4.38}$$

其中 $j=1,2$.

三维重构核粒子法的形函数的导数可类似得到.

2.4.2 改进的重构核粒子法的形函数

由上可知, 对于重构核粒子法的形函数, 当影响域包含的节点的数目等于基函数单项式的数目时, 其形函数具有插值特性. 下面通过对重构核粒子法形函数的扩展, 构造当影响域包含的节点的数目多于基函数单项式的数目时具有插值特性的改进的重构核粒子法形函数[116].

设 $u(\boldsymbol{x})$ 的改进的重构核粒子的逼近函数为

$$u^h(\boldsymbol{x})=\sum_{I=1}^{n}\Psi_I(\boldsymbol{x})u_I, \tag{2.4.39}$$

其中改进的重构核粒子形函数为

$$\Psi_I(\boldsymbol{x})=\hat{\Psi}_I(\boldsymbol{x})+\bar{\Psi}_I(\boldsymbol{x}), \tag{2.4.40}$$

其中, $\hat{\Psi}_I(x)$ 是为使逼近函数具有 Kronecker δ 函数特性而引入的函数, $\bar{\Psi}_I(x)$ 为使重构核粒子形函数 $\Psi_I(\boldsymbol{x})$ 满足 m 阶重构条件的扩展函数 (或强化函数, Enrichment function), 即

$$\sum_{I=1}^{n}[\hat{\Psi}_I(\boldsymbol{x})+\bar{\Psi}_I(\boldsymbol{x})]\boldsymbol{x}_I^{\alpha}=\boldsymbol{x}^{\alpha},\quad |\alpha|\leqslant m. \tag{2.4.41}$$

如果简单函数 $\hat{\Psi}_I(\boldsymbol{x})$ 满足 Kronecker δ 函数的特性, 即

$$\hat{\Psi}_I(\boldsymbol{x}_J)=\delta_{IJ}, \tag{2.4.42}$$

且式 (2.4.41) 成立, 则强化函数向量

$$\bar{\boldsymbol{\Psi}}(\boldsymbol{x})=\left(\bar{\Psi}_1(\boldsymbol{x}),\bar{\Psi}_2(\boldsymbol{x}),\cdots,\bar{\Psi}_n(\boldsymbol{x})\right) \tag{2.4.43}$$

与基向量

$$\boldsymbol{p}_i(\boldsymbol{x})=(p_i(\boldsymbol{x}-\boldsymbol{x}_1),p_i(\boldsymbol{x}-\boldsymbol{x}_2),\cdots,p_i(\boldsymbol{x}-\boldsymbol{x}_n)) \tag{2.4.44}$$

是正交的, 即对所有的离散点 $\boldsymbol{x}_J, J=1,2,\cdots,n$, 有

$$\bar{\boldsymbol{\Psi}}(\boldsymbol{x}_J)\boldsymbol{p}_i^{\mathrm{T}}(\boldsymbol{x}_J)=0, \tag{2.4.45}$$

这里 $p_i(\boldsymbol{x}-\boldsymbol{x}_I)$ 是

$$\boldsymbol{p}(\boldsymbol{x}-\boldsymbol{x}_I)=(1,x_1-x_{I1},\cdots,x_d-x_{Id},(x_1-x_{I1})^2,\cdots,(x_d-x_{Id})^m)^{\mathrm{T}} \tag{2.4.46}$$

的第 i 个元素.

下面来证明式 (2.4.45). 式 (2.4.41) 可写为

$$\sum_{I=1}^{n}[\hat{\Psi}_I(\boldsymbol{x})+\bar{\Psi}_I(\boldsymbol{x})](\boldsymbol{x}-\boldsymbol{x}_I)^{\alpha}=\delta_{|\alpha|,0},\quad |\alpha|\leqslant m, \tag{2.4.47}$$

即

$$\sum_{I=1}^{n}[\hat{\Psi}_I(\boldsymbol{x})+\bar{\Psi}_I(\boldsymbol{x})]\boldsymbol{p}(\boldsymbol{x}-\boldsymbol{x}_I)=\boldsymbol{H}. \tag{2.4.48}$$

对点 $\boldsymbol{x}_J$, 由式 (2.4.48) 有

$$\sum_{I=1}^{n}[\hat{\Psi}_I(\boldsymbol{x}_J)+\bar{\Psi}_I(\boldsymbol{x}_J)]\boldsymbol{p}(\boldsymbol{x}_J-\boldsymbol{x}_I)=\boldsymbol{H}. \tag{2.4.49}$$

由于 $\hat{\Psi}_I(\boldsymbol{x}_J)=\delta_{IJ}$, 则

$$\sum_{I=1}^{n}[\delta_{IJ}+\bar{\Psi}_I(\boldsymbol{x}_J)]\boldsymbol{p}(\boldsymbol{x}_J-\boldsymbol{x}_I)=\boldsymbol{H}. \tag{2.4.50}$$

由于 $\forall J$, 有

$$\sum_{I=1}^{n}\delta_{IJ}\boldsymbol{p}(\boldsymbol{x}_J-\boldsymbol{x}_I)=\boldsymbol{H}, \tag{2.4.51}$$

则由式 (2.4.50) 得

$$\sum_{I=1}^{n}\bar{\Psi}_I(\boldsymbol{x}_J)\boldsymbol{p}(\boldsymbol{x}_J-\boldsymbol{x}_I)=\boldsymbol{0}, \tag{2.4.52}$$

即

$$\sum_{I=1}^{n}\bar{\Psi}_I(\boldsymbol{x}_J)p_i(\boldsymbol{x}_J-\boldsymbol{x}_I)=0, \tag{2.4.53}$$

则式 (2.4.54) 得证.

将 $\bar{\Psi}_I(\boldsymbol{x})$ 表示为

$$\bar{\Psi}_I(\boldsymbol{x})=\boldsymbol{G}^{\mathrm{T}}(\boldsymbol{x}-\boldsymbol{x}_I)\boldsymbol{a}(\boldsymbol{x}), \tag{2.4.54}$$

其中 $\boldsymbol{G}(\boldsymbol{x}-\boldsymbol{x}_I)$ 是与 $\boldsymbol{p}(\boldsymbol{x}-\boldsymbol{x}_I)$ 维数相同的基函数向量, $\boldsymbol{a}(\boldsymbol{x})$ 是相应的系数向量.

将式 (2.4.54) 代入式 (2.4.52), 得

$$\boldsymbol{Q}(\boldsymbol{x}_J)\boldsymbol{a}(\boldsymbol{x}_J)=\boldsymbol{0},\tag{2.4.55}$$

其中

$$\boldsymbol{Q}(\boldsymbol{x})=\sum_{I=1}^{n}\boldsymbol{p}(\boldsymbol{x}-\boldsymbol{x}_I)\boldsymbol{G}^{\mathrm{T}}(\boldsymbol{x}-\boldsymbol{x}_I).\tag{2.4.56}$$

若 $\boldsymbol{Q}(\boldsymbol{x}_J)$ 非奇异, 则由式 (2.4.55) 可得 $\boldsymbol{a}(\boldsymbol{x}_J)=\boldsymbol{0}$. 那么, 由式 (2.4.54) 可得 $\bar{\Psi}_I(\boldsymbol{x}_J)=0$. 于是

$$\Psi_I(\boldsymbol{x}_J)=\bar{\Psi}_I(\boldsymbol{x}_J)+\Psi_I(\boldsymbol{x}_J)=\delta_{IJ}.\tag{2.4.57}$$

要使 $\boldsymbol{Q}(\boldsymbol{x})$ 为非奇异, 可取

$$\boldsymbol{G}(\boldsymbol{x}-\boldsymbol{x}_I)=\boldsymbol{p}(\boldsymbol{x}-\boldsymbol{x}_I)w(\boldsymbol{x}-\boldsymbol{x}_I),\tag{2.4.58}$$

其中 $w(\boldsymbol{x}-\boldsymbol{x}_I)\geqslant 0$ 是具有紧支特性的函数, 其影响域大小为 ρ_I. 因此

$$\bar{\Psi}_I(\boldsymbol{x})=\boldsymbol{p}^{\mathrm{T}}(\boldsymbol{x}-\boldsymbol{x}_I)\boldsymbol{a}(\boldsymbol{x})w(\boldsymbol{x}-\boldsymbol{x}_I).\tag{2.4.59}$$

由上可知, 若函数 $\bar{\Psi}_I(\boldsymbol{x})$ 取为式 (2.4.59) 形式, 函数 $\hat{\Psi}_I(\boldsymbol{x})$ 具有 Kronecker δ 函数的特性且满足重构条件 (2.4.41), 就可得到具有 Kronecker δ 函数特性的函数 $\Psi_I(\boldsymbol{x})$.

以下利用重构条件来得到 $\bar{\Psi}_I(\boldsymbol{x})$ 中的系数 $\boldsymbol{a}(\boldsymbol{x})$.

设 $\hat{\Psi}_I(\boldsymbol{x})$ 为如下的简单形式:

$$\hat{\Psi}_I(\boldsymbol{x})=\frac{\hat{w}(\boldsymbol{x}-\boldsymbol{x}_I)}{\hat{w}(\boldsymbol{0})},\tag{2.4.60}$$

其中 $\hat{w}(\boldsymbol{x}-\boldsymbol{x}_I)\geqslant 0$ 是具有紧支特性的函数, 其影响域的大小 $\hat{\rho}_I$ 的选取使得其影响域内不包含任何其他邻近节点, 即 $\hat{\rho}_I<\min\{\|\boldsymbol{x}_I-\boldsymbol{x}_J\|,\forall J\neq I\}$. 这样, $\hat{\Psi}_I(\boldsymbol{x})$ 具有 Kronecker δ 函数特性.

将式 (2.4.59)、(2.4.60) 代入式 (2.4.42), 得

$$\sum_{I=1}^{n}[\hat{\Psi}_I(\boldsymbol{x})+\boldsymbol{p}^{\mathrm{T}}(\boldsymbol{x}-\boldsymbol{x}_I)\boldsymbol{a}(\boldsymbol{x})w(\boldsymbol{x}-\boldsymbol{x}_I)]\boldsymbol{x}_I^{\alpha}=\boldsymbol{x}^{\alpha},\quad |\alpha|\leqslant m.\tag{2.4.61}$$

式 (2.4.61) 可写为

$$\sum_{I=1}^{n}[\hat{\Psi}_I(\boldsymbol{x})+\boldsymbol{p}^{\mathrm{T}}(\boldsymbol{x}-\boldsymbol{x}_I)\boldsymbol{a}(\boldsymbol{x})w(\boldsymbol{x}-\boldsymbol{x}_I)](\boldsymbol{x}-\boldsymbol{x}_I)^{\alpha}=\delta_{|\alpha|,0},\tag{2.4.62}$$

即

$$\sum_{I=1}^{n}\boldsymbol{p}(\boldsymbol{x}-\boldsymbol{x}_I)[\hat{\Psi}_I(\boldsymbol{x})+\boldsymbol{p}^{\mathrm{T}}(\boldsymbol{x}-\boldsymbol{x}_I)\boldsymbol{a}(\boldsymbol{x})w(\boldsymbol{x}-\boldsymbol{x}_I)]=\boldsymbol{H}. \tag{2.4.63}$$

于是得系数向量 $\boldsymbol{a}(\boldsymbol{x})$ 为

$$\boldsymbol{a}(\boldsymbol{x})=\boldsymbol{Q}^{-1}(\boldsymbol{x})[\boldsymbol{H}-\hat{\boldsymbol{H}}(\boldsymbol{x})], \tag{2.4.64}$$

其中

$$\hat{\boldsymbol{H}}(\boldsymbol{x})=\sum_{I=1}^{n}\boldsymbol{p}(\boldsymbol{x}-\boldsymbol{x}_I)\hat{\Psi}_I(\boldsymbol{x})=\sum_{I=1}^{n}\boldsymbol{p}(\boldsymbol{x}-\boldsymbol{x}_I)\frac{\hat{w}(\boldsymbol{x}-\boldsymbol{x}_I)}{\hat{w}(\boldsymbol{0})}. \tag{2.4.65}$$

最终获得改进的重构核粒子插值形函数为

$$\Psi_I(\boldsymbol{x})=\frac{\hat{w}(\boldsymbol{x}-\boldsymbol{x}_I)}{\hat{w}(\boldsymbol{0})}+\boldsymbol{p}^{\mathrm{T}}(\boldsymbol{x}-\boldsymbol{x}_I)\boldsymbol{Q}^{-1}(\boldsymbol{x})[\boldsymbol{H}-\hat{\boldsymbol{H}}(\boldsymbol{x})]w(\boldsymbol{x}-\boldsymbol{x}_I). \tag{2.4.66}$$

由式 (2.4.65) 可得

$$\hat{\boldsymbol{H}}(\boldsymbol{x}_J)=\sum_{I=1}^{n}\boldsymbol{p}(\boldsymbol{x}_J-\boldsymbol{x}_I)\frac{\hat{w}(\boldsymbol{x}_J-\boldsymbol{x}_I)}{\hat{w}(\boldsymbol{0})}=\boldsymbol{H}, \tag{2.4.67}$$

那么

$$\begin{aligned}\Psi_I(\boldsymbol{x}_J)&=\frac{\hat{w}(\boldsymbol{x}_J-\boldsymbol{x}_I)}{\hat{w}(\boldsymbol{0})}+\boldsymbol{p}^{\mathrm{T}}(\boldsymbol{x}_J-\boldsymbol{x}_I)\boldsymbol{Q}^{-1}(\boldsymbol{x}_J)[\boldsymbol{H}-\hat{\boldsymbol{H}}(\boldsymbol{x}_J)]w(\boldsymbol{x}_J-\boldsymbol{x}_I)\\&=\delta_{IJ}+\boldsymbol{p}^{\mathrm{T}}(\boldsymbol{x}_J-\boldsymbol{x}_I)\boldsymbol{Q}^{-1}(\boldsymbol{x}_J)[\boldsymbol{H}-\hat{\boldsymbol{H}}(\boldsymbol{x}_J)]w(\boldsymbol{x}_J-\boldsymbol{x}_I),\end{aligned} \tag{2.4.68}$$

即得

$$\Psi_I(\boldsymbol{x}_J)=\delta_{IJ}. \tag{2.4.69}$$

关于式 (2.4.66) 的求导运算, 其前一项求导很简单, 后一项类似于式 (2.4.28) 或式 (2.4.36) 来实现.

下面考虑间隔为 $\Delta x=1$ 的一组均匀布置离散点来进行一维重构核粒子插值形函数的构造. 两个核函数选为

$$w(x-x_I)=w\left(\frac{x-x_I}{\rho_I}\right), \tag{2.4.70}$$

$$\hat{w}(x-x_I)=w\left(\frac{x-x_I}{\hat{\rho}_I}\right). \tag{2.4.71}$$

这里 $w(x-x_I)$ 是式 (2.1.6) 的指数函数, 取 $\hat{c}=1$, 且 $\rho_I=3\Delta x$ 和 $\hat{\rho}_I=0.8\Delta x$. 当权函数影响域覆盖不同节点时, 即 ρ_I 取不同值时, 强化函数 $\bar{\Psi}_I(x)$ 和改进的重构核粒

子法插值形函数 $\Psi_I(x)$ 如图 2.4.1 和图 2.4.2 所示.

当权函数影响域覆盖 7 个节点时, 在区间 [1, 10] 上 11 个节点的改进的重构核粒子法插值形函数 $\Psi_I(x)$ 见图 2.4.3. 图 2.4.4 是当权函数影响域覆盖 7 个节点时的 $\sum_{I=1}^{n}\Psi_I(x)-1$ 值, 这部分误差其实是计算误差.

图 2.4.5 是不规则配置离散化节点的改进的重构核粒子形函数, 其影响域覆盖的节点数不同, 且节点是任意布置的.

从这些图可以看出, 改进的重构核粒子形函数具有很好的插值特性. 理论上保证了改进的重构核粒子形函数具有不低于权函数的光滑性.

构造在任意节点满足插值特性的改进的重构核粒子法插值形函数, 其形态可谓千姿百态, 但理论上该形函数在任何一点都具有不低于权函数的光滑性.

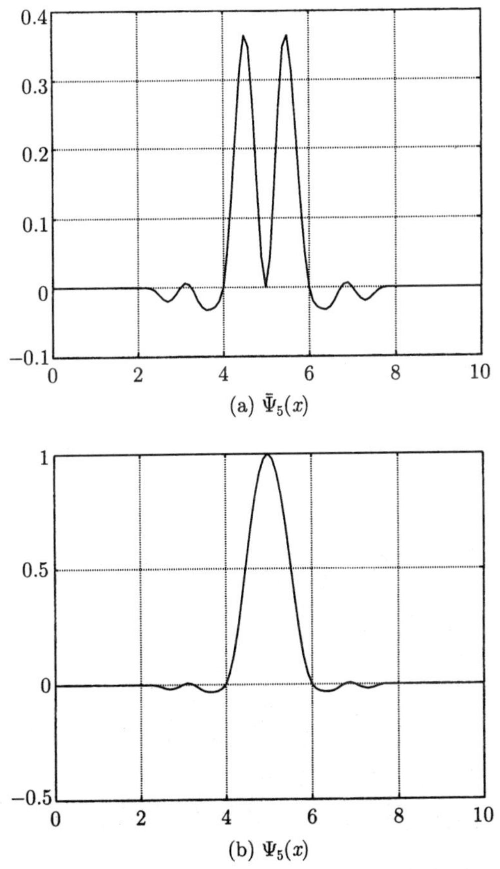

图 2.4.1 当权函数覆盖 5 个节点时的强化函数和形函数

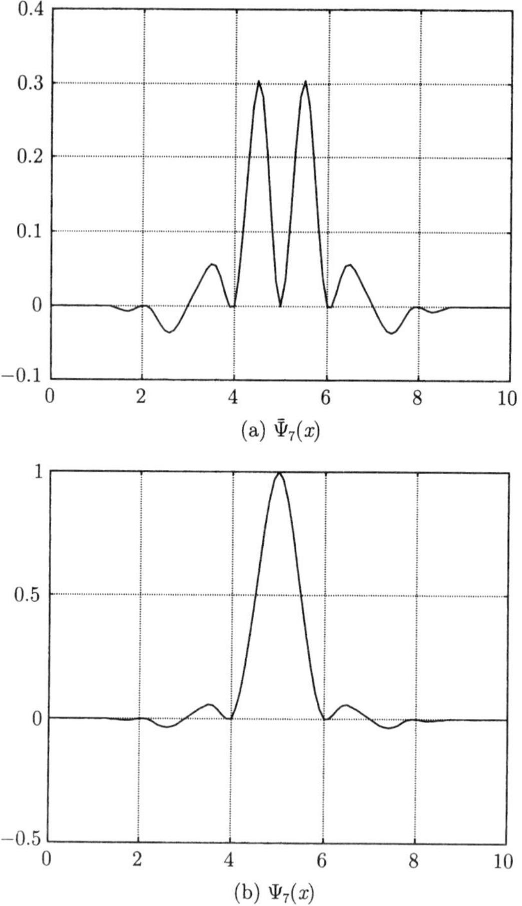
(a) $\bar{\Psi}_7(x)$

(b) $\Psi_7(x)$

图 2.4.2　当权函数覆盖 7 个节点时的强化函数和形函数

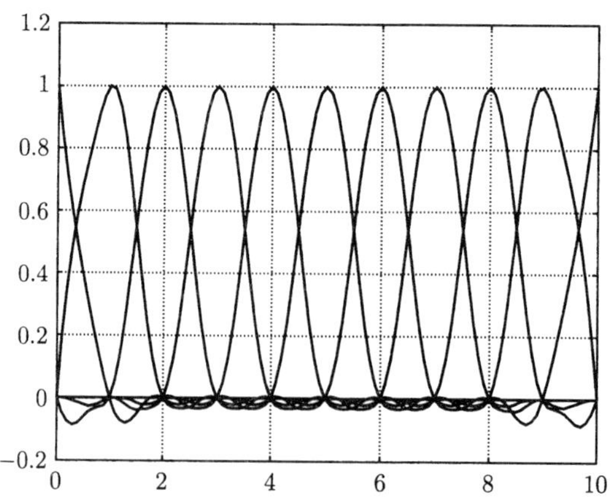

图 2.4.3　当权函数覆盖 7 个节点时改进的重构核粒子法形函数 $\Psi_I(\boldsymbol{x})$

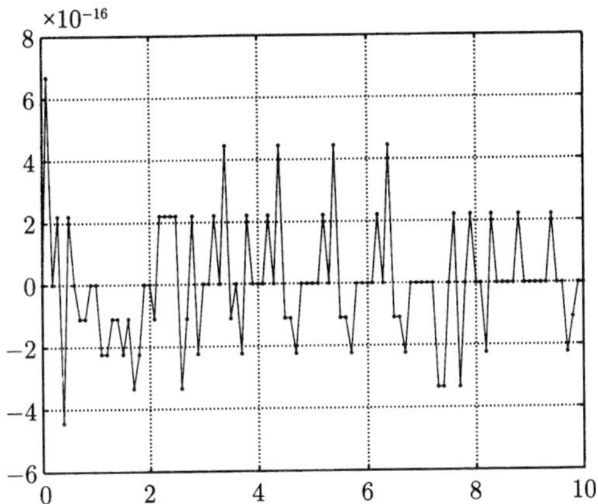

图 2.4.4 当权函数覆盖 7 个节点时 $\sum_{I}\Psi_I(x)-1$ 值

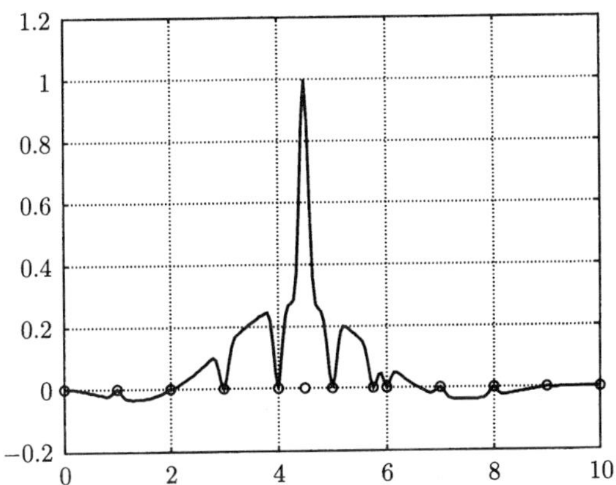

图 2.4.5 当权函数覆盖不对称点时的改进的重构核粒子法形函数

2.4.3 复变量重构核粒子法

提出复变量重构核粒子法主要是针对目前重构核粒子法形成的无网格方法配点过多、计算量大等问题. 重构核粒子法是对标量而言的, 而复变量重构核粒子法则是对向量函数的逼近.

取试函数

$$u^h(z)=u_1^h(z)+\mathrm{i}u_2^h(z)=\int_\Omega u(z')\bar{w}(z-z')\mathrm{d}z',\quad z=x_1+\mathrm{i}x_2\in\Omega. \tag{2.4.72}$$

式 (2.4.72) 的离散形式为

$$u^h(z)=\sum_{I=1}^{n}\bar{w}(z-z_I)u(z_I)\Delta V_I=\sum_{I=1}^{n}C(z;z-z_I)w(z-z_I)\Delta V_I u(z_I), \tag{2.4.73}$$

其中 $w(z-z_I)$ 是具有紧支特性的权函数, z_I 为点 z 的影响域内的节点,

$$u^h(z_I)=u_1(z_I)+\mathrm{i}u_2(z_I). \tag{2.4.74}$$

式 (2.4.73) 可用矩阵形式表示为

$$u^h(z)=\boldsymbol{C}(z)\boldsymbol{W}(z)\boldsymbol{V}\boldsymbol{u}^*, \tag{2.4.75}$$

其中 $\boldsymbol{u}^*$ 和 $\boldsymbol{W}$ 的表达式分别见式 (2.2.159) 和式 (2.2.163).

令

$$C_I(z)=C(z;z-z_I), \tag{2.4.76}$$

则

$$\boldsymbol{C}(z)=(C_1(z),C_2(z),\cdots,C_n(z))=\boldsymbol{b}^{\mathrm{T}}(z)\boldsymbol{P}, \tag{2.4.77}$$

其中

$$\boldsymbol{P}=\begin{bmatrix} p_1(z-z_1) & p_1(z-z_2) & \cdots & p_1(z-z_n) \\ p_2(z-z_1) & p_2(z-z_2) & \cdots & p_2(z-z_n) \\ \vdots & \vdots & \ddots & \vdots \\ p_m(z-z_1) & p_m(z-z_2) & \cdots & p_m(z-z_n) \end{bmatrix}, \tag{2.4.78}$$

$$\boldsymbol{b}^{\mathrm{T}}(z)=(b_1(z),b_2(z),\cdots,b_m(z)), \tag{2.4.79}$$

这里系数 $b_i(z)$ 依然根据逼近函数的重构条件来确定, 即

$$\overline{\boldsymbol{M}}(z)=\boldsymbol{M}(z)\boldsymbol{b}(z)=\boldsymbol{H}, \tag{2.4.80}$$

其中

$$\boldsymbol{M}(z)=\sum_{I=1}^{n}\boldsymbol{p}(z-z_I)\boldsymbol{p}^{\mathrm{T}}(z-z_I)w(z-z_I)\Delta V_I, \tag{2.4.81}$$

$$\boldsymbol{b}(z)=\boldsymbol{M}^{-1}(z)\boldsymbol{H}. \tag{2.4.82}$$

这样, 逼近函数 $u^h(z)$ 的表达式为

$$u^h(z)=\boldsymbol{\Phi}(z)\boldsymbol{u}^*=\sum_{I=1}^{n}\Phi_I(z)u(z_I), \tag{2.4.83}$$

其中 $\boldsymbol{\Phi}(z)$ 为形函数,

$$\boldsymbol{\Phi}(z)=(\Phi_1(z),\Phi_2(z),\cdots,\Phi_n(z))=\boldsymbol{C}(z)\boldsymbol{W}(z)\boldsymbol{V}, \tag{2.4.84}$$

则有

$$u_1^h(z)=\mathrm{Re}[\boldsymbol{\Phi}(z)\boldsymbol{u}^*]=\mathrm{Re}\left[\sum_{I=1}^{n}\Phi_I(z)u(z_I)\right], \tag{2.4.85}$$

$$u_2^h(z) = \mathrm{Im}[\boldsymbol{\Phi}(z)\boldsymbol{u}^*] = \mathrm{Im}\left[\sum_{I=1}^{n} \Phi_I(z)u(z_I)\right]. \tag{2.4.86}$$

复变量重构核粒子法的优点是其形成的二维问题的无网格方法可取较少的节点, 因为其试函数中所含的待定系数减少了. 对线性基, 原来的基函数为 $\boldsymbol{p}^{\mathrm{T}} = (1, x_1 - x_1', x_2 - x_2')$, 待定系数是 3 个, 现在的基函数为 $\boldsymbol{p}^{\mathrm{T}} = (1, z - z')$, 待定系数是 2 个; 对二次基, 原来的基函数为 $\boldsymbol{p}^{\mathrm{T}} = (1, x_1 - x_1', x_2 - x_2', (x_1 - x_1')^2, (x_1 - x_1')(x_2 - x_2'), (x_2 - x_2')^2)$, 待定系数是 6 个, 现在的基函数为 $\boldsymbol{p}^{\mathrm{T}} = (1, z - z', (z - z')^2)$, 待定系数是 3 个. 这样, 对任一场点来说, 其影响域中所含的最小节点数就大大减少了, 进而在整个求解域中所需选取的节点数也可以大大减少.

2.5 径向基函数法

径向基函数法是利用径向基函数来构造无网格方法逼近函数的方法. 径向基函数和多项式基函数耦合可以构造具有插值特性的近似函数.

2.5.1 径向基函数

径向基函数是一类以点 $\boldsymbol{x}$ 到节点 $\boldsymbol{x}_i$ 的距离 $d_i = \|\boldsymbol{x} - \boldsymbol{x}_i\|$ 为自变量的函数. 径向基函数具有形式简单、与空间维数无关、各向同性等优点.

目前常用的径向基函数可以分为两大类: 一类是定义在全域上的以节点 $\boldsymbol{x}_i$ 为中心的全局径向基函数 (Globally Supported Radial Basis Function, 简称 GSRBF); 另一类是具有紧支特点的紧支径向基函数 (Compactly Supported Radial Basis Function, 简称 CSRBF). 下面列出一些常见的径向基函数.

1) 全域径向基函数[134]

Multi-quadric 函数:

$$\varphi_i(\boldsymbol{x}) = (c^2 + d_i^2)^{\beta}; \tag{2.5.1}$$

逆 Multi-quadric 函数:

$$\varphi_i(\boldsymbol{x}) = (c^2 + d_i^2)^{-\beta}; \tag{2.5.2}$$

Gauss 函数:

$$\varphi_i(\boldsymbol{x}) = \exp(-cd_i^2); \tag{2.5.3}$$

薄板样条 (Thin-plate splines) 函数:

$$\varphi_i(\boldsymbol{x}) = d_i^{2\beta}\log d_i, \tag{2.5.4}$$

式中 c 为大于零的常数, β 为整数. 这些参数称为形参数, 它们对插值精度、收敛速度都有较大影响.

2) 紧支径向基函数

近年来一些学者提出了具有紧支特性的紧支径向基函数, 这类基函数对应的系数矩阵具有稀疏、带状的特点, 适合于求解大型问题. 吴宗敏提出的正定紧支径向基函数为[229]

$$\text{CSRBF1}: \varphi_i(\boldsymbol{x}) = (1-r)_+^4(4+16r+12r^2+3r^3), \tag{2.5.5}$$

$$\text{CSRBF2}: \varphi_i(\boldsymbol{x}) = (1-r)_+^6(6+36r+82r^2+72r^3+30r^4+5r^5). \tag{2.5.6}$$

Buhmann 提出的正定紧支径向基函数为[310]

$$\text{CSRBF3}: \varphi_i(\boldsymbol{x}) = \begin{cases} \dfrac{1}{3}+r^2-\dfrac{4}{3}r^3+2r^2\ln r \\ 0 \end{cases}, \tag{2.5.7}$$

$$\text{CSRBF4}: \varphi_i(\boldsymbol{x}) = \begin{cases} \dfrac{1}{15}+\dfrac{19}{6}r^2-\dfrac{16}{3}r^3+3r^4-\dfrac{16}{15}r^5+\dfrac{1}{6}r^6+2r^2\ln r \\ 0 \end{cases}. \tag{2.5.8}$$

Wendland 构造的正定紧支径向基函数为[311]

$$\text{CSRBF5}: \varphi_i(\boldsymbol{x}) = (1-r)_+^4(4r+1), \tag{2.5.9}$$

$$\text{CSRBF6}: \varphi_i(\boldsymbol{x}) = (1-r)_+^6(3+18r+35r^2), \tag{2.5.10}$$

$$\text{CSRBF7}: \varphi_i(\boldsymbol{x}) = (1-r)_+^8(1+8r+25r^2+32r^3), \tag{2.5.11}$$

式中, $r = d_i/\rho_i$, ρ_i 是定义在节点 $\boldsymbol{x}_i$ 处的径向基函数的影响域半径, $(1-r)_+$ 定义为

$$(1-r)_+ = \begin{cases} (1-r) & 0 \leqslant r \leqslant 1 \\ 0 & \text{其他} \end{cases}. \tag{2.5.12}$$

以上对 r 的定义是假定影响域为圆域的情况 (二维情况). 关于 r 更一般的定义为

$$r = \sqrt{\left(\frac{x_1 - x_{i1}}{\rho_{i1}}\right)^2 + \left(\frac{x_2 - x_{i2}}{\rho_{i2}}\right)^2}, \tag{2.5.13}$$

其中 $\boldsymbol{x} = (x_1, x_2)$, $\boldsymbol{x}_i = (x_{i1}, x_{i2})$. 对于 $\rho_{i1} \neq \rho_{i2}$, 则对应的影响域为椭圆. 另外, 在使用紧支径向基函数时, 各节点所对应的径向基函数的影响域半径可以是不同的.

在插值计算中, 全域径向基函数和紧支径向基函数都可使用, 用全域径向基函数插值具有较高的精度, 但其结果严重依赖于参数 c 和 β 的选取, 而这些参数的最优值与所求具体问题有关, 而且计算中所形成的矩阵是满阵, 不利于大规模问题的求解; 反之, 如果使用紧支径向基函数进行插值, 插值的精度随影响域半径的增大而增大, 然而即使将各影响域的半径增大到足以包含所有的节点, 紧支径向基函数插值的精度仍然低于全局径向基函数插值的精度.

2.5.2 基于径向基函数构造的耦合形函数

径向基函数的研究是从径向基函数插值开始的. 下面介绍两种常用的利用径向基函数进行插值的方法.

1. 径向基函数插值

首先考虑直接用径向基函数逼近求解域 Ω 内的任意函数 $u(\boldsymbol{x})$.

在求解域 Ω 布置 n 个节点 $\boldsymbol{x}_i$, $i=1,2,\cdots,n$, 域内任意点 $\boldsymbol{x}$ 的函数 $u(\boldsymbol{x})$ 的近似函数 $u^h(\boldsymbol{x})$ 可以用以 n 个节点 $\boldsymbol{x}_i$ 为中心的径向基函数 $\varphi_i(\boldsymbol{x})$ 表示为

$$u^h(\boldsymbol{x})=\sum_{i=1}^{n}a_i\varphi_i(\boldsymbol{x})=\boldsymbol{\varphi}^{\mathrm{T}}(\boldsymbol{x})\boldsymbol{a}, \tag{2.5.14}$$

其中 $\varphi_i(\boldsymbol{x})$ 是以节点 $\boldsymbol{x}_i$ 为中心的径向基函数, 可以取式 (2.5.1)—(2.5.11) 中的任何一个, a_i 为待定系数,

$$\boldsymbol{a}=(a_1,a_2,\cdots,a_n)^{\mathrm{T}}, \tag{2.5.15}$$

$$\boldsymbol{\varphi}(\boldsymbol{x})=(\varphi_1(\boldsymbol{x}),\varphi_2(\boldsymbol{x}),\cdots,\varphi_n(\boldsymbol{x}))^{\mathrm{T}}. \tag{2.5.16}$$

式 (2.5.14) 中共有 n 个未知数 a_i, 可以通过使方程 (2.5.14) 在域内的 n 个节点满足方程 $u^h(\boldsymbol{x}_I)=u(\boldsymbol{x}_I)$ 来求得, 即

$$u^h(\boldsymbol{x}_I)=\sum_{i=1}^{n}a_i\varphi_i(\boldsymbol{x}_I)=u(\boldsymbol{x}_I),\quad I=1,2,\cdots,n. \tag{2.5.17}$$

式 (2.5.17) 可写成矩阵形式

$$\boldsymbol{A}\boldsymbol{a}=\boldsymbol{u}, \tag{2.5.18}$$

其中

$$\boldsymbol{A}=\begin{bmatrix}\boldsymbol{\varphi}^{\mathrm{T}}(\boldsymbol{x}_1)\\ \boldsymbol{\varphi}^{\mathrm{T}}(\boldsymbol{x}_2)\\ \vdots\\ \boldsymbol{\varphi}^{\mathrm{T}}(\boldsymbol{x}_n)\end{bmatrix}=\begin{bmatrix}\varphi_1(\boldsymbol{x}_1) & \varphi_2(\boldsymbol{x}_1) & \cdots & \varphi_n(\boldsymbol{x}_1)\\ \varphi_1(\boldsymbol{x}_2) & \varphi_2(\boldsymbol{x}_2) & \cdots & \varphi_n(\boldsymbol{x}_2)\\ \vdots & \vdots & \ddots & \vdots\\ \varphi_1(\boldsymbol{x}_n) & \varphi_2(\boldsymbol{x}_n) & \cdots & \varphi_n(\boldsymbol{x}_n)\end{bmatrix}, \tag{2.5.19}$$

$$\boldsymbol{u}=(u_1,u_2,\cdots,u_n)^{\mathrm{T}}. \tag{2.5.20}$$

由于距离无方向性, 所以 $\varphi_i(\boldsymbol{x}_j)=\varphi_j(\boldsymbol{x}_i)$, 表明矩阵 $\boldsymbol{A}$ 是对称矩阵. 由式 (2.5.18) 可以得到系数矩阵 $\boldsymbol{a}$ 为

$$\boldsymbol{a}=\boldsymbol{A}^{-1}\boldsymbol{u}. \tag{2.5.21}$$

将式 (2.5.21) 代入式 (2.5.14), 得

$$u^h(\boldsymbol{x}) = \boldsymbol{\varphi}^{\mathrm{T}}(\boldsymbol{x})\boldsymbol{A}^{-1}\boldsymbol{u} = \boldsymbol{\Phi}(\boldsymbol{x})\boldsymbol{u}, \tag{2.5.22}$$

式中形函数矩阵 $\boldsymbol{\Phi}(\boldsymbol{x})$ 为

$$\begin{aligned}\boldsymbol{\Phi}(\boldsymbol{x}) &= (\Phi_1(\boldsymbol{x}), \Phi_2(\boldsymbol{x}), \cdots, \Phi_n(\boldsymbol{x}))\\ &= \boldsymbol{\varphi}^{\mathrm{T}}(\boldsymbol{x})\boldsymbol{A}^{-1} = (\varphi_1(\boldsymbol{x}), \varphi_2(\boldsymbol{x}), \cdots, \varphi_n(\boldsymbol{x}))\boldsymbol{A}^{-1},\end{aligned} \tag{2.5.23}$$

其中第 k 个节点的形函数表达式可以写为

$$\Phi_k(\boldsymbol{x}) = \sum_{i=1}^{n} \varphi_i(\boldsymbol{x}) A_{ik}^a, \tag{2.5.24}$$

式中 A_{ik}^a 是矩阵 $\boldsymbol{A}^{-1}$ 的第 i 行第 k 列元素, 矩阵 $\boldsymbol{A}^{-1}$ 是和节点位置有关的常数矩阵.

显然以上基于径向基函数构造的近似函数满足

$$u^h(\boldsymbol{x}_i) = u(\boldsymbol{x}_i) = u_i, \tag{2.5.25}$$

也就是说形函数具有 Kronecker δ 函数的特性, 即

$$\Phi_i(\boldsymbol{x}_j) = \delta_{ij}. \tag{2.5.26}$$

因此在基于以上方法构造近似函数的无网格方法中很容易施加本质边界条件. 这一特性是移动最小二乘法和重构核粒子法所没有的, 但是这种形函数不满足一致性条件.

形函数的导数为

$$\boldsymbol{\Phi}_{,i}(\boldsymbol{x}) = \boldsymbol{\varphi}_{,i}^{\mathrm{T}}(\boldsymbol{x})\boldsymbol{A}^{-1} = (\varphi_{1,i}(\boldsymbol{x}), \varphi_{2,i}(\boldsymbol{x}), \cdots, \varphi_{n,i}(\boldsymbol{x}))\boldsymbol{A}^{-1}, \tag{2.5.27}$$

$$\boldsymbol{\Phi}_{,ij}(\boldsymbol{x}) = \boldsymbol{\varphi}_{,ij}^{\mathrm{T}}(\boldsymbol{x})\boldsymbol{A}^{-1} = (\varphi_{1,ij}(\boldsymbol{x}), \varphi_{2,ij}(\boldsymbol{x}), \cdots, \varphi_{n,ij}(\boldsymbol{x}))\boldsymbol{A}^{-1}, \tag{2.5.28}$$

其中第 k 个节点的形函数导数的表达式为

$$\Phi_{k,i}(\boldsymbol{x}) = \sum_{I=1}^{n} \varphi_{I,i}(\boldsymbol{x}) A_{Ik}^a, \tag{2.5.29}$$

$$\Phi_{k,ij}(\boldsymbol{x}) = \sum_{I=1}^{n} \varphi_{I,ij}(\boldsymbol{x}) A_{Ik}^a, \tag{2.5.30}$$

而径向基函数的导数为

$$\varphi_{I,i}(\boldsymbol{x}) = \frac{\partial \varphi_I(\boldsymbol{x})}{\partial r} r_{,i}, \tag{2.5.31}$$

$$\varphi_{I,ij}(\boldsymbol{x})=\frac{\partial^2\varphi_I(\boldsymbol{x})}{\partial r^2}r_{,i}r_{,j}+\frac{\partial\varphi_I(\boldsymbol{x})}{\partial r}r_{,ij}, \tag{2.5.32}$$

其中

$$r_{,i}=\frac{x_i-x_{iI}}{d_I\rho_I}, \tag{2.5.33}$$

$$r_{,ij}=\frac{1}{\rho_I d_I^3}\left[\frac{\partial x_i}{\partial x_j}d_I^2-(x_i-x_{Ii})(x_j-x_{Ij})\right], \tag{2.5.34}$$

式中 x_i 为节点 $\boldsymbol{x}$ 的坐标, x_{Ii} 为节点 $\boldsymbol{x}_I$ 的坐标.

以上就是直接利用径向基函数构造的插值函数, 径向基函数既可以使用全局径向基函数, 也可以使用紧支径向基函数. 数学上可以证明这种近似函数的精度并不比基于多项式基函数构造的近似函数的精度高. 如果需要提高插值函数的精度, 可以在基函数中引入多项式基函数.

2. 径向基函数和多项式基函数耦合

将多项式基函数和径向基函数耦合构造近似函数不仅可以提高近似函数的精度, 而且可以避免计算近似函数时系数矩阵发生奇异.

在求解域 Ω 布置 n 个节点 $\boldsymbol{x}_i$, 域内任意点 $\boldsymbol{x}$ 的函数 $u(\boldsymbol{x})$ 的近似函数 $u^h(\boldsymbol{x})$ 可以用径向基函数 $\varphi_i(\boldsymbol{x})$ 和多项式基函数 $p_i(\boldsymbol{x})$ 表示为

$$\begin{aligned}u^h(\boldsymbol{x})&=\sum_{i=1}^{n}a_i\varphi_i(\boldsymbol{x})+\sum_{i=1}^{m}b_ip_i(\boldsymbol{x})\\&=\boldsymbol{\varphi}^{\mathrm{T}}(\boldsymbol{x})\cdot\boldsymbol{a}+\boldsymbol{p}^{\mathrm{T}}(\boldsymbol{x})\cdot\boldsymbol{b}=[\boldsymbol{\varphi}^{\mathrm{T}}(\boldsymbol{x})\quad \boldsymbol{p}^{\mathrm{T}}(\boldsymbol{x})]\begin{bmatrix}\boldsymbol{a}\\\boldsymbol{b}\end{bmatrix},\end{aligned} \tag{2.5.35}$$

其中 a_i 和 b_i 分别是与径向基函数 $\varphi_i(\boldsymbol{x})$ 和多项式基函数 $p_i(\boldsymbol{x})$ 相对应的待定系数, $\boldsymbol{a}$ 的分量表示同式 (2.5.15),

$$\boldsymbol{p}(\boldsymbol{x})=(p_1(\boldsymbol{x}),p_2(\boldsymbol{x}),\cdots,p_m(\boldsymbol{x}))^{\mathrm{T}}, \tag{2.5.36}$$

$$\boldsymbol{b}=(b_1,b_2,\cdots,b_m)^{\mathrm{T}}. \tag{2.5.37}$$

式 (2.5.35) 中共有 $n+m$ 个待定系数, 可以通过以下方程

$$\sum_{i=1}^{n}a_i\varphi_i(\boldsymbol{x}_k)+\sum_{i=1}^{m}b_ip_i(\boldsymbol{x}_k)=u(\boldsymbol{x}_k),\quad k=1,2,\cdots,n, \tag{2.5.38}$$

$$\sum_{i=1}^{n}a_ip_j(\boldsymbol{x}_i)=0,\quad j=1,2,\cdots,m \tag{2.5.39}$$

来确定.

方程 (2.5.40) 和 (2.5.41) 对应的矩阵形式分别为

$$\boldsymbol{A}\boldsymbol{a}+\boldsymbol{P}\boldsymbol{b}=\boldsymbol{u}, \tag{2.5.40}$$

$$\boldsymbol{P}^{\mathrm{T}}\boldsymbol{a}=0, \tag{2.5.41}$$

其中 $\boldsymbol{A}$ 的表达式见式 (2.5.19), $\boldsymbol{P}$ 的表达式见式 (2.2.10) , $\boldsymbol{a}$ 的表达式见式 (2.5.15).

将式 (2.5.40) 和 (2.5.41) 写成如下矩阵形式:

$$\boldsymbol{G}\begin{bmatrix}\boldsymbol{a}\\ \boldsymbol{b}\end{bmatrix}=\begin{bmatrix}\boldsymbol{u}\\ \boldsymbol{0}\end{bmatrix}, \tag{2.5.42}$$

式中

$$\boldsymbol{G}=\begin{bmatrix}\boldsymbol{A} & \boldsymbol{P}\\ \boldsymbol{P}^{\mathrm{T}} & \boldsymbol{0}\end{bmatrix}. \tag{2.5.43}$$

$\boldsymbol{A}$ 是 $n\times n$ 阶的对称矩阵, $\boldsymbol{P}$ 是 $n\times m$ 阶的矩阵, 故矩阵 $\boldsymbol{G}$ 是对称矩阵. 若 $\boldsymbol{G}^{-1}$ 存在, 根据式 (2.5.42), 可得

$$\begin{bmatrix}\boldsymbol{a}\\ \boldsymbol{b}\end{bmatrix}=\boldsymbol{G}^{-1}\begin{bmatrix}\boldsymbol{u}\\ \boldsymbol{0}\end{bmatrix}. \tag{2.5.44}$$

根据式 (2.5.40) 可得

$$\boldsymbol{a}=\boldsymbol{A}^{-1}\boldsymbol{u}-\boldsymbol{A}^{-1}\boldsymbol{P}\boldsymbol{b}. \tag{2.5.45}$$

将式 (2.5.45) 代入式 (2.5.41), 得

$$\boldsymbol{b}=\boldsymbol{S}_b\boldsymbol{u}, \tag{2.5.46}$$

其中

$$\boldsymbol{S}_b=(\boldsymbol{P}^{\mathrm{T}}\boldsymbol{A}^{-1}\boldsymbol{P})^{-1}\boldsymbol{P}^{\mathrm{T}}\boldsymbol{A}^{-1}. \tag{2.5.47}$$

将式 (2.5.46) 代入式 (2.5.45), 得

$$\boldsymbol{a}=\boldsymbol{S}_a\boldsymbol{u}, \tag{2.5.48}$$

其中

$$\boldsymbol{S}_a=\boldsymbol{A}^{-1}-\boldsymbol{A}^{-1}\boldsymbol{P}\boldsymbol{S}_b. \tag{2.5.49}$$

将式 (2.5.46) 和 (2.5.48) 代入式 (2.5.35), 可得

$$u^h(\boldsymbol{x})=(\boldsymbol{\varphi}^{\mathrm{T}}(\boldsymbol{x})\boldsymbol{S}_a+\boldsymbol{p}^{\mathrm{T}}(\boldsymbol{x})\boldsymbol{S}_b)\boldsymbol{u}=\boldsymbol{N}(\boldsymbol{x})\boldsymbol{u}, \tag{2.5.50}$$

称之为耦合近似函数, 式中 $\boldsymbol{N}(\boldsymbol{x})$ 称为耦合形函数矩阵

$$\boldsymbol{N}(\boldsymbol{x})=\boldsymbol{\varphi}^{\mathrm{T}}(\boldsymbol{x})\boldsymbol{S}_a+\boldsymbol{p}^{\mathrm{T}}(\boldsymbol{x})\boldsymbol{S}_b=(N_1(\boldsymbol{x}),N_2(\boldsymbol{x}),\cdots,N_n(\boldsymbol{x})), \tag{2.5.51}$$

其中第 k 个节点的形函数

$$N_k(\boldsymbol{x}) = \sum_{i=1}^{n} \varphi_i(\boldsymbol{x}) S_{ik}^a + \sum_{j=1}^{m} p_j(\boldsymbol{x}) S_{jk}^b, \quad k = 1, 2, \cdots, n, \tag{2.5.52}$$

式中 S_{ik}^a 是矩阵 $\boldsymbol{S}_a$ 的第 i 行第 k 列元素, S_{jk}^b 是矩阵 $\boldsymbol{S}_b$ 的第 j 行第 k 列元素.

形函数的导数为

$$N_{k,i} = \sum_{I=1}^{n} \varphi_{I,i} S_{Ik}^a + \sum_{J=1}^{m} p_{J,i} S_{Jk}^b, \tag{2.5.53}$$

$$N_{k,ij} = \sum_{I=1}^{n} \varphi_{I,ij} S_{Ik}^a + \sum_{J=1}^{m} p_{J,ij} S_{Jk}^b, \tag{2.5.54}$$

其中 $\phi_{I,i}$ 和 $\phi_{I,ij}$ 的计算分别同式 (2.5.31) 和 (2.5.32), $p_{J,ij}$ 为单项式的导数, 很容易计算.

以上两种基于径向基函数构造的近似函数都具有插值特性, 基于其形成的无网格方法便于直接施加本质边界条件. 相对而言, 第一种直接由径向基函数构造的近似函数, 具有直观、简单、便于操作的优点, 但是对应的形函数不满足一阶一致性条件, 插值精度较低, 而且形成的系数矩阵是满阵; 第二种方法在基函数中引入了多项式基函数, 形函数满足一阶一致性条件, 精度高于第一种方法. 此外, 构造场点 $\boldsymbol{x}$ 的近似函数时, 第二种方法只考虑了点 $\boldsymbol{x}$ 影响域内的节点, 使得系数矩阵变成了一个带状、稀疏矩阵, 适合于求解大型问题.

2.5.3 耦合形函数的性质

在径向基函数和多项式基函数确定以后, 耦合形函数完全取决于点 $\boldsymbol{x}$ 影响域内的节点分布情况. 耦合形函数具有以下性质:

(1) 形函数在影响域内是线性独立的;

(2) 形函数具有 Kronecker δ 函数的特性, 即

$$N_i(x_j) = \delta_{ij}; \tag{2.5.55}$$

(3) 形函数是单位分解函数, 即

$$\sum_{i=1}^{n} N_i(\boldsymbol{x}) = 1, \tag{2.5.56}$$

但是并不满足 $0 \leqslant N_i(x) \leqslant 1$;

(4) 形函数满足重构条件, 即如果基函数中包含常数和线性函数, 则

$$\sum_{i=1}^{n} N_i(\boldsymbol{x}) = 1, \quad \boldsymbol{x} \in \Omega, \tag{2.5.57}$$

$$\sum_{i=1}^{n} N_i(\boldsymbol{x})x_i = \boldsymbol{x}, \quad \boldsymbol{x} \in \Omega; \tag{2.5.58}$$

(5) 形函数具有紧支特性.

为了显示基于上述方法构造的耦合形函数及其导数的性质, 我们在区间 $[-1,1]$ 上均匀布置了 5 个节点, 采用线性多项式基和插值精度较好的紧支径向基函数 (CSRBF2), 给出了边界节点 1 和节点 3 的形函数图像, 如图 2.5.1 所示.

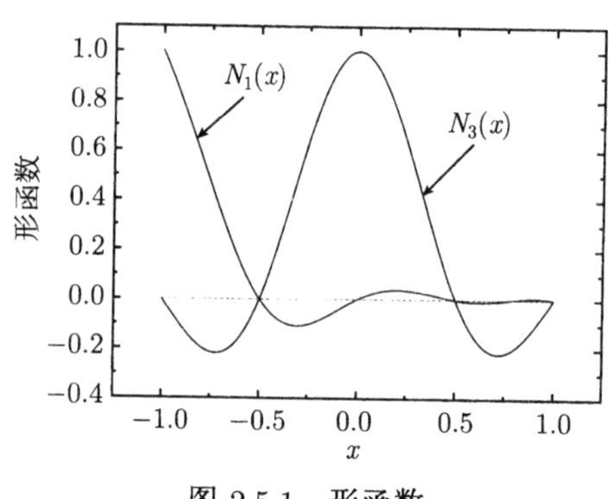

图 2.5.1　形函数

从图中可以看出节点的形函数具有良好的局部特性, 节点 3 的形函数在该节点处的值为 1, 但在其他节点处为零, 也就是满足 Kronecker δ 函数性质, 节点 1 的形函数也具有同样的性质.

图 2.5.2 给出了与边界节点 1 和节点 3 相对应的形函数一阶导数的图像, 可以看出形函数的一阶导数并不具有 Kronecker δ 函数的特性, 在边界处也不为零, 但都是连续且光滑的.

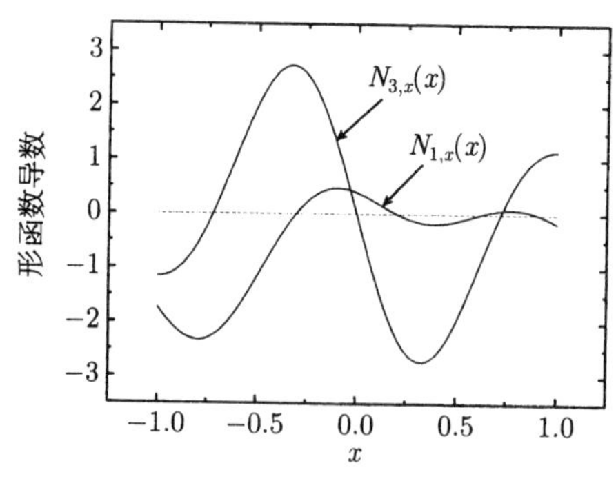

图 2.5.2　形函数导数

第 3 章　改进的无单元 Galerkin 方法

目前无网格方法中研究和应用最为广泛的是无单元 Galerkin 方法. 本章针对无单元 Galerkin 方法存在的问题, 引入改进的移动最小二乘法, 建立了改进的无单元 Galerkin 方法 (Improved element-free Galerkin method, 简称 IEFG). 改进的无单元 Galerkin 方法具有配点少、精度高、计算速度快的优点, 可有效地解决 Belytschko 提出的无单元 Galerkin 方法配点过多、计算速度慢、容易形成病态方程组的缺点.

3.1　势问题的改进的无单元 Galerkin 方法

本节基于改进的移动最小二乘法建立逼近函数, 采用 Galerkin 积分弱形式建立求解方程, 采用罚函数法施加本质边界条件, 建立了势问题的改进的无单元 Galerkin 方法, 并推导了对应公式. 通过典型的一维、二维和三维问题对改进的无单元 Galerkin 方法的收敛性和误差进行了分析. 算例表明, 改进的无单元 Galerkin 方法具有精度高、计算速度快的优点.

3.1.1　势问题的改进的无单元 Galerkin 方法

考虑如下的 Poisson 方程:

$$\nabla^2 u(\boldsymbol{x}) + b(\boldsymbol{x}) = 0, \quad \boldsymbol{x} \in \Omega, \tag{3.1.1}$$

边界条件为

$$u(\boldsymbol{x}) = \overline{u}(\boldsymbol{x}), \quad \boldsymbol{x} \in \Gamma_u, \tag{3.1.2}$$

$$q(\boldsymbol{x}) = \frac{\partial u(\boldsymbol{x})}{\partial \boldsymbol{n}} = \overline{q}, \quad \boldsymbol{x} \in \Gamma_q, \tag{3.1.3}$$

其中 Ω 是问题所在的域, Γ 为 Ω 的边界, 且有 $\Gamma = \Gamma_u \cup \Gamma_q$, $\Gamma_u \cap \Gamma_q = \varnothing$; u 表示场点位势, $b(\boldsymbol{x})$ 是给定的源函数, $\overline{u}$ 是本质边界 Γ_u 上的已知位势, $\overline{q}$ 是自然边界 Γ_q 上的已知位势梯度, $\boldsymbol{n}$ 是边界 Γ 的外法线方向.

由于改进的移动最小二乘法得到的形函数不满足 Kronecker δ 函数的性质, 即 $\Phi_I(\boldsymbol{x}_J) \neq \delta_{IJ}$, 因此 $u^h(\boldsymbol{x}_J) \neq u_J$, 这意味着基于改进的移动最小二乘法建立的无网格方法不能和传统的有限元法那样直接施加本质边界条件, 这里我们采用罚函数法来施加本质边界条件.

对式 (3.1.1)−(3.1.3), 采用罚函数法施加本质边界条件时的等价 Galerkin 积分弱形式为

$$\int_{\Omega}\delta(\boldsymbol{L}u)^{\mathrm{T}}\cdot(\boldsymbol{L}u)\mathrm{d}\Omega-\int_{\Omega}\delta u\cdot b\mathrm{d}\Omega-\int_{\Gamma_q}\delta u\cdot\overline{q}\mathrm{d}\Gamma+\frac{\alpha}{2}\delta\int_{\Gamma_u}(u-\overline{u})^{\mathrm{T}}(u-\overline{u})\mathrm{d}\Gamma=0, \tag{3.1.4}$$

其中 $\boldsymbol{L}(\cdot)$ 为微分算子,

$$\boldsymbol{L}(\cdot)=\begin{bmatrix}\dfrac{\partial}{\partial x_1}\\ \dfrac{\partial}{\partial x_2}\end{bmatrix}(\cdot), \tag{3.1.5}$$

α 为罚因子, 通常取为一大正数.

将求解域离散为有限个节点, 节点总数为 M. 利用改进的移动最小二乘法建立域内任意场点的位势 $u(\boldsymbol{x})$ 的逼近函数, 由式 (2.2.40) 可得

$$u(\boldsymbol{x})=\boldsymbol{\Phi}^{*}(\boldsymbol{x})\boldsymbol{u}=\sum_{I=1}^{n}\Phi_I^{*}(\boldsymbol{x})u_I, \tag{3.1.6}$$

其中 n 是影响域覆盖场点 $\boldsymbol{x}$ 的节点数,

$$\boldsymbol{u}=(u_1,u_2,\cdots,u_n)^{\mathrm{T}}=(u(\boldsymbol{x}_1),\ u(\boldsymbol{x}_2),\ \cdots,\ u(\boldsymbol{x}_n))^{\mathrm{T}}, \tag{3.1.7}$$

那么

$$\boldsymbol{L}u(\boldsymbol{x})=\boldsymbol{L}\left[\sum_{I=1}^{n}\Phi_I^{*}(\boldsymbol{x})u_I\right]=\boldsymbol{B}(\boldsymbol{x})\boldsymbol{u}, \tag{3.1.8}$$

其中

$$\boldsymbol{B}(\boldsymbol{x})=(\boldsymbol{B}_1(\boldsymbol{x}),\ \boldsymbol{B}_2(\boldsymbol{x}),\ \cdots,\ \boldsymbol{B}_n(\boldsymbol{x})), \tag{3.1.9}$$

$$\boldsymbol{B}_I(\boldsymbol{x})=\begin{bmatrix}\Phi_{I,1}^{*}(\boldsymbol{x})\\ \\ \Phi_{I,2}^{*}(\boldsymbol{x})\end{bmatrix}. \tag{3.1.10}$$

将式 (3.1.6) 和 (3.1.8) 代入式 (3.1.4) 可得

$$\begin{aligned}&\int_{\Omega}\delta\left[\boldsymbol{B}(\boldsymbol{x})\boldsymbol{u}\right]^{\mathrm{T}}\cdot\left[\boldsymbol{B}(\boldsymbol{x})\boldsymbol{u}\right]\mathrm{d}\Omega-\int_{\Omega}\delta\left[\boldsymbol{\Phi}^{*}(\boldsymbol{x})\boldsymbol{u}\right]\cdot b\mathrm{d}\Omega-\int_{\Gamma_q}\delta\left[\boldsymbol{\Phi}^{*}(\boldsymbol{x})\boldsymbol{u}\right]\cdot\overline{q}\mathrm{d}\Gamma\\&+\frac{\alpha}{2}\delta\int_{\Gamma_u}\left(\boldsymbol{\Phi}^{*}(\boldsymbol{x})\boldsymbol{u}-\overline{u}\right)^{\mathrm{T}}\left(\boldsymbol{\Phi}^{*}(\boldsymbol{x})\boldsymbol{u}-\overline{u}\right)\mathrm{d}\Gamma=0.\end{aligned} \tag{3.1.11}$$

由式 (3.1.11) 可得最终的求解方程为

$$(\boldsymbol{K}+\boldsymbol{K}^{\alpha})\,\boldsymbol{u}=\boldsymbol{F}+\boldsymbol{F}^{\alpha},\tag{3.1.12}$$

其中

$$K_{IJ}=\int_{\Omega}\left(\Phi_{I,1}^{*}\Phi_{J,1}^{*}+\Phi_{I,2}^{*}\Phi_{J,2}^{*}\right)\mathrm{d}\Omega,\tag{3.1.13}$$

$$K_{IJ}^{\alpha}=\alpha\int_{\Gamma_u}\Phi_{I}^{*}\Phi_{J}^{*}\mathrm{d}\Gamma,\tag{3.1.14}$$

$$F_{I}=\int_{\Omega}\Phi_{I}^{*}b\mathrm{d}\Omega+\int_{\Gamma_q}\Phi_{I}^{*}\overline{q}\mathrm{d}\Gamma,\tag{3.1.15}$$

$$F_{I}^{\alpha}=\alpha\int_{\Gamma_u}\Phi_{I}^{*}\overline{u}\mathrm{d}\Gamma,\tag{3.1.16}$$

$I,J=1,2,\cdots,M$, $\boldsymbol{u}$ 与式 (3.1.7) 形式相同, $n=M$.

上述即为势问题的改进的无单元 Galerkin 方法.

式 (3.1.12) 的矩阵或向量元素采用 Gauss 积分进行计算. 为了进行数值积分, 需布置背景积分网格, 背景积分网格只是为数值积分所用. 为了方便建立 Gauss 积分点信息, 通常都将背景积分网格布置成规则网格.

需要说明的是, 这里的规则网格与节点及其影响域无关, 只为求得数值积分, 与有限元法中的网格有本质区别. 有限元法中的网格与形函数有关, 计算结果与网格有紧密的关系, 如果网格剖分得不好就无法求解或得不到较为精确的解. 而无网格方法中的规则网格与形函数无关, 网格可大可小, 形状也没有限制, 只要容易求得积分即可.

3.1.2 收敛性和误差分析

本节采用不同的节点个数和影响域参数, 通过 3 个算例对本节势问题的改进的无单元 Galerkin 方法的收敛性进行了研究, 并与无单元 Galerkin 方法 (Element-free Galerkin method, 简称 EFG) 进行了对比.

L^2 范数下的误差定义为

$$\left\|u-u^{h}\right\|_{L^2(\Omega)}=\left(\int_{\Omega}(u-u^{h})^2\mathrm{d}\Omega\right)^{\frac{1}{2}},\tag{3.1.17}$$

相对误差为

$$\left\|u-u^{h}\right\|_{L^2(\Omega)}^{rel}=\frac{\left\|u-u^{h}\right\|_{L^2(\Omega)}}{\left\|u\right\|_{L^2(\Omega)}},\tag{3.1.18}$$

其中 L^2 范数定义为

$$\|f(\boldsymbol{x})\|_{L^2(\Omega)} = \left(\int_{\Omega} |f(\boldsymbol{x})|^2 \mathrm{d}\boldsymbol{x}\right)^{1/2}. \tag{3.1.19}$$

1. **两点边值问题**

考虑两点边值问题

$$-u_{,xx} + u = f(x), \quad x \in (0,1), \tag{3.1.20}$$

其中

$$f(x) = \frac{2\beta\left(1+\beta^2(1-\overline{x})(x-\overline{x})\right)}{(1+\beta^2(x-\overline{x})^2)^2} + (1-x)\left(\arctan(\beta(x-\overline{x})) + \arctan(\beta\overline{x})\right), \tag{3.1.21}$$

边界条件为 $u(0) = u(1) = 0$.

该问题的解析解为

$$u(x) = (1-x)\left(\arctan(\beta(x-\overline{x})) + \arctan(\beta\overline{x})\right). \tag{3.1.22}$$

利用上述势问题的改进的无单元 Galerkin 方法进行计算. 由图 3.1.1 和图 3.1.2 可以看出, 对于给定的节点个数, 当 $d_{\max} = 1.4$ 时得到较好的结果. 对于给定 $d_{\max}$, 对不同的节点分布计算可知, 随着节点个数的增加, 计算结果逐渐收敛, 从而高阶完备多项式比低阶多项式具有更好的收敛性. 此外, 对该问题的相对误差也进行了计算. 由图 3.1.3—图 3.1.6 可以看出, 在两组参数情况下, 随着节点个数的增加, 相对误差均逐渐减小, 并且在节点个数分别为 26 和 81 时计算结果收敛.

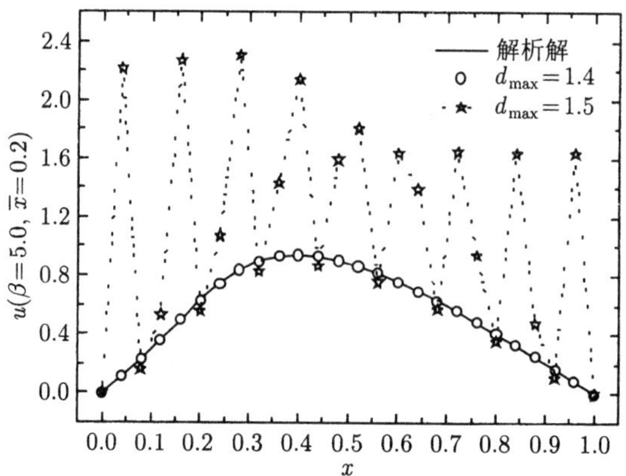

图 3.1.1　26 个节点时 IEFG 方法的计算结果

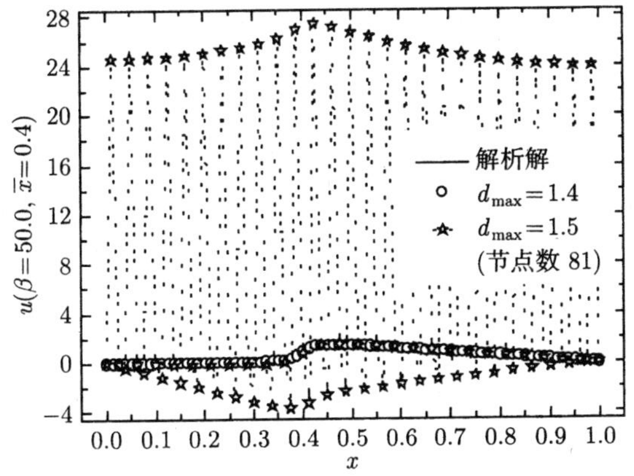

图 3.1.2 不同 d_{max} 时 IEFG 方法的计算结果

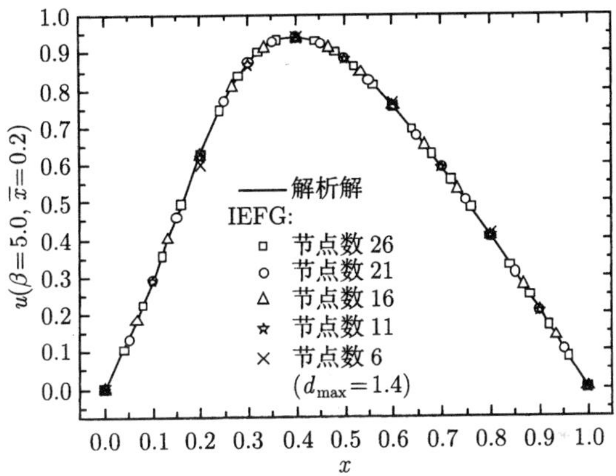

图 3.1.3 不同节点分布时 IEFG 方法的计算结果

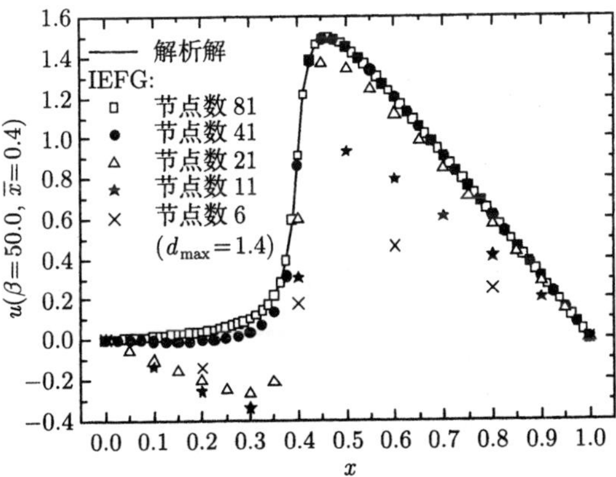

图 3.1.4 不同节点分布时 IEFG 方法的计算结果

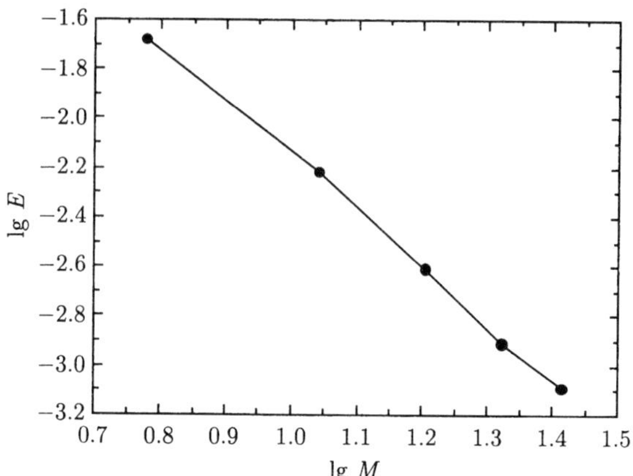

图 3.1.5　当 $\beta = 5.0$, $\overline{x} = 0.2$ 时相对误差 E 与节点总数 M 的关系

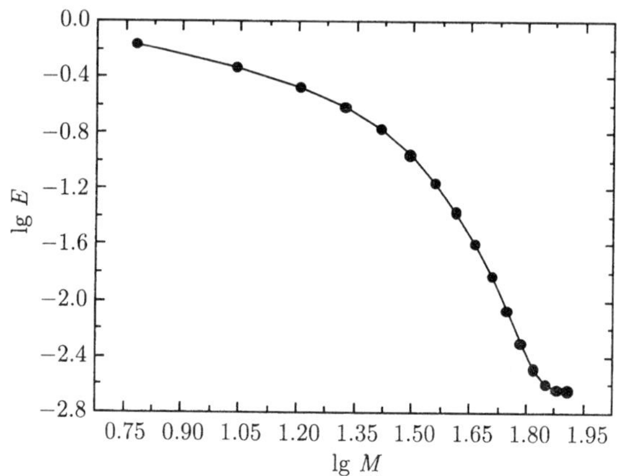

图 3.1.6　当 $\beta = 50.0$, $\overline{x} = 0.4$ 时相对误差 E 与节点总数 M 的关系

2. 二维 Poisson 方程

考虑圆环上的控制方程

$$\nabla^2 u(\boldsymbol{x}) = \frac{\partial^2 u(\boldsymbol{x})}{\partial x_1^2} + \frac{\partial^2 u(\boldsymbol{x})}{\partial x_2^2} = 4, \quad \boldsymbol{x} \in \Omega, \tag{3.1.23}$$

和 Dirichlet 边界条件

$$u(a, \theta) = 0, \tag{3.1.24}$$

$$u(b, \theta) = 0, \tag{3.1.25}$$

其中求解域 $\Omega = \{(r, \theta) | a < r < b, 0 < \theta < 2\pi\}$.

该问题的解析解为

$$u(r, \theta) = \left(r^2 - a^2\right) - \left(b^2 - a^2\right) \frac{\lg r - \lg a}{\lg b - \lg a}. \tag{3.1.26}$$

假设 $a=1, b=2$. 首先取定节点个数, 对 $d_{\max}$ 的值进行调整. 由图 3.1.7、图 3.1.8 和表 3.1.1 可以看出, 当 $d_{\max}$ 在 1.15 至 2.0 范围内变动时, 无单元 Galerkin 方法和改进的无单元 Galerkin 方法相对误差相同, 并且当 $d_{\max}=1.15$ 时, 计算结果收敛于解析解.

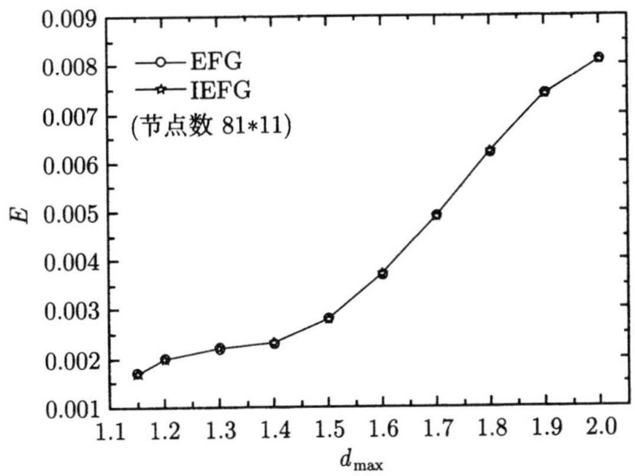

图 3.1.7 相对误差与 $d_{\max}$ 的关系

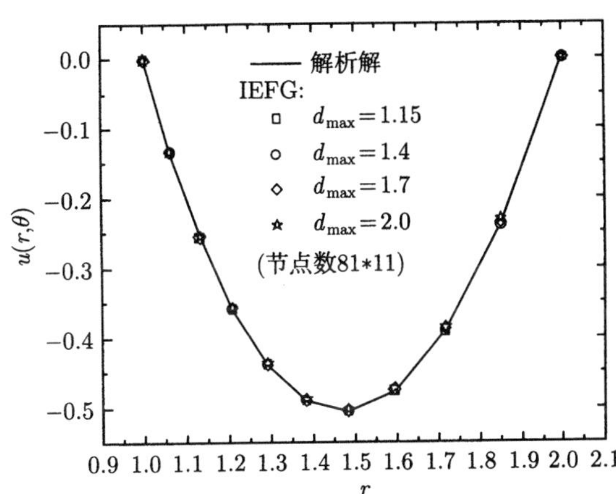

图 3.1.8 不同 $d_{\max}$ 时 IEFG 方法的计算结果

表 3.1.1 $d_{\max}$ 不同时 EFG 和 IEFG 方法的计算时间比较

$d_{\max}$	相对误差	计算时间 (s)	
		EFG	IEFG
1.15	0.0017	22.687	18.281
1.2	0.0020	23.719	19.031
1.3	0.0022	25.485	20.391
1.4	0.0023	27.688	21.281
1.5	0.0028	30.453	22.594

续表

$d_{\max}$	相对误差	计算时间 (s)	
		EFG	IEFG
1.6	0.0037	32.531	22.937
1.7	0.0049	35.469	24.906
1.8	0.0062	38.187	27.625
1.9	0.0074	38.985	31.500
2.0	0.0081	40.781	33.656

由图 3.1.9、图 3.1.10 和表 3.1.2 可以看出, 对于固定的 $d_{\max}$, 随着节点个数的增加, 计算结果逐渐收敛. 与无单元 Galerkin 方法相比, 改进的无单元 Galerkin 方法节省了 15%的计算时间.

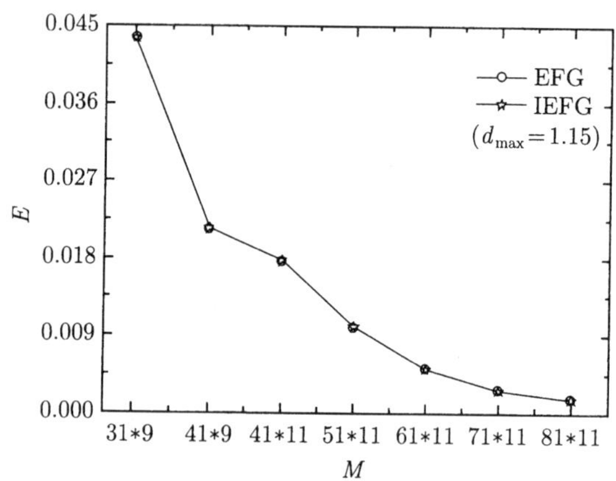

图 3.1.9　相对误差与节点分布的关系

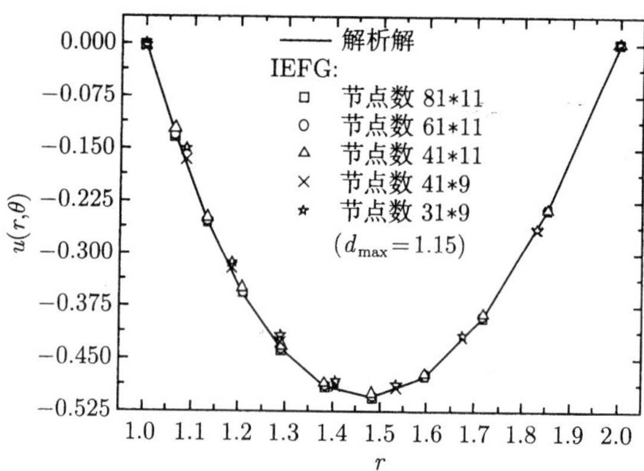

图 3.1.10　不同节点分布时的计算结果

表 3.1.2 节点分布不同时 EFG 和 IEFG 方法计算时间比较

节点分布	相对误差	计算时间 (s)	
		EFG	IEFG
31×9	0.0463	7.734	6.203
41×9	0.0214	9.000	7.500
41×11	0.0177	14.110	11.109
51×11	0.0100	15.172	13.125
61×11	0.0052	17.187	14.735
71×11	0.0027	19.078	16.687
81×11	0.0017	22.687	18.281

3. 三维 Poisson 方程

考虑如下的三维 Poisson 方程

$$\nabla^2\phi(\boldsymbol{x}) = f(\boldsymbol{x}), \quad \boldsymbol{x}\in\Omega, \tag{3.1.27}$$

$$f(\boldsymbol{x}) = -\left(\frac{1}{a^2}+\frac{1}{b^2}+\frac{1}{c^2}\right)\pi^2\sin\frac{\pi x_1}{a}\sin\frac{\pi x_2}{b}\sin\frac{\pi x_3}{c}, \tag{3.1.28}$$

和边界条件

$$\phi(\boldsymbol{x}) = 0, \quad \boldsymbol{x}\in\Gamma, \tag{3.1.29}$$

其中求解域 $\Omega=[0,a]\times[0,b]\times[0,c]$.

对应的解析解为

$$\phi(\boldsymbol{x}) = \sin\frac{\pi x_1}{a}\sin\frac{\pi x_2}{b}\sin\frac{\pi x_3}{c}. \tag{3.1.30}$$

图 3.1.11 和图 3.1.12 为改进的无单元 Galerkin 方法的计算结果. 图 3.1.13 和

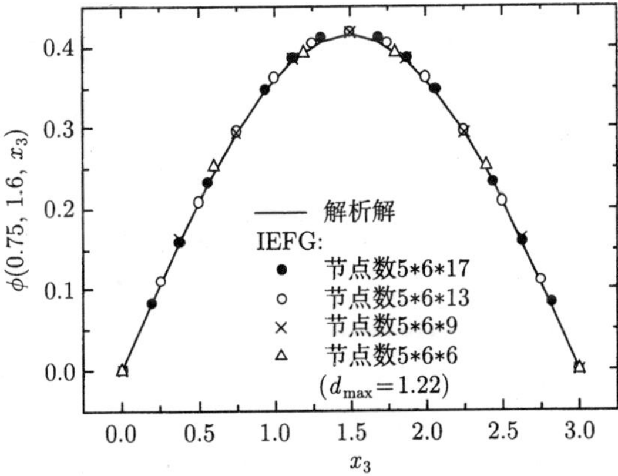

图 3.1.11 不同节点分布时 IEFG 的计算结果

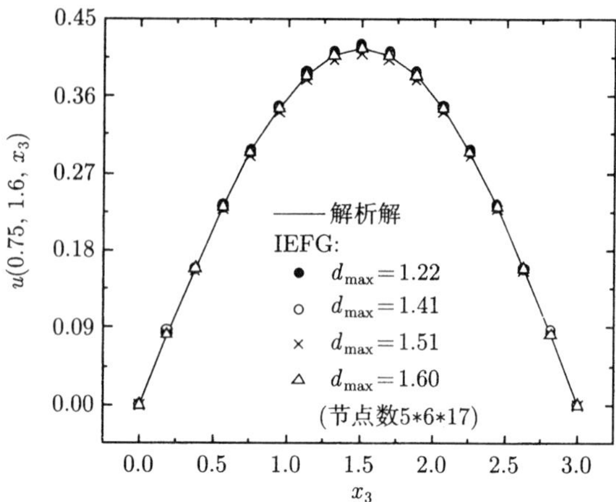

图 3.1.12 不同 $d_{\max}$ 时 IEFG 的计算结果

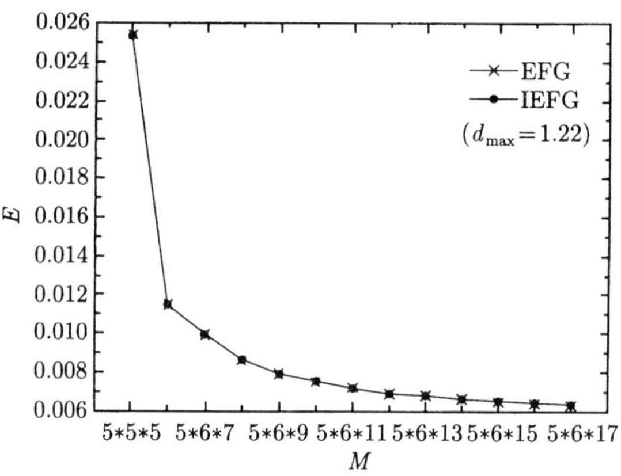

图 3.1.13 不同节点分布时的收敛性

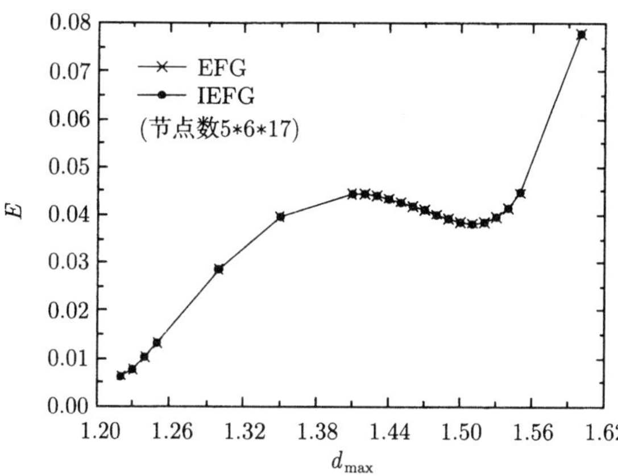

图 3.1.14 不同 $d_{\max}$ 时的收敛性

图 3.1.14 分别为不同节点分布和不同 $d_{\max}$ 时改进的无单元 Galerkin 方法的计算结果. 表 3.1.3 为当不同节点分布时无单元 Galerkin 方法和改进的无单元 Galerkin 方法计算时间的比较. 表 3.1.4 为不同 $d_{\max}$ 时无单元 Galerkin 方法和改进的无单元 Galerkin 方法计算时间比较.

表 3.1.3 不同节点分布时 EFG 和 IEFG 方法计算时间比较

节点分布	相对误差	计算时间 (s)	
		EFG	IEFG
5×5×5	0.0254	4.126	3.575
5×6×6	0.0115	5.640	5.032
5×6×7	0.0099	6.860	6.031
5×6×8	0.0086	8.172	7.235
5×6×9	0.0079	9.391	8.656
5×6×10	0.0075	10.734	9.844
5×6×11	0.0072	12.109	11.187
5×6×12	0.0069	14.031	12.813
5×6×13	0.0068	14.922	13.313
5×6×14	0.0066	16.438	14.891
5×6×15	0.0065	18.281	16.578
5×6×16	0.0064	20.063	18.109
5×6×17	0.0063	21.078	19.015

表 3.1.4 不同 $d_{\max}$ 时 EFG 和 IEFG 方法计算时间比较

$d_{\max}$	相对误差	计算时间 (s)	
		EFG	IEFG
1.22	0.0063	21.078	19.015
1.25	0.0132	20.062	19.219
1.3	0.0285	20.266	18.938
1.35	0.0396	20.672	20.281
1.41	0.0444	21.000	18.906
1.46	0.0419	20.954	19.094
1.51	0.0383	31.172	28.125
1.55	0.0446	31.344	27.313
1.6	0.0778	31.437	28.047

可以看出, 对于给定的 $d_{\max}$, 随着节点个数的增加计算结果逐渐收敛; 对给定节点情况下, 当 $d_{\max}$ 逐渐增大时, 相对误差并不持续增大, 而是在解析解附近波

动；随着节点个数的增加相对误差逐渐减小，并且改进的无单元 Galerkin 方法的收敛速度高于无单元 Galerkin 方法；与无单元 Galerkin 方法比较，改进的无单元 Galerkin 方法具有更快的计算速度.

3.1.3 数值算例

本节采用势问题的改进的无单元 Galerkin 方法对 4 个算例进行了计算，并与无单元 Galerkin 方法和解析解进行了比较.

算例中采用了均匀和不均匀节点分布，并构造背景网格进行数值积分以建立求解方程. 改进的移动最小二乘法逼近函数中使用了加权正交基和三次样条权函数. 在每一个积分单元中，二维问题采用 4×4 点的 Gauss 积分，三维问题则是采用 $3\times3\times3$ 点的 Gauss 积分计算数值积分.

1. 二维矩形区域内的 Laplace 方程

矩形区域内稳态温度场的控制方程为 Laplace 方程

$$\nabla^2 u(\boldsymbol{x})=\frac{\partial^2 u(\boldsymbol{x})}{\partial x_1^2}+\frac{\partial^2 u(\boldsymbol{x})}{\partial x_2^2}=4,\quad \boldsymbol{x}\in\Omega, \tag{3.1.31}$$

对应的边界条件为

$$T(x_1,0)=0, \tag{3.1.32}$$

$$T(0,x_2)=0, \tag{3.1.33}$$

$$T(x_1,10)=100\sin(\pi x_1/10), \tag{3.1.34}$$

$$\frac{\partial T(5,x_2)}{\partial x_1}=0, \tag{3.1.35}$$

其中求解域 $\Omega=[0,5]\times[0,10]$.

该问题的解析解为

$$u(\boldsymbol{x})=\frac{100\sin(\pi x_1/10)\sinh(\pi x_2/10)}{\sinh\pi}. \tag{3.1.36}$$

采用无单元 Galerkin 方法和改进的无单元 Galerkin 方法对本算例进行了计算. 求解域内的节点分布如图 3.1.15 所示. 图 3.1.16 和图 3.1.17 为沿 x_1 和 x_2 轴的数值解和解析解. 从图 3.1.16 和图 3.1.17 可以看出，节点分布为 11×21 且 $d_{\max}=1.8$ 时，数值结果与解析解吻合得很好，并且改进的无单元 Galerkin 方法的计算速度高于无单元 Galerkin 方法.

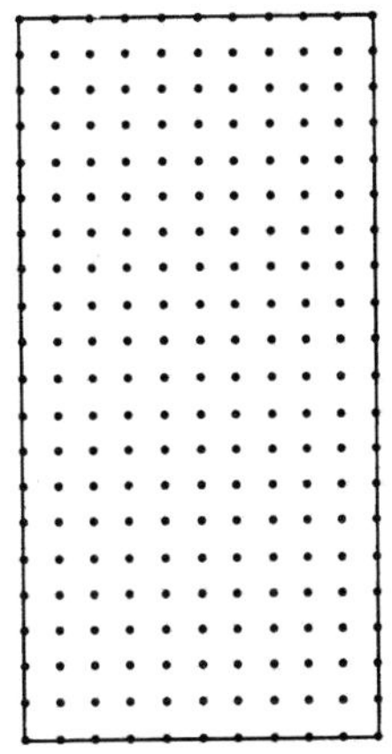

图 3.1.15 矩形区域内的均匀节点分布

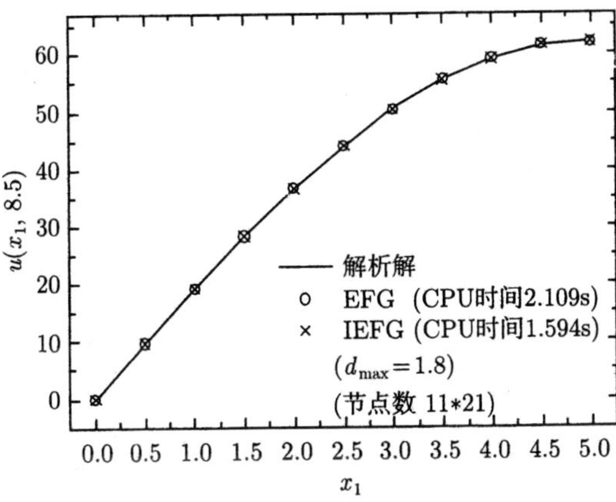

图 3.1.16 $x_2 = 8.5$ 处的温度分布

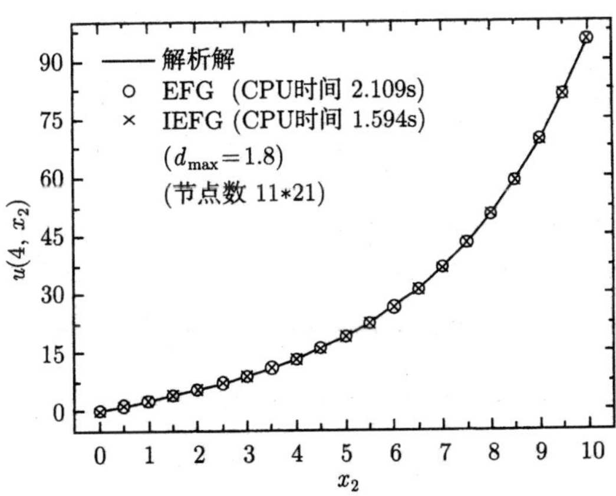

图 3.1.17 $x_1 = 4$ 处的温度分布

2. 二维半圆环域内的 Laplace 方程

二维 Laplace 方程

$$\nabla^2 u(\boldsymbol{x}) = \frac{\partial^2 u(\boldsymbol{x})}{\partial x_1^2} + \frac{\partial^2 u(\boldsymbol{x})}{\partial x_2^2} = 0, \quad \boldsymbol{x} \in \Omega, \tag{3.1.37}$$

对应的边界条件为

$$u(1,\theta) = \sin\theta, \quad 0 < \theta < \pi, \tag{3.1.38}$$

$$u(2,\theta) = 0, \quad 0 < \theta < \pi, \tag{3.1.39}$$

$$u(r,0) = 0, \quad 1 < r < 2, \tag{3.1.40}$$

$$u(r,\pi) = 0, \quad 1 < r < 2, \tag{3.1.41}$$

其中求解域 $\Omega = \{(r,\theta) | 1 \leqslant r \leqslant 2, 0 \leqslant \theta \leqslant \pi\}$.

该问题的解析解为

$$u(r,\theta) = \frac{4}{3}\left(\frac{1}{r} - \frac{r}{4}\right)\sin\theta. \tag{3.1.42}$$

在求解域内, 如图 3.1.18 所示, 沿 r 方向以 1.1 的比例均匀分布 9×31 个节点.

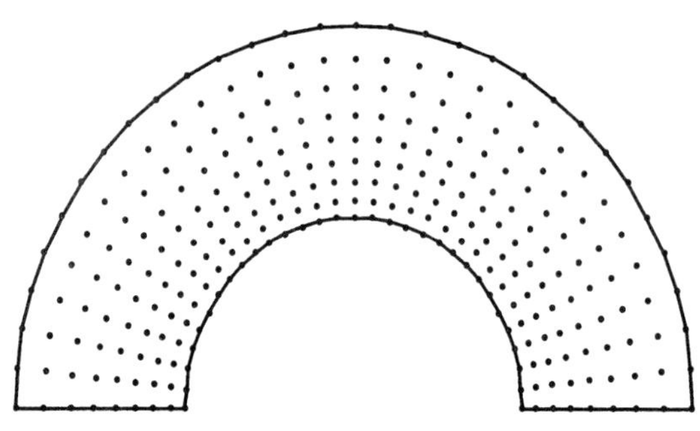

图 3.1.18　半圆环区域内的节点分布

图 3.1.19 和图 3.1.20 为无单元 Galerkin 方法和改进的无单元 Galerkin 方法得到的结果, 可以看出, 当节点分布为 9×31 且 $d_{\max} = 1.2$ 时, 两种方法都能得到较好的计算结果, 并且改进的无单元 Galerkin 方法具有更快的计算速度.

3. 三维立方体内具有 Dirichlet 边界条件的 Laplace 方程

考虑 Laplace 方程 $\nabla^2\phi = f$, 并且 $f = 0$, 对应边界条件为

$$\phi = \sin(\pi x_2)\sin(\pi x_3), \quad x_1 = 0, \tag{3.1.43}$$

$$\phi = 2\sin(\pi x_2)\sin(\pi x_3), \quad x_1 = 1, \tag{3.1.44}$$

$$\phi = 0, \quad x_2 = 0, x_3 = 1, \tag{3.1.45}$$

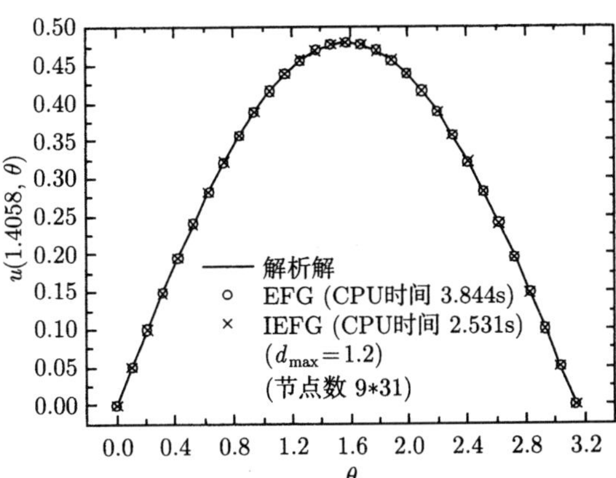

图 3.1.19 沿 θ 方向 EFG 和 IEFG 方法的计算结果

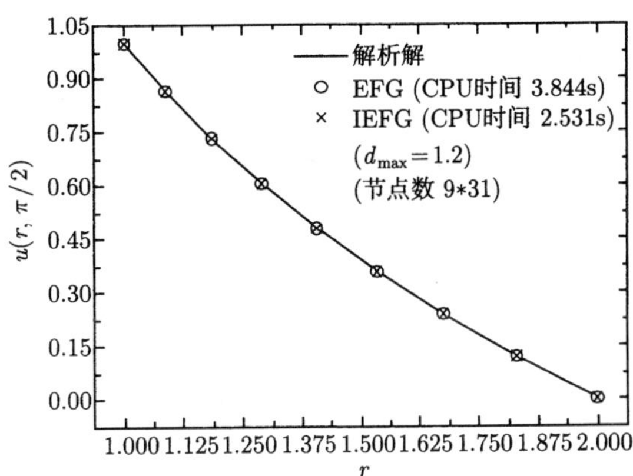

图 3.1.20 沿 r 方向 EFG 和 IEFG 方法的计算结果

其中求解域 $\Omega = [0,1] \times [0,1] \times [0,1]$.

对应的解析解为

$$\phi = \frac{\sin(\pi x_2)\sin(\pi x_3)}{\sinh(\pi\sqrt{2})}\left[2\sinh\left(\pi\sqrt{2}x_1\right) + \sinh\left(\pi\sqrt{2}(1-x_1)\right)\right]. \tag{3.1.46}$$

采用均匀节点分布, 图 3.1.21—图 3.1.23 分别为沿 x_1, x_2 和 x_3 方向改进的无单元 Galerkin 方法和无单元 Galerkin 方法的数值结果. 计算结果显示, 当节点分布为 $19 \times 19 \times 19$ 且 $d_{\max} = 1.3$ 时, 两种数值方法都可得到较好的计算结果, 而且改进的无单元 Galerkin 方法的计算速度更快.

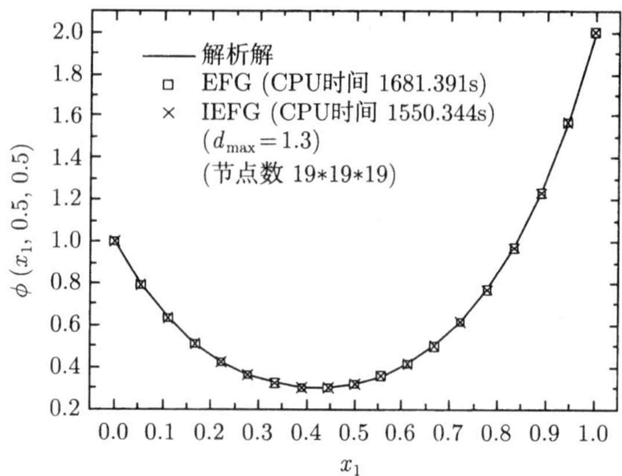

图 3.1.21　沿 x_1 方向 EFG 和 IEFG 方法的计算结果

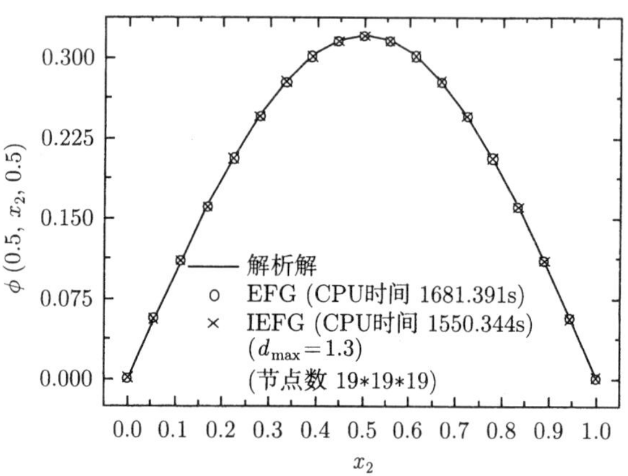

图 3.1.22　沿 x_2 方向 EFG 和 IEFG 方法的计算结果

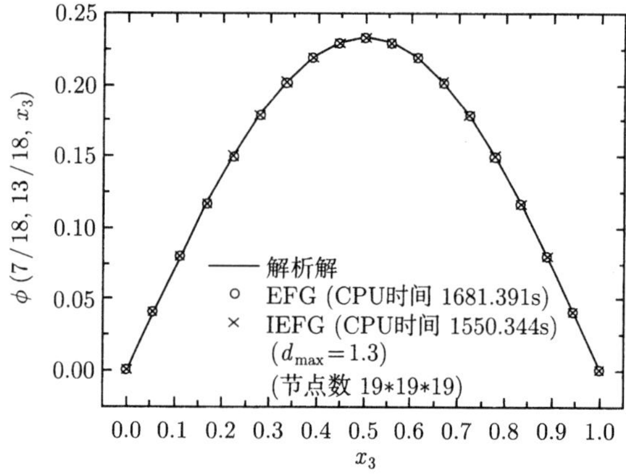

图 3.1.23　沿 x_3 方向 EFG 和 IEFG 方法的计算结果

4. 三维立方体内具有 Neumann 边界条件的 Laplace 方程

考虑具有 Neumann 边界条件的 Laplace 方程

$$\nabla^2 u(\boldsymbol{x}) = \frac{\partial^2 u(\boldsymbol{x})}{\partial x_1^2} + \frac{\partial^2 u(\boldsymbol{x})}{\partial x_2^2} + \frac{\partial^2 u(\boldsymbol{x})}{\partial x_3^2} = 0, \quad \boldsymbol{x} \in \Omega, \tag{3.1.47}$$

边界条件为

$$\frac{\partial u\left(0, x_2, x_3\right)}{\partial x_1} = \frac{\partial u\left(1, x_2, x_3\right)}{\partial x_1} = 0, \tag{3.1.48}$$

$$\frac{\partial u\left(x_1, 0, x_3\right)}{\partial x_2} = \frac{\partial u\left(x_1, 1, x_3\right)}{\partial x_2} = 0, \tag{3.1.49}$$

$$\frac{\partial u\left(x_1, x_2, 0\right)}{\partial x_3} = \cos\left(\pi x_1\right) \cos\left(\pi x_2\right), \tag{3.1.50}$$

$$\frac{\partial u\left(x_1, x_2, 1\right)}{\partial x_3} = 0, \tag{3.1.51}$$

其中求解域 $\Omega = [0,1] \times [0,1] \times [0,1]$.

该问题的解析解为

$$u(\boldsymbol{x}) = \left[\frac{\sinh\left(\sqrt{2}\pi x_3\right)}{\sqrt{2}\pi} - \frac{\cosh\left(\sqrt{2}\pi x_3\right)}{\sqrt{2}\pi \tanh\left(\sqrt{2}\pi\right)}\right] \cos(\pi x_1) \cos(\pi x_2). \tag{3.1.52}$$

图 3.1.24—图 3.1.26 为沿 3 个坐标轴方向的计算结果, 容易发现, 当节点分布为 $10 \times 10 \times 11$ 且 $d_{\max} = 1.24$ 时无单元 Galerkin 方法的相对误差为 0.0081, 而当节点分布为 $11 \times 11 \times 11$ 且 $d_{\max} = 1.19$ 时改进的无单元 Galerkin 方法的相对误差为 0.0070. 因此, 在选取相对较小的 $d_{\max}$ 和较多的节点时改进的无单元 Galerkin 方法的结果更精确.

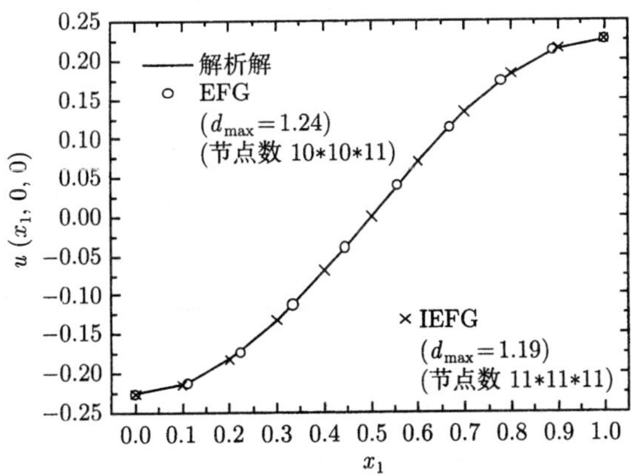

图 3.1.24 沿 x_1 方向 EFG 和 IEFG 方法的结果比较

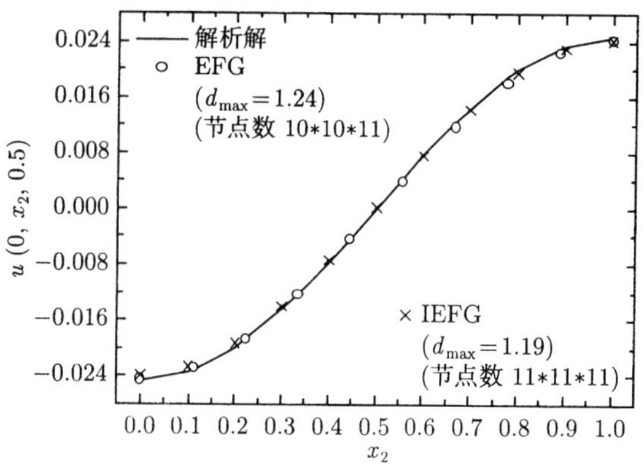

图 3.1.25　沿 x_2 方向 EFG 和 IEFG 方法的结果比较

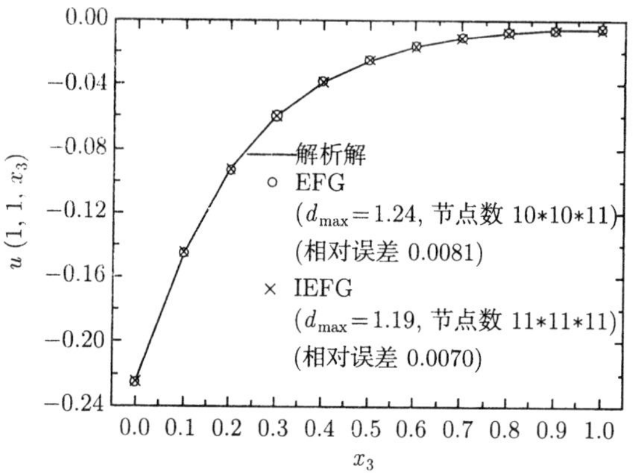

图 3.1.26　沿 x_3 方向 EFG 和 IEFG 方法的结果比较

通过对势问题的数值算例分析, 并与无单元 Galerkin 方法和解析解进行比较, 可以发现, 改进的无单元 Galerkin 方法与无单元 Galerkin 方法的计算结果和解析解吻合得很好；在相同的精度要求下改进的无单元 Galerkin 方法具有更高的计算速度；在个别算例中, 比如含有 Neumann 边界条件的问题, 在较小的 d_{max} 和较多的节点分布下, 改进的无单元 Galerkin 方法才会得出相对较好的计算结果.

3.2　瞬态热传导问题的改进的无单元 Galerkin 方法

本节建立了瞬态热传导问题的改进的无单元 Galerkin 方法. 对空间域的离散基于改进的移动最小二乘法建立逼近函数, 采用与 Galerkin 积分弱形式等价的泛函变分建立求解方程, 采用罚函数法施加本质边界条件；对时间域的离散采用差分法来求解空间域无网格方法得到与时间相关的线性代数方程组. 然后, 对改进的无单元 Galerkin 方法的收敛性和误差进行了分析, 并通过算例说明了改进的无单元 Galerkin 方法的优点.

3.2.1 瞬态热传导问题的改进的无单元 Galerkin 方法

区域 Ω 内的瞬态热传导问题的控制方程为

$$\rho c\cdot\frac{\partial T}{\partial t}-k\nabla^2 T-Q(\boldsymbol{x},t)=0,\quad \boldsymbol{x}\in\Omega, \tag{3.2.1}$$

其中 T 是温度, t 是时间, k 是材料的热传导系数, ρ 是密度, c 是热容, $Q(\boldsymbol{x},t)$ 是在点 $\boldsymbol{x}$ 处单位时间内单位体积内产生的热量. 热传导问题的边界条件有以下三种形式:

$$T-\overline{T}=0,\quad \boldsymbol{x}\in\Gamma_1, \tag{3.2.2}$$

$$\boldsymbol{n}\cdot k\nabla T-\overline{q}=0,\quad \boldsymbol{x}\in\Gamma_2, \tag{3.2.3}$$

$$\boldsymbol{n}\cdot k\nabla T-h\left(T_a-T_\infty\right)=0,\quad \boldsymbol{x}\in\Gamma_3. \tag{3.2.4}$$

初始条件为

$$T|_{t=0}=T_0. \tag{3.2.5}$$

上述方程中, Ω 是边界为 $\Gamma=\Gamma_1\cup\Gamma_2\cup\Gamma_3$ 的二维或三维求解域, Γ_1、Γ_2 和 Γ_3 分别定义了已知温度 $\overline{T}$、流量 $\overline{q}$ 和热传导系数 h 对应的边界, $\boldsymbol{n}$ 是边界的单位外法线方向单位矢量, $T_a=T_a(\boldsymbol{x},t)$ 是介质温度, T_∞ 是外部流场的温度, T_0 是初始时刻的温度.

建立如下泛函

$$\begin{aligned}\varPi(T)=&\frac{1}{2}\int_\Omega\nabla^{\mathrm{T}}T\cdot(k\nabla T)\mathrm{d}\Omega+\int_\Omega\left[T\left(\rho c\frac{\partial T}{\partial t}-Q\right)\right]\mathrm{d}\Omega\\&-\int_{\Gamma_2}T\overline{q}\mathrm{d}\Gamma-\int_{\Gamma_3}h\left(\frac{T^2}{2}-TT_\infty\right)\mathrm{d}\Gamma.\end{aligned} \tag{3.2.6}$$

采用罚函数法施加本质边界条件, 可得到修正泛函 $\varPi^*(T)$ 为

$$\begin{aligned}\varPi^*(T)=&\frac{1}{2}\int_\Omega\nabla^{\mathrm{T}}T\cdot(k\nabla T)\mathrm{d}\Omega+\int_\Omega T\left[\left(\rho c\frac{\partial T}{\partial t}-Q\right)\right]\mathrm{d}\Omega-\int_{\Gamma_2}T\overline{q}\mathrm{d}\Gamma\\&-\int_{\Gamma_3}h\left(\frac{T^2}{2}-TT_\infty\right)\mathrm{d}\Gamma+\frac{1}{2}\int_{\Gamma_1}(T-\overline{T})\alpha(T-\overline{T})\mathrm{d}\Gamma.\end{aligned} \tag{3.2.7}$$

对式 (3.2.7) 的泛函进行变分运算可得

$$\delta\varPi^*(T)=\int_\Omega\nabla^{\mathrm{T}}T\cdot(k\delta\nabla T)\mathrm{d}\Omega+\int_\Omega\left[\delta T\cdot\left(\rho c\frac{\partial T}{\partial t}-Q\right)\right]\mathrm{d}\Omega-\int_{\Gamma_2}\delta T\cdot\overline{q}\mathrm{d}\Gamma$$

$$-\int_{\Gamma_3}\delta T\cdot h(T-T_\infty)\mathrm{d}\Gamma+\int_{\Gamma_1}\delta T\cdot\alpha(T-\overline{T})\mathrm{d}\Gamma. \tag{3.2.8}$$

将求解域离散为有限个节点, 节点总数为 M. 利用改进的移动最小二乘法建立逼近函数, 由式 (2.2.40) 可得温度函数及其导数的逼近函数分别为

$$T(\boldsymbol{x},t)=\sum_{I=1}^{n}\Phi_I^*(\boldsymbol{x})T_I(t)=\boldsymbol{\Phi}^*(\boldsymbol{x})\boldsymbol{T}, \tag{3.2.9}$$

$$\frac{\partial T(\boldsymbol{x},t)}{\partial t}=\frac{\partial}{\partial t}\sum_{I=1}^{n}\Phi_I^*(\boldsymbol{x})T_I(t)=\sum_{I=1}^{n}\Phi_I^*(\boldsymbol{x})\frac{\partial T_I(t)}{\partial t}=\boldsymbol{\Phi}^*(\boldsymbol{x})\dot{\boldsymbol{T}}, \tag{3.2.10}$$

其中

$$\boldsymbol{T}=(T_1(t),\ T_2(t),\ \cdots,\ T_n(t))^{\mathrm{T}}, \tag{3.2.11}$$

$$\dot{\boldsymbol{T}}=\left(\frac{\partial T_1(t)}{\partial t},\ \frac{\partial T_2(t)}{\partial t},\ \cdots,\ \frac{\partial T_n(t)}{\partial t}\right)^{\mathrm{T}}. \tag{3.2.12}$$

将式 (3.2.9) 和 (3.2.10) 代入式 (3.2.8) 得到

$$\begin{aligned}\delta\Pi^*(T)=&\int_\Omega\boldsymbol{\nabla}^{\mathrm{T}}(\boldsymbol{\Phi}^*(\boldsymbol{x})\boldsymbol{T})\cdot(k\delta\boldsymbol{\nabla}(\boldsymbol{\Phi}^*(\boldsymbol{x})\boldsymbol{T}))\mathrm{d}\Omega\\&+\int_\Omega\left[\delta(\boldsymbol{\Phi}^*(\boldsymbol{x})\boldsymbol{T})\cdot\left(\rho c\boldsymbol{\Phi}^*(\boldsymbol{x})\dot{\boldsymbol{T}}-Q\right)\right]\mathrm{d}\Omega-\int_{\Gamma_2}\delta(\boldsymbol{\Phi}^*(\boldsymbol{x})\boldsymbol{T})\cdot\overline{q}\mathrm{d}\Gamma\\&-\int_{\Gamma_3}\delta(\boldsymbol{\Phi}^*(\boldsymbol{x})\boldsymbol{T})\cdot h(\boldsymbol{\Phi}^*(\boldsymbol{x})\boldsymbol{T}-T_\infty)\mathrm{d}\Gamma\\&+\int_{\Gamma_1}\delta(\boldsymbol{\Phi}^*(\boldsymbol{x})\boldsymbol{T})\cdot\alpha\left(\boldsymbol{\Phi}^*(\boldsymbol{x})\boldsymbol{T}-\overline{T}\right)\mathrm{d}\Gamma.\end{aligned} \tag{3.2.13}$$

考虑到 $\delta\Pi^*(T)=0$ 以及 δT 的任意性, 可以得到

$$\boldsymbol{C}\dot{\boldsymbol{T}}+\overline{\boldsymbol{K}}\boldsymbol{T}=\overline{\boldsymbol{F}}, \tag{3.2.14}$$

其中

$$\overline{\boldsymbol{K}}=\boldsymbol{K}+\boldsymbol{H}+\boldsymbol{K}^\alpha, \tag{3.2.15}$$

$$\overline{\boldsymbol{F}}=\boldsymbol{f}^{(1)}+\boldsymbol{f}^{(2)}+\boldsymbol{f}^{(3)}+\boldsymbol{F}^\alpha, \tag{3.2.16}$$

$$C_{IJ}=\int_\Omega\Phi_I^*(\boldsymbol{x})\cdot\rho c\cdot\Phi_J^*(\boldsymbol{x})\mathrm{d}\Omega, \tag{3.2.17}$$

$$K_{IJ}=\int_\Omega\boldsymbol{\nabla}^{\mathrm{T}}\Phi_I^*(\boldsymbol{x})\cdot k\cdot\boldsymbol{\nabla}\Phi_J^*(\boldsymbol{x})\mathrm{d}\Omega, \tag{3.2.18}$$

$$H_{IJ}=\int_{\Gamma_3}\Phi_I^*(\boldsymbol{x})\cdot h\cdot\Phi_J^*(\boldsymbol{x})\mathrm{d}\Gamma, \tag{3.2.19}$$

$$K_{IJ}^{\alpha}=\int_{\Gamma_1}\Phi_I^*(\boldsymbol{x})\cdot\alpha\cdot\Phi_J^*(\boldsymbol{x})\mathrm{d}\Gamma, \tag{3.2.20}$$

$$f_I^{(1)}=\int_{\Omega}\Phi_I^*(\boldsymbol{x})\cdot Q\mathrm{d}\Omega, \tag{3.2.21}$$

$$f_I^{(2)}=\int_{\Gamma_2}\Phi_I^*(\boldsymbol{x})\cdot\overline{q}\mathrm{d}\Gamma, \tag{3.2.22}$$

$$f_I^{(3)}=\int_{\Gamma_3}\Phi_I^*(\boldsymbol{x})\cdot h\cdot T_a\mathrm{d}\Gamma, \tag{3.2.23}$$

$$F_I^{\alpha}=\int_{\Gamma_1}\Phi_I^*(\boldsymbol{x})\cdot\alpha\cdot\overline{T}\mathrm{d}\Gamma, \tag{3.2.24}$$

$I,J=1,2,\cdots,M$, $\boldsymbol{T}$ 和 $\dot{\boldsymbol{T}}$ 分别与式 (3.2.11) 和式 (3.2.12) 形式相同, $n=M$.

采用差分法对式 (3.2.14) 的时间离散,

$$\theta\left(\frac{\partial T}{\partial t}\right)_{t+\Delta t}+(1-\theta)\left(\frac{\partial T}{\partial t}\right)_t=\frac{T_{t+\Delta t}-T_t}{\Delta t}, \tag{3.2.25}$$

整理得到

$$\left(\frac{\boldsymbol{C}}{\Delta t}+\theta\overline{\boldsymbol{K}}_{t+\Delta t}\right)\boldsymbol{T}_{t+\Delta t}=\left(\frac{\boldsymbol{C}}{\Delta t}-(1-\theta)\overline{\boldsymbol{K}}_t\right)\boldsymbol{T}_t+\theta\overline{\boldsymbol{F}}_{t+\Delta t}+(1-\theta)\overline{\boldsymbol{F}}_t. \tag{3.2.26}$$

当 $\theta=0$ 时, 称为 Euler 格式, 即

$$\left(\boldsymbol{C}\frac{\boldsymbol{T}_{t+\Delta t}-\boldsymbol{T}_t}{\Delta t}\right)+\overline{\boldsymbol{K}}_t\boldsymbol{T}_t=\overline{\boldsymbol{F}}_t. \tag{3.2.27}$$

当 $\theta=1/2$ 时, 称为 C-N(Crank-Nicolson) 格式, 即

$$\left(\boldsymbol{C}\frac{\boldsymbol{T}_{t+\Delta t}-\boldsymbol{T}_t}{\Delta t}\right)+\frac{1}{2}\left(\overline{\boldsymbol{K}}_{t+\Delta t}\boldsymbol{T}_{t+\Delta t}+\overline{\boldsymbol{K}}_t\boldsymbol{T}_t\right)=\frac{1}{2}\left(\overline{\boldsymbol{F}}_{t+\Delta t}+\overline{\boldsymbol{F}}_t\right). \tag{3.2.28}$$

当 $\theta=2/3$ 时, 称为 Galerkin 格式, 即

$$\left(\boldsymbol{C}\frac{\boldsymbol{T}_{t+\Delta t}-\boldsymbol{T}_t}{\Delta t}\right)+\left(\frac{2}{3}\overline{\boldsymbol{K}}_{t+\Delta t}\boldsymbol{T}_{t+\Delta t}+\frac{1}{3}\overline{\boldsymbol{K}}_t\boldsymbol{T}_t\right)=\left(\frac{2}{3}\overline{\boldsymbol{F}}_{t+\Delta t}+\frac{1}{3}\overline{\boldsymbol{F}}_t\right). \tag{3.2.29}$$

当 $\theta=1$ 时,

$$\left(\boldsymbol{C}\frac{\boldsymbol{T}_{t+\Delta t}-\boldsymbol{T}_t}{\Delta t}\right)+\overline{\boldsymbol{K}}_{t+\Delta t}\boldsymbol{T}_{t+\Delta t}=\overline{\boldsymbol{F}}_{t+\Delta t}. \tag{3.2.30}$$

3.2.2 收敛性和误差分析

本节对二维和三维瞬态热传导问题, 除了对节点个数、影响域参数进行分析外, 还讨论了时间步长对收敛性的影响.

1. 二维瞬态热传导问题

控制方程

$$u_{,t}(\boldsymbol{x},t) = u_{,11}(\boldsymbol{x},t) + u_{,22}(\boldsymbol{x},t), \quad \boldsymbol{x} \in \Omega,\ t > 0, \tag{3.2.31}$$

边界条件

$$u_{,1}(0,x_2,t) = u_{,1}(\pi,x_2,t) = 0, \tag{3.2.32}$$

$$u(x_1,0,t) = u(x_1,\pi,t) = 0, \tag{3.2.33}$$

和初始条件

$$u(\boldsymbol{x},0) = \cos x_1 \sin x_2 + \cos(2x_1)\sin(2x_2), \tag{3.2.34}$$

其中 $u(\boldsymbol{x},t)$ 是在时刻 t 点 $\boldsymbol{x}$ 处的温度, $\Omega = [0,\pi] \times [0,\pi]$.

该问题的解析解为

$$u(\boldsymbol{x},t) = e^{-2t}\cos x_1 \sin x_2 + e^{-8t}\cos(2x_1)\sin(2x_2). \tag{3.2.35}$$

对于给定的节点分布, 对 $d_{\max}$ 进行调整. 图 3.2.1—图 3.2.3 显示当 $d_{\max}$ 在 1.2 到 2.0 范围内时, 相对误差逐渐增大. 将 $d_{\max}$ 设置为 1.2 后, 随着节点个数的增加计算结果逐渐收敛. 节点分布为 81×11 时得到了较好的数值解, 如图 3.2.4—图 3.2.6 所示. 最后, 对时间步长进行分析, $t = 0.1\text{s}$ 时, 若 $\Delta t = 0.1\text{s}$, 相对误差 $E = 0.0262$; 而 $\Delta t = 0.01\text{s}$ 时, 相对误差 $E = 6.9288 \times 10^{-4}$. 可见, Δt 对改进的无单元 Galerkin 方法的计算结果有重要影响.

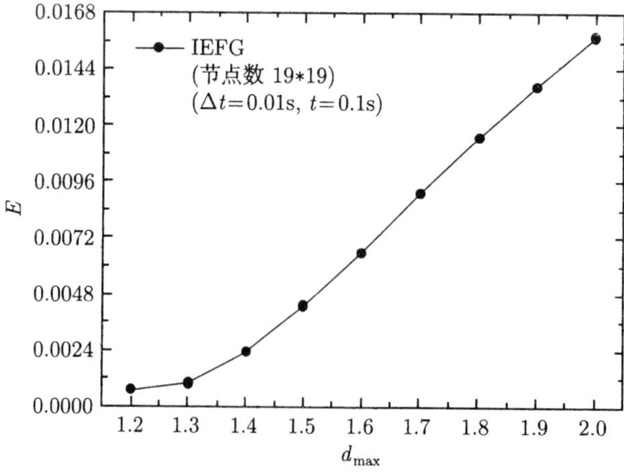

图 3.2.1　相对误差与 $d_{\max}$ 的关系

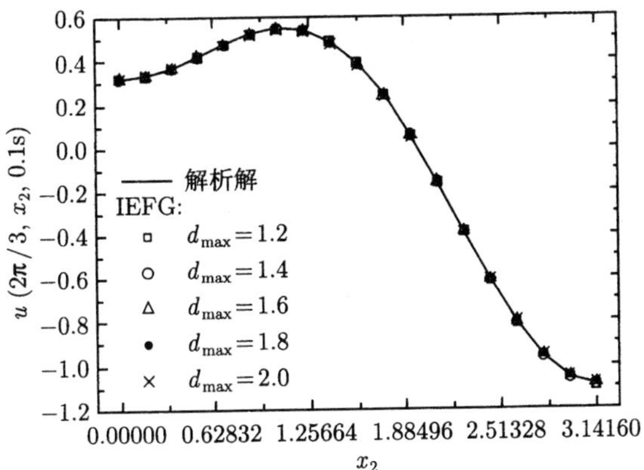

图 3.2.2 不同 $d_{\max}$ 时 IEFG 方法的收敛性

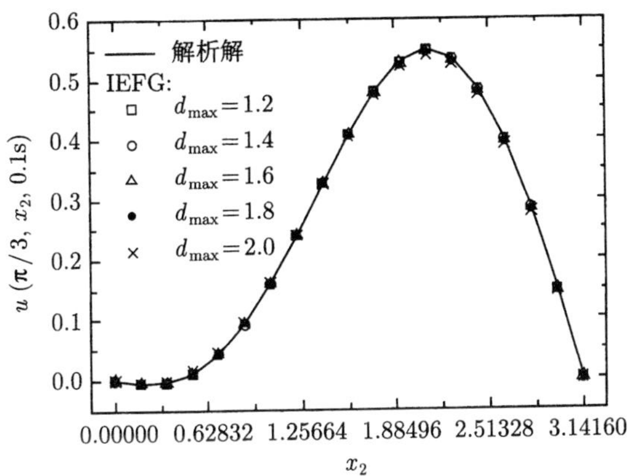

图 3.2.3 不同 $d_{\max}$ 时 IEFG 方法的收敛性

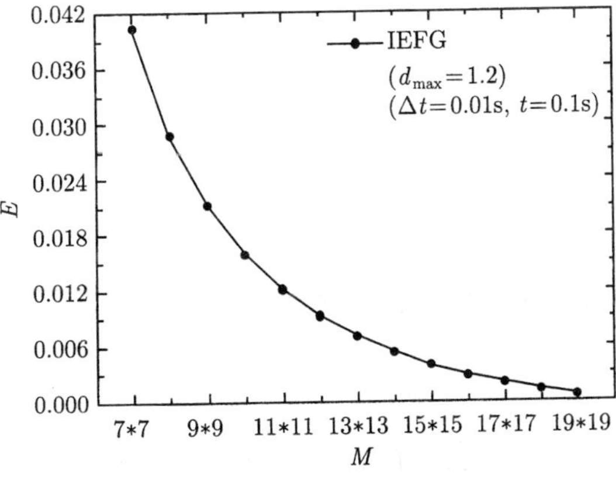

图 3.2.4 节点分布与相对误差的关系

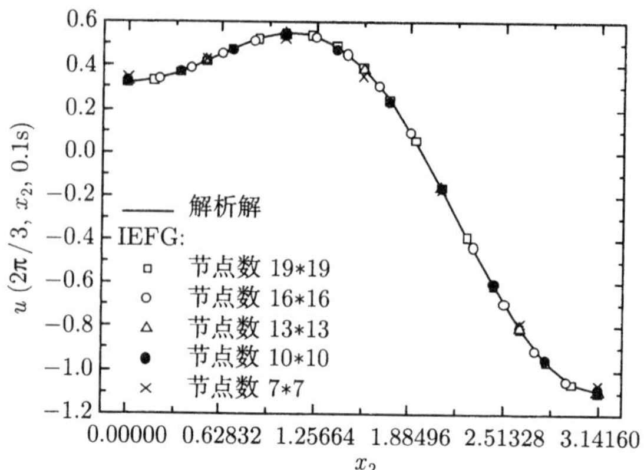

图 3.2.5　不同节点分布时 IEFG 方法的计算结果

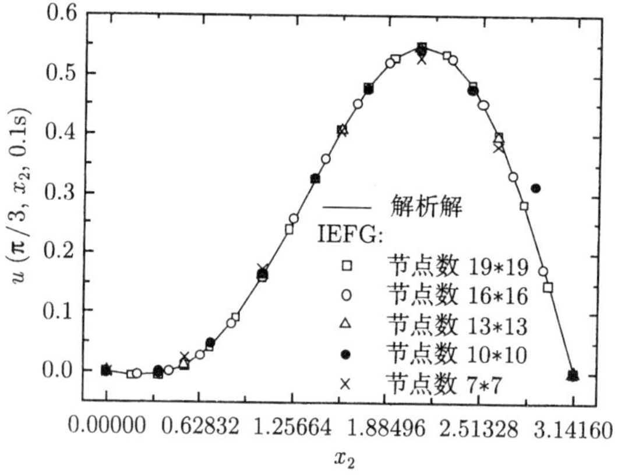

图 3.2.6　不同节点分布时 IEFG 方法的计算结果

2. 三维瞬态热传导问题

考虑带有横向热损失的瞬态热传导问题, 控制方程为

$$u_{,t} = u_{,11} + u_{,22} + u_{,33} - 2u, \quad \boldsymbol{x} \in \Omega,\ t > 0, \tag{3.2.36}$$

初始条件为

$$u(\boldsymbol{x}, 0) = \sin x_1 \sin x_2 \sin x_3, \tag{3.2.37}$$

边界条件为

$$u|_{x_1=0} = u|_{x_1=\pi} = u|_{x_2=0} = u|_{x_2=\pi} = u|_{x_3=0} = u|_{x_3=\pi} = 0, \tag{3.2.38}$$

其中 $u(\boldsymbol{x},t)$ 是时刻 t 点 $\boldsymbol{x}$ 处的温度, $\Omega=[0,\pi]\times[0,\pi]\times[0,\pi]$.

该问题对应的解析解为

$$u(\boldsymbol{x},t)=e^{-5t}\sin x_1\sin x_2\sin x_3. \tag{3.2.39}$$

与上一个算例类似, 如图 3.2.7—图 3.2.10 所示, 随着影响域参数的减小和节点数的增加, 相对误差逐渐减少. 对时间步长进行分析, 当 $t=0.1\text{s}$ 时, 若 $\Delta t=0.1\text{s}$, 相对误差 $E=0.0122$; 而当 $\Delta t=0.01\text{s}$ 时, 相对误差 $E=0.0015$. 可见, Δt 对改进的无单元 Galerkin 方法的计算结果有重要影响.

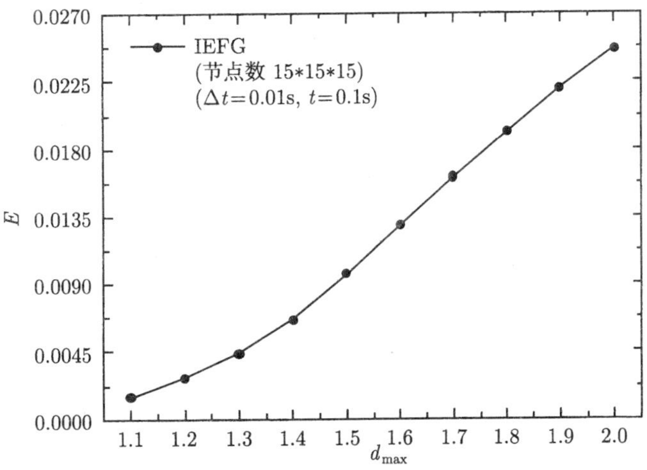

图 3.2.7 不同 $d_{\max}$ 时 IEFG 方法的收敛性

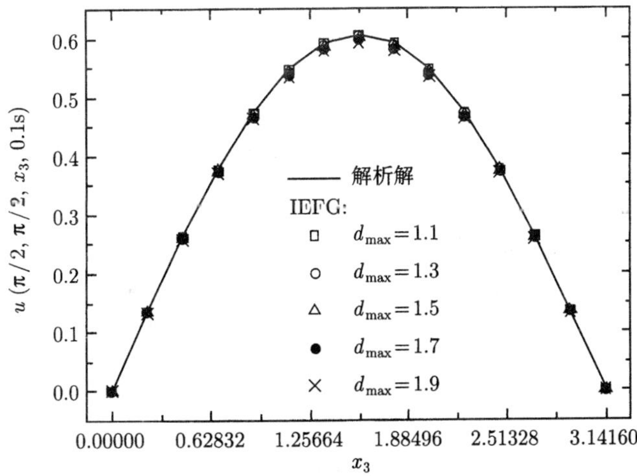

图 3.2.8 不同 $d_{\max}$ 时 IEFG 方法的计算结果

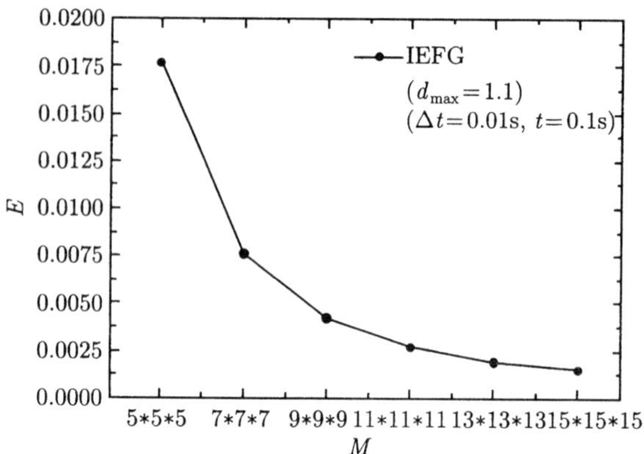

图 3.2.9　不同节点分布时 IEFG 方法的收敛性

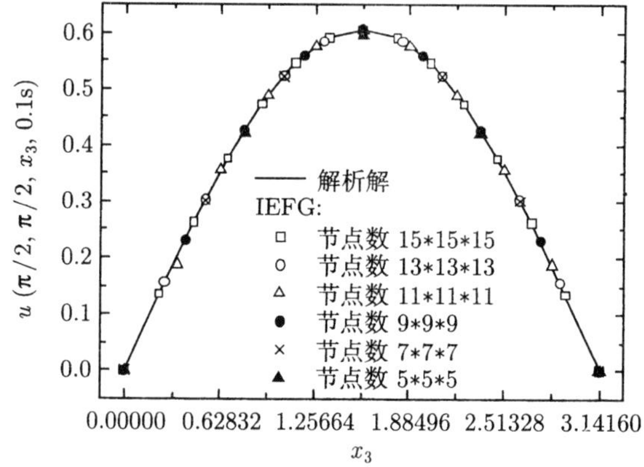

图 3.2.10　不同节点分布时 IEFG 方法的计算结果

3.2.3　数值算例

为了验证改进的无单元 Galerkin 方法的计算效率, 选取 4 个瞬态热传导问题的算例进行分析, 并与无单元 Galerkin 方法和解析解进行了对比. 时间离散时 $\theta = 2/3$.

1. 二维不均匀热传导问题

控制方程为

$$u_{,t} = u_{,11} + u_{,22} - 2, \quad \boldsymbol{x} \in \Omega,\ t > 0, \tag{3.2.40}$$

边界条件为

$$u(0, x_2, t) = 0, \tag{3.2.41}$$

$$u(\pi, x_2, t) = \pi^2, \tag{3.2.42}$$

$$u(x_1, 0, t) = u(x_1, \pi, t) = x_1^2, \tag{3.2.43}$$

初始条件为

$$u(x_1, x_2, 0) = x_1^2 + \sin x_1 \sin x_2, \tag{3.2.44}$$

其中 $\Omega = [0, \pi] \times [0, \pi]$.

该问题对应的解析解为

$$u(\boldsymbol{x}, t) = e^{-2t} \sin x_1 \sin x_2 + x_1^2. \tag{3.2.45}$$

算例中选取罚因子 $\alpha = 1.0 \times 10^4$, 影响域参数 $d_{\max} = 1.3$, 时间步长 $\Delta t = 0.001\text{s}$, 节点分布 21×21 进行计算. 图 3.2.11 和图 3.2.12 为当 $t = 0.1,\ 0.3,\ 0.5,\ 0.7,$

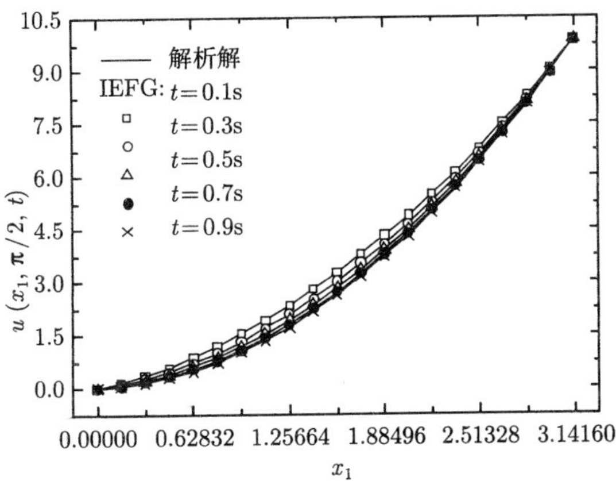

图 3.2.11 在 $x_2 = \pi/2$ 处随时间变化的温度分布

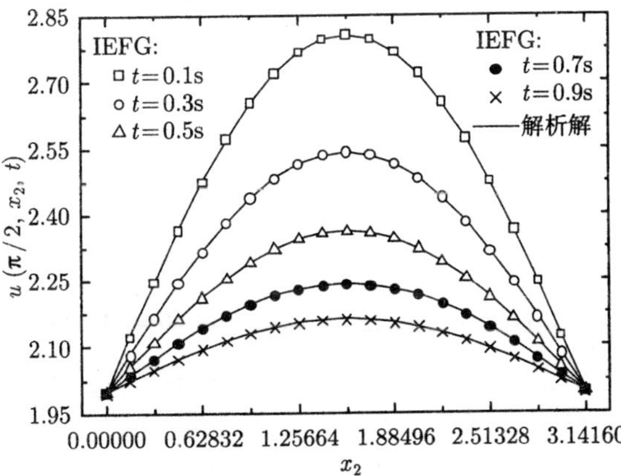

图 3.2.12 在 $x_1 = \pi/2$ 处随时间变化的温度分布

0.9s 时分别沿 x_1 和 x_2 轴方向的改进的无单元 Galerkin 方法数值解和解析解, 可以看出改进的无单元 Galerkin 方法数值解和解析解吻合得很好. 表 3.2.1 列出了无单元 Galerkin 方法和改进的无单元 Galerkin 方法的计算时间对比, 可以看出在相同的计算精度下改进的无单元 Galerkin 方法的计算效率更高.

表 3.2.1　EFG 和 IEFG 方法的计算时间比较

时间	相对误差	计算时间 (s)	
		IEFG	EFG
t=0.1s	2.4360×10^{-4}	9.125	11.125
t=0.3s	3.1377×10^{-4}	10.546	12.437
t=0.5s	3.6067×10^{-4}	12.328	14.094
t =0.7s	3.9319×10^{-4}	14.063	15.969
t =0.9s	4.1480×10^{-4}	16.344	18.328

2. 二维具有横向热损失的不均匀热传导问题

控制方程为

$$u_{,t} = u_{,11} + u_{,22} + (1+t^2)u + (2\pi^2 - t^2 - 2)e^{-t}\sin(\pi x_1)\cos(\pi x_2), \quad \boldsymbol{x} \in \Omega,\ t > 0, \tag{3.2.46}$$

边界条件为

$$u(0, x_2, t) = u(1, x_2, t) = 0, \tag{3.2.47}$$

$$u(x_1, 0, t) = -u(x_1, 1, t) = e^{-t}\sin(\pi x_1), \tag{3.2.48}$$

初始条件为

$$u(\boldsymbol{x}, 0) = \sin(\pi x_1)\cos(\pi x_2), \tag{3.2.49}$$

其中 $\Omega = [0,1] \times [0,1]$.

该问题对应的解析解为

$$u(\boldsymbol{x}, t) = e^{-t}\sin(\pi x_1)\cos(\pi x_2). \tag{3.2.50}$$

采用改进的无单元 Galerkin 方法进行计算时, 区域内的节点分布为 9×9, 罚因子为 $\alpha = 1.0 \times 10^5$, 影响域参数 $d_{\max} = 1.4$, 时间步长为 $\Delta t = 0.001$s.

图 3.2.13 和图 3.2.14 为 $(x_1, 1)$ 和 $(0.5, x_2)$ 处改进的无单元 Galerkin 方法的数值解和解析解的比较结果. 表 3.2.2 给出了无单元 Galerkin 方法和改进的无单元 Galerkin 方法的计算时间, 可以看出在同样的相对误差下, 改进的无单元 Galerkin 方法节省了 24.5%的计算时间.

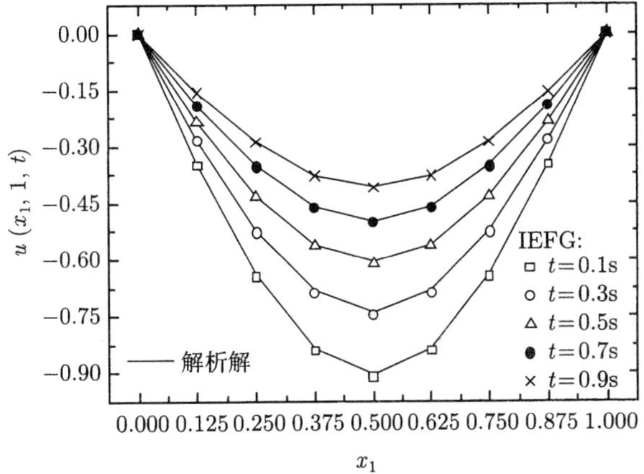

图 3.2.13 沿 x_1 方向的温度分布

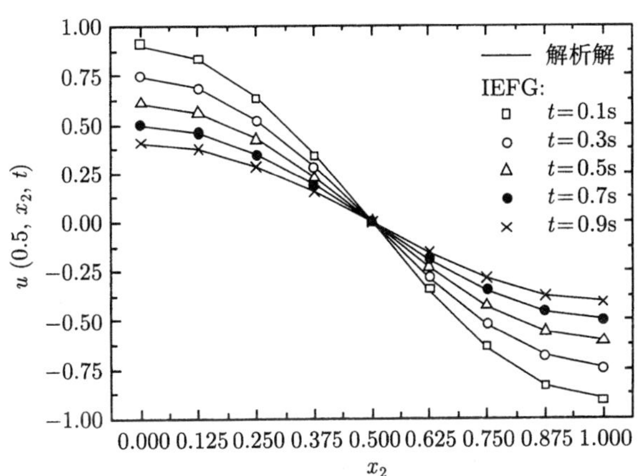

图 3.2.14 沿 x_2 方向的温度分布

表 3.2.2 EFG 和 IEFG 方法的计算时间比较

时间	相对误差	计算时间 (s)	
		IEFG	EFG
t=0.1s	0.0081	123.328	167.469
t=0.3s	0.0085	369.656	490.828
t=0.5s	0.0085	619.141	875.062
t=0.7s	0.0086	871.031	1149.078
t=0.9s	0.0087	1118.125	1425.281

3. 三维具有 Neumann 边界条件的均匀热传导问题

三维热传导问题的控制方程

$$u_{,t} = u_{,11} + u_{,22} + u_{,33}, \quad \boldsymbol{x} \in \Omega,\ t > 0, \tag{3.2.51}$$

边界条件为

$$u_{,1}|_{x_1=0} = u_{,1}|_{x_1=\pi} = u_{,2}|_{x_2=0} = u_{,2}|_{x_2=\pi} = u_{,3}|_{x_3=0} = u_{,3}|_{x_3=\pi} = 0, \tag{3.2.52}$$

初始条件为

$$u(\boldsymbol{x},0) = 1 + 2\cos x_1 \cos x_2 \cos x_3 + 3\cos(2x_1)\cos(2x_2)\cos(4x_3), \tag{3.2.53}$$

其中 $\Omega = [0,\pi] \times [0,\pi] \times [0,\pi]$.

该问题对应的解析解为

$$u(\boldsymbol{x},t) = 1 + 2e^{-3t}\cos x_1 \cos x_2 \cos x_3 + 3e^{-29t}\cos(2x_1)\cos(3x_2)\cos(4x_3). \tag{3.2.54}$$

采用改进的无单元 Galerkin 方法进行计算时, 区域内的节点分布为 $11\times11\times11$, 罚因子为 $\alpha = 1.0\times10^5$, 影响域参数 $d_{\max} = 1.4$, 时间步长为 $\Delta t = 0.001\text{s}$. 图 3.2.15—图 3.2.17 为数值解与解析解的对比结果. 表 3.2.3 给出了无单元 Galerkin 方法和改进的无单元 Galerkin 方法的计算时间, 可以看出, 在同样的相对误差下, 改进的无单元 Galerkin 方法具有更高的计算效率.

表 3.2.3 EFG 和 IEFG 方法的计算时间比较

时间	相对误差	计算时间 (s)	
		IEFG	EFG
t=0.1s	0.0133	119.016	130.844
t=0.3s	0.0044	173.063	189.922
t=0.5s	0.0028	211.532	248.906
t=0.7s	0.0018	272.562	283.860
t=0.9s	0.0011	322.343	352.797

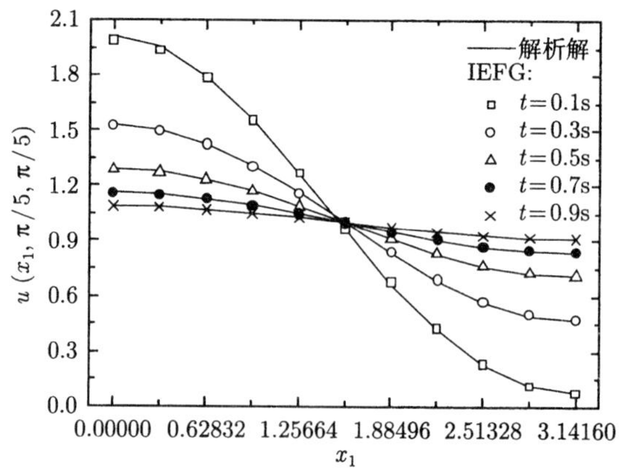

图 3.2.15 $x_2 = \pi/5$, $x_3 = \pi/5$ 处随时间变化的温度分布

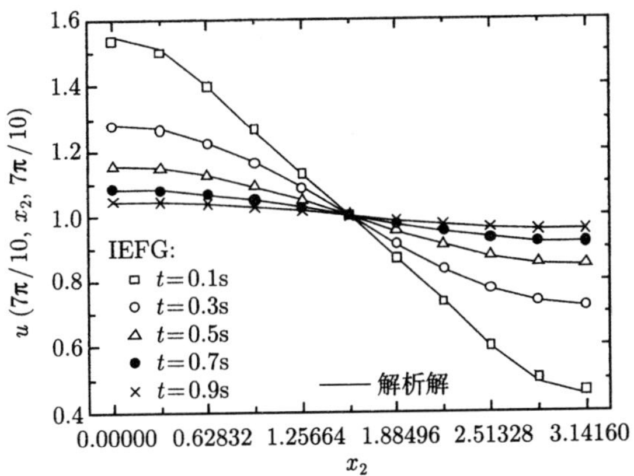

图 3.2.16 在 $x_1 = 7\pi/10$, $x_3 = 7\pi/10$ 处随时间变化的温度分布

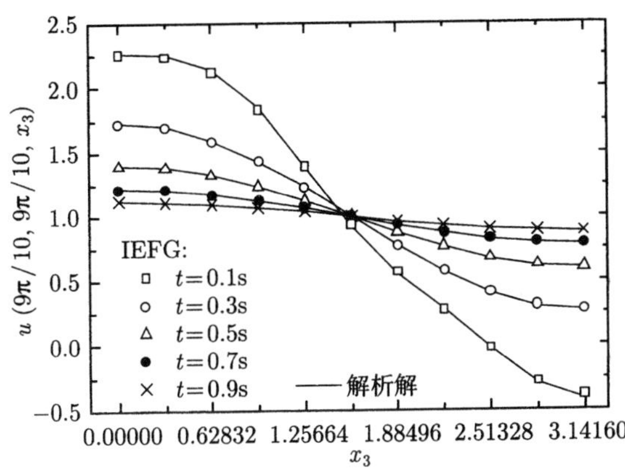

图 3.2.17 在 $x_1 = 9\pi/10$, $x_2 = 9\pi/10$ 处随时间变化的温度分布

4. 三维不均匀热传导问题

控制方程为

$$u_{,t} = (u_{,11} + u_{,22} + u_{,33}) + \sin x_3, \quad \boldsymbol{x} \in \Omega,\ t > 0, \tag{3.2.55}$$

边界条件为

$$u|_{x_1=0} = \sin x_3 + e^{-2t} \sin x_2, \tag{3.2.56}$$

$$u|_{x_1=\pi} = \sin x_3 - e^{-2t} \sin x_2, \tag{3.2.57}$$

$$u|_{x_2=0} = \sin x_3 + e^{-2t} \sin x_1, \tag{3.2.58}$$

$$u|_{x_2=\pi} = \sin x_3 - e^{-2t} \sin x_1, \tag{3.2.59}$$

$$u\left|_{x_3=0}\right. = u\left|_{x_3=\pi}\right. = \sin x_3 + \sin(x_1 + x_2), \tag{3.2.60}$$

初始条件为

$$u(\boldsymbol{x}, 0) = \sin(x_1 + x_2) + \sin x_3, \tag{3.2.61}$$

其中 $\Omega = [0,\pi] \times [0,\pi] \times [0,\pi]$.

该问题对应的解析解为

$$u(\boldsymbol{x}, 0) = e^{-2t}\sin(x_1 + x_2) + \sin x_3. \tag{3.2.62}$$

改进的无单元 Galerkin 方法的相关参数设置为 $\alpha = 1.0 \times 10^5$, $d_{\max} = 1.4$, $\Delta t = 0.01\text{s}$, 节点分布 $9 \times 9 \times 9$. 因为此算例中的边界条件与时间有关, 所以改进的无单元 Galerkin 方法可以节省大量的计算时间, 如表 3.2.4 所示. 图 3.2.18－图 3.2.20 为沿坐标轴方向随时间变化的温度分布.

改进的无单元 Galerkin 方法可以成功地应用于二维和三维的瞬态热传导问题中, 本节的研究发现计算结果不仅与节点分布和影响域参数有关, 而且与时间步长密切相关. 通过数值算例与无单元 Galerkin 方法数值解和解析解的比较得出结论: 改进的无单元 Galerkin 方法的计算效率较高.

表 3.2.4　EFG 和 IEFG 方法的计算时间比较

时间	相对误差	计算时间 (s)	
		IEFG	EFG
t=0.1s	0.0163	90.672	117.656
t=0.3s	0.0452	188.719	222.453
t=0.5s	0.0525	279.688	329.844
t=0.7s	0.0454	390.563	417.453
t=0.9s	0.0352	490.516	577.125

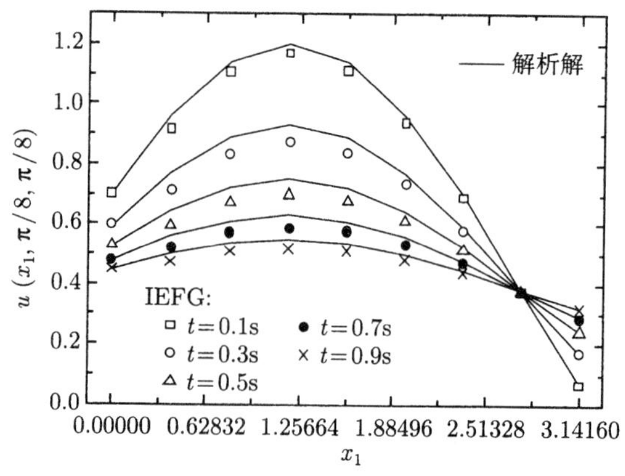

图 3.2.18　$(x_1, \pi/8, \pi/8)$ 处的温度分布

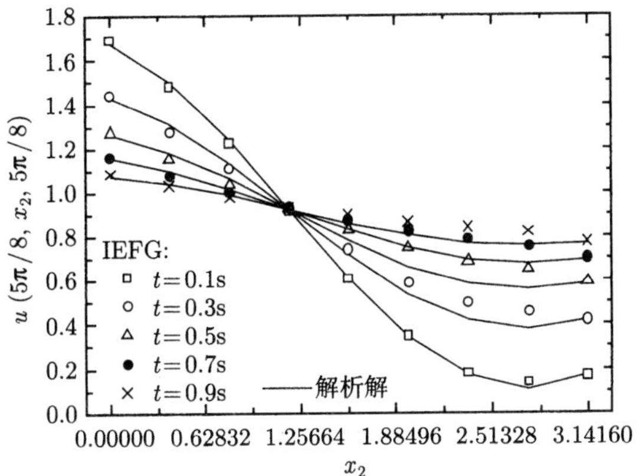

图 3.2.19 $(5\pi/8, x_2, 5\pi/8)$ 处的温度分布

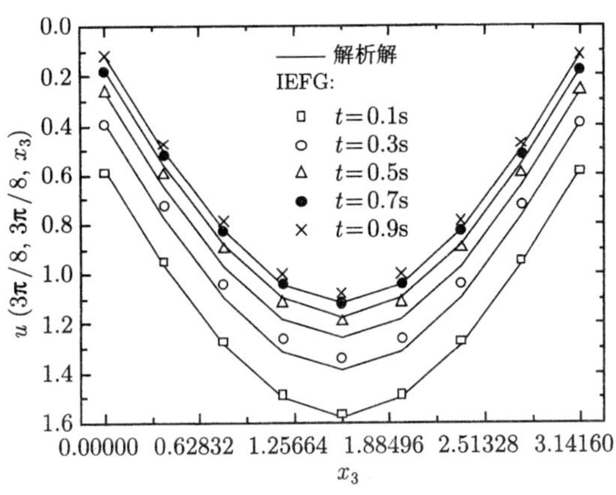

图 3.2.20 $(3\pi/8, 3\pi/8, x_3)$ 处的温度分布

3.3 波动方程的改进的无单元 Galerkin 方法

本节建立了波动方程的改进的无单元 Galerkin 方法. 与上节类似, 对空间域的离散基于改进的移动最小二乘法建立逼近函数, 采用与 Galerkin 积分弱形式等价的泛函变分建立求解方程, 采用罚函数法施加本质边界条件; 对时间域的离散采用差分法来求解空间域无网格方法得到的与时间相关的线性代数方程组. 然后, 对本节提出的波动方程的改进的无单元 Galerkin 方法的收敛性和误差进行了分析, 并通过算例说明了改进的无单元 Galerkin 方法的优点.

3.3.1 波动方程的改进的无单元 Galerkin 方法

考虑如下波动方程

$$u_{tt} + ru_t + ku = c^2\boldsymbol{\nabla}^2 u + f(\boldsymbol{x}, t), \quad \boldsymbol{x} \in \Omega. \tag{3.3.1}$$

初始条件为

$$u(\boldsymbol{x}, 0) = \varphi_1(\boldsymbol{x}), \tag{3.3.2}$$

$$\frac{\partial u(\boldsymbol{x}, 0)}{\partial t} = \varphi_2(\boldsymbol{x}). \tag{3.3.3}$$

边界条件为

$$u - \overline{u} = 0, \quad \boldsymbol{x} \in \Gamma_u, \tag{3.3.4}$$

$$\boldsymbol{n} \cdot c^2\boldsymbol{\nabla} u - \overline{q} = 0, \quad \boldsymbol{x} \in \Gamma_q. \tag{3.3.5}$$

上述偏微分方程是一类重要的双曲线方程, 表示带源函数项的阻尼波动方程, 其中 r 是阻力, c^2 是波速.

上述问题的等价泛函为

$$\begin{aligned} \mathit{\Pi}(u) =& \frac{1}{2}\int_{\Omega} \boldsymbol{\nabla}^{\mathrm{T}} u \cdot \left(c^2 \boldsymbol{\nabla} u\right) \mathrm{d}\Omega \\ &+ \int_{\Omega} \left[u\frac{\partial^2 u}{\partial t^2} + ru\frac{\partial u}{\partial t} + \frac{1}{2}ku^2 - uf\right] \mathrm{d}\Omega - \int_{\Gamma_q} u\overline{q}\mathrm{d}\Gamma. \end{aligned} \tag{3.3.6}$$

采用罚函数法施加本质边界条件, 可得相应的修正泛函 $\mathit{\Pi}^*(u)$ 为

$$\begin{aligned} \mathit{\Pi}^*(u) =& \frac{1}{2}\int_{\Omega} \boldsymbol{\nabla}^{\mathrm{T}} u \cdot \left(c^2 \boldsymbol{\nabla} u\right) \mathrm{d}\Omega + \int_{\Omega} \left[u\frac{\partial^2 u}{\partial t^2} + ru\frac{\partial u}{\partial t} + \frac{1}{2}ku^2 - uf\right] \mathrm{d}\Omega \\ &- \int_{\Gamma_q} u\overline{q}\mathrm{d}\Gamma + \frac{\alpha}{2}\int_{\Gamma_u} (u - \overline{u})^2 \mathrm{d}\Gamma. \end{aligned} \tag{3.3.7}$$

对式 (3.3.7) 进行变分运算可得

$$\begin{aligned} \delta\mathit{\Pi}^*(u) =& \int_{\Omega} \boldsymbol{\nabla}^{\mathrm{T}} u \cdot \left(c^2 \delta\boldsymbol{\nabla} u\right) \mathrm{d}\Omega + \int_{\Omega} \left[u\frac{\partial^2 u}{\partial t^2} + r\delta u \cdot \frac{\partial u}{\partial t} + ku\delta u - \delta u \cdot f\right] \mathrm{d}\Omega \\ &- \int_{\Gamma_q} \delta u \cdot \overline{q}\mathrm{d}\Gamma + \alpha\int_{\Gamma_u} \delta u \cdot (u - \overline{u})\mathrm{d}\Gamma. \end{aligned} \tag{3.3.8}$$

将求解域离散为有限个节点, 节点总数为 M. 利用改进的移动最小二乘法建立逼近函数, 由式 (2.2.40) 可得温度函数及其导数的逼近函数为

$$u(\boldsymbol{x}, t) = \sum_{I=1}^{n} \Phi_I^*(\boldsymbol{x}) u_I(t) = \boldsymbol{\Phi}^*(\boldsymbol{x})\boldsymbol{u}, \tag{3.3.9}$$

$$\frac{\partial u(\boldsymbol{x}, t)}{\partial t} = \frac{\partial}{\partial t}\sum_{I=1}^{n} \Phi_I^*(\boldsymbol{x}) u_I(t) = \sum_{I=1}^{n} \Phi_I^*(\boldsymbol{x})\frac{\partial u_I(t)}{\partial t} = \boldsymbol{\Phi}^*(\boldsymbol{x})\dot{\boldsymbol{u}}, \tag{3.3.10}$$

$$\frac{\partial^2 u(\boldsymbol{x},t)}{\partial t^2}=\frac{\partial^2}{\partial t^2}\sum_{I=1}^{n}\Phi_I^*(\boldsymbol{x})u_I(t)=\sum_{I=1}^{n}\Phi_I^*(\boldsymbol{x})\frac{\partial^2 u_I(t)}{\partial t^2}=\boldsymbol{\Phi}^*(\boldsymbol{x})\boldsymbol{u}, \tag{3.3.11}$$

其中

$$\dot{\boldsymbol{u}}=\left(\frac{\partial u_1(t)}{\partial t},\frac{\partial u_2(t)}{\partial t},\cdots,\frac{\partial u_n(t)}{\partial t}\right)^{\mathrm{T}}, \tag{3.3.12}$$

$$\ddot{\boldsymbol{u}}=\left(\frac{\partial^2 u_1(t)}{\partial t^2},\frac{\partial^2 u_2(t)}{\partial t^2},\cdots,\frac{\partial^2 u_n(t)}{\partial t^2}\right)^{\mathrm{T}}. \tag{3.3.13}$$

将式 (3.3.9)—(3.3.11) 代入式 (3.3.8) 得到

$$\begin{aligned}\delta\Pi^*(u)=&\int_\Omega \boldsymbol{\nabla}^{\mathrm{T}}\left(\boldsymbol{\Phi}^*(\boldsymbol{x})\boldsymbol{u}\right)\cdot\left(c^2\delta\boldsymbol{\nabla}\left(\boldsymbol{\Phi}^*(\boldsymbol{x})\boldsymbol{u}\right)\right)\mathrm{d}\Omega\\&+\int_\Omega\left[\left(\boldsymbol{\Phi}^*(\boldsymbol{x})\boldsymbol{u}\right)\left(\boldsymbol{\Phi}^*(\boldsymbol{x})\ddot{\boldsymbol{u}}\right)+r\delta\left(\boldsymbol{\Phi}^*(\boldsymbol{x})\boldsymbol{u}\right)\cdot\left(\boldsymbol{\Phi}^*(\boldsymbol{x})\dot{\boldsymbol{u}}\right)\right]\mathrm{d}\Omega\\&+\int_\Omega\left[k\left(\boldsymbol{\Phi}^*(\boldsymbol{x})\boldsymbol{u}\right)\delta\left(\boldsymbol{\Phi}^*(\boldsymbol{x})\boldsymbol{u}\right)-\delta\left(\boldsymbol{\Phi}^*(\boldsymbol{x})\boldsymbol{u}\right)\cdot f\right]\mathrm{d}\Omega\\&-\int_{\Gamma_q}\delta\left(\boldsymbol{\Phi}^*(\boldsymbol{x})\cdot\boldsymbol{u}\right)\cdot\overline{q}\mathrm{d}\Gamma\\&+\alpha\int_{\Gamma_u}\delta\left(\boldsymbol{\Phi}^*(\boldsymbol{x})\boldsymbol{u}\right)\cdot\left(\boldsymbol{\Phi}^*(\boldsymbol{x})\boldsymbol{u}-\overline{u}\right)\mathrm{d}\Gamma.\end{aligned} \tag{3.3.14}$$

由 δu 的任意性, 令 $\delta\Pi^*(u)=0$ 可得

$$\boldsymbol{C}\ddot{\boldsymbol{u}}+r\boldsymbol{C}\dot{\boldsymbol{u}}+\left(\overline{\boldsymbol{K}}+k\boldsymbol{C}\right)\boldsymbol{u}=\overline{\boldsymbol{F}}, \tag{3.3.15}$$

其中

$$\overline{\boldsymbol{K}}=\boldsymbol{K}+\boldsymbol{K}^\alpha, \tag{3.3.16}$$

$$\overline{\boldsymbol{F}}=\boldsymbol{F}+\boldsymbol{F}^\alpha, \tag{3.3.17}$$

且

$$C_{IJ}=\int_\Omega\Phi_I^*(\boldsymbol{x})\Phi_J^*(\boldsymbol{x})\mathrm{d}\Omega, \tag{3.3.18}$$

$$K_{IJ}=\int_\Omega\boldsymbol{\nabla}^{\mathrm{T}}\Phi_I^*(\boldsymbol{x})c^2\boldsymbol{\nabla}\Phi_J^*(\boldsymbol{x})\mathrm{d}\Omega, \tag{3.3.19}$$

$$F_I=\int_\Omega\Phi_I^*(\boldsymbol{x})f\mathrm{d}\Omega+\int_{\Gamma_q}\Phi_I^*(\boldsymbol{x})\overline{q}\mathrm{d}\Gamma, \tag{3.3.20}$$

$$K_{IJ}^\alpha=\int_{\Gamma_u}\Phi_I^*(\boldsymbol{x})\alpha\Phi_J^*(\boldsymbol{x})\mathrm{d}\Omega, \tag{3.3.21}$$

$$F_I^\alpha=\int_{\Gamma_u}\Phi_I^*(\boldsymbol{x})\alpha\overline{u}\mathrm{d}\Gamma, \tag{3.3.22}$$

$I, J = 1, 2, \cdots, M$, $\boldsymbol{u}$、$\dot{\boldsymbol{u}}$ 和 $\ddot{\boldsymbol{u}}$ 分别与式 (3.1.7)、(3.3.12) 和 (3.3.13) 形式相同, $n = M$.

采用中心差分法对式 (3.3.15) 进行时间域离散得到

$$\boldsymbol{C}\frac{\boldsymbol{u}^{(i+2)} - 2\boldsymbol{u}^{(i+1)} + \boldsymbol{u}^{(i)}}{\Delta t^2} + r\boldsymbol{C}\frac{\boldsymbol{u}^{(i+1)} - \boldsymbol{u}^{(i)}}{\Delta t} + (\overline{\boldsymbol{K}} + k\boldsymbol{C})\frac{\boldsymbol{u}^{(i+1)} + \boldsymbol{u}^{(i)}}{2} = \overline{\boldsymbol{F}}, \quad (3.3.23)$$

即

$$\begin{aligned} 2\boldsymbol{C}\boldsymbol{u}^{(i+2)} =& \left(4\boldsymbol{C} - 2r\Delta t\boldsymbol{C} - (\overline{\boldsymbol{K}} + k\boldsymbol{C})\Delta t^2\right)\boldsymbol{u}^{(i+1)} \\ &+ \left(2r\Delta t\boldsymbol{C} - 2\boldsymbol{C} - (\overline{\boldsymbol{K}} + k\boldsymbol{C})\Delta t^2\right)\boldsymbol{u}^i + 2\Delta t^2\overline{\boldsymbol{F}}, \end{aligned} \quad (3.3.24)$$

其中

$$\boldsymbol{u}^{(i)} = \boldsymbol{u}(t_i) = (u_1(t_i),\ u_2(t_i),\ \cdots,\ u_M(t_i)). \quad (3.3.25)$$

3.3.2 收敛性和误差分析

本节通过改变节点个数、影响域参数 $d_{\max}$ 和时间步长 Δt 对波动方程改进的无单元 Galerkin 方法的收敛性进行分析.

1. *二维齐次波动方程*

二维振动膜上波的传播可以表示为如下的偏微分方程:

$$u_{,tt}(\boldsymbol{x}, t) = u_{,11}(\boldsymbol{x}, t) + u_{,22}(\boldsymbol{x}, t) - 2u(\boldsymbol{x}, t), \quad \boldsymbol{x} \in \Omega,\ t > 0, \quad (3.3.26)$$

边界条件为

$$u(0, x_2, t) = -u(\pi, x_2, t) = \cos x_2 \sin(2t), \quad (3.3.27)$$

$$u(x_1, 0, t) = -u(x_1, \pi, t) = \cos x_1 \sin(2t), \quad (3.3.28)$$

初始条件为

$$u(\boldsymbol{x}, 0) = 0, \quad (3.3.29)$$

$$u_{,t}(\boldsymbol{x}, 0) = 2\cos x_1 \cos x_2, \quad (3.3.30)$$

其中 $u(\boldsymbol{x}, t)$ 是在时刻 t 振动膜上点 $\boldsymbol{x}$ 处的位移, $\Omega = [0, \pi] \times [0, \pi]$.

该问题对应的解析解为

$$u(\boldsymbol{x}, t) = \cos x_1 \cos x_2 \sin(2t). \quad (3.3.31)$$

对于给定的节点分布, 对 $d_{\max}$ 进行调整. 图 3.3.1 和图 3.3.2 显示当 $d_{\max}$ 在 1.2 到 2.0 范围内时, 相对误差逐渐增大, 因此, 较小的 $d_{\max}$ 得到了较为精确的计算结果. 设置 $d_{\max}=1.2$, 研究发现随着节点个数的增加, 计算结果逐渐收敛. 当节点分布是 19×19 时, 计算结果收敛于解析解, 如图 3.3.3 和图 3.3.4 所示. 最后, 对时间步长进行调整, 表 3.3.1 显示 Δt 的取值对计算结果具有重要影响.

表 3.3.1 IEFG 方法相对误差与时间步长 Δt 的关系

Δt	相对误差 ($t=0.1$s)
0.1s	0.0063
0.01s	3.2109
0.001s	0.0040
0.0001s	0.0016

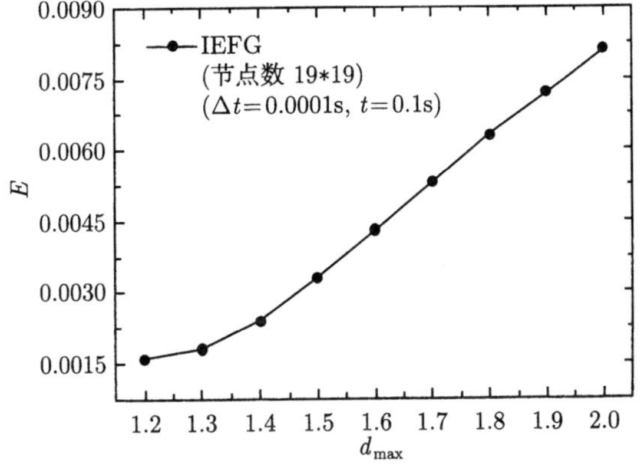

图 3.3.1 IEFG 相对误差与 $d_{\max}$ 的关系

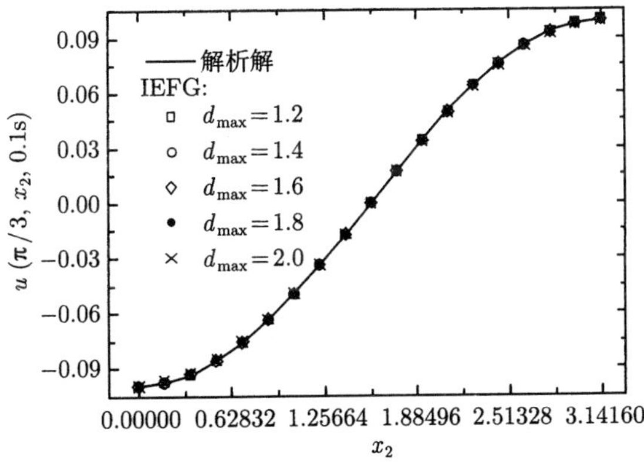

图 3.3.2 不同 $d_{\max}$ 时 IEFG 方法的收敛性

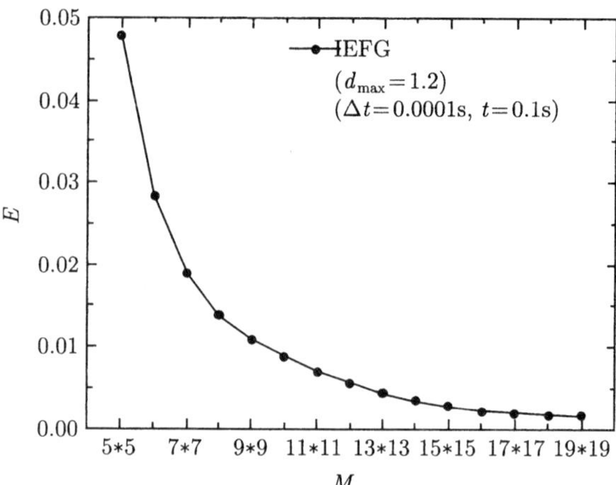

图 3.3.3　IEFG 方法相对误差与节点分布的关系

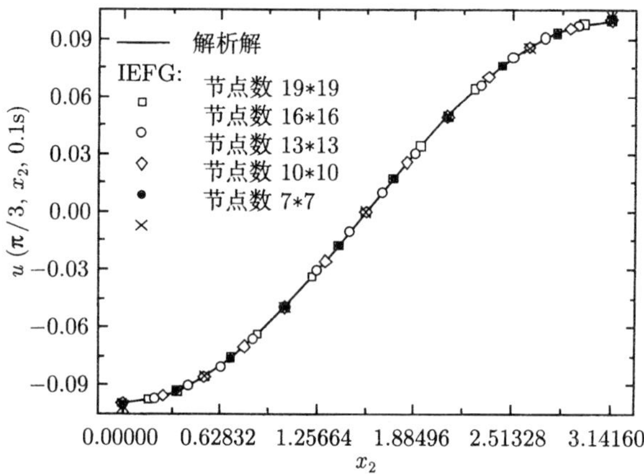

图 3.3.4　不同节点分布时 IEFG 方法的计算结果

2. 三维齐次波动方程

考虑三维波动方程

$$u_{,tt}(\boldsymbol{x},t)=6\left(u_{,11}(\boldsymbol{x},t)+u_{,22}(\boldsymbol{x},t)+u_{,33}(\boldsymbol{x},t)\right),\quad \boldsymbol{x}\in\Omega,\ t>0, \tag{3.3.32}$$

边界条件为

$$u|_{x_1=0}=u|_{x_1=\pi}=u|_{x_2=0}=u|_{x_2=\pi}=0, \tag{3.3.33}$$

$$u_{,3}(x_1,x_2,0,t)=u_{,3}(x_1,x_2,\pi,t)=0, \tag{3.3.34}$$

初始条件为

$$u(\boldsymbol{x},0)=\sin x_1\sin x_2\cos(2x_3), \tag{3.3.35}$$

$$u_{,t}(\boldsymbol{x},0)=0, \tag{3.3.36}$$

其中 $u(\boldsymbol{x},t)$ 是在时刻 t 点 $\boldsymbol{x}$ 处的位移, $\Omega=[0,\pi]\times[0,\pi]\times[0,\pi]$.

该问题对应的解析解为

$$u(\boldsymbol{x},t)=\sin x_1\sin x_2\cos(2x_3)\cos(6t). \tag{3.3.37}$$

采用改进的无单元 Galerkin 方法对本算例进行计算. 如图 3.3.5—图 3.3.10 所示, 随着影响域参数的减小和节点个数的增加, 相对误差逐渐减小.

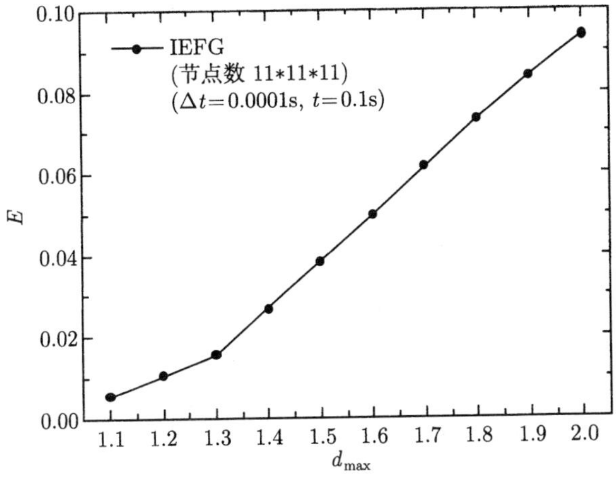

图 3.3.5 $d_{\max}$ 不同时 IEFG 方法的收敛性

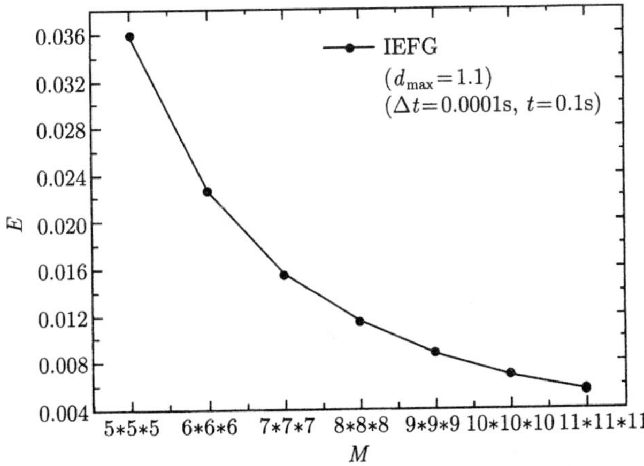

图 3.3.6 不同节点分布时 IEFG 方法的收敛性

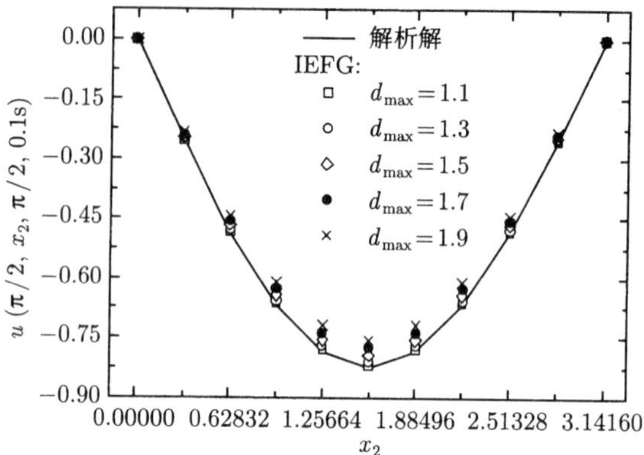

图 3.3.7　不同 d_{max} 时 IEFG 方法的计算结果

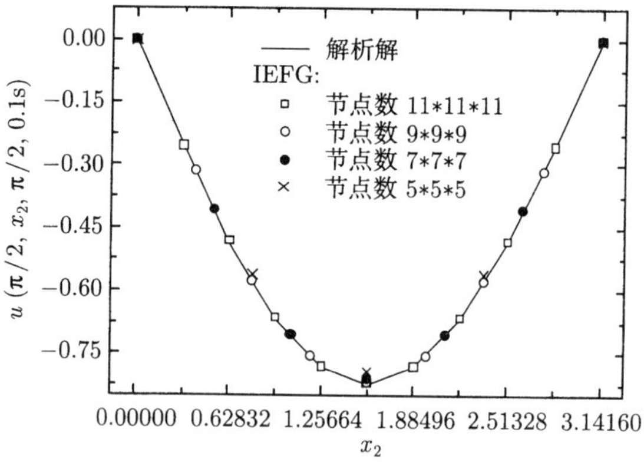

图 3.3.8　不同节点分布时 IEFG 方法的计算结果

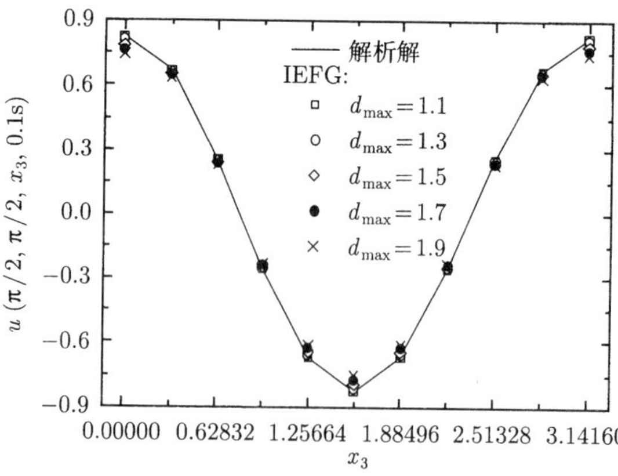

图 3.3.9　不同 d_{max} 时 IEFG 方法的计算结果

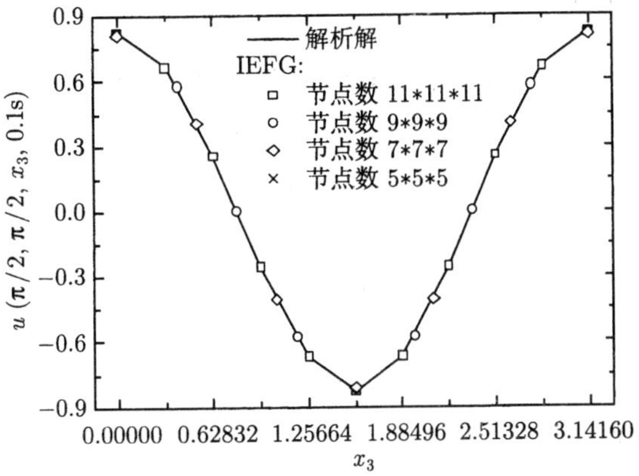

图 3.3.10 不同节点分布时 IEFG 方法的计算结果

时间步长的取值对计算结果也具有重要的影响 (见表 3.3.2). 尽管在设置 $\Delta t=0.001\mathrm{s}$ 情况下, 当 $t=0.1\mathrm{s}$ 时可以得到较好的结果, 但是表 3.3.3 显示当 $t=0.2\mathrm{s}$ 和 $t=0.3\mathrm{s}$ 时计算结果变得很差, 因此选取 $\Delta t=0.0001\mathrm{s}$.

表 3.3.2 IEFG 方法相对误差与时间步长 Δt 的关系

Δt	相对误差 ($t=0.1\mathrm{s}$)
0.1s	0.2108
0.01s	0.0036
0.001s	0.0043
0.0001s	0.0055

表 3.3.3 不同时间步长 Δt 时 IEFG 方法的相对误差

时间	相对误差	
	IEFG($\Delta t=0.001\mathrm{s}$)	IEFG ($\Delta t=0.0001\mathrm{s}$)
0.1s	0.0043	0.0055
0.2s	0.7795	0.0375
0.3s	125.6656	0.0912

3.3.3 数值算例

为了验证改进的无单元 Galerkin 方法的计算效率, 下面选取 3 个数值算例进行分析, 并与无单元 Galerkin 方法的数值解和解析解进行对比. 时间离散中定义 $\theta=1/2$.

1. *二维非齐次波动方程*

考虑非齐次波动方程, 波的传播速度为 1/2, 即

$$u_{,tt}=\frac{1}{2}\left(u_{,11}+u_{,22}\right)+\left(12t^2+2x_2\right),\quad \boldsymbol{x}\in\Omega,\ t>0, \tag{3.3.38}$$

边界条件也是非齐次的,

$$u(0,x_2,t)=u(\pi,x_2,t)=t^4+t^2x_2, \tag{3.3.39}$$

$$u(x_1,0,t)=t^4, \tag{3.3.40}$$

$$u(x_1,\pi,t)=t^4+\pi t^2, \tag{3.3.41}$$

初始条件为

$$u(\boldsymbol{x},0)=0, \tag{3.3.42}$$

$$u_{,t}(\boldsymbol{x},0)=\sin x_1\sin x_2, \tag{3.3.43}$$

其中 $\Omega=[0,\pi]\times[0,\pi]$.

该问题对应的解析解为

$$u(\boldsymbol{x},t)=t^4+t^2x_2+\sin x_1\sin x_2\sin t. \tag{3.3.44}$$

算例中选取罚因子 $\alpha=1.0\times10^4$, 影响域参数 $d_{\max}=1.2$, 时间步长 $\Delta t=0.0001\text{s}$, 节点分布 11×11 进行计算. 图 3.3.11 和图 3.3.12 为当 $t=0.1\text{s}$, 0.3s, 0.5s, 0.7s 和 0.9s 时分别沿 x_1 和 x_2 轴方向的改进的无单元 Galerkin 方法数值解和解析解. 表 3.3.4 列出了相对误差相同的情况下无单元 Galerkin 方法和改进的无单元 Galerkin 方法的计算时间, 可以看出改进的无单元 Galerkin 方法节省了 20%的计算时间.

表 3.3.4　EFG 和 IEFG 方法计算时间比较

时间	相对误差	计算时间 (s)	
		IEFG	EFG
$t=0.1\text{s}$	0.0016	472.699	594.745
$t=0.3\text{s}$	0.0011	1414.093	1765.709
$t=0.5\text{s}$	7.9052×10^{-4}	2356.909	2946.878
$t=0.7\text{s}$	6.2727×10^{-4}	3294.457	4135.116
$t=0.9\text{s}$	5.1562×10^{-4}	4252.214	5292.150

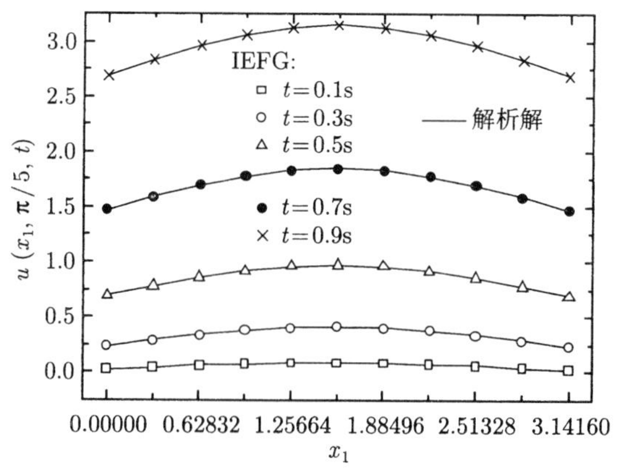

图 3.3.11　沿 x_1 方向波的传播

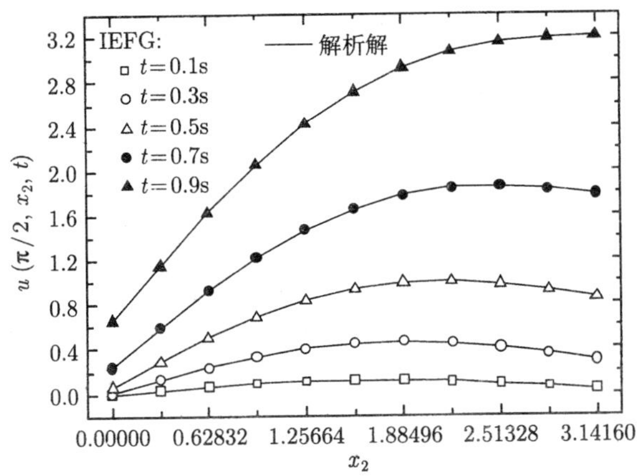

图 3.3.12 沿 x_2 方向波的传播

2. 三维齐次波动方程

该问题的波动方程为

$$u_{,tt} = (u_{,11} + u_{,22} + u_{,33}) - u, \quad \boldsymbol{x} \in \Omega,\ t > 0, \tag{3.3.45}$$

边界条件为

$$u(0, x_2, x_3, t) = -u(\pi, x_2, x_3, t) = \sin x_2 \sin(x_3 + 2t), \tag{3.3.46}$$

$$u(x_1, 0, x_3, t) = -u(x_1, \pi, x_3, t) = \sin x_1 \sin(x_3 + 2t), \tag{3.3.47}$$

$$u(x_1, x_2, 0, t) = -u(x_1, x_2, \pi, t) = \sin(x_1 + x_2) \sin(2t), \tag{3.3.48}$$

初始条件为

$$u(\boldsymbol{x}, 0) = \sin(x_1 + x_2) \sin x_3, \tag{3.3.49}$$

$$u_{,t}(\boldsymbol{x}, 0) = 2 \sin(x_1 + x_2) \cos x_3, \tag{3.3.50}$$

其中 $\Omega = [0, \pi] \times [0, \pi] \times [0, \pi]$.

该问题对应的解析解为

$$u(\boldsymbol{x}, t) = \sin(x_1 + x_2) \sin(x_3 + 2t). \tag{3.3.51}$$

因为此算例中的边界条件与时间有关, 所以改进的无单元 Galerkin 方法可以节省大量的计算时间, 如表 3.3.5 所示. 改进的无单元 Galerkin 方法的相关参数设置为 $\alpha = 1.0 \times 10^3$, $d_{\max} = 1.3$, Δt =0.001s, 节点分布为 $11 \times 11 \times 11$. 图 3.3.13—图 3.3.15 分别显示了沿坐标轴方向随时间变化的位移.

表 3.3.5　EFG 和 IEFG 方法的计算时间比较

时间	相对误差	计算时间 (s)	
		IEFG	EFG
t =0.1s	0.0150	711.533	722.068
t =0.3s	0.0189	1985.094	2250.666
t =0.5s	0.0301	3044.287	3590.473
t =0.7s	0.0272	4280.294	4975.314
t =0.9s	0.0454	4888.269	6775.282

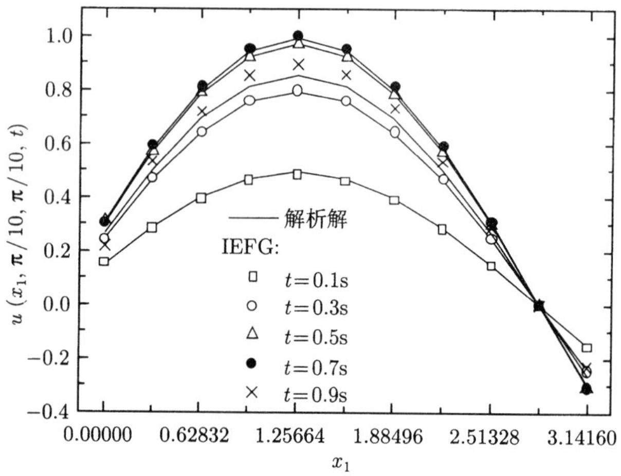

图 3.3.13　沿 x_1 方向波的传播

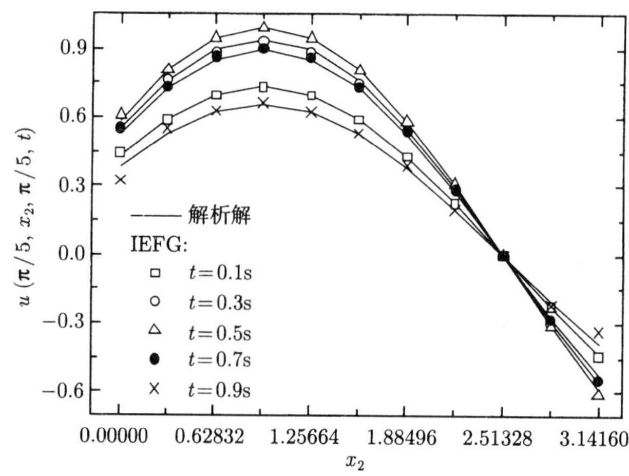

图 3.3.14　沿 x_2 方向波的传播

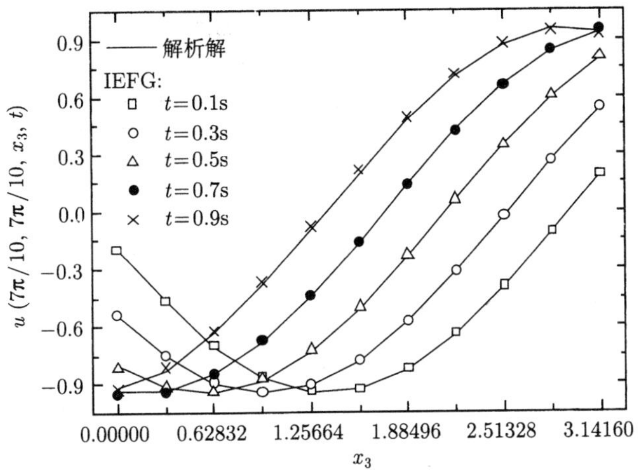

图 3.3.15 沿 x_3 方向波的传播

3. 三维非齐次波动方程

考虑如下的非齐次偏微分方程

$$u_{,tt}=(u_{,11}+u_{,22}+u_{,33})+\cos x_1+\cos x_2,\quad \boldsymbol{x}\in\Omega,\ t>0, \tag{3.3.52}$$

边界条件为

$$u_{,1}|_{x_1=0}=u_{,1}|_{x_1=\pi}=u_{,2}|_{x_2=0}=u_{,2}|_{x_2=\pi}=0, \tag{3.3.53}$$

$$u_{,2}(x_1,0,x_3,t)=u_{,2}(x_1,\pi,x_3,t)=0, \tag{3.3.54}$$

$$u_{,3}(x_1,x_2,0,t)=-u_{,3}(x_1,x_2,\pi,t)=\sin t, \tag{3.3.55}$$

初始条件为

$$u(\boldsymbol{x},0)=\cos x_1+\cos x_2, \tag{3.3.56}$$

$$u_{,t}(\boldsymbol{x},0)=\sin x_3, \tag{3.3.57}$$

其中 $\Omega=[0,\pi]\times[0,\pi]\times[0,\pi]$.

对应的解析解为

$$u(\boldsymbol{x},t)=\cos x_1+\cos x_2+\sin x_3\sin t. \tag{3.3.58}$$

采用改进的无单元 Galerkin 方法计算时, 相关参数为 $\alpha=1.0\times10^5$, $d_{\max}=1.1$, Δt =0.001s, 节点分布为 $9\times9\times9$. 图 3.3.16－图 3.3.18 为数值解和解析解的比较结果. 表 3.3.6 为相同误差时无单元 Galerkin 方法和改进的无单元 Galerkin 方法的计算时间比较.

本节将改进的无单元 Galerkin 方法成功地应用于二维和三维波动方程, 研究

表 3.3.6　EFG 和 IEFG 方法的计算时间比较

时间	相对误差	计算时间 (s)	
		IEFG	EFG
t =0.1s	1.7558×10^{-4}	100.828	114.563
t =0.3s	2.0074×10^{-4}	236.141	277.172
t =0.5s	0.0012	406.531	432.938
t =0.7s	1.3380×10^{-4}	515.812	544.156
t =0.9s	0.0047	700.703	736.766

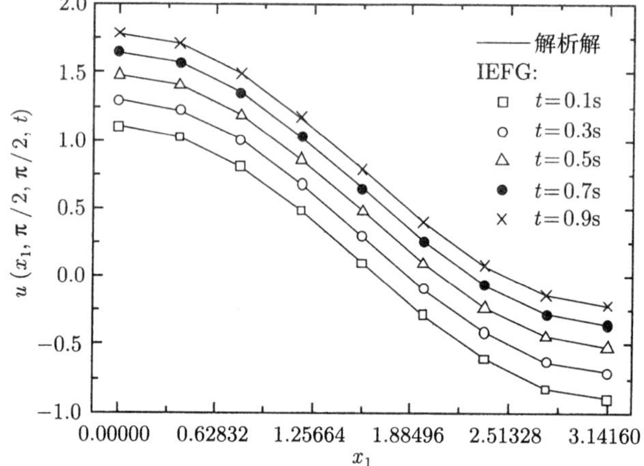

图 3.3.16　在 $x_2=\pi/2$, $x_3=\pi/2$ 处波的变化情况

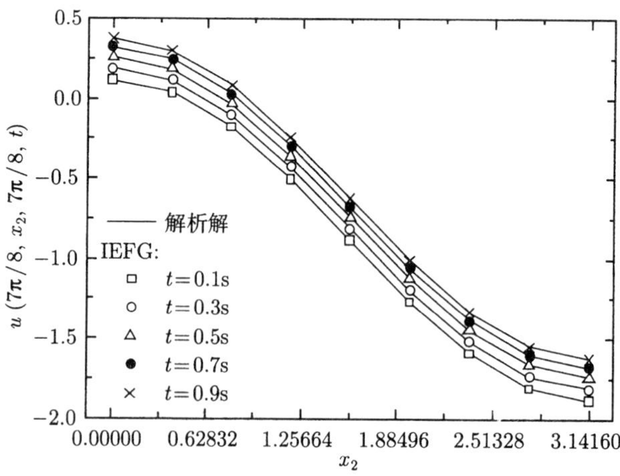

图 3.3.17　在 $x_1=7\pi/8$, $x_3=7\pi/8$ 处波的变化情况

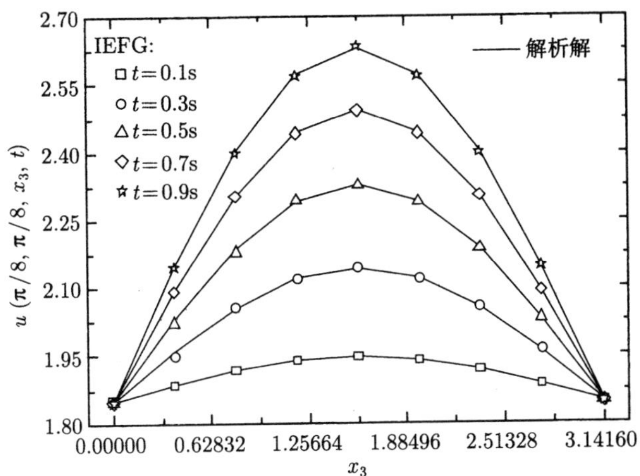

图 3.3.18 在 $x_1=\pi/8$, $x_2=\pi/8$ 处波的变化情况

发现计算结果不仅与节点分布和影响域参数 $d_{\max}$ 有关, 而且与时间步长 Δt 密切相关. 通过数值算例与无单元 Galerkin 方法和解析解的比较得出结论: 改进的无单元 Galerkin 方法具有计算精度高和计算速度快的优势.

3.4 弹性力学的改进的无单元 Galerkin 方法

本节建立了二维和三维弹性力学问题的改进的无单元 Galerkin 方法. 基于改进的移动最小二乘法建立逼近函数, 采用与 Galerkin 积分弱形式等价的泛函变分建立求解方程, 采用罚函数法施加本质边界条件, 从而得到了弹性力学的改进的无单元 Galerkin 方法. 然后, 对该方法的收敛性和误差进行了分析, 并通过算例说明了改进的无单元 Galerkin 方法的优点.

3.4.1 弹性力学的改进的无单元 Galerkin 方法

假设三维弹性体的求解域为 Ω, 边界为 Γ, 弹性力学问题的平衡方程为

$$\sigma_{ij,j}(\boldsymbol{x})+b_i(\boldsymbol{x})=0, \quad \boldsymbol{x}\in\Omega, \tag{3.4.1}$$

其中 σ_{ij} 为应力分量, b_i 是单位体积上的体力分量, $i,j=1,2,3$.

几何方程为

$$\varepsilon_{ij}=\frac{1}{2}\left(u_{i,j}+u_{j,i}\right), \tag{3.4.2}$$

其中 ε_{ij} 是应变分量, u_i 是位移分量.

本构方程为

$$\sigma_{ij}=D_{ijkl}\varepsilon_{kl}, \tag{3.4.3}$$

其中 $\boldsymbol{D}=(D_{ijkl})$ 是弹性矩阵,

$$\boldsymbol{D}=\frac{2G}{1-2\nu}\begin{bmatrix}1-\nu & \nu & \nu & 0 & 0 & 0\\ \nu & 1-\nu & \nu & 0 & 0 & 0\\ \nu & \nu & 1-\nu & 0 & 0 & 0\\ 0 & 0 & 0 & \dfrac{1-2\nu}{2} & 0 & 0\\ 0 & 0 & 0 & 0 & \dfrac{1-2\nu}{2} & 0\\ 0 & 0 & 0 & 0 & 0 & \dfrac{1-2\nu}{2}\end{bmatrix}, \tag{3.4.4}$$

G 和 ν 分别为材料的剪切模量和 Poisson 比.

若考虑二维问题, 则对平面应力问题

$$\boldsymbol{D}=\frac{E}{1-\nu^2}\begin{bmatrix}1 & \nu & 0\\ \nu & 1 & 0\\ 0 & 0 & \dfrac{1-\nu}{2}\end{bmatrix}, \tag{3.4.5}$$

对平面应变问题

$$\boldsymbol{D}=\frac{E}{(1+\nu)(1-2\nu)}\begin{bmatrix}1-\nu & \nu & 0\\ \nu & 1-\nu & 0\\ 0 & 0 & \dfrac{1-2\nu}{2}\end{bmatrix}, \tag{3.4.6}$$

其中 E 为材料的弹性模量.

对应的边界条件为

$$u_i=\overline{u}_i,\quad \boldsymbol{x}\in\Gamma_u, \tag{3.4.7}$$

$$\sigma_{ij}n_j-\overline{t}_i=0,\quad \boldsymbol{x}\in\Gamma_t, \tag{3.4.8}$$

其中 $\overline{u}_i$ 是位移边界 Γ_u 上的已知位移分量, $\overline{t}_i$ 是应力边界 Γ_t 上的已知面力分量, n_i 是边界上的单位外法向向量的分量.

本节采用罚函数法施加本质边界条件, 则弹性力学问题对应的泛函为

$$\begin{aligned}\varPi=&\frac{1}{2}\int_{\Omega}\boldsymbol{\nabla}\boldsymbol{u}^{\mathrm{T}}\boldsymbol{D}\boldsymbol{\nabla}\boldsymbol{u}\mathrm{d}\Omega-\int_{\Omega}\boldsymbol{u}^{\mathrm{T}}\boldsymbol{b}\mathrm{d}\Omega\\&-\int_{\Gamma_t}\boldsymbol{u}^{\mathrm{T}}\overline{\boldsymbol{t}}\mathrm{d}\Gamma+\frac{1}{2}\int_{\Gamma_u}(\boldsymbol{u}-\overline{\boldsymbol{u}})\cdot\alpha\cdot\boldsymbol{S}\cdot(\boldsymbol{u}-\overline{\boldsymbol{u}})\mathrm{d}\Gamma,\end{aligned} \tag{3.4.9}$$

其中 $\alpha=1.0\times10^{5\sim8}E$,

$$\boldsymbol{u}=(u_1,u_2,u_3)^{\mathrm{T}}, \tag{3.4.10}$$

$$\boldsymbol{t}=(t_1,t_2,t_3)^{\mathrm{T}}, \tag{3.4.11}$$

$$\boldsymbol{b}=(b_1,b_2,b_3)^{\mathrm{T}}, \tag{3.4.12}$$

$$\boldsymbol{S}=\begin{bmatrix} s_1 & 0 & 0 \\ 0 & s_2 & 0 \\ 0 & 0 & s_3 \end{bmatrix}, \tag{3.4.13}$$

如果位移边界条件是沿 x_i 方向的, 则 s_i 为 0, 否则为 1.

将求解域离散为有限个节点, 节点总数为 M. 利用改进的移动最小二乘法建立逼近函数, 由式 (2.2.40) 可得位移的逼近函数为

$$u_i(\boldsymbol{x})=\sum_{I=1}^{n}\Phi_I^*(\boldsymbol{x})u_i(\boldsymbol{x}_I),\quad i=1,2,3. \tag{3.4.14}$$

将式 (3.4.14) 代入式 (3.4.9), 可得

$$\Pi=\frac{1}{2}\boldsymbol{U}^{\mathrm{T}}\left(\boldsymbol{K}+\boldsymbol{K}^{\alpha}\right)\boldsymbol{U}-\boldsymbol{U}^{\mathrm{T}}\left(\boldsymbol{F}+\boldsymbol{F}^{\alpha}\right). \tag{3.4.15}$$

其中

$$\boldsymbol{K}_{IJ}=\int_{\Omega}\boldsymbol{B}_I^{\mathrm{T}}\boldsymbol{D}\boldsymbol{B}_J\mathrm{d}\Omega, \tag{3.4.16}$$

$$\boldsymbol{F}_I=\int_{\Gamma_t}\Phi_I^*\bar{\boldsymbol{t}}\mathrm{d}\Gamma+\int_{\Omega}\Phi_I^*\boldsymbol{b}\mathrm{d}\Omega, \tag{3.4.17}$$

$$\boldsymbol{B}_I=\begin{bmatrix} \Phi_{I,1}^* & 0 & 0 \\ 0 & \Phi_{I,2}^* & 0 \\ 0 & 0 & \Phi_{I,3}^* \\ \Phi_{I,2}^* & \Phi_{I,1}^* & 0 \\ \Phi_{I,3}^* & 0 & \Phi_{I,1}^* \\ 0 & \Phi_{I,3}^* & \Phi_{I,2}^* \end{bmatrix}, \tag{3.4.18}$$

$$\boldsymbol{U}=(u_{11},u_{21},u_{31},u_{12},u_{22},u_{32},\cdots,u_{1M},u_{2M},u_{3M})^{\mathrm{T}}, \tag{3.4.19}$$

$$u_{iI}=u_i(\boldsymbol{x}_I), \tag{3.4.20}$$

$I,J=1,2,\cdots,M$.

由 $\delta\Pi=0$ 可得

$$(\boldsymbol{K}+\boldsymbol{K}^{\alpha})\boldsymbol{U}=\boldsymbol{F}+\boldsymbol{F}^{\alpha}. \tag{3.4.21}$$

矩阵 $\boldsymbol{K}^{\alpha}$ 是根据节点信息得到的全局罚函数矩阵,

$$\boldsymbol{K}^{\alpha}=\alpha\int_{\Gamma_u}\boldsymbol{\Phi}^{*\mathrm{T}}\boldsymbol{S}\boldsymbol{\Phi}^{*}\mathrm{d}\Gamma, \tag{3.4.22}$$

向量 $\boldsymbol{F}^{\alpha}$ 由本质边界条件得到,

$$\boldsymbol{F}^{\alpha}=\alpha\int_{\Gamma_u}\boldsymbol{\Phi}^{*\mathrm{T}}\boldsymbol{S}\overline{\boldsymbol{u}}\mathrm{d}\Gamma. \tag{3.4.23}$$

3.4.2 收敛性和误差估计

本节利用两个典型算例, 通过改变节点个数和影响域参数对二维和三维弹性力学问题的收敛性进行分析.

1. 悬臂梁

如图 3.4.1 所示悬臂梁, 左端固定, 右端受剪切荷载, 由于梁较薄, 按平面应力问题计算.

位移场的解析解为

$$u_1=-\frac{px_2}{6EI}\left[(6L-3x_1)\,x_1+(2+\nu)\left(x_2^2-\frac{D^2}{4}\right)\right], \tag{3.4.24}$$

$$u_2=\frac{px_2}{6EI}\left[3\nu x_2^2\,(L-x_1)+(4+5\nu)\,\frac{D^2x_1}{4}+(3L-x_1)\,x_1^2\right], \tag{3.4.25}$$

其中 I 是梁的横截面惯性矩, 定义 $I=D^3/12$, $\nu=0.3$, $E=30\mathrm{MPa}$. 与位移对应的应力场为

$$\sigma_{11}=-\frac{p(L-x_1)x_2}{I}, \tag{3.4.26}$$

$$\sigma_{22}=0, \tag{3.4.27}$$

$$\sigma_{12}=\frac{p}{2I}\left(\frac{D^2}{4}-x_2^2\right). \tag{3.4.28}$$

数值算例中相关参数分别为荷载 $p=1000\mathrm{N}$, 梁长 $L=48\mathrm{m}$, 梁高 $D=12\mathrm{m}$, 梁的厚度为单位厚度 $\delta=1\mathrm{m}$.

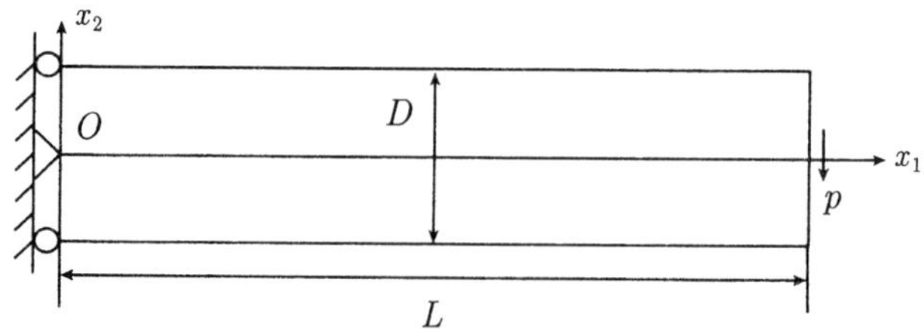

图 3.4.1　右端受外力作用的悬臂梁

对于给定的节点分布, 图 3.4.2 为当节点数为 17×13 时改进的无单元 Galerkin 方法得到的位移相对误差与 $d_{\max}$ 的关系, 图 3.4.3 为当节点数为 17×13 时改进的

无单元 Galerkin 方法得到的应力相对误差与 $d_{\max}$ 的关系, 图 3.4.4 为当节点数为 17×13 时改进的无单元 Galerkin 方法取不同的 $d_{\max}$ 得到的位移 u_2 与解析解的比较, 图 3.4.5 为当节点数为 17×13 时改进的无单元 Galerkin 方法取不同的 $d_{\max}$ 得到的应力 σ_{11} 与解析解的比较, 图 3.4.6 为当节点数为 17×13 时改进的无单元 Galerkin 方法取不同的 $d_{\max}$ 得到的应力 σ_{12} 与解析解的比较. 从图 3.4.2—图 3.4.6 可以看出, 随着 $d_{\max}$ 的增大, 位移和应力的相对误差均逐渐减小, 当 $d_{\max} = 3.0$ 时, 得到较好的计算结果.

对于给定的 $d_{\max}$, 我们来看节点分布对计算结果的影响. 图 3.4.7—图 3.4.9 显示节点个数越多, 计算结果越准确. 表 3.4.1 和表 3.4.2 给出了不同节点分布和不同 $d_{\max}$ 时无单元 Galerkin 方法和改进的无单元 Galerkin 方法的相对误差和计算时间, 可以看出改进的无单元 Galerkin 方法的计算时间更短.

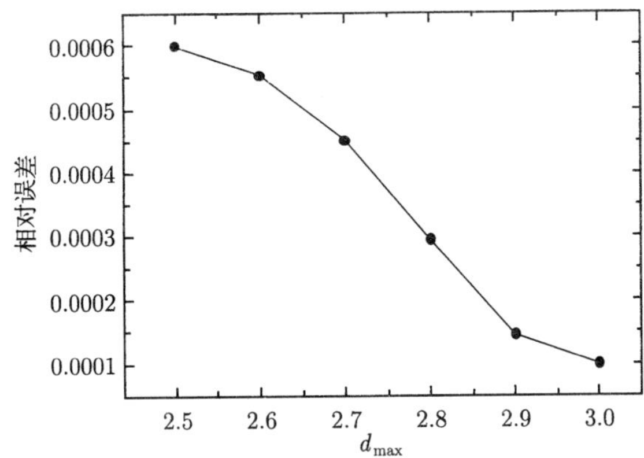

图 3.4.2 IEFG 方法的位移相对误差与 $d_{\max}$ 的关系

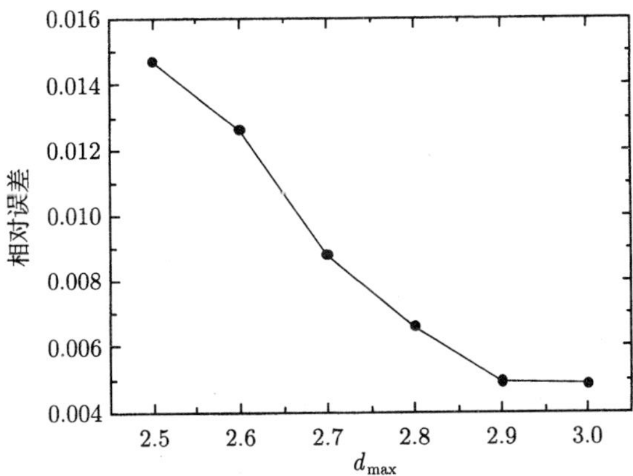

图 3.4.3 IEFG 方法的应力相对误差与 $d_{\max}$ 的关系

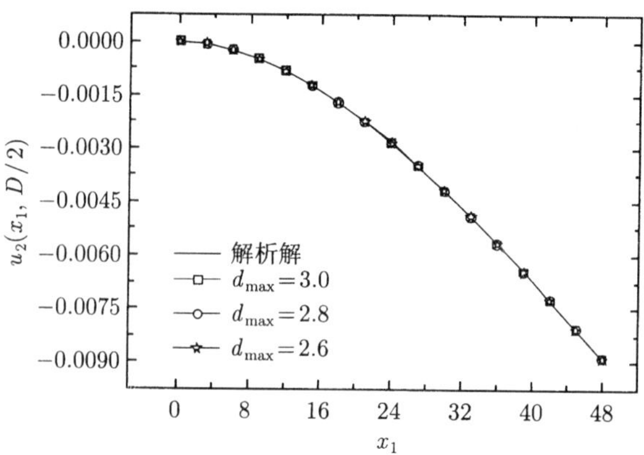

图 3.4.4　IEFG 方法得到的位移 u_2 与解析解的比较

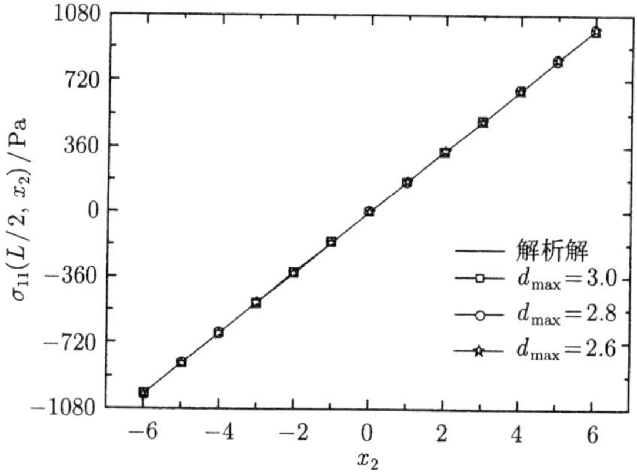

图 3.4.5　IEFG 方法得到的应力 σ_{11} 与解析解的比较

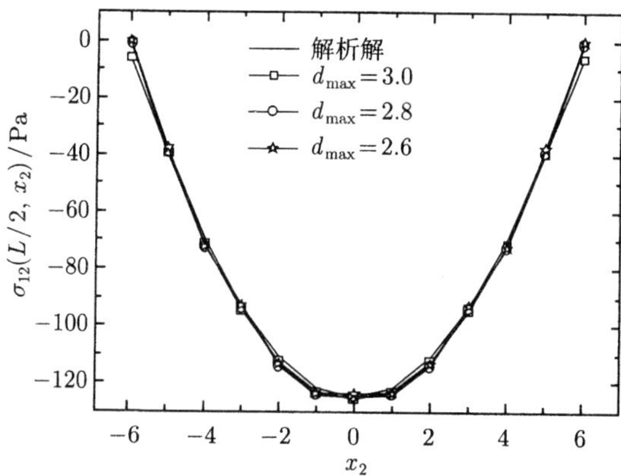

图 3.4.6　IEFG 方法得到的应力 σ_{12} 与解析解的比较

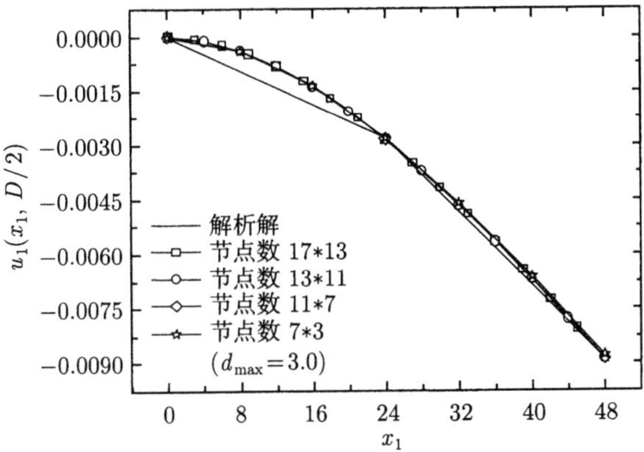

图 3.4.7 不同节点分布时的 u_1 值

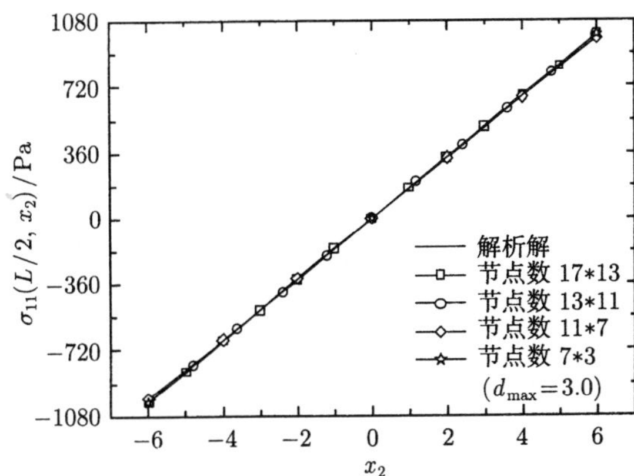

图 3.4.8 不同节点分布时的 σ_{11} 值

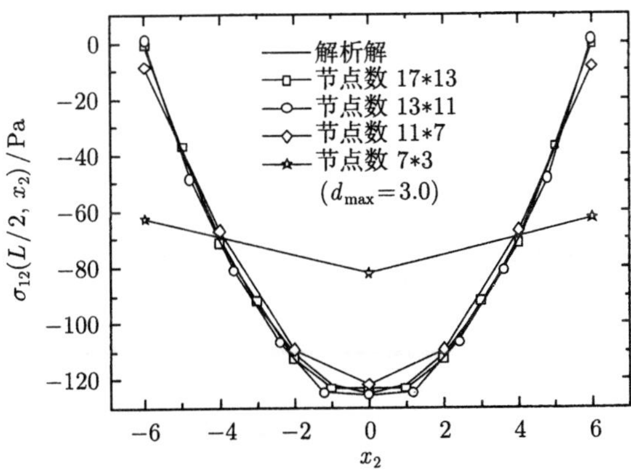

图 3.4.9 不同节点分布时的 σ_{12} 值

表 3.4.1　不同节点分布时 EFG 和 IEFG 方法的相对误差和计算时间

节点分布	相对误差		计算时间 (s)	
	位移	应力	IEFG	EFG
17×13	9.8650×10^{-5}	0.0048549	2.562	3.250
13×13	1.0528×10^{-4}	0.0075541	2.188	2.437
13×11	3.7231×10^{-4}	0.0085841	1.937	2.218
13×9	9.1674×10^{-4}	0.010988	1.657	1.906
11×7	0.0015	0.024606	1.344	1.547
9×5	0.0059	0.039441	0.891	1.047
7×3	0.0115	0.068072	0.484	0.562

表 3.4.2　不同 $d_{\max}$ 时 EFG 和 IEFG 方法的相对误差和计算时间

$d_{\max}$	相对误差		计算时间 (s)	
	位移	应力	IEFG	EFG
2.5	5.9882×10^{-4}	0.014653	1.500	1.703
2.6	5.5262×10^{-4}	0.012569	1.500	1.672
2.7	4.5079×10^{-4}	0.0087751	1.859	2.047
2.8	2.9446×10^{-4}	0.0066413	2.172	2.406
2.9	1.4578×10^{-4}	0.0049248	2.343	2.546
3.0	9.8650×10^{-4}	0.0048549	2.562	3.250

2. 受自重的等截面杆

假设图 3.4.10 所示的等截面杆单位体积的重力是 ρg, 那么体力为

$$b_1 = b_2 = 0, \tag{3.4.29}$$

$$b_3 = -\rho g, \tag{3.4.30}$$

应力为

$$\sigma_{33} = \rho g x_3, \tag{3.4.31}$$

$$\sigma_{11} = \sigma_{22} = \sigma_{12} = \sigma_{23} = \sigma_{13} = 0. \tag{3.4.32}$$

相关几何和材料参数为 $l = 36\text{mm}$, $\nu = 0.15$, $E = 2.069\times 10^4\text{MPa}$, $\rho = 2405\text{kg/m}^3$.

位移场的解析解为

$$u_1(\boldsymbol{x}) = -\frac{\nu\rho g x_1 x_3}{E}, \tag{3.4.33}$$

$$u_2(\boldsymbol{x}) = -\frac{\nu\rho g x_2 x_3}{E}, \tag{3.4.34}$$

$$u_3(\boldsymbol{x}) = \frac{\rho g}{2E}\left(x_3^2 - l^2\right) + \frac{\nu\rho g}{2E}\left(x_1^2 + x_2^2\right). \tag{3.4.35}$$

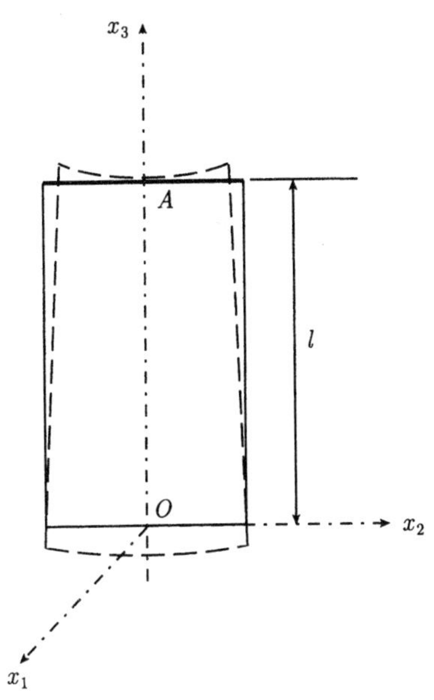

图 3.4.10 受自重的等截面杆

图 3.4.11 为当 $d_{\max} = 2.8$ 时改进的无单元 Galerkin 方法的位移相对误差与节点数的关系, 图 3.4.12 为当 $d_{\max} = 2.9$ 时改进的无单元 Galerkin 方法的应力相对误差与节点数的关系, 图 3.4.13 为当 $d_{\max} = 2.8$ 时不同节点分布下位移 u_3 与解析解的比较, 图 3.4.14 为当 $d_{\max} = 2.9$ 时不同节点分布下应力 σ_{33} 与解析解的比较. 表 3.4.3 和表 3.4.4 给出了不同节点分布时无单元 Galerkin 方法和改进的无单元 Galerkin 方法的相对误差和计算时间. 可以看出, 在给定 $d_{\max}$ 时, 随着节点个数的增加相对误差逐渐减小, 在节点分布为 $5 \times 5 \times 11$ 时, 计算结果具有较高精度.

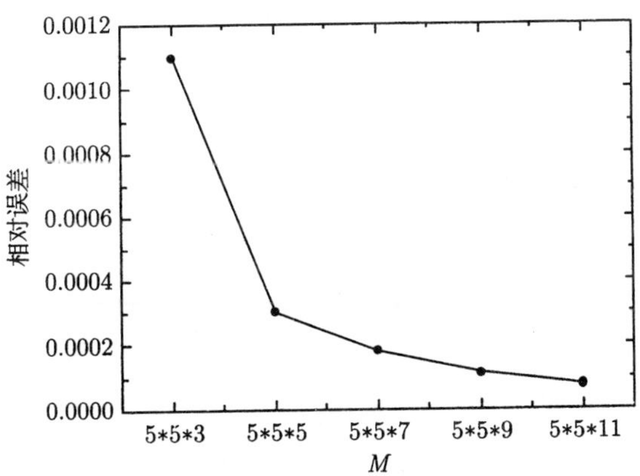

图 3.4.11 当固定 $d_{\max}$ 时 IEFG 方法的位移相对误差与节点数的关系

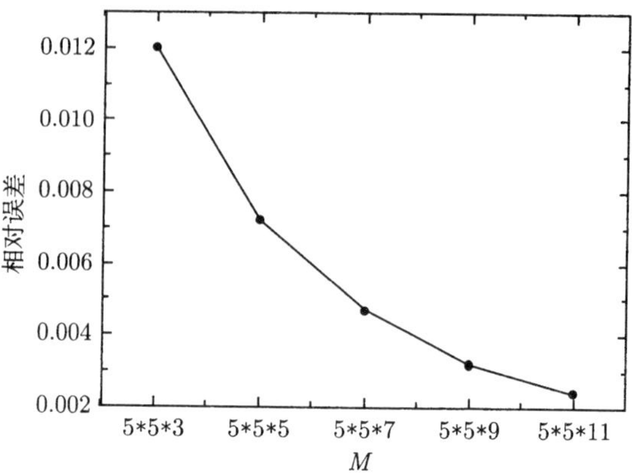

图 3.4.12 当固定 $d_{\max}$ 时 IEFG 方法的应力相对误差与节点数的关系

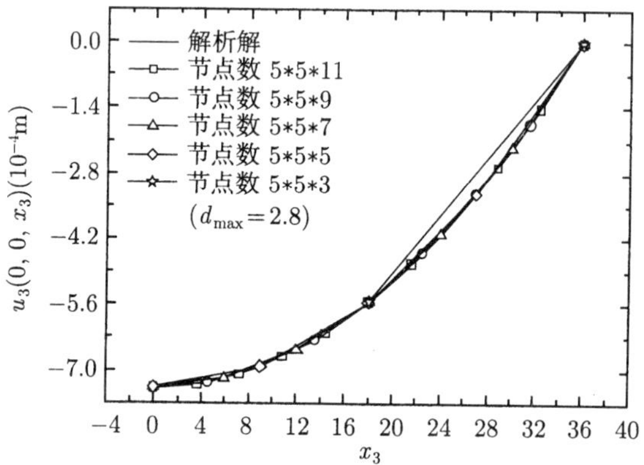

图 3.4.13 不同节点分布时位移 u_3 与解析解的比较

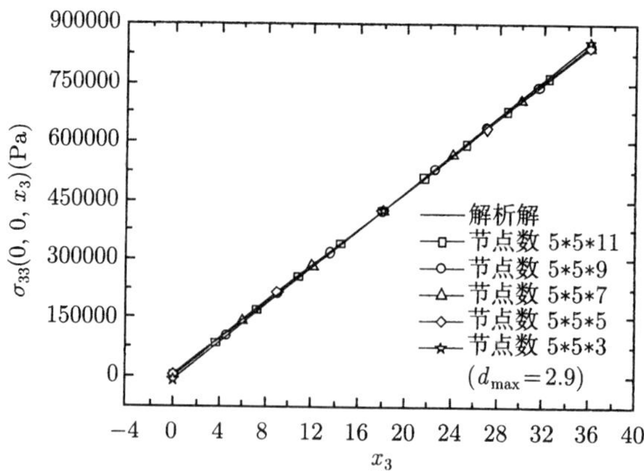

图 3.4.14 不同节点分布时应力 σ_{33} 与解析解的比较

表 3.4.3 不同节点分布时 EFG 和 IEFG 方法的相对误差和计算时间

节点分布	位移相对误差	计算时间 (s)	
		IEFG	EFG
$5 \times 5 \times 3$	0.0011	19.640	20.328
$5 \times 5 \times 5$	3.0312×10^{-4}	83.063	84.766
$5 \times 5 \times 7$	1.8114×10^{-4}	190.422	191.546
$5 \times 5 \times 9$	1.1255×10^{-4}	311.312	313.750
$5 \times 5 \times 11$	7.5606×10^{-5}	433.078	439.344

表 3.4.4 不同节点分布时 EFG 和 IEFG 方法的相对误差和计算时间

节点分布	应力相对误差	计算时间 (s)	
		IEFG	EFG
$5 \times 5 \times 3$	0.012	23.907	24.953
$5 \times 5 \times 5$	0.0072	112.891	115.125
$5 \times 5 \times 7$	0.0047	254.516	258.110
$5 \times 5 \times 9$	0.0032	416.281	421.500
$5 \times 5 \times 11$	0.0024	579.453	587.484

同理, 对于给定节点分布, 选取不同的 $d_{\max}$ 进行分析. 图 3.4.15 为当节点分布为 $5 \times 5 \times 11$ 时改进的无单元 Galerkin 方法的位移相对误差与 $d_{\max}$ 的关系, 图 3.4.16 为当节点分布为 $5 \times 5 \times 11$ 时改进的无单元 Galerkin 方法的应力相对误差与 $d_{\max}$ 的关系. 图 3.4.17 和图 3.4.18 分别给出了改进的无单元 Galerkin 方法得到的位移和应力的计算结果与解析解的比较. 表 3.4.5 给出了无单元 Galerkin 方法和改进的无单元 Galerkin 方法的相对误差和计算时间. 可以看出, 随着 $d_{\max}$ 的增大, 相对误差逐渐减小；当 $d_{\max} = 2.8$ 时, 位移的计算结果与解析解吻合得较好；当 $d_{\max} = 2.9$ 时, 应力的计算结果与解析解吻合得较好；在相同计算精度时改进的无单元 Galerkin 方法相对于无单元 Galerkin 方法计算速度较快.

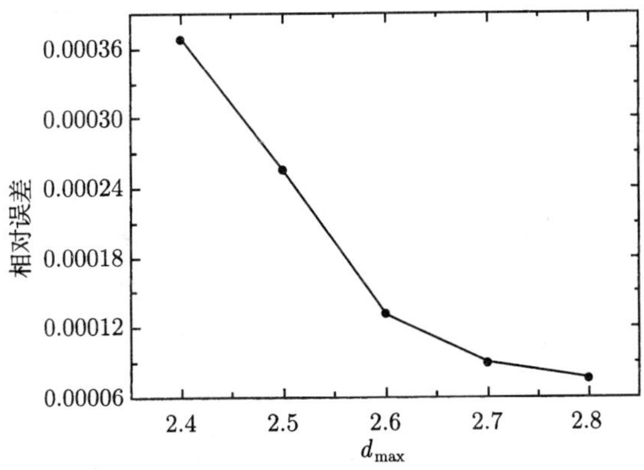

图 3.4.15 IEFG 方法的位移相对误差与 $d_{\max}$ 的关系

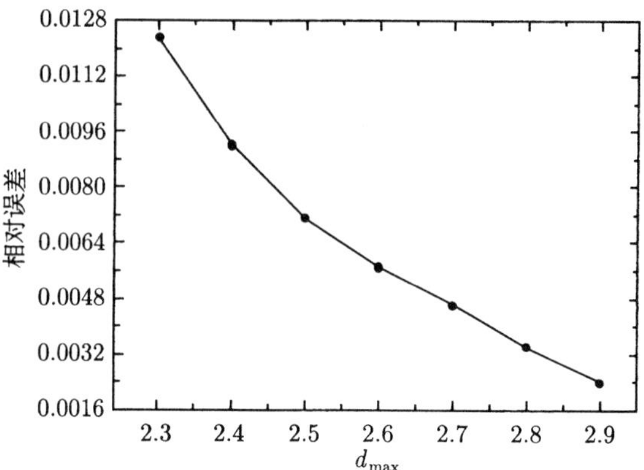

图 3.4.16　IEFG 方法的应力相对误差与 d_{max} 的关系

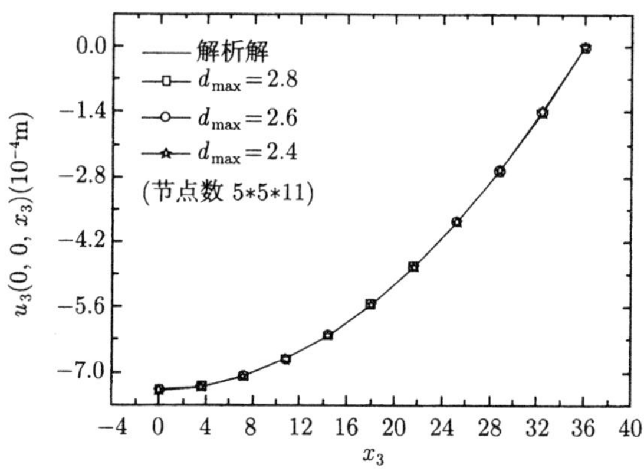

图 3.4.17　IEFG 方法得到的位移 u_3 与解析解的比较

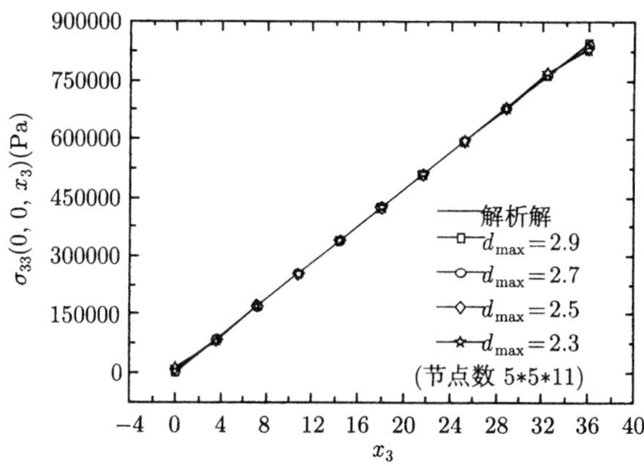

图 3.4.18　IEFG 方法得到的应力 σ_{33} 与解析解的比较

表 3.4.5 EFG 和 IEFG 方法的相对误差和计算时间

$d_{\max}$	相对误差		计算时间 (s)	
	位移	应力	IEFG	EFG
2.3	3.6285×10^{-4}	0.0123	242.797	254.422
2.4	3.6828×10^{-4}	0.0092	244.047	259.937
2.5	2.5552×10^{-4}	0.0071	436.219	440.094
2.6	1.3157×10^{-4}	0.0057	434.235	449.594
2.7	8.9576×10^{-5}	0.0046	433.500	442.313
2.8	7.5606×10^{-5}	0.0034	433.078	439.344
2.9	8.5423×10^{-5}	0.0024	579.453	587.484

3.4.3 数值算例

本节采用弹性力学的改进的无单元 Galerkin 方法对 4 个数值算例进行了计算和分析. 4 个算例均采用均匀节点分布, 并构造积分网格进行数值积分. 在每一个积分单元中, 采用 Gauss 积分进行数值积分, 二维问题的 Gauss 积分点为 4×4, 三维问题的 Gauss 积分点为 $3\times3\times3$. 改进的移动最小二乘法采用加权正交基和三次样条权函数.

1. 中心圆孔无限大平板

考虑受轴向拉伸荷载的含中心圆孔的无限大平板. 计算时, 将此无限大平板简化为 10m×10m 的矩形平板. 对于对称性, 以其四分之一部分作为研究对象, 如图 3.4.19 所示. 相关参数为 $E = 1.0\times10^3$Pa, $\nu = 0.3$, $p = 1.0$Pa, $a = 1$m 和 $b = 5$m.

极坐标系下, 无限大平板的解析解为

$$u_r = \frac{p}{4G}\left\{r\left[\frac{(\kappa-1)}{2}+\cos(2\theta)\right]+\frac{a^2}{r}[1+(1+\kappa)\cos(2\theta)]-\frac{a^4}{r^3}\cos(2\theta)\right\}, \quad (3.4.36)$$

$$u_\theta = \frac{p}{4G}\left[(1-\kappa)\frac{a^2}{r}-r-\frac{a^4}{r^3}\right]\sin(2\theta), \quad (3.4.37)$$

$$\sigma_{11}(r,\theta) = p\left\{1-\frac{a^2}{r^2}\left(\frac{3}{2}\cos(2\theta)+\cos(4\theta)\right)+\frac{3}{2}\frac{a^4}{r^4}\cos(4\theta)\right\}, \quad (3.4.38)$$

$$\sigma_{22}(r,\theta) = p\left\{\frac{a^2}{r^2}\left(\frac{1}{2}\cos(2\theta)-\cos(4\theta)\right)+\frac{3}{2}\frac{a^4}{r^4}\cos(4\theta)\right\}, \quad (3.4.39)$$

$$\sigma_{12}(r,\theta) = -p\left\{\frac{a^2}{r^2}\left(\frac{1}{2}\sin(2\theta)+\sin(4\theta)\right)-\frac{3}{2}\frac{a^4}{r^4}\sin(4\theta)\right\}, \quad (3.4.40)$$

其中 G 为剪切模量,

$$\kappa = \begin{cases} 3-4\nu, & \text{平面应变问题} \\ \dfrac{3-\nu}{1+\nu}, & \text{平面应力问题} \end{cases} \tag{3.4.41}$$

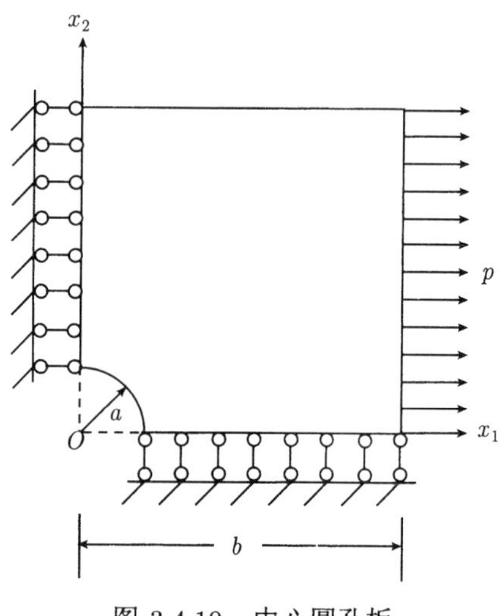

图 3.4.19　中心圆孔板

将此平板考虑为平面应力问题进行计算. 节点分布为 11×9, 如图 3.4.20 所示. 取 $d_{\max}=3.86$. 图 3.4.21 为无单元 Galerkin 方法和改进的无单元 Galerkin 方法得到的 $x_2=0$ 处的位移 u_r. 图 3.4.22 为无单元 Galerkin 方法和改进的无单元 Galerkin 方法得到的 $x_1=0$ 处的位移 u_r. 图 3.4.23 为无单元 Galerkin 方法和改进的无单元 Galerkin 方法得到的 $x_1=0$ 处的应力 σ_{11}. 可以看出, 改进的无单元 Galerkin 方法和无单元 Galerkin 方法在计算该算例时计算精度基本相同, 改进的无单元 Galerkin 方法的计算速度稍快.

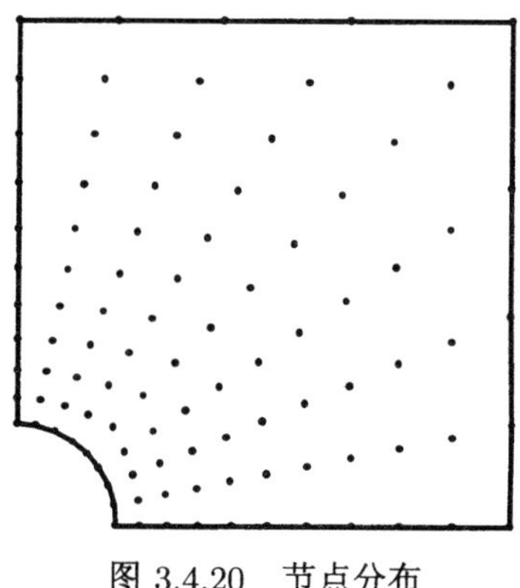

图 3.4.20　节点分布

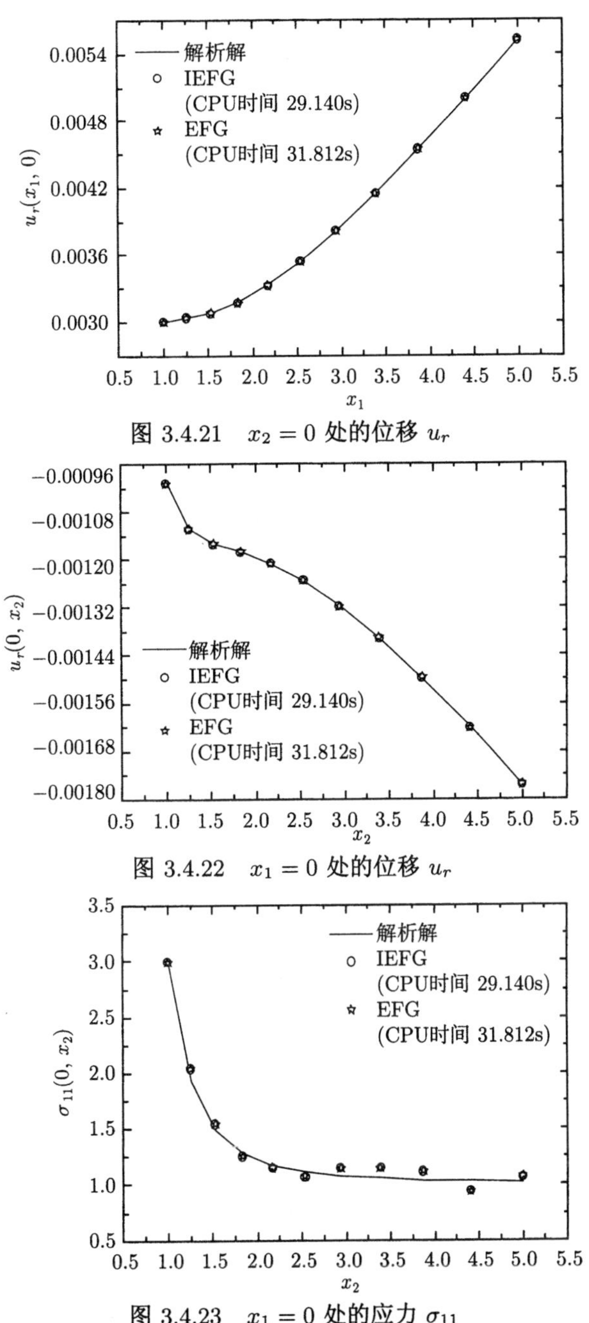

图 3.4.21 $x_2 = 0$ 处的位移 u_r

图 3.4.22 $x_1 = 0$ 处的位移 u_r

图 3.4.23 $x_1 = 0$ 处的应力 σ_{11}

2. 受内压和外压的空心圆柱体

考虑受均匀内压和外压的空心圆柱体, 如图 3.4.24 所示. 相关参数分别为 $a =$

10, $b=25$, $p_a=300$, $p_b=100$, $E=2.0\times10^4$, $\nu=0.25$.

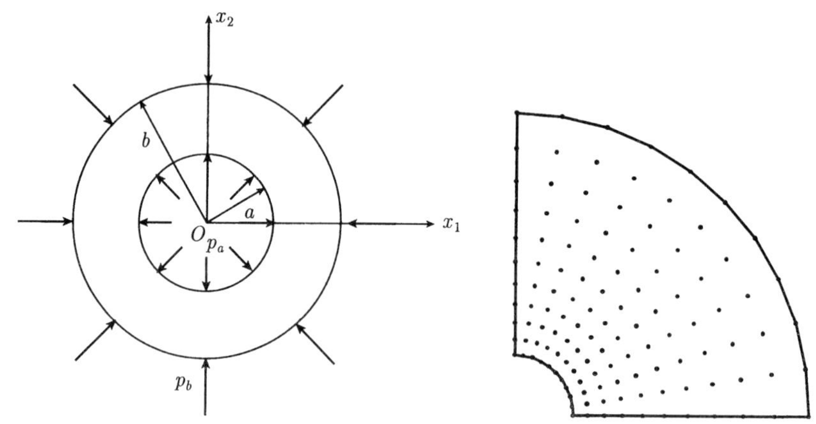

图 3.4.24　空心圆柱体　　　　图 3.4.25　四分之一区域内的节点分布

该算例的解析解为

$$u_r=\frac{1}{E}\left[(1-\nu)\frac{a^2p_a-b^2p_b}{b^2-a^2}\cdot r-(1+\nu)\frac{a^2b^2(p_b-p_a)}{b^2-a^2}\cdot\frac{1}{r}\right], \tag{3.4.42}$$

$$u_\theta=0, \tag{3.4.43}$$

$$\sigma_r=\frac{a^2b^2(p_b-p_a)}{b^2-a^2}\cdot\frac{1}{r^2}+\frac{a^2p_a-b^2p_b}{b^2-a^2}, \tag{3.4.44}$$

$$\sigma_\theta=-\frac{a^2b^2(p_b-p_a)}{b^2-a^2}\cdot\frac{1}{r^2}+\frac{a^2p_a-b^2p_b}{b^2-a^2}. \tag{3.4.45}$$

考虑到问题的对称性, 我们取四分之一区域进行分析. 在求解区域内, 节点分布为 11×11, 其中沿 r 方向 11 个节点按 1.1 的比例分布, 如图 3.4.25 所示.

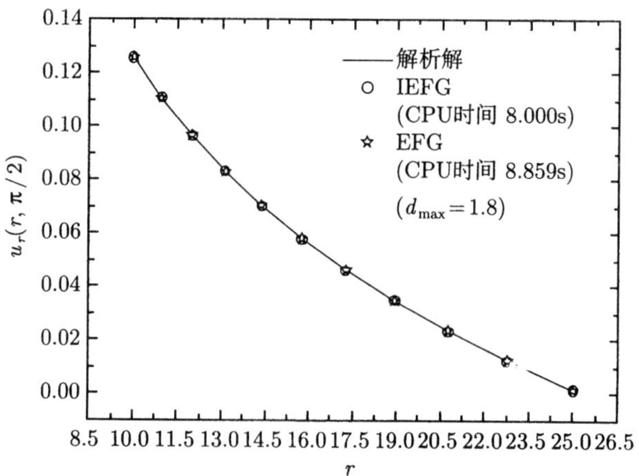

图 3.4.26　$\theta=\pi/2$ 处的位移 u_r

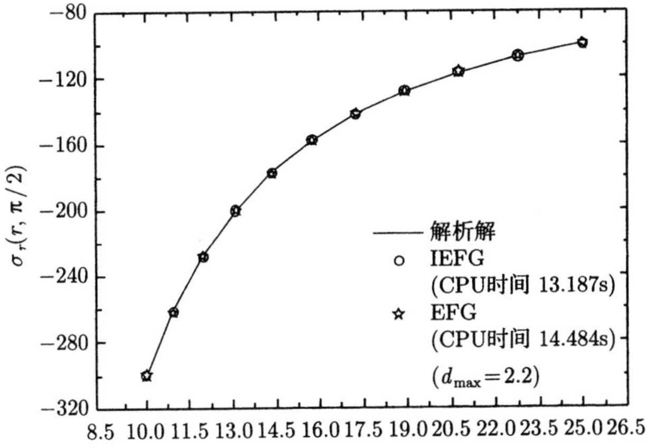

图 3.4.27 $\theta = \pi/2$ 处的应力 σ_r

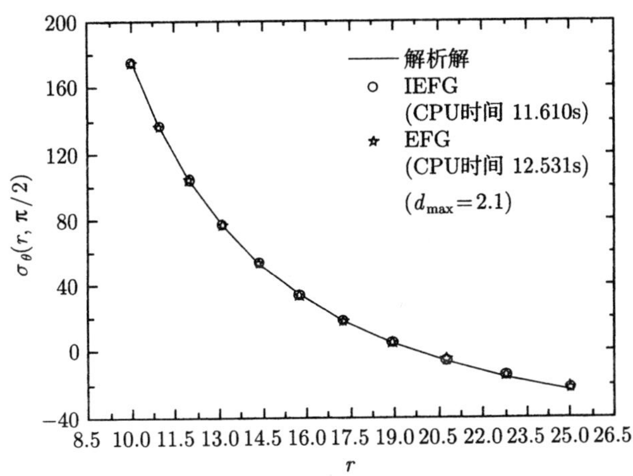

图 3.4.28 $\theta = \pi/2$ 处的应力 σ_θ

选取适当的 $d_{\max}$ 可以得到较好的位移和应力结果, 如图 3.4.26—图 3.4.28 所示. 研究表明改进的无单元 Galerkin 方法可以节省 10%的计算时间.

3. 受分布荷载的半无限体

考虑受分布荷载的半无限体, 如图 3.4.29 所示. 假设单位体积的重力是 ρg, 那么体力为

$$b_1 = b_2 = 0, \tag{3.4.46}$$

$$b_3 = -\rho g. \tag{3.4.47}$$

其他相关参数为 $p = 1\text{MPa}$, $E = 2.069 \times 10^4\text{MPa}$, $\nu = 0.15$, $\rho = 2405\text{kg/m}^3$.

该问题的解析解为

$$u_3 = \frac{(1+\nu)(1-2\nu)}{E(1-\nu)}\left[p(h-x_3)+\frac{\rho g}{2}(h^2-x_3^2)\right], \tag{3.4.48}$$

$$\sigma_{11} = \sigma_{22} = -\frac{\nu}{1-\nu}(p+\rho g x_3), \tag{3.4.49}$$

$$\sigma_{33} = -(p+\rho g x_3), \tag{3.4.50}$$

$$\sigma_{12} = \sigma_{23} = \sigma_{31} = 0. \tag{3.4.51}$$

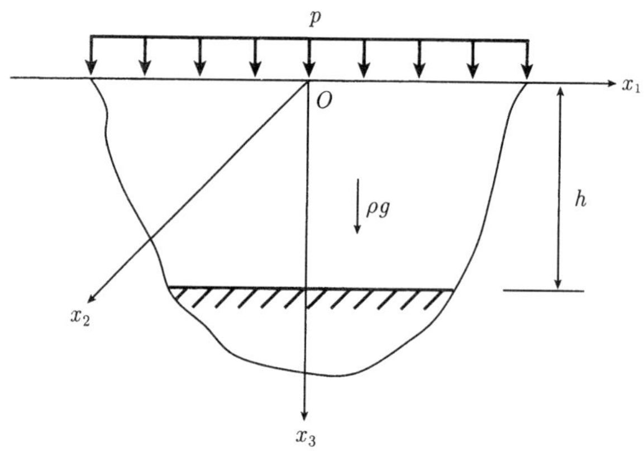

图 3.4.29　受分布荷载的半无限体

取一长方体进行计算, 节点分布为 $6\times6\times9$. 采用无单元 Galerkin 方法和改进的无单元 Galerkin 方法得到了沿 x_3 方向的位移和应力, 如图 3.4.30 和图 3.4.31 所示. 可以看出, 两种方法的计算结果与解析解吻合得很好, 改进的无单元 Galerkin 方法的计算速度更快.

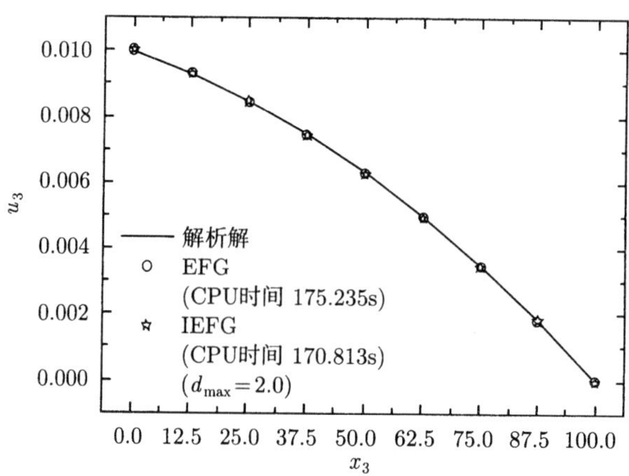

图 3.4.30　沿 x_3 方向的位移分布

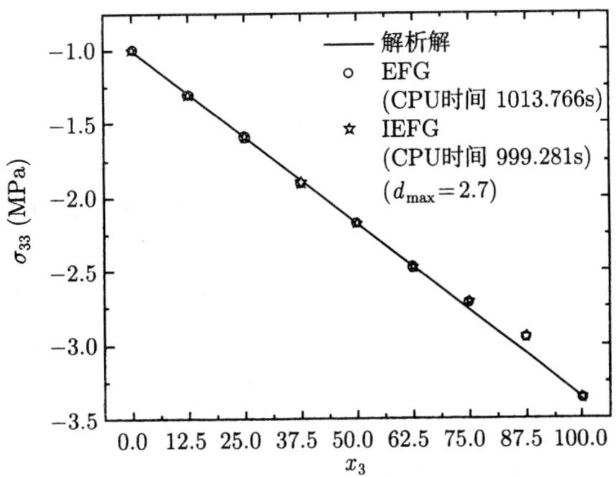

图 3.4.31 沿 x_3 方向的正应力分布

4. **受内压的空心球体**

该算例考虑内外半径分别为 a 和 b 受内压的空心球体, 如图 3.4.32 所示. 材料参数分别为 $E=1.0$, $\nu=0.25$; 几何参数为 $a=10$, $b=20$; 内压为 $p=1$.

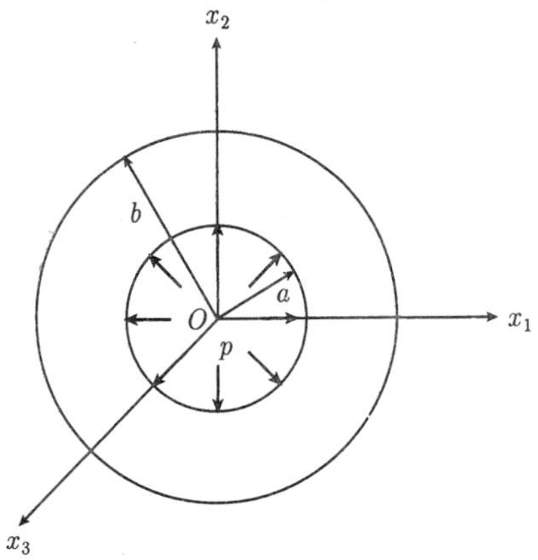

图 3.4.32 受内压的空心球体

该问题的解析解为

$$u_r=\frac{pa^3r}{E(b^3-a^3)}\left[(1-2\nu)+(1+\nu)\frac{b^3}{2r^3}\right], \tag{3.4.52}$$

$$\sigma_r=-\frac{\dfrac{b^3}{r^3}-1}{\dfrac{b^3}{a^3}-1}p, \tag{3.4.53}$$

$$\sigma_\theta = \frac{\dfrac{b^3}{2r^3}+1}{\dfrac{b^3}{a^3}-1}p. \tag{3.4.54}$$

考虑到空心球体和内压的对称性, 取八分之一区域进行分析, 节点分布为 $9\times6\times6$, 如图 3.4.33 所示. 采用无单元 Galerkin 方法和改进的无单元 Galerkin 方法得到的位移和应力如图 3.4.34 和图 3.4.35 所示. 对相同节点分布时的不同 $d_{\max}$ 进行研究, 发现改进的无单元 Galerkin 方法不但花费较少的时间, 而且计算精度更高.

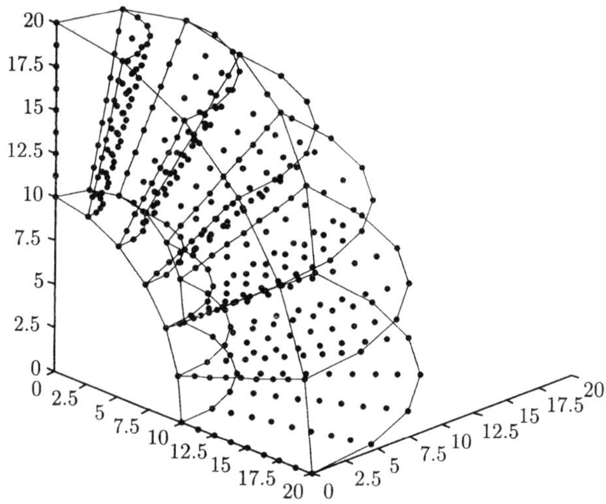

图 3.4.33　空心球体八分之一区域的节点分布

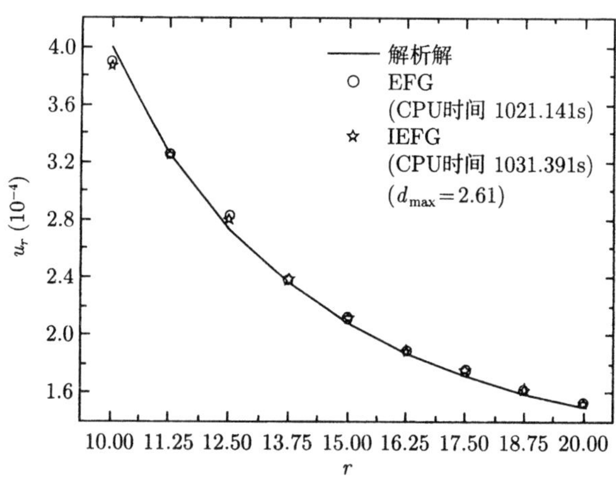

图 3.4.34　空心球体上的径向位移 u_r

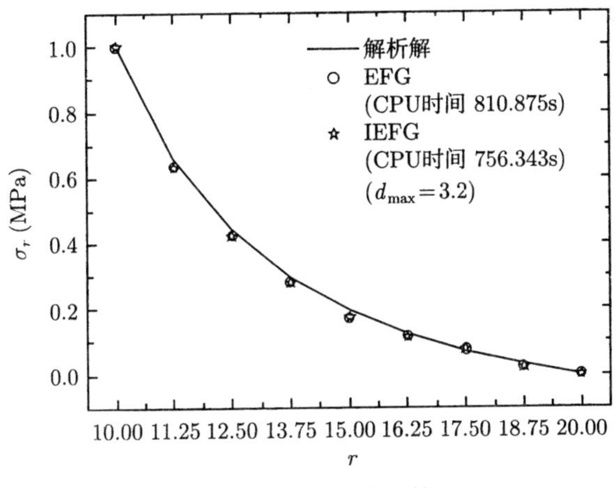

图 3.4.35 空心球体上的 σ_r

本节建立了二维和三维弹性力学问题改进的无单元 Galerkin 方法, 并通过数值算例验证了其有效性.

3.5 弹性动力学的改进的无单元 Galerkin 方法

本节建立了二维弹性动力学问题的改进的无单元 Galerkin 方法. 基于改进的移动最小二乘法建立逼近函数, 采用 Galerkin 积分弱形式建立求解方程, 采用罚函数法施加本质边界条件, 采用 Newmark-β 方法对时间离散, 得到了弹性动力学的改进的无单元 Galerkin 方法的求解方程. 然后, 对本节提出的弹性动力学改进的无单元 Galerkin 方法的收敛性和误差进行了分析, 并通过算例说明了改进的无单元 Galerkin 方法的优点.

3.5.1 弹性动力学的控制方程

二维线性弹性动力学的控制微分方程为

$$\sigma_{ij,j}+b_i=\rho\ddot{u}_i+\mu\dot{u}_i,\quad \boldsymbol{x}\in\Omega, \tag{3.5.1}$$

其中 ρ 是质量密度, μ 是阻尼系数, u_i 是位移分量, $\dot{u}_i=\dfrac{\partial u_i}{\partial t}$ 是速度, $\ddot{u}_i=\dfrac{\partial^2 u_i}{\partial t^2}$ 是加速度, b_i 是体力分量.

边界条件为

$$u_i=\overline{u}_i,\quad \boldsymbol{x}\in\Gamma_u, \tag{3.5.2}$$

$$\sigma_{ij}n_j-\overline{t}_i=0,\quad \boldsymbol{x}\in\Gamma_t, \tag{3.5.3}$$

其中 $\overline{u}_i$ 和 $\overline{t}_i$ 分别表示已知的位移和面力分量.

初始条件为

$$u_i(\boldsymbol{x}, t_0) = u_{i0}(\boldsymbol{x}), \quad \boldsymbol{x} \in \Omega, \tag{3.5.4}$$

$$\dot{u}_i(\boldsymbol{x}, t_0) = v_{i0}(\boldsymbol{x}), \quad \boldsymbol{x} \in \Omega, \tag{3.5.5}$$

其中 u_{i0} 和 v_{i0} 分别表示已知的初始位移和速度.

应力应变关系为

$$\boldsymbol{\sigma} = \boldsymbol{D}\boldsymbol{\varepsilon}, \tag{3.5.6}$$

其中 $\boldsymbol{D}$ 是弹性矩阵, 对平面应力问题,

$$\boldsymbol{D} = \frac{E}{1-\nu^2}\begin{bmatrix} 1 & \nu & 0 \\ \nu & 1 & 0 \\ 0 & 0 & \dfrac{1-\nu}{2} \end{bmatrix}, \tag{3.5.7}$$

对平面应变问题,

$$\boldsymbol{D} = \frac{E}{(1+\nu)(1-2\nu)}\begin{bmatrix} 1-\nu & \nu & 0 \\ \nu & 1-\nu & 0 \\ 0 & 0 & \dfrac{1-2\nu}{2} \end{bmatrix}. \tag{3.5.8}$$

几何方程为

$$\boldsymbol{\varepsilon} = \boldsymbol{L}\boldsymbol{u}, \tag{3.5.9}$$

其中

$$\boldsymbol{u} = (u_1, u_2)^{\mathrm{T}}, \tag{3.5.10}$$

$$\boldsymbol{L}(\cdot) = \begin{bmatrix} \dfrac{\partial}{\partial x_1} & 0 \\ 0 & \dfrac{\partial}{\partial x_2} \\ \dfrac{\partial}{\partial x_2} & \dfrac{\partial}{\partial x_1} \end{bmatrix}(\cdot). \tag{3.5.11}$$

采用罚函数法施加本质边界条件, 可得到弹性动力学的 Galerkin 弱形式

$$\begin{aligned} &\int_\Omega \delta\boldsymbol{u}^{\mathrm{T}} \cdot \rho\ddot{\boldsymbol{u}}\mathrm{d}\Omega + \int_\Omega \delta\boldsymbol{u}^{\mathrm{T}} \cdot \mu\dot{\boldsymbol{u}}\mathrm{d}\Omega + \int_\Omega \delta\boldsymbol{\varepsilon}^{\mathrm{T}} \cdot \boldsymbol{\sigma}\mathrm{d}\Omega - \int_\Omega \delta\boldsymbol{u}^{\mathrm{T}} \cdot \boldsymbol{b}\mathrm{d}\Omega \\ &- \int_{\Gamma_t} \delta\boldsymbol{u}^{\mathrm{T}} \cdot \overline{\boldsymbol{t}}\mathrm{d}\Gamma + \alpha\int_{\Gamma_u} \delta\boldsymbol{u}^{\mathrm{T}} \cdot \boldsymbol{S}(\boldsymbol{u} - \overline{\boldsymbol{u}})\mathrm{d}\Gamma = 0, \end{aligned} \tag{3.5.12}$$

其中

$$\boldsymbol{S} = \begin{bmatrix} s_1 & 0 \\ 0 & s_2 \end{bmatrix}, \tag{3.5.13}$$

$$\overline{\boldsymbol{u}} = (\overline{u}_1, \overline{u}_2)^{\mathrm{T}}, \tag{3.5.14}$$

$$\overline{\boldsymbol{t}} = (\overline{t}_1, \overline{t}_2)^{\mathrm{T}}, \tag{3.5.15}$$

$$\alpha = 1.0 \times 10^{5\sim8} E. \tag{3.5.16}$$

将应力应变关系 (3.5.6) 和几何方程 (3.5.9) 代入式 (3.5.12) 可得

$$\begin{aligned}&\int_\Omega \delta\boldsymbol{u}^{\mathrm{T}} \cdot \rho\ddot{\boldsymbol{u}}\mathrm{d}\Omega + \int_\Omega \delta\boldsymbol{u}^{\mathrm{T}} \cdot \mu\dot{\boldsymbol{u}}\mathrm{d}\Omega + \int_\Omega \delta(\boldsymbol{L}\boldsymbol{u})^{\mathrm{T}} \cdot (\boldsymbol{L}\boldsymbol{u})\mathrm{d}\Omega - \int_\Omega \delta\boldsymbol{u}^{\mathrm{T}} \cdot \boldsymbol{b}\mathrm{d}\Omega \\ &- \int_{\Gamma_t} \delta\boldsymbol{u}^{\mathrm{T}} \cdot \overline{\boldsymbol{t}}\mathrm{d}\Gamma + \alpha\int_{\Gamma_u} \delta\boldsymbol{u}^{\mathrm{T}} \cdot \boldsymbol{S}(\boldsymbol{u} - \overline{\boldsymbol{u}})\mathrm{d}\Gamma = 0,\end{aligned} \tag{3.5.17}$$

3.5.2 弹性动力学的改进的无单元 Galerkin 方法

对于弹性动力学问题, 位移函数是关于空间坐标和时间变量的函数, 并且空间坐标与时间相互独立. 本节建立的弹性动力学的改进的无单元 Galerkin 方法, 通过对空间域的离散建立求解方程, 然后采用 Newmark-β 算法进行时间积分.

将求解域离散为有限个节点, 节点总数为 M. 利用改进的移动最小二乘法建立逼近函数, 由式 (2.2.40) 可得位移的逼近函数为

$$u_i(\boldsymbol{x}, t) = \sum_{I=1}^{n} \Phi_I^*(\boldsymbol{x}) u_i(\boldsymbol{x}_I, t), \quad i = 1, 2, \tag{3.5.18}$$

即

$$\boldsymbol{u}(\boldsymbol{x}, t) = \sum_{I=1}^{n} \Phi_I^*(\boldsymbol{x}) \boldsymbol{u}_I, \quad i = 1, 2, \tag{3.5.19}$$

其中

$$\boldsymbol{u}_I(\boldsymbol{x}, t) = (u_1(\boldsymbol{x}_I, t),\ u_2(\boldsymbol{x}_I, t))^{\mathrm{T}}. \tag{3.5.20}$$

同理,

$$\dot{\boldsymbol{u}}(t) = (\dot{u}_1(\boldsymbol{x}, t), \dot{u}_2(\boldsymbol{x}, t))^{\mathrm{T}} = \sum_{I=1}^{n} \Phi_I^*(\boldsymbol{x}) \dot{\boldsymbol{u}}_I(t), \tag{3.5.21}$$

$$\ddot{\boldsymbol{u}}(t) = (\ddot{u}_1(\boldsymbol{x}, t), \ddot{u}_2(\boldsymbol{x}, t))^{\mathrm{T}} = \sum_{I=1}^{n} \Phi_I^*(\boldsymbol{x}) \ddot{\boldsymbol{u}}_I(t). \tag{3.5.22}$$

其中

$$\dot{\boldsymbol{u}}_I(t) = (\dot{u}_1(\boldsymbol{x}_I, t), \dot{u}_2(\boldsymbol{x}_I, t))^{\mathrm{T}}, \tag{3.5.23}$$

$$\ddot{\boldsymbol{u}}_I(t) = (\ddot{u}_1(\boldsymbol{x}_I, t), \ddot{u}_2(\boldsymbol{x}_I, t))^{\mathrm{T}}. \tag{3.5.24}$$

将式 (3.5.18)、(3.5.21) 和 (3.5.22) 代入式 (3.5.17) 可得

$$\int_\Omega \delta\left(\sum_{I=1}^{n} \Phi_I^* \boldsymbol{u}_I\right)^{\mathrm{T}} \cdot \rho \cdot \left(\sum_{J=1}^{n} \Phi_J^* \ddot{\boldsymbol{u}}_J\right) \mathrm{d}\Omega$$

$$
\begin{aligned}
&+\int_{\Omega}\delta\left(\sum_{I=1}^{n}\Phi_I^*\boldsymbol{u}_I\right)^{\mathrm{T}}\cdot\mu\cdot\left(\sum_{J=1}^{n}\Phi_J^*\dot{\boldsymbol{u}}_J\right)\mathrm{d}\Omega\\
&+\int_{\Omega}\delta\left(\sum_{I=1}^{n}\boldsymbol{L}\boldsymbol{u}_I\right)^{\mathrm{T}}\cdot\boldsymbol{D}\cdot\left(\sum_{J=1}^{n}\boldsymbol{L}\boldsymbol{u}_J\right)\mathrm{d}\Omega-\int_{\Omega}\delta\left(\sum_{I=1}^{n}\Phi_I^*\boldsymbol{u}_I\right)^{\mathrm{T}}\cdot\boldsymbol{b}\mathrm{d}\Omega\\
&-\int_{\Gamma_t}\delta\left(\sum_{I=1}^{n}\Phi_I^*\boldsymbol{u}_I\right)^{\mathrm{T}}\cdot\bar{\boldsymbol{t}}\mathrm{d}\Gamma+\alpha\int_{\Gamma_u}\delta\left(\sum_{I=1}^{n}\Phi_I^*\boldsymbol{u}_I\right)^{\mathrm{T}}\cdot\boldsymbol{S}\cdot\left(\sum_{J=1}^{n}\Phi_J^*\boldsymbol{u}_J\right)\mathrm{d}\Gamma\\
&+\alpha\int_{\Gamma_u}\delta\left(\sum_{I=1}^{n}\Phi_I^*\boldsymbol{u}_I\right)^{\mathrm{T}}\cdot\boldsymbol{S}\cdot\overline{\boldsymbol{u}}\mathrm{d}\Gamma=0.
\end{aligned}
\tag{3.5.25}
$$

对式 (3.5.25) 进行求和和积分计算, 可以得到

$$
\boldsymbol{M}\ddot{\boldsymbol{U}}(t)+\boldsymbol{C}\dot{\boldsymbol{U}}(t)+(\boldsymbol{K}+\boldsymbol{K}^{\alpha})\boldsymbol{U}(t)=\boldsymbol{F}(t)+\boldsymbol{F}^{\alpha},\tag{3.5.26}
$$

其中 $\boldsymbol{K}$ 是总刚度矩阵, $\boldsymbol{M}$ 是总质量矩阵, $\boldsymbol{C}$ 是阻尼矩阵, $\boldsymbol{F}$ 是总外力向量, $\boldsymbol{K}^{\alpha}$ 是全局罚矩阵, $\boldsymbol{F}^{\alpha}$ 是由本质边界条件得到的向量,

$$
M_{IJ}=\int_{\Omega}\Phi_I^*\rho\Phi_J^*\mathrm{d}\Omega,\tag{3.5.27}
$$

$$
C_{IJ}=\int_{\Omega}\Phi_I^*\mu\Phi_J^*\mathrm{d}\Omega,\tag{3.5.28}
$$

$$
\boldsymbol{K}_{IJ}=\int_{\Omega}\boldsymbol{B}_I^{\mathrm{T}}\boldsymbol{D}\boldsymbol{B}_J\mathrm{d}\Omega,\tag{3.5.29}
$$

$$
\boldsymbol{K}_{IJ}^{\alpha}=\alpha\int_{\Gamma_u}\Phi_I^*\boldsymbol{S}\Phi_J^*\mathrm{d}\Gamma,\tag{3.5.30}
$$

$$
\boldsymbol{F}_I=\int_{\Omega}\Phi_I^*\boldsymbol{b}\mathrm{d}\Omega+\int_{\Gamma_t}\Phi_I^*\bar{\boldsymbol{t}}\mathrm{d}\Gamma,\tag{3.5.31}
$$

$$
\boldsymbol{F}_I^{\alpha}=\alpha\int_{\Gamma_u}\Phi_I^*\boldsymbol{S}\overline{\boldsymbol{u}}\mathrm{d}\Gamma,\tag{3.5.32}
$$

$$
\boldsymbol{B}_I=\begin{bmatrix}\Phi_{I,1}^* & 0\\ 0 & \Phi_{I,2}^*\\ \Phi_{I,2}^* & \Phi_{I,1}^*\end{bmatrix},\tag{3.5.33}
$$

$I,J=1,2,\cdots,M$, $\ddot{\boldsymbol{U}}(t)$、$\dot{\boldsymbol{U}}(t)$ 和 $\boldsymbol{U}(t)$ 分别是全局加速度、速度和位移构成的向量, 即由求解域内所有节点信息整合而成,

$$
\boldsymbol{U}=\left(\boldsymbol{u}_1^{\mathrm{T}}(t),\boldsymbol{u}_2^{\mathrm{T}}(t),\cdots,\boldsymbol{u}_M^{\mathrm{T}}(t)\right)^{\mathrm{T}},\tag{3.5.34}
$$

$$
\dot{\boldsymbol{U}}=\left(\dot{\boldsymbol{u}}_1^{\mathrm{T}}(t),\dot{\boldsymbol{u}}_2^{\mathrm{T}}(t),\cdots,\dot{\boldsymbol{u}}_M^{\mathrm{T}}(t)\right)^{\mathrm{T}},\tag{3.5.35}
$$

$$\ddot{\boldsymbol{U}} = \left(\ddot{\boldsymbol{u}}_1^{\mathrm{T}}(t), \ddot{\boldsymbol{u}}_2^{\mathrm{T}}(t), \cdots, \ddot{\boldsymbol{u}}_M^{\mathrm{T}}(t)\right)^{\mathrm{T}}. \tag{3.5.36}$$

令

$$\overline{\boldsymbol{K}} = \boldsymbol{K} + \boldsymbol{K}^{\alpha}, \tag{3.5.37}$$

$$\overline{\boldsymbol{F}}(t) = \boldsymbol{F}(t) + \boldsymbol{F}^{\alpha}(t), \tag{3.5.38}$$

则式 (3.5.26) 可以写成

$$\boldsymbol{M}\ddot{\boldsymbol{U}}(t) + \boldsymbol{C}\dot{\boldsymbol{U}}(t) + \overline{\boldsymbol{K}}\boldsymbol{U}(t) = \overline{\boldsymbol{F}}(t). \tag{3.5.39}$$

如果忽略阻力, 则有

$$\boldsymbol{M}\ddot{\boldsymbol{U}}(t) + \overline{\boldsymbol{K}}\boldsymbol{U}(t) = \overline{\boldsymbol{F}}(t). \tag{3.5.40}$$

3.5.3 隐式时间积分

显式和隐式时间积分方法被广泛应用于各种动力学问题. 显式方法的优势是可以避免在每一个时间步长上求解代数方程组, 节省了计算量. 但是, 该方法在计算精度、稳定性和计算时间上需要进行权衡. 而隐式方法则可以实现在大型时间步长内的无条件稳定, 包括 Wilson-θ、Newmark-β 和 Runge-Kutta 方法等. 本节采用经典的 Newmark-β 方法对运动方程进行时间离散.

时间域 T 被离散为 n 个时间步, 即 $\Delta t = \dfrac{T}{n}$. 假设在时刻 t, 位移 $\boldsymbol{U}_t$ 和对应导数 $\dot{\boldsymbol{U}}_t, \ddot{\boldsymbol{U}}_t$ 的值均已知. 对 $\dot{\boldsymbol{U}}_{t+\Delta t}$ 和 $\boldsymbol{U}_{t+\Delta t}$ 进行二阶 Taylor 展开, 可得

$$\boldsymbol{U}_{t+\Delta t} = \boldsymbol{U}_t + \Delta t\dot{\boldsymbol{U}}_t + \frac{1}{2}\left(1-\beta_2\right)\Delta t^2\ddot{\boldsymbol{U}}_t + \frac{1}{2}\beta_2\Delta t^2\ddot{\boldsymbol{U}}_{t+\Delta t}, \tag{3.5.41}$$

$$\dot{\boldsymbol{U}}_{t+\Delta t} = \dot{\boldsymbol{U}}_t + \left(1-\beta_1\right)\Delta t\ddot{\boldsymbol{U}}_t + \beta_1\Delta t\ddot{\boldsymbol{U}}_{t+\Delta t}, \tag{3.5.42}$$

$$\ddot{\boldsymbol{U}}_{t+\Delta t} = \frac{2}{\beta_2\Delta t^2}\left(\boldsymbol{U}_{t+\Delta t} - \boldsymbol{U}_t\right) - \frac{2}{\beta_2\Delta t}\dot{\boldsymbol{U}}_t - \left(\frac{1}{\beta_2} - 1\right)\ddot{\boldsymbol{U}}_t, \tag{3.5.43}$$

其中 β_1 和 β_2 是关于稳定性和精确度的 Newmark 参数, 其不同取值决定了不同的方法. 这里采用 Galerkin 方法, 即选取 $\beta_1 = \dfrac{3}{2}, \beta_2 = \dfrac{8}{5}$.

令

$$\alpha_1 = \frac{2}{\beta_2\Delta t^2}, \tag{3.5.44}$$

$$\alpha_2 = \frac{2}{\beta_2\Delta t}, \tag{3.5.45}$$

$$\alpha_3 = \frac{1}{\beta_2} - 1, \tag{3.5.46}$$

得到

$$\ddot{\boldsymbol{U}}_{t+\Delta t} = \alpha_1\left(\boldsymbol{U}_{t+\Delta t} - \boldsymbol{U}_t\right) - \alpha_2\dot{\boldsymbol{U}}_t - \alpha_3\ddot{\boldsymbol{U}}_t. \tag{3.5.47}$$

将式 (3.5.47) 代入式 (3.5.42) 得

$$\dot{\boldsymbol{U}}_{t+\Delta t} = \beta_1\alpha_2\left(\boldsymbol{U}_{t+\Delta t} - \boldsymbol{U}_t\right) + \left(1 - \frac{2\beta_1}{\beta_2}\right)\dot{\boldsymbol{U}}_t + \left(1 - \frac{\beta_1}{\beta_2}\right)\Delta t\ddot{\boldsymbol{U}}_t. \tag{3.5.48}$$

这样, 方程 (3.5.26) 可写为

$$\boldsymbol{M}\ddot{\boldsymbol{U}}_{t+\Delta t} + \boldsymbol{C}\dot{\boldsymbol{U}}_{t+\Delta t} + (\boldsymbol{K} + \boldsymbol{K}^{\alpha})\boldsymbol{U}_{t+\Delta t} = \boldsymbol{F}_{t+\Delta t} + \boldsymbol{F}^{\alpha}. \tag{3.5.49}$$

然后将式 (3.5.47) 和 (3.5.48) 代入式 (3.5.49) 得

$$\begin{aligned}(\alpha_1\boldsymbol{M} + \beta_1\alpha_2\boldsymbol{C} + \boldsymbol{K} + \boldsymbol{K}^{\alpha})\boldsymbol{U}_{t+\Delta t} =& \boldsymbol{F}_{t+\Delta t} + \boldsymbol{F}^{\alpha} + \boldsymbol{M}\left(\alpha_1\boldsymbol{U}_t + \alpha_2\dot{\boldsymbol{U}}_t + \alpha_3\ddot{\boldsymbol{U}}_t\right)\\ &+ \boldsymbol{C}\left[\beta_1\alpha_2\boldsymbol{U}_t + \left(\frac{2\beta_1}{\beta_2} - 1\right)\dot{\boldsymbol{U}}_t\right.\\ &\left.+ \left(\frac{\beta_1}{\beta_2} - 1\right)\Delta t\ddot{\boldsymbol{U}}_t\right].\end{aligned} \tag{3.5.50}$$

3.5.4 收敛性和误差估计

考虑一个自由端受 Heaviside 型荷载作用的悬臂梁, 如图 3.5.1 所示. 悬臂梁左端固定, 所受 Heaviside 型荷载如图 3.5.2 所示, $p = 1\text{N/m}^2$. 其他材料和几何参数为: $\rho = 10000\text{kg/m}^3$, $E = 210\text{GPa}$, $v = 0.3$, $L = 100\text{cm}$, $h = 10\text{cm}$.

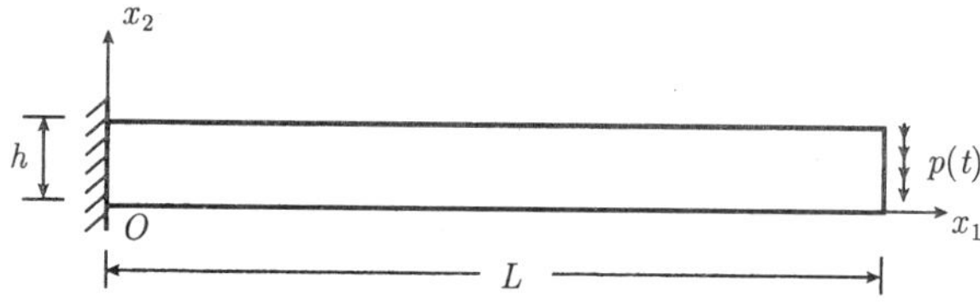

图 3.5.1　悬臂梁

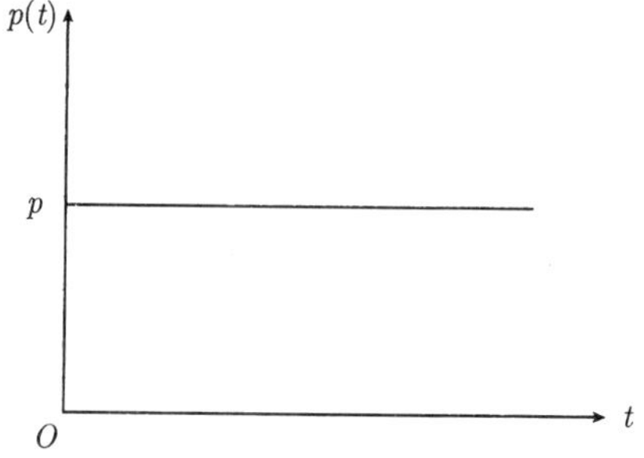

图 3.5.2　动态荷载

该梁自由端中点挠度的解析解为

$$u_2(t) = \frac{1}{2}\left[1 - \cos\left(\frac{2\pi}{T}t\right)\right] u_{\max}, \tag{3.5.51}$$

其中 T 是悬臂梁的固有振动周期, 由经典的梁理论得到其解析解为

$$T = \frac{2\pi}{1.875^2}\sqrt{\frac{12\rho l^4}{Eh^2}}, \tag{3.5.52}$$

$u_{\max}$ 是梁自由端的最大挠度,

$$u_{\max} = 2\frac{phl^3}{3EI}. \tag{3.5.53}$$

梁的厚度取为单位厚度, 按平面应力问题计算. 在改进的无单元 Galerkin 方法中, 采用线性基函数, 并取 Δt =0.001s 进行时间积分.

考虑不同节点分布情况. 图 3.5.3 为不同节点分布时改进的无单元 Galerkin 方法的相对误差, 图 3.5.4 为改进的无单元 Galerkin 方法得到的自由端中点挠度的数值解与解析解的比较. 可以看出, 对于给定的 $d_{\max}$, 随着节点个数的增加相对误差逐渐减小; 在节点分布为 17×5 时, 无单元 Galerkin 方法和改进的无单元 Galerkin 方法的计算结果均与解析解吻合得很好.

对于给定的节点分布, 选取不同的 $d_{\max}$ 进行分析. 图 3.5.5 为改进的无单元 Galerkin 方法的相对误差. 图 3.5.6 为改进的无单元 Galerkin 方法得到的自由端中点挠度. 可以看出, 随着 $d_{\max}$ 的增大, 相对误差逐渐减小, 当 $d_{\max} = 2.0$ 时, 计算结果与解析解吻合得较好.

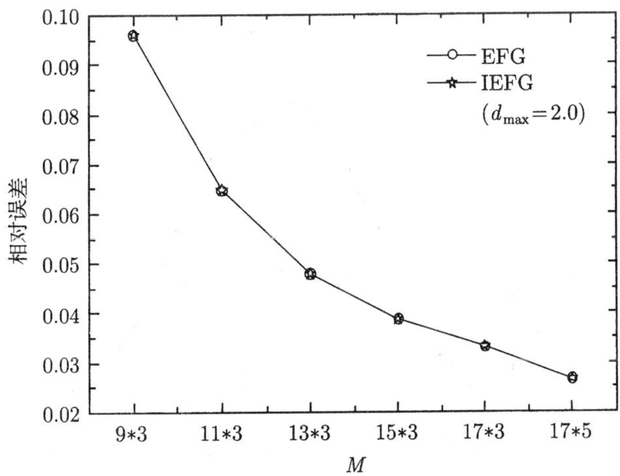

图 3.5.3 不同节点分布下 IEFG 方法的相对误差

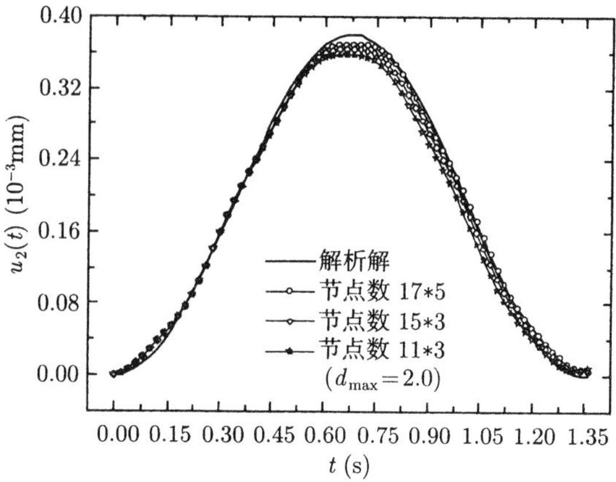

图 3.5.4 IEFG 方法得到的自由端中点挠度

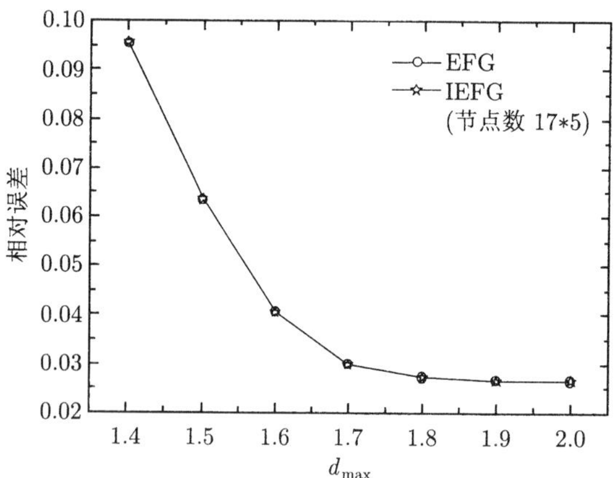

图 3.5.5 当 d_{max} 不同时 IEFG 方法的相对误差

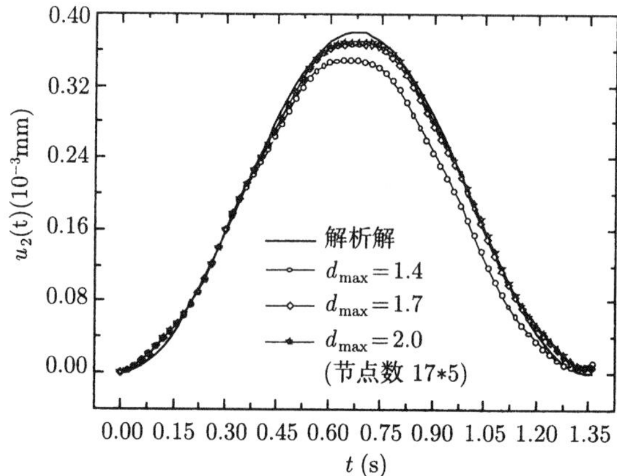

图 3.5.6 当 d_{max} 不同时 IEFG 方法得到的自由端中点挠度

3.5.5 数值算例

本节采用二维弹性动力学问题的改进的无单元 Galerkin 方法进行数值算例分析, 并与有限元法的计算结果进行了比较, 验证了本方法的计算精度, 说明了改进的无单元 Galerkin 方法的优点.

1. 受集中力作用的悬臂梁

受集中力作用的悬臂梁如图 3.5.7 所示, $L=48\text{cm}$, $D=12\text{cm}$, $P=100\text{N}$, $E=3.0\times10^{7}\text{Pa}$, $\nu=0.25$.

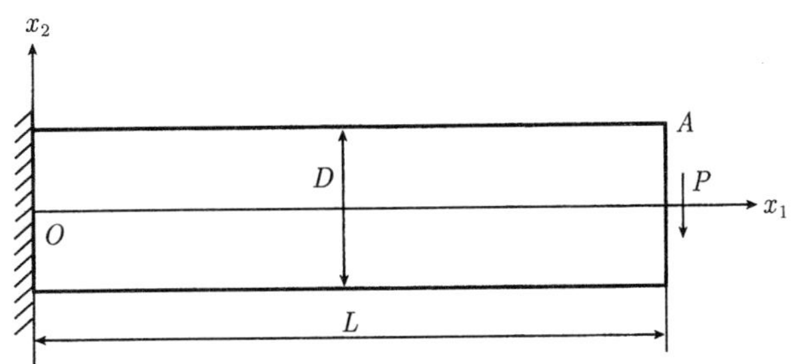

图 3.5.7 受集中力作用的悬臂梁

该问题的解析解为

$$u_1=\frac{-Px_2}{6EI}\left[\left(6L-3x_1\right)x_1+\left(2+\nu\right)\left(x_2^2-\frac{D^2}{4}\right)\right], \tag{3.5.54}$$

$$u_2=\frac{P}{6EI}\left[3\nu x_2^2\left(L-x_1\right)+\frac{1}{4}\left(4+5\nu\right)D^2x_1\right]+\left(3L-x_1\right)x_1^2, \tag{3.5.55}$$

$$\sigma_{11}\left(x_1,x_2\right)=-\frac{P\left(L-x_1\right)x_2}{I}, \tag{3.5.56}$$

$$\sigma_{22}=0, \tag{3.5.57}$$

$$\sigma_{12}=\frac{Px_2}{2I}\left(\frac{D^2}{4}-x_2^2\right), \tag{3.5.58}$$

其中 I 为转动惯量,

$$I=\frac{D^3}{12}. \tag{3.5.59}$$

采用如图 3.5.8 所示的节点分布, 并取 $d_{\max}=1.0$. 当采用无单元 Galerkin 方法进行计算时, 无法得到计算结果, MATLAB 程序显示 *"Warning: Divide by zero in shape at 37 in main at 117"*. 这是由于采用移动最小二乘法计算形函数时产生了病态的代数方程组所导致的. 而采用改进的无单元 Galerkin 方法进行计算时则不会产生病态方程组, 可以得到形函数的解, 由于节点分布较稀疏, 这个解精度不高. 采用节点分布 17×13, 并取 $d_{\max} = 3.2$, 图 3.5.9 给出了 $x_2 = 0$ 处的位移及其计算时间, 图 3.5.10 和图 3.5.11 给出了 $x_1 = \dfrac{L}{2}$ 处的应力. 可以看出, 相对于无单元 Galerkin 方法, 改进的无单元 Galerkin 方法具有计算速度快、计算精度高且不会产生病态方程组的优点.

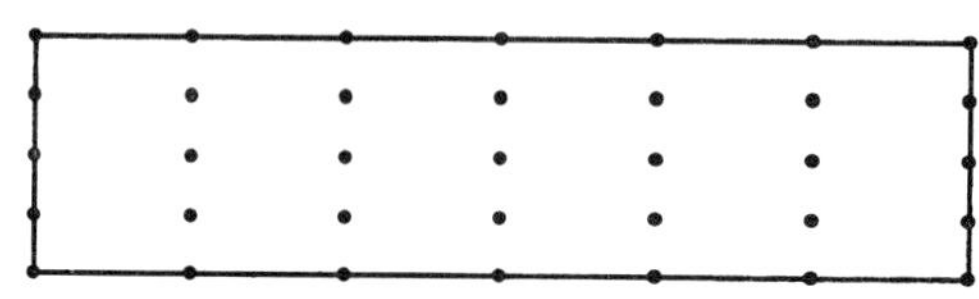

图 3.5.8 较稀疏的节点分布

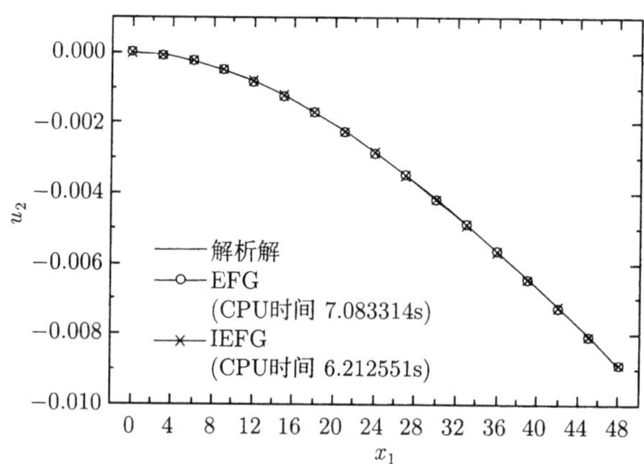

图 3.5.9 $x_2 = 0$ 处的位移 u_2

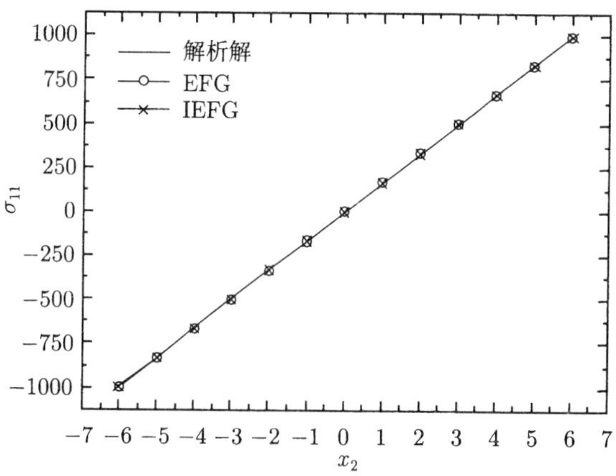

图 3.5.10 $x_1 = \dfrac{L}{2}$ 处的应力 σ_{11}

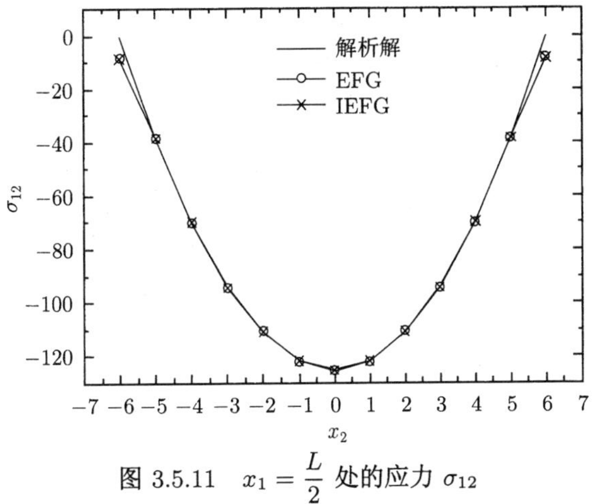

图 3.5.11 $x_1 = \frac{L}{2}$ 处的应力 σ_{12}

2. 受轴向分布荷载的悬臂梁

图 3.5.12 为自由端受 Heaviside 型线性分布荷载的悬臂梁. 梁的一端固定, 另一端受 Heaviside 型线性分布荷载作用, 上下表面是自由的. $x_2 = 0$ 和 $x_2 = 0.05\text{m}$ 处的荷载分别为 0 和 1.0GPa. 其他相关参数为 $\rho = 7850\text{kg/m}^3$, $E = 200\text{GPa}$, $\nu = 0.3$.

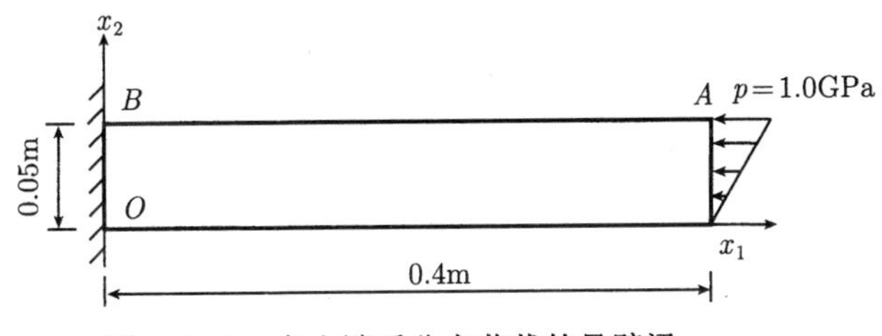

图 3.5.12 自由端受分布荷载的悬臂梁

按平面应力问题进行计算. 采用改进的无单元 Galerkin 方法时, 节点均匀分布为 41×6, 时间步长为 $\Delta t = 0.1 \times 10^{-6}\text{s}$. 因为该问题不存在解析解, 本节与有限元法 (FEM) 的结果进行比较, 分析改进的无单元 Galerkin 方法的计算精度和效率. 在有限元法中, 采用 9 节点二次单元和 2121 个节点进行计算, 以保证足够的精度.

图 3.5.13—图 3.5.15 为两种方法的计算结果. 图 3.5.13 和图 3.5.14 给出了点 A 处位移随时间的变化. 图 3.5.15 给出了点 B 处应力 σ_{11} 随时间的变化. 结果表明, 采用线性基函数和较少的节点数, 无单元 Galerkin 方法和改进的无单元 Galerkin 方法可以达到有限元法二次单元 2121 个节点的计算精度; 在应力计算方面, 与无单元 Galerkin 方法相比, 改进的无单元 Galerkin 方法的计算结果更接近有限元法的结果; 无单元 Galerkin 方法和改进的无单元 Galerkin 方法的计算时间分别为 343.718s 和 316.781s. 因此改进的无单元 Galerkin 方法具有更高的计算效率.

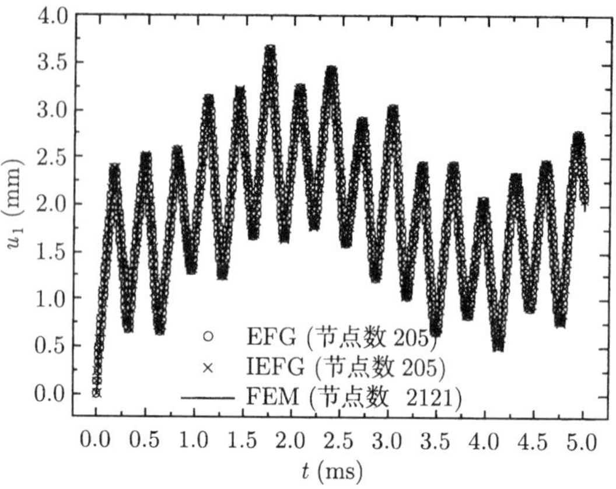

图 3.5.13　点 A 处位移 u_1 随时间的变化

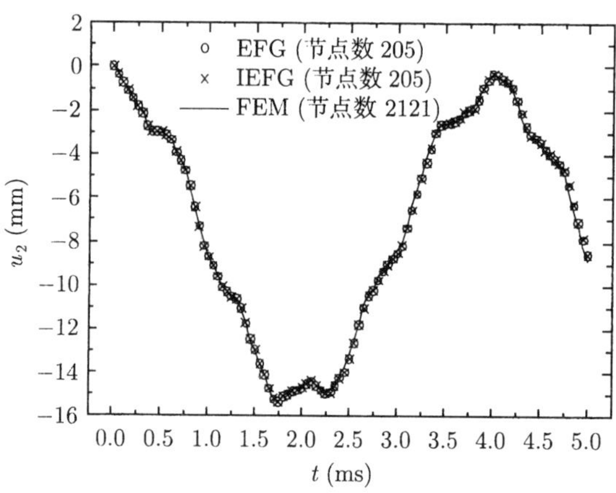

图 3.5.14　点 A 处位移 u_2 随时间的变化

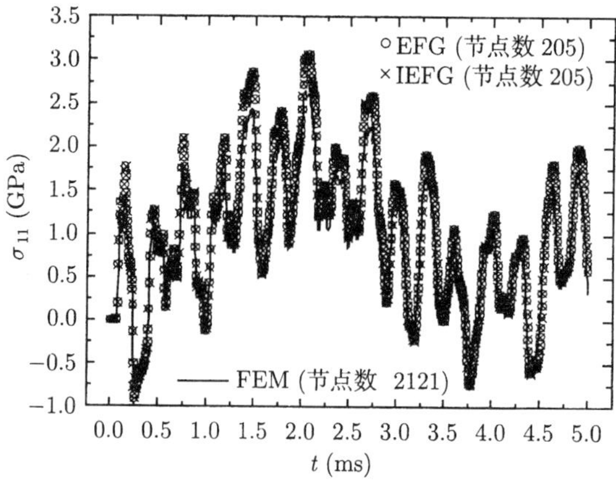

图 3.5.15　点 B 处应力 σ_{11} 随时间的变化

3. 矩形板的自由振动

考虑一个具有分布初始速度的四边固定的矩形板, 对应的方程为

$$\rho\ddot{u}_i - \sigma_{ij,j} = 0, \qquad \boldsymbol{x} \in \Omega,\ i,j = 1,2, \tag{3.5.60}$$

边界条件为

$$u_1(\boldsymbol{x},t) = u_2(\boldsymbol{x},t) = 0, \qquad \boldsymbol{x} \in \Gamma_u, \tag{3.5.61}$$

初始条件为

$$u_1(\boldsymbol{x},t_0) = u_2(\boldsymbol{x},t_0) = 0, \qquad \boldsymbol{x} \in \Omega, \tag{3.5.62}$$

$$\dot{u}_1(\boldsymbol{x},t_0) = \dot{u}_2(\boldsymbol{x},t_0) = \frac{v_0 x_1 x_2 (a - x_1)(a - x_2)}{a^4}, \qquad \boldsymbol{x} \in \Omega, \tag{3.5.63}$$

其中 $\Omega = [0 < x_1 < a,\ 0 < x_2 < a]$, $v_0 = 100 \times 0.64^4 \text{m/s}$, 初始位移和应力均为 0.

计算采用的相关参数为 $\rho = 8.0 \times 10^5 \text{kg/m}^3$, $E = 100\text{GPa}$, $\nu = 0.3$, $a = 320\text{mm}$.

计算采用的节点分布为 21×21, 如图 3.5.16 所示. 时间步长取为 $\Delta t = 0.1 \times 10^{-3}\text{ms}$. 图 3.5.17 为中心点的位移 u_2 随时间的变化, 图 3.5.18 为中心点的速度 v_2 随时间的变化. 结果表明, 改进的无单元 Galerkin 方法的计算结果与有限元法吻合较好; 无单元 Galerkin 方法和改进的无单元 Galerkin 方法的计算时间分别为 4133.000s 和 3941.344s, 因此改进的无单元 Galerkin 方法具有较高的计算效率.

本节建立了二维线性弹性动力学问题的改进的无单元 Galerkin 方法, 数值算例说明了改进的无单元 Galerkin 方法的优点. 改进的无单元 Galerkin 方法采用改进的移动最小二乘法构造形函数, 与无单元 Galerkin 方法相比, 在形成形函数时, 不会形成病态方程组; 且试函数中的待定系数少, 从而对于求解域内任一点, 影响域内的节点个数减少, 使得整个求解域内的节点个数也相应减少, 可以提高计算效率; 与有限元法相比, 所选取的节点要少得多.

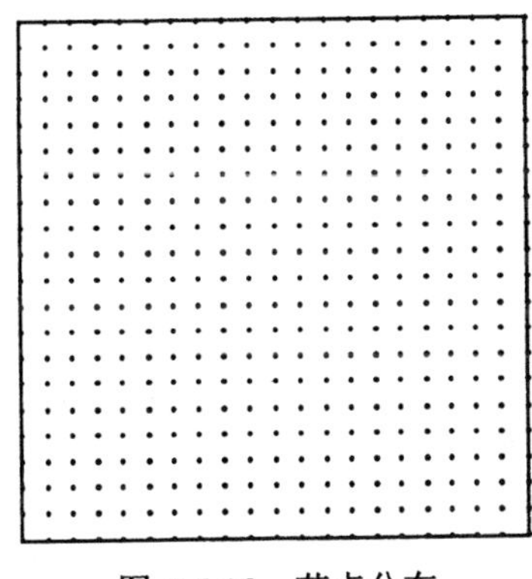

图 3.5.16 节点分布

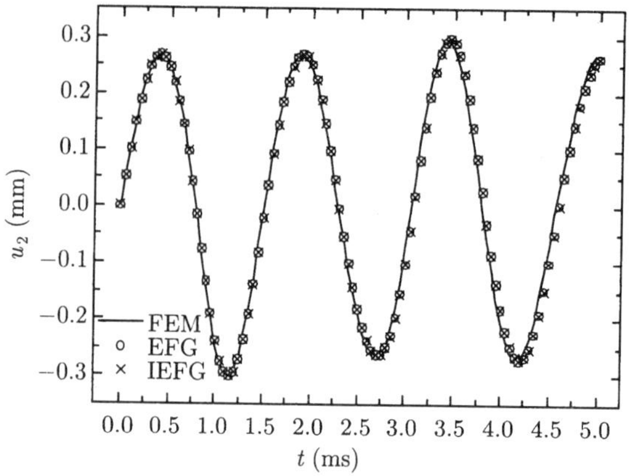

图 3.5.17　中心点的位移 u_2

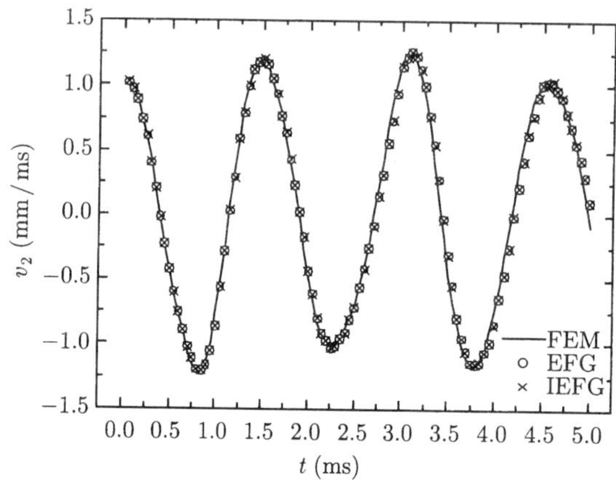

图 3.5.18　中心点的速度 v_2

3.6　黏弹性力学的改进的无单元 Galerkin 方法

本节建立了三维黏弹性力学问题的改进的无单元 Galerkin 方法. 基于改进的移动最小二乘法建立逼近函数, 采用 Galerkin 积分弱形式建立求解方程, 采用罚函数法施加本质边界条件, 采用 Newton-Raphson 方法对时间离散, 得到了弹性动力学的改进的无单元 Galerkin 方法的求解方程. 然后, 对 3 个三维黏弹性问题的数值算例进行了计算和分析, 说明了该方法的有效性.

3.6.1　三维微分型黏弹性本构关系

Maxwell 模型和 Kelvin 模型是黏弹性材料的两种典型的本构模型.

线黏弹性材料在恒定应力 $\sigma=\sigma_0 H(t)$ 作用下, 应变随时间的变化可表示为

$$\varepsilon(t)=\sigma_0 J(t), \tag{3.6.1}$$

其中, $J(t)$ 是蠕变柔量, $H(t)$ 是单位阶跃函数.

Maxwell 模型的蠕变柔量为

$$J(t)=\frac{1}{G}+\frac{t}{\eta}, \tag{3.6.2}$$

Kelvin 模型的蠕变柔量为

$$J(t)=\frac{1}{G}\left(1-e^{-\frac{Gt}{\eta}}\right), \tag{3.6.3}$$

三参数模型的蠕变柔量为

$$J(t)=\frac{1}{G_2}+\frac{1}{G_1}\left(1-e^{-\frac{G_1 t}{\eta}}\right). \tag{3.6.4}$$

其中, G、G_1 和 G_2 分别是各模型中弹簧的剪切弹性模量, η 是各模型中粘壶的黏性系数.

在小变形情况下, 各向同性材料的应力张量 $\boldsymbol{\sigma}$ 可分解为球形张量和偏斜张量

$$\boldsymbol{\sigma}=\begin{bmatrix}\sigma_{11} & \sigma_{12} & \sigma_{13}\\ \sigma_{21} & \sigma_{22} & \sigma_{23}\\ \sigma_{31} & \sigma_{32} & \sigma_{33}\end{bmatrix}=\begin{bmatrix}\sigma_v & 0 & 0\\ 0 & \sigma_v & 0\\ 0 & 0 & \sigma_v\end{bmatrix}+\begin{bmatrix}\sigma_{11}-\sigma_v & \sigma_{12} & \sigma_{13}\\ \sigma_{21} & \sigma_{22}-\sigma_v & \sigma_{23}\\ \sigma_{31} & \sigma_{32} & \sigma_{33}-\sigma_v\end{bmatrix}, \tag{3.6.5}$$

即

$$\sigma_{ij}=\delta_{ij}\sigma_v+S_{ij}, \quad i,j=1,2,3, \tag{3.6.6}$$

其中

$$\sigma_v=\frac{\sigma_{ii}}{3}=\frac{(\sigma_{11}+\sigma_{22}+\sigma_{33})}{3}. \tag{3.6.7}$$

应变张量 $\boldsymbol{\varepsilon}$ 可分解为球应变张量和偏应变张量,

$$\boldsymbol{\varepsilon}=\begin{bmatrix}\varepsilon_{11} & \varepsilon_{12} & \varepsilon_{13}\\ \varepsilon_{21} & \varepsilon_{22} & \varepsilon_{23}\\ \varepsilon_{31} & \varepsilon_{32} & \varepsilon_{33}\end{bmatrix}=\begin{bmatrix}e & 0 & 0\\ 0 & e & 0\\ 0 & 0 & e\end{bmatrix}+\begin{bmatrix}\varepsilon_{11}-e & \varepsilon_{12} & \varepsilon_{13}\\ \varepsilon_{21} & \varepsilon_{22}-e & \varepsilon_{23}\\ \varepsilon_{31} & \varepsilon_{32} & \varepsilon_{33}-e\end{bmatrix}, \tag{3.6.8}$$

即

$$\varepsilon_{ij}=\delta_{ij}e+e_{ij}, \quad i,j=1,2,3, \tag{3.6.9}$$

其中

$$e=\frac{\varepsilon_{ii}}{3}=\frac{(\varepsilon_{11}+\varepsilon_{22}+\varepsilon_{33})}{3}. \tag{3.6.10}$$

在 $\sigma=\sigma_0 H(t)$ 作用下, 黏弹性材料的三维本构方程为

$$\begin{cases} e_{ij}(t)=J_1(t)S_{ij} \\ e(t)=J_2(t)\sigma_v \end{cases}, \tag{3.6.11}$$

其中 $J_1(t)$ 取不同流变模型的蠕变柔量, 如式 (3.6.2)—式 (3.6.4); $J_2(t)$ 取为

$$J_2(t)=\frac{1}{3K}, \tag{3.6.12}$$

其中 K 是体积弹性模量.

Maxwell 模型的三维微分型本构方程为

$$\begin{cases} \dot{e}_{ij}=\dfrac{\dot{S}_{ij}}{G_1}+\dfrac{S_{ij}}{\eta} \\ \sigma_v=3K\cdot e \end{cases}. \tag{3.6.13}$$

三参数模型的三维微分型本构方程为

$$\begin{cases} \dfrac{G_1\eta}{G_1+G_2}\dot{e}_{ij}+\dfrac{G_1G_2}{G_1+G_2}e_{ij}=\dfrac{\eta}{G_1+G_2}\dot{S}_{ij}+S_{ij} \\ \sigma_v=3K\cdot e \end{cases}. \tag{3.6.14}$$

3.6.2 Newton-Raphson 时间积分方案

以 Maxwell 模型为例, 其偏量部分的本构方程为

$$\dot{e}_{ij}=\frac{\dot{S}_{ij}}{G_1}+\frac{S_{ij}}{\eta}. \tag{3.6.15}$$

采用 Newton-Raphson 时间积分方案对式 (3.6.15) 在时间域进行离散, 从时刻 t_k 到时刻 t_{k+1}, 应力偏量的增量和应变偏量的增量可写为

$$\begin{cases} \Delta S_{ij,k}=\Delta t\cdot[(1-\lambda)\dot{S}_{ij,k}+\lambda\cdot\dot{S}_{ij,k+1}] \\ \Delta e_{ij,k}=\Delta t\cdot[(1-\lambda)\dot{e}_{ij,k}+\lambda\cdot\dot{e}_{ij,k+1}] \end{cases}, \tag{3.6.16}$$

其中下标 k 代表第 k 个时间步, $\Delta t=t_{k+1}-t_k$, λ 是时间积分方案中的常数. 本节采用 $\lambda=0$ 可以得到较高的计算精度, 则式 (3.6.16) 可写为

$$\begin{cases} \Delta S_{ij,k}=\Delta t\cdot\dot{S}_{ij,k} \\ \Delta e_{ij,k}=\Delta t\cdot\dot{e}_{ij,k} \end{cases}. \tag{3.6.17}$$

由式 (3.6.15) 和式 (3.6.17) 可得

$$\Delta S_{ij,k}=G_1\left(\Delta e_{ij,k}-\frac{S_{ij,k}}{\eta}\Delta t\right). \tag{3.6.18}$$

三参数模型的偏量部分的本构方程为

$$\frac{G_1\eta}{G_1+G_2}\dot{e}_{ij}+\frac{G_1G_2}{G_1+G_2}e_{ij}=\frac{\eta}{G_1+G_2}\dot{S}_{ij}+S_{ij}. \tag{3.6.19}$$

类似于上述推导过程, 可以得到

$$\Delta S_{ij,k}=G_1\Delta e_{ij,k}+\frac{G_1G_2\Delta t}{\eta}e_{ij,k}-\frac{(G_1+G_2)\Delta t}{\eta}S_{ij,k}. \tag{3.6.20}$$

从式 (3.6.18) 和式 (3.6.20) 可以得到第 k 步的应力近似值为

$$\left\{\begin{array}{l}S_{ij,k+1}=S_{ij,k}+\Delta S_{ij,k}\\ e_{ij,k+1}=e_{ij,k}+\Delta e_{ij,k}\end{array}\right.. \tag{3.6.21}$$

3.6.3 三维黏弹性力学的基本方程

黏弹性力学的应力–应变关系与时间相关, 采用微分型本构关系的控制方程和边界条件可以写成时间增量形式. 假设已经给定在一个时间步内, 求解域 Ω 内体力增量 $\Delta\boldsymbol{b}$, 在面力边界 Γ_t 上的面力增量 $\Delta\bar{\boldsymbol{t}}$, 在位移边界 Γ_u 上的位移增量分布 $\Delta\bar{\boldsymbol{u}}$, 需要求解位移增量 $\Delta\boldsymbol{u}$, 应变增量 $\Delta\boldsymbol{\varepsilon}$ 和应力增量 $\Delta\boldsymbol{\sigma}$.

三维黏弹性力学的平衡方程为

$$\boldsymbol{L}^{\mathrm{T}}\Delta\boldsymbol{\sigma}+\Delta\boldsymbol{b}=0,\quad \boldsymbol{x}\in\Omega, \tag{3.6.22}$$

其中 $\boldsymbol{L}$ 是微分算子矩阵,

$$\boldsymbol{L}(\cdot)=\begin{bmatrix}\frac{\partial}{\partial x_1} & 0 & 0\\ 0 & \frac{\partial}{\partial x_2} & 0\\ 0 & 0 & \frac{\partial}{\partial x_3}\\ \frac{\partial}{\partial x_2} & \frac{\partial}{\partial x_1} & 0\\ \frac{\partial}{\partial x_3} & 0 & \frac{\partial}{\partial x_1}\\ 0 & \frac{\partial}{\partial x_3} & \frac{\partial}{\partial x_2}\end{bmatrix}(\cdot). \tag{3.6.23}$$

几何方程为

$$\Delta\boldsymbol{\varepsilon}=\boldsymbol{L}\Delta\boldsymbol{u},\quad \boldsymbol{x}\in\Omega. \tag{3.6.24}$$

对于 Maxwell 模型, 本构方程为

$$\Delta\boldsymbol{\sigma}=\begin{bmatrix}\Delta\sigma_{11}\\ \Delta\sigma_{22}\\ \Delta\sigma_{33}\\ \Delta\sigma_{12}\\ \Delta\sigma_{13}\\ \Delta\sigma_{23}\end{bmatrix}=\begin{bmatrix}\Delta\sigma_{v}\\ \Delta\sigma_{v}\\ \Delta\sigma_{v}\\ 0\\ 0\\ 0\end{bmatrix}+\begin{bmatrix}\Delta S_{11}\\ \Delta S_{22}\\ \Delta S_{33}\\ \Delta S_{12}\\ \Delta S_{13}\\ \Delta S_{23}\end{bmatrix}$$

$$=3K\begin{bmatrix}\Delta e\\ \Delta e\\ \Delta e\\ 0\\ 0\\ 0\end{bmatrix}+G_1\left(\begin{bmatrix}\Delta e_{11}\\ \Delta e_{22}\\ \Delta e_{33}\\ \Delta e_{12}\\ \Delta e_{13}\\ \Delta e_{23}\end{bmatrix}-\frac{\Delta t}{\eta}\begin{bmatrix}S_{11}\\ S_{22}\\ S_{33}\\ S_{12}\\ S_{13}\\ S_{23}\end{bmatrix}\right). \tag{3.6.25}$$

对于三参数模型, 本构方程为

$$\Delta\boldsymbol{\sigma}=\begin{bmatrix}\Delta\sigma_{11}\\ \Delta\sigma_{22}\\ \Delta\sigma_{33}\\ \Delta\sigma_{12}\\ \Delta\sigma_{13}\\ \Delta\sigma_{23}\end{bmatrix}=3K\begin{bmatrix}\Delta e\\ \Delta e\\ \Delta e\\ 0\\ 0\\ 0\end{bmatrix}+G_1\cdot\begin{bmatrix}\Delta e_{11}\\ \Delta e_{22}\\ \Delta e_{33}\\ \Delta e_{12}\\ \Delta e_{13}\\ \Delta e_{23}\end{bmatrix}+\frac{G_1G_2\Delta t}{\eta}\cdot\begin{bmatrix}e_{11}\\ e_{22}\\ e_{33}\\ e_{12}\\ e_{13}\\ e_{23}\end{bmatrix}$$

$$-\frac{(G_1+G_2)\Delta t}{\eta}\cdot\begin{bmatrix}S_{11}\\ S_{22}\\ S_{33}\\ S_{12}\\ S_{13}\\ S_{23}\end{bmatrix}. \tag{3.6.26}$$

边界条件为

$$\Delta\boldsymbol{u}=\Delta\overline{\boldsymbol{u}},\quad \boldsymbol{x}\in\Gamma_u, \tag{3.6.27}$$

$$\boldsymbol{n}\cdot\Delta\boldsymbol{\sigma}=\Delta\bar{\boldsymbol{t}},\quad \boldsymbol{x}\in\Gamma_t, \tag{3.6.28}$$

其中

$$\boldsymbol{n}=\begin{bmatrix}n_1 & 0 & 0 & n_2 & n_3 & 0\\ 0 & n_2 & 0 & n_1 & 0 & n_3\\ 0 & 0 & n_3 & 0 & n_1 & n_2\end{bmatrix}, \tag{3.6.29}$$

且 n_1、n_2 和 n_3 是边界点外法线方向余弦.

3.6.4 三维黏弹性力学的改进的无单元 Galerkin 方法

由改进的移动最小二乘法的试函数表达式 (2.2.40), 域内任意点 $\boldsymbol{x}$ 的位移增量 $\Delta u(\boldsymbol{x})$ 表示为

$$\Delta u(\boldsymbol{x}) = \boldsymbol{\Phi}^*(\boldsymbol{x})\Delta \boldsymbol{u} = \sum_{I=1}^{n} \Phi_I^*(\boldsymbol{x})\Delta u_I, \tag{3.6.30}$$

其中 $\Delta \boldsymbol{u}$ 是节点位移增量列向量,

$$\Delta \boldsymbol{u} = (\Delta u(\boldsymbol{x}_1), \Delta u(\boldsymbol{x}_2), \cdots, \Delta u(\boldsymbol{x}_n))^{\mathrm{T}}. \tag{3.6.31}$$

三维黏弹性力学的应变增量可表示为

$$\begin{aligned}\Delta \boldsymbol{\varepsilon}(\boldsymbol{x}) &= \begin{bmatrix} \Delta\varepsilon_{11}(\boldsymbol{x}) \\ \Delta\varepsilon_{22}(\boldsymbol{x}) \\ \Delta\varepsilon_{33}(\boldsymbol{x}) \\ \Delta\varepsilon_{12}(\boldsymbol{x}) \\ \Delta\varepsilon_{13}(\boldsymbol{x}) \\ \Delta\varepsilon_{23}(\boldsymbol{x}) \end{bmatrix} = \boldsymbol{L}\Delta\boldsymbol{u}(\boldsymbol{x}) = \boldsymbol{L}(\boldsymbol{\Phi}^*(\boldsymbol{x})\Delta\boldsymbol{u}) \\ &= \begin{bmatrix} \left(\sum_{I=1}^{n}\Phi_I^*(\boldsymbol{x})\Delta u(\boldsymbol{x}_I)\right)_{,1} \\ \left(\sum_{I=1}^{n}\Phi_I^*(\boldsymbol{x})\Delta u(\boldsymbol{x}_I)\right)_{,2} \\ \left(\sum_{I=1}^{n}\Phi_I^*(\boldsymbol{x})\Delta u(\boldsymbol{x}_I)\right)_{,3} \\ \left(\sum_{I=1}^{n}\Phi_I^*(\boldsymbol{x})\Delta u(\boldsymbol{x}_I)\right)_{,1} + \left(\sum_{I=1}^{n}\Phi_I^*(\boldsymbol{x})\Delta u(\boldsymbol{x}_I)\right)_{,2} \\ \left(\sum_{I=1}^{n}\Phi_I^*(\boldsymbol{x})\Delta u(\boldsymbol{x}_I)\right)_{,1} + \left(\sum_{I=1}^{n}\Phi_I^*(\boldsymbol{x})\Delta u(\boldsymbol{x}_I)\right)_{,3} \\ \left(\sum_{I=1}^{n}\Phi_I^*(\boldsymbol{x})\Delta u(\boldsymbol{x}_I)\right)_{,2} + \left(\sum_{I=1}^{n}\Phi_I^*(\boldsymbol{x})\Delta u(\boldsymbol{x}_I)\right)_{,3} \end{bmatrix} \\ &= \boldsymbol{B}(\boldsymbol{x}) \cdot \Delta\boldsymbol{u},\end{aligned} \tag{3.6.32}$$

其中

$$\boldsymbol{B}(\boldsymbol{x}) = (\boldsymbol{B}_1(\boldsymbol{x}), \boldsymbol{B}_2(\boldsymbol{x}), \cdots, \boldsymbol{B}_n(\boldsymbol{x})), \tag{3.6.33}$$

$$\boldsymbol{B}_I(\boldsymbol{x}) = \begin{bmatrix} \Phi^*_{I,1} & 0 & 0 \\ 0 & \Phi^*_{I,2} & 0 \\ 0 & 0 & \Phi^*_{I,3} \\ \Phi^*_{I,2} & \Phi^*_{I,1} & 0 \\ \Phi^*_{I,3} & 0 & \Phi^*_{I,1} \\ 0 & \Phi^*_{I,3} & \Phi^*_{I,2} \end{bmatrix}, \tag{3.6.34}$$

$$\begin{aligned}\Delta\boldsymbol{u} = \Big(&\Delta u_1(\boldsymbol{x}_1), \Delta u_2(\boldsymbol{x}_1), \Delta u_3(\boldsymbol{x}_1), \Delta u_1(\boldsymbol{x}_2), \Delta u_2(\boldsymbol{x}_2), \Delta u_3(\boldsymbol{x}_2), \\ &\cdots, \Delta u_1(\boldsymbol{x}_n), \Delta u_2(\boldsymbol{x}_n), \Delta u_3(\boldsymbol{x}_n)\Big)^{\mathrm{T}}.\end{aligned} \tag{3.6.35}$$

三维黏弹性力学的应变偏量增量可表示为

$$\Delta\boldsymbol{e} = \begin{bmatrix} \Delta e_{11} \\ \Delta e_{22} \\ \Delta e_{33} \\ \Delta e_{12} \\ \Delta e_{13} \\ \Delta e_{23} \end{bmatrix} = \boldsymbol{B}^{(2)}(\boldsymbol{x})\Delta\boldsymbol{u}. \tag{3.6.36}$$

三维黏弹性力学的应力增量可表示为

$$\begin{aligned}\Delta\boldsymbol{\sigma} = \begin{bmatrix} \Delta\sigma_{11} \\ \Delta\sigma_{22} \\ \Delta\sigma_{33} \\ \Delta\sigma_{12} \\ \Delta\sigma_{13} \\ \Delta\sigma_{23} \end{bmatrix} &= 3K \begin{bmatrix} \Delta e \\ \Delta e \\ \Delta e \\ 0 \\ 0 \\ 0 \end{bmatrix} + G_t \begin{bmatrix} \Delta e_{11} \\ \Delta e_{22} \\ \Delta e_{33} \\ \Delta e_{12} \\ \Delta e_{13} \\ \Delta e_{23} \end{bmatrix} - \Delta\boldsymbol{\sigma}^v \\ &= 3K\boldsymbol{B}^{(1)}(\boldsymbol{x})\Delta\boldsymbol{u} + G_t\boldsymbol{B}^{(2)}(\boldsymbol{x})\Delta\boldsymbol{u} - \Delta\boldsymbol{\sigma}^v,\end{aligned} \tag{3.6.37}$$

其中 $G_t = G_1$, $\boldsymbol{B}^{(1)}(\boldsymbol{x})$ 是正应变矩阵, $\boldsymbol{B}^{(2)}(\boldsymbol{x})$ 是偏应变矩阵,

$$\boldsymbol{B}^{(1)}(\boldsymbol{x}) = \left(\boldsymbol{B}_1^{(1)}(\boldsymbol{x}), \boldsymbol{B}_2^{(1)}(\boldsymbol{x}), \cdots, \boldsymbol{B}_n^{(1)}(\boldsymbol{x})\right), \tag{3.6.38}$$

$$\boldsymbol{B}^{(2)}(\boldsymbol{x}) = \left(\boldsymbol{B}_1^{(2)}(\boldsymbol{x}), \boldsymbol{B}_2^{(2)}(\boldsymbol{x}), \cdots, \boldsymbol{B}_n^{(2)}(\boldsymbol{x})\right), \tag{3.6.39}$$

$$
\boldsymbol{B}_I^{(1)}(\boldsymbol{x})=\begin{bmatrix}
\frac{1}{3}\Phi_{I,1}^*(\boldsymbol{x}) & \frac{1}{3}\Phi_{I,2}^*(\boldsymbol{x}) & \frac{1}{3}\Phi_{I,3}^*(\boldsymbol{x})\\
\frac{1}{3}\Phi_{I,1}^*(\boldsymbol{x}) & \frac{1}{3}\Phi_{I,2}^*(\boldsymbol{x}) & \frac{1}{3}\Phi_{I,3}^*(\boldsymbol{x})\\
\frac{1}{3}\Phi_{I,1}^*(\boldsymbol{x}) & \frac{1}{3}\Phi_{I,2}^*(\boldsymbol{x}) & \frac{1}{3}\Phi_{I,3}^*(\boldsymbol{x})\\
0 & 0 & 0\\
0 & 0 & 0\\
0 & 0 & 0
\end{bmatrix}, \tag{3.6.40}
$$

$$
\boldsymbol{B}_I^{(2)}(\boldsymbol{x})=\begin{bmatrix}
\frac{2}{3}\Phi_{I,1}^*(\boldsymbol{x}) & -\frac{1}{3}\Phi_{I,2}^*(\boldsymbol{x}) & -\frac{1}{3}\Phi_{I,3}^*(\boldsymbol{x})\\
-\frac{1}{3}\Phi_{I,1}^*(\boldsymbol{x}) & \frac{2}{3}\Phi_{I,2}^*(\boldsymbol{x}) & -\frac{1}{3}\Phi_{I,3}^*(\boldsymbol{x})\\
-\frac{1}{3}\Phi_{I,1}^*(\boldsymbol{x}) & -\frac{1}{3}\Phi_{I,2}^*(\boldsymbol{x}) & \frac{2}{3}\Phi_{I,3}^*(\boldsymbol{x})\\
\frac{1}{2}\Phi_{I,2}^*(\boldsymbol{x}) & \frac{1}{2}\Phi_{I,1}^*(\boldsymbol{x}) & 0\\
\frac{1}{2}\Phi_{I,3}^*(\boldsymbol{x}) & 0 & \frac{1}{2}\Phi_{I,1}^*(\boldsymbol{x})\\
0 & \frac{1}{2}\Phi_{I,3}^*(\boldsymbol{x}) & \frac{1}{2}\Phi_{I,2}^*(\boldsymbol{x})
\end{bmatrix}, \tag{3.6.41}
$$

$\Delta\boldsymbol{\sigma}^v$ 是黏弹性应力增量, 在 Maxwell 模型中为

$$
\Delta\boldsymbol{\sigma}^v=\frac{G_1\cdot\Delta t}{\eta}\left(S_{11},S_{22},S_{33},S_{12},S_{13},S_{23}\right)^{\mathrm{T}}, \tag{3.6.42}
$$

在三参数模型中为

$$
\Delta\boldsymbol{\sigma}^v=\frac{(G_1+G_2)\Delta t}{\eta}\cdot\begin{bmatrix}S_{11}\\S_{22}\\S_{33}\\S_{12}\\S_{13}\\S_{23}\end{bmatrix}-\frac{G_1G_2\cdot\Delta t}{\eta}\cdot\begin{bmatrix}e_{11}\\e_{22}\\e_{33}\\e_{12}\\e_{13}\\e_{23}\end{bmatrix}. \tag{3.6.43}
$$

采用罚函数法引入位移边界条件, 每个时间步 Δt 内, 三维黏弹性力学的 Galerkin 积分弱形式为

$$
\int_\Omega\delta\Delta\boldsymbol{\varepsilon}^{\mathrm{T}}\cdot\Delta\boldsymbol{\sigma}\mathrm{d}\Omega-\int_\Omega\delta\Delta\boldsymbol{u}^{\mathrm{T}}\cdot\Delta\boldsymbol{b}\mathrm{d}\Omega-\int_{\Gamma_t}\delta\Delta\boldsymbol{u}^{\mathrm{T}}\cdot\Delta\bar{\boldsymbol{t}}\mathrm{d}\Gamma_t
$$

$$+\alpha \int_{\Gamma_u} \delta \Delta \boldsymbol{u}^{\mathrm{T}} \cdot \boldsymbol{S}\left(\Delta \boldsymbol{u}-\Delta \overline{\boldsymbol{u}}\right) \mathrm{d} \Gamma_u=0. \tag{3.6.44}$$

将式 (3.6.32) 和式 (3.6.37) 代入式 (3.6.44) 得到

$$\begin{aligned}
&\int_{\Omega} \delta \Delta \boldsymbol{u}^{\mathrm{T}} \cdot\left(\boldsymbol{B}^{\mathrm{T}} \cdot 3 K \cdot \boldsymbol{B}^{(1)}\right) \Delta \boldsymbol{u} \mathrm{d} \Omega+\int_{\Omega} \delta \Delta \boldsymbol{u}^{\mathrm{T}} \cdot\left(\boldsymbol{B}^{\mathrm{T}} \cdot G_t \cdot \boldsymbol{B}^{(2)}\right) \Delta \boldsymbol{u} \mathrm{d} \Omega \\
&-\int_{\Omega} \delta \Delta \boldsymbol{u}^{\mathrm{T}} \cdot \boldsymbol{B}^{\mathrm{T}} \Delta \boldsymbol{\sigma}^v \mathrm{d} \Omega-\int_{\Omega} \delta \Delta \boldsymbol{u}^{\mathrm{T}} \cdot \boldsymbol{\Phi}^{* \mathrm{T}} \Delta \boldsymbol{b} \mathrm{d} \Omega-\int_{\Gamma_t} \delta \Delta \boldsymbol{u}^{\mathrm{T}} \cdot \boldsymbol{\Phi}^{* \mathrm{T}} \Delta \overline{\boldsymbol{t}} \mathrm{d} \Gamma_t \\
&+\alpha \int_{\Gamma_u} \delta \Delta \boldsymbol{u}^{\mathrm{T}} \cdot\left(\boldsymbol{\Phi}^{* \mathrm{T}} \cdot \boldsymbol{S} \cdot \boldsymbol{\Phi}^*\right) \Delta \boldsymbol{u} \mathrm{d} \Gamma_u-\alpha \int_{\Gamma_u} \delta \Delta \boldsymbol{u}^{\mathrm{T}} \cdot\left(\boldsymbol{\Phi}^{* \mathrm{T}} \cdot \boldsymbol{S} \cdot \Delta \overline{\boldsymbol{u}}\right) \mathrm{d} \Gamma_u=0.
\end{aligned} \tag{3.6.45}$$

由节点位移增量变分 $\delta \Delta \boldsymbol{u}^{\mathrm{T}}$ 的任意性, 可得最后的增量形式的离散系统方程为

$$\left(\boldsymbol{K}+\boldsymbol{K}^\alpha\right) \cdot \Delta \boldsymbol{u}=\Delta \boldsymbol{F}+\Delta \boldsymbol{F}^v+\Delta \boldsymbol{F}^\alpha, \tag{3.6.46}$$

式中 $\Delta \boldsymbol{u}$ 与式 (3.6.31) 形式相同, $n=M$;

$$\boldsymbol{K}=\int_{\Omega} \boldsymbol{B}^{\mathrm{T}} \cdot 3 K \cdot \boldsymbol{B}^{(1)} \mathrm{d} \Omega+\int_{\Omega} \boldsymbol{B}^{\mathrm{T}} \cdot G_t \cdot \boldsymbol{B}^{(2)} \mathrm{d} \Omega, \tag{3.6.47}$$

$$\boldsymbol{K}^\alpha=\alpha \int_{\Gamma_u} \boldsymbol{\Phi}^{* \mathrm{T}} \cdot \boldsymbol{S} \cdot \boldsymbol{\Phi}^* \mathrm{d} \Gamma_u, \tag{3.6.48}$$

$$\Delta \boldsymbol{F}=\int_{\Omega} \boldsymbol{\Phi}^{* \mathrm{T}} \cdot \Delta \boldsymbol{b} \mathrm{d} \Omega+\int_{\Gamma_t} \boldsymbol{\Phi}^{* \mathrm{T}} \cdot \Delta \overline{\boldsymbol{t}} \mathrm{d} \Gamma_t, \tag{3.6.49}$$

$$\Delta \boldsymbol{F}^v=\int_{\Omega} \boldsymbol{B}^{\mathrm{T}} \cdot \Delta \boldsymbol{\sigma}^v \mathrm{d} \Omega, \tag{3.6.50}$$

$$\Delta \boldsymbol{F}^\alpha=\alpha \int_{\Gamma_u} \boldsymbol{\Phi}^{* \mathrm{T}} \cdot \boldsymbol{S} \cdot \Delta \overline{\boldsymbol{u}} \mathrm{d} \Gamma_u, \tag{3.6.51}$$

$$\boldsymbol{S}=\left[\begin{array}{ccc}
s_1 & 0 & 0 \\
0 & s_2 & 0 \\
0 & 0 & s_3
\end{array}\right], \tag{3.6.52}$$

当 x_1、x_2 或 x_3 有位移约束时, 相应的 s_1、s_2 或 s_3 等于 1, 否则为 0.

为了求解黏弹性问题, 首先, 进行一次线弹性分析, 在初始加载 $\boldsymbol{F}_0$ 下, 得到初始位移 $\boldsymbol{u}_0$, 初始应变 $\boldsymbol{\varepsilon}_0$ 和初始应力 $\boldsymbol{\sigma}_0$. 材料偏量部分的初始剪切弹性模量可写为 $G_0=G_t$.

此后开始进入黏弹性状态, 在每个时间步 Δt 内, 加载随时间变化的荷载, 可以求得相应的节点荷载增量 $\Delta \boldsymbol{F}$ 和由黏弹性应力增量 $\Delta \boldsymbol{\sigma}^v$ 引起的等效黏弹性荷

载修正项 $\Delta\boldsymbol{F}^v$. 在第 k 时间步, 通过求解式 (3.6.46), 可以得到 $\Delta\boldsymbol{u}_k$、$\Delta S_{ij,k}$ 和 $\Delta e_{ij,k}$, 即可求得每一个增量加载后的位移、应变和应力. 对于第 $k+1$ 步, 就可通过式 (3.6.11) 得到新的 $S_{ij,k+1}$ 和 $e_{ij,k+1}$.

重复上述过程直到黏弹性位移趋于稳定, 就可得到整个黏弹性力学行为过程的位移、应变和应力.

以上即为三维黏弹性力学的改进的无单元 Galerkin 方法.

对于上述得到的三维黏弹性力学的改进的无单元 Galerkin 方法, 其数值实现流程如下:

(1) 输入已知参数, 确定几何尺寸和黏弹性材料特性;

(2) 在求解域 Ω 内确定坐标系, 设置 n 个节点的坐标、编号及影响域;

(3) 建立 Γ_u 和 Γ_t 边界积分单元信息;

(4) 建立背景积分网格;

(5) 根据背景积分网格和边界单元信息生成 Gauss 积分点并计算相应 Gauss 积分点信息;

(6) 预先计算每个 Gauss 点处形函数及其导数, 并存储结果以待程序调用;

(7) 形成矩阵 $\boldsymbol{K}$ 和初始荷载列向量 $\boldsymbol{F}_0$ 的第一项 $\int_\Omega \boldsymbol{\Phi}^{*\mathrm{T}}\cdot\boldsymbol{b}\mathrm{d}\Omega$:

A. 对每一个背景积分网格进行循环:

a) 对背景积分网格内的 Gauss 积分点进行循环;

b) 若 Gauss 积分点在 Ω 内, 则进行步骤 c)→g), 否则进行步骤 g);

c) 确定该 Gauss 积分点影响域内的节点;

d) 调用步骤 (6) 计算所得该 Gauss 积分点形函数及其导数;

e) 根据式 (3.6.47) 计算该 Gauss 积分点对 $\boldsymbol{K}$ 矩阵的贡献;

f) 计算该 Gauss 积分点对 $\int_\Omega \boldsymbol{\Phi}^{*\mathrm{T}}\cdot\boldsymbol{b}\mathrm{d}\Omega$ 的贡献;

g) 结束 Gauss 积分点循环.

B. 结束背景积分网格的循环;

(8) Γ_u 边界积分: 过程与步骤 (7) 类似, 根据式 (3.6.48) 计算 $\boldsymbol{K}^\alpha$ 矩阵, 并计算初始时刻 $\boldsymbol{F}_0^\alpha=\alpha\int_{\Gamma_u}\boldsymbol{\Phi}^{*\mathrm{T}}\boldsymbol{S}\cdot\bar{\boldsymbol{u}}\mathrm{d}\Gamma_u$;

(9) Γ_t 边界积分: 过程与步骤 (8) 类似, 计算初始荷载列向量 $\boldsymbol{F}_0$ 的第二项 $\int_{\Gamma_t}\boldsymbol{\Phi}^{*\mathrm{T}}\cdot\bar{\boldsymbol{t}}\mathrm{d}\Gamma_t$;

(10) 将步骤 (7) 计算所得的 $\int_\Omega \boldsymbol{\Phi}^{*\mathrm{T}}\cdot\boldsymbol{b}\mathrm{d}\Omega$ 和步骤 (9) 计算所得的 $\int_{\Gamma_t}\boldsymbol{\Phi}^{*\mathrm{T}}\cdot\bar{\boldsymbol{t}}\mathrm{d}\Gamma_t$ 相加得到 $\boldsymbol{F}_0$;

(11) 求解方程组 $(\boldsymbol{K}+\boldsymbol{K}^\alpha)\cdot\boldsymbol{u}_0=\boldsymbol{F}_0+\boldsymbol{F}_0^\alpha$, 得到初始时刻 n 个节点位移;

(12) 计算初始时刻偏应力张量 $S_{ij,0}=G_t\cdot\boldsymbol{B}^2(\boldsymbol{x})\boldsymbol{u}_0$, 初始位移、应变和应力;

(13) 采用 Newton-Raphson 时间积分方案进行求解:

A. 在第 k 步, 过程与步骤 (7) 类似, 根据式 (3.6.50) 计算等效黏弹性荷载修正项 $\Delta \boldsymbol{F}^v$; 根据式 (3.6.49) 计算节点荷载增量 $\Delta \boldsymbol{F}$ 的第一项;

B. 类似步骤 (9), 根据式 (3.6.49) 计算 $\Delta \boldsymbol{F}$ 的第二项;

C. 求解线性方程组, 即式 (3.6.46), 得到第 k 步的节点位移增量 $\Delta \boldsymbol{u}$, 则 $\boldsymbol{u}_{k+1} = \boldsymbol{u}_k + \Delta \boldsymbol{u}$;

D. 计算增量 Δe_{ij} 和 ΔS_{ij}, 并根据式 (3.6.11) 得到 $S_{ij,k+1}$ 和 $e_{ij,k+1}$;

E. 输出节点位移和应力;

F. 根据不同问题, 如果蠕变位移, 或松弛应力未达到稳定, 则回到步骤 A 继续计算下一时间步, 否则跳出循环结束计算.

3.6.5 数值算例

为了说明三维黏弹性力学的改进的无单元 Galerkin 方法正确性和有效性, 以下采用该方法对 3 个算例进行了计算, 并将改进的无单元 Galerkin 方法计算结果分别与解析解、无单元 Galerkin 方法和有限元软件 ABAQUS 的计算结果进行了比较.

算例中, 采用线性基函数和三次样条权函数构造逼近函数, 权函数影响域为矩形区域, 三维数值积分采用 $3\times3\times3$ 点的 Gauss 积分, 二维数值积分采用 3×3 点的 Gauss 积分.

1. 受刚性约束的圆筒

由于对称性, 只取圆筒的四分之一区域作为研究对象, 如图 3.6.1 所示. 其内表面承受均匀分布的压力 $p = 30\text{KPa}$. 几何参数为 $a = 2\text{m}$、$b = 5\text{m}$ 和 $h = 0.2\text{m}$. 材料体积变化是弹性的, $E = 1.0\times10^6\text{Pa}$, $\nu = 0.25$, 剪切变形的流变性质满足 Maxwell 黏弹性模型, 其参数为 $G_1 = 5.0\times10^5\text{Pa}$, $\eta = 1.0\times10^5\text{Pa·s}$. 圆筒的外侧表面完全固定, 所有表面的位移 $u_3 = 0$, 垂直表面 $u_1 = 0$, 水平表面 $u_2 = 0$. 罚因子 $\alpha = (1.0\times10^3)\times E$. 节点布置如图 3.6.2 所示.

在极坐标系下, 采用 Maxwell 模型, 圆筒径向位移的解析解为

$$u_r(r,t) = \frac{pb}{2K}\left(\frac{b}{r}-\frac{r}{b}\right)\left[1-\frac{G_1}{\beta}(a^2+3b^2)e^{-\alpha\cdot t}\right], \tag{3.6.53}$$

其中

$$\alpha_1 = (6K+G_1)a^2 + 3G_1b^2, \tag{3.6.54}$$

$$\beta_1 = \frac{6KG_1a^2}{\eta\alpha_1}. \tag{3.6.55}$$

相应的应力解析解为

$$\sigma_r(r,t) = -p\left[1 - \frac{3G_1b^2(r^2-a^2)}{r^2\alpha_1}e^{-\beta_1\cdot t}\right], \tag{3.6.56}$$

$$\sigma_\theta(r,t) = -p\left[1 - \frac{3G_1b^2(r^2+a^2)}{r^2\alpha_1}e^{-\beta_1\cdot t}\right]. \tag{3.6.57}$$

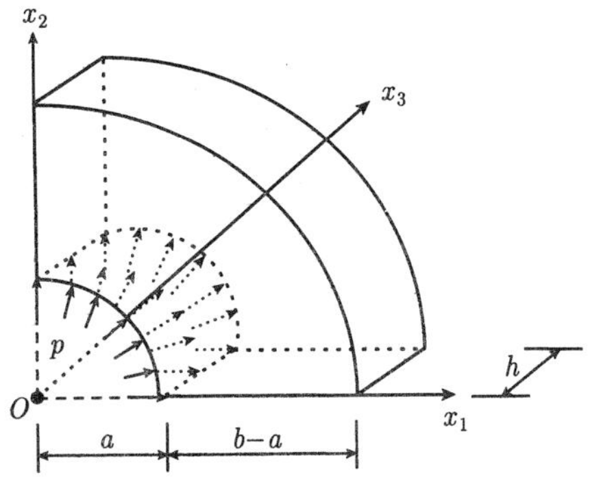

图 3.6.1 受刚性约束的圆筒

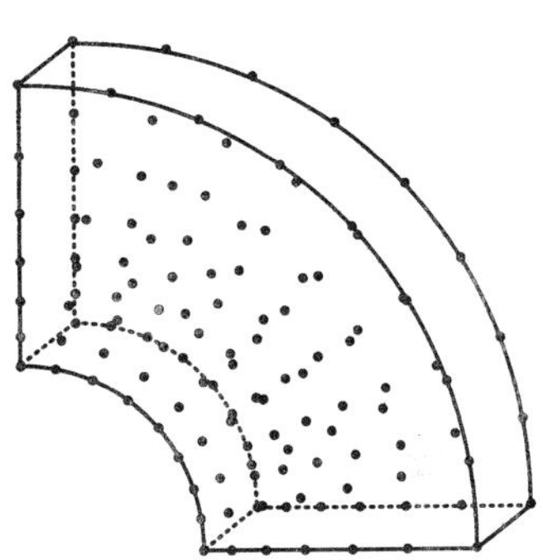

图 3.6.2 节点布置

为了对误差和收敛性进行分析, 讨论在影响域大小比例参数 $d_{\max}$、节点数和时间步长的不同取值的影响下, 对计算所得的位移解的影响.

通过改变 $d_{\max}$ 的大小和求解域内节点数, 对该算例进行收敛性分析. 首先, 在节点数不变的情况下改变 $d_{\max}$. 如图 3.6.3 所示, 随着 $d_{\max}$ 从 1.1 变化到 2.0, 相对误差先减小后增大. 当 $d_{\max}$ 等于 1.3 时, 计算精度最高.

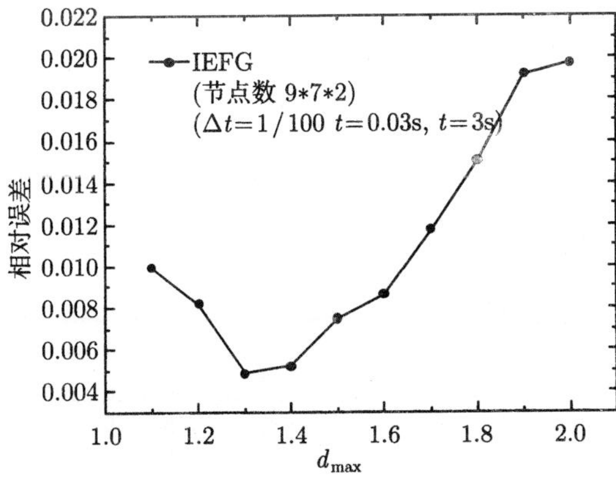

图 3.6.3 $x_3 = \dfrac{h}{2}$ 断面节点径向位移 u_r 相对误差随 $d_{\max}$ 的变化

然后, 在 $d_{\max}$ 不变的情况下, 计算结果随着节点数的增加而收敛. 如图 3.6.4 所示, 当节点数取为 $9\times7\times2$ 时, 可以在不损失计算效率的情况下得到相对精确的结果.

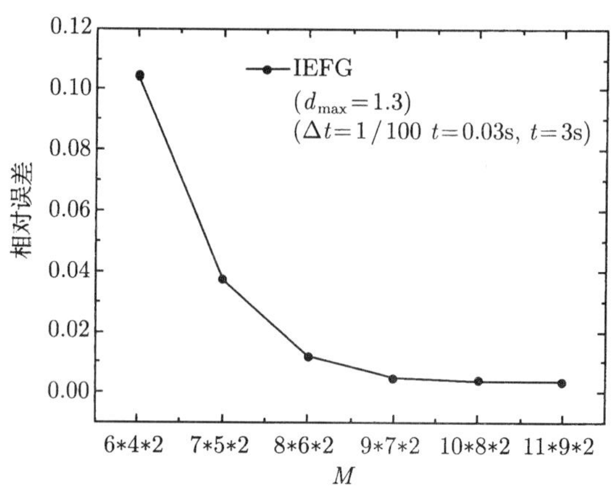

图 3.6.4　$x_3=\dfrac{h}{2}$ 断面节点径向位移 u_r 相对误差随节点个数的变化

最后, 分析时间步长对计算结果的影响. 如图 3.6.5 和图 3.6.6 所示, 时间步长 Δt 的大小对计算结果影响较大. 当时间步长取为 $1/100\cdot t$ 时, 可以在不损失计算效率的情况下得到相对精确的结果.

如表 3.6.1 所示, 在相对误差相同的情况下, 使用预先存储形函数的改进的无单元 Galerkin 方法比无单元 Galerkin 方法和改进的无单元 Galerkin 方法在计算效率上有了较大的提高. 图 3.6.7—图 3.6.9, 比较了采用本节改进的无单元 Galerkin 方法所得的计算结果和解析解.

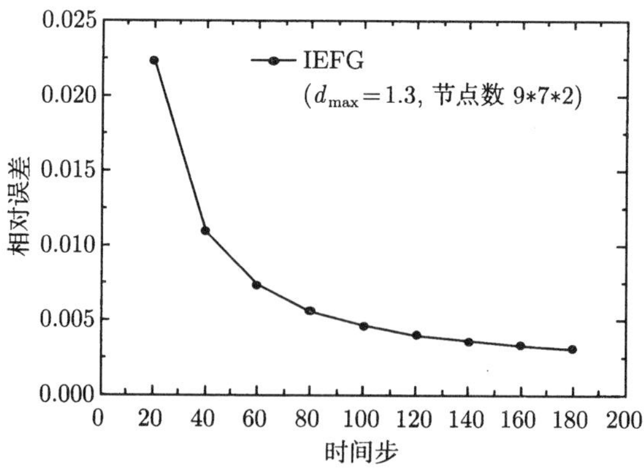

图 3.6.5　点 (2,0,0.1) 径向位移 u_r 相对误差随时间步长的变化

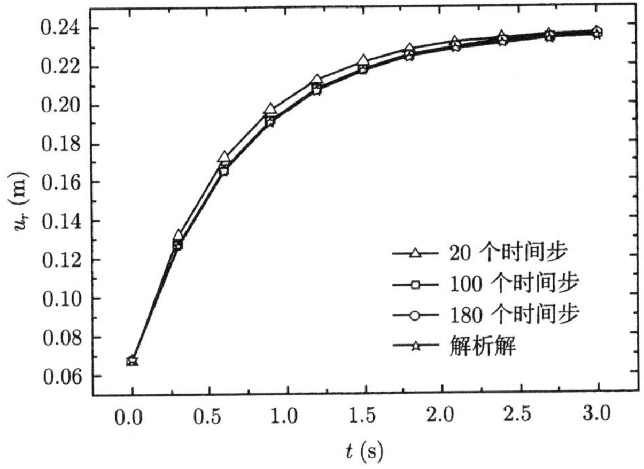

图 3.6.6 不同时间步长时点 (2,0,0.1) 径向位移 u_r 随时间的变化

表 3.6.1 采用三种计算的相对误差和 CPU 时间比较

时间	相对误差	EFG	IEFG	IEFG(预存形函数)
t=0.00s	0.008051	38.560s	36.598s	36.598s
t=0.75s	0.003248	124.452s	111.068s	76.201s
t=1.50s	0.003187	203.448s	183.760s	115.192s
t=2.25s	0.004053	292.009s	252.090s	151.695s
t=3.00s	0.004867	366.196s	325.153s	189.536s

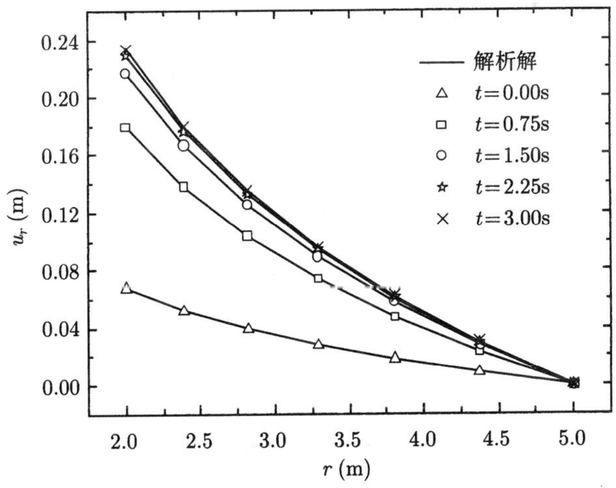

图 3.6.7 不同时刻 $x_3 = \dfrac{h}{2}, \theta = \dfrac{\pi}{4}$ 线上径向位移 u_r

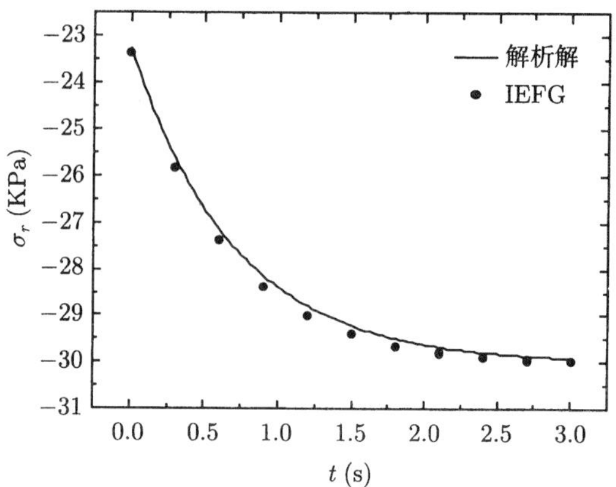

图 3.6.8　点 $\left(r = 2.45,\ \theta = \dfrac{\pi}{6},\ x_3 = 0.1\right)$ 的径向应力 σ_r

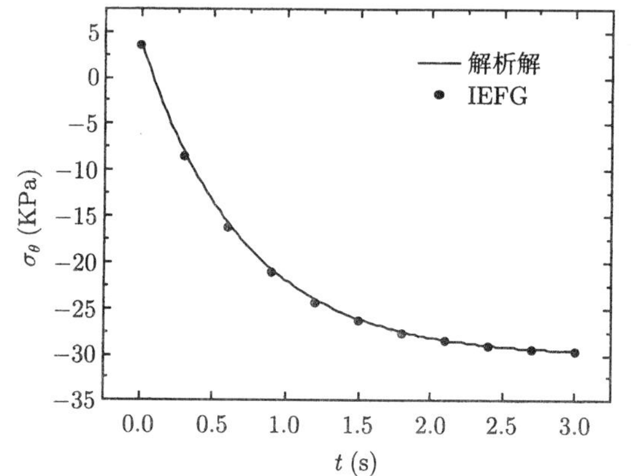

图 3.6.9　点 $\left(r = 2.45,\ \theta = \dfrac{\pi}{6},\ x_3 = 0.1\right)$ 的环向应力 σ_θ

2. 自重作用下的层状半空间体

如图 3.6.10 所示具有一定厚度的半空间体.

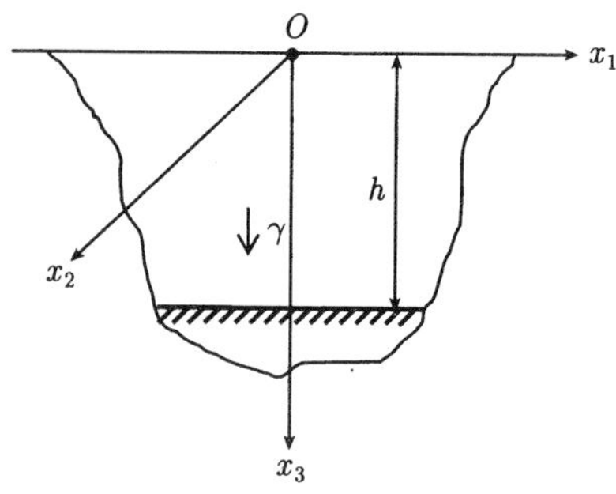

图 3.6.10　自重作用下的层状半空间体

层状半空间体内部的位移和应力由自重作用产生. 假定单位体积的重量为 $\gamma = \rho g$, 则体力可写为 $X = Y = 0$, $Z = -\rho g$, 其他参数为 $\rho = 2405\text{kg/m}^3$ 和 $g = 9.8\text{N/kg}$. 材料体积变化是弹性的, $E = 2.0 \times 10^8\text{Pa}$, $\nu = 0.2$, 剪切变形的流变性质满足 Maxwell 模型, 其参数为 $G_1 = 1.0 \times 10^8\text{Pa}$, $\eta = 2.0 \times 10^7\text{Pa·s}$.

层状半空间体内竖向位移的解析解为

$$u_3(x_3, t) = \frac{\rho g}{2K}\left(h^2 - x_3^2\right)\left[1 - \frac{2G_1}{\alpha_2}e^{-\beta_2 \cdot t}\right], \tag{3.6.58}$$

其中

$$\alpha_2 = 3K + 2G_1, \tag{3.6.59}$$

$$\beta_2 = \frac{3KG_1}{\eta\alpha_2}. \tag{3.6.60}$$

层状半空间体内应力的解析解为

$$\sigma_{11}(x_3, t) = \sigma_{22}(x_3, t) = -\rho g x_3\left[1 - \frac{3G_1}{\alpha_2}e^{-\beta_2 \cdot t}\right], \tag{3.6.61}$$

$$\sigma_{33}(x_3, t) = -\rho g x_3. \tag{3.6.62}$$

考虑到模型水平方向的对称性, 求解域简化为一个 100 m×100m×h 的正方体, 如图 3.6.11 所示, 布置了 5×5×6 个节点. 决定影响域大小的比例参数取 $d_{\max} = 1.5$, 时间步长取为 $1/120 \cdot t$, 罚因子 $\alpha = (1.0 \times 10^7) \times E$.

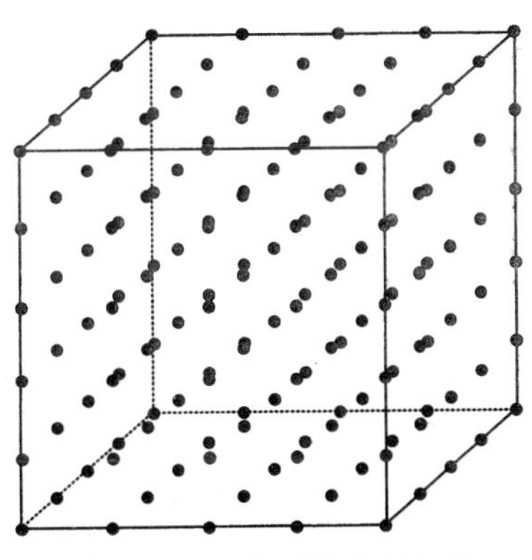

图 3.6.11 求解域节点布置

如表 3.6.2 所示, 采用预先存储形函数的改进的无单元 Galerkin 方法的计算效率比无单元 Galerkin 方法和改进的无单元 Galerkin 方法有显著提高. 如图 3.6.12—图 3.6.15 所示, 通过对比数值计算结果和解析解, 说明了本节改进的无单元 Galerkin 方法的有效性.

表 3.6.2　采用三种方法计算的 CPU 时间比较

时间	EFG	IEFG	IEFG(预存形函数)
t=0.0s	63.333s	60.176s	60.176s
t=0.5s	249.349s	217.767s	148.083s
t=1.0s	406.493s	373.600s	223.783s
t=1.5s	584.171s	518.850s	305.918s

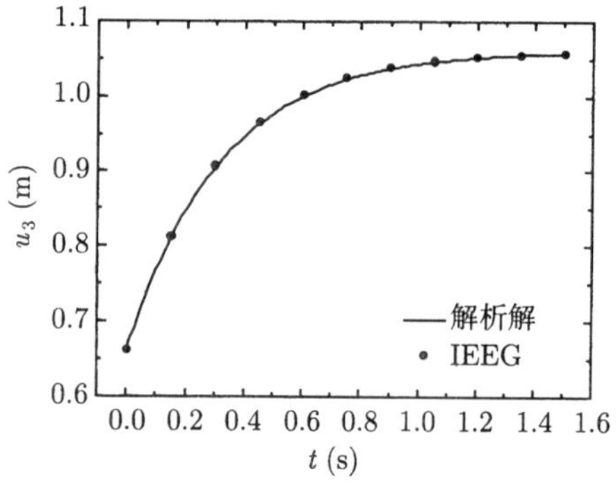

图 3.6.12　点 (0,0,0) 的位移 u_3 随时间的变化

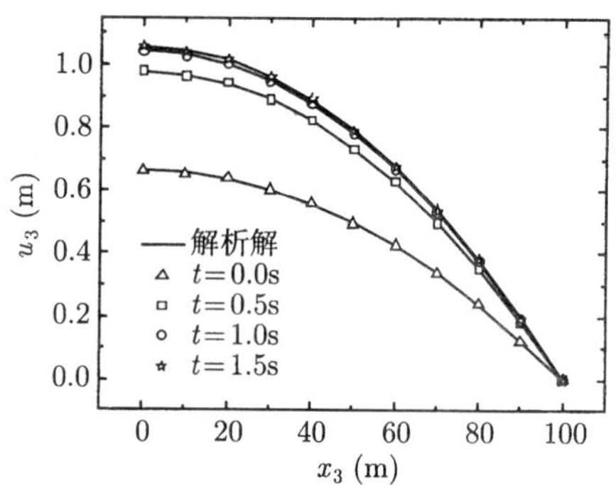

图 3.6.13　不同时刻沿 $x_1 = 0, x_2 = 0$ 线上的节点位移 u_3

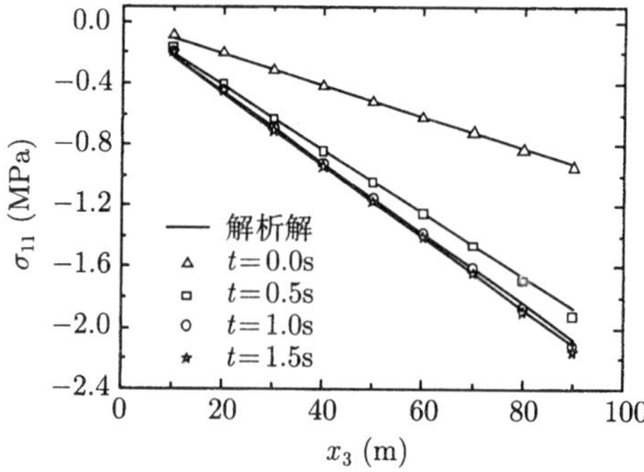

图 3.6.14　不同时刻沿 $x_1 = 0,\ x_2 = 0$ 线上的节点正应力 σ_{11}

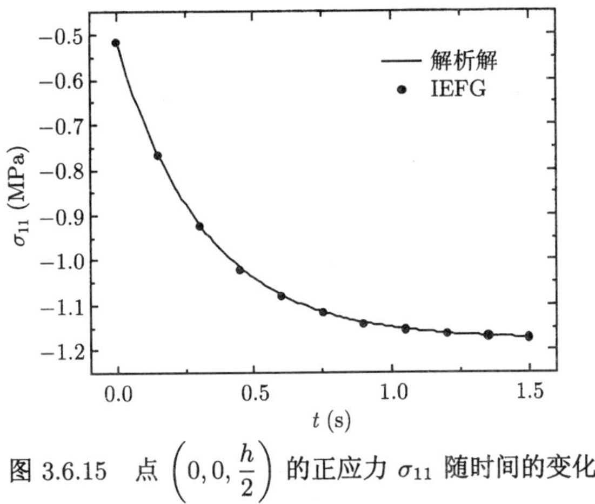

图 3.6.15 点 $\left(0,0,\dfrac{h}{2}\right)$ 的正应力 σ_{11} 随时间的变化

3. 工程算例: 储液池的蠕变分析

如图 3.6.16 所示, 考虑一个受到静水压力的储液池. 因为只有池底完全固定于基座上, 随着池中水面上升到池顶, 储液池的变形显现出黏弹性蠕变现象.

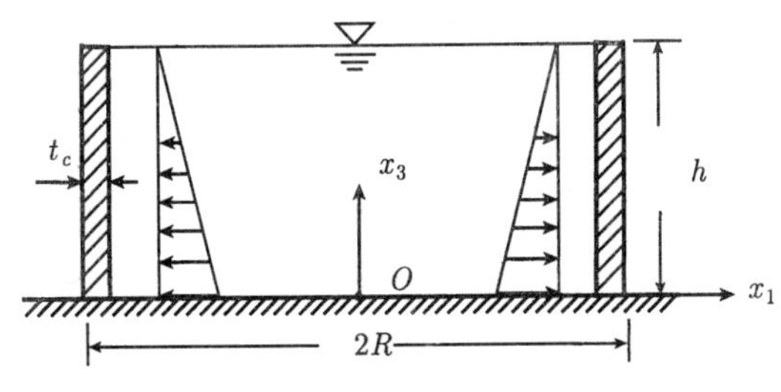

图 3.6.16 受到静水压力的储液池

几何参数为 R =4m、t_c =0.2m 和 h = 1.5m. 材料体积变化是弹性的, $E = 2.0\times10^8$Pa, $\nu = 0.2$, 剪切变形的流变特性满足三参数模型, 其参数为 $G_1 = 2G = \dfrac{E}{1+\nu}$、$G_2 = 5\times10^8$Pa 和 $\eta = 5.0\times10^{14}$Pa·s.

由于对称性, 只取储液池的四分之一作为研究对象. 三角形分布荷载的最大值为 1.5×10^4Pa. 如图 3.6.17 所示, 求解域布置了 $21\times3\times19$ 个节点. 决定影响域大小的比例参数取 $d_{\max} = 1.5$, 时间步长取为 $1/80\cdot t$, 罚因子 $\alpha = (1.0\times10^6)\times E$.

采用本节方法计算所得的结果与 ABAQUS 有限元程序计算结果进行比较. ABAQUS 程序中, 黏弹性输入参数设置为 $g_1 = G_1/(G_1+G_2)$ 和 $\tau_1 = \eta/(G_1+G_2)$, 采用 $30\times4\times30$ 的有限元网格. 如图 3.6.18—图 3.6.20 所示, 通过对比数值计算结果和 ABAQUS 程序计算结果, 说明了本节的改进的无单元 Galerkin 方法应用于工程问题的有效性.

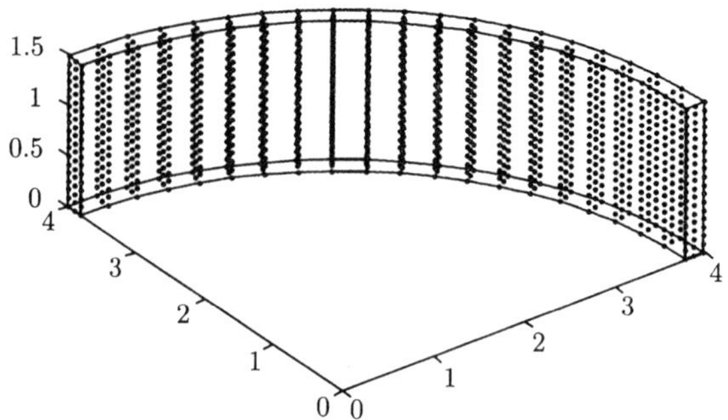

图 3.6.17　求解域节点布置

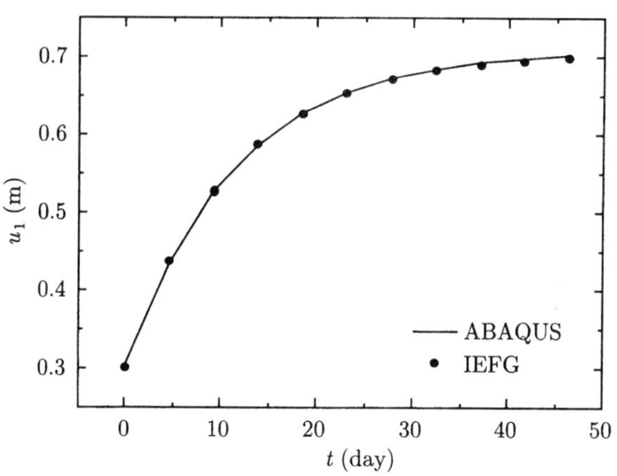

图 3.6.18　点 $(R, 0, h)$ 的位移 u_1 随时间的变化

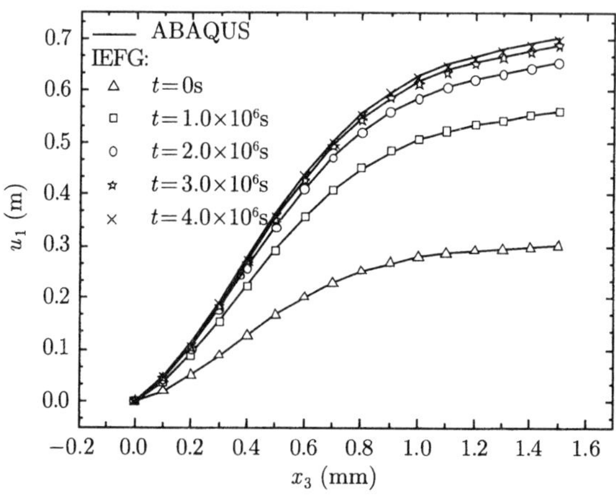

图 3.6.19　不同时刻沿 $x_1 = R, x_2 = 0$ 线上的节点位移

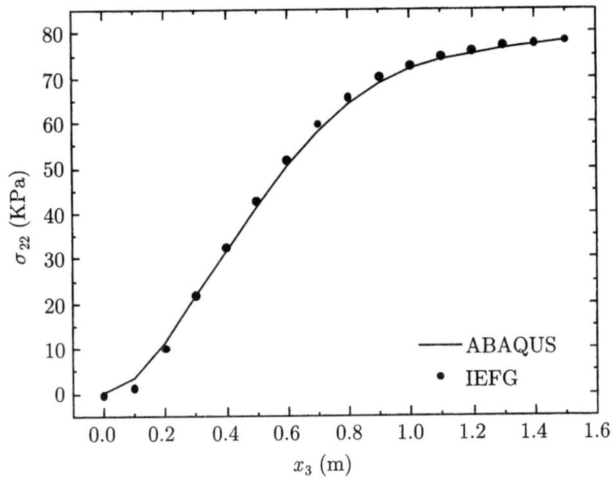

图 3.6.20 $t=4\times10^6$s 时沿 $x_1=3.9$, $x_2=0$ 线上的正应力

本节将改进的无单元 Galerkin 方法应用于三维黏弹性问题. 在求解具体问题时, 分别讨论了影响域大小比例参数、节点数和时间步长对改进的无单元 Galerkin 方法计算结果的影响. 3 个算例的数值计算结果分别与无单元 Galerkin 方法、解析解和 ABAQUS 程序计算结果进行了对比.

理论分析和数值算例均表明, 改进的移动最小二乘法得到的方程组不是病态的或奇异的, 系数可以简单、直接地得到, 不需要求矩阵的逆, 可直接得到法方程的解. 将改进的移动最小二乘法应用于无单元 Galerkin 方法, 提高了无单元 Galerkin 方法的求解精度和效率. 算例中, 采用预先存储形函数并在每一个时间步中加以调用显著提高了改进的无单元 Galerkin 方法的计算速度.

第 4 章　插值型无单元 Galerkin 方法

无单元 Galerkin 方法基于移动最小二乘法建立逼近函数, 由于移动最小二乘法建立的形函数不满足 Kronecker δ 函数的性质, 使得无单元 Galerkin 方法不能直接施加本质边界条件, 而需要借助罚函数法或 Lagrange 乘子法施加本质边界条件. 同样, 改进的移动最小二乘法的形函数也不满足 Kronecker δ 函数的性质, 所以第 3 章改进的无单元 Galerkin 方法也不能直接施加本质边界条件. 这样, 在无单元 Galerkin 方法和改进的无单元 Galerkin 方法中, 弱形式方程或泛函中需要额外加入处理本质边界条件的积分项, 增加了求解的复杂性, 降低了计算效率.

基于移动最小二乘插值法建立逼近函数, 本章建立了势问题、弹性力学和弹塑性问题插值型无单元 Galerkin 方法 (Interpolating element-free Galerkin method, 即 IEFG), 以及势问题和弹性力学的基于非奇异权函数的改进的插值型无单元 Galerkin 方法, 有效解决了无单元 Galerkin 方法不能方便地引入本质边界条件的问题, 提高了无单元 Galerkin 方法的计算效率.

4.1　势问题的插值型无单元 Galerkin 方法

本节是在第 2 章改进的移动最小二乘插值法的基础上, 利用控制方程的等效积分弱形式, 推导了势问题的插值型无单元 Galerkin 方法的离散方程, 提出了势问题的插值型无单元 Galerkin 方法. 与传统的无单元 Galerkin 方法相比, 插值型无单元 Galerkin 方法具有本质边界条件直接施加和计算效率高等优点.

4.1.1　势问题的插值型无单元Galerkin方法

本节以二维 Poisson 方程为例来讨论势问题的插值型无单元 Galerkin 方法.

Poisson 方程为

$$\boldsymbol{\nabla}^2 u(\boldsymbol{x}) + b(\boldsymbol{x}) = 0, \quad \boldsymbol{x} \in \Omega, \tag{4.1.1}$$

边界条件为

$$u(\boldsymbol{x}) = \bar{u}(\boldsymbol{x}), \quad \boldsymbol{x} \in \Gamma_u, \tag{4.1.2}$$

$$q(\boldsymbol{x}) = \frac{\partial u(\boldsymbol{x})}{\partial \boldsymbol{n}} = \bar{q}(\boldsymbol{x}), \quad \boldsymbol{x} \in \Gamma_q. \tag{4.1.3}$$

式 (4.1.1)—式 (4.1.3) 的等效积分弱形式为

$$\int_{\Omega}\delta(\boldsymbol{L}u)^{\mathrm{T}}\cdot(\boldsymbol{L}u)\mathrm{d}\Omega+\int_{\Omega}\delta u\cdot b\mathrm{d}\Omega+\int_{\Gamma_q}\delta u\cdot\bar{q}\mathrm{d}\Gamma=0, \tag{4.1.4}$$

其中

$$\boldsymbol{L}(\cdot)=\begin{bmatrix}\dfrac{\partial}{\partial x_1}\\ \dfrac{\partial}{\partial x_2}\end{bmatrix}(\cdot). \tag{4.1.5}$$

首先将求解域离散为有限个节点, 节点总数为 M, 这些节点的影响域 Ω_I, $I=1,2,\cdots,M$ 的并集覆盖了整个域 Ω.

域内任意场点的位势 $u(\boldsymbol{x})$ 可以近似地用其影响域内的节点位势 $u(\boldsymbol{x}_I)$ 来逼近. 由改进的移动最小二乘插值法的试函数表达式 (2.2.75), 域内任意场点 $\boldsymbol{x}$ 的位势可表示为

$$u(\boldsymbol{x})=\boldsymbol{\Phi}(\boldsymbol{x})\boldsymbol{u}=\sum_{I=1}^{n}\Phi_I(\boldsymbol{x})u_I, \tag{4.1.6}$$

其中 n 是影响域覆盖场点 $\boldsymbol{x}$ 的节点数,

$$\boldsymbol{u}=(u_1,u_2,\cdots,u_n)^{\mathrm{T}}=(u(\boldsymbol{x}_1),u(\boldsymbol{x}_2),\cdots,u(\boldsymbol{x}_n))^{\mathrm{T}}. \tag{4.1.7}$$

由式 (4.1.5) 可得

$$\boldsymbol{L}u(\boldsymbol{x})=\boldsymbol{B}(\boldsymbol{x})\boldsymbol{u}, \tag{4.1.8}$$

其中

$$\boldsymbol{B}(\boldsymbol{x})=(\boldsymbol{B}_1(\boldsymbol{x}),\boldsymbol{B}_2(\boldsymbol{x}),\cdots,\boldsymbol{B}_n(\boldsymbol{x})), \tag{4.1.9}$$

$$\boldsymbol{B}_I(\boldsymbol{x})=\begin{bmatrix}\Phi_{I,1}(\boldsymbol{x})\\ \Phi_{I,2}(\boldsymbol{x})\end{bmatrix}. \tag{4.1.10}$$

将式 (4.1.6)、(4.1.8) 代入式 (4.1.4) 得到

$$\int_{\Omega}\delta[\boldsymbol{B}(\boldsymbol{x})\boldsymbol{u}]^{\mathrm{T}}\cdot[\boldsymbol{B}(\boldsymbol{x})\boldsymbol{u}]\mathrm{d}\Omega+\int_{\Omega}\delta[\boldsymbol{\Phi}(\boldsymbol{x})\boldsymbol{u}]^{\mathrm{T}}\cdot b\mathrm{d}\Omega-\int_{\Gamma}\delta[\boldsymbol{\Phi}(\boldsymbol{x})\boldsymbol{u}]\cdot\bar{q}\mathrm{d}\Gamma=0. \tag{4.1.11}$$

以下分别对式 (4.1.11) 的各项积分进行讨论.

式 (4.1.11) 的第一项积分为

$$\int_{\Omega}\delta[\boldsymbol{B}(\boldsymbol{x})\boldsymbol{u}]^{\mathrm{T}}\cdot[\boldsymbol{B}(\boldsymbol{x})\boldsymbol{u}]\mathrm{d}\Omega=\delta\boldsymbol{u}^{\mathrm{T}}\cdot\left[\int_{\Omega}\boldsymbol{B}^{\mathrm{T}}(\boldsymbol{x})\cdot\boldsymbol{B}(\boldsymbol{x})\mathrm{d}\Omega\right]\cdot\boldsymbol{u}=\delta\boldsymbol{u}^{\mathrm{T}}\cdot\boldsymbol{K}\cdot\boldsymbol{u}, \tag{4.1.12}$$

其中

$$\boldsymbol{K}=\int_{\Omega}\boldsymbol{B}^{\mathrm{T}}(\boldsymbol{x})\cdot\boldsymbol{B}(\boldsymbol{x})\mathrm{d}\Omega, \tag{4.1.13}$$

$\boldsymbol{B}(\boldsymbol{x})$ 与式 (4.1.9) 形式相同, $n=M$; $\boldsymbol{K}=[K_{IJ}]$ 为 $M\times M$ 阶的矩阵,

$$K_{IJ}=\int_{\Omega}\boldsymbol{B}_I^{\mathrm{T}}\cdot\boldsymbol{B}_J\mathrm{d}\Omega, \tag{4.1.14}$$

$I,J=1,2,\cdots,M$.

式 (4.1.11) 的第二项积分为

$$\int_{\Omega}\delta[\boldsymbol{\Phi}(\boldsymbol{x})\boldsymbol{u}]^{\mathrm{T}}\cdot b\mathrm{d}\Omega=\delta\boldsymbol{u}^{\mathrm{T}}\cdot\int_{\Omega}[\boldsymbol{\Phi}(\boldsymbol{x})]^{\mathrm{T}}\cdot b\mathrm{d}\Omega=\delta\boldsymbol{u}^{\mathrm{T}}\cdot\boldsymbol{F}^{(1)}, \tag{4.1.15}$$

其中 $\boldsymbol{u}$ 与式 (4.1.7) 形式相同, $n=M$; $\boldsymbol{F}^{(1)}$ 为给定源函数引起的列向量,

$$\boldsymbol{F}^{(1)}=(f^{(1)}(\boldsymbol{x}_1),f^{(1)}(\boldsymbol{x}_2),\cdots,f^{(1)}(\boldsymbol{x}_M))^{\mathrm{T}}, \tag{4.1.16}$$

$$f^{(1)}(\boldsymbol{x}_I)=\int_{\Omega}\Phi_I(\boldsymbol{x})b\mathrm{d}\Omega. \tag{4.1.17}$$

式 (4.1.11) 的第三项积分为

$$\int_{\Gamma_q}\delta[\boldsymbol{\Phi}(\boldsymbol{x})\boldsymbol{u}]\cdot\bar{q}\mathrm{d}\Gamma=\delta\boldsymbol{u}^{\mathrm{T}}\cdot\int_{\Gamma_q}\boldsymbol{\Phi}^{\mathrm{T}}\cdot\bar{q}\mathrm{d}\Gamma=\delta\boldsymbol{u}^{\mathrm{T}}\cdot\boldsymbol{F}^{(2)}, \tag{4.1.18}$$

其中 $\boldsymbol{F}^{(2)}$ 为给定位势梯度 $\bar{q}$ 引起的列向量,

$$\boldsymbol{F}^{(2)}=(f^{(2)}(\boldsymbol{x}_1),f^{(2)}(\boldsymbol{x}_2),\cdots,f^{(2)}(\boldsymbol{x}_M))^{\mathrm{T}}, \tag{4.1.19}$$

$$f^{(2)}(\boldsymbol{x}_I)=\int_{\Omega}\Phi_I(\boldsymbol{x})\bar{q}\mathrm{d}\Omega. \tag{4.1.20}$$

将式 (4.1.12)、(4.1.15)、(4.1.18) 代入式 (4.1.11), 经整理得到

$$\delta\boldsymbol{u}^{\mathrm{T}}\cdot(\boldsymbol{K}\boldsymbol{u}-\boldsymbol{F})=0, \tag{4.1.21}$$

其中

$$\boldsymbol{F}=\boldsymbol{F}^{(1)}+\boldsymbol{F}^{(2)}. \tag{4.1.22}$$

由位势变分 $\delta\boldsymbol{u}^{\mathrm{T}}$ 的任意性, 可得最终的线性方程组

$$\boldsymbol{K}\boldsymbol{u}=\boldsymbol{F}. \tag{4.1.23}$$

将边界条件 (4.1.2) 代入方程 (4.1.23), 并求解方程 (4.1.23) 即可得到所求问题的解.

以上即为势问题的插值型无单元 Galerkin 方法.

对于势问题的插值型无单元 Galerkin 方法, 其数值实现流程如下:

(1) 输入已知参数, 包括问题域的几何属性和材料常数;

(2) 对于给定的二维势问题, 确定坐标系, 在求解区域 Ω 及其边界 $\Gamma=\Gamma_u\cup\Gamma_q$ 上布置数量为 M 的节点 $\boldsymbol{x}_I$, $I=1,2,\cdots,M$, 并对其进行规则编号, 建立节点信息, 通过程序生成节点坐标;

(3) 形成用于积分的背景积分网格;

(4) 建立 Γ_q 边界积分单元信息;

(5) 根据背景网格和边界, 生成 Gauss 积分点并计算相应 Gauss 积分点信息 (包括 Gauss 积分点的坐标、积分权重和 $|J|$);

(6) 形成矩阵 $\boldsymbol{K}$ 和列向量 $\boldsymbol{F}$ 的第一项 $\boldsymbol{F}^{(1)}$:

A. 对每一个背景积分网格进行循环:

a) 对背景网格内的 Gauss 积分点进行循环;

b) 若 Gauss 积分点在 Ω 内, 则进行步骤 c)→ 步骤 f), 否则直接进行步骤 f);

c) 基于一定的规则, 确定当前 Gauss 积分点 $\boldsymbol{x}_Q$ 影响域内的节点;

d) 分别计算 Gauss 积分点 $\boldsymbol{x}_Q$ 处的形函数 $\Phi_I(\boldsymbol{x}_Q)$ 及其导数 $\Phi_{I,j}(\boldsymbol{x}_Q)$ 的值;

e) 根据式 (4.1.14) 和式 (4.1.17) 分别计算当前 Gauss 积分点 $\boldsymbol{x}_Q$ 对矩阵 $\boldsymbol{K}$ 和 $\boldsymbol{F}^{(1)}$ 元素的贡献;

f) 结束 Gauss 积分点的循环.

B. 结束背景积分网格的循环;

(7) Γ_q 边界积分: 过程与步骤 (6) 类似, 根据式 (4.1.20) 计算列向量 $\boldsymbol{F}$ 的第二项 $\boldsymbol{F}^{(2)}$;

(8) 将步骤 (6) 计算所得的 $\boldsymbol{F}^{(1)}$ 列阵与步骤 (7) 计算所得的 $\boldsymbol{F}^{(2)}$ 相加, 得到最后的 $\boldsymbol{F}$;

(9) 代入位移边界条件 (4.1.2), 求解方程组 (4.1.23), 得到 M 个节点势函数的数值解 $\boldsymbol{u}$;

(10) 由 $\boldsymbol{u}$ 及式 (4.1.6) 得到 Ω 内任一场点的势函数的数值解;

(11) 输出位势.

4.1.2 数值算例

下面利用本节建立的势问题的插值型无单元 Galerkin 方法, 分别对基于 Laplace 方程和 Poisson 方程的势问题进行数值求解. 为了得到插值型的逼近函数, 本节选取了线性基函数和在插值节点处奇异的权函数

$$w(\boldsymbol{x}-\boldsymbol{x}_I)=\begin{cases}\dfrac{\rho_I^2}{|\boldsymbol{x}-\boldsymbol{x}_I|^2}\left(1-\dfrac{\rho_I}{|\boldsymbol{x}-\boldsymbol{x}_I|}\right)^2, & \text{当}|\boldsymbol{x}-\boldsymbol{x}_I|\leqslant\rho_I,\\ 0, & \text{当}|\boldsymbol{x}-\boldsymbol{x}_I|>\rho_I.\end{cases}\tag{4.1.24}$$

1. **矩形域上的 Laplace 方程**

设有一个矩形域上的稳态温度场, 其控制方程为

$$\nabla^2 T = \frac{\partial^2 T}{\partial x_1^2} + \frac{\partial^2 T}{\partial x_2^2} = 0, \quad x_1 \in [0,5], x_2 \in [0,10], \tag{4.1.25}$$

边界条件为

$$T(x_1, 0) = 0, \quad 0 < x_1 < 5, \tag{4.1.26}$$

$$T(0, x_2) = 0, \quad 0 < x_2 < 10, \tag{4.1.27}$$

$$T(x_1, 10) = 100\sin(\pi x_1/10), \quad 0 < x_1 < 5, \tag{4.1.28}$$

$$\frac{\partial T(5, x_2)}{\partial x_1} = 0, \quad 0 < x_2 < 10. \tag{4.1.29}$$

该温度场问题的解析解为

$$T(x_1, x_2) = \frac{100\sin(\pi x_1/10)\mathrm{sh}(\pi x_2/10)}{\mathrm{sh}(\pi)}. \tag{4.1.30}$$

如图 4.1.1 所示, 在矩形区域 Ω 内均匀布置了 9×17 个节点.

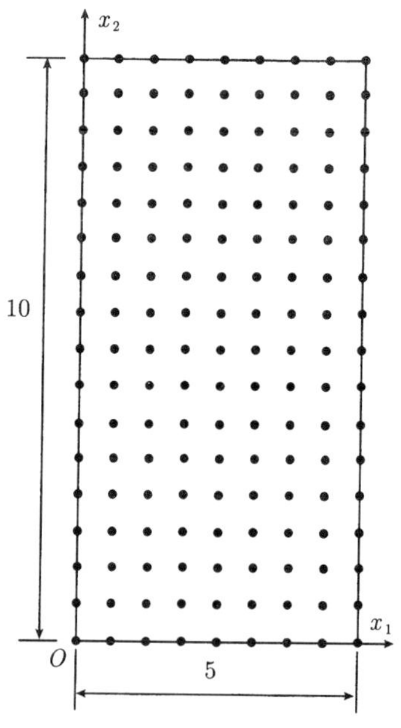

图 4.1.1 节点分布

为了验证本节方法的有效性, 图 4.1.2 和图 4.1.3 给出了矩形区域内 $x_1 = 2.5$ 处和 $x_2 = 5.0$ 处温度的解析解和本节方法所得的数值解的对比结果. 可以看出, 本节的方法所得数值解与解析解吻合得很好, 说明了本节方法具有较高精度. 另外, 表 4.1.1 对 $x_2 = 5.0$ 处温度的数值解和解析解的相对误差与传统的无单元 Galerkin 方法作了比较. 可以看出, 本节提出的插值型无单元 Galerkin 方法的计算结果比传统的无单元 Galerkin 方法具有更高的精度, 说明了本节方法的优越性.

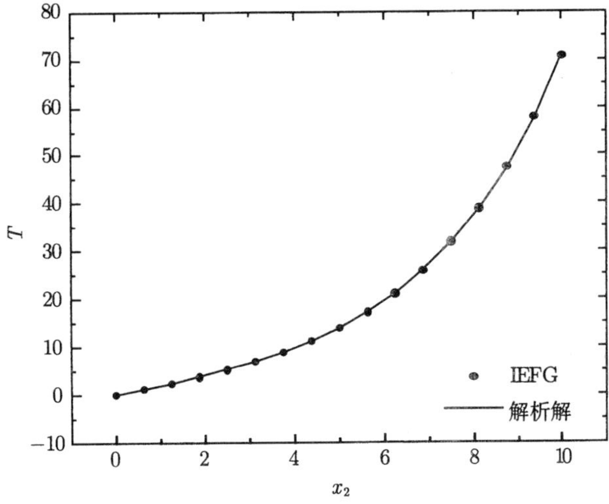

图 4.1.2 $x_1 = 2.5$ 处温度解析解与数值解

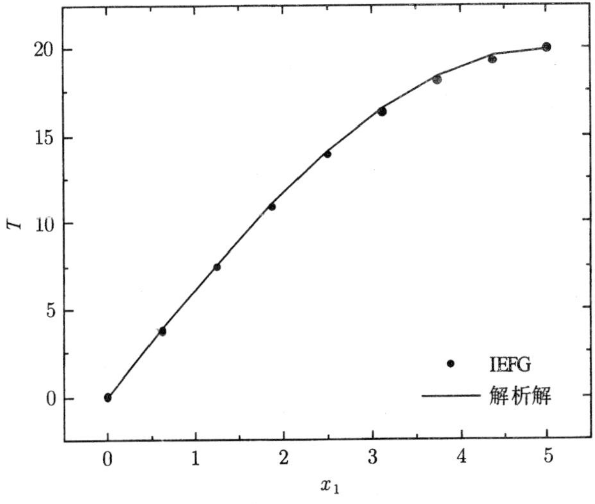

图 4.1.3 $x_2 = 5.0$ 处温度解析解与数值解

表 4.1.1 $x_2 = 5.0$ 处节点温度的数值解的相对误差 (%)

节点坐标	IEFG	EFG
(0.625,5.0)	0.02623	0.046366
(1.250,5.0)	0.0035	0.0137
(1.875,5.0)	0.0003	0.0026
(2.500,5.0)	0.0182	0.006
(3.125,5.0)	0.001	0.001
(3.750,5.0)	0.0035	0.008
(4.375,5.0)	0.0038	0.005
(5.000,5.0)	0.0039	0.006

2. 矩形域上的 Poisson 方程

考虑一个矩形域上的稳态温度场分布, 其控制方程为

$$\nabla^2 T = -2(x_1 + x_2 - x_1^2 - x_2^2), \quad x_1 \in [0,1], x_2 \in [0,1], \tag{4.1.31}$$

在矩形域的边界上满足边界条件

$$T(x_1, x_2) = 0. \tag{4.1.32}$$

该温度场问题的解析解为

$$T(x_1, x_2) = (x_1 - x_1^2)\,(x_2 - x_2^2). \tag{4.1.33}$$

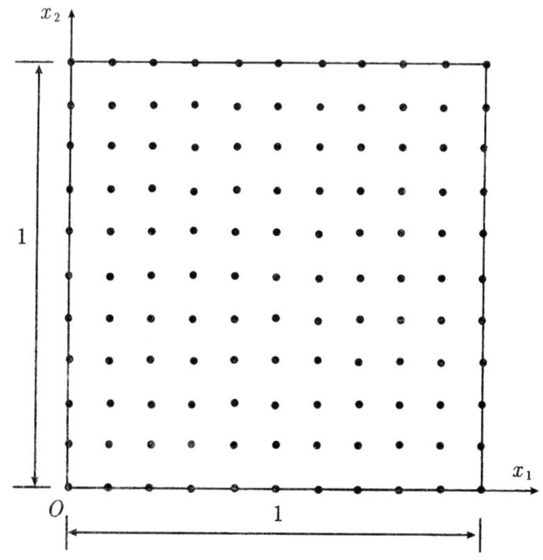

图 4.1.4 节点分布

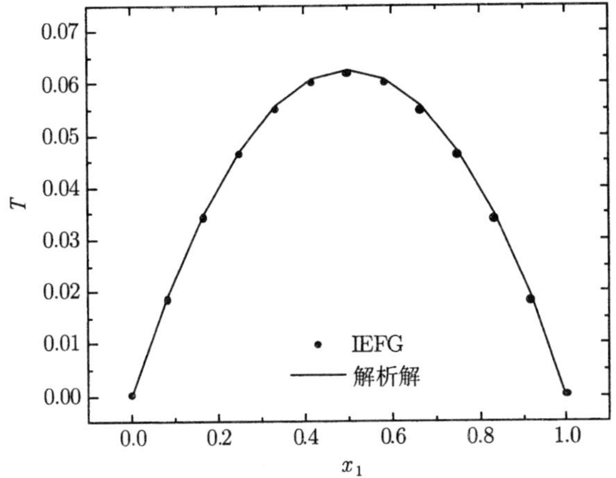

图 4.1.5 $x_2 = 0.5$ 处温度的数值解与解析解

如图 4.1.4 所示, 在求解域内均匀布置了 11×11 个节点. 图 4.1.5 给出了 $x_2 = 0.5$ 处温度的解析解和本节方法的数值解的对比结果. 同样可以看出, 本节提出的插值型无单元 Galerkin 方法的计算结果和解析解吻合得很好.

与传统的无单元 Galerkin 方法相比, 插值型无单元 Galerkin 方法可以直接施加边界条件, 避免了使用 Lagrange 乘子法和罚函数法处理本质边界条件, 减少了方程组中的方程个数及未知量个数, 从而提高了计算效率. 算例表明, 本节提出的势问题的插值型无单元 Galerkin 方法是有效的.

4.2 弹性力学的插值型无单元 Galerkin 方法

本节采用改进的移动最小二乘插值法构造场点位移逼近函数, 通过弹性力学的 Galerkin 积分弱形式建立了弹性力学的插值型无单元 Galerkin 方法, 并推导了相应的计算公式. 与传统的无单元 Galerkin 方法相比, 本节提出的弹性力学的插值型无单元 Galerkin 方法具有边界条件直接施加的优点, 从而可以提高计算效率. 最后通过数值算例证明了该方法的有效性.

4.2.1 弹性力学的插值型无单元Galerkin方法

考虑二维弹性问题, 设问题域为 Ω, 边界为 Γ, 其对应的控制方程和边界条件为

平衡方程

$$\sigma_{ij,j} + b_i = 0, \quad \boldsymbol{x} \in \Omega; \tag{4.2.1}$$

几何方程

$$\varepsilon_{ij} = \frac{1}{2}(u_{i,j} + u_{j,i}), \quad \boldsymbol{x} \in \Omega; \tag{4.2.2}$$

物理方程

$$\sigma_{ij} = \lambda u_{k,k}\delta_{ij} + G(u_{i,j} + u_{j,i}), \quad \boldsymbol{x} \in \Omega; \tag{4.2.3}$$

位移边界条件

$$u_i = \bar{u}_i, \quad \boldsymbol{x} \in \Gamma_u; \tag{4.2.4}$$

应力边界条件

$$\sigma_{ij}n_j = \bar{t}_i, \quad \boldsymbol{x} \in \Gamma_t, \tag{4.2.5}$$

其中, b_i 为域 Ω 内给定的体力, $\bar{t}_i$ 为给定的面力, $\bar{u}_i$ 为给定的位移, Γ_u 为给定位移边界, Γ_t 为给定面力边界, n_j 为边界 Γ_t 的外法线方向余弦, $i, j = 1, 2$.

记 $\boldsymbol{u}$ 是 Ω 内任一点的位移向量, $\boldsymbol{\sigma}$ 是应力向量, $\boldsymbol{\varepsilon}$ 是应变向量, $\boldsymbol{b}$ 是体力向量, $\bar{\boldsymbol{t}}$、$\bar{\boldsymbol{u}}$ 分别是已知的边界面力和位移向量.

以下从 Galerkin 积分弱形式出发推导二维弹性力学的插值型无单元 Galerkin 方法.

弹性力学的 Galerkin 积分弱形式为

$$\int_\Omega (\boldsymbol{\sigma}^{\mathrm{T}} \cdot \delta\boldsymbol{\varepsilon})\mathrm{d}\Omega - \int_\Omega (\boldsymbol{b}^{\mathrm{T}} \cdot \delta\boldsymbol{u})\mathrm{d}\Omega - \int_{\Gamma_t} (\bar{\boldsymbol{t}}^{\mathrm{T}} \cdot \delta\boldsymbol{u})\mathrm{d}\Gamma = 0. \tag{4.2.6}$$

设域 Ω 内配有 M 个节点, 这些节点的影响域 $\Omega_I(I = 1, 2, \cdots, M)$ 的并集覆盖了整个域 Ω.

由改进的移动最小二乘插值法的试函数表达式 (2.2.75), 域内任意场点 $\boldsymbol{x}$ 的位移可表示为

$$\boldsymbol{u} = \boldsymbol{u}(\boldsymbol{x}) = (u_1(\boldsymbol{x}), u_2(\boldsymbol{x}))^{\mathrm{T}}, \tag{4.2.7}$$

$$u_1(\boldsymbol{x}) = \sum_{I=1}^{n} \Phi_I(\boldsymbol{x}) u_1(\boldsymbol{x}_I), \tag{4.2.8}$$

$$u_2(\boldsymbol{x}) = \sum_{I=1}^{n} \Phi_I(\boldsymbol{x}) u_2(\boldsymbol{x}_I), \tag{4.2.9}$$

其中 n 是影响域覆盖场点 $\boldsymbol{x}$ 的节点数.

式 (4.2.7) 可写为

$$\boldsymbol{u} = (u_1(\boldsymbol{x}), u_2(\boldsymbol{x}))^{\mathrm{T}} = \boldsymbol{N} \cdot \boldsymbol{U}, \tag{4.2.10}$$

其中

$$\boldsymbol{N} = \begin{bmatrix} \Phi_1 & 0 & \Phi_2 & 0 & \cdots & \Phi_n & 0 \\ 0 & \Phi_1 & 0 & \Phi_2 & \cdots & 0 & \Phi_n \end{bmatrix}, \tag{4.2.11}$$

$$\boldsymbol{U}=(u_1(\boldsymbol{x}_1),u_2(\boldsymbol{x}_1),u_1(\boldsymbol{x}_2),u_2(\boldsymbol{x}_2),\cdots,u_1(\boldsymbol{x}_n),u_2(\boldsymbol{x}_n))^{\mathrm{T}}. \tag{4.2.12}$$

域内任一点的应变为

$$\boldsymbol{\varepsilon}(\boldsymbol{x})=\begin{bmatrix} u_{1,1} \\ u_{2,2} \\ u_{1,2}+u_{2,1} \end{bmatrix}=\begin{bmatrix} \left(\sum_{I=1}^{n}\Phi_I(\boldsymbol{x})u_1(\boldsymbol{x}_I)\right)_{,1} \\ \left(\sum_{I=1}^{n}\Phi_I(\boldsymbol{x})u_2(\boldsymbol{x}_I)\right)_{,2} \\ \left(\sum_{I=1}^{n}\Phi_I(\boldsymbol{x})u_1(\boldsymbol{x}_I)\right)_{,2}+\left(\sum_{I=1}^{n}\Phi_I(\boldsymbol{x})u_2(\boldsymbol{x}_I)\right)_{,1} \end{bmatrix}, \tag{4.2.13}$$

可记为

$$\boldsymbol{\varepsilon}=\boldsymbol{\varepsilon}(\boldsymbol{x})=\boldsymbol{BU}, \tag{4.2.14}$$

其中

$$\boldsymbol{B}=\begin{bmatrix} \Phi_{1,1} & 0 & \Phi_{2,1} & 0 & \cdots & \Phi_{n,1} & 0 \\ 0 & \Phi_{1,2} & 0 & \Phi_{2,2} & \cdots & 0 & \Phi_{n,2} \\ \Phi_{1,2} & \Phi_{1,1} & \Phi_{2,2} & \Phi_{2,1} & \cdots & \Phi_{n,2} & \Phi_{n,1} \end{bmatrix}. \tag{4.2.15}$$

域内任一点的应力为

$$\boldsymbol{\sigma}(\boldsymbol{x})=\boldsymbol{D}\boldsymbol{\varepsilon}(\boldsymbol{x})=\boldsymbol{DBU}, \tag{4.2.16}$$

其中 $\boldsymbol{D}$ 为弹性矩阵, 对于平面应力问题

$$\boldsymbol{D}=\frac{E}{1-\nu^2}\begin{bmatrix} 1 & \nu & 0 \\ \nu & 1 & 0 \\ 0 & 0 & \dfrac{1-\nu}{2} \end{bmatrix}, \tag{4.2.17}$$

对于平面应变问题

$$\boldsymbol{D}=\frac{E}{(1+\nu)(1-2\nu)}\begin{bmatrix} 1-\nu & \nu & 0 \\ \nu & 1-\nu & 0 \\ 0 & 0 & \dfrac{1-2\nu}{2} \end{bmatrix}. \tag{4.2.18}$$

将式 (4.2.10)、(4.2.14)、(4.2.16) 代入式 (4.2.6) 得到

$$\int_{\Omega}(\boldsymbol{DBU})^{\mathrm{T}}\delta(\boldsymbol{BU})\mathrm{d}\Omega-\int_{\Omega}\boldsymbol{b}^{\mathrm{T}}\delta(\boldsymbol{NU})\mathrm{d}\Omega-\int_{\Gamma_t}\bar{\boldsymbol{t}}^{\mathrm{T}}\delta(\boldsymbol{NU})\mathrm{d}\Gamma=0, \tag{4.2.19}$$

即

$$\int_{\Omega}\boldsymbol{U}^{\mathrm{T}}\boldsymbol{B}^{\mathrm{T}}\boldsymbol{DB}\delta\boldsymbol{U}\mathrm{d}\Omega-\int_{\Omega}\boldsymbol{b}^{\mathrm{T}}\boldsymbol{N}\delta\boldsymbol{U}\mathrm{d}\Omega-\int_{\Gamma_t}\bar{\boldsymbol{t}}^{\mathrm{T}}\boldsymbol{N}\delta\boldsymbol{U}\mathrm{d}\Gamma=0. \tag{4.2.20}$$

由节点位移变分 $\delta\boldsymbol{U}$ 的任意性可得

$$\boldsymbol{K}\boldsymbol{U}=\boldsymbol{f}, \tag{4.2.21}$$

其中 $\boldsymbol{K}=[\boldsymbol{K}_{IJ}]$ 为 $2M\times 2M$ 阶的矩阵,

$$\boldsymbol{K}=\int_{\Omega}\boldsymbol{B}^{\mathrm{T}}\boldsymbol{D}\boldsymbol{B}\mathrm{d}\Omega, \tag{4.2.22}$$

$$\boldsymbol{K}_{IJ}=\int_{\Omega}\boldsymbol{B}_I^{\mathrm{T}}\boldsymbol{D}\boldsymbol{B}_J\mathrm{d}\Omega, \tag{4.2.23}$$

$$\boldsymbol{B}_I=\begin{bmatrix}\Phi_{I,1} & 0\\ 0 & \Phi_{I,2}\\ \Phi_{I,2} & \Phi_{I,1}\end{bmatrix}, \tag{4.2.24}$$

$\boldsymbol{f}$ 为 $2M$ 维列向量,

$$\boldsymbol{f}=\int_{\Omega}\boldsymbol{N}^{\mathrm{T}}\boldsymbol{b}\mathrm{d}\Omega+\int_{\Gamma_t}\boldsymbol{N}^{\mathrm{T}}\bar{\boldsymbol{t}}\mathrm{d}\Gamma, \tag{4.2.25}$$

其分量为

$$\boldsymbol{f}_I=\int_{\Omega}\boldsymbol{N}_I^{\mathrm{T}}\boldsymbol{b}\mathrm{d}\Omega+\int_{\Gamma_t}\boldsymbol{N}_I^{\mathrm{T}}\bar{\boldsymbol{t}}\mathrm{d}\Gamma, \tag{4.2.26}$$

$$\boldsymbol{N}_I=\begin{bmatrix}\Phi_I & 0\\ 0 & \Phi_I\end{bmatrix}, \tag{4.2.27}$$

$\boldsymbol{U}$ 与式 (4.2.12) 形式相同, $n=M$.

以上为利用积分弱形式建立的弹性力学的插值型的无单元 Galerkin 法.

弹性力学的插值型无单元 Galerkin 方法具体的实施流程如下:

(1) 输入已知参数, 确定几何尺寸和材料特性;

(2) 在求解域内确定坐标系, 设置节点坐标, 并对其编号, 建立节点信息;

(3) 形成用于积分的背景积分网格;

(4) 建立 Γ_t 边界积分单元信息;

(5) 根据背景网格和边界生成 Gauss 积分点并计算相应 Gauss 积分点信息 (包括 Gauss 积分点的坐标、积分权重和 $|J|$);

(6) 形成矩阵 $\boldsymbol{K}$ 和荷载列向量 $\boldsymbol{f}$ 的第一项:

A. 对每一个背景积分网格进行循环:

a) 对背景网格内的 Gauss 积分点进行循环;

b) 若 Gauss 积分点在 Ω 内, 则进行步骤 c)→ 步骤 f), 否则直接进行步骤 f);

c) 基于一定的规则, 确定当前 Gauss 积分点 $\boldsymbol{x}_Q$ 影响域内的节点;

d) 分别计算 Gauss 积分点 $\boldsymbol{x}_Q$ 处的形函数 $\Phi_I(\boldsymbol{x}_Q)$ 及其导数 $\Phi_{I,j}(\boldsymbol{x}_Q)$ 的值;

e) 根据式 (4.2.23) 和式 (4.2.25) 计算当前 Gauss 积分点 $\boldsymbol{x}_Q$ 对矩阵 $\boldsymbol{K}$ 和荷载列向量 $\boldsymbol{f}$ 第一项的贡献;

f) 结束 Gauss 积分点的循环.

B. 结束背景积分网格的循环;

(7) Γ_q 边界积分: 过程与步骤 (6) 类似, 根据式 (4.2.25) 计算荷载列向量 $\boldsymbol{f}$ 的第二项;

(8) 将步骤 (6) 计算所得的列向量与步骤 (7) 计算所得的列向量相加, 得到最后的 $\boldsymbol{f}$ 列阵;

(9) 求解线性方程组 (4.2.21), 代入边界条件求得节点位移;

(10) 域内其他场点的位移可由式 (4.2.8) 和式 (4.2.9) 得到;

(11) 各点的应变和应力可由式 (4.2.14) 和式 (4.2.16) 得到.

4.2.2 数值算例

以下采用本节建立的弹性力学的插值型无单元 Galerkin 方法分别对下面的算例进行计算. 选取的权函数如式 (4.1.25).

1. 端部受剪切荷载作用的悬臂梁

如图 4.2.1 所示, 在末端受向下集中荷载作用的悬臂梁, 长 $L=48\text{m}$, 高度 $D=12\text{m}$, 厚度 $\delta=1\text{m}$, 材料的弹性模量 $E=3.0\times10^7\text{Pa}$, Poisson 比 $\nu=0.3$, 荷载 $p=1000\text{N}$, 不计自重, 按平面应力计算.

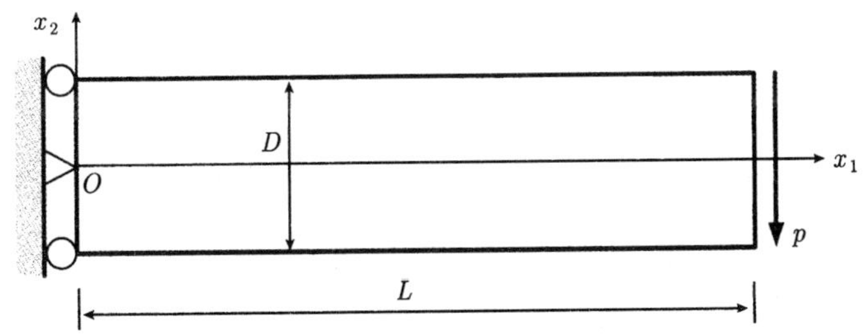

图 4.2.1 悬臂梁示意图

该问题的位移和应力解析解分别为

$$u_1=-\frac{px_2}{6EI}\left[(6L-3x_1)x_1+(2+\nu)\left[x_2^2-\frac{D^2}{4}\right]\right], \tag{4.2.28}$$

$$u_2=\frac{p}{6EI}\left[3\nu(L-x_1)x_2^2+(4+5\nu)\frac{D^2x_1}{4}+(3L-x_1)x_1^2\right]; \tag{4.2.29}$$

$$\sigma_{11} = -\frac{p(L-x_1)x_2}{I}, \tag{4.2.30}$$

$$\sigma_{22} = 0, \tag{4.2.31}$$

$$\sigma_{12} = \frac{p}{2I}\left[\frac{D^2}{4} - x_2^2\right], \tag{4.2.32}$$

这里 I 是梁的横截面惯性矩, 对于单位厚度的矩形截面

$$I = \frac{D^3}{12}. \tag{4.2.33}$$

如图 4.2.2 所示, 在求解域内均匀布置了的 11×5 个节点. 背景积分网格的划分按照节点布置的格局来处理, 共划分了 10×4 个积分子域, 每个子域采用 4×4 点的 Gauss 积分. 计算过程中, 试函数的构造采用线性基. 影响域大小的比例参数取为 $d_{\max} = 3.5$.

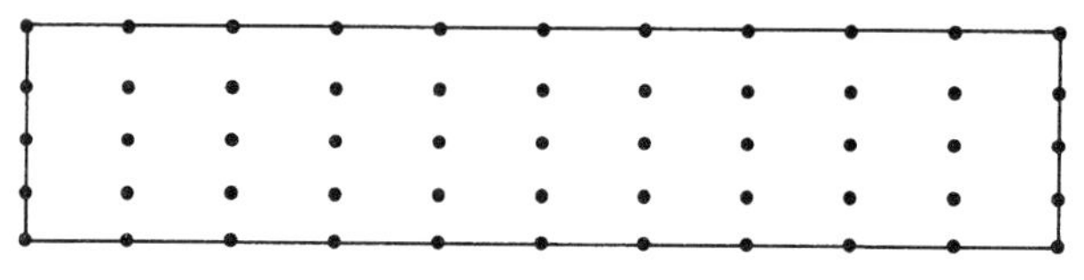

图 4.2.2　悬臂梁的节点分布示意图

图 4.2.3 给出了中性轴上各节点沿 x_2 方向位移的数值解和解析解. 图 4.2.4 给出 $x_1 = L/2$ 横截面上点的正应力的数值解和解析解. 可以看出本节提出的弹性力学的插值型无单元 Galerkin 方法的计算结果和解析解吻合得较好, 说明了本节方法的正确性和有效性.

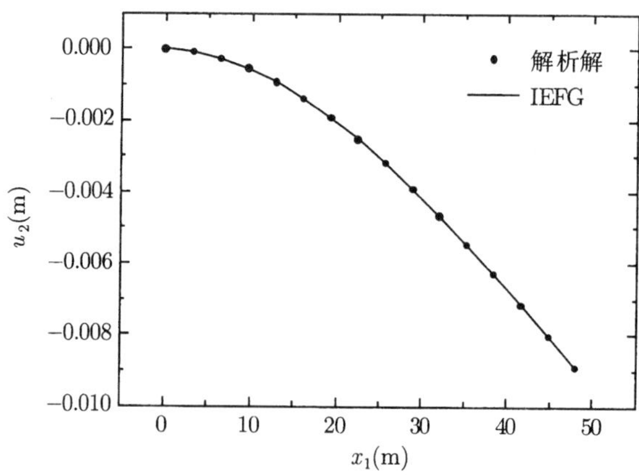

图 4.2.3　梁中性轴的挠度

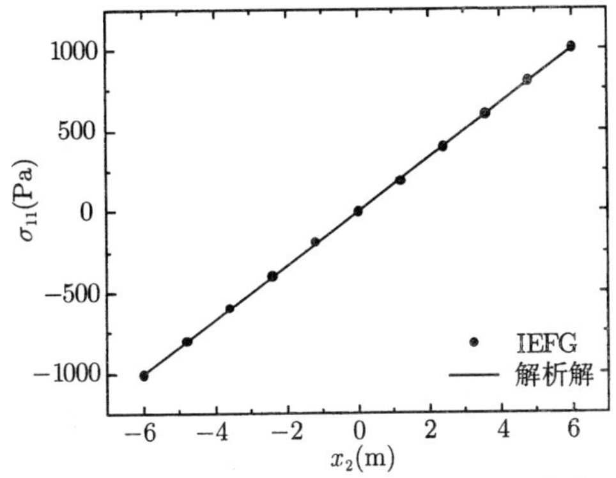

图 4.2.4 悬臂梁 $x_1 = L/2$ 横断面正应力

2. 受单向拉伸作用的中心圆孔板

受单向拉伸的中心圆孔板如图 4.2.5 所示. 板的尺寸为 10m×10m, 中心圆孔半径为 1m. 材料参数为 $E = 2.0 \times 10^5$MPa, Poisson 比 $\nu = 0.25$. 单向拉伸均布荷载 $q = 1.0$KPa. 由于对称性, 取四分之一区域作为计算模型, 如图 4.2.6 所示. 中心圆孔板的节点配置如图 4.2.7 所示, 共布置了 90 个节点.

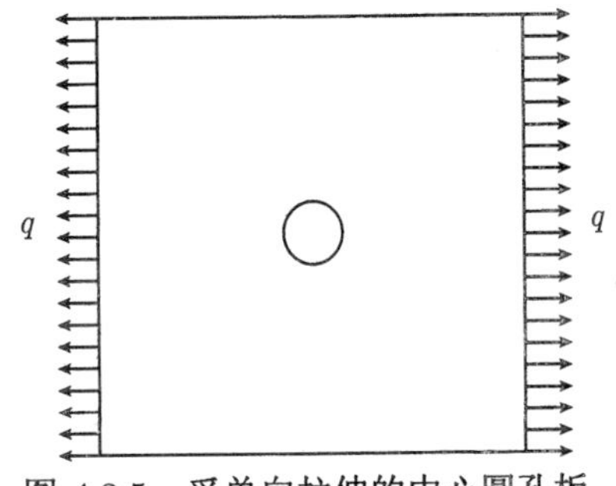

图 4.2.5 受单向拉伸的中心圆孔板

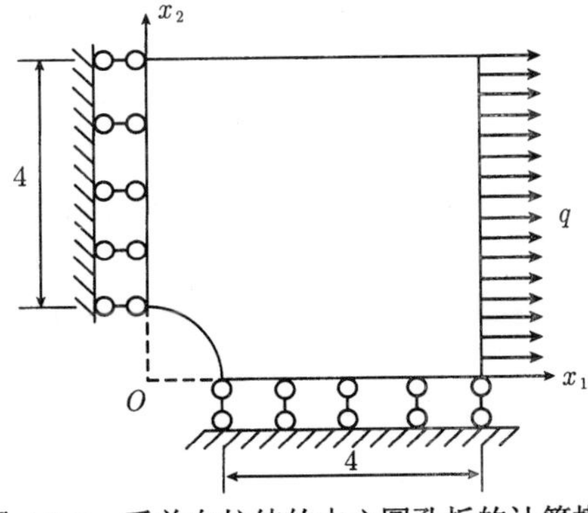

图 4.2.6 受单向拉伸的中心圆孔板的计算模型

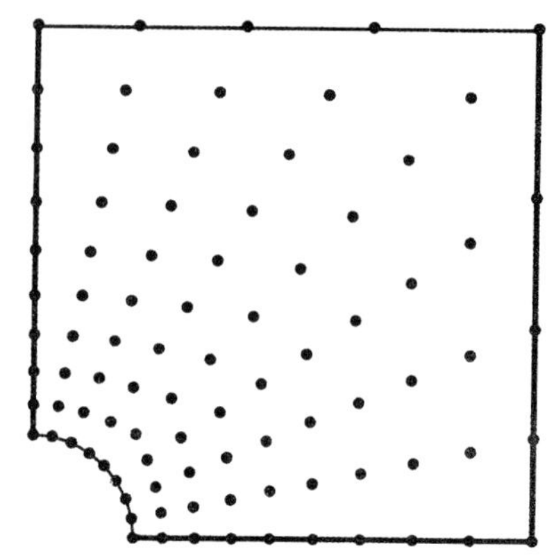

图 4.2.7　受单向拉伸的中心圆孔板的节点配置

在极坐标下, 该问题的应力解析解为

$$\sigma_{11}(r,\theta)=q\left\{1-\frac{a^2}{r^2}\left(\frac{3}{2}\cos(2\theta)+\cos(4\theta)\right)+\frac{3}{2}\frac{a^4}{r^4}\cos(4\theta)\right\}, \tag{4.2.34}$$

$$\sigma_{22}(r,\theta)=q\left\{\frac{a^2}{r^2}\left(\frac{1}{2}\cos(2\theta)-\cos(4\theta)\right)+\frac{3}{2}\frac{a^4}{r^4}\cos(4\theta)\right\}, \tag{4.2.35}$$

$$\tau_{12}(r,\theta)=-q\left\{\frac{a^2}{r^2}\left(\frac{1}{2}\sin(2\theta)+\sin(4\theta)\right)-\frac{3}{2}\frac{a^4}{r^4}\sin(4\theta)\right\}, \tag{4.2.36}$$

位移的解析解为

$$u_r=\frac{q}{4G}\left\{r\left[\frac{\kappa-1}{2}+\cos(2\theta)\right]+\frac{a^2}{r}\left[1+(1+\kappa)\cos(2\theta)\right]-\frac{a^4}{r^3}\cos(2\theta)\right\}, \tag{4.2.37}$$

$$u_\theta=\frac{q}{4G}\left[(1-\kappa)\frac{a^2}{r}-r-\frac{a^4}{r^3}\right]\sin(2\theta), \tag{4.2.38}$$

其中 r 是径向距离, a 为圆孔半径, ν 是 Poisson 比, G 为剪切模量, κ 为 Kolosov 常数,

$$\kappa=\begin{cases}3-4\nu & \text{平面应变问题}\\ \dfrac{3-\nu}{1+\nu} & \text{平面应力问题}\end{cases}. \tag{4.2.39}$$

沿着 x_2 轴, $\theta=\pi/2$, 环向正应力和径向位移的解析解分别为

$$\sigma_\theta=q\left(1+\frac{1}{2}\cdot\frac{a^2}{r^2}+\frac{3}{2}\cdot\frac{a^4}{r^4}\right), \tag{4.2.40}$$

$$u_r=\frac{q}{4G}\left[\frac{r}{2}(\kappa-3)-\frac{a^2}{r}\kappa+\frac{a^4}{r^3}\right]. \tag{4.2.41}$$

沿着 x_1 轴, $\theta = 0$, 环向正应力和径向位移的解析解分别为

$$\sigma_\theta = -\frac{1}{2}\frac{a^2 q}{r^2}\left(3\frac{a^2}{r^2} - 1\right), \tag{4.2.42}$$

$$u_r = \frac{q}{4G}\left[\frac{r}{2}(\kappa+1) + \frac{a^2}{r}(\kappa+2) - \frac{a^4}{r^3}\right]. \tag{4.2.43}$$

在计算中采用线性基函数来构造试函数. 图 4.2.8 给出了 $x_1 = 0$ 横截面上的径向位移的数值解和解析解. 图 4.2.9 给出了 $x_2 = 0$ 横截面上各节点的径向位移数值结果和解析解. 图 4.2.10 给出了 $x_1 = 0$ 横截面上的正应力的数值解和解析解. 可以看出, 计算结果和解析解吻合得很好, 说明了本节方法的正确性和对于应力集中问题的可行性.

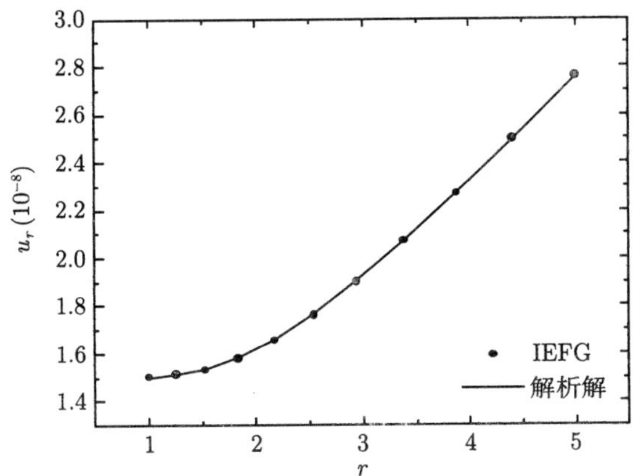

图 4.2.8 沿 $x_1 = 0$ 截面的径向位移

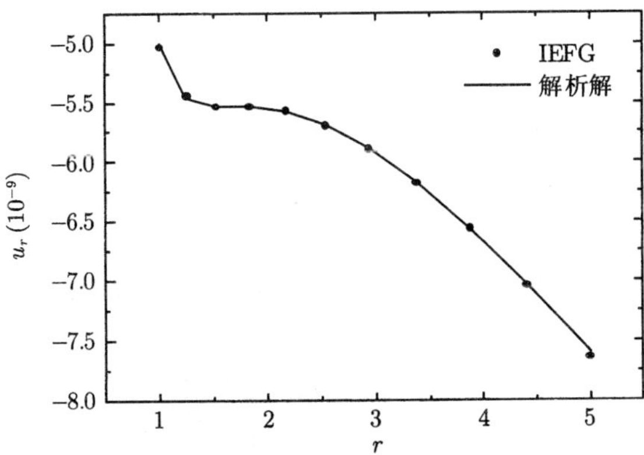

图 4.2.9 沿 $x_2 = 0$ 截面的径向位移

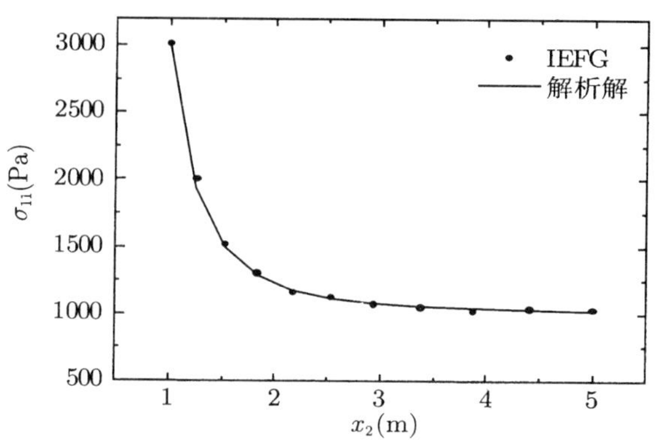

图 4.2.10　沿 $x_1 = 0$ 的截面正应力

3. 受均布内压的圆环

受均布内压的圆环如图 4.2.11 所示, 其内表面受均匀分布的压力 p 的作用, 外表面自由, 在该计算模型中, 几何及物理参数为 $a = 1$, $b = 5$, $p = 3 \times 10^5$, $E = 10^6$, $\nu = 0.25$.

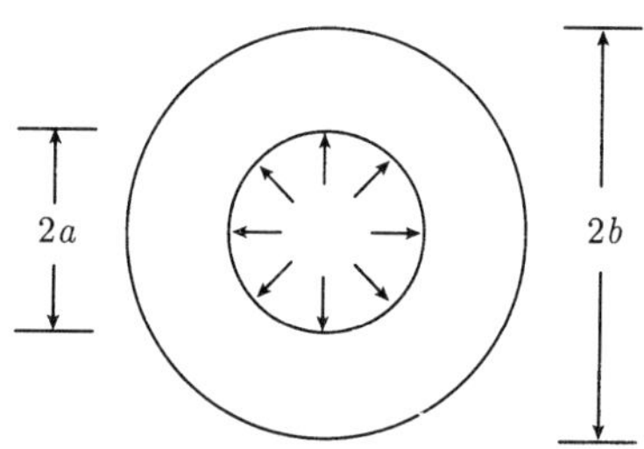

图 4.2.11　受均布内压的圆环

由于对称性, 只取四分之一区域为研究对象, 如图 4.2.12 所示. 圆环的节点配置如图 4.2.13 所示, 共布置了 121 个节点.

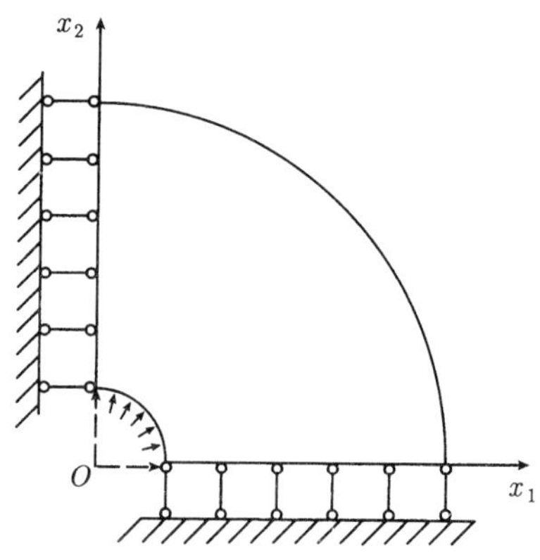

图 4.2.12　受内压的四分之一圆环

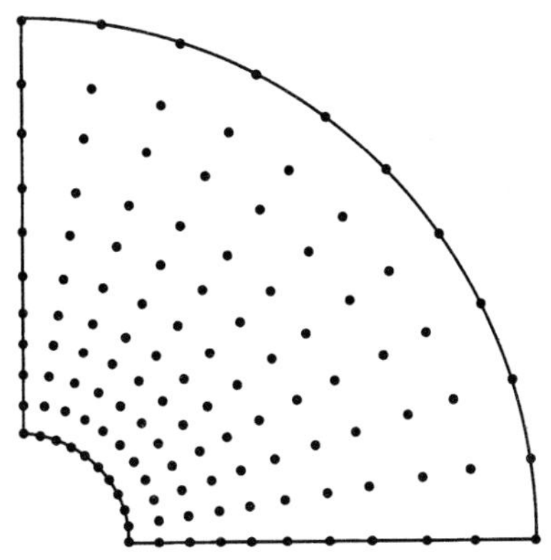

图 4.2.13 承受内压的四分之一圆环的布点配置

在极坐标系下, 径向和环向位移的解析解为

$$u_r(r)=\frac{a^2pr}{E(b^2-a^2)}\left[1-\nu+\frac{b^2}{r^2}(1+\nu)\right], \tag{4.2.44}$$

$$u_\theta=0. \tag{4.2.45}$$

在平面应力条件下, 应力和应变的解析解为

$$\sigma_r(r)=\frac{a^2p}{b^2-a^2}\left[1-\frac{b^2}{r^2}\right], \tag{4.2.46}$$

$$\sigma_\theta(r)=\frac{a^2p}{b^2-a^2}\left[1+\frac{b^2}{r^2}\right], \tag{4.2.47}$$

$$\varepsilon_r(r)=\frac{a^2p}{E(b^2-a^2)}\left[1-\nu-\frac{b^2}{r^2}(1+\nu)\right], \tag{4.2.48}$$

$$\varepsilon_\theta(r)=\frac{a^2p}{E(b^2-a^2)}\left[1-\nu+\frac{b^2}{r^2}(1+\nu)\right], \tag{4.2.49}$$

$$\varepsilon_{r\theta}(r)=0. \tag{4.2.50}$$

图 4.2.14—图 4.2.16 分别给出了 x_1 轴上节点的位移及应力的数值解与解析解的比较. 从中可以看出计算结果和解析解吻合得很好, 说明了本节方法的正确性.

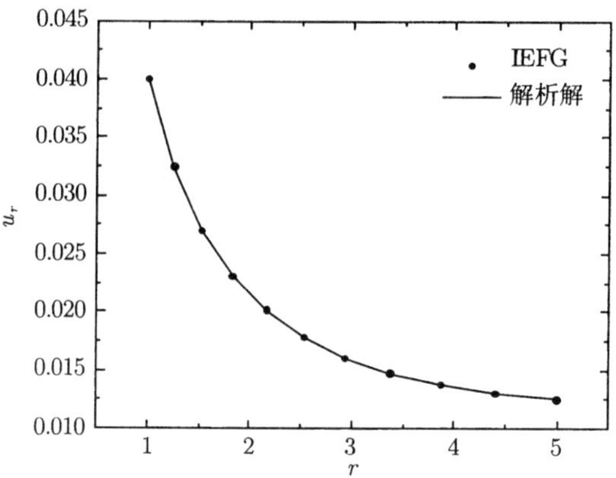

图 4.2.14 沿 x_1 轴节点径向位移

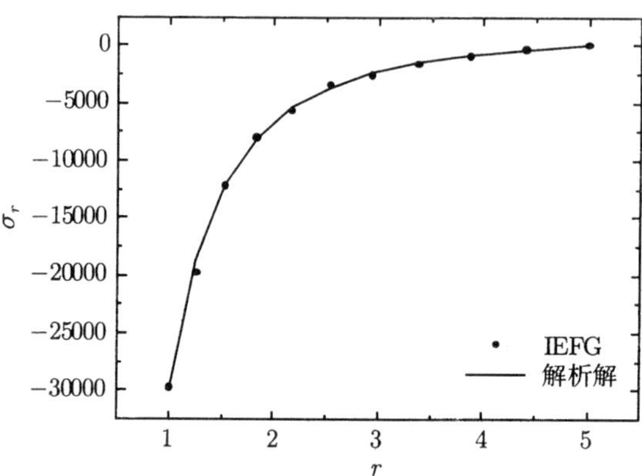

图 4.2.15 沿 x_1 轴节点径向应力

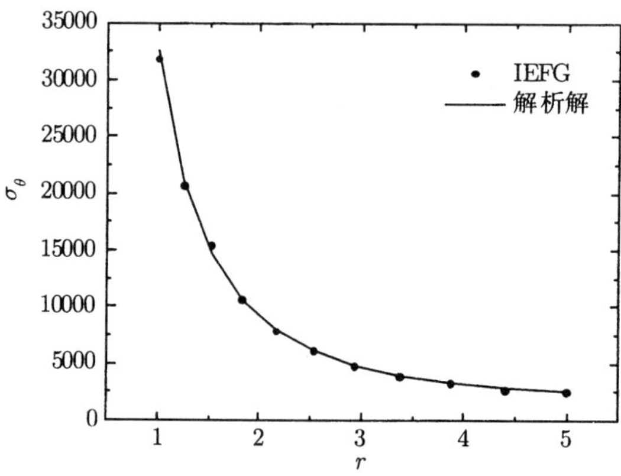

图 4.2.16 沿 x_1 轴节点环向应力

插值型无单元 Galerkin 方法可以直接施加本质边界条件, 避免了像传统的无单元 Galerkin 方法一样利用 Lagrange 乘子法或罚函数法施加本质边界条件, 减少了方程个数及未知量个数, 从而提高了计算效率. 数值算例表明, 本节建立的弹性力学的插值型无单元 Galerkin 方法是有效的.

4.3 弹塑性力学的插值型无单元 Galerkin 方法

本节采用改进的移动最小二乘插值法构造场点位移逼近函数, 通过弹塑性力学的 Galerkin 积分弱形式建立了弹塑性力学的插值型无单元 Galerkin 方法, 并推导了相应的计算公式. 同样, 与传统的无单元 Galerkin 方法相比, 本节提出的弹塑性力学的插值型无单元 Galerkin 方法具有本质边界条件直接施加的优点, 从而可以提高计算效率.

4.3.1 弹塑性力学基本理论

对于结构的弹塑性边值问题, 由于其具有材料非线性以及应力-应变的非一一对应性, 使得这类问题的分析要比线弹性边值问题复杂得多. 当结构处于塑性阶段时, 其应力应变呈非线性关系, 材料的本构关系与加载和卸载的过程紧密相关. 因此, 在建立弹塑性问题的插值型无单元 Galerkin 方法前, 首先简单阐述弹塑性力学基本理论.

1. 屈服准则

对于简单应力状态, 比如简单拉伸时, 若拉伸应力初次达到材料的屈服极限 σ_s 时, 材料就开始进入屈服状态; 而对于复杂的应力状态, 需要按照适当的屈服准则, 来判定是否进入屈服.

目前常用的有 Tresca 屈服准则和 Mises 屈服准则. 以下以 Mises 屈服准则为例进行说明.

Mises 屈服准则认为: 当等效应力 $\hat{\sigma}$ 达到材料屈服极限 σ_s 时, 材料开始进入屈服. 在复杂应力状态下, 空间任意一点的应力表示为

$$\boldsymbol{\sigma}^{\mathrm{T}} = (\sigma_{11}, \sigma_{22}, \sigma_{33}, \sigma_{12}, \sigma_{23}, \sigma_{31}). \tag{4.3.1}$$

定义等效应力为

$$\hat{\sigma} = \sqrt{\frac{1}{2}[(\sigma_{11}-\sigma_{22})^2+(\sigma_{22}-\sigma_{33})^2+(\sigma_{33}-\sigma_{11})^2]+3(\sigma_{12}^2+\sigma_{23}^2+\sigma_{31}^2)}. \tag{4.3.2}$$

引入应力偏量

$$\begin{cases} \sigma'_{11} = \sigma_{11} - \dfrac{\sigma_{11} + \sigma_{22} + \sigma_{33}}{3}, \sigma'_{12} = \sigma_{12} \\ \sigma'_{22} = \sigma_{22} - \dfrac{\sigma_{11} + \sigma_{22} + \sigma_{33}}{3}, \sigma'_{23} = \sigma_{23}, \\ \sigma'_{33} = \sigma_{33} - \dfrac{\sigma_{11} + \sigma_{22} + \sigma_{33}}{3}, \sigma'_{31} = \sigma_{31} \end{cases} \tag{4.3.3}$$

则相应的应力偏量向量为

$$\boldsymbol{\sigma}'^{\mathrm{T}} = (\sigma'_{11}, \sigma'_{22}, \sigma'_{33}, \sigma'_{12}, \sigma'_{23}, \sigma'_{31}). \tag{4.3.4}$$

由式 (4.3.2)—(4.3.4) 可知, 等效应力 $\hat{\sigma}$ 也可通过应力偏量表示为

$$\hat{\sigma} = \sqrt{\frac{3}{2}[\sigma'^2_{11} + \sigma'^2_{22} + \sigma'^2_{33} + 2(\sigma^2_{12} + \sigma^2_{23} + \sigma^2_{31})]}. \tag{4.3.5}$$

定义

$$\boldsymbol{\sigma}''^{\mathrm{T}} = (\sigma'_{11}, \sigma'_{22}, \sigma'_{33}, \sqrt{2}\sigma_{12}, \sqrt{2}\sigma_{23}, \sqrt{2}\sigma_{31}), \tag{4.3.6}$$

则等效应力 $\hat{\sigma}$ 也可简洁地表示为

$$\hat{\sigma} = \sqrt{\frac{3}{2}} \cdot \sqrt{\boldsymbol{\sigma}''^{\mathrm{T}} \cdot \boldsymbol{\sigma}''}. \tag{4.3.7}$$

2. 应变强化规律

应变强化规律: 对于应变强化的材料在进入屈服后进行卸载或部分卸载, 然后再加载, 其屈服应力值会增加, 且这个新的屈服应力值仅与卸载前的等效塑性应变总量有关.

为讨论在复杂应力状态下的应变强化规律, 空间任意一点的应变表示为

$$\boldsymbol{\varepsilon}^{\mathrm{T}} = (\varepsilon_{11}, \varepsilon_{22}, \varepsilon_{33}, \varepsilon_{12}, \varepsilon_{23}, \varepsilon_{31}). \tag{4.3.8}$$

假若在进入屈服以后荷载按微小增量的方式逐步加载, 在一个荷载增量的作用下应力和应变都在原来的水平上增加了一个微小的增量 $\mathrm{d}\boldsymbol{\sigma}$ 和 $\mathrm{d}\boldsymbol{\varepsilon}$. 按照增量理论, 应变增量 $\mathrm{d}\boldsymbol{\varepsilon}$ 分为弹性应变增量 $\mathrm{d}\boldsymbol{\varepsilon}_{\mathrm{e}}$ 和塑性应变增量 $\mathrm{d}\boldsymbol{\varepsilon}_{\mathrm{p}}$ 两部分, 即

$$\mathrm{d}\boldsymbol{\varepsilon} = \mathrm{d}\boldsymbol{\varepsilon}_{\mathrm{e}} + \mathrm{d}\boldsymbol{\varepsilon}_{\mathrm{p}}. \tag{4.3.9}$$

定义等效应变

$$\hat{\boldsymbol{\varepsilon}} = \frac{\sqrt{2}}{2(1+\nu)}\sqrt{(\varepsilon_{11} - \varepsilon_{22})^2 + (\varepsilon_{22} - \varepsilon_{33})^2 + (\varepsilon_{33} - \varepsilon_{11})^2 + \frac{3}{2}(\varepsilon^2_{12} + \varepsilon^2_{23} + \varepsilon^2_{31})}. \tag{4.3.10}$$

等效塑性应变增量为对应于塑性应变增量的等效应变, 记作 $\mathrm{d}\hat{\varepsilon}_{\mathrm{p}}$. 因为塑性变形的 Poisson 比 $\nu = 0.5$, 参照式 (4.3.10) 有

$$\begin{aligned}\mathrm{d}\hat{\varepsilon}_{\mathrm{p}} = &\frac{\sqrt{2}}{3}[(\mathrm{d}\varepsilon_{11\mathrm{p}} - \mathrm{d}\varepsilon_{22\mathrm{p}})^2 + (\mathrm{d}\varepsilon_{22\mathrm{p}} - \mathrm{d}\varepsilon_{33\mathrm{p}})^2 + (\mathrm{d}\varepsilon_{33\mathrm{p}} - \mathrm{d}\varepsilon_{11\mathrm{p}})^2 \\ &+ \frac{3}{2}(\mathrm{d}\varepsilon_{12\mathrm{p}}^2 + \mathrm{d}\varepsilon_{23\mathrm{p}}^2 + \mathrm{d}\varepsilon_{31\mathrm{p}}^2)]^{\frac{1}{2}}.\end{aligned} \tag{4.3.11}$$

对于理想弹塑性材料, 当进入塑性阶段后, 屈服条件不再改变. 但对于加工强化材料, 情况则完全不同. 前面所介绍的屈服条件只能表示初始屈服面. 当应力状态越过初始屈服后, 随着塑性变形的增大, 其瞬时的屈服点将不断提高.

由应变强化规律知新的屈服只有当等效应力满足下式时才会发生, 即

$$\hat{\sigma} = H\int \mathrm{d}\hat{\varepsilon}_{\mathrm{p}}, \tag{4.3.12}$$

其中, 函数 H 反映了新的屈服应力和等效塑性应变总量的依赖关系. 上式同时反映了屈服与强化之间的关系, 称为等向强化材料的 Mises 准则.

引入应变偏量

$$\begin{cases}\varepsilon_{11}' = \varepsilon_{11} - \dfrac{\varepsilon_{11}+\varepsilon_{22}+\varepsilon_{33}}{3}, \varepsilon_{12}' = \varepsilon_{12} \\ \varepsilon_{22}' = \varepsilon_{22} - \dfrac{\varepsilon_{11}+\varepsilon_{22}+\varepsilon_{33}}{3}, \varepsilon_{23}' = \varepsilon_{23} \\ \varepsilon_{33}' = \varepsilon_{33} - \dfrac{\varepsilon_{11}+\varepsilon_{22}+\varepsilon_{33}}{3}, \varepsilon_{31}' = \varepsilon_{31}\end{cases}, \tag{4.3.13}$$

$\varepsilon_{11}+\varepsilon_{22}+\varepsilon_{33}$ 表示体积应变, 因塑性应变不会引起体积的改变, 故有

$$\varepsilon_{11\mathrm{p}} + \varepsilon_{22\mathrm{p}} + \varepsilon_{33\mathrm{p}} = 0. \tag{4.3.14}$$

因此对塑性应变而言, 偏量就是它本身, 故等效塑性应变增量也可以表示为

$$\mathrm{d}\hat{\varepsilon}_{\mathrm{p}} = \sqrt{\frac{2}{3}}\cdot\sqrt{\mathrm{d}\varepsilon_{11\mathrm{p}}^2 + \mathrm{d}\varepsilon_{22\mathrm{p}}^2 + \mathrm{d}\varepsilon_{33\mathrm{p}}^2 + \frac{1}{2}(\mathrm{d}\varepsilon_{12\mathrm{p}}^2 + \mathrm{d}\varepsilon_{23\mathrm{p}}^2 + \mathrm{d}\varepsilon_{31\mathrm{p}}^2)}. \tag{4.3.15}$$

定义

$$\mathrm{d}\boldsymbol{\varepsilon}''^{\mathrm{T}}_{\mathrm{p}} = \left(\mathrm{d}\varepsilon_{11\mathrm{p}}, \mathrm{d}\varepsilon_{22\mathrm{p}}, \mathrm{d}\varepsilon_{33\mathrm{p}}, \frac{\mathrm{d}\varepsilon_{12\mathrm{p}}}{\sqrt{2}}, \frac{\mathrm{d}\varepsilon_{23\mathrm{p}}}{\sqrt{2}}, \frac{\mathrm{d}\varepsilon_{31\mathrm{p}}}{\sqrt{2}}\right), \tag{4.3.16}$$

则式 (4.3.15) 又可改写为

$$\mathrm{d}\hat{\varepsilon}_{\mathrm{p}} = \sqrt{\frac{2}{3}}\cdot\sqrt{(\mathrm{d}\boldsymbol{\varepsilon}''^{\mathrm{T}}_{\mathrm{p}}\cdot\mathrm{d}\boldsymbol{\varepsilon}''_{\mathrm{p}})}. \tag{4.3.17}$$

3. 流动法则

塑性变形的发展是指材料进入塑性状态时会因加载而产生塑性应变增量 $\mathrm{d}\varepsilon_{\mathrm{p}}$. 实践表明塑性应变增量的各个分量之间的比例关系将随着应力状态的不同而改变. 流动法则就是研究它们之间应遵循的规律.

塑性理论中反映塑性应变增量与应力状态之间关系的流动法则为

$$\mathrm{d}\boldsymbol{\varepsilon}_{\mathrm{p}}=\lambda\frac{\partial\hat{\sigma}}{\partial\boldsymbol{\sigma}}, \tag{4.3.18}$$

其中 λ 是一个非负的待定数量因子, $\dfrac{\partial\hat{\sigma}}{\partial\boldsymbol{\sigma}}$ 为数量函数 $\hat{\sigma}$ 对应力 $\boldsymbol{\sigma}$ 的偏导数,

$$\frac{\partial\hat{\sigma}}{\partial\boldsymbol{\sigma}}=\left(\frac{\partial\hat{\sigma}}{\partial\sigma_{11}},\frac{\partial\hat{\sigma}}{\partial\sigma_{22}},\frac{\partial\hat{\sigma}}{\partial\sigma_{33}},\frac{\partial\hat{\sigma}}{\partial\sigma_{12}},\frac{\partial\hat{\sigma}}{\partial\sigma_{23}},\frac{\partial\hat{\sigma}}{\partial\sigma_{31}}\right)^{\mathrm{T}}. \tag{4.3.19}$$

为确定式 (4.3.18) 中的因子 λ, 先计算 $\dfrac{\partial\hat{\sigma}}{\partial\boldsymbol{\sigma}}$. 由式 (4.3.3) 和式 (4.3.5), 并因为 $\sigma'_{11}+\sigma'_{22}+\sigma'_{33}=0$, 得到

$$\left\{\begin{array}{l}\dfrac{\partial\hat{\sigma}}{\partial\sigma_{11}}=\dfrac{3\sigma'_{11}}{2\hat{\sigma}},\dfrac{\partial\hat{\sigma}}{\partial\sigma_{12}}=\dfrac{3\sigma_{12}}{\hat{\sigma}}\\ \dfrac{\partial\hat{\sigma}}{\partial\sigma_{22}}=\dfrac{3\sigma'_{22}}{2\hat{\sigma}},\dfrac{\partial\hat{\sigma}}{\partial\sigma_{23}}=\dfrac{3\sigma_{23}}{\hat{\sigma}}\\ \dfrac{\partial\hat{\sigma}}{\partial\sigma_{33}}=\dfrac{3\sigma'_{33}}{2\hat{\sigma}},\dfrac{\partial\hat{\sigma}}{\partial\sigma_{31}}=\dfrac{3\sigma_{31}}{\hat{\sigma}}\end{array}\right. . \tag{4.3.20}$$

将式 (4.3.20) 代入式 (4.3.18), 得到

$$\begin{aligned}&\left(\mathrm{d}\varepsilon_{11\mathrm{p}},\mathrm{d}\varepsilon_{22\mathrm{p}},\mathrm{d}\varepsilon_{33\mathrm{p}},\frac{\mathrm{d}\varepsilon_{12\mathrm{p}}}{\sqrt{2}},\frac{\mathrm{d}\varepsilon_{23\mathrm{p}}}{\sqrt{2}},\frac{\mathrm{d}\varepsilon_{31\mathrm{p}}}{\sqrt{2}}\right)^{\mathrm{T}}\\ =\ &\lambda\cdot\frac{3}{2\hat{\sigma}}\left(\sigma'_{11},\sigma'_{22},\sigma'_{33},\sqrt{2}\sigma_{12},\sqrt{2}\sigma_{23},\sqrt{2}\sigma_{31}\right)^{\mathrm{T}}.\end{aligned} \tag{4.3.21}$$

由定义式 (4.3.6) 和式 (4.3.16), 有

$$\mathrm{d}\boldsymbol{\varepsilon}''_{\mathrm{p}}=\lambda\cdot\frac{3}{2\hat{\sigma}}\boldsymbol{\sigma}'', \tag{4.3.22}$$

则上式等号两边向量的模应该相等, 于是有

$$\mathrm{d}\boldsymbol{\varepsilon}''^{\mathrm{T}}_{\mathrm{p}}\cdot\mathrm{d}\boldsymbol{\varepsilon}''_{\mathrm{p}}=\lambda^2\frac{9}{4\hat{\sigma}^2}\boldsymbol{\sigma}''^{\mathrm{T}}\cdot\boldsymbol{\sigma}''. \tag{4.3.23}$$

由式 (4.3.7) 和式 (4.3.17), 上式化为

$$\frac{3}{2}\mathrm{d}\hat{\boldsymbol{\varepsilon}}^2_{\mathrm{p}}=\lambda^2\frac{9}{4\hat{\sigma}^2}\cdot\frac{2}{3}\hat{\sigma}^2. \tag{4.3.24}$$

由于加载时 λ 取正值, 故从上式可得

$$\lambda = \mathrm{d}\hat{\varepsilon}_{\mathrm{p}}. \tag{4.3.25}$$

这样, 流动法则 (4.3.18) 最终可化为

$$\mathrm{d}\boldsymbol{\varepsilon}_{\mathrm{p}} = \mathrm{d}\hat{\varepsilon}_{\mathrm{p}} \frac{\partial \hat{\sigma}}{\partial \boldsymbol{\sigma}}. \tag{4.3.26}$$

4. *增量形式的弹塑性本构方程*

为了推导完整的弹塑性阶段的应力应变关系, 把屈服准则式 (4.3.12) 写成微分 (或增量) 的形式为

$$\mathrm{d}\hat{\sigma} = \left(\frac{\partial \hat{\sigma}}{\partial \boldsymbol{\sigma}}\right)^{\mathrm{T}} \mathrm{d}\boldsymbol{\sigma} = H' \mathrm{d}\hat{\varepsilon}_{\mathrm{p}}, \tag{4.3.27}$$

其中 H' 为材料塑性模量, 是反应强化条件的参数, 可由材料实验中得到的应力与塑性应变的关系曲线来确定.

将流动法则式 (4.3.26) 代入式 (4.3.9), 有

$$\mathrm{d}\boldsymbol{\sigma} = \boldsymbol{D}_{\mathrm{e}} \left(\mathrm{d}\boldsymbol{\varepsilon} - \mathrm{d}\hat{\varepsilon}_{\mathrm{p}} \frac{\partial \hat{\sigma}}{\partial \boldsymbol{\sigma}}\right), \tag{4.3.28}$$

其中 $\boldsymbol{D}_{\mathrm{e}}$ 为弹性矩阵, 用 $\left(\dfrac{\partial \hat{\sigma}}{\partial \boldsymbol{\sigma}}\right)^{\mathrm{T}}$ 左乘上式的两边, 得到

$$\left(\frac{\partial \hat{\sigma}}{\partial \boldsymbol{\sigma}}\right)^{\mathrm{T}} \mathrm{d}\boldsymbol{\sigma} = \left(\frac{\partial \hat{\sigma}}{\partial \boldsymbol{\sigma}}\right)^{\mathrm{T}} \boldsymbol{D}_{\mathrm{e}} \left(\mathrm{d}\boldsymbol{\varepsilon} - \mathrm{d}\hat{\varepsilon}_{\mathrm{p}} \frac{\partial \hat{\sigma}}{\partial \boldsymbol{\sigma}}\right). \tag{4.3.29}$$

将微分形式的屈服准则 (4.3.27) 代入式 (4.3.29), 得到等效塑性应变增量 $\mathrm{d}\hat{\varepsilon}_{\mathrm{p}}$ 和总应变增量 $\mathrm{d}\boldsymbol{\varepsilon}$ 的关系式, 有

$$\mathrm{d}\hat{\varepsilon}_{\mathrm{p}} - \frac{\left(\dfrac{\partial \hat{\sigma}}{\partial \boldsymbol{\sigma}}\right)^{\mathrm{T}} \boldsymbol{D}_{\mathrm{e}}}{H' + \left(\dfrac{\partial \hat{\sigma}}{\partial \boldsymbol{\sigma}}\right)^{\mathrm{T}} \boldsymbol{D}_{\mathrm{e}} \dfrac{\partial \hat{\sigma}}{\partial \boldsymbol{\sigma}}} \mathrm{d}\boldsymbol{\varepsilon}, \tag{4.3.30}$$

将式 (4.3.30) 代入式 (4.3.28) 可得

$$\mathrm{d}\boldsymbol{\sigma} = \left[\boldsymbol{D}_{\mathrm{e}} - \frac{\boldsymbol{D}_{\mathrm{e}} \dfrac{\partial \hat{\sigma}}{\partial \boldsymbol{\sigma}} \left(\dfrac{\partial \hat{\sigma}}{\partial \boldsymbol{\sigma}}\right)^{\mathrm{T}} \boldsymbol{D}_{\mathrm{e}}}{H' + \left(\dfrac{\partial \hat{\sigma}}{\partial \boldsymbol{\sigma}}\right)^{\mathrm{T}} \boldsymbol{D}_{\mathrm{e}} \dfrac{\partial \hat{\sigma}}{\partial \boldsymbol{\sigma}}}\right] \mathrm{d}\boldsymbol{\varepsilon}, \tag{4.3.31}$$

从而得到

$$\boldsymbol{D}_{\mathrm{ep}}=\boldsymbol{D}_{\mathrm{e}}-\frac{\boldsymbol{D}_{\mathrm{e}}\dfrac{\partial\hat{\sigma}}{\partial\boldsymbol{\sigma}}\left(\dfrac{\partial\hat{\sigma}}{\partial\boldsymbol{\sigma}}\right)^{\mathrm{T}}\boldsymbol{D}_{\mathrm{e}}}{H'+\left(\dfrac{\partial\hat{\sigma}}{\partial\boldsymbol{\sigma}}\right)^{\mathrm{T}}\boldsymbol{D}_{\mathrm{e}}\dfrac{\partial\hat{\sigma}}{\partial\boldsymbol{\sigma}}},\tag{4.3.32}$$

$\boldsymbol{D}_{\mathrm{ep}}$ 为增量理论的弹塑性矩阵.

相应地, 材料进入塑性阶段后, 继续加载时增量形式的应力应变关系为

$$\mathrm{d}\boldsymbol{\sigma}=\boldsymbol{D}_{\mathrm{ep}}\mathrm{d}\boldsymbol{\varepsilon}.\tag{4.3.33}$$

5. **增量理论下平面弹塑性问题的矩阵显式表达式**

我们先来讨论平面应力问题的弹塑性矩阵.

对于平面应力问题, 应力增量、应变增量和等效应力分别为

$$\mathrm{d}\boldsymbol{\sigma}^{\mathrm{T}}=(\mathrm{d}\sigma_{11},\mathrm{d}\sigma_{22},\mathrm{d}\sigma_{12}),\tag{4.3.34}$$

$$\mathrm{d}\boldsymbol{\varepsilon}^{\mathrm{T}}=(\mathrm{d}\varepsilon_{11},\mathrm{d}\varepsilon_{22},\mathrm{d}\varepsilon_{12}),\tag{4.3.35}$$

$$\hat{\sigma}=\sqrt{\sigma_{11}^2+\sigma_{22}^2-\sigma_{11}\sigma_{22}+3\sigma_{12}^2}.\tag{4.3.36}$$

由式 (4.3.19) 和式 (4.3.20) 知, 对于平面应力问题有

$$\frac{\partial\hat{\sigma}}{\partial\boldsymbol{\sigma}}=\frac{3}{2\hat{\sigma}}(\sigma'_{11},\sigma'_{22},2\sigma_{12})^{\mathrm{T}}.\tag{4.3.37}$$

将平面应力问题的弹性矩阵和式 (4.3.37) 代入式 (4.3.32), 得到平面应力问题的 $\boldsymbol{D}_{\mathrm{ep}}$, 有

$$\boldsymbol{D}_{\mathrm{ep}}=\frac{E}{Q}\begin{bmatrix}\sigma_{22}'^2+2P & -\sigma'_{11}\sigma'_{22}+2\nu P & -\dfrac{\sigma'_{11}+\nu\sigma'_{22}}{1+\nu}\sigma_{12}\\ \text{对} & \sigma'_{11}+2P & -\dfrac{\sigma'_{22}+\nu\sigma'_{11}}{1+\nu}\sigma_{12}\\ & \text{称} & \dfrac{R}{2(1+\nu)+\dfrac{2H'}{9E}(1-\nu)\hat{\sigma}^2}\end{bmatrix},\tag{4.3.38}$$

其中

$$P=\frac{2H'}{9E}\hat{\sigma}^2+\frac{\sigma_{12}^2}{1+\nu},\tag{4.3.39}$$

$$R=\sigma_{11}'^2+2\nu\sigma'_{11}\sigma'_{22}+\sigma_{22}'^2,\tag{4.3.40}$$

$$Q=R+2(1-\nu^2)P.\tag{4.3.41}$$

对于平面应变问题, 材料进入塑性后, Poisson 比 $\nu=0.5$, 等效应力可表示为

$$\hat{\sigma}=\sqrt{\frac{3(\sigma_{11}-\sigma_{22})^2}{4}+\sigma_{12}^2}, \tag{4.3.42}$$

相应的弹塑性矩阵只要将平面应力问题 $\boldsymbol{D}_{\mathrm{ep}}$ 中的 E 换成 $\dfrac{E}{1-\nu^2}$, ν 换成 $\dfrac{\nu}{1-\nu}$ 即可.

下面来讨论 H' 的确定.

前面已提及, $\sigma=H(\varepsilon_{\mathrm{p}})$ 表示了简单拉伸时拉伸应力与塑性应变之间的函数关系. 但通常的简单拉伸实验往往只给出拉伸应力与拉伸应变之间的关系, 即

$$\sigma=f(\boldsymbol{\varepsilon}), \tag{4.3.43}$$

通过式 (4.3.43) 就可以确定 H'.

由于拉伸应变由弹性与塑性应变两部分组成, 有

$$\boldsymbol{\varepsilon}=\boldsymbol{\varepsilon}_{\mathrm{e}}+\boldsymbol{\varepsilon}_{\mathrm{p}}, \tag{4.3.44}$$

其中弹性拉伸应变为

$$\boldsymbol{\varepsilon}_{\mathrm{e}}=\frac{\sigma}{E}. \tag{4.3.45}$$

将式 (4.3.44) 和式 (4.3.45) 代入式 (4.3.43) 得到

$$\sigma=f\left(\frac{\sigma}{E}+\boldsymbol{\varepsilon}_{\mathrm{p}}\right). \tag{4.3.46}$$

对式 (4.3.46) 进行微分, 整理得到

$$\left(1-\frac{1}{E}f'\right)\mathrm{d}\sigma=f'\mathrm{d}\boldsymbol{\varepsilon}_{\mathrm{p}}, \tag{4.3.47}$$

其中由式 (4.3.43) 知

$$f'=\frac{\mathrm{d}\sigma}{\mathrm{d}\boldsymbol{\varepsilon}}=E', \tag{4.3.48}$$

E' 称为切线模量.

由此得到用切线模量 E' 来确定 H' 的表达式, 即

$$H'=\frac{\mathrm{d}\sigma}{\mathrm{d}\boldsymbol{\varepsilon}_{\mathrm{p}}}=\frac{f'}{1-\frac{f'}{E}}=\frac{EE'}{E-E'}, \tag{4.3.49}$$

H' 的物理意义可解释为单向拉伸时实际应力与实际塑性应变关系曲线的斜率, 一般由材料实验来确定.

4.3.2 弹塑性平面问题的基本方程

弹塑性问题与弹性问题不同的是控制方程和边界条件要改为增量形式, 我们采用变量上面加点表示增量形式, 其次是多了塑性项. 设物体经某一加载历史后, 已求得在时刻 t 的位移场 $\boldsymbol{u}$、应变场 $\boldsymbol{\varepsilon}$ 和应力场 $\boldsymbol{\sigma}$. 如果在此基础上给定在求解域 Ω

内的体力率 $\dot{\boldsymbol{b}}$, 在面力边界 Γ_t 上的面力率 $\dot{\bar{\boldsymbol{t}}}$, 在位移边界 Γ_u 上的速度分布 $\dot{\bar{\boldsymbol{u}}}$, 要求该时刻相应的速度场 $\dot{\boldsymbol{u}}$、应变率场 $\dot{\boldsymbol{\varepsilon}}$ 和应力率场 $\dot{\boldsymbol{\sigma}}$.

弹塑性力学的平衡方程为

$$\boldsymbol{L}^{\mathrm{T}}\dot{\boldsymbol{\sigma}} + \dot{\boldsymbol{b}} = 0, \quad \boldsymbol{x} \in \Omega, \tag{4.3.50}$$

其中 $\boldsymbol{L}(\cdot)$ 是微分算子矩阵,

$$\boldsymbol{L}(\cdot) = \begin{bmatrix} \partial_{,1} & 0 \\ 0 & \partial_{,2} \\ \partial_{,2} & \partial_{,1} \end{bmatrix}(\cdot), \tag{4.3.51}$$

$\dot{\boldsymbol{\sigma}}$ 是域内任意一点 $\boldsymbol{x}$ 的应力增量,

$$\dot{\boldsymbol{\sigma}}^{\mathrm{T}} = (\dot{\sigma}_{11}, \dot{\sigma}_{22}, \dot{\sigma}_{12}), \tag{4.3.52}$$

$\dot{\boldsymbol{b}}$ 是域内任意一点 $\boldsymbol{x}$ 的体力率,

$$\dot{\boldsymbol{b}}^{\mathrm{T}} = (\dot{b}_1, \dot{b}_2). \tag{4.3.53}$$

几何方程

$$\dot{\boldsymbol{\varepsilon}} = \boldsymbol{L}\dot{\boldsymbol{u}}, \tag{4.3.54}$$

其中 $\dot{\boldsymbol{\varepsilon}}$ 和 $\dot{\boldsymbol{u}}$ 分别为域内任意点 $\boldsymbol{x}$ 的应变增量和位移增量, 有

$$\dot{\boldsymbol{\varepsilon}}^{\mathrm{T}} = (\dot{\varepsilon}_{11}, \dot{\varepsilon}_{22}, \dot{\varepsilon}_{12}), \tag{4.3.55}$$

$$\dot{\boldsymbol{u}}^{\mathrm{T}} = (\dot{u}_1, \dot{u}_2). \tag{4.3.56}$$

物理方程

$$\dot{\boldsymbol{\sigma}} = \boldsymbol{D}\dot{\boldsymbol{\varepsilon}}, \tag{4.3.57}$$

式中, 在弹性阶段,

$$\boldsymbol{D} = \boldsymbol{D}_{\mathrm{e}}, \tag{4.3.58}$$

在塑性阶段,

$$\boldsymbol{D} = \boldsymbol{D}_{\mathrm{ep}}, \tag{4.3.59}$$

其中弹塑性矩阵 $\boldsymbol{D}_{\mathrm{ep}}$ 按式 (4.3.38) 计算得到.

边界条件

$$\dot{\boldsymbol{u}} = \dot{\bar{\boldsymbol{u}}}, \quad \boldsymbol{x} \in \Gamma_u, \tag{4.3.60}$$

$$\boldsymbol{n} \cdot \dot{\boldsymbol{\sigma}} = \dot{\bar{\boldsymbol{t}}}, \quad \boldsymbol{x} \in \Gamma_t, \tag{4.3.61}$$

其中 $\dot{\bar{\boldsymbol{u}}}$ 是位移边界 Γ_u 上任意一点的速度分布, $\dot{\bar{\boldsymbol{t}}}$ 是面力边界 Γ_t 上任意一点的面力率; $\Gamma = \Gamma_u \cup \Gamma_t$, $\Gamma_u \cap \Gamma_t = \varnothing$, Γ 是 Ω 的边界, 边界 Γ_t 的外法线方向单位向量为 $\boldsymbol{n} = (n_1, n_2)$.

4.3.3 弹塑性力学的插值型无单元Galerkin方法

由加权残数法可得弹塑性问题的增量形式的积分弱形式为

$$\int_{\Omega}\delta\dot{\boldsymbol{\varepsilon}}^{\mathrm{T}}\cdot\dot{\boldsymbol{\sigma}}\mathrm{d}\Omega-\int_{\Omega}\delta\dot{\boldsymbol{u}}^{\mathrm{T}}\cdot\dot{\boldsymbol{b}}\mathrm{d}\Omega-\int_{\Gamma_t}\delta\dot{\boldsymbol{u}}^{\mathrm{T}}\cdot\dot{\bar{\boldsymbol{t}}}\mathrm{d}\Gamma=0. \tag{4.3.62}$$

将式 (4.3.54) 和式 (4.3.57) 代入式 (4.3.62), 可得

$$\int_{\Omega}\delta(\boldsymbol{L}\dot{\boldsymbol{u}})^{\mathrm{T}}\cdot\boldsymbol{D}(\boldsymbol{L}\dot{\boldsymbol{u}})\mathrm{d}\Omega-\int_{\Omega}\delta\dot{\boldsymbol{u}}^{\mathrm{T}}\cdot\dot{\boldsymbol{b}}\mathrm{d}\Omega-\int_{\Gamma_t}\delta\dot{\boldsymbol{u}}^{\mathrm{T}}\cdot\dot{\bar{\boldsymbol{t}}}\mathrm{d}\Gamma=0. \tag{4.3.63}$$

设域 Ω 内配有 M 个节点, 这些节点的影响域 $\Omega_I(I=1,,2,\cdots,M)$ 的并集覆盖了整个域 Ω.

由改进的移动最小二乘插值法的试函数表达式 (2.2.75), 域内任意场点 $\boldsymbol{x}$ 的速度 $\dot{\boldsymbol{u}}(\boldsymbol{x})$ 可表示为

$$\dot{\boldsymbol{u}}=\dot{\boldsymbol{u}}(\boldsymbol{x})=(\dot{u}_1(\boldsymbol{x}),\dot{u}_2(\boldsymbol{x}))^{\mathrm{T}}, \tag{4.3.64}$$

$$\dot{u}_1(\boldsymbol{x})=\sum_{I=1}^{n}\Phi_I(\boldsymbol{x})\dot{u}_1(\boldsymbol{x}_I), \tag{4.3.65}$$

$$\dot{u}_2(\boldsymbol{x})=\sum_{I=1}^{n}\Phi_I(\boldsymbol{x})\dot{u}_2(\boldsymbol{x}_I). \tag{4.3.66}$$

式 (4.3.64) 可以写为

$$\begin{aligned}\dot{\boldsymbol{u}}(\boldsymbol{x})&=\begin{bmatrix}\dot{u}_1(\boldsymbol{x})\\ \dot{u}_2(\boldsymbol{x})\end{bmatrix}=\sum_{I=1}^{n}\begin{bmatrix}\Phi_I(\boldsymbol{x}) & 0\\ 0 & \Phi_I(\boldsymbol{x})]\end{bmatrix}\begin{bmatrix}\dot{u}_1(\boldsymbol{x}_I)\\ \dot{u}_2(\boldsymbol{x}_I)\end{bmatrix}\\ &=\sum_{I=1}^{n}\boldsymbol{N}_I(\boldsymbol{x})\dot{\boldsymbol{u}}_I=\boldsymbol{N}(\boldsymbol{x})\dot{\boldsymbol{U}},\end{aligned} \tag{4.3.67}$$

其中

$$\boldsymbol{N}(\boldsymbol{x})=(\boldsymbol{N}_1(\boldsymbol{x}),\boldsymbol{N}_2(\boldsymbol{x}),\cdots,\boldsymbol{N}_n(\boldsymbol{x})), \tag{4.3.68}$$

$$\boldsymbol{N}_I(\boldsymbol{x})=\begin{bmatrix}\Phi_I(\boldsymbol{x}) & 0\\ 0 & \Phi_I(\boldsymbol{x})\end{bmatrix}, \tag{4.3.69}$$

且 n 是影响域覆盖场点 $\boldsymbol{x}$ 的节点数, $\dot{\boldsymbol{U}}$ 为节点速度向量,

$$\dot{\boldsymbol{U}}^{\mathrm{T}}=(\dot{\boldsymbol{u}}^{\mathrm{T}}(\boldsymbol{x}_1),\dot{\boldsymbol{u}}^{\mathrm{T}}(\boldsymbol{x}_2),\cdots,\dot{\boldsymbol{u}}^{\mathrm{T}}(\boldsymbol{x}_n)), \tag{4.3.70}$$

$$\dot{\boldsymbol{u}}_I=\dot{\boldsymbol{u}}(\boldsymbol{x}_I)=\begin{bmatrix}\dot{u}_1(\boldsymbol{x}_I)\\ \dot{u}_2(\boldsymbol{x}_I)\end{bmatrix}. \tag{4.3.71}$$

由式 (4.3.51) 和式 (4.3.67) 可以得到

$$\boldsymbol{L}\dot{\boldsymbol{u}} = \boldsymbol{L}\sum_{I=1}^{n}\boldsymbol{N}_I(\boldsymbol{x})\dot{\boldsymbol{u}}(\boldsymbol{x}_I) = \sum_{I=1}^{n}\boldsymbol{B}_I(\boldsymbol{x})\dot{\boldsymbol{u}}(\boldsymbol{x}_I) = \boldsymbol{B}(\boldsymbol{x})\dot{\boldsymbol{U}}, \tag{4.3.72}$$

其中

$$\boldsymbol{B}(\boldsymbol{x}) = (\boldsymbol{B}_1(\boldsymbol{x}), \boldsymbol{B}_2(\boldsymbol{x}), \cdots, \boldsymbol{B}_n(\boldsymbol{x})), \tag{4.3.73}$$

$$\boldsymbol{B}_I(\boldsymbol{x}) = \begin{bmatrix} \Phi_{I,1}(\boldsymbol{x}) & 0 \\ 0 & \Phi_{I,2}(\boldsymbol{x}) \\ \Phi_{I,2}(\boldsymbol{x}) & \Phi_{I,1}(\boldsymbol{x}) \end{bmatrix}. \tag{4.3.74}$$

将式 (4.3.67) 和式 (4.3.72) 代入式 (4.3.63), 可得

$$\int_{\Omega}\delta\dot{\boldsymbol{U}}^{\mathrm{T}}\cdot(\boldsymbol{B}^{\mathrm{T}}\boldsymbol{D}\boldsymbol{B})\dot{\boldsymbol{U}}\mathrm{d}\Omega - \int_{\Omega}\delta\dot{\boldsymbol{U}}^{\mathrm{T}}\cdot\boldsymbol{N}^{\mathrm{T}}\dot{\boldsymbol{b}}\mathrm{d}\Omega - \int_{\Gamma_t}\delta\dot{\boldsymbol{U}}^{\mathrm{T}}\cdot\boldsymbol{N}^{\mathrm{T}}\dot{\bar{\boldsymbol{t}}}\mathrm{d}\Gamma = 0. \tag{4.3.75}$$

由于节点速度变分 $\delta\dot{\boldsymbol{U}}^{\mathrm{T}}$ 是任意的, 由式 (4.3.75) 可得

$$\boldsymbol{K}\dot{\boldsymbol{U}} = \dot{\boldsymbol{F}}, \tag{4.3.76}$$

其中

$$\boldsymbol{K} = \int_{\Omega}\boldsymbol{B}^{\mathrm{T}}\boldsymbol{D}\boldsymbol{B}\mathrm{d}\Omega, \tag{4.3.77}$$

$$\dot{\boldsymbol{F}} = \int_{\Omega}\boldsymbol{N}^{\mathrm{T}}\dot{\boldsymbol{b}}\mathrm{d}\Omega + \int_{\Gamma t}\boldsymbol{N}^{\mathrm{T}}\dot{\bar{\boldsymbol{t}}}\mathrm{d}\Gamma, \tag{4.3.78}$$

$\boldsymbol{U}$ 的表达式与式 (4.3.70) 形式相同, $n = M$.

若在应力边界 Γ_t 上的点 $\boldsymbol{x}_0$ 处作用集中力

$$\dot{\boldsymbol{T}}(\boldsymbol{x}_0) = (\dot{T}_1(\boldsymbol{x}_0), \dot{T}_2(\boldsymbol{x}_0))^{\mathrm{T}}, \tag{4.3.79}$$

则式 (4.3.78) 变成

$$\dot{\boldsymbol{F}} = \int_{\Omega}\boldsymbol{N}^{\mathrm{T}}\dot{\boldsymbol{b}}\mathrm{d}\Omega + \int_{\Gamma_t}\boldsymbol{N}^{\mathrm{T}}\dot{\bar{\boldsymbol{t}}}\mathrm{d}\Gamma + \boldsymbol{N}^{\mathrm{T}}(\boldsymbol{x}_0)\dot{\boldsymbol{T}}(\boldsymbol{x}_0). \tag{4.3.80}$$

类似于势问题和弹性力学问题的插值型无单元 Galerkin 方法, 由于改进的移动最小二乘插值法的形函数满足 Kronecker δ 函数的性质, 我们可以直接将本质边界条件代入式 (4.3.76) 进行求解.

以上为弹塑性问题的插值型无单元 Galerkin 方法.

4.3.4 弹塑性问题的增量切线刚度法

在用插值型无单元 Galerkin 方法求解弹塑性问题时, 先用适当的方法将问题线性化, 然后用一系列的线性解去逼近一个非线性问题的解. 为达到线性化的目的, 可采取逐步增加荷载的方法 (也称增量加载法), 一般是按比例施加荷载, 将结构的弹性极限荷载作为增量的起点, 其余的荷载再分成若干等分. 如果实际荷载不是按比例施加的, 可根据实际情况确定荷载增量.

弹塑性问题的求解方法, 主要有增量切线刚度法、初应力法和初应变法等. 本节选用增量切线刚度法来求解.

采用增量加载法进行加载, 当一个荷载增量足够小时, 应力微分和应变微分的非线性关系可以用一系列的线性关系来代替, 那么在此加载步应力增量和应变增量的关系为

$$\Delta\boldsymbol{\sigma} = \boldsymbol{D}_{\mathrm{ep}}\Delta\boldsymbol{\varepsilon}, \tag{4.3.81}$$

其中

$$\Delta\boldsymbol{\sigma} = (\Delta\sigma_{ij}) \tag{4.3.82}$$

为应力增量,

$$\Delta\boldsymbol{\varepsilon} = (\Delta\varepsilon_{ij}) \tag{4.3.83}$$

为应变增量.

方程 (4.3.81) 为线性方程. 类似于弹性力学问题, 在每一个加载步可以得到加载后的位移、应变和应力. 然后在此基础上修改原先的应力状态, 并进行下一步加载的计算. 随着荷载增量的逐步增加, 就可以得到每一步加载后的位移、应变和应力. 这样, 当所有荷载加载完毕, 即可得到该弹塑性问题的解.

首先, 进行一次弹性极限荷载加载, 得到弹性极限荷载 $\boldsymbol{F}_0$ 下结构的位移、应变和应力, 分别记为 $\boldsymbol{U}_0$、ε_0 和 $\boldsymbol{\sigma}_0$,

$$\boldsymbol{U}_0^{\mathrm{T}} = (\boldsymbol{u}_0^{\mathrm{T}}(\boldsymbol{x}_1), \boldsymbol{u}_0^{\mathrm{T}}(\boldsymbol{x}_2), \cdots, \boldsymbol{u}_0^{\mathrm{T}}(\boldsymbol{x}_M)), \tag{4.3.84}$$

$$\boldsymbol{\sigma}_0 = (\sigma_{ij}^{(0)}), \tag{4.3.85}$$

$$\boldsymbol{\varepsilon}_0 = (\varepsilon_{ij}^{(0)}), \tag{4.3.86}$$

其中 $\sigma_{ij}^{(0)}$ 和 $\varepsilon_{ij}^{(0)}$ 分别为弹性应力和应变.

此后继续加载, 结构开始进入屈服. 屈服阶段采取增量加载的方式进行加载.

对第一个荷载增量步, 相应的节点荷载增量 $\Delta\boldsymbol{F}_1$. 在形成刚度矩阵时, 对进入屈服的 Gauss 积分点必须用 $\boldsymbol{D}_{\mathrm{ep}}$ 来代替 $\boldsymbol{D}_{\mathrm{e}}$, 而 $\boldsymbol{D}_{\mathrm{ep}}$ 中的应力取加载前的状态 $\boldsymbol{\sigma}_0$, 即刚度矩阵与加载前的应力水平有关, 记作 $\boldsymbol{K}(\boldsymbol{\sigma}_0)$. 此加载步相应的求解方程为

$$\boldsymbol{K}(\boldsymbol{\sigma}_0)\cdot\Delta\boldsymbol{U}_1=\Delta\boldsymbol{F}_1, \tag{4.3.87}$$

其中

$$\Delta\boldsymbol{U}_1^{\mathrm{T}}=(\Delta\boldsymbol{u}_1^{\mathrm{T}}(\boldsymbol{x}_1),\Delta\boldsymbol{u}_1^{\mathrm{T}}(\boldsymbol{x}_2),\cdots,\Delta\boldsymbol{u}_1^{\mathrm{T}}(\boldsymbol{x}_M)). \tag{4.3.88}$$

这样可以得到第一步加载后的位移增量 $\Delta\boldsymbol{U}_1$、应力增量

$$\Delta\boldsymbol{\sigma}_1=(\Delta\sigma_{ij}^{(1)}) \tag{4.3.89}$$

和应变增量

$$\Delta\boldsymbol{\varepsilon}_1=(\Delta\varepsilon_{ij}^{(1)}). \tag{4.3.90}$$

由此可得到经过第一步加载后的位移、应变和应力, 其中新的应力状态为 $\boldsymbol{\sigma}_1=\boldsymbol{\sigma}_0+\Delta\boldsymbol{\sigma}_1$.

类似地逐步进行加载, 若经过 $i-1$ 次加载后的应力为

$$\boldsymbol{\sigma}_{i-1}=(\sigma_{ij}^{(i-1)}), \tag{4.3.91}$$

在此基础上增加第 i 次荷载 $\Delta\boldsymbol{F}_i$, 求解方程

$$\boldsymbol{K}(\boldsymbol{\sigma}_{i-1})\cdot\Delta\boldsymbol{U}_i=\Delta\boldsymbol{F}_i, \tag{4.3.92}$$

可以得到增加第 i 次荷载的位移增量

$$\Delta\boldsymbol{U}_i^{\mathrm{T}}=(\Delta\boldsymbol{u}_i^{\mathrm{T}}(x_1),\Delta\boldsymbol{u}_i^{\mathrm{T}}(\boldsymbol{x}_2),\cdots,\Delta\boldsymbol{u}_i^{\mathrm{T}}(\boldsymbol{x}_M)), \tag{4.3.93}$$

应变增量

$$\Delta\boldsymbol{\varepsilon}_i=(\Delta\varepsilon_{ij}^{(i)}), \tag{4.3.94}$$

应力增量

$$\Delta\boldsymbol{\sigma}_i=(\Delta\sigma_{ij}^{(i)}). \tag{4.3.95}$$

这样, 增加第 i 次荷载后的新的应力状态为

$$\boldsymbol{\sigma}_i=\boldsymbol{\sigma}_{i-1}+\Delta\boldsymbol{\sigma}_i. \tag{4.3.96}$$

重复上述过程直到全部荷载施加完毕, 最后得到的位移、应变和应力就是所要求解的弹塑性分析结果.

对于弹塑性力学问题, 在逐步加载过程中塑性区域从无到有, 并不断扩展. 在增加等效节点荷载 $\Delta\boldsymbol{F}$ 时, 对于在加载后仍处于弹性阶段的 Gauss 积分点, 取 $\boldsymbol{D}(\boldsymbol{x}_i)=\boldsymbol{D}_{\mathrm{e}}$; 而对于加载以前已处于塑性阶段的 Gauss 积分点, 取 $\boldsymbol{D}(\boldsymbol{x}_i)=\boldsymbol{D}_{\mathrm{ep}}$. 还有一些 Gauss 积分点, 它们在加载前处于弹性阶段, 而在加载后进入屈服阶段, 但还是取 $\boldsymbol{D}(\boldsymbol{x}_i)=\boldsymbol{D}_{\mathrm{e}}$, 因此在计算等效节点荷载的增量时, 就要对以前的荷载不平衡进行校正, 才能保证求解结果更贴近于实际情况, 具有较好的精度. 故对每一增量步, 增量形式的离散系统求解方程 (4.3.92) 作如下修改:

$$\Delta\boldsymbol{U}_i=[\boldsymbol{K}(\boldsymbol{\sigma}_{i-1})]^{-1}\cdot\left(\boldsymbol{F}_i-\int_\Omega\boldsymbol{B}^{\mathrm{T}}\boldsymbol{\sigma}_{i-1}\mathrm{d}\Omega\right),\tag{4.3.97}$$

其中右端最后一项积分 $\int_\Omega\boldsymbol{B}^{\mathrm{T}}\boldsymbol{\sigma}_{i-1}\mathrm{d}\Omega$ 是前一步增量加载完毕与结构中的应力等价的等效节点荷载; $\boldsymbol{F}_i$ 是本次增量加载完毕结构承受的总的等效节点荷载, 即

$$\boldsymbol{F}_i=\boldsymbol{F}_0+\Delta\boldsymbol{F}_1+\Delta\boldsymbol{F}_2+\cdots+\Delta\boldsymbol{F}_i.\tag{4.3.98}$$

实际求解中, 先把全部荷载都作用在结构上, 作完全弹性的线性处理, 按式 (4.3.78) 计算出等效节点总荷载 $\boldsymbol{F}$, 然后求出各个节点的等效应力, 并取其中的最大值, 记作 $\bar{\sigma}_{\max}$. 若 $\bar{\sigma}_{\max}\leqslant\sigma_s$, 意味着材料未进入塑性状态, 完全弹性的线性计算结果就是最终的计算结果. 否则, 令 $L=\dfrac{\bar{\sigma}_{\max}}{\sigma_s}$, 将等效节点荷载 $\dfrac{1}{L}\boldsymbol{F}$ 作为弹性极限荷载 $\boldsymbol{F}_0$, 按照完全弹性的线性计算弹性极限荷载下的结构位移、应变和应力. 此后就要采取增量加载的方式, 并以

$$\Delta\boldsymbol{F}=\frac{1}{N}\left(1-\frac{1}{L}\right)\boldsymbol{F}\tag{4.3.99}$$

作为以后每一步加载的等效节点荷载增量, 而 N 为总加载步数. 由此, 式 (4.3.98) 中的 $\boldsymbol{F}_i$ 可按下式计算:

$$\begin{aligned}\boldsymbol{F}_i&=\frac{1}{L}\boldsymbol{F}+i\cdot\Delta\boldsymbol{F}=\frac{1}{L}\boldsymbol{F}+i\cdot\frac{1}{N}\left(1-\frac{1}{L}\right)\boldsymbol{F}\\&=\frac{N+i\cdot(L-1)}{NL}\boldsymbol{F},\quad i=1,2,\cdots,N\end{aligned}\tag{4.3.100}$$

4.3.5 算法实施流程

对于上述得到的弹塑性力学的复变量无单元 Galerkin 方法, 其数值实现流程如下:

(1) 在求解域 Ω 内及其边界上布置节点, 节点总数为 M;

(2) 建立节点相关信息, 包括各节点的影响域;

(3) 建立背景积分网格；

(4) 对结构施加全部荷载 $\boldsymbol{F}$ 作完全弹性的线性计算：

A. 对每一个背景网格进行循环：

a) 对背景积分网格内的 Gauss 积分点进行循环；

b) 若 Gauss 积分点在 Ω 内, 则进行步骤 c)— 步骤 g), 否则进行步骤 h)；

c) 确定该 Gauss 积分点影响域内的节点；

d) 计算该 Gauss 积分点处的形函数及其导数；

e) 用式 (4.3.77) 计算等效刚度矩阵 $\boldsymbol{K}$(因为作完全弹性的线性计算式中 $\boldsymbol{D}=\boldsymbol{D}_{\mathrm{e}}$)；

f) 计算式 (4.3.78) 中的第一项 $\int_{\Omega}\boldsymbol{N}^{\mathrm{T}}\dot{\boldsymbol{b}}\mathrm{d}\Omega$；

g) 存储该 Gauss 积分点对等效刚度矩阵 $\boldsymbol{K}$ 和等效节点荷载 $\dot{\boldsymbol{F}}$ 元素的贡献；

h) 结束 Gauss 积分点循环.

B. 结束背景网格循环, 得到等效刚度矩阵 $\boldsymbol{K}$ 和等效节点荷载列向量 $\dot{\boldsymbol{F}}$ 的第一项 $\int_{\Omega}\boldsymbol{N}^{\mathrm{T}}\dot{\boldsymbol{b}}\mathrm{d}\Omega$；

C. 边界积分, 过程与步骤 A 类似, 计算等效节点荷载 $\dot{\boldsymbol{F}}$ 的第二项 $\int_{\Gamma_t}\boldsymbol{N}^{\mathrm{T}}\dot{\bar{\boldsymbol{t}}}\mathrm{d}\Gamma$；

D. 将步骤 B 计算所得的 $\dot{\boldsymbol{F}}$ 列向量与步骤 C 计算所得的 $\dot{\boldsymbol{F}}$ 列向量相加, 得到最后的 $\dot{\boldsymbol{F}}$；

E. 计算求解方程 $\boldsymbol{K}\boldsymbol{U}=\dot{\boldsymbol{F}}$, 得到 M 个节点的名义位移 $\hat{\boldsymbol{U}}$；

F. 由 $\hat{\boldsymbol{U}}$ 拟合出域内 M 个节点的位移、应变和应力.

(5) 求出各个节点的等效应力, 并取出其最大值, 记作 $\bar{\sigma}_{\max}$. 若 $\bar{\sigma}_{\max}\leqslant\sigma_s$, 意味着材料未进入塑性状态, 完全弹性的线性计算结果就是最终的计算结果. 否则, 令 $L=\dfrac{\bar{\sigma}_{\max}}{\sigma_s}$, 将等效节点荷载 $\dfrac{1}{L}\boldsymbol{F}$ 作为弹性极限荷载 $\boldsymbol{F}_0$, 按照完全弹性计算弹性极限荷载下的结构位移、应变和应力. 此后采取增量加载的方式, 并以 $\Delta\boldsymbol{F}=\dfrac{1}{N}\left(1-\dfrac{1}{L}\right)\boldsymbol{F}$ 作为以后每一步加载的等效节点荷载增量；

(6) 施加荷载增量 $\Delta\boldsymbol{F}$；

(7) 按式 (4.3.77) 计算刚度矩阵 $\boldsymbol{K}$. 其中, 式中的矩阵 $\boldsymbol{D}$ 要根据当时的应力水平, 分别按式 (4.3.58) 和式 (4.3.59) 来计算；

(8) 求解相应的基本方程 (4.3.87), 得到所有节点的位移增量, 进而按式 (4.3.54) 和式 (4.3.57) 计算应变增量和应力增量, 并把位移、应变和应力增量叠加到加载前的水平上去；

(9) 如果还未加载到全部荷载 (即加载次数 $< N$), 则回到步骤 (6), 继续加载, 否则跳出循环结束计算;

(10) 输出节点位移和应力.

4.3.6 数值算例

这里通过 3 个数值算例来说明本节提出的二维弹塑性问题的插值型无单元 Galerkin 方法相对于无单元 Galerkin 方法的优点.

在构造移动最小二乘插值法的形函数时采用线性基函数和奇异权函数. 权函数影响域的大小为

$$\rho = \frac{\rho_I}{\max\limits_{J,K}\{|x_{J1}-x_{K1}|,|x_{J2}-x_{K2}|\}} = 2, \tag{4.3.101}$$

其中 $(x_{J1},x_{J2}) = \boldsymbol{x}_I$, $J,K = 1,2,\cdots,M$, M 为问题所在域的节点总数. 在每个积分单元, Gauss 积分点数为 4×4. 总加载步数均为 $n = 100$. 采用线性强化弹塑性模型, $H' = 0.25E$, 材料服从 Mises 屈服准则, 按平面应力问题计算.

1. 自由端部受集中力作用的悬臂梁

如图 4.3.1 所示, 考虑自由端部受集中力作用的悬臂梁. 梁的几何参数取为长 $L = 8\text{m}$, 高度 $h = 1\text{m}$, 单位厚度. 集中力 $P = 1\text{N}$, 不计自重. 材料的弹性模量 $E = 10^5\text{Pa}$, Poisson 比 $\nu = 0.25$, 屈服极限 $E' = 0.2E$.

在求解域内均匀布置 21×5 个节点, 采用插值型无单元 Galerkin 方法进行计算, 可以得到从加载开始到加载结束的各个阶段的梁内各点的位移、应力和应变. 在 $x_2 = 0$ 上节点的位移 u_2 如图 4.3.2 所示. 可以看出, 本节弹塑性问题的插值型无单元 Galerkin 方法的计算结果与有限元软件 ANSYS 的计算结果吻合得很好.

图 4.3.3 给出了梁右端中点挠度与荷载的关系. 可以看出, 当荷载超过弹性极限时, 材料就开始屈服, 进入弹塑性阶段.

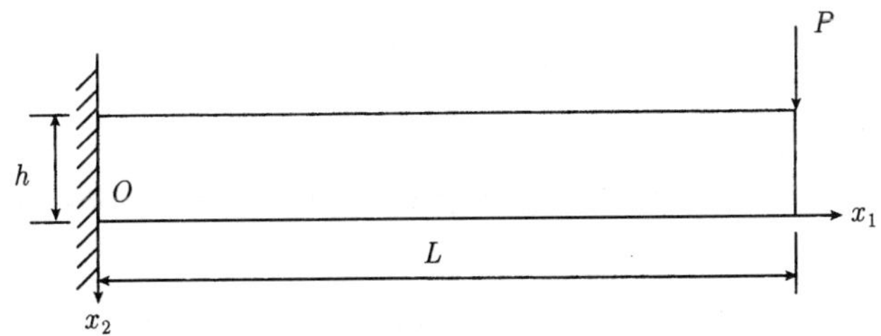

图 4.3.1 受集中力作用的悬臂梁

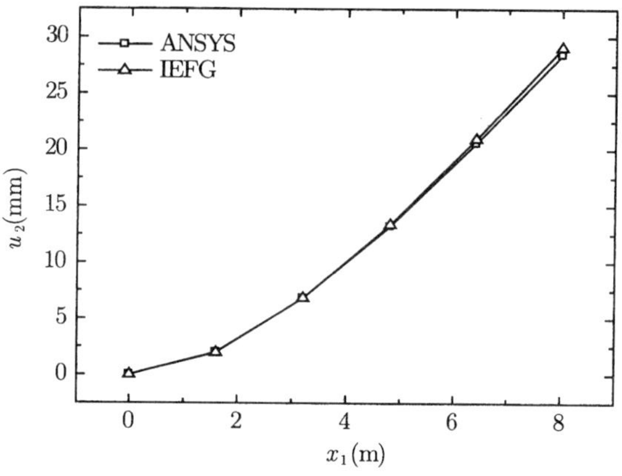

图 4.3.2　当 $x_2 = 0$ 时位移 u_2

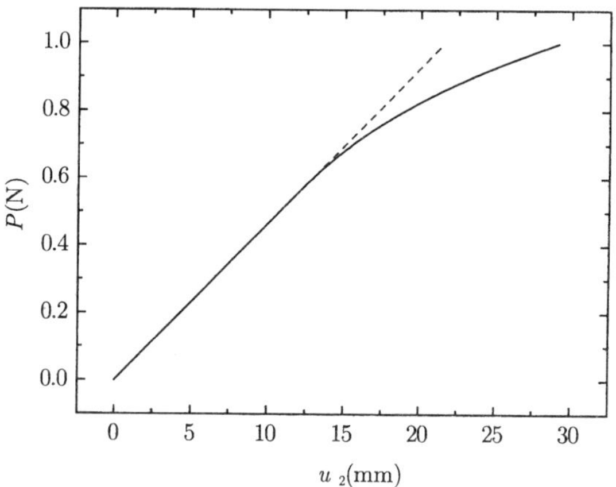

图 4.3.3　梁右端中点的挠度与荷载的关系

2. 受均布荷载作用的悬臂梁

图 4.3.4 所示的受均布荷载作用的悬臂梁, 梁长 $L = 8\text{m}$, 梁高 $h = 1\text{m}$, 取单位厚度, 按平面应力计算. 分布荷载集度 $q = 1\text{N/m}$, 不计自重. 材料的弹性模量 $E = 10^5\text{Pa}$, Poisson 比 $\nu = 0.25$, 屈服极限 $\sigma_s = 25\text{Pa}$.

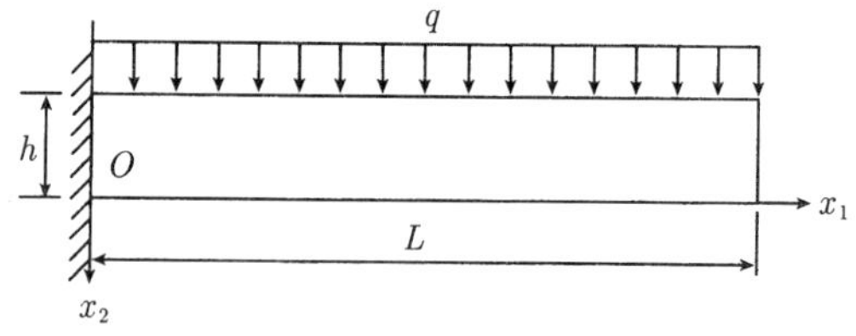

图 4.3.4　受均布荷载作用的悬臂梁

在求解域内均匀布置 21×5 个节点, 采用插值型无单元 Galerkin 方法进行计算, 可以得到从加载开始到加载结束的各个阶段的梁内各点的位移、应力和应变. 在 $x_2 = 0$ 上节点的位移 u_2 如图 4.3.5 所示. 可以看出, 与无单元 Galerkin 方法相比, 本节弹塑性问题的插值型无单元 Galerkin 方法的计算结果与 ANSYS 的计算结果更为接近. 因此本节弹塑性问题的插值型无单元 Galerkin 方法具有更高的计算精度.

图 4.3.6 给出了梁右端中点挠度与荷载的关系. 可以看出, 当荷载超过弹性极限时, 材料就开始屈服, 进入弹塑性阶段.

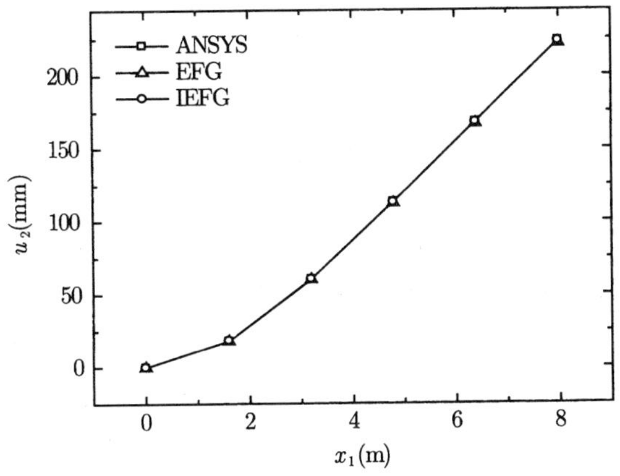

图 4.3.5 当 $x_2 = 0$ 时位移 u_2

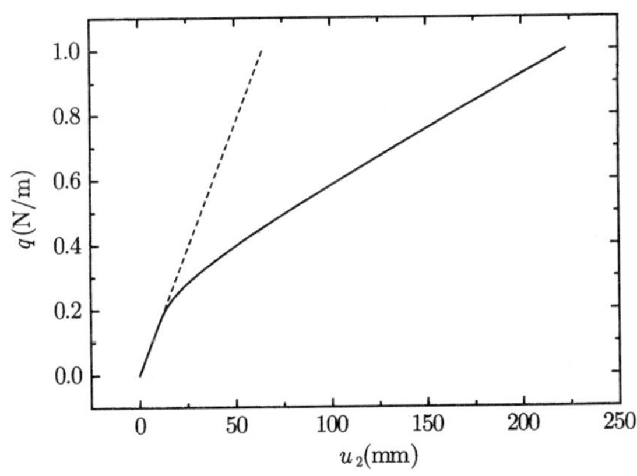

图 4.3.6 梁右端中点的挠度与荷载的关系

3. 受轴向均布荷载作用的中心开孔板

如图 4.3.7 所示, 单位厚度的中心开孔板长 $L = 10\text{m}$, 高 $h = 4\text{m}$, 中心圆孔半

径为 1m. 左端固定, 右端受轴向均布荷载作用, 荷载集度 $q = 1000\text{N/m}$. 材料的弹性模量 $E = 1.0 \times 10^5\text{Pa}$, Poisson 比 $\nu = 0.25$, 屈服极限 $\sigma_s = 250\text{Pa}$.

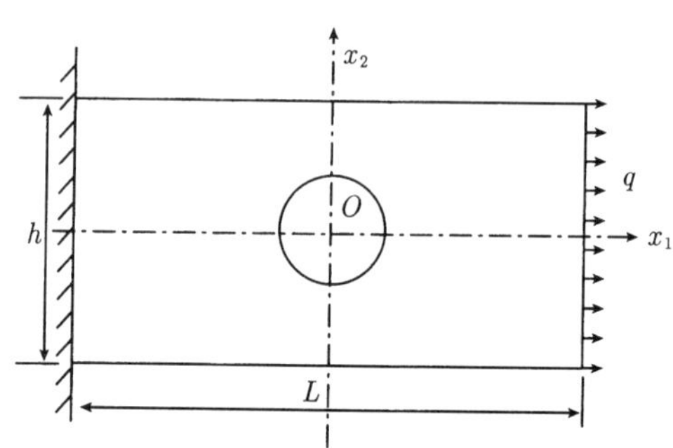

图 4.3.7　受均布荷载作用的中心开孔板

在求解域内布置 17×9 个节点, 采用插值型无单元 Galerkin 方法进行计算, 可以得到从加载开始到加载结束的各个阶段的中心开孔板内各点的位移、应力和应变. 在 $x_2 = \dfrac{h}{2}$ 上节点的位移 u_1 如图 4.3.8 所示. 可以看出, 与无单元 Galerkin 方法相比, 本节弹塑性问题的插值型无单元 Galerkin 方法的计算结果与 ANSYS 的计算结果更为接近, 再次说明了本节弹塑性问题的插值型无单元 Galerkin 方法具有更高的计算精度.

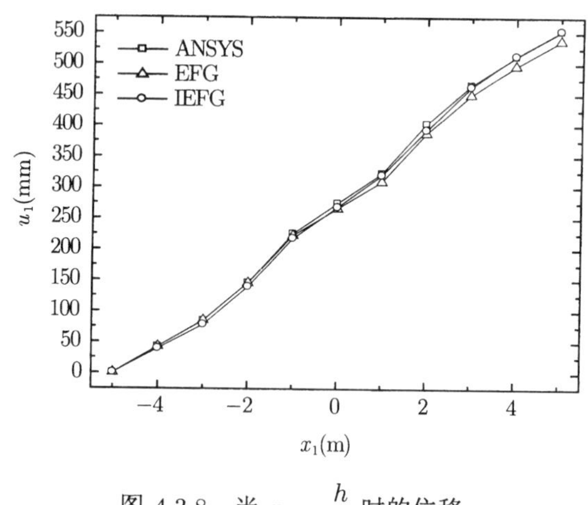

图 4.3.8　当 $x_2 = \dfrac{h}{2}$ 时的位移 u_1

图 4.3.9 给出了梁右端中点挠度与荷载的关系. 可以看出, 当荷载超过弹性极限时, 材料就开始屈服, 进入弹塑性阶段.

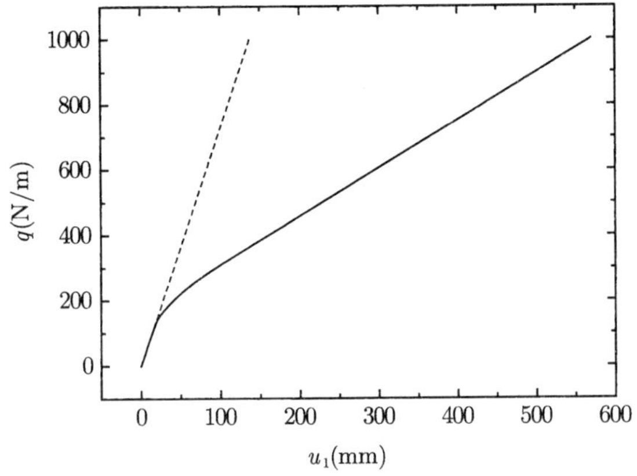

图 4.3.9 板右端中点位移 u_1 与荷载的关系

类似于势问题和弹性力学问题, 本节弹塑性问题的插值型无单元 Galerkin 方法可以直接施加边界条件, 避免了像传统的无单元 Galerkin 方法一样利用 Lagrange 乘子法和罚函数法施加本质边界条件, 减少了方程个数及未知量个数. 数值算例表明, 在同样节点分布时, 与无单元 Galerkin 方法相比, 本节建立的弹塑性问题的插值型无单元 Galerkin 方法具有较高的计算精度.

4.4 势问题的改进的插值型无单元 Galerkin 方法

利用第 2 章的采用非奇异权函数的改进的移动最小二乘插值法建立插值函数, 结合势问题的 Galerkin 弱形式, 本节建立了势问题的改进的插值型无单元 Galerkin 方法 (Improved interpolating element-free Galerkin method, 简称 IIEFG 方法). 与传统的无单元 Galerkin 方法相比, 本节提出的改进的插值型无单元 Galerkin 方法具有形函数待定系数少、可直接施加本质边界条件等优点. 而与基于移动最小二乘插值法的原有插值型无单元 Galerkin 方法 (见 4.1 节) 相比, 本节的方法采用非奇异的权函数, 克服了其采用奇异权函数的缺点, 具有较高的计算精度和计算效率.

4.4.1 势问题的改进的插值型无单元 Galerkin 方法

本节将利用改进的移动最小二乘插值法以及势问题的 Galerkin 方法的弱形式, 研究提出势问题的非奇异权函数的改进的插值型无单元 Galerkin 方法. 因为采用非奇异权函数的改进的移动最小二乘插值法形函数满足 Kronecker δ 函数性质, 因此本节提出的方法可以非常方便直接施加本质边界条件, 不需要通过任何额外的数值方法来施加本质边界条件.

除了采用的逼近函数公式中的形函数之外, 本节公式与 4.1 节基本相同, 但为了内容的完整性, 本节还是列出相应的公式.

考虑二维 Poisson 方程

$$\nabla^2 u(\boldsymbol{x}) + b(\boldsymbol{x}) = 0, \quad \boldsymbol{x} \in \Omega, \tag{4.4.1}$$

Dirichlet 边界条件

$$u(\boldsymbol{x}) = \bar{u}(\boldsymbol{x}), \quad \boldsymbol{x} \in \Gamma_u, \tag{4.4.2}$$

Neumann 边界条件

$$q(\boldsymbol{x}) = \frac{\partial u(\boldsymbol{x})}{\partial \boldsymbol{n}} = \bar{q}(\boldsymbol{x}), \quad \boldsymbol{x} \in \Gamma_q. \tag{4.4.3}$$

式 (4.4.1) 的 Galerkin 等效积分弱形式为

$$\int_\Omega \delta u \cdot \nabla^2 u(\boldsymbol{x}) \mathrm{d}\Omega + \int_\Omega \delta u \cdot b(\boldsymbol{x}) \mathrm{d}\Omega = 0. \tag{4.4.4}$$

由于在本质边界 Γ_u 上成立 $\delta u = 0$, 故而对式 (4.4.4) 的第一项积分进行分部积分, 并结合边界条件 (4.4.3) 可得

$$\int_{\Gamma_q} \delta u \cdot \bar{q}(\boldsymbol{x}) \mathrm{d}\Gamma - \int_\Omega \delta (\nabla u)^{\mathrm{T}} \cdot \nabla u \mathrm{d}\Omega + \int_\Omega \delta u \cdot b(\boldsymbol{x}) \mathrm{d}\Omega = 0, \tag{4.4.5}$$

其中

$$\nabla u = (u_{,1}, u_{,2})^{\mathrm{T}} = \left(\frac{\partial u}{\partial x_1}, \frac{\partial u}{\partial x_2} \right)^{\mathrm{T}}. \tag{4.4.6}$$

设求解域离散为有限个节点, 节点总数为 M, 节点的影响域 $\Omega_I (I = 1, 2, \cdots, M)$ 的并集覆盖整个域 Ω. 域内任意场点的位势 $u(\boldsymbol{x})$ 可以近似地用其影响域内的节点位势来逼近. 由采用非奇异权函数的改进的移动最小二乘插值法的形函数表达式 (2.2.123), 域内任意场点 $\boldsymbol{x}$ 的位势可以近似为

$$u(\boldsymbol{x}) = \boldsymbol{\Phi}(\boldsymbol{x}) \boldsymbol{u} = \sum_{I=1}^{n} \Phi_I(\boldsymbol{x}) u(\boldsymbol{x}_I), \tag{4.4.7}$$

其中 n 是影响域覆盖场点 $\boldsymbol{x}$ 的节点数, $\boldsymbol{\Phi}(\boldsymbol{x})$ 根据式 (2.2.124) 计算求得.

由式 (4.4.7), 位势的梯度可以表示为

$$\nabla u = \nabla \boldsymbol{\Phi}(\boldsymbol{x}) \boldsymbol{u} = \sum_{I=1}^{n} \nabla \Phi_I(\boldsymbol{x}) u(\boldsymbol{x}_I) = \boldsymbol{B}(\boldsymbol{x}) \boldsymbol{u}, \tag{4.4.8}$$

其中

$$\boldsymbol{u} = (u_1, u_2, \cdots, u_n)^{\mathrm{T}} = (u(\boldsymbol{x}_1), u(\boldsymbol{x}_2), \cdots, u(\boldsymbol{x}_n))^{\mathrm{T}}, \tag{4.4.9}$$

$$\boldsymbol{B}(\boldsymbol{x})=\begin{bmatrix}\Phi_{1,1}(\boldsymbol{x}) & \Phi_{2,1}(\boldsymbol{x}) & \cdots & \Phi_{n,1}(\boldsymbol{x})\\ \Phi_{1,2}(\boldsymbol{x}) & \Phi_{2,2}(\boldsymbol{x}) & \cdots & \Phi_{n,2}(\boldsymbol{x})\end{bmatrix}. \tag{4.4.10}$$

将式 (4.4.7) 和式 (4.4.8) 代入式 (4.4.5) 可得

$$\int_{\Gamma_q}\delta(\boldsymbol{\Phi}(\boldsymbol{x})\boldsymbol{u})\cdot\bar{q}(\boldsymbol{x})\mathrm{d}\Gamma-\int_{\Omega}\delta(\boldsymbol{B}(\boldsymbol{x})\boldsymbol{u})^{\mathrm{T}}\cdot(\boldsymbol{B}(\boldsymbol{x})\boldsymbol{u})\mathrm{d}\Omega+\int_{\Omega}\delta(\boldsymbol{\Phi}(\boldsymbol{x})\boldsymbol{u})\cdot b(\boldsymbol{x})\mathrm{d}\Omega=0. \tag{4.4.11}$$

于是有

$$\int_{\Gamma_q}\delta\boldsymbol{u}^{\mathrm{T}}\cdot\boldsymbol{\Phi}^{\mathrm{T}}(\boldsymbol{x})\bar{q}(\boldsymbol{x})\mathrm{d}\Gamma-\int_{\Omega}\delta\boldsymbol{u}^{\mathrm{T}}\cdot\boldsymbol{B}^{\mathrm{T}}(\boldsymbol{x})\boldsymbol{B}(\boldsymbol{x})\boldsymbol{u}\mathrm{d}\Omega+\int_{\Omega}\delta\boldsymbol{u}^{\mathrm{T}}\cdot\boldsymbol{\Phi}^{\mathrm{T}}(\boldsymbol{x})b(\boldsymbol{x})\mathrm{d}\Omega=0, \tag{4.4.12}$$

即

$$\delta\boldsymbol{u}^{\mathrm{T}}\cdot\left[\int_{\Omega}\boldsymbol{B}^{\mathrm{T}}(\boldsymbol{x})\boldsymbol{B}(\boldsymbol{x})\boldsymbol{u}\mathrm{d}\Omega-\int_{\Gamma_q}\boldsymbol{\Phi}^{\mathrm{T}}(\boldsymbol{x})\bar{q}(\boldsymbol{x})\mathrm{d}\Gamma-\int_{\Omega}\boldsymbol{\Phi}^{\mathrm{T}}(\boldsymbol{x})b(\boldsymbol{x})\mathrm{d}\Omega\right]=0. \tag{4.4.13}$$

由于节点试验函数 $\delta\boldsymbol{u}$ 是任意的, 从而可得

$$\int_{\Omega}\boldsymbol{B}^{\mathrm{T}}(\boldsymbol{x})\boldsymbol{B}(\boldsymbol{x})\boldsymbol{u}\mathrm{d}\Omega-\int_{\Gamma_q}\boldsymbol{\Phi}^{\mathrm{T}}(\boldsymbol{x})\bar{q}(\boldsymbol{x})\mathrm{d}\Gamma-\int_{\Omega}\boldsymbol{\Phi}^{\mathrm{T}}(\boldsymbol{x})b(\boldsymbol{x})\mathrm{d}\Omega=\boldsymbol{0}, \tag{4.4.14}$$

其中 $\boldsymbol{0}$ 为 n 维零列向量.

于是可以得到最终的离散方程组为

$$\boldsymbol{K}\boldsymbol{u}=\boldsymbol{F}, \tag{4.4.15}$$

其中

$$K_{IJ}=\int_{\Omega}\boldsymbol{\nabla}\Phi_I^{\mathrm{T}}\boldsymbol{\nabla}\Phi_J\mathrm{d}\Omega, \tag{4.4.16}$$

$$F_I=F_I^{(1)}+F_I^{(2)}, \tag{4.4.17}$$

$$F_I^{(1)}=\int_{\Gamma_q}\Phi_I\bar{q}(\boldsymbol{x})\mathrm{d}\Gamma, \tag{4.4.18}$$

$$F_I^{(2)}=\int_{\Omega}\Phi_I b(\boldsymbol{x})\mathrm{d}\Omega, \tag{4.4.19}$$

$I,J=1,2,\cdots,M,\boldsymbol{u}$ 的表达式与式 (4.4.9) 形式相同, $n=M$.

由于采用非奇异权函数的改进的移动最小二乘插值法的形函数满足 Kronecker δ 函数性质, 因此不需要通过额外的数值方法施加本质边界条件, 只需将 Dirichlet 边界条件直接代入离散方程组即可, 也即本质边界上的所有节点的势通过式 (4.4.2) 求出, 并将这些已知的节点势直接代入式 (4.4.15) 中, 然后通过求解该线性方程组, 即可解得在所有节点上的势.

以上即为势问题的改进的插值型无单元 Galerkin 方法.

4.4.2 数值算例

在本节中, 将给出 5 个二维情形下的数值算例, 以验证本节提出的势问题的改进的插值型无单元 Galerkin 方法的有效性. 权函数采用三次样条权函数.

为研究误差, 定义绝对误差为

$$e_I = |T_I - T_I^h|, \tag{4.4.20}$$

以及相对误差为

$$e_T = \frac{1}{M}\sqrt{\sum_{I=1}^{M}\left(T_I^h - T_I\right)^2 \Big/ \sum_{I=1}^{M} T_I^2}, \tag{4.4.21}$$

其中 M 为节点总数, T_I^h 和 T_I 分别为节点上变量的数值解和解析解.

1. 扭转问题的翘曲函数

设 $u(x_1, x_2)$ 表示一个扭转问题的翘曲函数, 且该扭转问题的横截面为 $\frac{x_1^2}{a^2} + \frac{x_2^2}{b^2} = 1$, 其中长轴和短轴的长度分别为 $a = 2$ 和 $b = 1$. 该翘曲函数满足以下 Laplace 方程

$$\nabla^2 u = 0. \tag{4.4.22}$$

该问题的解析解为

$$u(x_1, x_2) = \frac{(b^2 - a^2)x_1 x_2}{a^2 + b^2}. \tag{4.4.23}$$

设边界条件为 Dirichlet 边界条件, 且由上式的解析解给定.

由于求解域的对称性, 所以只需研究求解域的四分之一区域即可 (如图 4.4.1 所示). 本算例采用二次基函数和三次样条权函数, 所有节点的影响域半径都为 $\rho_I = 0.8$, 节点分布如图 4.4.1 所示. 图 4.4.2 给出了沿着直线 $\overline{AB}$ 的数值解和解析解. 可以看出, 本节方法的数值解具有较高精度.

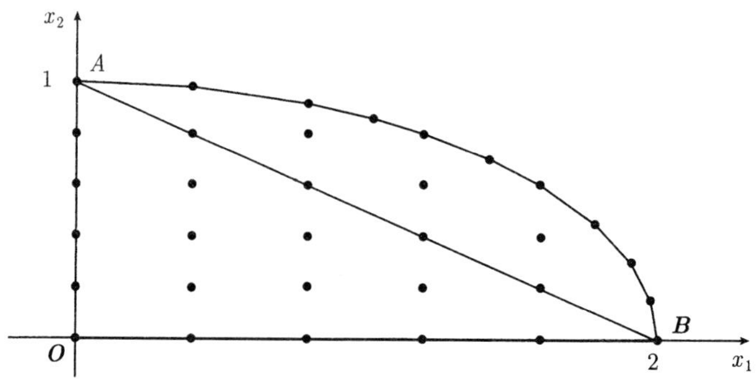

图 4.4.1　节点分布

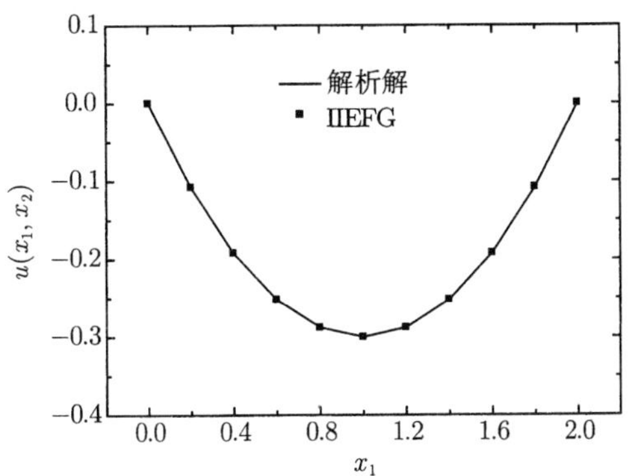

图 4.4.2 $u(x_1, x_2)$ 沿着直线 $\overline{AB}$ 的数值解和解析解

当采用图 4.4.1 所示的节点分布时, 图 4.4.3 给出了分别利用本节提出的改进的插值型无单元 Galerkin 方法以及传统的无单元 Galerkin 方法计算得到的所有内部节点上的绝对误差. 当采用图 4.4.4 所示的节点分布时, 图 4.4.5 给出了相应的绝对误差. 从图 4.4.3 和图 4.4.5 中可以看出, 本节提出的采用非奇异权函数的改进的插值型无单元 Galerkin 方法具有较高的精度.

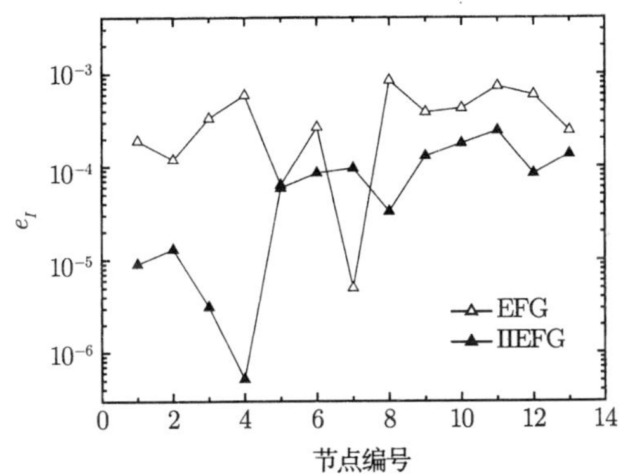

图 4.4.3 内部节点上 IIEFG 和 EFG 方法的绝对误差

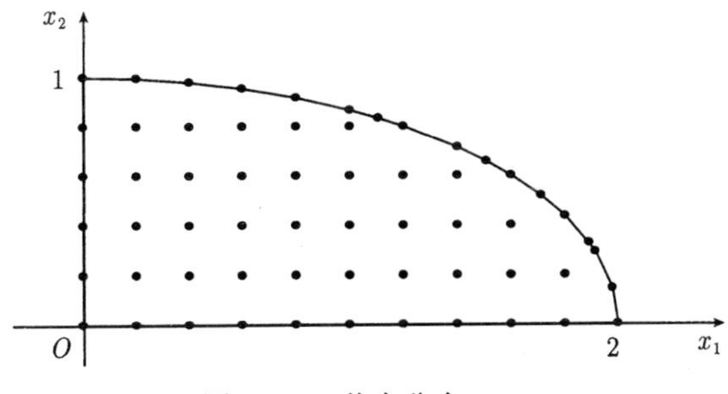

图 4.4.4 节点分布

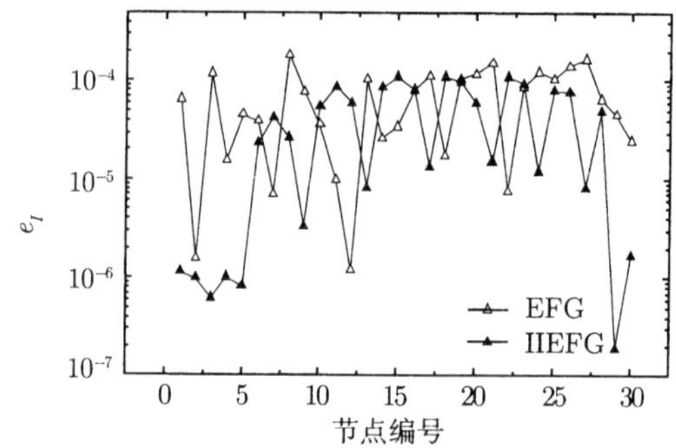

图 4.4.5 内部节点上 IIEFG 和 EFG 方法的绝对误差

2. 矩形域上的温度场

控制方程为 Poisson 方程

$$\nabla^2 T(x_1,x_2) = -2(x_1+x_2-x_1^2-x_2^2), \qquad 0<x_1<1, 0<x_2<1. \tag{4.4.24}$$

其边界条件为

$$T(x_1,x_2)=0, \qquad (x_1,x_2)\in\Gamma, \tag{4.4.25}$$

其中 Γ 为区域的边界.

该问题的解析解为

$$T(x_1,x_2)=(x_1-x_1^2)(x_2-x_2^2). \tag{4.4.26}$$

采用线性基函数和如图 4.4.6 所示的 81 个节点分布, 且每个节点的影响域半径都是相同的, $\rho_I = 0.1375$. 在直线 $x=0.5, 0.375$ 和 0.25 上的数值解和解析解如图 4.4.7 所示. 图 4.4.8 分别给出了本节改进的插值型无单元 Galerkin 方法和传统的无单元 Galerkin 方法得到的所有内部节点上的绝对误差, 可以看出本节的方法具有较高精度.

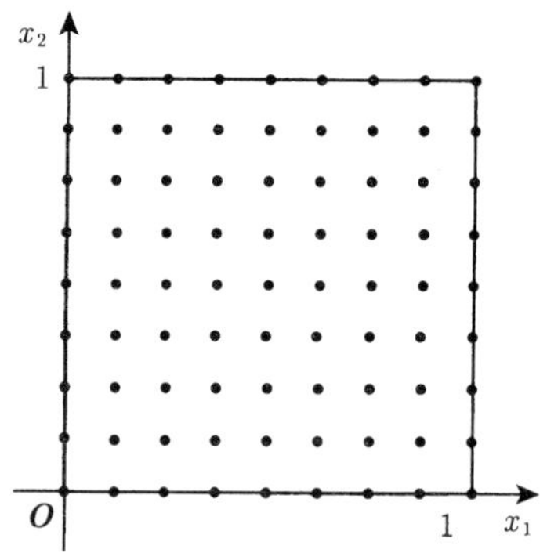

图 4.4.6 节点分布

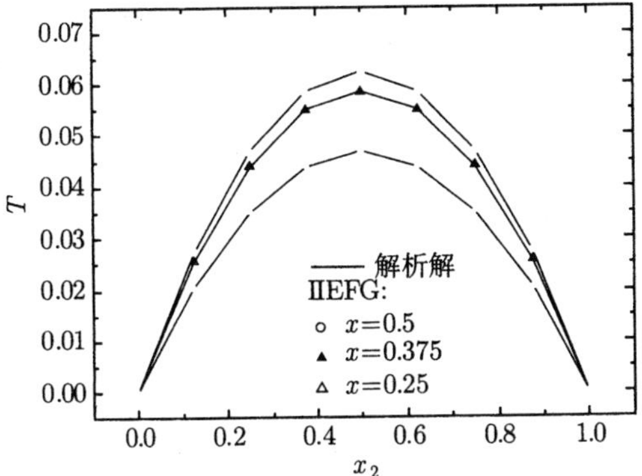

图 4.4.7　当 $x_1=0.5, 0.375$ 和 0.25 时温度场的数值解和解析解

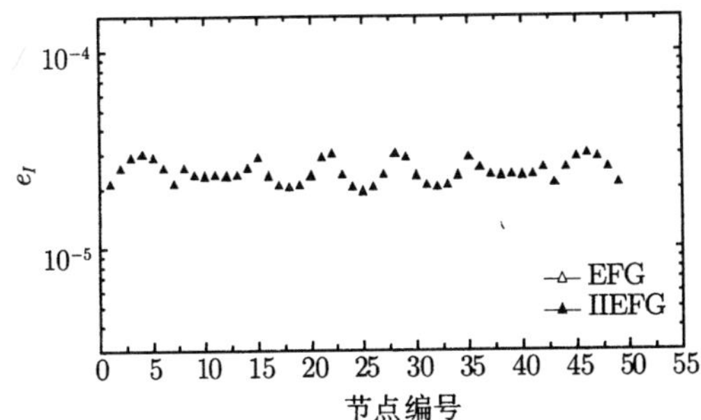

图 4.4.8　内部节点上 IIEFG 和 EFG 方法的绝对误差

3. 带圆弧区域上的温度场

考虑二维 Laplace 方程

$$\nabla^2 T(x_1,x_2)=0,\quad (x_1,x_2)\in\Omega, \tag{4.4.27}$$

其中求解域 Ω 如图 4.4.9 所示.

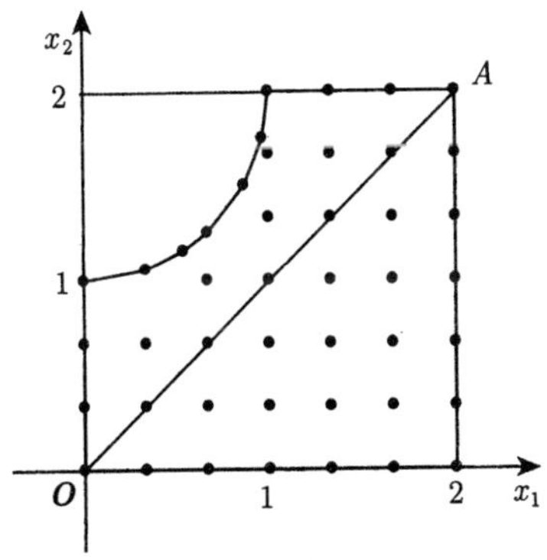

图 4.4.9　节点分布

该问题的解析解为

$$T(x_1, x_2) = e^{x_1} \sin x_2. \tag{4.4.28}$$

边界条件为 Dirichlet 边界条件, 并且由解析解给定.

采用线性基函数和如图 4.4.9 所示的 44 个节点分布, 且影响域半径均取为 $\rho_I = 0.3767$. 沿着直线段 $\overline{OA}$ 的数值解和解析解如图 4.4.10 所示. 分别利用本节改进的插值型无单元 Galerkin 方法和传统的无单元 Galerkin 方法计算得到的所有内部节点上的绝对误差如图 4.4.11 所示. 可以看出, 本节改进的插值型无单元 Galerkin 方法具有较高精度.

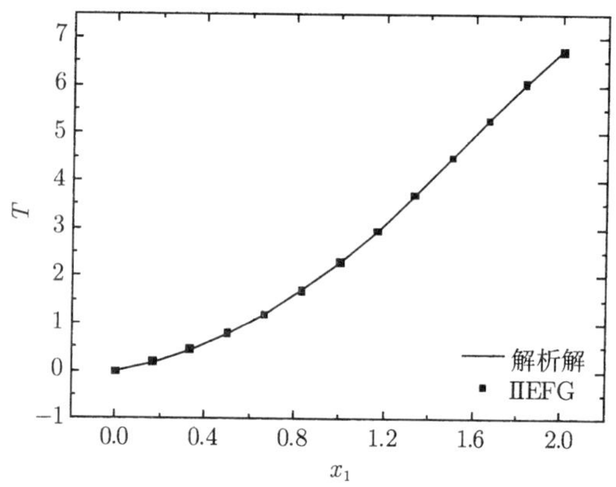

图 4.4.10　沿直线 $\overline{OA}$ 上 T 的数值解和解析解

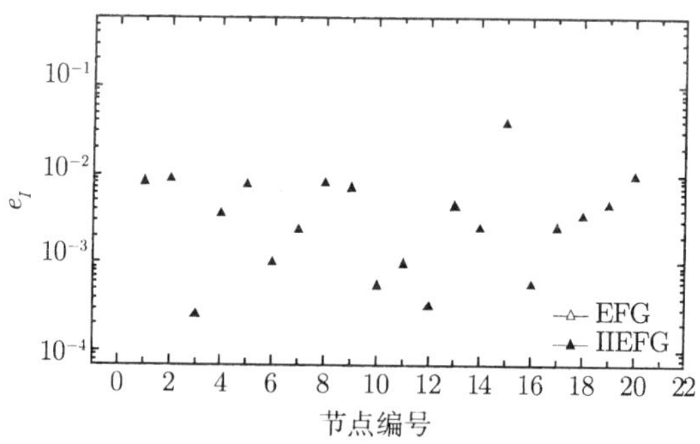

图 4.4.11　内部节点上 IIEFG 和 EFG 方法的绝对误差

4. 空心圆形域上的 Laplace 方程

考虑一个空心圆形板上的温度场, 空心圆形板的内外半径记作 r_1 和 r_2, 控制

方程为 Laplace 方程

$$\nabla^2 u = \frac{\partial^2 u}{\partial x_1^2} + \frac{\partial^2 u}{\partial x_2^2} = 0. \tag{4.4.29}$$

由于对称性, 只需研究圆形板的四分之一区域即可 (如图 4.4.12 所示). 极坐标表示的边界条件为

$$u(r_1, \theta) = T_1 \cos(4\theta), \tag{4.4.30}$$

$$u(r_2, \theta) = T_2 \cos(4\theta), \tag{4.4.31}$$

$$\frac{\partial u(r,\theta)}{\partial \theta} = 0, \quad \theta = 0, \quad \theta = \frac{\pi}{2}, \tag{4.4.32}$$

其中 T_1 和 T_2 为已知参数.

该问题的解析解为

$$u(r,\theta) = \frac{r_1^4 r_2^4}{r_2^8 - r_1^8}\left[T_2\left(\frac{r^4}{r_1^4} - \frac{r_1^4}{r^4}\right) - T_1\left(\frac{r^4}{r_2^4} - \frac{r_2^4}{r^4}\right)\right]\cos(4\theta). \tag{4.4.33}$$

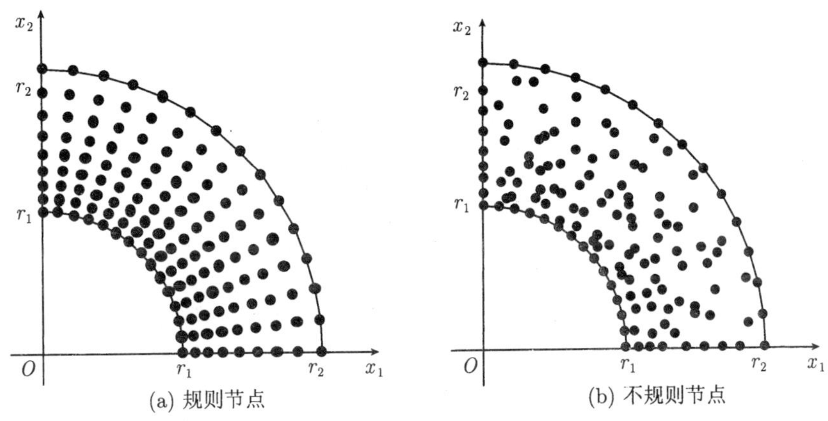

图 4.4.12 节点分布

计算中采用线性基函数, 取 $r_1 = 5$, $r_2 = 10$, $T_1 = 50$, $T_2 = 100$, $d_{\max} = 2$. 图 4.4.12 给出了计算中所使用的规则和不规则节点分布, 其中不规则节点是通过对规则节点进行随机扰动产生. 当采用不规则节点分布时, 利用本节改进的插值型无单元 Galerkin 方法、原有的插值型无单元 Galerkin 方法, 以及传统的无单元 Galerkin 方法计算得到的沿着半径 $r = 7.5$ 的数值解如图 4.4.13 所示, 三种方法所耗费的 CPU 时间分别是 0.81s、0.80s 和 1.16s. 可以看出本节方法具有较高的计算效率和计算精度.

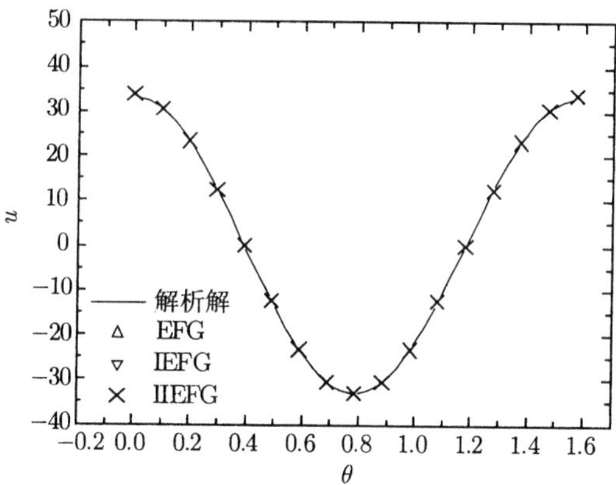

图 4.4.13　规则节点分布时 $r = 7.5$ 处 u 的数值解和解析解

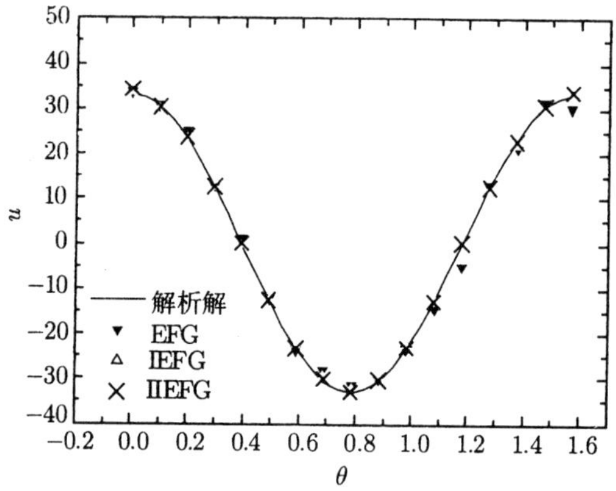

图 4.4.14　不规则节点分布时 $r = 7.5$ 处 u 的数值解和解析解

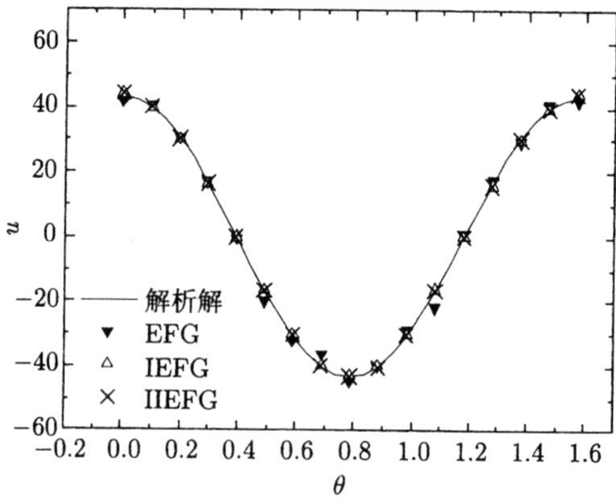

图 4.4.15　规则节点分布时 $r = 9.5$ 处 u 的数值解和解析解

采用不规则节点时, 利用本节改进的插值型无单元 Galerkin 方法、插值型无单元 Galerkin 方法, 以及传统的无单元 Galerkin 方法计算得到的沿着半径 $r = 7.5$ 和 $r = 9.5$ 的数值解分别如图 4.4.14 和图 4.4.15 所示. 不规则节点时所花费的 CPU 时间和规则节点时几乎是相同的, 分别是 0.81s、0.80s 和 1.17s. 可以看出, 本节基于非奇异权函数的改进的插值型无单元 Galerkin 方法比传统的无单元 Galerkin 方法具有更高的计算效率和计算精度.

5. 矩形域上的温度场

控制方程为

$$\nabla^2 T = \frac{\partial^2 T}{\partial x_1^2} + \frac{\partial^2 T}{\partial x_2^2} = 0, \quad 0 < x_1 < 5, 0 < x_2 < 10. \tag{4.4.34}$$

边界条件由式 (4.1.26)—(4.1.29) 给定, 该问题的解析解由式 (4.1.30) 给出.

采用线性基函数和如图 4.4.16(a) 所示的 6×11 个规则节点分布, 并且令 $d_{\max} = 2$. 利用本节改进的插值型无单元 Galerkin 方法、插值型无单元 Galerkin 方法, 以及传统的无单元 Galerkin 方法得到沿着直线 $x_1 = 3$ 的数值解如图 4.4.17 所示. 当采用如图 4.4.16(b) 所示的不规则节点时, 三种方法的数值解如图 4.4.18 所示, 三种方法的数值解在所有内部节点上的绝对误差如图 4.4.19 所示. 可以看出, 本节提出的改进的插值型无单元 Galerkin 方法具有较高的计算精度.

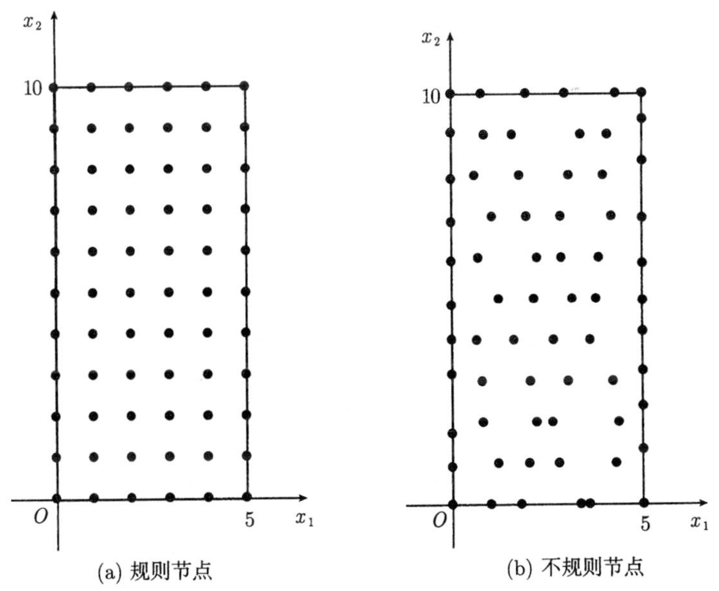

(a) 规则节点　　(b) 不规则节点

图 4.4.16　节点分布

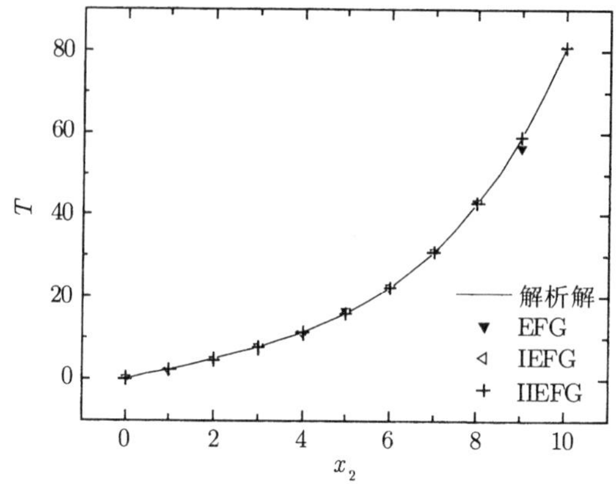

图 4.4.17　规则节点分布时 $x_1 = 3$ 处 T 的数值解和解析解

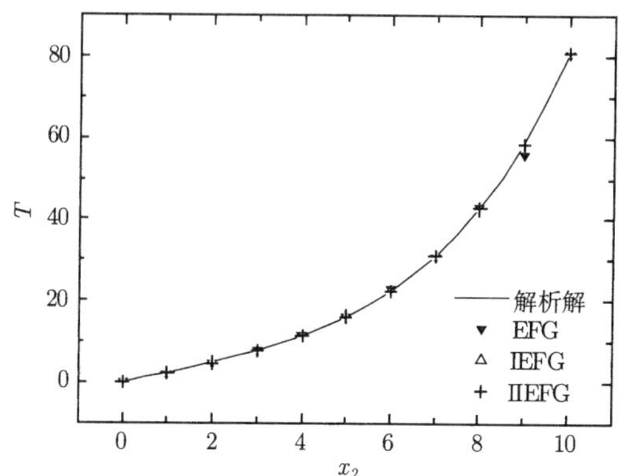

图 4.4.18　不规则节点分布时 $x_1 = 3$ 处 T 的数值解和解析解

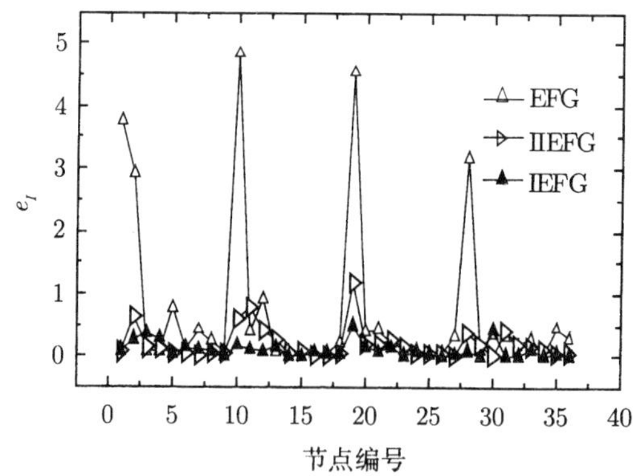

图 4.4.19　不规则节点分布时的绝对误差

当分别采用 5×9、7×13、9×17 以及 11×21 个规则节点分布时, 图 4.4.20 给出了利用本节改进的插值型无单元 Galerkin 方法、插值型无单元 Galerkin 方法,

以及传统的无单元 Galerkin 方法计算得到的误差 e_T. 三种方法所花费的 CPU 时间分别是 10.95s、11.04s 和 11.39s.

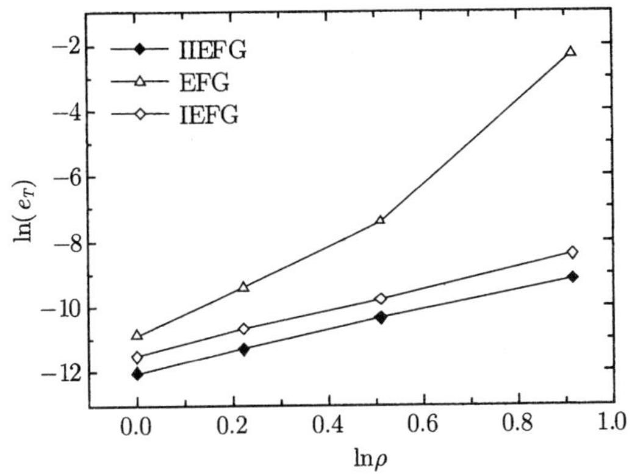

图 4.4.20 规则节点分布时的误差 e_T

通过对规则节点添加随机扰动以获得不规则节点分布, 即令

$$\tilde{\boldsymbol{x}}_I = \boldsymbol{x}_I + \mathbf{rand}_2, \tag{4.4.35}$$

其中 $\boldsymbol{x}_I$ 和 $\tilde{\boldsymbol{x}}_I$ 分别表示规则节点坐标和随机扰动后的不规则节点坐标, $\mathbf{rand}_2$ 为服从区域 $\left[-\dfrac{c_1}{10}, \dfrac{c_1}{10}\right] \times \left[-\dfrac{c_2}{10}, \dfrac{c_2}{10}\right]$ 上的一个随机数向量, 由 Matlab 软件产生, c_1 和 c_2 分别为规则节点分布时 x_1 和 x_2 方向相邻两节点间距.

图 4.4.21 给出了对 5×9、7×13、9×17 及 11×21 个规则节点分布分别进行随机扰动后, 本节改进的插值型无单元 Galerkin 方法、插值型无单元 Galerkin 方法和传统的无单元 Galerkin 方法的误差 e_T, 三种方法所花费的 CPU 时间分别是 10.87s、11.09s 和 11.47s. 可以看出, 本节改进的插值型无单元 Galerkin 方法有较高的计算效率和精度.

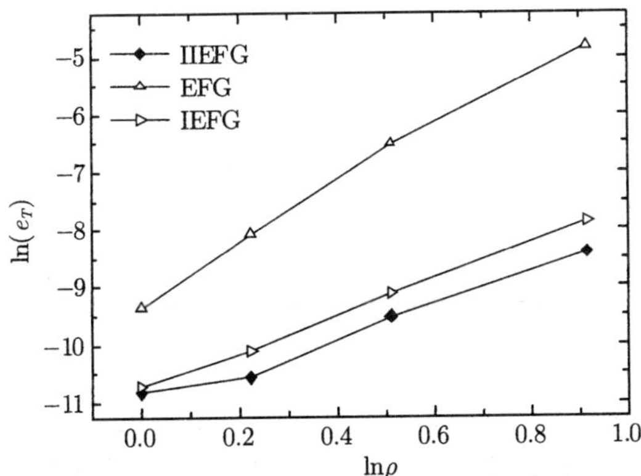

图 4.4.21 不规则节点分布时的误差 e_T

数值结果表明, 本节采用非奇异权函数的改进的插值型无单元 Galerkin 方法具有较高的计算精度和计算效率.

4.5 弹性力学的改进的插值型无单元 Galerkin 方法

本节基于第 2 章建立的采用非奇异权函数的改进的移动最小二乘插值法, 研究建立弹性力学的改进的插值型无单元 Galerkin 方法. 由于改进的移动最小二乘插值法采用了非奇异的权函数, 并且其形函数中待定系数比传统的移动最小二乘法少一个, 同时形函数又满足 Kronecker δ 函数性质, 使得弹性力学的改进的插值型无单元 Galerkin 方法克服了无单元 Galerkin 方法不能直接施加本质边界条件的缺点, 而且也克服了插值型无单元 Galerkin 方法 (见 4.2 节) 中因权函数奇异导致的计算不便. 数值算例显示本节提出的弹性力学的改进的插值型无单元 Galerkin 方法具有较高的计算精度.

除了采用的插值函数公式中的形函数之外, 本节公式与 4.2 节基本相同, 但为了内容的完整性, 本节还是列出相应的公式.

4.5.1 弹性力学的改进的插值型无单元 Galerkin 方法

考虑二维弹性问题, 设问题域为 Ω, 边界为 Γ, 其平衡方程为

$$\sigma_{ij,j} + b_i = 0, \quad \boldsymbol{x} \in \Omega, \tag{4.5.1}$$

几何方程为

$$\varepsilon_{ij} = \frac{1}{2}(u_{i,j} + u_{j,i}), \quad \boldsymbol{x} \in \Omega, \tag{4.5.2}$$

物理方程为

$$\sigma_{ij} = \lambda u_{k,k}\delta_{ij} + G(u_{i,j} + u_{j,i}), \quad \boldsymbol{x} \in \Omega, \tag{4.5.3}$$

位移边界条件为

$$u_i = \bar{u}_i, \quad \boldsymbol{x} \in \Gamma_u, \tag{4.5.4}$$

应力边界条件为

$$\sigma_{ij}n_j = \bar{t}_i, \quad \boldsymbol{x} \in \Gamma_t, \tag{4.5.5}$$

其中 $i,j = 1,2$, b_i 为域 Ω 内给定的体力, Γ_t 和 Γ_u 分别为给定的无交集的面力边界和位移边界, 且 $\Gamma = \Gamma_t \cup \Gamma_u$, $\bar{t}_i$ 为给定的面力, $\bar{u}_i$ 为给定的位移, n_j 为边界 Γ_t 的外法线方向余弦.

利用第 2 章改进的移动最小二乘插值法构造插值函数, 并结合弹性力学的 Galerkin 弱形式, 研究提出弹性力学的改进的插值型无单元 Galerkin 方法. 因为改进的移动最小二乘插值法的形函数满足 Kronecker δ 函数性质, 因此本节提出的方

法可以非常方便直接施加本质边界条件, 不需要通过任何额外的数值方法以实现本质边界的施加.

设问题域 Ω 离散为有限个节点, 节点总数为 M, 节点的影响域 $\Omega_I(I=1,2,\cdots,M)$ 的并集覆盖整个域 Ω. 域内任意点的位移可以近似地用其影响域内的节点位势来逼近. 由采用非奇异权的改进的移动最小二乘插值法插值函数表达式 (2.2.123), 域内任意点 $\boldsymbol{x}$ 的位移可以表示为

$$\boldsymbol{u}(\boldsymbol{x})=(u_1(\boldsymbol{x}),u_2(\boldsymbol{x}))^{\mathrm{T}}, \tag{4.5.6}$$

并且

$$u_1(\boldsymbol{x})=\sum_{I=1}^{n}\Phi_I(\boldsymbol{x})u_1(\boldsymbol{x}_I), \tag{4.5.7}$$

$$u_2(\boldsymbol{x})=\sum_{I=1}^{n}\Phi_I(\boldsymbol{x})u_2(\boldsymbol{x}_I). \tag{4.5.8}$$

式 (4.5.6) 写成矩阵形式为

$$\boldsymbol{u}=\boldsymbol{N}\boldsymbol{U}, \tag{4.5.9}$$

其中

$$\boldsymbol{U}=(u_1(\boldsymbol{x}_1),u_2(\boldsymbol{x}_1),u_1(\boldsymbol{x}_2),u_2(\boldsymbol{x}_2),\cdots,u_1(\boldsymbol{x}_n),u_2(\boldsymbol{x}_n))^{\mathrm{T}}, \tag{4.5.10}$$

$$\boldsymbol{N}=(\boldsymbol{N}_1(\boldsymbol{x}),\boldsymbol{N}_2(\boldsymbol{x}),\cdots,\boldsymbol{N}_n(\boldsymbol{x})), \tag{4.5.11}$$

$$\boldsymbol{N}_I(\boldsymbol{x})=\begin{bmatrix}\Phi_I(\boldsymbol{x}) & 0\\ 0 & \Phi_I(\boldsymbol{x})\end{bmatrix}. \tag{4.5.12}$$

应变向量可以表示为

$$\boldsymbol{\varepsilon}(\boldsymbol{x})=\begin{bmatrix}u_{1,1}\\ u_{2,2}\\ u_{1,2}+u_{2,1}\end{bmatrix}=\begin{bmatrix}\displaystyle\sum_{I=1}^{n}\Phi_{I,1}(\boldsymbol{x})u_1(\boldsymbol{x}_I)\\ \displaystyle\sum_{I=1}^{n}\Phi_{I,2}(\boldsymbol{x})u_2(\boldsymbol{x}_I)\\ \displaystyle\sum_{I=1}^{n}\Phi_{I,2}(\boldsymbol{x})u_1(\boldsymbol{x}_I)+\sum_{I=1}^{n}\Phi_{I,1}(\boldsymbol{x})u_2(\boldsymbol{x}_I)\end{bmatrix}\equiv\boldsymbol{B}\boldsymbol{U}, \tag{4.5.13}$$

其中

$$\boldsymbol{B}=(\boldsymbol{B}_1(\boldsymbol{x}),\boldsymbol{B}_2(\boldsymbol{x}),\cdots,\boldsymbol{B}_n(\boldsymbol{x})), \tag{4.5.14}$$

$$\boldsymbol{B}_I(\boldsymbol{x}) = \begin{bmatrix} \Phi_{I,1}(\boldsymbol{x}) & 0 \\ 0 & \Phi_{I,2}(\boldsymbol{x}) \\ \Phi_{I,2}(\boldsymbol{x}) & \Phi_{I,1}(\boldsymbol{x}) \end{bmatrix}. \tag{4.5.15}$$

应力应变关系为

$$\boldsymbol{\sigma}(\boldsymbol{x}) = \boldsymbol{D} \cdot \boldsymbol{\varepsilon}(\boldsymbol{x}) = \boldsymbol{DBU}, \tag{4.5.16}$$

其中对于平面应力问题,

$$\boldsymbol{D} = \frac{E}{1-\nu^2}\begin{bmatrix} 1 & \nu & 0 \\ \nu & 1 & 0 \\ 0 & 0 & \dfrac{1-\nu}{2} \end{bmatrix}; \tag{4.5.17}$$

对于平面应变问题,

$$\boldsymbol{D} = \frac{E}{(1+\nu)(1-2\nu)}\begin{bmatrix} 1-\nu & \nu & 0 \\ \nu & 1-\nu & 0 \\ 0 & 0 & \dfrac{1-2\nu}{2} \end{bmatrix}. \tag{4.5.18}$$

式 (4.5.1) 的 Galerkin 积分弱形式为

$$\int_\Omega \delta u_i \cdot (\sigma_{ij,j} + b_i)\mathrm{d}\Omega = 0. \tag{4.5.19}$$

由于在本质边界 Γ_u 上成立 $\delta u_i = 0$, 故而对式 (4.5.19) 的积分进行分部积分并结合边界条件可以得到

$$\int_\Omega \boldsymbol{\sigma}^{\mathrm{T}}\delta\boldsymbol{\varepsilon}\mathrm{d}\Omega - \int_\Omega \boldsymbol{b}^{\mathrm{T}}\delta\boldsymbol{u}\mathrm{d}\Omega - \int_{\Gamma_t} \boldsymbol{t}^{\mathrm{T}}\delta\boldsymbol{u}\mathrm{d}\Gamma = 0, \tag{4.5.20}$$

其中 $\boldsymbol{b}$ 是体力向量, $\bar{\boldsymbol{t}}$、$\bar{\boldsymbol{u}}$ 分别是边界面力和位移向量.

将式 (4.5.9)、(4.5.13)、(4.5.16) 代入式 (4.5.20) 中可以得到

$$\int_\Omega (\boldsymbol{DBU})^{\mathrm{T}}\delta(\boldsymbol{BU})\mathrm{d}\Omega - \int_\Omega \boldsymbol{b}^{\mathrm{T}}\delta(\boldsymbol{NU})\mathrm{d}\Omega - \int_{\Gamma_t} \boldsymbol{t}^{\mathrm{T}}\delta(\boldsymbol{NU})\mathrm{d}\Gamma = 0, \tag{4.5.21}$$

即

$$(\delta\boldsymbol{U})^{\mathrm{T}}\left[\int_\Omega \boldsymbol{B}^{\mathrm{T}}\boldsymbol{DBU}\mathrm{d}\Omega - \int_\Omega \boldsymbol{N}^{\mathrm{T}}\boldsymbol{b}\mathrm{d}\Omega - \int_{\Gamma_t} \boldsymbol{N}^{\mathrm{T}}\boldsymbol{t}\mathrm{d}\Gamma\right] = 0. \tag{4.5.22}$$

由于 $\delta\boldsymbol{U}$ 是任意的, 于是可以得到二维弹性力学改进的插值型无单元 Galerkin 方法的离散方程为

$$\boldsymbol{K}\boldsymbol{U}=\boldsymbol{f}, \tag{4.5.23}$$

其中

$$\boldsymbol{K}_{IJ}=\int_{\Omega}\boldsymbol{B}_I^{\mathrm{T}}\boldsymbol{D}\boldsymbol{B}_J\mathrm{d}\Omega, \tag{4.5.24}$$

$$\boldsymbol{f}_I=\int_{\Omega}\boldsymbol{N}_I^{\mathrm{T}}\boldsymbol{b}\mathrm{d}\Omega+\int_{\Gamma_t}\boldsymbol{N}_I^{\mathrm{T}}\boldsymbol{t}\mathrm{d}\Gamma, \tag{4.5.25}$$

$\boldsymbol{U}$ 的表达式与式 (4.5.10) 形式相同, $n=M$.

由于改进的移动最小二乘插值法的形函数满足 Kronecker δ 函数性质, 因此不需要通过额外的数值方法施加本质边界条件, 只需将 Dirichlet 边界条件直接代入离散方程组即可, 也即本质边界上的所有节点的位移通过式 (4.5.4) 求出, 并将这些已知的节点位移直接代入式 (4.5.23) 中, 然后通过求解该线性方程组, 即可解得在所有节点上的位移.

以上即为弹性力学的改进的插值型无单元 Galerkin 方法.

4.5.2 数值算例

本节将给出 4 个二维弹性力学的算例, 以验证本节提出的改进的插值型无单元 Galerkin 方法的有效性. 采用线性基函数和三次样条权函数, 影响域参数 $d_{\max}=1.5$. 所有利用本节的方法得到的数值结果将与插值型无单元 Galerkin 方法 (IEFG) 的结果、解析解或者有限元软件 ABAQUS 的计算结果进行比较.

1. 端部受剪切荷载作用的悬臂梁

考虑如图 4.2.1 所示的悬臂梁, 数值求解中令 $E=3.0\times10^7\mathrm{Pa}$, $\nu=0.3$, $L=48\mathrm{m}$, $D=12\mathrm{m}$, $p=1000\mathrm{N}$. 采用如图 4.5.1 所示的规则节点分布.

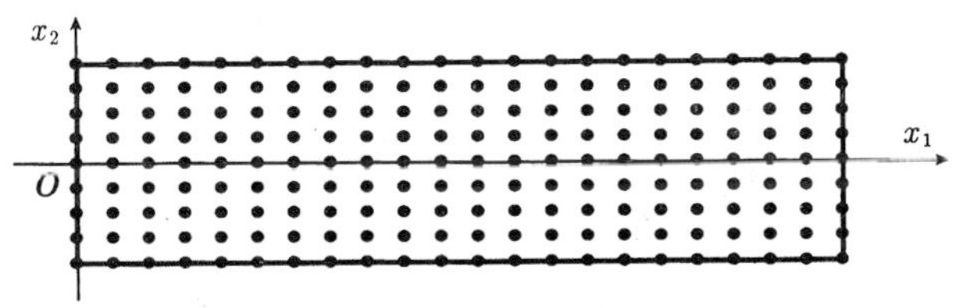

图 4.5.1 节点分布

采用本节改进的插值型无单元 Galerkin 方法计算时, 将问题域分成 20×8 背景网格, 在每个网格上采用 4×4 个 Gauss 积分点以计算数值积分. 图 4.5.2 给出了分别利用改进的插值型无单元 Galerkin 方法 (IIEFG) 和插值型无单元 Galerkin 方法计算得到的沿着 x_1 轴的位移偏移情况. 图 4.5.3 和图 4.5.4 分别给出了应力 σ_{11}

和 σ_{12} 在截面 $x_1 = \frac{1}{2}L$ 上的数值解和解析解. 可以看出, 利用本节提出的改进的插值型无单元 Galerkin 方法的数值结果和解析解吻合得较好, 本节方法具有较高的计算精度.

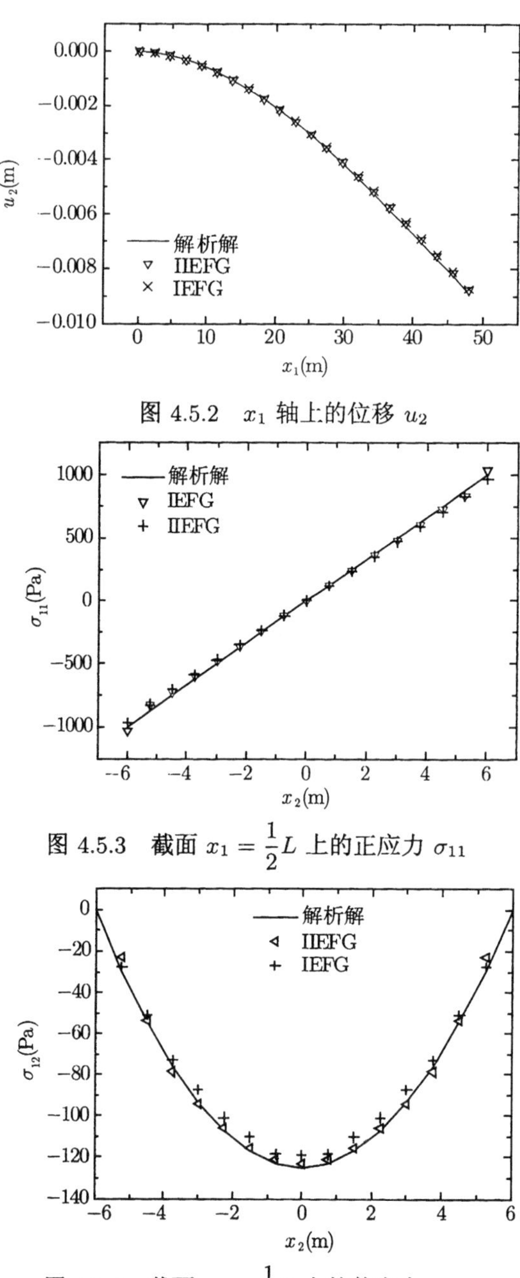

图 4.5.2　x_1 轴上的位移 u_2

图 4.5.3　截面 $x_1 = \frac{1}{2}L$ 上的正应力 σ_{11}

图 4.5.4　截面 $x_1 = \frac{1}{2}L$ 上的剪应力 σ_{12}

为研究误差, 定义以下能量误差

$$e_{\varepsilon}=\sqrt{\frac{1}{2}\int_{\Omega}(\boldsymbol{\varepsilon}^{\mathrm{num}}-\boldsymbol{\varepsilon}^{\mathrm{exact}})^{\mathrm{T}}\boldsymbol{D}(\boldsymbol{\varepsilon}^{\mathrm{num}}-\boldsymbol{\varepsilon}^{\mathrm{exact}})\mathrm{d}\Omega}, \tag{4.5.26}$$

其中 $\boldsymbol{\varepsilon}^{\mathrm{num}}$ 和 $\boldsymbol{\varepsilon}^{\mathrm{exact}}$ 分别表示应变向量的数值解和解析解.

当采用 13×7、17×9、21×11 以及 25×13 个规则节点时, 图 4.5.5 给出了分别利用改进的插值型无单元 Galerkin 方法和插值型无单元 Galerkin 方法计算得到的能量误差. 可以看出, 本节提出的改进的插值型无单元 Galerkin 方法具有较高的精度.

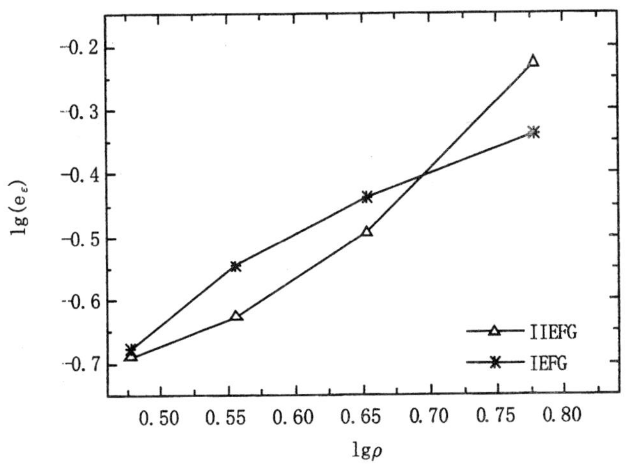

图 4.5.5 能量误差

2. 受单向拉伸作用的中心圆孔板

如图 4.2.5 所示的受单向拉伸的中心圆孔板, 板在 x_1 轴两端受到均匀分布的拉伸力 $q=1000\mathrm{N/m}$, 设板处于平面应力状态, 并且 $\nu=0.25$, $E=2.0\times10^{7}\mathrm{Pa}$.

由于对称性, 只需研究方形板的四分之一区域即可 (图 4.2.6), 计算中采用如图 4.5.6 所示的节点分布.

分别利用本节改进的插值型无单元 Galerkin 方法以及插值型无单元 Galerkin 方法计算, 图 4.5.7 给出了 $\theta=0$ 时的位移 u_r, 图 4.5.8 给出 $\theta=\dfrac{\pi}{2}$时的位移 u_r, 图 4.5.9 给出了应力 σ_θ. 可以看出本节提出的弹性力学的改进的插值型无单元 Galerkin 方法具有较高的计算精度.

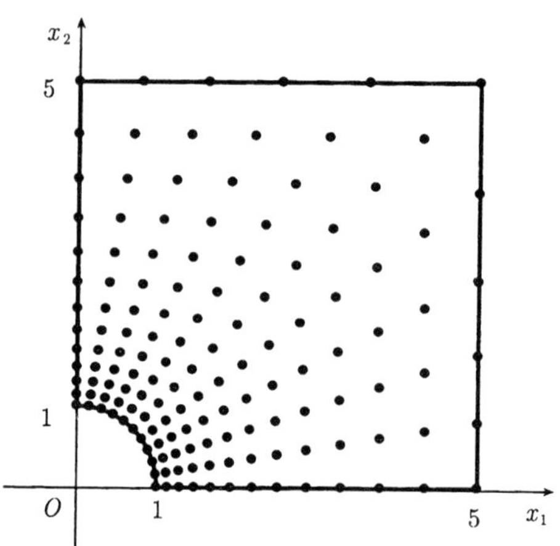

图 4.5.6　节点分布

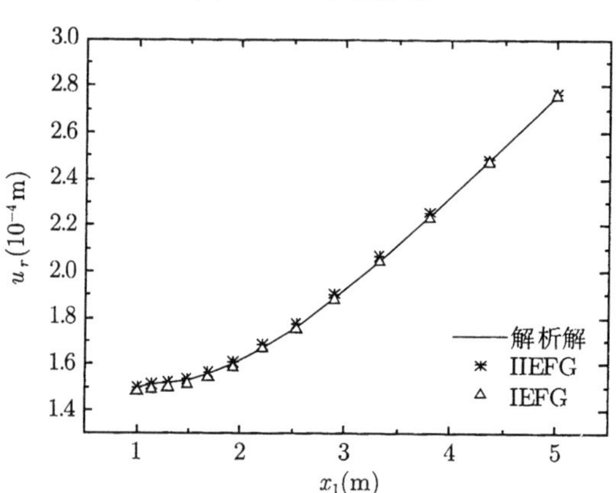

图 4.5.7　当 $\theta = 0$ 时的径向位移 u_r

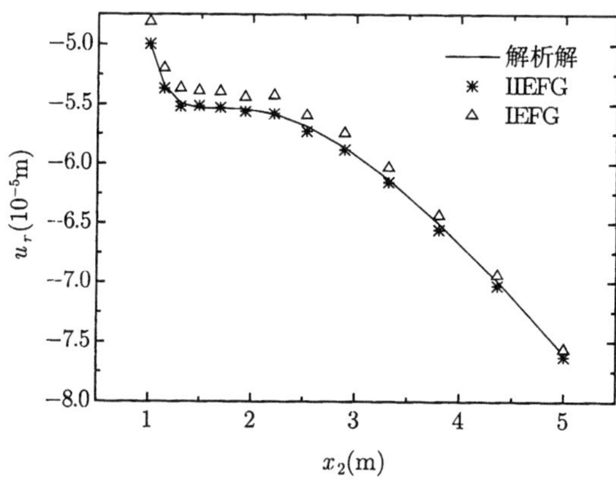

图 4.5.8　当 $\theta = \dfrac{\pi}{2}$ 时的径向位移 u_r

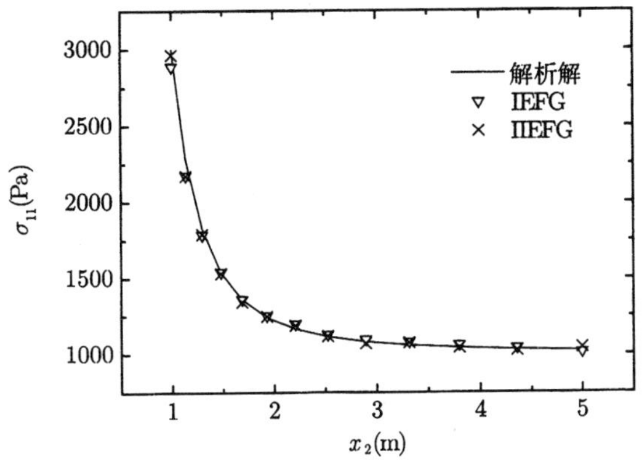

图 4.5.9 当 $\theta=\frac{\pi}{2}$ 时的正应力 σ_{11}

3. 受均布内压的圆环

受均布内压的圆环如图 4.2.11 所示, $a=1\text{m}$ 和 $b=5\text{m}$, 内部受到均匀分布的压力 $p=1000\text{N/m}$. 设环为平面应力状态, 且 $\nu=0.25$, $E=10^6\text{Pa}$.

由于对称性, 只需研究四分之一区域即可 (图 4.2.12). 采用如图 4.5.10 所示的节点分布, 分别利用本节改进的插值型无单元 Galerkin 方法以及插值型无单元 Galerkin 方法计算, 图 4.5.11 给出了角度 $\theta=0$ 时的位移 u_r, 图 4.5.12 给出 $\theta=0$ 时的应力 σ_θ, 而图 4.5.13 给出 $\theta=0$ 时的应力 σ_r. 可以看出, 本节提出的弹性力学的改进的插值型无单元 Galerkin 方法具有较高精度.

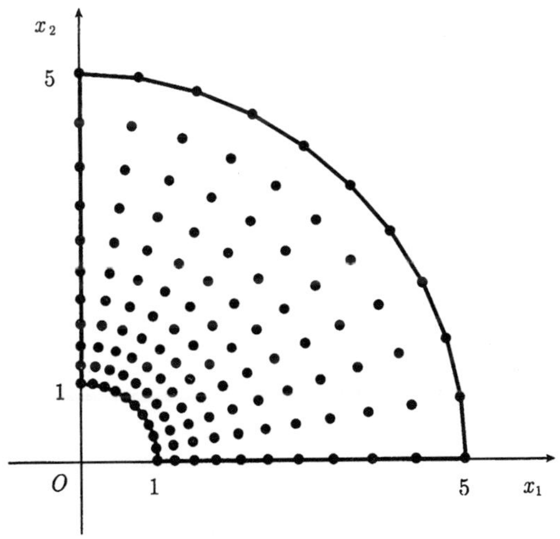

图 4.5.10 节点分布

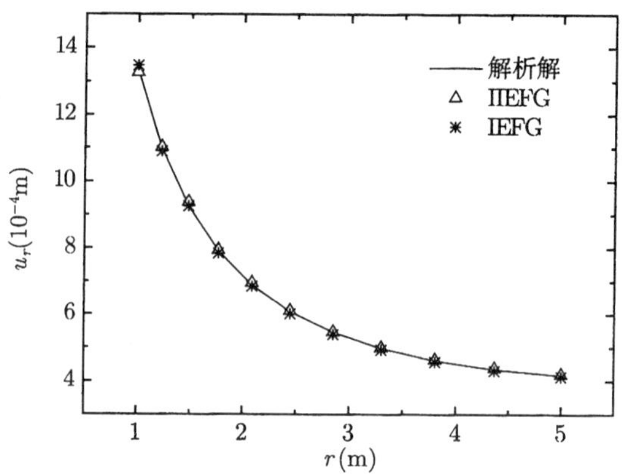

图 4.5.11　$\theta = 0$ 时的径向位移 u_r

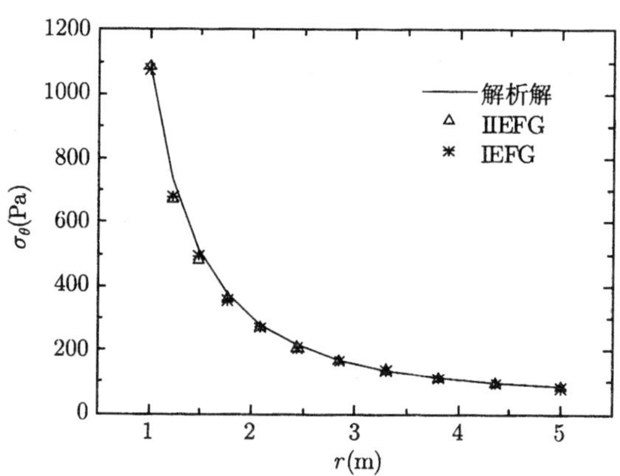

图 4.5.12　$\theta = 0$ 时的应力 σ_θ

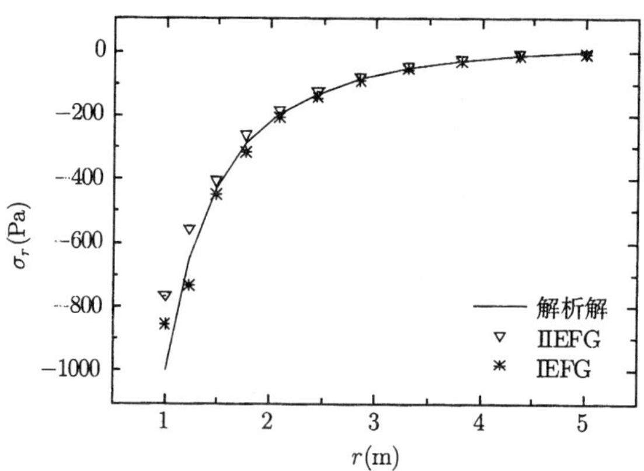

图 4.5.13　$\theta = 0$ 时的应力 σ_r

4. 受外压的桥墩

考虑一个如图 4.5.14 所示的桥墩. 设桥墩上部受到均匀分布的压力 $p = 50\text{kN/m}$, 桥墩处于平面应变状态, 且 $\nu = 0.15$, $E = 40\text{GPa}$.

由于对称性, 只需对如图 4.5.15 所示的二分之一区域进行计算即可. 计算中采用如图 4.5.15 所示的节点分布. 为验证本节改进的插值型无单元 Galerkin 方法的有效性, 还对桥墩利用有限元软件 ABAQUS 进行了分析. 图 4.5.15 中的折线 EAB 上的位移 u_2 如图 4.5.16 所示, 折线 BCD 上的位移 u_1 如图 4.5.17 所示. 可以看出, 本节提出的方法的数值结果和 ABAQUS 的解吻合较好, 验证了该方法的有效性.

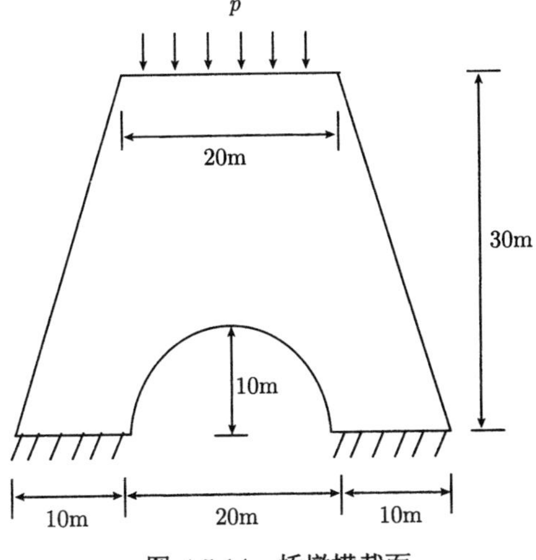

图 4.5.14 桥墩横截面

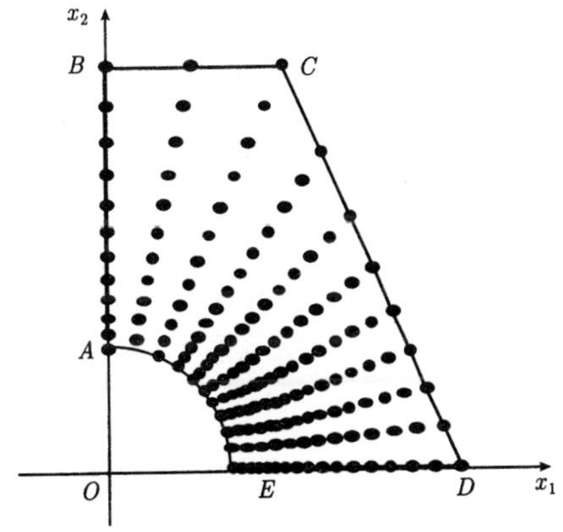

图 4.5.15 桥墩的二分之一区域及其节点分布

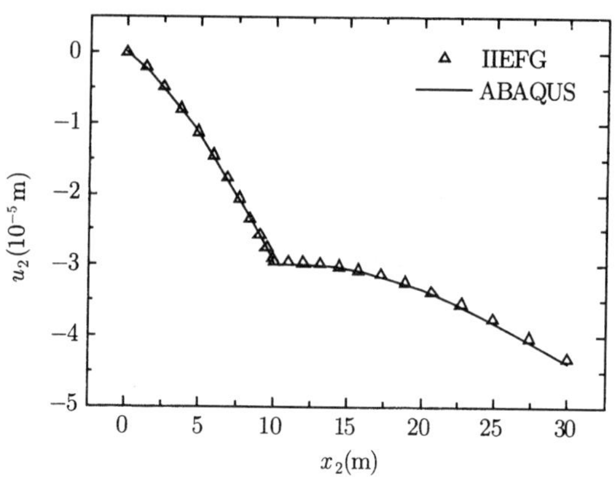

图 4.5.16　曲线 EAB 在 x_2 方向的位移 u_2

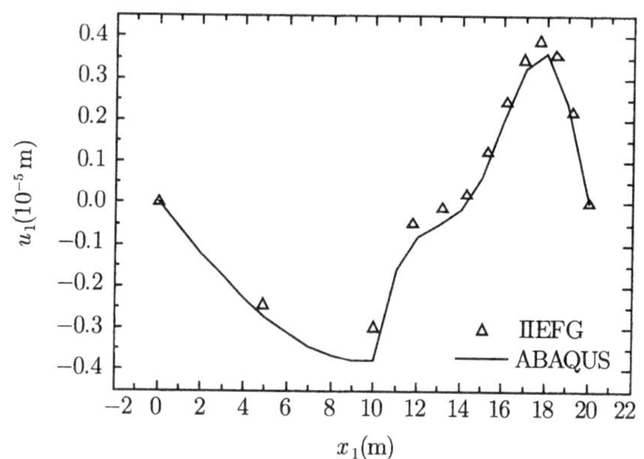

图 4.5.17　曲线 BCD 在 x_1 方向的位移 u_1

基于第 2 章采用非奇异权函数的改进的移动最小二乘插值法, 本节提出了弹性力学的改进的插值型无单元 Galerkin 方法. 与传统基于移动最小二乘法的无单元 Galerkin 方法相比, 本节改进的插值型无单元 Galerkin 方法具有形函数中待定系数少、边界条件直接施加等优点; 与基于移动最小二乘插值法的插值型无单元 Galerkin 方法相比, 本节的方法采用了非奇异的权函数, 克服了原有的插值型无单元 Galerkin 方法中因权函数奇异导致的计算不便. 数值结果显示, 本节提出的弹性力学的改进的插值型无单元 Galerkin 方法具有较高的计算精度.

第 5 章　边界无单元法

无网格边界积分方程方法是无网格方法的重要研究方向之一.

将改进的移动最小二乘法与边界积分方程方法结合, 程玉民等提出了边界无单元法 (Boundary element-free method, 简称 BEFM). 边界无单元法采用了较为常见的边界积分方程形式. 与 Mukherjee 等提出的边界点法相比, 边界无单元法不需要在源点的邻域内设置 Gauss 点, 也不需要选择所谓的 "评估点", 因而求解过程更简单. 与局部边界积分方程方法相比, 边界无单元法使用整体边界上的边界积分方程, 不需要对每一个边界点建立局部边界积分方程, 只要由边界积分方程求得所配置的边界节点上的未知量, 其他边界点的未知量可由逼近函数的公式得到.

边界无单元法在形成的边界积分方程中采用节点变量的真实解为未知量, 是边界积分方程无网格方法的直接解法, 而边界点法和局部边界积分方程方法均采用节点变量的近似解为未知量, 是边界积分方程无网格方法的间接解法. 边界无单元法可直接引入边界条件, 公式简单且具有较高的计算精度.

在边界无单元法的基础上, 采用改进的移动最小二乘插值法建立试函数, 任红萍和程玉民等提出了插值型边界无单元法. 改进的移动最小二乘插值法基于奇异权函数建立的形函数具有 Kronecker δ 函数的性质, 插值型边界无单元法可以直接代入本质边界条件进行求解, 减少了边界无单元法近似引入边界条件带来的误差.

为了克服插值型边界无单元法中采用奇异权函数的缺点, 王聚丰和孙凤欣等提出了采用非奇异权函数的改进的移动最小二乘插值法, 并结合边界积分方程方法建立了改进的插值型边界无单元法.

本章最后一节将重构核粒子法和边界积分方程方法相结合建立了弹性力学的重构核粒子边界无单元法, 是无网格边界积分方程方法的另一途径. 通过扩展基函数, 建立了断裂力学的重构核粒子边界无单元法.

5.1　势问题的边界无单元法

本节基于改进的移动最小二乘法建立逼近函数, 采用势问题的边界积分方程建立求解方程, 建立了势问题的边界无单元法. 数值算例说明了本节提出的边界无单元法是有效的.

5.1.1　势问题的边界无单元法

考虑如式 (3.1.1)－(3.1.3) 所列出的二维 Poisson 方程

$$\nabla^2 u(\boldsymbol{x}) + b(\boldsymbol{x}) = 0, \quad \boldsymbol{x} \in \Omega, \tag{5.1.1}$$

边界条件为

$$u(\boldsymbol{x}) = \bar{u}(\boldsymbol{x}), \quad \boldsymbol{x} \in \Gamma_u, \tag{5.1.2}$$

$$q(\boldsymbol{x}) = \frac{\partial u(\boldsymbol{x})}{\partial \boldsymbol{n}} = \bar{q}, \quad \boldsymbol{x} \in \Gamma_q, \tag{5.1.3}$$

其中各变量的含义见第 3 章.

由加权残数法可得势问题的积分弱形式为

$$\begin{aligned}\int_\Omega (\nabla^2 u(\boldsymbol{x}) + b(\boldsymbol{x})) u^*(\xi, \boldsymbol{x}) \mathrm{d}\Omega = & \int_{\Gamma_q} (q(\boldsymbol{x}) - \bar{q}(\boldsymbol{x})) u^*(\xi, \boldsymbol{x}) \mathrm{d}\Gamma \\ & - \int_{\Gamma_u} (u(\boldsymbol{x}) - \bar{u}(\boldsymbol{x})) q^*(\xi, \boldsymbol{x}) \mathrm{d}\Gamma,\end{aligned} \tag{5.1.4}$$

其中 $\boldsymbol{x}$ 为场点, ξ 为源点, u^* 为 Poisson 方程的基本解. 基本解 u^* 满足方程

$$\nabla^2 u^* = -\delta(\xi, \boldsymbol{x}), \tag{5.1.5}$$

其中 $\delta(\xi, \boldsymbol{x})$ 为 Dirac δ 函数. 由方程 (5.1.5) 可得

$$u^* = \frac{1}{2\pi} \ln\left(\frac{1}{r}\right), \tag{5.1.6}$$

其中

$$r(\xi, \boldsymbol{x}) = |\xi - \boldsymbol{x}|. \tag{5.1.7}$$

这样, 可得位势梯度的基本解为

$$q^*(\xi, \boldsymbol{x}) = \frac{\partial u^*(\xi, \boldsymbol{x})}{\partial \boldsymbol{n}}. \tag{5.1.8}$$

对方程 (5.1.4) 进行分部积分, 可得内点的边界积分方程

$$u(\xi) = \int_\Gamma q(\boldsymbol{x}) u^*(\xi, \boldsymbol{x}) \mathrm{d}\Gamma - \int_\Gamma u(\boldsymbol{x}) q^*(\xi, \boldsymbol{x}) \mathrm{d}\Gamma + \int_\Omega b(\boldsymbol{x}) u^*(\xi, \boldsymbol{x}) \mathrm{d}\Omega, \tag{5.1.9}$$

和边界点的边界积分方程

$$C(\xi) u(\xi) = \int_\Gamma q(\boldsymbol{x}) u^*(\xi, \boldsymbol{x}) \mathrm{d}\Gamma - \int_\Gamma u(\boldsymbol{x}) q^*(\xi, \boldsymbol{x}) \mathrm{d}\Gamma + \int_\Omega b(\boldsymbol{x}) u^*(\xi, \boldsymbol{x}) \mathrm{d}\Omega, \tag{5.1.10}$$

其中 $C(\xi)$ 为自由项, 由边界点 ξ 处的边界几何形状决定,

$$C(\xi)=\begin{cases}\dfrac{1}{2} & \text{对光滑边界点}\\ \dfrac{\theta}{2\pi} & \text{对边界角点}\end{cases},\tag{5.1.11}$$

其中, $\theta=\theta_2-\theta_1$, θ_1 和 θ_2 分别是角点处按边界积分方向离开角点的边界切线和指向角点的边界切线与坐标轴方向的夹角, 如图 5.1.1 所示.

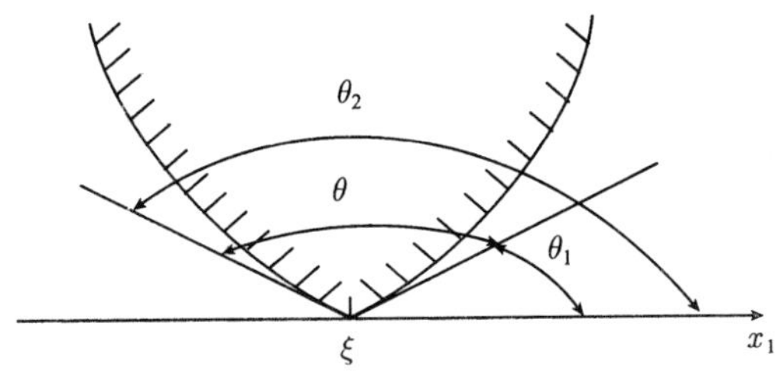

图 5.1.1 θ_1,θ_2 及 θ 的定义及其关系

将边界 Γ 离散为 N_e 个积分子域 Γ_i,

$$\Gamma=\bigcup_{i=1}^{N_\mathrm{e}}\Gamma_i.\tag{5.1.12}$$

Γ_i 不是边界元, 形函数不依赖于 Γ_i,Γ_i 只用来计算式 (5.1.9) 和式 (5.1.10) 中的积分.

于是, 式 (5.1.10) 可写为

$$\begin{aligned}C(\xi)u(\xi)=&\sum_{i=1}^{N_\mathrm{e}}\int_{\Gamma_i}q(\boldsymbol{x})u^*(\xi,\boldsymbol{x})\mathrm{d}\Gamma-\sum_{i=1}^{N_\mathrm{e}}\int_{\Gamma_i}u(\boldsymbol{x})q^*(\xi,\boldsymbol{x})\mathrm{d}\Gamma\\&+\sum_{i=1}^{N_\mathrm{e}}\left(\sum_{k=1}^{K}w_k(bu^*(\xi,\boldsymbol{x}))_k\right)A_i,\end{aligned}\tag{5.1.13}$$

其中 w_k 是与函数 (bu^*) 在第 k 个 Gauss 积分点的值对应的权系数, N_e 为区域 Ω 上的积分子域总数, K 为每个积分子域上的 Gauss 积分点数, A_i 为积分子域的面积.

在每个积分子域 Γ_i 均选取若干节点, 相应地得到每个节点的影响域. 所有节点的影响域的并集必须覆盖 Γ, 节点总数为 M.

利用改进的移动最小二乘法建立域内任意场点的位势 $u(\boldsymbol{x})$ 的逼近函数, 由式 (2.2.40) 可得

$$\boldsymbol{u}(\boldsymbol{x})=\sum_{I=1}^{n}\Phi_I^*(\boldsymbol{x})u_I,\tag{5.1.14}$$

$$q(\boldsymbol{x})=\sum_{I=1}^{n}\Phi_I^*(\boldsymbol{x})q_I, \tag{5.1.15}$$

其中 n 是影响域覆盖点 $\boldsymbol{x}$ 的节点数,

$$u_I=u(\boldsymbol{x}_I), \tag{5.1.16}$$

$$q_I=q(\boldsymbol{x}_I). \tag{5.1.17}$$

这样, 对节点 ξ^J, 由方程 (5.1.13) 可得

$$\begin{aligned}C(\xi^J)u(\xi^J)=&\sum_{i=1}^{N_e}\int_{\Gamma_i}u^*(\xi^J,\boldsymbol{x})\sum_{I=1}^{n}\Phi_I^*(\boldsymbol{x})q(\xi^I)\mathrm{d}\Gamma\\&-\sum_{i=1}^{N_e}\int_{\Gamma_i}q^*(\xi^J,\boldsymbol{x})\sum_{I=1}^{n}\Phi_I^*(\boldsymbol{x})u(\xi^I)\mathrm{d}\Gamma\\&+\sum_{i=1}^{N_c}\left(\sum_{k=1}^{K}w_k(bu^*(\xi^J,\boldsymbol{x}))_k\right)A_i.\end{aligned} \tag{5.1.18}$$

采用局部坐标, 经积分变换方程 (5.1.18) 可变形为

$$\begin{aligned}C(\xi^J)u(\xi^J)=&\sum_{i=1}^{N_e}\sum_{I=1}^{n}q(\xi^I)\int_{-1}^{1}u^*(\xi^J,\boldsymbol{x})\Phi_I^*(\boldsymbol{x})J(\eta)\mathrm{d}\eta\\&-\sum_{i=1}^{N_e}\sum_{I=1}^{n}u(\xi^I)\int_{-1}^{1}q^*(\xi^J,\boldsymbol{x})\Phi_I^*(\boldsymbol{x})J(\eta)\mathrm{d}\eta\\&+\sum_{i=1}^{N_c}\left(\sum_{k=1}^{K}w_k(bu^*(\xi^J,\boldsymbol{x}))_k\right)A_i.\end{aligned} \tag{5.1.19}$$

其中 η 是局部坐标, $J(\eta)$ 是 Jacobi 行列式,

$$J(\eta)=\sqrt{\left(\frac{\mathrm{d}x_1}{\mathrm{d}\eta}\right)^2+\left(\frac{\mathrm{d}x_2}{\mathrm{d}\eta}\right)^2}=\frac{\mathrm{d}\Gamma}{\mathrm{d}\eta}. \tag{5.1.20}$$

对方程 (5.1.19) 进行数值积分, 可得源点 ξ^J 处的节点变量的线性代数方程组

$$\boldsymbol{C}^J\boldsymbol{U}+\tilde{\boldsymbol{H}}^J\boldsymbol{U}=\boldsymbol{G}^J\boldsymbol{Q}+B_J, \tag{5.1.21}$$

其中 $\boldsymbol{C}^J$ 为 M 维向量, 即

$$\boldsymbol{C}^J=(0,\cdots,0,C(\xi^J),0,\cdots,0), \tag{5.1.22}$$

$$B_J = \sum_{i=1}^{N_c} \left(\sum_{k=1}^{K} w_k (bu^*(\xi^J, \boldsymbol{x}))_k \right) A_i, \tag{5.1.23}$$

$$\tilde{\boldsymbol{H}}^J = (\tilde{h}_{J1}, \tilde{h}_{J2}, \cdots, \tilde{h}_{JM}), \tag{5.1.24}$$

$$\boldsymbol{G}^J = (g_{J1}, g_{J2}, \cdots, g_{JM}), \tag{5.1.25}$$

$$\tilde{h}_{JI} = \sum_{i=1}^{N_e} \sum_{\alpha=1}^{k_i} q^*(\xi^J, \eta_\alpha) \Phi_k^*(\eta_\alpha) J(\eta_\alpha) w_\alpha, \tag{5.1.26}$$

$$g_{JI} = \sum_{i=1}^{N_e} \sum_{\alpha=1}^{k_i} u^*(\xi^J, \eta_\alpha) \Phi_k^*(\eta_\alpha) J(\eta_\alpha) w_\alpha, \tag{5.1.27}$$

η_α 为 Gauss 积分点, w_α 为对应的权系数, k_i 为第 i 个积分子域上的 Gauss 积分点数, $I, J = 1, 2, \cdots, M$.

方程 (5.1.21) 可写为

$$\boldsymbol{H}^J \boldsymbol{U} = \boldsymbol{G}^J \boldsymbol{Q} + B_J, \tag{5.1.28}$$

其中

$$\boldsymbol{H}^J = \tilde{\boldsymbol{H}}^J + \boldsymbol{C}^J. \tag{5.1.29}$$

依次将边界离散节点 $\xi^J (J = 1, 2, \cdots, M)$ 作为源点, 将所有节点得到的方程 (5.1.28) 联立可得

$$\boldsymbol{HU} = \boldsymbol{GQ} + \boldsymbol{B}, \tag{5.1.30}$$

其中

$$\boldsymbol{U} = (u_1, u_2, \cdots, u_M)^{\mathrm{T}}, \tag{5.1.31}$$

$$\boldsymbol{Q} = (q_1, q_2, \cdots, q_M)^{\mathrm{T}}, \tag{5.1.32}$$

$$\boldsymbol{H} = (\boldsymbol{H}^1, \boldsymbol{H}^2, \cdots, \boldsymbol{H}^M)^{\mathrm{T}}, \tag{5.1.33}$$

$$\boldsymbol{G} = (\boldsymbol{G}^1, \boldsymbol{G}^2, \cdots, \boldsymbol{G}^M)^{\mathrm{T}}, \tag{5.1.34}$$

$$\boldsymbol{B} = (B_1, B_2, \cdots, B_M)^{\mathrm{T}}. \tag{5.1.35}$$

式 (5.1.30) 中, 由于 Γ_u 与 Γ_q 无交集, 当 $\boldsymbol{U}$ 中的第 i 行元素为未知时, $\boldsymbol{Q}$ 中的第 i 行元素必为已知; 反之, 当 $\boldsymbol{U}$ 中的第 i 行元素为已知时, $\boldsymbol{Q}$ 中的第 i 行元素必为未知. 这时将这两个元素对换, 并相应地将 $\boldsymbol{H}$ 和 $\boldsymbol{G}$ 的第 i 列元素乘以 -1, 然后也对换, 左端的列向量将全是边界配置节点未知量, 记为 $\boldsymbol{X}$, 其系数矩阵记作 $\boldsymbol{A}$, 右端的列向量相加后全是已知量, 记为列向量 $\boldsymbol{D}$. 这样, 直接代入边界条件后式 (5.1.30) 可整理为如下形式的线性方程组

$$\boldsymbol{AX} = \boldsymbol{F}, \tag{5.1.36}$$

其中 $\boldsymbol{A}$ 为 $M\times M$ 阶方阵, 且是可逆阵; $\boldsymbol{X}$ 和 $\boldsymbol{F}$ 都是 M 维的列向量.

由方程 (5.1.36) 可确定所有边界节点的位势和位势梯度.

当源点 ξ 位于区域 Ω 内, 由式 (5.1.9) 可得

$$u(\xi)=\sum_{i=1}^{N_{\mathrm{e}}}\int_{\Gamma_i}u^*(\xi,\boldsymbol{x})\sum_{I=1}^{n}\Phi_I^*(\boldsymbol{x})q(\xi^I)\mathrm{d}\Gamma$$

$$-\sum_{i=1}^{N_{\mathrm{e}}}\int_{\Gamma_i}q^*(\xi,\boldsymbol{x})\sum_{I=1}^{n}\Phi_I^*(\boldsymbol{x})u(\xi^I)\mathrm{d}\Gamma+\sum_{i=1}^{N_{\mathrm{c}}}\left(\sum_{k=1}^{K}w_k(bu^*)_k\right)A_i,\quad(5.1.37)$$

即可得到点 ξ 处的未知量的值.

5.1.2 奇异积分的处理

对二维势问题的边界无单元法离散化边界积分方程 (5.1.19), 多数情况下, 边界源点 ξ^J 不在积分子域Γ_i 上, 积分无奇异性, 可直接采用 Gauss 积分进行计算. 但由于基本解 u_{ij}^* 包含 $\ln\dfrac{1}{r}$项、q_{ij}^* 包含 $\dfrac{1}{r}$ 项, 当 ξ^n 位于积分子域 Γ_i 上且与积分点重合时, 基本解将导致奇异积分, 此时采用对数积分或 Cauchy 主值积分进行计算.

对包含 $\ln\dfrac{1}{r}$ 的积分, 可采用如下对数数值积分:

$$\int_0^1\ln\frac{1}{x}f(x)\mathrm{d}x=\sum_{i=1}^{k}f(x_i)w_i,\quad(5.1.38)$$

其中 k 是对数积分点 x_i 的个数, w_i 是对应的权系数.

对包含 $\dfrac{1}{r}$ 的奇异积分, 考虑 Cauchy 主值积分

$$I=\int_a^b\frac{1}{x-s}f(x)\mathrm{d}x=\lim_{\boldsymbol{\varepsilon}\to0}\left\{\int_a^{s-\boldsymbol{\varepsilon}}\frac{f(x)}{x-s}\mathrm{d}x+\int_{s+\boldsymbol{\varepsilon}}^{b}\frac{f(x)}{x-s}\mathrm{d}x\right\},\quad a<s<b,\quad(5.1.39)$$

这里假定 $f(x)$ 当 $x=s$ 时满足 Hölder 条件, 且 $f(s)\neq0$, 使得积分具有一阶奇异性.

显然, 式 (5.1.39) 右边的两个积分均可由有限部分积分来计算, 即

$$I_1=\int_a^s\frac{f(s)}{x-s}\mathrm{d}x,\quad(5.1.40)$$

$$I_2=\int_s^b\frac{f(s)}{x-s}\mathrm{d}x,\quad(5.1.41)$$

这里的积分为有限部分积分.

对 (5.1.41) 作变换得

$$\int_s^b \frac{f(x)}{x-s}\mathrm{d}x = \int_0^1 \frac{f((b-s)t+s)}{t}\mathrm{d}t + f(s)\ln|b-s|, \tag{5.1.42}$$

由此推得

$$I' = \int_a^s \frac{f(x)}{x-s}\mathrm{d}x = -\sum_{i=1}^n f((a-s)x_i+s)w_i - f(s)\ln|a-s|, \tag{5.1.43}$$

$$I'' = \int_s^b \frac{f(x)}{x-s}\mathrm{d}x = \sum_{i=1}^n f((b-s)x_i+s)w_i + f(s)\ln|b-s|, \tag{5.1.44}$$

其中 x_i 和 w_i 分别为 Gauss 积分点和对应的权系数.

为了简单起见, 在数值积分过程中尽量避免积分点与源点重合, 从而采用普通的 Gauss 积分来计算含 $\frac{1}{r}$ 的积分, 即

$$\int_{-1}^1 \frac{1}{x}f(x)\mathrm{d}x = \sum_{i=1}^k f(x_i)w_i, \tag{5.1.45}$$

其中 Gauss 积分点 x_i 与边界节点不重合.

5.1.3 算法实施流程

二维势问题的边界无单元法数值算法的实施流程如下:

(1) 对于给定的二维势问题, 确定坐标系, 在求解区域 Ω 的边界 Γ 上布置节点 $\boldsymbol{x}_I(I=1,2,\cdots,M)$; 在域 Ω 内布置需要计算内部位势场的内点 $\boldsymbol{x}_J$;

(2) 输入材料常数和基本解;

(3) 确定每个边界节点的影响域 Ω_I 及其影响域半径;

(4) 选取基函数和权函数;

(5) 将边界 Γ 分为 N_{e} 个积分子域, 以每个边界节点为源点, 对每个子域循环积分, 计算 $\boldsymbol{H}^J$、$\boldsymbol{G}^J$ 和 B_J;

(6) 组合 $\boldsymbol{H}^J$、$\boldsymbol{G}^J$ 和 B_J, 并形成线性方程组 $\boldsymbol{AX}=\boldsymbol{F}$, 求解得边界节点 $\boldsymbol{x}_I(I=1,2,\cdots,M)$ 的位势和位势梯度;

(7) 由改进的移动最小二乘法的逼近函数公式 (5.1.14) 和式 (5.1.15) 得到其他边界点的位势和位势梯度;

(8) 由内点的离散的边界积分方程 (5.1.37) 计算内点 $\boldsymbol{x}_J$ 的位势和位势梯度.

5.1.4 数值算例

以下采用本节提出的势问题的边界无单元法对 3 个算例进行计算, 来说明本节边界无单元法的有效性.

1. 矩形域上的 Laplace 方程

考虑一个稳态温度场, 其控制方程为 Laplace 方程

$$\nabla^2 T = \frac{\partial^2 T}{\partial x_1^2} + \frac{\partial^2 T}{\partial x_2^2} = 0, \quad x_1 \in [0,5], x_2 \in [0,10], \tag{5.1.46}$$

边界条件为

$$T(x_1, 0) = 0, \quad 0 < x_1 < 5, \tag{5.1.47}$$

$$T(0, x_2) = 0, \quad 0 < x_2 < 10, \tag{5.1.48}$$

$$T(x_1, 10) = 100\sin(\pi x_1/10), \quad 0 < x_1 < 5, \tag{5.1.49}$$

$$\frac{\partial T(5, x_2)}{\partial x_1} = 0, \quad 0 < x_2 < 10. \tag{5.1.50}$$

该温度场问题的解析解为

$$T(x_1, x_2) = \frac{100\sin(\pi x_1/10)\mathrm{sh}(\pi x_2/10)}{\mathrm{sh}(\pi)}. \tag{5.1.51}$$

如图 5.1.2 所示, 在矩形区域 Ω 的边界上均匀布置了 46 个节点. 采用二次基函数和三次样条权函数来计算形函数, 其中 $\rho_I = 1.5$. 利用边界无单元法计算得到的数值结果如图 5.1.3 所示. 可以看出, 边界无单元法的计算结果与解析解吻合得很好.

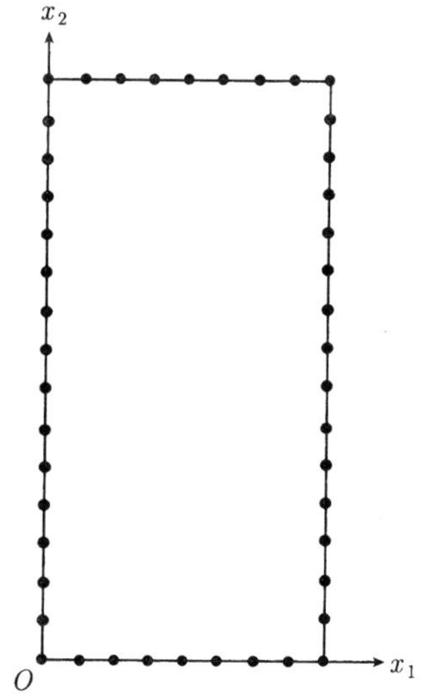

图 5.1.2　节点分布

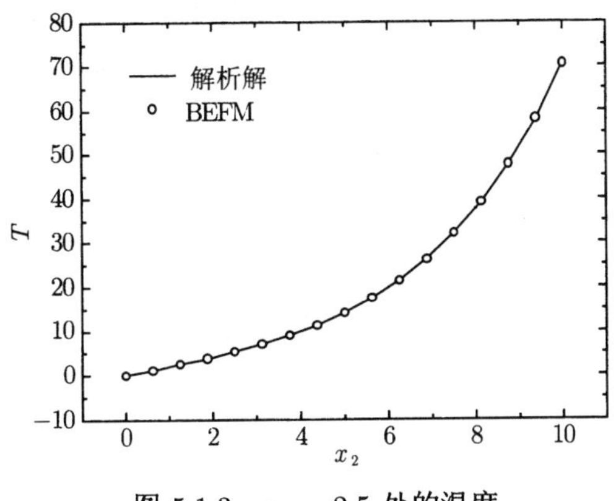

图 5.1.3 $x_1 = 2.5$ 处的温度

2. 矩形域上的 Poisson 方程

考虑一个稳态温度场, 其控制方程为 Poisson 方程

$$\nabla^2 T(x_1, x_2) = -2(x_1 + x_2 - x_1^2 - x_2^2), \qquad x_1 \in [0,1], x_2 \in [0,1], \tag{5.1.52}$$

边界条件为

$$T(x_1, x_2) = 0.$$

该温度场问题的解析解为

$$T(x_1, x_2) = (x_1 - x_1^2)(x_2 - x_2^2). \tag{5.1.53}$$

如图 5.1.4 所示, 在矩形区域 Ω 的边界上均匀布置了 32 个节点. 采用二次基函数和三次样条权函数来计算形函数, 其中 $\rho_I = 0.3$. 利用边界无单元法计算得到的数值结果如图 5.1.5 所示. 可以看出, 边界无单元法的计算结果与解析解吻合得很好.

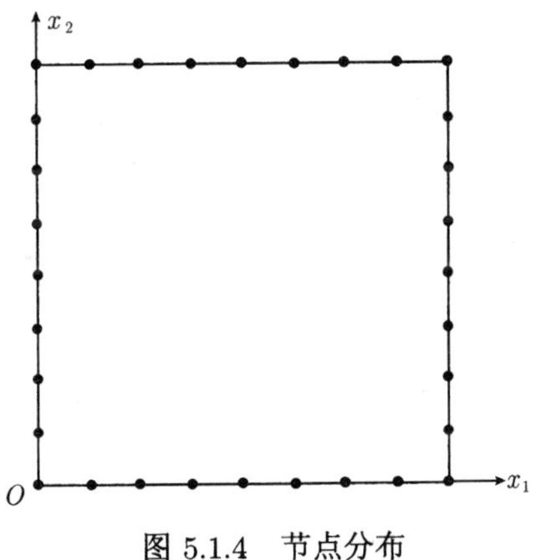

图 5.1.4 节点分布

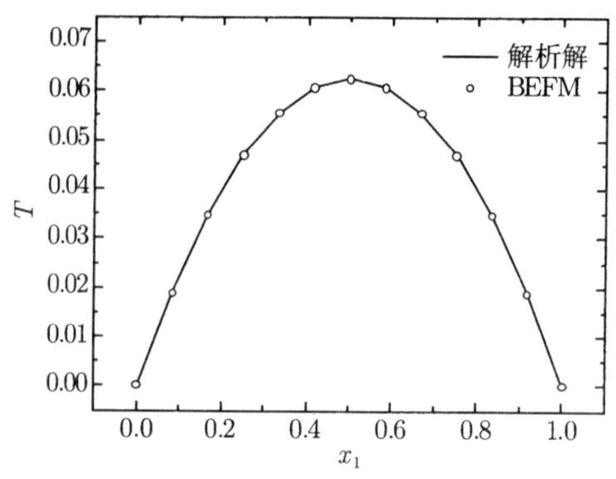

图 5.1.5　$x_2 = 0.5$ 处的温度

3. 圆域上的 Laplace 方程

考虑圆域上的稳态温度场, 其控制方程为 Laplace 方程

$$\nabla T^2 = 0, \tag{5.1.54}$$

边界条件为

$$T\Big|_{r=r_0} = r_0^2 \cos\theta \sin\theta. \tag{5.1.55}$$

其中 r_0 为圆域的半径, 本算例中 $r_0 = 1$.

该温度场问题的解析解为

$$u(r,\theta) = \frac{1}{2} r^2 \sin(2\theta). \tag{5.1.56}$$

如图 5.1.6 所示, 在圆域 Ω 的边界上均匀布置了 32 个节点. 采用二次基函数和三次样条权函数来计算形函数, 其中 $\rho_I = 0.8$. 利用边界无单元法计算得到的数值结果如图 5.1.7 所示. 可以看出, 边界无单元法的计算结果与解析解吻合得很好.

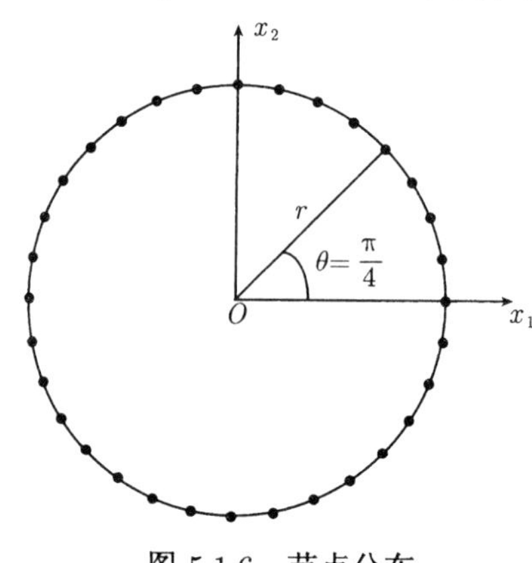

图 5.1.6　节点分布

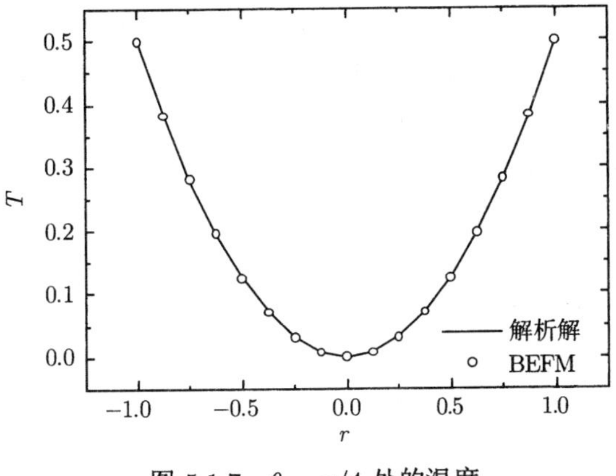

图 5.1.7 $\theta = \pi/4$ 处的温度

本节将改进的移动最小二乘法建立逼近函数和势问题的边界积分方程结合, 建立了势问题的边界无单元法. 边界无单元法采用节点变量的真实解为未知量, 是边界积分方程无网格方法的直接解法.

边界无单元法可直接引入边界条件, 公式简单且具有较高的计算精度.

5.2 弹性力学的边界无单元法

本节提出了弹性力学的边界无单元法. 基于改进的移动最小二乘法建立形函数, 结合弹性力学的边界积分方程, 推导了弹性力学的边界无单元法离散化边界积分方程. 通过数值算例分析, 验证了本节弹性力学的边界无单元法的有效性和正确性.

5.2.1 弹性力学的基本解

连续的、均匀的、各向同性的弹性体在体积力 b_i、面力 t_i 和边界位移约束作用下保持平衡, 位移 u_i、应变 ε_{ij} 和应力 σ_{ij} 在小变形条件下满足如下的平衡方程:

$$\sigma_{ji,j} + b_i = 0, \quad \boldsymbol{x} \in \Omega, \tag{5.2.1}$$

本构方程

$$\sigma_{ij} = \lambda u_{k,k}\delta_{ij} + G(u_{i,j} + u_{j,i}), \quad \boldsymbol{x} \in \Omega, \tag{5.2.2}$$

和边界条件

$$\sigma_{ij}n_j = \bar{t}_i, \quad \boldsymbol{x} \in \Gamma_t, \tag{5.2.3}$$

$$u_i = \bar{u}_i, \quad \boldsymbol{x} \in \Gamma_u, \tag{5.2.4}$$

其中 δ_{ij} 是 Kronecker δ 函数, $i,j=1,2,3$, Ω 表示弹性体所在的区域, Γ 为 Ω 的边界, n_j 为边界 Γ 的外法线方向余弦, Γ_u 和 Γ_t 分别表示弹性体边界 Γ 上给定位移 $\bar{u}_i$ 和面力 $\bar{t}_i$ 的部分, 且 $\Gamma=\Gamma_u\cup\Gamma_t$.

无限大弹性体受单位集中力作用而产生的位移及应力场的解是由 Kelvin 求得的. 这个解称为弹性问题的基本解, 也称为 Kelvin 解.

设在无限大弹性体内, 点 ξ 处受到 x_j 方向的单位集中力 δ_j^ξ 作用, 产生的位移场 u_i^* 和应力场 σ_{ij}^* 满足下列方程

$$\begin{cases} \sigma_{ji,j}^*+\delta_j^\xi=0, \\ \sigma_{ij}^*=\lambda u_{k,k}^*\delta_{ij}+G(u_{i,j}^*+u_{j,i}^*), \end{cases} \tag{5.2.5}$$

式中, Lamé常数 λ 与弹性模量 E、剪切模量 G 和 Poisson 比 ν 之间关系为

$$\lambda=\frac{\nu E}{(1+\nu)(1-2\nu)}, \tag{5.2.6}$$

$$G=\frac{E}{2(1+\nu)}. \tag{5.2.7}$$

由方程 (5.2.5) 可得三维弹性体内场点 $\boldsymbol{x}=(x_1,x_2,x_3)$ 的位移为

$$u_{ij}^*(\xi,\boldsymbol{x})=\frac{1}{16\pi G(1-\nu)r}((3-4\nu)\delta_{ij}+r_{,i}r_{,j}), \tag{5.2.8}$$

式中, r 为场点 $\boldsymbol{x}$ 到单位集中力作用点 ξ(即源点) 的距离. u_{ij}^* 的第一个下标 i 表示 $\boldsymbol{x}$ 点在 x_i 方向的位移分量, 第二个下标 j 表示作用于源点 ξ 的单位集中力指向 x_j 方向, 且

$$r_{,i}=\frac{x_i-x_i^\xi}{r}. \tag{5.2.9}$$

弹性体内场点 $\boldsymbol{x}$ 外法线方向余弦为 n_i 的任意截面上的面力为

$$t_{ij}^*(\xi,\boldsymbol{x})=-\frac{1}{8\pi(1-\nu)r^2}\left\{(1-2\nu)(n_ir_{,j}-n_jr_{,i})+\frac{\partial r}{\partial \boldsymbol{n}}[(1-2\nu)\delta_{ij}+3r_{,i}r_{,j}]\right\}, \tag{5.2.10}$$

其中, t_{ij}^* 的第一个下标 i 表示 t_{ij}^* 是 x_i 方向的面力分量, 第二个下标 j 表示作用于源点 ξ 的单位集中力指向 x_j 方向, x_i^ξ 为 ξ 点的 x_i 坐标.

式 (5.2.8) 和式 (5.2.10) 的 u_{ij}^* 和 t_{ij}^* 即为三维弹性力学问题的基本解.

对二维问题, 有

$$u_{ij}^*=\frac{1}{8\pi G(1-\bar{\nu})}\left[(3-4\bar{\nu})\delta_{ij}\ln\frac{1}{r}+r_{,i}r_{,j}\right], \tag{5.2.11}$$

$$t_{ij}^* = -\frac{1}{4\pi(1-\bar{\nu})r}\left\{\frac{\partial r}{\partial \boldsymbol{n}}[(1-2\bar{\nu})\delta_{ij}+2r_{,i}r_{,j}]+(1-2\bar{\nu})(n_i r_{,j}-n_j r_{,i})\right\}, \quad (5.2.12)$$

其中 $i,j=1,2$, $\bar{\nu}$ 为名义 Poisson 比, 且

$$\bar{\nu} = \begin{cases} \nu & \text{平面应变问题} \\ \dfrac{\nu}{1+\nu} & \text{平面应力问题} \end{cases}. \quad (5.2.13)$$

5.2.2 弹性力学的边界积分方程

由加权残数法有

$$\int_\Omega u_i^*(\sigma_{ij,j}+b_i)\mathrm{d}\Omega = 0, \quad (5.2.14)$$

其中权函数 u_i^* 取为弹性问题的基本解.

设 σ_{ij}^* 是对应于位移 u_i^* 的应力场, 则有

$$\sigma_{ij}^* n_j = t_i^*. \quad (5.2.15)$$

将无限域中弹性问题的 Kelvin 解作为权函数 u_i^*, 即有

$$\sigma_{ji,i}^* + \delta_j^\xi = 0, \quad (5.2.16)$$

其中 δ_j^ξ 表示 ξ 点受到沿 x_j 方向的单位集中力.

对式 (5.2.14) 进行分部积分, 有

$$\int_\Omega (\sigma_{ij}u_i^*)_{,j}\mathrm{d}\Omega - \int_\Omega \sigma_{ij}u_{i,j}^*\mathrm{d}\Omega + \int_\Omega b_i u_i^*\mathrm{d}\Omega = 0. \quad (5.2.17)$$

对上式用散度定理, 得

$$\int_\Gamma \sigma_{ij}u_i^* n_j\mathrm{d}\Gamma - \int_\Omega \sigma_{ij}u_{i,j}^*\mathrm{d}\Omega + \int_\Omega b_i u_i^*\mathrm{d}\Omega = 0. \quad (5.2.18)$$

由于 $\sigma_{ij}n_j = t_i$, 上式可表示为

$$\int_\Gamma t_i u_i^*\mathrm{d}\Gamma - \int_\Omega \sigma_{ij}u_{i,j}^*\mathrm{d}\Omega + \int_\Omega b_i u_i^*\mathrm{d}\Omega = 0, \quad (5.2.19)$$

由本构方程, 可得

$$\sigma_{ij}u_{i,j}^* = D_{ijkl}u_{k,l}u_{i,j}^* = D_{klij}u_{k,l}^*u_{i,j} = \sigma_{ij}^*u_{i,j}, \quad (5.2.20)$$

于是式 (5.2.19) 可变为

$$\int_\Gamma t_i u_i^*\mathrm{d}\Gamma - \int_\Omega \sigma_{ij}^*u_{i,j}\mathrm{d}\Omega + \int_\Omega b_i u_i^*\mathrm{d}\Omega = 0. \quad (5.2.21)$$

对上式第二项进行以下的分部积分和散度定理运算

$$\begin{aligned}\int_{\Omega}\sigma_{ij}^{*}u_{i,j}\mathrm{d}\Omega&=\int_{\Omega}\left(\sigma_{ij}^{*}u_{i}\right)_{,j}\mathrm{d}\Omega-\int_{\Omega}\sigma_{ij,j}^{*}u_{i}\mathrm{d}\Omega\\&=\int_{\Gamma}\sigma_{ij}^{*}u_{i}n_{j}\mathrm{d}\Gamma-\int_{\Omega}\sigma_{ij,j}^{*}u_{i}\mathrm{d}\Omega\\&=\int_{\Gamma}t_{i}^{*}u_{i}\mathrm{d}\Gamma-\int_{\Omega}\sigma_{ij,j}^{*}u_{i}\mathrm{d}\Omega,\end{aligned}\tag{5.2.22}$$

故式 (5.2.21) 可变形为

$$\int_{\Gamma}t_{i}u_{i}^{*}\mathrm{d}\Gamma+\int_{\Omega}\sigma_{ij,j}^{*}u_{i}\mathrm{d}\Omega-\int_{\Gamma}t_{i}^{*}u_{i}\mathrm{d}\Gamma+\int_{\Omega}b_{i}u_{i}^{*}\mathrm{d}\Omega=0.\tag{5.2.23}$$

因为 $\sigma_{ij,j}^{*}=-\delta_{i}^{\xi}$, 又考虑在 ξ 点的两个方向上作用单位集中力, 则式 (5.2.23) 可用张量表示如下：

$$u_{j}(\xi)+\int_{\Gamma}t_{ij}^{*}u_{i}\mathrm{d}\Gamma=\int_{\Gamma}t_{i}u_{ij}^{*}\mathrm{d}\Gamma+\int_{\Omega}b_{i}u_{ij}^{*}\mathrm{d}\Omega,\tag{5.2.24}$$

式中, $u_j(\xi)$ 表示 ξ 点 x_j 方向上的位移.

当源点 ξ 位于 Ω 内时, 边界积分方程 (5.2.24) 可表示为

$$u_{j}(\xi)=\int_{\Gamma}u_{ij}^{*}(\xi,\boldsymbol{x})t_{i}(\boldsymbol{x})\mathrm{d}\Gamma-\int_{\Gamma}t_{ij}^{*}(\xi,\boldsymbol{x})u_{i}(\boldsymbol{x})\mathrm{d}\Gamma+\int_{\Omega}u_{ij}^{*}(\xi,\boldsymbol{x})b_{i}(\boldsymbol{x})\mathrm{d}\Omega.\tag{5.2.25}$$

当源点 $\xi\to\boldsymbol{x}(\boldsymbol{x}\in\Gamma)$ 时, 则有 $r=\left(\sum\limits_{i=1}^{3}(x_i-x_i^{\xi})^2\right)^{-\frac{1}{2}}\to 0$, 此时, u_{ij}^{*} 和 t_{ij}^{*} 出现奇异性, 因而导致了式 (5.2.24) 中的积分是奇异的.

以点 $\boldsymbol{x}$ 为中心, 任意小的正数 ε 为半径作一半圆, 取 $\Gamma-\Gamma_{\varepsilon}'+\Gamma_{\varepsilon}$ 为积分域, 得到 Cauchy 主值意义下的积分.

边界积分方程 (5.2.24) 中的两个边界积分在 Γ_{ε} 上的积分值当 $\varepsilon\to 0$ 时分别为

$$\lim_{\boldsymbol{\varepsilon}\to 0}\int_{\Gamma_{\varepsilon}}t_{i}u_{ij}^{*}\mathrm{d}\Gamma=\lim_{\boldsymbol{\varepsilon}\to 0}\int_{\Gamma_{\varepsilon}}t_{i}u_{ij}^{*}\boldsymbol{\varepsilon}^{2}\sin\theta\mathrm{d}\theta\mathrm{d}\varphi=0,\tag{5.2.26}$$

$$\lim_{\boldsymbol{\varepsilon}\to 0}\int_{\Gamma_{\varepsilon}}t_{ij}^{*}u_{i}\mathrm{d}\Gamma=u_{i}(\xi)\lim_{\boldsymbol{\varepsilon}\to 0}\int_{\Gamma_{\varepsilon}}t_{ij}^{*}\boldsymbol{\varepsilon}^{2}\sin\theta\mathrm{d}\theta\mathrm{d}\varphi=C_{ij}(\xi)u_{i}(\xi),\tag{5.2.27}$$

由此, 边界积分方程 (5.2.24) 可表示为

$$C_{ij}(\xi)u_{i}(\xi)+\int_{\Gamma}t_{ij}^{*}(\xi,\boldsymbol{x})u_{i}(\boldsymbol{x})\mathrm{d}\Gamma=\int_{\Gamma}u_{ij}^{*}(\xi,\boldsymbol{x})t_{i}(\boldsymbol{x})\mathrm{d}\Gamma+\int_{\Omega}u_{ij}^{*}(\xi,\boldsymbol{x})b_{i}(\boldsymbol{x})\mathrm{d}\Omega,\tag{5.2.28}$$

其中 $C_{ij}(\xi)$ 为自由项,

$$C_{ij}(\xi) = \lim_{\varepsilon \to 0} \int_{\Gamma_\varepsilon} t_{ij}^* \boldsymbol{\varepsilon}^2 \sin\theta \mathrm{d}\theta \mathrm{d}\varphi. \tag{5.2.29}$$

当源点 ξ 处边界光滑时, $C_{ij} = \dfrac{1}{2}\delta_{ij}$. 自由项 $C_{ij}(\xi)$ 可不必由式 (5.2.29) 积分得到, 一般通过刚体位移法间接求得.

5.2.3 弹性力学的边界无单元法

不失一般性, 假设体积力 $b_i = 0$, 这时弹性问题的边界积分方程 (5.2.28) 写为

$$C_{ij}(\xi)u_i(\xi) = \int_\Gamma u_{ij}^*(\xi, \boldsymbol{x})t_i(\boldsymbol{x})\mathrm{d}\Gamma - \int_\Gamma t_{ij}^*(\xi, \boldsymbol{x})u_i(\boldsymbol{x})\mathrm{d}\Gamma. \tag{5.2.30}$$

将边界 Γ 离散化为 N_e 个积分子域 Γ_m,

$$\Gamma = \bigcup_{m=1}^{N_\mathrm{e}} \Gamma_m, \tag{5.2.31}$$

Γ_m 不是边界元, 所以形函数不依赖于 Γ_m, Γ_m 只用来计算式 (5.2.25)、(5.2.30) 中的数值积分. 这时式 (5.2.30) 变形为

$$C_{ij}(\xi)u_i(\xi) = \sum_{m=1}^{N_\mathrm{e}} \int_{\Gamma_m} u_{ij}^*(\xi, \boldsymbol{x})t_i(\boldsymbol{x})\mathrm{d}\Gamma - \sum_{m=1}^{N_\mathrm{e}} \int_{\Gamma_m} t_{ij}^*(\xi, \boldsymbol{x})u_i(\boldsymbol{x})\mathrm{d}\Gamma. \tag{5.2.32}$$

在边界 Γ 上配置 M 个离散节点, 由改进的移动最小二乘法的逼近函数表达式 (2.2.40) 构造任意边界点 $\boldsymbol{x}$ 的位移和面力试函数

$$u_i(\boldsymbol{x}) = \sum_{I=1}^{n} \Phi_I^*(\boldsymbol{x})u_{iI}, \tag{5.2.33}$$

$$t_i(\boldsymbol{x}) = \sum_{I=1}^{n} \Phi_I^*(\boldsymbol{x})t_{iI}, \tag{5.2.34}$$

其中

$$u_{iI} = u_i(\boldsymbol{x}_I), \tag{5.2.35}$$

$$t_{iI} = t_i(\boldsymbol{x}_I). \tag{5.2.36}$$

依次将每个节点作为单位集中力的作用点即源点, 将边界任意点 $\boldsymbol{x}$ 的位移和面力的逼近函数式 (5.2.33) 和式 (5.2.34) 代入式 (5.2.32), 可得弹性力学的边界无单元法的离散化边界积分方程

$$\begin{aligned} C_{ij}(\xi^J)u_i(\xi^J) = &\sum_{m=1}^{N_\mathrm{e}} \int_{\Gamma_m} u_{ij}^*(\xi^J, \boldsymbol{x}) \sum_{I=1}^{n} \Phi_I^*(\boldsymbol{x})t_i(\xi^I)\mathrm{d}\Gamma \\ &- \sum_{m=1}^{N_\mathrm{e}} \int_{\Gamma_m} t_{ij}^*(\xi^J, \boldsymbol{x}) \sum_{I=1}^{n} \Phi_I^*(\boldsymbol{x})u_i(\xi^I)\mathrm{d}\Gamma, \end{aligned} \tag{5.2.37}$$

这里 ξ^J 是节点.

对不考虑体积力的边值问题, 内点的边界积分方程 (5.2.25) 变为

$$u_j(\xi)=\int_\Gamma u_{ij}^*(\xi,\boldsymbol{x})t_i(\boldsymbol{x})\mathrm{d}\Gamma-\int_\Gamma t_{ij}^*(\xi,\boldsymbol{x})u_i(\boldsymbol{x})\mathrm{d}\Gamma. \tag{5.2.38}$$

将式 (5.2.33) 和式 (5.2.34) 代入式 (5.2.38) 并离散化, 可得

$$u_j(\xi)=\sum_{m=1}^{N_\mathrm{e}}\int_{\Gamma_m}u_{ij}^*(\xi,\boldsymbol{x})\sum_{I=1}^{n}\Phi_I^*(\boldsymbol{x})t_i(\xi^I)\mathrm{d}\Gamma-\sum_{m=1}^{N_\mathrm{e}}\int_{\Gamma_m}t_{ij}^*(\xi,\boldsymbol{x})\sum_{I=1}^{n}\Phi_I^*(\boldsymbol{x})u_i(\xi^I)\mathrm{d}\Gamma. \tag{5.2.39}$$

由应力应变关系以及几何关系可得弹性体内任意点的应力为

$$\sigma_{ij}=\int_\Gamma D_{kij}t_k\mathrm{d}\Gamma-\int_\Gamma S_{kij}u_k\mathrm{d}\Gamma, \tag{5.2.40}$$

这里

$$D_{kij}=\frac{1}{r}((1-2\nu)(\delta_{ki}r_{,j}+\delta_{kj}r_{,i}-\delta_{ij}r_{,k})+2r_{,i}r_{,j}r_{,k})\frac{1}{4\pi(1-\nu)} \tag{5.2.41}$$

$$\begin{aligned}S_{kij}=&\frac{2G}{r^2}\Bigg\{2\frac{\partial r}{\partial\boldsymbol{n}}\Big[(1-2\nu)\delta_{ij}r_{,k}+\nu(\delta_{ik}r_{,j}+\sigma_{jk}r_{,i})-4r_{,i}r_{,j}r_{,k}\Big]\\&+2\nu(n_ir_{,j}r_{,k}+n_jr_{,i}r_{,k})+(1-2\nu)(2n_kr_{,i}r_{,j}+n_j\delta_{ik}+n_i\delta_{jk})\\&-(1-4\nu)n_k\delta_{ij}\Bigg\}\frac{1}{4\pi(1-\nu)}.\end{aligned} \tag{5.2.42}$$

将式 (5.2.33)、(5.2.34) 代入式 (5.2.40) 并离散化, 得

$$\sigma_{ij}=\sum_{m=1}^{N_\mathrm{e}}\sum_{I=1}^{n}t_k(\xi^I)\int_{\Gamma_m}D_{kij}\Phi_I^*(\boldsymbol{x})\mathrm{d}\Gamma-\sum_{m=1}^{N_\mathrm{e}}\sum_{I=1}^{n}u_k(\xi^I)\int_{\Gamma_m}S_{kij}\Phi_I^*(\boldsymbol{x})\mathrm{d}\Gamma. \tag{5.2.43}$$

5.2.4 弹性力学边界无单元法的数值实现

1. 二维问题

对方程 (5.2.37) 作积分变换可得

$$\begin{aligned}C_{ij}(\xi^J)u_i(\xi^J)=&\sum_{m=1}^{N_\mathrm{e}}\sum_{I=1}^{n}t_i(\xi^I)\int_{-1}^{1}u_{ij}^*(\xi^J,\boldsymbol{x})\Phi_I^*(\eta)J(\eta)\mathrm{d}\eta\\&-\sum_{m=1}^{N_\mathrm{e}}\sum_{I=1}^{n}u_i(\xi^I)\int_{-1}^{1}t_{ij}^*(\xi^J,\boldsymbol{x})\Phi_I^*(\eta)J(\eta)\mathrm{d}\eta,\end{aligned} \tag{5.2.44}$$

其中 $J=1,2,\cdots,M$, M 为边界节点总数, $i,j=1,2$, Jacobi 行列式为

$$J(\eta)=\sqrt{\left(\frac{\mathrm{d}x_1}{\mathrm{d}\eta}\right)^2+\left(\frac{\mathrm{d}x_2}{\mathrm{d}\eta}\right)^2}. \tag{5.2.45}$$

下面进一步将边界离散方程 (5.2.44) 改写为矩阵形式, 最终形成所有边界配置节点位移和面力未知量的矩阵方程.

对边界源点 ξ^J, 方程 (5.2.44) 可写为

$$\boldsymbol{C}^J\boldsymbol{U}^J+\sum_{m=1}^{N_e}\left[\left(\int_{-1}^{1}\boldsymbol{t}^*\boldsymbol{\Phi}J(\eta)\mathrm{d}\eta\right)\boldsymbol{U}\right]=\sum_{m=1}^{N_e}\left[\left(\int_{-1}^{1}\boldsymbol{u}^*\boldsymbol{\Phi}J(\eta)\mathrm{d}\eta\right)\boldsymbol{T}\right], \tag{5.2.46}$$

其中

$$\boldsymbol{C}^J=\begin{bmatrix} C_{11}^J & C_{12}^J \\ C_{21}^J & C_{22}^J \end{bmatrix}, \tag{5.2.47}$$

$$\boldsymbol{U}^J=(u_{1J},u_{2J})^{\mathrm{T}}, \tag{5.2.48}$$

$$\boldsymbol{t}^*=\begin{bmatrix} t_{11}^* & t_{12}^* \\ t_{21}^* & t_{22}^* \end{bmatrix}, \tag{5.2.49}$$

$$\boldsymbol{u}^*=\begin{bmatrix} u_{11}^* & u_{12}^* \\ u_{21}^* & u_{22}^* \end{bmatrix}, \tag{5.2.50}$$

$$\boldsymbol{\Phi}=\begin{bmatrix} \Phi_1^*(\eta) & 0 & \Phi_2^*(\eta) & 0 & \cdots & \Phi_M^*(\eta) & 0 \\ 0 & \Phi_1^*(\eta) & 0 & \Phi_2^*(\eta) & \cdots & 0 & \Phi_M^*(\eta) \end{bmatrix}, \tag{5.2.51}$$

$$\boldsymbol{U}=(u_{11},u_{21},u_{12},u_{22},\cdots,u_{1M},u_{2M})^{\mathrm{T}}, \tag{5.2.52}$$

$$\boldsymbol{T}=(t_{11},t_{21},t_{12},t_{22},\cdots,t_{1M},t_{2M})^{\mathrm{T}}. \tag{5.2.53}$$

为便于程序处理并节省计算时间, 这里 n 也可理解为所有边界配置节点个数, 但有相当多与积分点不相关的节点的影响域并不覆盖积分点, 此时其形函数在积分点的值为 0.

对源点 ξ^J, 沿边界积分子域逐一完成积分运算后代数叠加, 可得

$$\boldsymbol{C}^J\boldsymbol{U}^J+\tilde{\boldsymbol{H}}^J\boldsymbol{U}=\boldsymbol{G}^J\boldsymbol{T}, \tag{5.2.54}$$

其中

$$\tilde{\boldsymbol{H}}^J=\begin{bmatrix} H_{11}^{J1} & H_{12}^{J1} & H_{11}^{J2} & H_{12}^{J2} & \cdots & H_{11}^{JM} & H_{12}^{JM} \\ H_{21}^{J1} & H_{22}^{J1} & H_{21}^{J2} & h_{22}^{J2} & \cdots & H_{21}^{JM} & H_{22}^{JM} \end{bmatrix}, \tag{5.2.55}$$

$$\boldsymbol{G}^J=\begin{bmatrix} G_{11}^{J1} & G_{12}^{J1} & G_{11}^{J2} & G_{12}^{J2} & \cdots & G_{11}^{JM} & G_{12}^{JM} \\ G_{21}^{J1} & G_{22}^{J1} & G_{21}^{J2} & G_{22}^{J2} & \cdots & G_{21}^{JM} & G_{22}^{JM} \end{bmatrix}, \tag{5.2.56}$$

并且

$$H_{ij}^{JI} = \sum_{m=1}^{N_e} \sum_{\alpha=1}^{k_m} t_{ij}^*(\xi^J, \eta_\alpha) \Phi_I^*(\eta_\alpha) J(\eta_\alpha) w_\alpha, \tag{5.2.57}$$

$$G_{ij}^{JI} = \sum_{m=1}^{N_e} \sum_{\alpha=1}^{k_m} u_{ij}^*(\xi^J, \eta_\alpha) \Phi_I^*(\eta_\alpha) J(\eta_\alpha) w_\alpha, \tag{5.2.58}$$

其中 k_m 是第 m 个积分子域配置的积分点总数, η_α 是积分点坐标, w_α 是对应于 η_α 的积分权系数, $\Phi_I^*(\eta_\alpha)$ 为形函数在第 m 个积分子域的第 α 积分点的取值, $I, J = 1, 2, \cdots, M$. 根据不同积分子域的情况, 可采用 Gauss 积分、对数积分或 Cauchy 主值积分.

当得到所有边界节点对应的方程 (5.2.54) 后, 将各节点的 $\boldsymbol{C}^J$ 扩展成为和 $\tilde{\boldsymbol{H}}^J$ 具有相同的自由度数,

$$\tilde{\boldsymbol{C}}^J = \begin{bmatrix} 0 & 0 & \cdots & 0 & 0 & C_{11}^J & C_{12}^J & 0 & 0 & \cdots & 0 & 0 \\ 0 & 0 & \cdots & 0 & 0 & C_{21}^J & C_{22}^J & 0 & 0 & \cdots & 0 & 0 \end{bmatrix}, \tag{5.2.59}$$

$$\boldsymbol{H}^J = \tilde{\boldsymbol{C}}^J + \tilde{\boldsymbol{H}}^J, \tag{5.2.60}$$

方程 (5.2.54) 即变形为

$$\boldsymbol{H}^J \boldsymbol{U} = \boldsymbol{G}^J \boldsymbol{T}. \tag{5.2.61}$$

将式 (5.2.61) 对所有边界节点轮换, 即 $J = 1, 2, \cdots, M$, 然后组合即可得到边界节点位移分量和面力分量之间的矩阵方程

$$\boldsymbol{HU} = \boldsymbol{GT}, \tag{5.2.62}$$

其中

$$\boldsymbol{H} = \begin{bmatrix} H_{11}^{11} & H_{12}^{11} & H_{11}^{12} & H_{12}^{12} & \cdots & H_{11}^{1M} & H_{12}^{1M} \\ H_{21}^{11} & H_{22}^{11} & H_{21}^{12} & H_{22}^{12} & \cdots & H_{21}^{1M} & H_{22}^{1M} \\ H_{11}^{21} & H_{12}^{21} & H_{11}^{22} & H_{12}^{22} & \cdots & H_{11}^{2M} & H_{12}^{2M} \\ H_{21}^{21} & H_{22}^{21} & H_{21}^{22} & H_{22}^{22} & \cdots & H_{21}^{2M} & H_{22}^{2M} \\ \vdots & \vdots & \vdots & \vdots & \ddots & \vdots & \vdots \\ H_{11}^{M1} & H_{12}^{M1} & H_{11}^{M2} & H_{12}^{M2} & \cdots & H_{11}^{MM} & H_{12}^{MM} \\ H_{21}^{M1} & H_{22}^{M1} & H_{21}^{M2} & H_{22}^{M2} & \cdots & H_{21}^{MM} & H_{22}^{MM} \end{bmatrix}. \tag{5.2.63}$$

矩阵 $\boldsymbol{G}$ 由 $\boldsymbol{G}^n$ 直接组装形成, 形式与 $\boldsymbol{H}$ 相同.

式 (5.2.62) 中, 如果 $\boldsymbol{U}$ 中的第 m 行位移为已知, 则 $\boldsymbol{T}$ 中的第 m 行面力未知, 将这两个元素对换, 并相应地将 $\boldsymbol{H}$ 和 $\boldsymbol{G}$ 的第 m 列元素乘以 (-1) 也对换, 左端的

列向量全是未知边界量, 记为 $\boldsymbol{X}$, 其系数矩阵记作 $\boldsymbol{A}$; 右端的列向量全是已知边界量, 其与系数矩阵的乘积记为列向量 $\boldsymbol{B}$, 这样式 (5.2.62) 可化为如下形式的线性方程组

$$\boldsymbol{AX} = \boldsymbol{F}, \tag{5.2.64}$$

由此可确定所有未知的边界节点位移分量和面力分量.

由式 (5.2.39) 得内点 ξ 位移计算矩阵式为

$$\boldsymbol{u}(\xi) = \sum_{m=1}^{N_\mathrm{e}}\left[\left(\int_{-1}^{1}\boldsymbol{u}^*\boldsymbol{\Phi}J(\eta)\mathrm{d}\eta\right)\boldsymbol{T}\right] - \sum_{m=1}^{N_\mathrm{e}}\left[\left(\int_{-1}^{1}\boldsymbol{t}^*\boldsymbol{\Phi}J(\eta)\mathrm{d}\eta\right)\boldsymbol{U}\right]. \tag{5.2.65}$$

同理, 由式 (5.2.43) 可得

$$\sigma_{ij} = \sum_{m=1}^{N_\mathrm{e}}\sum_{I=1}^{n} t_k(\xi^I)\sum_{\alpha=1}^{k_m} D_{kij}\Phi_I^*(\eta_\alpha)J(\eta_\alpha)W_\alpha - \sum_{m=1}^{N_\mathrm{e}}\sum_{I=1}^{n} u_k(\xi^I)\sum_{\alpha=1}^{k_m} S_{kij}\Phi_I^*(\eta_\alpha)J(\eta_\alpha)W_\alpha. \tag{5.2.66}$$

2. 三维问题

对方程 (5.2.37) 作积分变换可得

$$\begin{aligned} C_{ij}(\xi^J)u_i(\xi^J) = &\sum_{m=1}^{N_\mathrm{e}}\sum_{I=1}^{n} t_i(\xi^I)\int_{-1}^{1}\int_{-1}^{1} u_{ij}^*(\xi^J, \boldsymbol{x})\Phi_I^*(\eta)J(\xi,\eta)\mathrm{d}\xi\mathrm{d}\eta \\ &-\sum_{m=1}^{N_\mathrm{e}}\sum_{I=1}^{n} u_i(\xi^I)\int_{-1}^{1}\int_{-1}^{1} t_{ij}^*(\xi^J, \boldsymbol{x})\Phi_I^*(\eta)J(\xi,\eta)\mathrm{d}\xi\mathrm{d}\eta, \end{aligned} \tag{5.2.67}$$

其中 $i, j = 1, 2, 3$, Jacobi 行列式为

$$J(\xi,\eta) = \left|\frac{\partial \boldsymbol{r}}{\partial \xi}\times\frac{\partial \boldsymbol{r}}{\partial \eta}\right|, \tag{5.2.68}$$

$$\boldsymbol{r} = x_1\boldsymbol{i}_1 + x_2\boldsymbol{i}_2 + x_3\boldsymbol{i}_3, \tag{5.2.69}$$

$\boldsymbol{i}_k, k = 1, 2, 3$, 为坐标轴 x_k 方向的单位向量.

下面进一步将边界离散方程 (5.2.67) 改写为矩阵形式, 最终形成所有边界配置节点位移和面力未知量的矩阵方程.

对边界源点 ξ^J, 方程 (5.2.44) 可写为

$$\boldsymbol{C}^J\boldsymbol{U}^J + \sum_{m=1}^{N_\mathrm{e}}\left[\left(\int_{-1}^{1}\int_{-1}^{1}\boldsymbol{t}^*\boldsymbol{\Phi}J(\xi,\eta)\mathrm{d}\xi\mathrm{d}\eta\right)\boldsymbol{U}\right] = \sum_{m=1}^{N_\mathrm{e}}\left[\left(\int_{-1}^{1}\int_{-1}^{1}\boldsymbol{u}^*\boldsymbol{\Phi}J(\xi,\eta)\mathrm{d}\xi\mathrm{d}\eta\right)\boldsymbol{T}\right], \tag{5.2.70}$$

其中

$$\boldsymbol{C}^J=\begin{bmatrix} C_{11}^J & C_{12}^J & C_{13}^J \\ C_{21}^J & C_{22}^J & C_{23}^J \\ C_{31}^J & C_{32}^J & C_{33}^J \end{bmatrix}, \tag{5.2.71}$$

$$\boldsymbol{U}^J=(u_{1J},u_{2J},u_{3J})^{\mathrm{T}}, \tag{5.2.72}$$

$$\boldsymbol{t}^*=\begin{bmatrix} t_{11}^* & t_{12}^* & t_{13}^* \\ t_{21}^* & t_{22}^* & t_{23}^* \\ t_{31}^* & t_{32}^* & t_{33}^* \end{bmatrix}, \tag{5.2.73}$$

$$\boldsymbol{u}^*=\begin{bmatrix} u_{11}^* & u_{12}^* & u_{13}^* \\ u_{21}^* & u_{22}^* & u_{23}^* \\ u_{31}^* & u_{32}^* & u_{33}^* \end{bmatrix}, \tag{5.2.74}$$

$$\boldsymbol{\varPhi}=(\boldsymbol{\Phi}_1,\boldsymbol{\Phi}_2,\cdots,\boldsymbol{\Phi}_M), \tag{5.2.75}$$

$$\boldsymbol{\Phi}_k=\begin{bmatrix} \Phi_k^*(\xi,\eta) & 0 & 0 \\ 0 & \Phi_k^*(\xi,\eta) & 0 \\ 0 & 0 & \Phi_k^*(\xi,\eta) \end{bmatrix}, \tag{5.2.76}$$

$$\boldsymbol{U}=(u_{11},u_{21},u_{31},u_{12},u_{22},u_{32},\cdots,u_{1M},u_{2M},u_{3M})^{\mathrm{T}}, \tag{5.2.77}$$

$$\boldsymbol{T}=(t_{11},t_{21},t_{31},t_{12},t_{22},t_{32},\cdots,t_{1M},t_{2M},t_{3M})^{\mathrm{T}}, \tag{5.2.78}$$

对源点 ξ^J, 沿边界积分子域逐一完成积分运算后代数叠加, 可得

$$\boldsymbol{C}^J\boldsymbol{U}^J+\tilde{\boldsymbol{H}}^J\boldsymbol{U}=\boldsymbol{G}^J\boldsymbol{T}, \tag{5.2.79}$$

其中

$$\tilde{\boldsymbol{H}}^J=(\boldsymbol{H}_1^J,\boldsymbol{H}_2^J,\cdots,\boldsymbol{H}_M^J), \tag{5.2.80}$$

$$\boldsymbol{G}^J=(\boldsymbol{G}_1^J,\boldsymbol{G}_2^J,\cdots,\boldsymbol{G}_M^J), \tag{5.2.81}$$

并且

$$\boldsymbol{H}_k^J=\begin{bmatrix} H_{11}^{Jk} & H_{12}^{Jk} & H_{13}^{Jk} \\ H_{21}^{Jk} & H_{22}^{Jk} & H_{23}^{Jk} \\ H_{31}^{Jk} & H_{32}^{Jk} & H_{33}^{Jk} \end{bmatrix}, \tag{5.2.82}$$

$$\boldsymbol{G}_k^J=\begin{bmatrix} G_{11}^{Jk} & G_{12}^{Jk} & G_{13}^{Jk} \\ G_{21}^{Jk} & G_{22}^{Jk} & G_{23}^{Jk} \\ G_{31}^{Jk} & G_{32}^{Jk} & G_{33}^{Jk} \end{bmatrix}, \tag{5.2.83}$$

$$H_{ij}^{JI}=\sum_{m=1}^{N_{\mathrm{e}}}\sum_{\alpha=1}^{k_m}t_{ij}^{*}(\xi^J;\xi_\alpha,\eta_\alpha)\Phi_I^{*}(\xi_\alpha,\eta_\alpha)J(\xi_\alpha,\eta_\alpha)w_\alpha, \tag{5.2.84}$$

$$G_{ij}^{JI}=\sum_{m=1}^{N_{\mathrm{e}}}\sum_{\alpha=1}^{k_m}u_{ij}^{*}(\xi^J;\xi_\alpha,\eta_\alpha)\Phi_I^{*}(\xi_\alpha,\eta_\alpha)J(\xi_\alpha,\eta_\alpha)w_\alpha, \tag{5.2.85}$$

其中 (ξ_α,η_α) 是积分点坐标, $\Phi_I^{*}(\xi_\alpha,\eta_\alpha)$ 为形函数在第 m 个积分子域的第 α 个积分点的取值, $I,J=1,2,\cdots,M$.

将式 (5.2.79) 对所有边界节点 ξ^J 轮换, 即 $J=1,2,\cdots,M$, 类似二维问题将 $\boldsymbol{C}^J$ 扩展后, 即可组合得到边界节点位移分量和面力分量之间的矩阵方程

$$\boldsymbol{HU}=\boldsymbol{GT}, \tag{5.2.86}$$

其中

$$\boldsymbol{H}=\begin{bmatrix}\boldsymbol{H}_1^1 & \boldsymbol{H}_2^1 & \cdots & \boldsymbol{H}_M^1\\ \boldsymbol{H}_1^2 & \boldsymbol{H}_2^2 & \cdots & \boldsymbol{H}_M^2\\ \vdots & \vdots & \ddots & \vdots\\ \boldsymbol{H}_1^M & \boldsymbol{H}_2^M & \cdots & \boldsymbol{H}_M^M\end{bmatrix}, \tag{5.2.87}$$

矩阵 $\boldsymbol{G}$ 由 $\boldsymbol{G}_k^J$ 直接组装形成, 形式与 $\boldsymbol{H}$ 相同.

奇异积分的处理与边界元法类似, 这里不再赘述.

5.2.5 算法实施流程

对于上述弹性问题的插值型边界无单元法, 具体的实施流程如下:

(1) 对于给定的二维弹性问题, 确定坐标系, 在求解区域 Ω 的边界 Γ 上布置节点 $\boldsymbol{x}_I,(I=1,2,\cdots,M)$; 在域内布置需要计算内点位移和应力的内点 $\boldsymbol{x}_J$;

(2) 输入材料常数和基本解;

(3) 确定每个边界节点的影响域 Ω_I 以及影响域半径;

(4) 选取基函数和权函数;

(5) 将边界 Γ 分为 N_{e} 个积分子域, 以每个边界节点为源点, 对每个子域循环积分, 计算 $\boldsymbol{H}^J$ 和 $\boldsymbol{G}^J$;

(6) 组合 $\boldsymbol{H}^J$ 和 $\boldsymbol{G}^J$, 并形成线性方程组 $\boldsymbol{AX}=\boldsymbol{F}$, 求解得边界节点 $\boldsymbol{x}_I(I=1,2,\cdots,M)$ 的位移和面力;

(7) 由改进的移动最小二乘插值法的逼近函数公式得到其他边界点的位移和面力;

(8) 由内点的离散边界积分方程计算域内任意一点的位移;

(9) 由几何方程和物理方程计算域内任意一点的应力.

5.2.6 数值算例

1. 受分布力作用的圆板

如图 5.2.1 所示, 考虑一个受分布力作用的圆板, $R=6\text{cm}$, $p=100\text{MPa}$. 材料常数为 Poisson 比 $\nu=0.25$, 弹性模量 $E=2.0\times10^5\text{MPa}$.

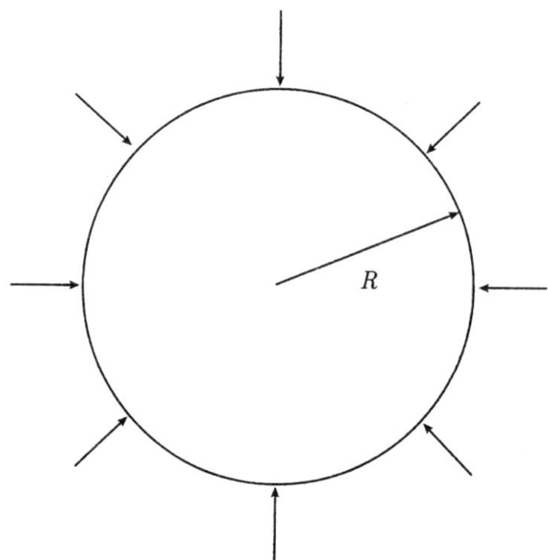

图 5.2.1　受分布力作用的圆板

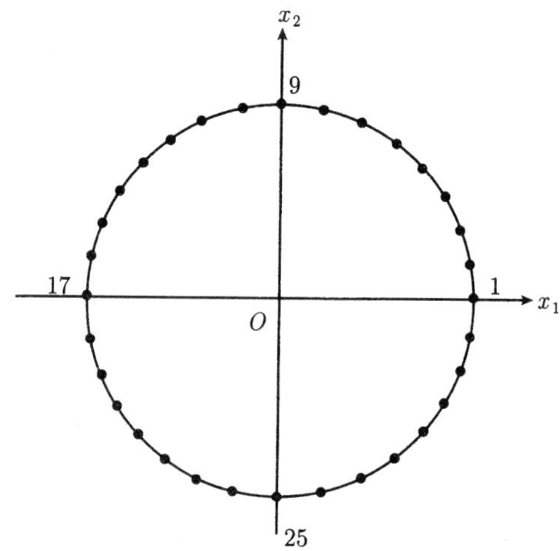

图 5.2.2　圆板的边界节点分布

该问题的解析解为

$$u_r(r,\theta) = -\frac{(1-\nu)pr}{E}, \tag{5.2.88}$$

其中 (r,θ) 为所考虑的点的极坐标.

采用边界无单元法进行计算, 在圆板的边界布置了 32 个节点, 如图 5.2.2 所示. 采用二次基函数, 权函数分别取三次样条函数和指数函数.

当权函数为三次样条函数时边界无单元法的计算结果如图 5.2.3 和图 5.2.4 所示. 当权函数为指数函数时边界无单元法的计算结果如图 5.2.5 和图 5.2.6 所示. m 为节点编号.

从图 5.2.3—图 5.2.6 可以看出, 边界无单元法的计算结果与解析解吻合; 影响域的大小对计算结果影响不大; 权函数对计算结果影响不大.

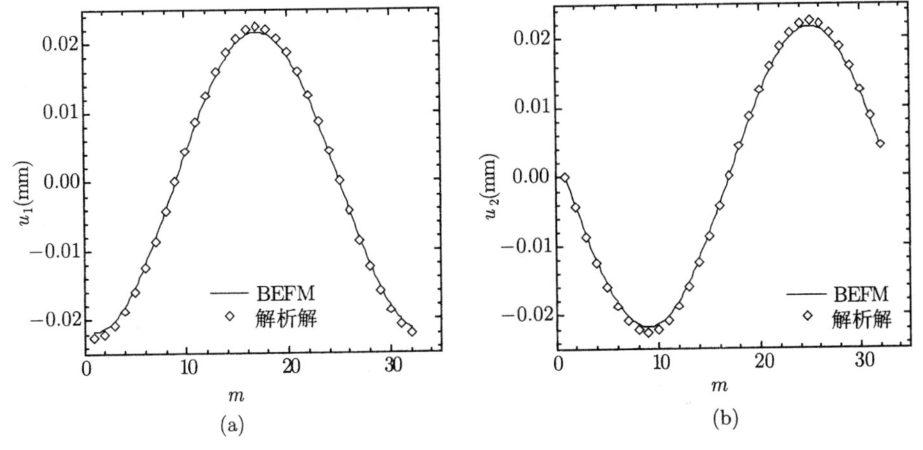

图 5.2.3 当权函数为三次样条函数时的边界节点位移 ($\rho_I = 2$)

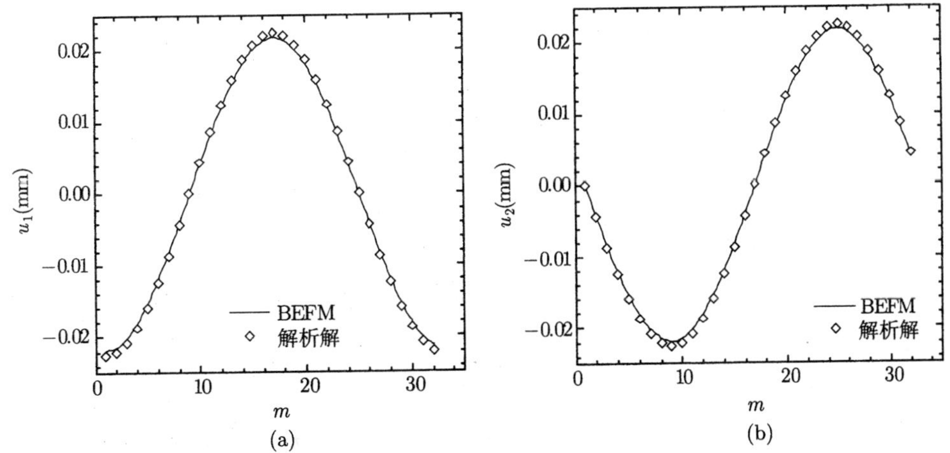

图 5.2.4 当权函数为三次样条函数时的边界节点位移 ($\rho_I = 3$)

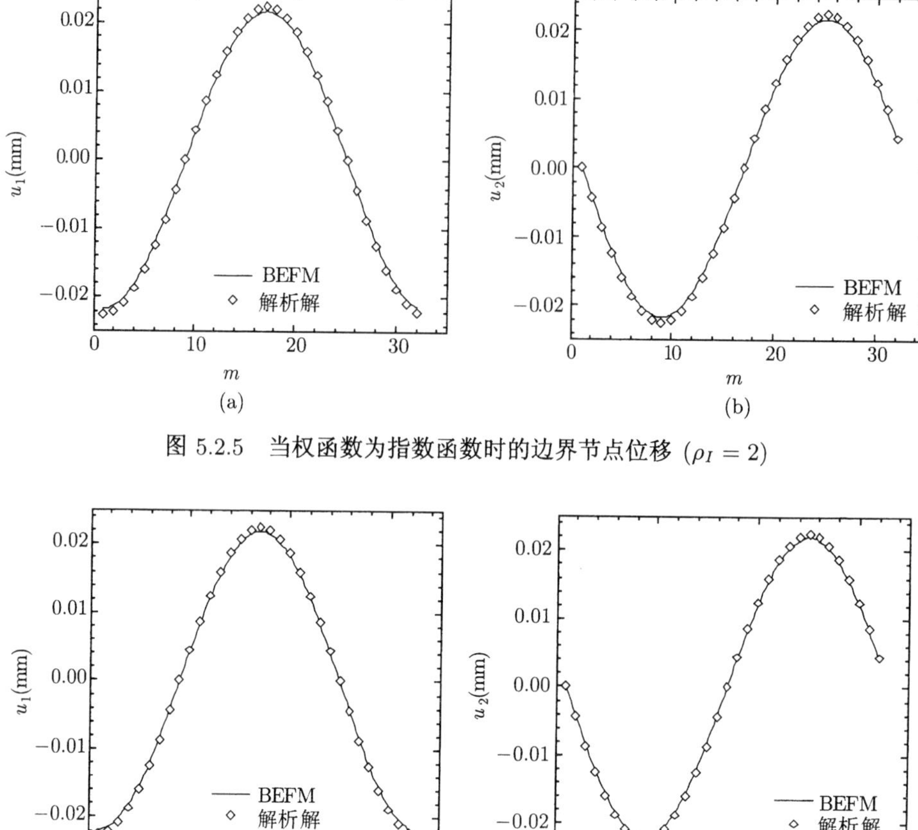

图 5.2.5 当权函数为指数函数时的边界节点位移 ($\rho_I = 2$)

图 5.2.6 当权函数为指数函数时的边界节点位移 ($\rho_I = 3$)

2. 受分布力作用的方板

考虑受分布力作用的方板, 如图 5.2.7 所示, 荷载 $p = 125\text{MPa}$. 材料参数为 Poisson 比 $\nu = 0.30$, 弹性模量 $E = 3 \times 10^5\text{MPa}$.

该问题的解析解为

$$u_1 = -\frac{\nu p}{E} x_1, \tag{5.2.89}$$

$$u_2 = \frac{p}{E} x_2. \tag{5.2.90}$$

采用边界无单元法进行计算时, 在方板的边界布置了 24 个节点, 如图 5.2.8 所示. 采用二次基函数, 权函数为三次样条函数时的边界无单元法的计算结果如图 5.2.9 所示. 可以看出, 边界无单元法的计算结果与解析解吻合得较好.

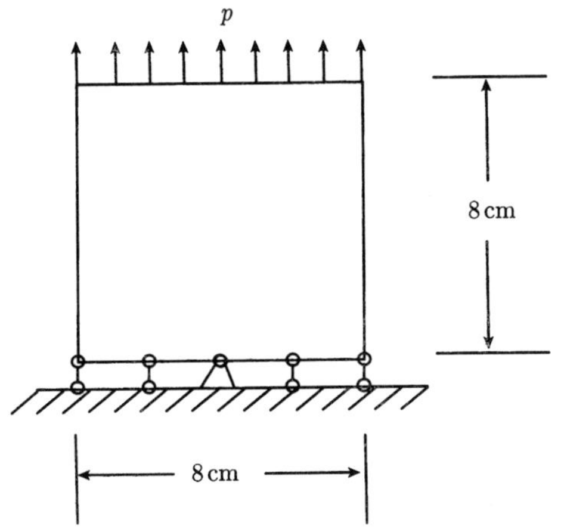

图 5.2.7 受分布力作用的方板

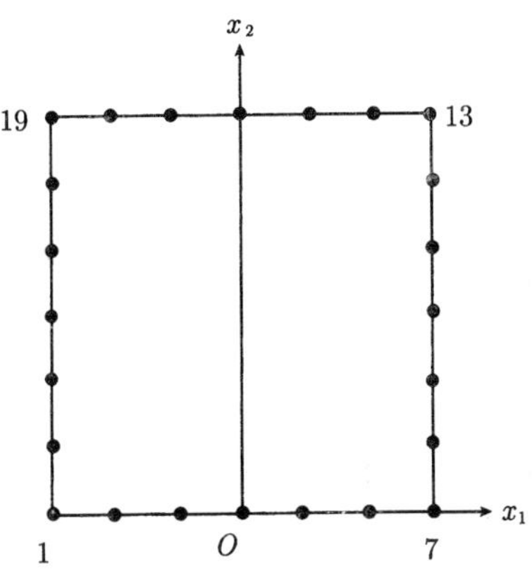

图 5.2.8 方板的边界节点分布

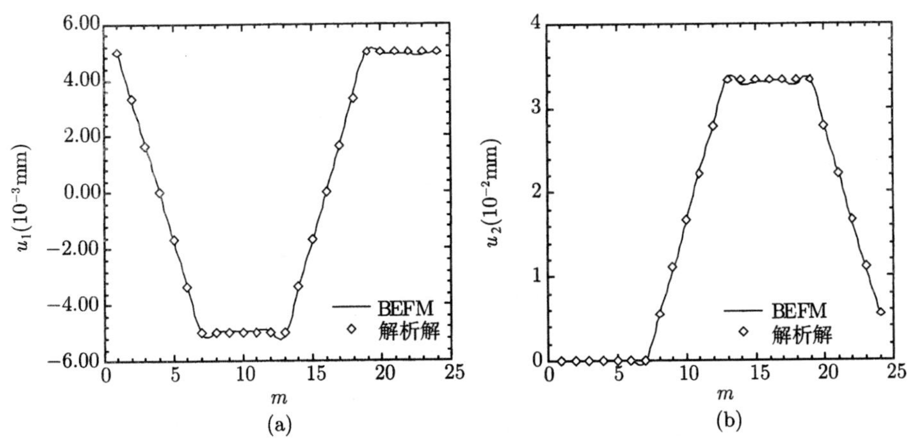

图 5.2.9 当权函数为三次样条函数时的边界节点位移 ($\rho_I = 2$)

3. 受均布内压的圆环

考虑受均布内压的圆环, 如图 5.2.10 所示, $R_1 = 25\text{cm}$, $R_2 = 10\text{cm}$. 内压 $p = 100\text{MPa}$, 材料常数为 Poisson 比 $\nu = 0.25$, 弹性模量 $E = 2.0 \times 10^5\text{MPa}$.

该问题的位移解析解为

$$u_r = \frac{1}{E}\left[(1+\nu)\frac{c_1}{r} + (1-\nu)c_2 r\right], \tag{5.2.91}$$

其中

$$c_1 = \frac{R_1^2 R_2^2}{R_1^2 - R_2^2}p, \tag{5.2.92}$$

$$c_2 = \frac{R_2^2}{R_1^2 - R_2^2}p. \tag{5.2.93}$$

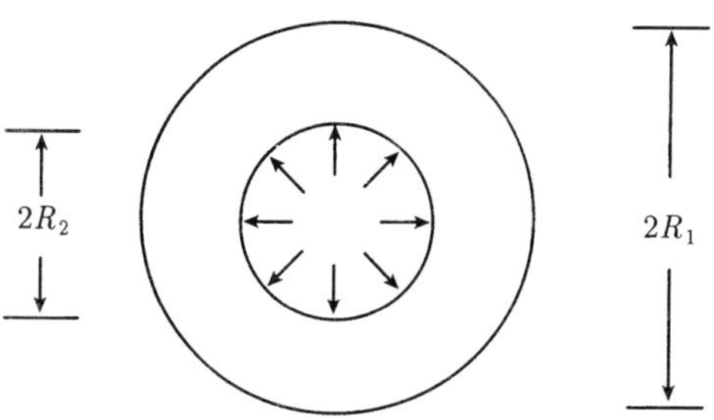

图 5.2.10　受均布内压的圆环

采用边界无单元法进行计算时, 在圆环的内外边界布置了 36 个节点, 如图 5.2.11 所示. 采用二次基函数, 权函数为三次样条函数时的边界无单元法的计算结果如图 5.2.12 和图 5.2.13 所示. 可以看出, 边界无单元法的计算结果与解析解吻合得较好.

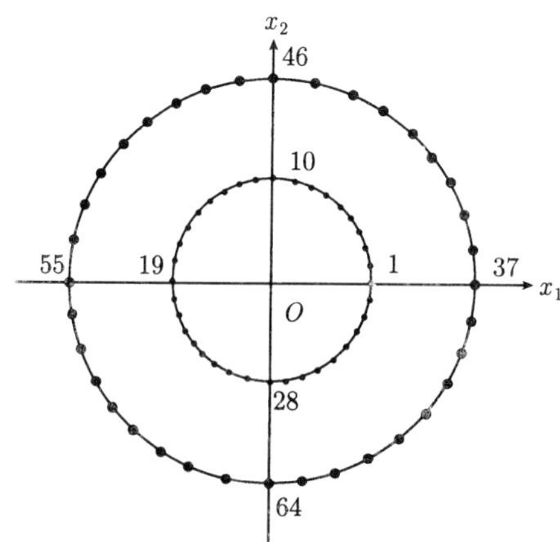

图 5.2.11　圆环的边界节点分布

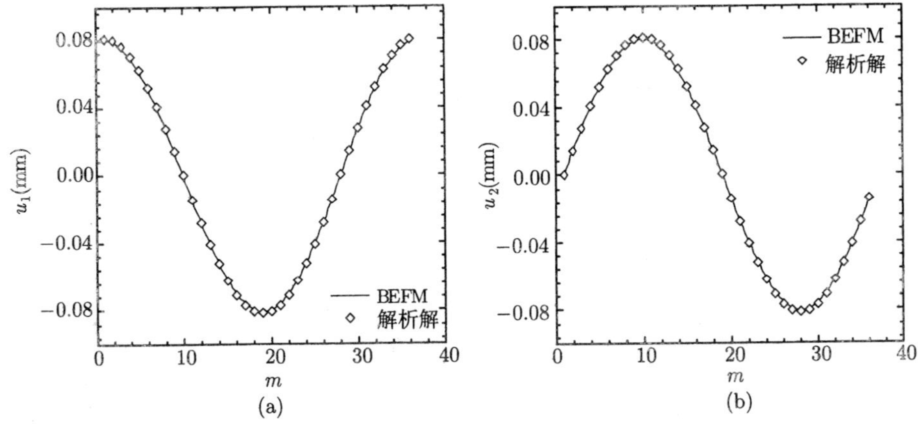

图 5.2.12 圆环内边界节点的位移 ($\rho_I = 2$)

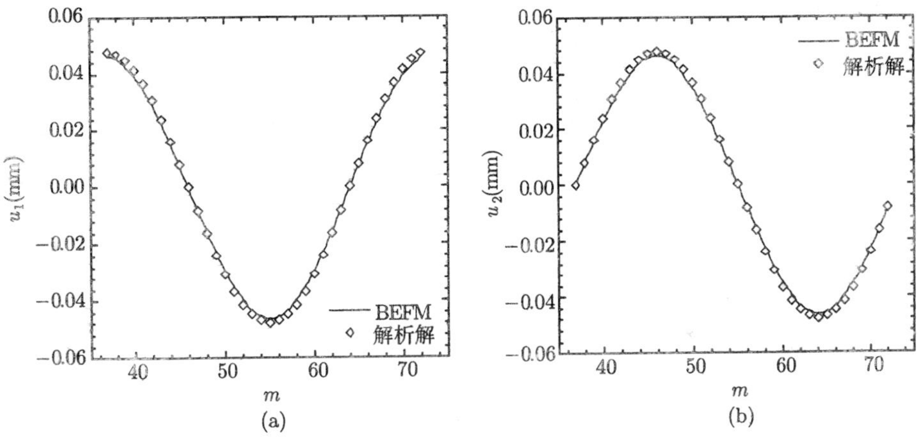

图 5.2.13 圆环外边界节点的位移 ($\rho_I = 2$)

4. 中心圆孔板

考虑一个受分布荷载的中心圆孔板, 如图 5.2.14 所示. 荷载 $p = 1000\text{Pa}$, Poisson 比 $\nu = 0.25$, 弹性模量 $E = 2.0 \times 10^5\text{MPa}$.

该问题的应力解析解为

$$\sigma_r = \frac{p}{2}\left(1 - \frac{a^2}{r^2}\right) + \frac{p}{2}\cos 2\theta\left(1 - \frac{a^2}{r^2}\right)\left(1 - 3\frac{a^2}{r^2}\right), \tag{5.2.94}$$

$$\sigma_\theta = \frac{p}{2}\left(1 + \frac{a^2}{r^2}\right) - \frac{p}{2}\cos 2\theta\left(1 + 3\frac{a^4}{r^4}\right), \tag{5.2.95}$$

$$\tau_{r\theta} = \tau_{\theta r} = -\frac{p}{2}\sin 2\theta\left(1 - \frac{a^2}{r^2}\right)\left(1 + 3\frac{a^2}{r^2}\right). \tag{5.2.96}$$

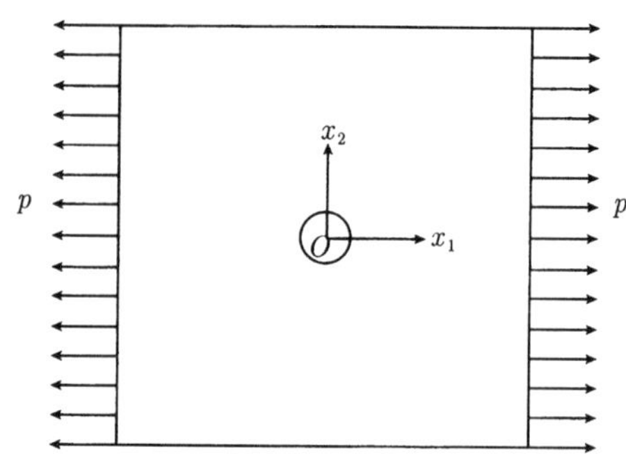

图 5.2.14　中心圆孔板

由于对称性, 我们仅取四分之一区域利用边界无单元法进行计算, 在其边界上选取了 34 个节点, 如图 5.2.15 所示. 采用二次基函数和三次样条权函数, 边界无单元法的计算结果如图 5.2.16 所示. 可以看出, 边界无单元法的计算结果与解析解吻合得很好.

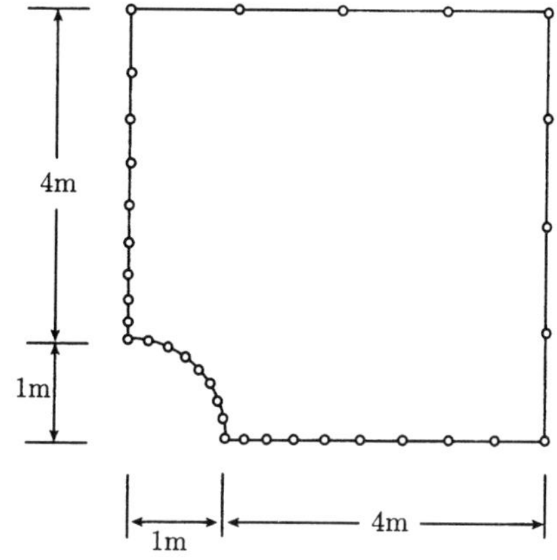

图 5.2.15　中心圆孔板四分之一区域的边界节点分布

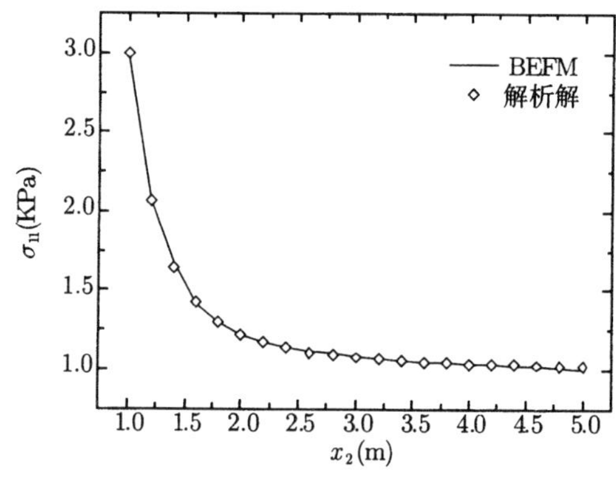

图 5.2.16　$x_1=0$ 处的应力 σ_{11}

5. **带裂纹的矩形板**

考虑受分布荷载作用的带裂纹的矩形板, 如图 5.2.17 所示, $L = 20\text{mm}$, $D = 26\text{mm}$, $a = 4\text{mm}$. 荷载 $\sigma = 1000\text{Pa}$, Poisson 比 $\nu = 0.25$, 弹性模量 $E = 2.0 \times 10^5\text{MPa}$.

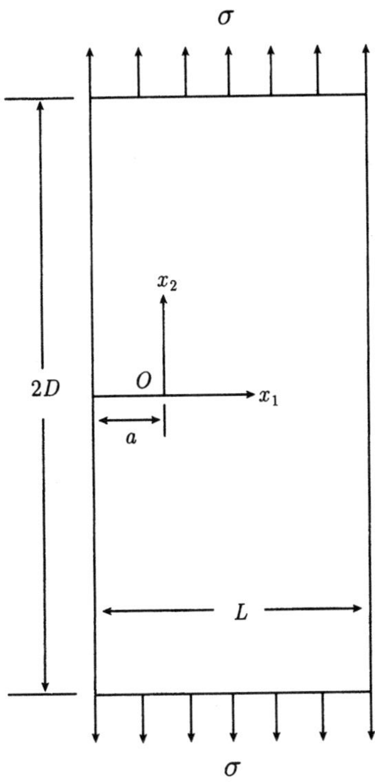

图 5.2.17　带裂纹的矩形板

该问题裂纹尖端的应力解析解为

$$\sigma_{11} = \frac{K_{\mathrm{I}}}{\sqrt{2\pi r}} \cos\frac{\theta}{2}\left(1 - \sin\frac{\theta}{2}\sin\frac{3\theta}{2}\right), \tag{5.2.97}$$

$$\sigma_{22} = \frac{K_{\mathrm{I}}}{\sqrt{2\pi r}} \cos\frac{\theta}{2}\left(1 + \sin\frac{\theta}{2}\sin\frac{3\theta}{2}\right), \tag{5.2.98}$$

$$\sigma_{12} = \frac{K_{\mathrm{I}}}{\sqrt{2\pi r}} \cos\frac{\theta}{2}\sin\frac{\theta}{2}\cos\frac{3\theta}{2}, \tag{5.2.99}$$

其中 K_I 为应力强度因子,

$$K_{\mathrm{I}} = C\sigma\sqrt{a\pi}, \tag{5.2.100}$$

$$C = 1.12 - 0.231\left(\frac{a}{L}\right) + 10.55\left(\frac{a}{L}\right)^2 - 21.72\left(\frac{a}{L}\right)^3 + 30.39\left(\frac{a}{L}\right)^4. \tag{5.2.101}$$

由于对称性, 我们仅取二分之一区域利用边界无单元法进行计算, 在其边界上选取了 58 个节点, 如图 5.2.18 所示. 采用二次基函数和三次样条权函数, 利用边界无单元法计算得到的正则应力强度因子 $K_{\mathrm{I}}/(\sigma\sqrt{a\pi}) = 1.352$, 与解析解 1.37 吻合得较好. 利用边界无单元法计算得到的裂纹尖端应力如图 5.2.19 所示. 可以看出, 边界无单元法的计算结果与解析解吻合得很好.

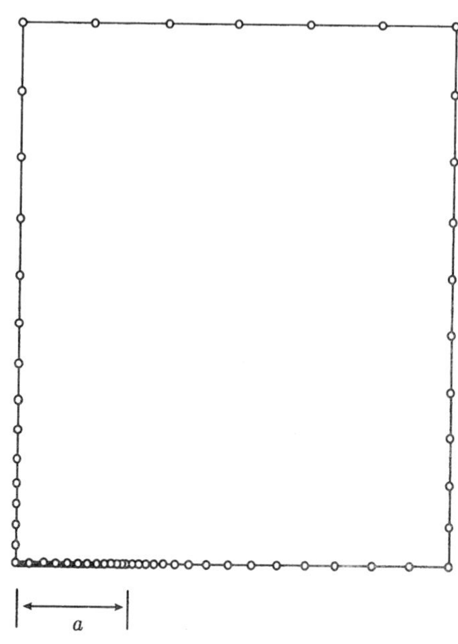

图 5.2.18　矩形板二分之一区域的边界节点

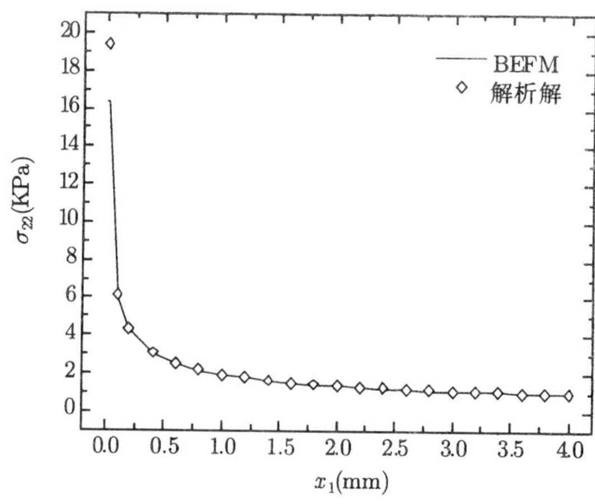

图 5.2.19　$x_2 = 0$ 处的应力 σ_{22}

6. 三维立方体

考虑一个受均布荷载的立方体, 如图 5.2.20 所示, 其几何尺寸为 2cm × 2cm × 2cm. 均布荷载 $\sigma = 32\text{MPa}$, Poisson 比 $\nu = 0.25$, 剪切模量 $G = 15000\text{MPa}$.

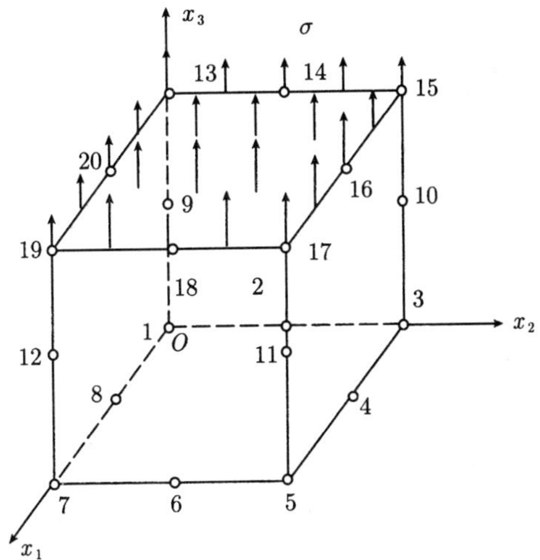

图 5.2.20 受均布荷载的立方体

该问题的位移解析解为

$$u_1 = -\frac{\nu\sigma}{E}x_1, \tag{5.2.102}$$

$$u_2 = -\frac{\nu\sigma}{E}x_2, \tag{5.2.103}$$

$$u_3 = \frac{\sigma}{E}x_3. \tag{5.2.104}$$

利用边界无单元法进行计算, 在其边界上选取了 98 个节点, 如图 5.2.21 所示. 采用二次基函数和三次样条权函数, $\rho_I = 1.5$, 边界无单元法的计算结果见表 5.2.1. 可以看出, 边界无单元法的计算结果与解析解吻合得很好.

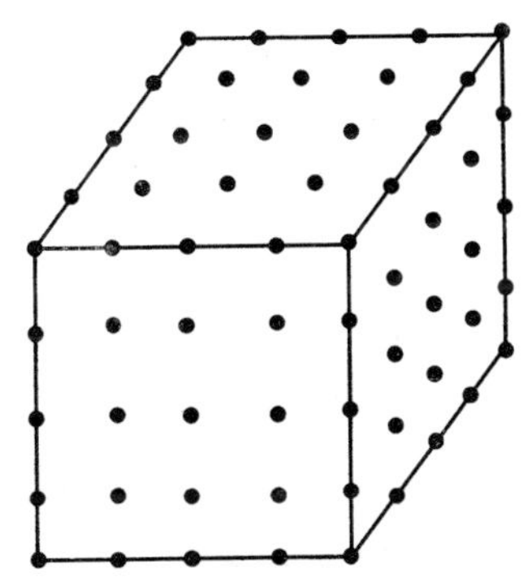

图 5.2.21 立方体边界的节点分布

表 5.2.1　边界无单元法得到的立方体边界点的位移

节点编号	u_1 解析解	u_1 BEFM	u_2 解析解	u_2 BEFM	u_3 解析解	u_3 BEFM
1	0.	0.	0.	0.	0.	0.
2	0.	0.00000000	−0.000213333	−0.00021530	0.	0.
3	0.	0.00000000	−0.000426667	−0.00042763	0.	0.
4	−0.000213333	−0.00021520	−0.000426667	−0.00042762	0.	0.
5	−0.000426667	−0.00042762	−0.000426667	−0.00042763	0.	0.
6	−0.000426667	−0.00042763	−0.000213333	−0.00021521	0.	0.
7	−0.000426667	−0.00042765	0.	0.00000000	0.	0.
8	−0.000213333	−0.00021530	0.	0.00000000	0.	0.
9	0.	−0.00000000	0.	0.00000000	0.000853333	0.00085502
10	0.	0.00000000	−0.000426667	−0.00042765	0.000853333	0.00085505
11	−0.000426667	−0.00042763	−0.000426667	−0.00042764	0.000853333	0.00085505
12	−0.000426667	−0.00042765	0.	0.00000000	0.000853333	0.00085503
13	0.	−0.00000001	0.	0.00000000	0.001706667	0.00170763
14	0.	−0.00000001	−0.000213333	−0.00021521	0.001706667	0.00170763
15	0.	−0.00000001	−0.000426667	−0.00042762	0.001706667	0.00170764
16	−0.000213333	−0.00021520	−0.000426667	−0.00042764	0.001706667	0.00170765
17	−0.000426667	−0.00042764	−0.000426667	−0.00042765	0.001706667	0.00170763
18	−0.000426667	−0.00042765	−0.000213333	−0.00021512	0.001706667	0.00170765
19	−0.000426667	−0.00042764	0.	0.00000001	0.001706667	0.00170763
20	−0.000213333	−0.00021521	0.	0.00000001	0.001706667	0.00170765

7. 受内压的空心球

如图 5.2.22 所示, 考虑一个受内压的空心球, $r_1 = 1\text{cm}$, $r_2 = 2\text{cm}$. 内压 $p = 20\text{MPa}$, Poisson 比 $\nu = 0.3333$, 弹性模量 $E = 2.1 \times 10^5\text{MPa}$.

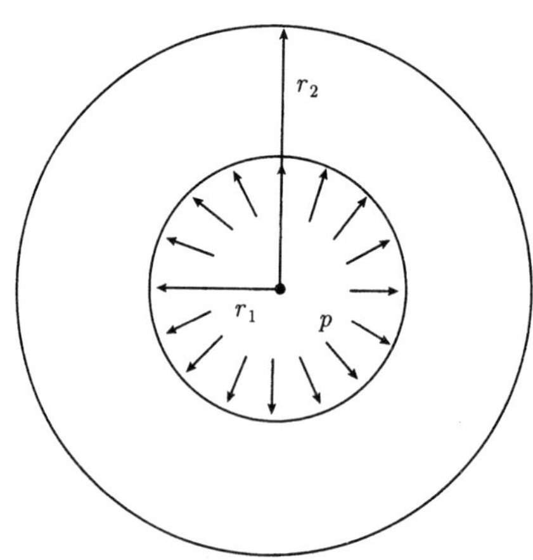

图 5.2.22　受内压的空心球

该问题的位移和应力解析解为

$$u_r = \frac{p r_1^3 r}{E(r_2^3 - r_1^3)}\left[(1-2\nu) + (1+\nu)\frac{b^3}{2r^3}\right], \tag{5.2.105}$$

$$\sigma_r = -\frac{\dfrac{r_2^3}{r^3} - 1}{\dfrac{r_2^3}{r_1^3} - 1} p, \tag{5.2.106}$$

$$\sigma_\theta = \frac{\dfrac{r_2^3}{2r^3} + 1}{\dfrac{r_2^3}{r_1^3} - 1} p. \tag{5.2.107}$$

由于对称性, 我们仅取八分之一区域利用边界无单元法进行计算, 图 5.2.23 给出了一个截面的边界节点分布. 采用二次基函数和三次样条权函数, $\rho_I = 0.8$, 利用边界无单元法计算得到的位移和应力如图 5.2.24—图 5.2.26 所示. 可以看出, 边界无单元法的计算结果与解析解吻合得很好.

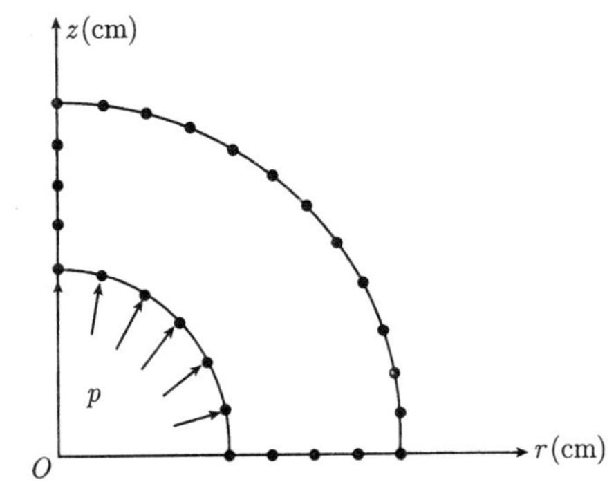

图 5.2.23 空心球八分之一区域截面的边界节点

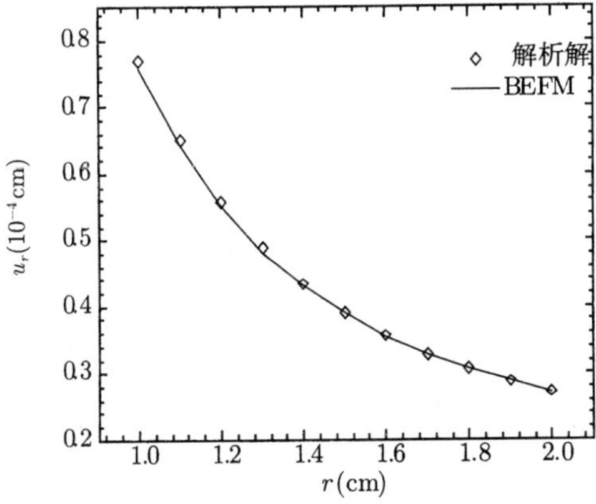

图 5.2.24 空心球的位移 u_r

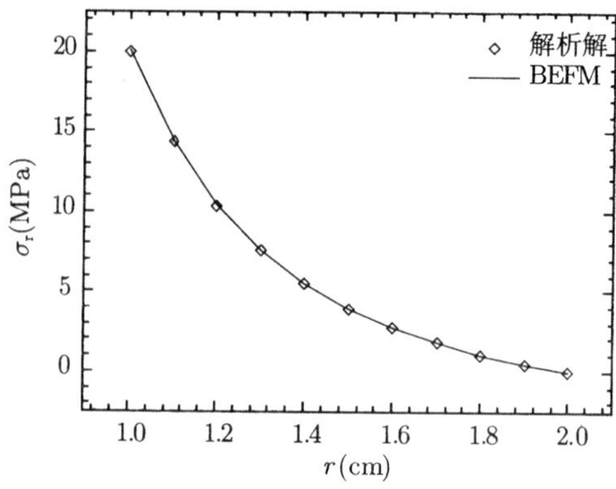

图 5.2.25　空心球的应力 σ_r

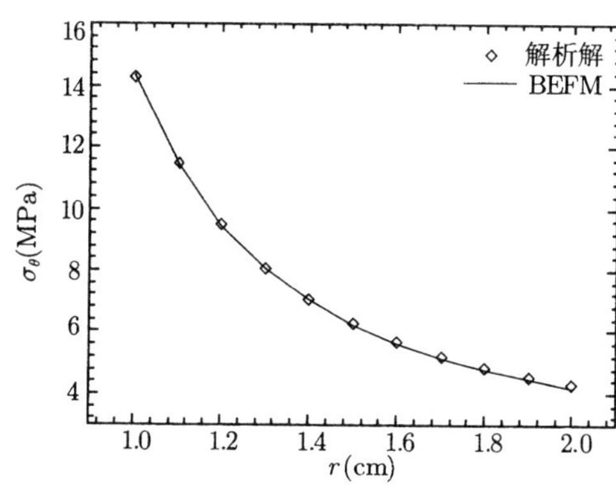

图 5.2.26　空心球的应力 σ_θ

8. **带球状空心的立方体**

如图 5.2.27 所示, 考虑受单向拉伸的带球状空心的立方体, 其几何尺寸为 20cm× 20cm × 20cm, 球状空心半径为 $a = 1.0$cm. 单向拉伸荷载 $\sigma_0 = 1$MPa, 弹性模量 $E = 2.0 \times 10^5$MPa, Poisson 比 $\nu = 0.3$.

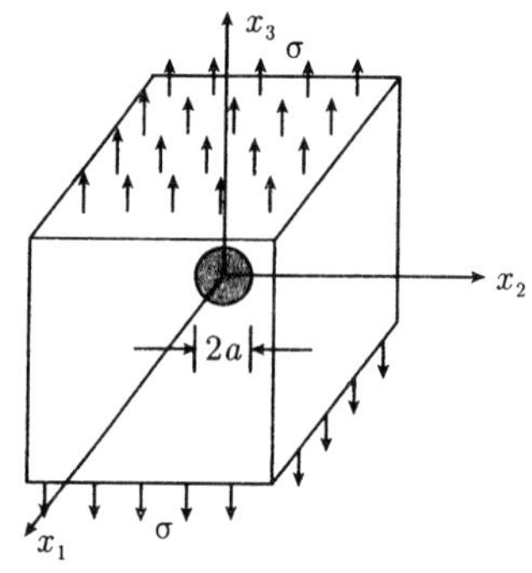

图 5.2.27　带球状空心的立方体

在 $x_3=0$ 面上正应力的解析解为

$$\sigma_{33}(x_1,x_2)=\sigma_0\left[1+\frac{4-5\nu}{2(7-5\nu)}\frac{a^3}{r^3}+\frac{9}{2(7-5\nu)}\frac{a^5}{r^5}\right], \tag{5.2.108}$$

其中

$$r=\sqrt{x_1^2+x_2^2}. \tag{5.2.109}$$

由于对称性, 我们仅取八分之一区域利用边界无单元法进行计算. 采用二次基函数和三次样条权函数, $\rho_I=1.5$, 利用边界无单元法计算得到的 $x_3=0$ 面上正应力如图 5.2.28 所示. 可以看出, 边界无单元法的计算结果与解析解吻合得很好.

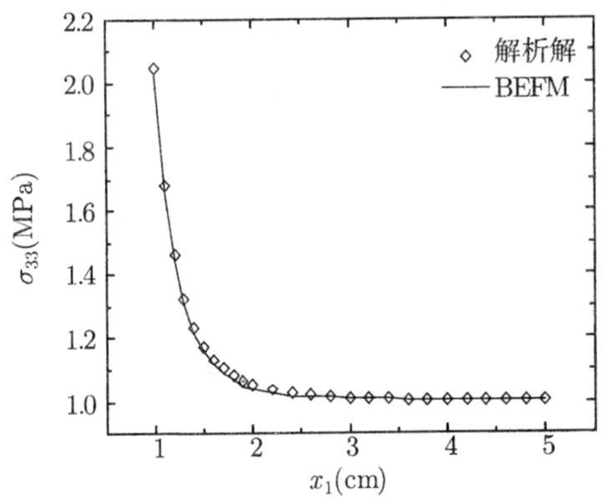

图 5.2.28 $x_3=0$ 面上正应力 σ_{33}

本节将改进的移动最小二乘法的逼近函数和弹性力学的边界积分方程结合, 建立了二维和三维弹性力学的边界无单元法, 给出了数值算例, 说明了本节建立的边界无单元法具有较高的精度.

5.3 弹性动力学的 Laplace 变换–边界无单元法

本节提出了弹性动力学的 Laplace 变换–边界无单元法.

首先对弹性动力学的基本方程进行 Laplace 积分变换, 得到变换域中便于边界无单元法实施的椭圆型方程, 然后类似弹性力学边界无单元法的建立方法, 建立 Laplace 变换域中弹性动力学的边界无单元法的求解方程, 得到 Laplace 变换域中相应的边界未知量的解. 最后, 通过数值 Laplace 反变换得到时间域中弹性动力学的解.

Laplace 变换域中弹性动力学的边界无单元法的求解方程, 是基于改进的移动最小二乘法建立逼近函数, 结合 Laplace 变换域中弹性动力学的边界积分方程来推导的.

数值算例表明, 本节建立的弹性动力学的 Laplace 变换–边界无单元法是有效的和正确的.

5.3.1　Laplace 变换域中弹性动力学的基本方程

运动微分方程

$$(C_1^2 - C_2^2)u_{i,ij}(\boldsymbol{x},t) + C_2^2 u_{j,ii}(\boldsymbol{x},t) + b_j(\boldsymbol{x},t) = \ddot{u}_j(\boldsymbol{x},t), \quad \boldsymbol{x} \in \Omega, \tag{5.3.1}$$

其中

$$C_1 = \sqrt{\frac{\lambda + 2G}{\rho}}, \tag{5.3.2}$$

$$C_2 = \sqrt{\frac{G}{\rho}} \tag{5.3.3}$$

分别是弹性体内膨胀波和畸变波的传播速度, λ 和 G 是 Lamé 常数, ρ 是质量密度.

物理方程

$$\sigma_{ij}(\boldsymbol{x},t) = \rho[(C_1^2 - 2C_2^2)u_{m,m}(\boldsymbol{x},t)\delta_{ij} + C_2^2(u_{i,j}(\boldsymbol{x},t) + u_{j,i}(\boldsymbol{x},t))], \quad \boldsymbol{x} \in \Omega. \tag{5.3.4}$$

应力和位移满足如下的边界条件

$$t_i(\boldsymbol{x},t) = \sigma_{ij}n_j = p_i(\boldsymbol{x},t), \quad \boldsymbol{x} \in \Gamma_t, \tag{5.3.5}$$

$$u_i(\boldsymbol{x},t) = q_i(\boldsymbol{x},t), \quad \boldsymbol{x} \in \Gamma_u, \tag{5.3.6}$$

和初始条件

$$u_i(\boldsymbol{x},0^+) = u_{i0}(\boldsymbol{x}), \quad \boldsymbol{x} \in \Omega, \tag{5.3.7}$$

$$\dot{u}_i(\boldsymbol{x},0^+) = \dot{u}_{i0}(\boldsymbol{x}), \quad \boldsymbol{x} \in \Omega, \tag{5.3.8}$$

其中 Γ_t 和 Γ_u 分别表示已知面力和位移的边界, $\Gamma = \Gamma_u \cup \Gamma_t$, $\Gamma_u \cap \Gamma_t = \varnothing$; $n_j(\boldsymbol{x})$ 为 Γ 上点 $\boldsymbol{x}$ 处的外法线的方向余弦; $\bar{u}_i$ 和 $\bar{t}_i$ 分别为已知的位移和面力分量; u_{i0} 和 $\dot{u}_{i0}$ 分别为弹性体的初始位移和初始速度场.

函数 $f(\boldsymbol{x},t)$ 的 Laplace 变换定义为

$$F(\boldsymbol{x},s) = \mathcal{L}[f(\boldsymbol{x},t)] = \int_0^\infty f(\boldsymbol{x},t)e^{-st}\mathrm{d}t. \tag{5.3.9}$$

令

$$U_i(\boldsymbol{x},s) = \mathcal{L}[u_i(\boldsymbol{x},t)], \tag{5.3.10}$$

$$\Sigma_{ij}(\boldsymbol{x},s) = \mathcal{L}[\sigma_{ij}(\boldsymbol{x},t)], \tag{5.3.11}$$

$$T_i(\boldsymbol{x}, s) = \mathcal{L}[t_i(\boldsymbol{x}, t)], \tag{5.3.12}$$

$$B_j(\boldsymbol{x}, s) = \mathcal{L}[b_j(\boldsymbol{x}, t)], \tag{5.3.13}$$

对弹性动力学方程 (5.3.1) 进行 Laplace 变换, 可得

$$(C_1^2 - C_2^2)U_{i,ij}(\boldsymbol{x}, s) + C_2^2 U_{j,ii}(\boldsymbol{x}, s) - s^2 U_j(\boldsymbol{x}, s) = -\frac{1}{\rho}X_j(\boldsymbol{x}, s), \quad \boldsymbol{x} \in \Omega, \tag{5.3.14}$$

其中

$$X_j = \rho[B_j(\boldsymbol{x}, s) + \dot{u}_{j0}(\boldsymbol{x}) + s u_{j0}(\boldsymbol{x})]. \tag{5.3.15}$$

方程 (5.3.14) 满足如下的边界条件:

$$T_i(\boldsymbol{x}, s) = \Sigma_{ij}(\boldsymbol{x}, s) n_j(\boldsymbol{x}) = \bar{T}_i(\boldsymbol{x}, s), \quad \boldsymbol{x} \in \Gamma_t, \tag{5.3.16}$$

$$U_i(\boldsymbol{x}, s) = \bar{U}_i(\boldsymbol{x}, s), \quad \boldsymbol{x} \in \Gamma_u. \tag{5.3.17}$$

Laplace 变换域中的物理方程为

$$\Sigma_{ij}(\boldsymbol{x}, s) = \rho[(C_1^2 - 2C_2^2)U_{m,m}(\boldsymbol{x}, s)\delta_{ij} + C_2^2(U_{i,j}(\boldsymbol{x}, s) + U_{j,i}(\boldsymbol{x}, s))], \quad \boldsymbol{x} \in \Omega. \tag{5.3.18}$$

方程 (5.3.14)—(5.3.18) 即为 Laplace 变换域中弹性动力学的基本方程. 采用数值方法对方程 (5.3.14)—(5.3.18) 进行求解, 即得 Laplace 变换域中弹性动力学问题的解, 然后由数值 Laplace 反变换得到时间域中弹性动力学问题的解.

本节采用的数值 Laplace 反变换为[2]

$$f(t_j) = \frac{2}{T} e^{aj\Delta t} \left\{ -\frac{1}{2}\mathrm{Re}[F(a)] + \mathrm{Re}\left[\sum_{k=0}^{N-1} A(k) + \mathrm{i}B(k)W^{jk}\right]\right\}, \tag{5.3.19}$$

其中

$$t_j = j\Delta t = \frac{jT}{N}, \quad j = 0, 1, 2, \cdots, N-1, \tag{5.3.20}$$

$$s_k = a + \mathrm{i}\frac{2k\pi}{T}, \quad k = 0, 1, 2, \cdots, N-1, \tag{5.3.21}$$

$$W = e^{\mathrm{i}2\pi/N}, \tag{5.3.22}$$

$$A(k) = \sum_{l=0}^{L} \mathrm{Re}[F(a + \mathrm{i}(k + lN)\frac{2\pi}{T})], \tag{5.3.23}$$

$$B(k) = \sum_{l=0}^{L} \mathrm{Im}[F(a + \mathrm{i}(k + lN)\frac{2\pi}{T})], \tag{5.3.24}$$

T 为总时间.

在 Laplace 变换域中对方程 (5.3.14)—(5.3.18) 进行求解得到函数 $F(s_k)$ 后, 可由式 (5.3.19) 得到时间域中的函数 $f(t)$ 在 $t_j (j = 1, 2, \cdots, N)$ 的值.

5.3.2　弹性动力学的Laplace变换–边界无单元法

采用加权残数法, 由方程 (5.3.14)−(5.3.18) 可以得到 Laplace 变换域中的弹性动力学的边界积分方程[2], 当源点 ξ 在区域 Ω 内时,

$$U_i(\xi)=\int_\Gamma U_{ji}^*(\xi,\boldsymbol{x})T_j(\boldsymbol{x})\mathrm{d}\Gamma-\int_\Gamma T_{ij}^*(\xi,\boldsymbol{x})U_j(\boldsymbol{x})\mathrm{d}\Gamma+\int_\Omega \frac{1}{\rho}U_{ij}^*(\xi,\boldsymbol{x})X_j(\boldsymbol{x})\mathrm{d}\Omega;\tag{5.3.25}$$

当源点 ξ 在边界 Γ 上时,

$$C_{ij}(\xi)U_j(\xi)=\int_\Gamma U_{ij}^*(\xi,\boldsymbol{x})T_j(\boldsymbol{x})\mathrm{d}\Gamma-\int_\Gamma T_{ij}^*(\xi,\boldsymbol{x})U_j(\boldsymbol{x})\mathrm{d}\Gamma+\int_\Omega \frac{1}{\rho}U_{ij}^*(\xi,\boldsymbol{x})X_j(\boldsymbol{x})\mathrm{d}\Omega.\tag{5.3.26}$$

这里, C_{ki} 是自由项, 与源点 ξ 处的边界形状有关; U_{ij}^* 和 T_{ij}^* 为 Laplace 变换域中的弹性动力学问题的基本解, 分别表示沿 x_i 方向作用单位集中力时在 x_j 方向上产生的位移和面力.

Laplace 变换域中的弹性动力学问题的位移基本解为

$$U_{ij}^*=\frac{1}{\alpha\pi\rho C_2^2}(\psi\delta_{ij}-\varphi r_{,i}r_{,j}),\tag{5.3.27}$$

对二维问题, $\alpha=2$,

$$\psi=K_0\left(\frac{sr}{C_2}\right)+\frac{C_2}{sr}\left[K_1\left(\frac{sr}{C_2}\right)-\frac{C_2}{C_1}K_1\left(\frac{sr}{C_1}\right)\right],\tag{5.3.28}$$

$$\varphi=K_2\left(\frac{sr}{C_2}\right)-\frac{C_2^2}{C_1^2}K_2\left(\frac{sr}{C_1}\right),\tag{5.3.29}$$

其中 K_0、K_1 和 K_2 分别为第二类零阶、一阶和二阶修正的 Bessel 函数. 对三维问题, $\alpha=4$,

$$\psi=\frac{e^{-sr/2}}{r}+\left(\frac{C_2^2}{s^2r^2}+\frac{C_2}{sr}\right)\frac{e^{-sr/C_2}}{r}-\frac{C_2^2}{C_1^2}\left(\frac{C_1^2}{s^2r^2}+\frac{C_1}{sr}\right)\frac{e^{-sr/C_1}}{r},\tag{5.3.30}$$

$$\varphi=\left(\frac{3C_2^2}{s^2r^2}+\frac{3C_2}{sr}+1\right)\frac{e^{-sr/C_2}}{r}-\frac{C_2^2}{C_1^2}\left(\frac{3C_1^2}{s^2r^2}+\frac{3C_1}{sr}+1\right)\frac{e^{-sr/C_1}}{r}.\tag{5.3.31}$$

将式 (5.3.27) 代入物理方程 (5.3.18), 可以得到面力基本解为

$$\begin{aligned}T_{ij}^*=\frac{1}{\alpha\pi}\Bigg[&\left(\frac{\mathrm{d}\psi}{\mathrm{d}r}-\frac{1}{r}\varphi\right)\left(\delta_{ij}\frac{\partial r}{\partial\boldsymbol{n}}+r_{,j}n_i\right)-\frac{2}{r}\varphi\left(r_{,i}n_j-2r_{,i}r_{,j}\frac{\partial r}{\partial\boldsymbol{n}}\right)\\&-2\frac{\mathrm{d}\varphi}{\mathrm{d}r}r_{,i}r_{,j}\frac{\partial r}{\partial\boldsymbol{n}}+\left(\frac{C_2^2}{C_1^2}-2\right)\left(\frac{\mathrm{d}\psi}{\mathrm{d}r}-\frac{\mathrm{d}\varphi}{\mathrm{d}r}-\frac{\alpha}{2r}\varphi\right)r_{,i}n_j\Bigg].\end{aligned}\tag{5.3.32}$$

为简便起见, 假设体力和初始条件为零.

将边界 Γ 离散为 N_e 个边界子域 Γ_m,

$$\Gamma = \bigcup_{m=1}^{N_e} \Gamma_m, \tag{5.3.33}$$

这些边界子域不是单元, 与形函数无关, 仅供积分时使用. 那么, 边界积分方程 (5.3.26) 变为

$$C_{ki}(\xi)U_i(\xi) = \sum_{m=1}^{N_e} \int_{\Gamma_m} U_{ki}^*(\xi, \boldsymbol{x})T_i(\boldsymbol{x})\mathrm{d}\Gamma - \sum_{m=1}^{N_e} \int_{\Gamma_m} T_{ki}^*(\xi, \boldsymbol{x})U_i(\boldsymbol{x})\mathrm{d}\Gamma. \tag{5.3.34}$$

在各边界子域中配置一定数量的点, 并分别选取相应的影响域, 这些影响域可以相交, 但其并集须覆盖整个边界. 由改进的移动最小二乘法的逼近函数表达式 (2.2.40) 构造任意边界点 $\boldsymbol{x}$ 的位移和面力的试函数

$$U_i(\boldsymbol{x}) = \sum_{I=1}^{n} \Phi_I^*(\boldsymbol{x})U_i(\boldsymbol{x}_I), \tag{5.3.35}$$

$$T_i(\boldsymbol{x}) = \sum_{I=1}^{n} \Phi_I^*(\boldsymbol{x})T_i(\boldsymbol{x}_I), \tag{5.3.36}$$

则由方程 (5.3.34) 可得

$$\begin{aligned} C_{ki}(\xi^J)U_i(\xi^J) = & \sum_{m=1}^{N_e} \int_{\Gamma_m} U_{ki}^*(\xi^J, \boldsymbol{x}) \sum_{I=1}^{n} \Phi_I^*(\boldsymbol{x})T_i(\xi^I)\mathrm{d}\Gamma \\ & - \sum_{m=1}^{N_e} \int_{\Gamma_m} T_{ki}^*(\xi^J, \boldsymbol{x}) \sum_{I=1}^{n} \Phi_I^*(\boldsymbol{x})U_i(\xi^I)\mathrm{d}\Gamma, \end{aligned} \tag{5.3.37}$$

其中 ξ^J 为边界节点.

采用类似弹性力学边界无单元法的数值积分, 由方程 (5.3.37) 可得如下的线性代数方程组

$$(\tilde{\boldsymbol{C}}^J + \boldsymbol{H}^J)\boldsymbol{U} = \boldsymbol{G}^J\boldsymbol{T}, \tag{5.3.38}$$

其中, 对二维问题,

$$\boldsymbol{U} = [U_{11}, U_{12}, U_{21}, U_{22}, \cdots, U_{M1}, U_{M2}]^{\mathrm{T}}, \tag{5.3.39}$$

$$\boldsymbol{T} = [T_{11}, T_{12}, T_{21}, T_{22}, \cdots, T_{M1}, T_{M2}]^{\mathrm{T}}; \tag{5.3.40}$$

对三维问题,

$$\boldsymbol{U} = [U_{11}, U_{12}, U_{13}, U_{21}, U_{22}, U_{23}, \cdots, U_{M1}, U_{M2}, U_{M3}]^{\mathrm{T}}, \tag{5.3.41}$$

$$\boldsymbol{T} = [T_{11}, T_{12}, T_{13}, T_{21}, T_{22}, T_{23}, \cdots, T_{M1}, T_{M2}, T_{M3}]^{\mathrm{T}}; \tag{5.3.42}$$

矩阵 $\boldsymbol{H}^J$ 和 $\boldsymbol{G}^J$ 的元素由以下积分

$$H_{ij}^{JI} = \sum_{m=1}^{N_e} \int_{\Gamma_m} T_{ki}^*(\xi^J, \boldsymbol{x}) \sum_{I=1}^{n} \Phi_I^*(\boldsymbol{x}) U_i(\xi^I) \mathrm{d}\Gamma, \tag{5.3.43}$$

$$G_{ij}^{JI} = \sum_{m=1}^{N_e} \int_{\Gamma_m} U_{ki}^*(\xi^J, \boldsymbol{x}) \sum_{I=1}^{n} \Phi_I^*(\boldsymbol{x}) T_i(\xi^I) \mathrm{d}\Gamma, \tag{5.3.44}$$

进行数值积分得到, $I, J = 1, 2, \cdots, M$.

将式 (5.3.38) 对所有边界节点 ξ^J 轮换, 即 $J = 1, 2, \cdots, M$, 然后组合即可得到边界节点位移分量和面力分量之间的矩阵方程

$$\boldsymbol{HU} = \boldsymbol{GT}. \tag{5.3.45}$$

将边界条件式 (5.3.16) 和式 (5.3.17) 代入方程 (5.3.45), 即可得到 Laplace 变换域中边界节点的位移和面力. 由数值 Laplace 反变换式 (5.3.19), 可以得到时间域中边界节点的位移和面力. 边界上其他点的位移和面力可以在时间域中直接得到.

当源点 ξ 在区域 Ω 内, 由方程 (5.3.25) 可得

$$U_i(\xi) = \sum_{m=1}^{N_e} \int_{\Gamma_m} U_{ki}^*(\xi, \boldsymbol{x}) \sum_{I=1}^{n} \Phi_I^*(\boldsymbol{x}) T_i(\xi^I) \mathrm{d}\Gamma - \sum_{m=1}^{N_e} \int_{\Gamma_m} T_{ki}^*(\xi, \boldsymbol{x}) \sum_{I=1}^{n} \Phi_I^*(\boldsymbol{x}) U_i(\xi^I) \mathrm{d}\Gamma, \tag{5.3.46}$$

即可得到 Laplace 变换域中点 ξ 处的位移. 然后由数值 Laplace 反变换式 (5.3.19) 可以得到时间域中点 ξ 处的位移.

由方程 (5.3.25) 和物理方程 (5.3.18) 可得 Laplace 变换域中 Ω 内任一点的应力

$$\Sigma_{ij}(\xi) = \int_{\Gamma} T_k(\boldsymbol{x}) D_{kij}(\xi, \boldsymbol{x}) \mathrm{d}\Gamma - \int_{\Gamma} U_k(\boldsymbol{x}) S_{kij}(\xi, \boldsymbol{x}) \mathrm{d}\Gamma, \tag{5.3.47}$$

其中

$$S_{kij} = -\rho C_2^2 \left[\left(\frac{C_1^2}{C_2^2} - 2 \right) T_{lk,l}^* \delta_{ij} + T_{ik,j}^* + T_{jk,i}^* \right], \tag{5.3.48}$$

$$D_{kij} = -\rho C_2^2 \left[\left(\frac{C_1^2}{C_2^2} - 2 \right) U_{lk,l}^* \delta_{ij} + U_{ik,j}^* + U_{jk,i}^* \right]. \tag{5.3.49}$$

这样, 我们有

$$\Sigma_{ij}(\xi) = \int_{\Gamma} D_{kij}(\xi, \boldsymbol{x}) \sum_{I=1}^{n} \Phi_I^*(\boldsymbol{x}) T_k(\xi^I) \mathrm{d}\Gamma - \int_{\Gamma} S_{kij}(\xi, \boldsymbol{x}) \sum_{I=1}^{n} \Phi_I^*(\boldsymbol{x}) U_k(\xi^I) \mathrm{d}\Gamma. \tag{5.3.50}$$

对方程 (5.3.50) 进行离散和数值积分可以得到 Laplace 变换域中 Ω 内任一点的应力, 然后由数值 Laplace 反变换式 (5.3.19) 可以得到时间域中 Ω 内任一点的应力.

以上就是弹性动力学的 Laplace 变换–边界无单元法.

5.3.3 弹性动力学平面问题的数值实现

1. 自由项的选择

在弹性力学的边界无单元法中, 自由项 $\boldsymbol{C}=(C_{ij})$ 一般是利用刚体位移特解来确定的. 在弹性动力学中, 由于已假定初始位移为零, 故不能用弹性力学中的方法求得自由项 C. 本节采用的自由项公式为

$$\boldsymbol{C}=\begin{bmatrix} 2(1-\nu)(\theta_2-\theta_1)+\dfrac{1}{2}(\sin 2\theta_2-\sin 2\theta_1) & \sin^2\theta_2-\sin^2\theta_1 \\ \sin^2\theta_2-\sin^2\theta_1 & 2(1-\nu)(\theta_2-\theta_1)-\dfrac{1}{2}(\sin 2\theta_2-\sin 2\theta_1) \end{bmatrix}, \tag{5.3.51}$$

其中 θ_1 和 θ_2 的意义如图 5.1.1 所示.

2. 奇异积分的处理

边界无单元法中, 对非奇异积分一般直接采用 Gauss 积分法即可得到较高的精度.

对奇异积分, 一般采用相应的奇异积分数值方法和 Cauchy 主值积分计算奇异点附近的核函数积分. 为此, 下面先来讨论奇异情况下核函数的形态.

下面列出第二类修正的 Bessel 函数对小值 $|z|$ 的表达式

$$\begin{aligned} K_n(z)=&\frac{1}{2}\left(\frac{z}{2}\right)^{-n}\sum_{k=0}^{n-1}\frac{(n-k-1)!}{k!}\left(-\frac{z^2}{4}\right)^k+(-1)^{n+1}\ln\left(\frac{z}{2}\right)I_n(z)\\ &+(-1)^n\frac{1}{2}\left(\frac{z}{2}\right)^n\sum_{k=0}^{\infty}[\psi(k+1)+\psi(n+k+1)]\left(\frac{z^2}{4}\right)^k\Big/(k!(n+k)!), \end{aligned} \tag{5.3.52}$$

其中 $\psi(k)$ 和 $I_n(z)$ 分别为 ψ-函数和第一类修正的 Bessel 函数,

$$\psi(1)=-\gamma, \tag{5.3.53}$$

$$\psi(n)=-\gamma+\sum_{k=1}^{n-1}k^{-1},\quad n\geqslant 2, \tag{5.3.54}$$

$$I_n(z)=\left(\frac{z}{2}\right)^n\sum_{k=0}^{\infty}\left(\frac{z^2}{4}\right)^k\Big/(k!(n+k)!), \tag{5.3.55}$$

$$\gamma = 0.577216. \tag{5.3.56}$$

由式 (5.3.53) 可得

$$\begin{aligned} K_0(z) = & -[\ln\left(\frac{z}{2}\right) + \gamma] I_0(z) + \frac{z}{4} \Big/ (1!)^2 \\ & + \left(1 + \frac{1}{2}\right)\left(\frac{1}{4}z^2\right)^2 \Big/ (2!)^2 + \left(1 + \frac{1}{2} + \frac{1}{3}\right)\left(\frac{1}{4}z^2\right)^3 \Big/ (3!)^2. \end{aligned} \tag{5.3.57}$$

注意到

$$K_0'(z) = -K_1(z), \tag{5.3.58}$$

$$K_{n-1}(z) + K_{n+1}(z) = -2K_n'(z), \tag{5.3.59}$$

$$zK_n'(z) + nK_n(z) = -zK_{n-1}(z), \tag{5.3.60}$$

$$zK_n'(z) - nK_n(z) = -zK_{n+1}(z), \tag{5.3.61}$$

可得当 $|z| \to 0$ 时,

$$K_0(z) \approx \ln\frac{2}{z}, \tag{5.3.62}$$

$$K_1(z) \approx \frac{1}{2} + \frac{1}{2}z\ln\frac{z}{2}, \tag{5.3.63}$$

$$K_2(z) = K_0(z) + \frac{2}{z}K_1(z) \approx \frac{2}{z^2} - \frac{1}{2}. \tag{5.3.64}$$

这样, 由 Laplace 变换域中的弹性动力学的基本解表达式 (5.3.27)、(5.3.32) 可得奇异情况下基本解的表达式

$$\begin{aligned} U_{ij}^* \approx & \frac{1}{8\pi G(1-\nu)}\left[(3-4\nu)\ln\frac{1}{sr}\delta_{ij} + r_{,i}r_{,j}\right] \\ & + \frac{\delta_{ij}}{4\pi G}\left[\ln(2C_2) + \frac{1-2\nu}{2(1-\nu)}\ln(2C_1)\right], \quad r \to 0, \end{aligned} \tag{5.3.65}$$

$$T_{ij}^* \approx -\frac{1}{4\pi(1-\nu)r}\left\{\frac{\partial r}{\partial n}[(1-2\nu)\delta_{ij} + 2r_{,i}r_{,j}] - (1-2\nu)(r_{,i}n_j - r_{,j}n_i)\right\}, \quad r \to 0. \tag{5.3.66}$$

由式 (5.3.65) 和式 (5.3.66) 可以看出, U_{ij}^* 含有 $\ln\frac{1}{r}$ 的奇异项, T_{ij}^* 含有 $\frac{1}{r}$ 的奇异项. 这样, 在边界积分方程中, 含有 $\ln\frac{1}{r}$ 奇异性的积分可由式 (5.1.38) 进行计算, 含有 $\frac{1}{r}$ 的奇异性的积分可理解为 Cauchy 主值意义下的积分, 按 Cauchy 主值积分式 (5.1.39) 进行计算. 当积分点与源点不重合时, 含有 $\frac{1}{r}$ 的积分可由式 (5.1.45) 进行计算.

5.3.4 算法实施流程

对上述提出的弹性动力学的 Laplace 变换–边界无单元法, 其数值实现过程如下:

(1) 在问题所在域的边界配置 M 个节点;

(2) 确定各节点的影响域 Γ_I 及其半径 ρ_I, 使得 $\bigcup\limits_{I=1}^{M}\Gamma_I\supset\Gamma$;

(3) 选取基函数和权函数;

(4) 计算形函数;

(5) 将边界离散为 $N_{\rm e}$ 个积分子域 Γ_m, 得到离散的边界积分方程;

(6) 通过数值积分, 并代入边界条件, 得到线性代数方程组;

(7) 求解此线性代数方程组, 即得各边界节点的位移和面力;

(8) 由改进的移动最小二乘逼近法的逼近函数表达式得到其他边界点的位移和面力;

(9) 由内点的离散的边界积分方程计算域内任意一点的位移;

(10) 由几何方程和物理方程计算域内任意一点的应力;

(11) 将以上 Laplace 变换域中的解通过数值 Laplace 反变换求得时间域中的解.

5.3.5 数值算例

以下采用本节弹性动力学的 Laplace 变换–边界无单元法对 3 个数值算例进行了计算, 通过与解析解和已有的数值计算结果对比, 说明了本节的弹性动力学的 Laplace 变换 - 边界无单元法的有效性.

1. 端部受突加动态分布荷载的矩形板

考虑端部受突加动态分布荷载的矩形板, 如图 5.3.1 所示, 板长 $a=0.04\text{m}$, 板宽 $\dfrac{a}{4}$. 材料参数为: 弹性模量 $E=2.0\times10^5\text{MPa}$, Poisson 比 $\nu=0.3$, 质量密度 $\rho=7.8\text{kN}\cdot\text{s}^2/\text{m}^4$. 突加动态荷载见图 5.3.2.

$$p(t)=p\times H(t-0), \tag{5.3.67}$$

其中 $H(t)$ 为阶跃函数,

$$H(t)=\begin{cases}1, & t\geqslant 0\\ 0, & t<0\end{cases}, \tag{5.3.68}$$

且有 $p=10^5\text{kN/m}^2$.

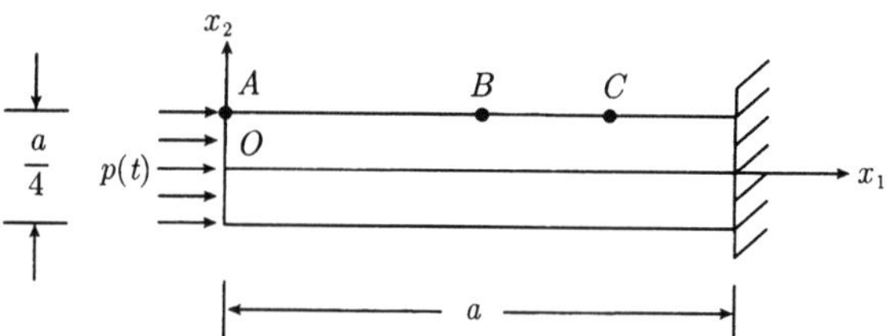

图 5.3.1　端部受突加动态分布荷载的矩形板

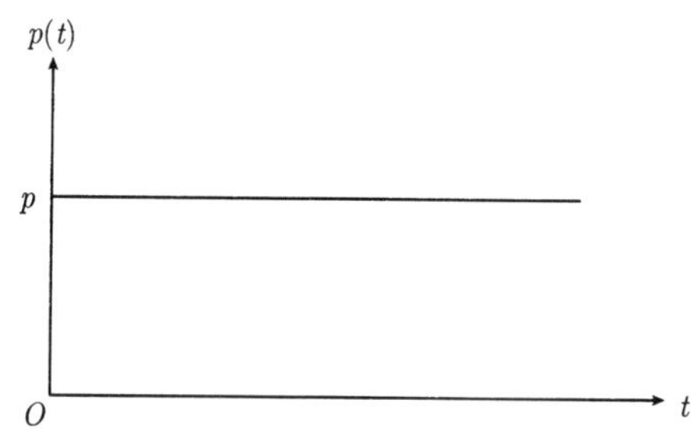

图 5.3.2　突加动态荷载

该问题的位移解析解为

$$u(x_1,t)=\frac{p}{\rho C_1}\sum_{n=0}^{\infty}(-1)^{n-1}\left[H\left(t-\frac{(2n-1)a-x_1}{C_1}\right)\left(t-\frac{(2n-1)a-x_1}{C_1}\right)\right.$$
$$\left.-H\left(t-\frac{(2n-1)a+x_1}{C_1}\right)\left(t-\frac{(2n-1)a+x_1}{C_1}\right)\right]. \tag{5.3.69}$$

采用本节的弹性动力学的 Laplace 变换–边界无单元法进行计算, 图 5.3.3 为边界节点分布. 在 Laplace 变换域中取 N 个采样点为

$$s_k=a+\mathrm{i}\frac{2k\pi}{T},\quad k=0,1,2,\cdots,N-1, \tag{5.3.70}$$

本算例取 $N=50$.

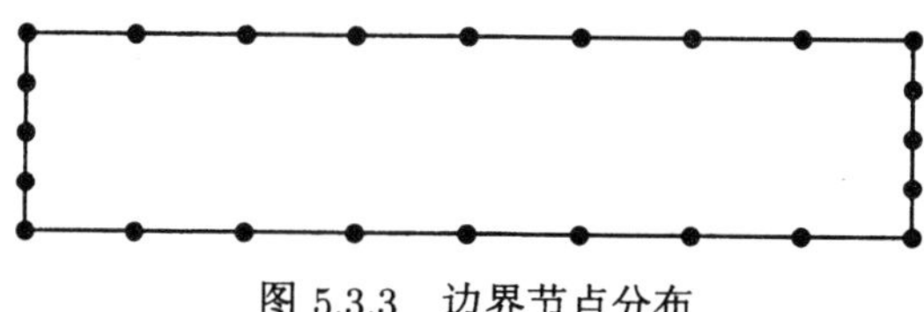

图 5.3.3　边界节点分布

边界无单元法采用了二次基函数和三次样条权函数, 计算所得的点 A、B 和 C 的位移如图 5.3.4 所示. 可以看出, 本节弹性动力学的 Laplace 变换–边界无单元法的计算结果与解析解吻合得很好.

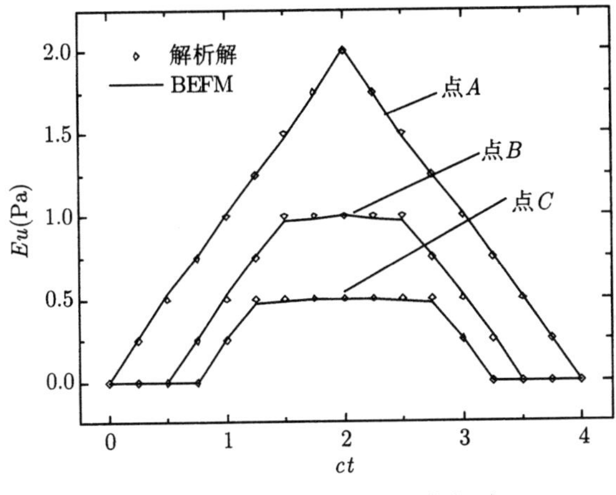

图 5.3.4 点 A、B 和 C 的位移

2. 受突加荷载作用的中心圆孔板

考虑受突加分布荷载作用的中心圆孔板，如图 5.3.5 所示. 板长 $a = 36\text{cm}$，板宽 $b = 20\text{cm}$，中心圆孔半径 $r = 5\text{cm}$. 在 $t = 0$ 突加分布荷载 (见图 5.3.2)，$p = 7.5 \times 10^4\text{kN/m}^2$. 其他参数为：弹性模量 $E = 2.1 \times 10^7\text{N/cm}^2$，Poisson 比 $\nu = 0.3$，质量密度 $\rho = 0.00785\text{kg/m}^3$.

由于区域和荷载的对称性，我们仅考虑四分之一区域，图 5.3.6 为相应的边界节点分布. 采用本节的弹性动力学的 Laplace 变换–边界无单元法进行计算，在 Laplace 变换域中的采样点如式 (5.3.70) 所示，取 $N = 50$.

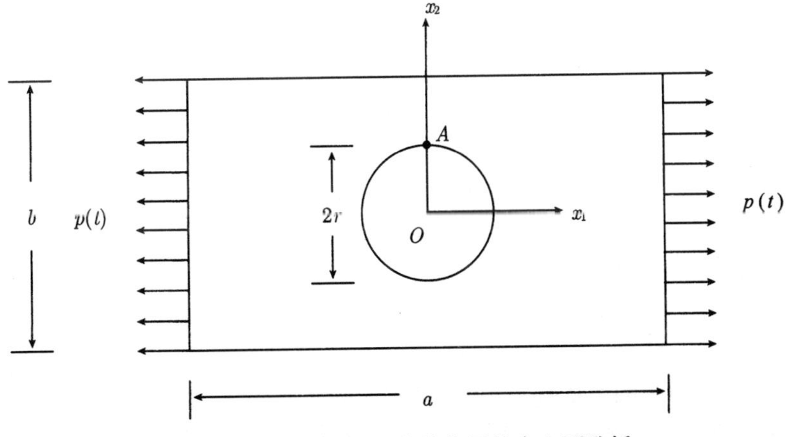

图 5.3.5 受突加分布荷载作用的中心圆孔板

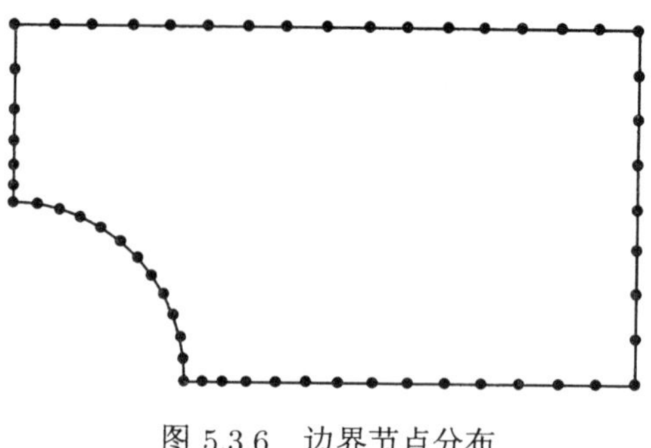

图 5.3.6　边界节点分布

边界无单元法计算采用了二次基函数和三次样条权函数, 计算所得的点 A 的位移如图 5.3.7 所示. 可以看出, 本节弹性动力学的 Laplace 变换–边界无单元法的计算结果与边界元法吻合得很好.

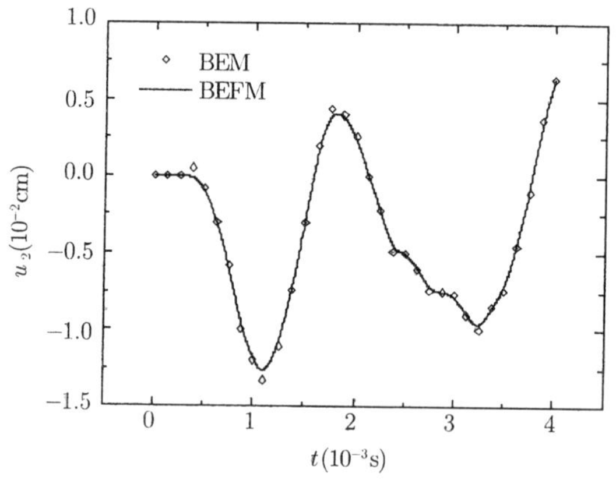

图 5.3.7　点 A 的位移

3. 中心裂纹板

如图 5.3.8 所示, 考虑受突加动态分布荷载作用的矩形中心裂纹板, 板长 4cm, 板宽 2cm, 裂纹长度为 $2a$, $a = 0.24\text{cm}$. 在 $t = 0$ 突加分布荷载 (见图 5.3.2), $p = 10^5\text{kN/m}^2$. 其他参数为: 弹性模量 $E = 2.0 \times 10^5\text{MPa}$, Poisson 比 $\nu = 0.3$, 质量密度 $\rho = 5.0\text{kN} \cdot \text{s}^2/\text{m}^4$.

由于区域和荷载的对称性, 我们仅考虑四分之一区域, 图 5.3.9 为相应的边界节点分布. 采用本节的弹性动力学的 Laplace 变换–边界无单元法进行计算, 在 Laplace 变换域中的采样点如式 (5.3.70) 所示, 取 $N = 50$.

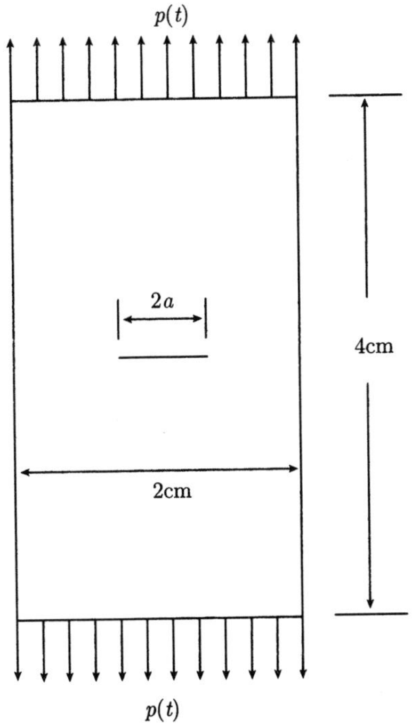

图 5.3.8 中心裂纹板

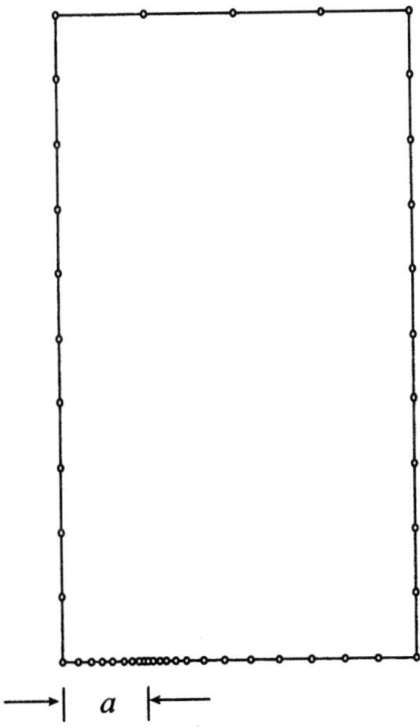

图 5.3.9 边界节点分布

采用了二次基函数和三次样条权函数, 利用本节弹性动力学的 Laplace 变换–边界无单元法计算正则应力强度因子 $K_{\rm I}(t)/K_{\rm I}$(其中 $K_{\rm I}$ 为静态应力强度因子), 计算结果如图 5.3.10 所示. 可以看出, 本节弹性动力学的 Laplace 变换–边界无单元法的计算结果与有限元法和边界元法的计算结果吻合得很好.

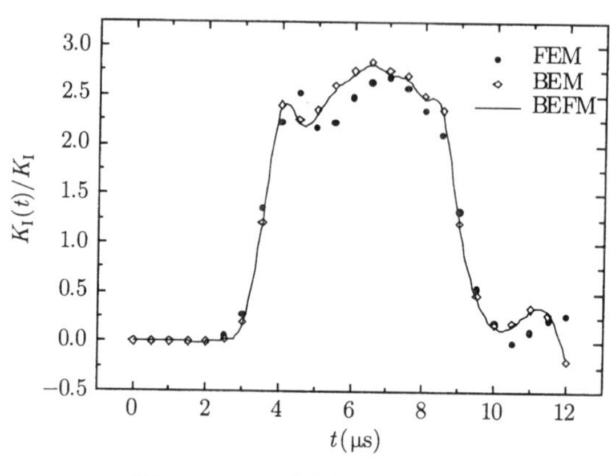

图 5.3.10　正则应力强度因子

从以上可以看出, 本节弹性动力学的 Laplace 变换–边界无单元法具有较高的精度.

弹性动力学的 Laplace 变换–边界无单元法在将 Laplace 变换应用于时间域中的弹性动力学基本方程的过程中是解析的, 但由于边界无单元法得到的变换域中的未知量的解是离散的, 所以需要采用数值 Laplace 反变换得到时间域中的解. 本节采用的是 Durbin 得到的数值 Laplace 反变换, 具有较高的精度, 但其中几个任意参数只能凭经验选取; Durbin 的数值 Laplace 反变换采用的是复数运算, 在一定程度上增加了计算量和解的不稳定性; 另外, 为了得到高精度的解, 需要分析或预知待定解关于时间的函数性态, 而这一点其实是难以做到的.

5.4　弹性动力学的 Fourier 变换–边界无单元法

上节弹性动力学的 Laplace 变换–边界无单元法具有较高的精度, 但其采用的数值 Laplace 反变换具有较多的不确定性. 所以, 本节采用数值 Fourier 本征反变换来建立弹性动力学的 Fourier 变换–边界无单元法.

首先对弹性动力学的基本方程进行 Fourier 积分变换, 得到变换域中便于边界无单元法实施的椭圆型方程, 然后类似弹性力学边界无单元法的建立方法, 建立 Fourier 变换域中弹性动力学的边界无单元法的求解方程, 得到 Fourier 变换域中相应的边界未知量的解. 最后, 通过数值 Fourier 本征反变换得到时间域中弹性动力学的解.

Fourier 变换域中弹性动力学的边界无单元法的求解方程, 是基于改进的移动最小二乘法建立逼近函数, 结合 Fourier 变换域中弹性动力学的边界积分方程来推导的.

数值算例表明, 本节建立的弹性动力学的 Fourier 变换–边界无单元法具有较高的计算精度和计算效率.

5.4.1 Fourier变换域中弹性动力学的基本方程

对弹性动力学的基本方程进行 Fourier 变换, 得到 Fourier 变换域中的基本方程. 在 Fourier 变换域中应用边界无单元法进行求解, 然后应用数值 Fourier 本征反变换即得时间域中的解.

弹性动力学的基本方程见式 (5.3.1)—(5.3.8).

将 Fourier 变换

$$\bar{f}(\boldsymbol{x},\omega)=\mathcal{F}[f(\boldsymbol{x},t)]=\frac{1}{\sqrt{2\pi}}\int_{-\infty}^{\infty}f(\boldsymbol{x},t)e^{-\mathrm{i}\omega t}\mathrm{d}t \tag{5.4.1}$$

作用于时间域中的弹性动力学基本方程 (5.3.1)—(5.3.8), 并令

$$\bar{u}_i(\boldsymbol{x},\omega)=\mathcal{F}[u_i(\boldsymbol{x},t)], \tag{5.4.2}$$

$$\bar{\sigma}_{ij}(\boldsymbol{x},\omega)=\mathcal{F}[\sigma_{ij}(\boldsymbol{x},t)], \tag{5.4.3}$$

$$\bar{t}_i(\boldsymbol{x},\omega)=\mathcal{F}[t_i(\boldsymbol{x},t)], \tag{5.4.4}$$

$$\bar{f}_j(\boldsymbol{x},\omega)=\mathcal{F}[f_j(\boldsymbol{x},t)], \tag{5.4.5}$$

$$\bar{p}_i(\boldsymbol{x},\omega)=\mathcal{F}[p_i(\boldsymbol{x},t)], \tag{5.4.6}$$

$$\bar{q}_i(\boldsymbol{x},\omega)=\mathcal{F}[q_i(\boldsymbol{x},t)], \tag{5.4.7}$$

即得 Fourier 变换域中的弹性动力学基本方程:

运动微分方程

$$(C_1^2-C_2^2)\bar{u}_{i,ij}(\boldsymbol{x},\omega)+C_2^2\bar{u}_{j,ii}(\boldsymbol{x},\omega)+\bar{f}_j(\boldsymbol{x},\omega)=-\omega^2\bar{u}_j(\boldsymbol{x},\omega),\quad \boldsymbol{x}\in\Omega, \tag{5.4.8}$$

边界条件

$$\bar{t}_i(\boldsymbol{x},\omega)=\bar{\sigma}_{ij}(\boldsymbol{x},\omega)n_j(\boldsymbol{x})=\bar{p}_i(\boldsymbol{x},\omega),\quad \boldsymbol{x}\in\Gamma_t, \tag{5.4.9}$$

$$\bar{u}_i(\boldsymbol{x},\omega)=\bar{q}_i(\boldsymbol{x},\omega),\quad \boldsymbol{x}\in\Gamma_u, \tag{5.4.10}$$

物理方程

$$\bar{\sigma}_{ij}(\boldsymbol{x},\omega)=\rho[(C_1^2-2C_2^2)\bar{u}_{m,m}(\boldsymbol{x},\omega)\delta_{ij}+C_2^2(\bar{u}_{i,j}(\boldsymbol{x},\omega)+\bar{u}_{j,i}(\boldsymbol{x},\omega))],\qquad \boldsymbol{x}\in\Omega. \tag{5.4.11}$$

5.4.2 弹性动力学的Fourier变换–边界无单元法

为方便起见, 假设初始条件和体力均为零. 这样, 由加权残数法可得 Fourier 变换域中弹性动力学的边界积分方程[2] , 当源点 ξ 在区域 Ω 内时,

$$\bar{u}_i(\xi) = \int_\Gamma U_{ji}^*(\xi, \boldsymbol{x})\bar{t}_i(\boldsymbol{x})\mathrm{d}\Gamma - \int_\Gamma T_{ji}^*(\xi, \boldsymbol{x})\bar{u}_i(\boldsymbol{x})\mathrm{d}\Gamma; \tag{5.4.12}$$

当源点 ξ 在边界 Γ 上时,

$$C_{ji}(\xi)\bar{u}_i(\xi) = \int_\Gamma U_{ji}^*(\xi, \boldsymbol{x})\bar{t}_i(\boldsymbol{x})\mathrm{d}\Gamma - \int_\Gamma T_{ji}^*(\xi, \boldsymbol{x})\bar{u}_i(\boldsymbol{x})\mathrm{d}\Gamma, \tag{5.4.13}$$

其中 U_{ji}^* 和 T_{ji}^* 为 Fourier 变换域中弹性动力学方程的基本解.

Fourier 变换域中的弹性动力学问题的基本解为

$$U_{ij}^* = \frac{1}{\alpha\pi\rho C_2^2}(\psi\delta_{ij} - \varphi r_{,i}r_{,j}), \tag{5.4.14}$$

$$\begin{aligned} T_{ij}^* = \frac{1}{\alpha\pi}\Bigg[&\left(\frac{\mathrm{d}\psi}{\mathrm{d}r} - \frac{1}{r}\varphi\right)\left(\delta_{ij}\frac{\partial r}{\partial \boldsymbol{n}} + r_{,j}n_i\right) - \frac{2}{r}\varphi\left(r_{,i}n_j - 2r_{,i}r_{,j}\frac{\partial r}{\partial \boldsymbol{n}}\right) \\ &-2\frac{\mathrm{d}\varphi}{\mathrm{d}r}r_{,i}r_{,j}\frac{\partial r}{\partial \boldsymbol{n}} + \left(\frac{C_2^2}{C_1^2} - 2\right)\left(\frac{\mathrm{d}\psi}{\mathrm{d}r} - \frac{\mathrm{d}\varphi}{\mathrm{d}r} - \frac{\alpha}{2r}\varphi\right)r_{,i}n_j\Bigg]. \end{aligned} \tag{5.4.15}$$

对二维问题, $\alpha = 2$,

$$\psi = K_0\left(\frac{\mathrm{i}\omega r}{C_2}\right) - \frac{\mathrm{i}C_2}{\omega r}\left[K_1\left(\frac{\mathrm{i}\omega r}{C_2}\right) - \frac{C_2}{C_1}K_1\left(\frac{\mathrm{i}\omega r}{C_1}\right)\right], \tag{5.4.16}$$

$$\varphi = K_2\left(\frac{\mathrm{i}\omega r}{C_2}\right) - \frac{C_2^2}{C_1^2}K_2\left(\frac{\mathrm{i}\omega r}{C_1}\right), \tag{5.4.17}$$

其中 K_0、K_1 和 K_2 分别为第二类零阶、一阶和二阶修正的 Bessel 函数.

对三维问题, $\alpha = 4$,

$$\psi = \left(1 - \frac{\mathrm{i}C_2}{\omega r} - \frac{C_2^2}{\omega^2 r^2}\right)\frac{e^{-\mathrm{i}\omega r/C_2}}{r} + \frac{C_2^2}{C_1^2}\left(\frac{C_1^2}{\omega^2 r^2} + \frac{\mathrm{i}C_1}{\omega r}\right)\frac{e^{-\mathrm{i}\omega r/C_1}}{r}, \tag{5.4.18}$$

$$\varphi = \left(1 - \frac{3\mathrm{i}C_2}{\omega r} - \frac{3C_2^2}{\omega^2 r^2}\right)\frac{e^{-\mathrm{i}\omega r/C_2}}{r} - \frac{C_2^2}{C_1^2}\left(1 - \frac{3\mathrm{i}C_1}{\omega r} - \frac{3C_1^2}{\omega^2 r^2}\right)\frac{e^{-\mathrm{i}\omega r/C_1}}{r}. \tag{5.4.19}$$

将边界 Γ 离散为 N_e 个边界子域 Γ_m,

$$\Gamma = \bigcup_{m=1}^{N_\mathrm{e}} \Gamma_m, \tag{5.4.20}$$

那么, 边界积分方程 (5.4.13) 变为

$$C_{ki}(\xi)\bar{u}_i(\xi)=\sum_{m=1}^{N_e}\int_{\Gamma_m}U_{ki}^*(\xi,\boldsymbol{x})\bar{t}_i(\boldsymbol{x})\mathrm{d}\Gamma-\sum_{m=1}^{N_e}\int_{\Gamma_m}T_{ki}^*(\xi,\boldsymbol{x})\bar{u}_i(\boldsymbol{x})\mathrm{d}\Gamma. \tag{5.4.21}$$

在各边界子域中配置一定数量的点, 并分别选取相应的影响域, 这些影响域可以相交, 但其并集须覆盖整个边界. 由改进的移动最小二乘法的逼近函数表达式 (2.2.40) 构造任意边界点 $\boldsymbol{x}$ 的位移和面力的试函数

$$\bar{u}_i(\boldsymbol{x})=\sum_{I=1}^{n}\Phi_I^*(\boldsymbol{x})\bar{u}_{iI}, \tag{5.4.22}$$

$$\bar{t}_i(\boldsymbol{x})=\sum_{I=1}^{n}\Phi_I^*(\boldsymbol{x})\bar{t}_{iI}, \tag{5.4.23}$$

其中

$$\bar{u}_{iI}=\bar{u}_i(\boldsymbol{x}_I), \tag{5.4.24}$$

$$\bar{t}_{iI}=\bar{t}_i(\boldsymbol{x}_I). \tag{5.4.25}$$

将逼近函数表达式 (5.4.22) 和 (5.4.23) 代入式 (5.4.21), 可得

$$\begin{aligned}C_{ki}(\xi^J)\bar{u}_i(\xi^J)=&\sum_{n=1}^{N_e}\int_{\Gamma_n}U_{ki}^*(\xi^J,\boldsymbol{x})\sum_{I=1}^{n}\Phi_I^*(\boldsymbol{x})\bar{t}_i(\xi^I)\mathrm{d}\Gamma\\&-\sum_{n=1}^{N_e}\int_{\Gamma_n}T_{ki}^*(\xi^J,\boldsymbol{x})\sum_{I=1}^{n}\Phi_I^*(\boldsymbol{x})\bar{u}_i(\xi^I)\mathrm{d}\Gamma,\end{aligned} \tag{5.4.26}$$

其中 ξ^I 为边界节点.

采用类似弹性力学边界无单元法的数值积分, 由方程 (5.4.26) 可得如下的线性代数方程组

$$(\tilde{\boldsymbol{C}}^J+\boldsymbol{H}^J)\bar{\boldsymbol{u}}=\boldsymbol{G}^J\bar{\boldsymbol{t}}, \tag{5.4.27}$$

其中, 对二维问题,

$$\bar{\boldsymbol{u}}=[\bar{u}_{11},\bar{u}_{12},\bar{u}_{21},\bar{u}_{22},\cdots,\bar{u}_{M1},\bar{u}_{M2}]^{\mathrm{T}}, \tag{5.4.28}$$

$$\bar{\boldsymbol{t}}=[\bar{t}_{11},\bar{t}_{12},\bar{t}_{21},\bar{t}_{22},\cdots,\bar{t}_{M1},\bar{t}_{M2}]^{\mathrm{T}}; \tag{5.4.29}$$

对三维问题,

$$\bar{\boldsymbol{u}}=[\bar{u}_{11},\bar{u}_{12},\bar{u}_{13},\bar{u}_{21},\bar{u}_{22},\bar{u}_{23},\cdots,\bar{u}_{M1},\bar{u}_{M2},\bar{u}_{M3}]^{\mathrm{T}}, \tag{5.4.30}$$

$$\bar{\boldsymbol{t}} = [\bar{t}_{11}, \bar{t}_{12}, \bar{t}_{13}, \bar{t}_{21}, \bar{t}_{22}, \bar{t}_{23}, \cdots, \bar{t}_{M1}, \bar{t}_{M2}, \bar{t}_{M3}]^{\mathrm{T}}; \tag{5.4.31}$$

矩阵 $\boldsymbol{H}^J$ 和 $\boldsymbol{G}^J$ 的元素由以下积分

$$H_{ij}^{JI} = -\sum_{m=1}^{N_{\mathrm{e}}} \int_{\Gamma_m} T_{ki}^*(\xi^J, \boldsymbol{x}) \sum_{I=1}^{n} \Phi_I^*(\boldsymbol{x}) \bar{u}_i(\xi^I) \mathrm{d}\Gamma, \tag{5.4.32}$$

$$G_{ij}^{JI} = \sum_{m=1}^{N_{\mathrm{e}}} \int_{\Gamma_m} U_{ki}^*(\xi^J, \boldsymbol{x}) \sum_{I=1}^{n} \Phi_I^*(\boldsymbol{x}) \bar{t}_i(\xi^I) \mathrm{d}\Gamma, \tag{5.4.33}$$

进行数值积分得到, $I, J = 1, 2, \cdots, M$.

将式 (5.4.27) 对所有边界节点 ξ^J 轮换, 即 $J = 1, 2, \cdots, M$, 然后组合即可得到边界节点未知量的线性代数方程组

$$\boldsymbol{H}\bar{\boldsymbol{u}} = \boldsymbol{G}\bar{\boldsymbol{t}}. \tag{5.4.34}$$

将边界条件式 (5.4.9) 和式 (5.4.10) 代入方程 (5.4.34), 即可求解得到 Fourier 变换域中边界节点的位移和面力. 由数值 Fourier 本征反变换, 可以得到时间域中边界节点的位移和面力. 边界上其他点的位移和面力可以在时间域中直接得到.

当源点 ξ 在区域 Ω 内, 由方程 (5.4.12) 可得 Fourier 变换域中内点 $\boldsymbol{x}$ 的位移

$$\bar{u}_i(\xi^J) = \sum_{m=1}^{N_{\mathrm{e}}} \int_{\Gamma_m} U_{ki}^*(\xi^J, \boldsymbol{x}) \sum_{I=1}^{n} \Phi_I^*(\boldsymbol{x}) \bar{t}_i(\xi^I) \mathrm{d}\Gamma - \sum_{m=1}^{N_{\mathrm{e}}} \int_{\Gamma_m} T_{ki}^*(\xi^J, \boldsymbol{x}) \sum_{I=1}^{n} \Phi_I^*(\boldsymbol{x}) \bar{u}_i(\xi^I) \mathrm{d}\Gamma, \tag{5.4.35}$$

然后由几何方程和物理方程即可得到 Fourier 变换域中内点的应力, 再利用数值 Fourier 本征反变换即可得到时间域中的解.

5.4.3 数值Fourier本征反变换

与 Fourier 变换式 (5.4.1) 对应的反变换为

$$f(\boldsymbol{x}, t) = \mathcal{F}^{-1}[\bar{f}(\boldsymbol{x}, \omega)] = \frac{1}{\sqrt{2\pi}} \int_{-\infty}^{\infty} \bar{f}(\boldsymbol{x}, \omega) \mathrm{e}^{\mathrm{i}\omega t} \mathrm{d}\omega. \tag{5.4.36}$$

由 Fourier 本征变换可知, 式 (5.4.36) 可以表示为

$$f(\boldsymbol{x}, t) = \sum_{n=0}^{\infty} \mathrm{i}^n a_n \varphi_n(t), \tag{5.4.37}$$

其中

$$a_n = \frac{2^n}{n!\sqrt{\pi}} \int_{-\infty}^{\infty} \bar{f}(\boldsymbol{x}, \omega) \varphi_n(\omega) \mathrm{d}\omega, \tag{5.4.38}$$

$\varphi_n(t)$ 为本征基函数,

$$\varphi_n(t) = \left(-\frac{1}{2}\right)^n e^{\frac{t^2}{2}} \frac{\mathrm{d}^n}{\mathrm{d}t^n} e^{-t^2}. \tag{5.4.39}$$

由式 (5.4.37) 可得数值 Fourier 本征反变换的表达式为[2]

$$f(\boldsymbol{x},t) = \sum_{n=0}^{\infty} \mathrm{i}^n a_n h_n(t) e^{-\frac{t^2}{2}} \approx \sum_{n=0}^{M} \mathrm{i}^n a_n h_n(t) e^{-\frac{t^2}{2}}, \tag{5.4.40}$$

其中

$$h_n(t) = \left(-\frac{1}{2}\right)^n e^{t^2} \frac{\mathrm{d}^n}{\mathrm{d}t^n} e^{-t^2}, \tag{5.4.41}$$

$$a_n = \frac{2^n}{n!\sqrt{\pi}} \sum_{k=1}^{N} A_k \left(\bar{f}(\boldsymbol{x},\omega_k) e^{\frac{\omega_k^2}{2}} h_n(\omega_k)\right). \tag{5.4.42}$$

5.4.4 数值算例

以下采用本节弹性动力学的 Fourier 本征变换–边界无单元法对受突加荷载作用的中心圆孔板和中心裂纹板进行计算.

1. 中心圆孔板

长为 36cm、宽为 20cm 的矩形板, 中心有一直径是 10cm 的圆形孔洞, 在平面应力情况下两侧当 $t=0^+$ 时作用突加荷载 $p=75\mathrm{MN/m^2}$, 如图 5.4.1 所示. 材料的弹性模量 $E=2.1\times10^5\mathrm{MN/m^2}$, Poisson 比 $\nu=0.3$, 质量密度 $\rho=0.785\mathrm{kN/m^2}$.

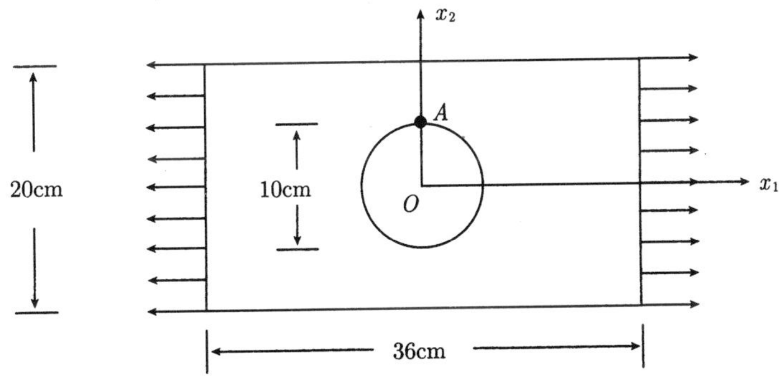

图 5.4.1 受突加荷载作用的中心圆孔板

采用本节弹性动力学的 Fourier 本征变换–边界无单元法对本例进行了计算. 由于对称性, 我们仅考虑此矩形中心裂纹板的四分之一情形. 边界无单元法的边界节点设置如图 5.4.2 所示.

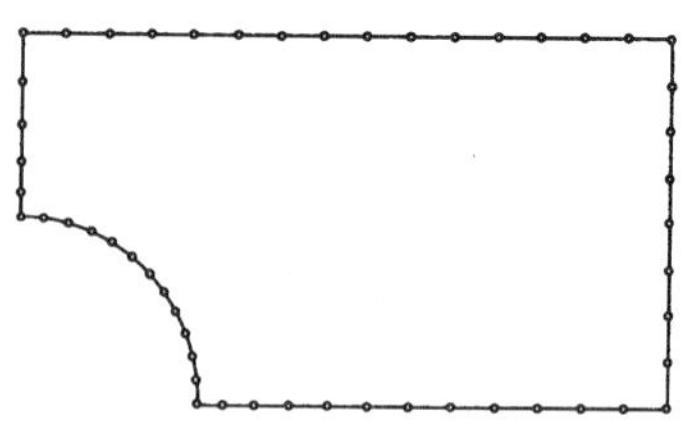

图 5.4.2 中心圆孔板的边界节点配置

在变换域中取 10 个 Gauss-Hermite 点 ω_k, $k=1,2,\cdots,10$, 进行计算. 在得到 Fourier 变换域中的节点位移值后, 由数值 Fourier 本征反变换得到时间域中的解.

计算所得的点 A 的位移值与有限元法计算结果的比较如图 5.4.3 所示. 可以看出, 本节弹性动力学的 Fourier 本征变换–边界无单元法的计算结果和有限元法的计算结果吻合得较好.

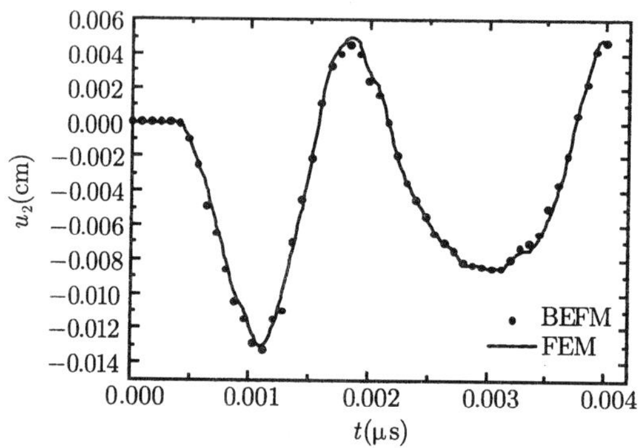

图 5.4.3 点 A 处的位移

2. 中心裂纹板

受突加荷载作用的矩形裂纹板如图 5.4.4 所示. 裂纹长度为 $2a$, $a=0.24\text{cm}$. 材料的弹性模量 $E=2.0\times10^5\text{MN/m}^2$, Poisson 比 $\nu=0.3$, 质量密度 $\rho=0.005\text{MN}\cdot\text{s}^2/\text{m}^4$.

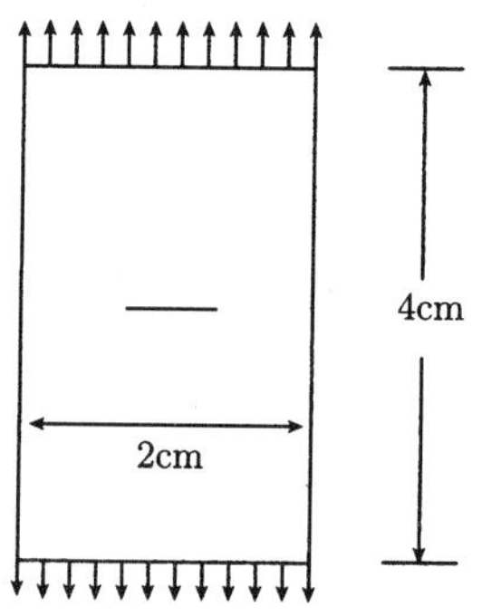

图 5.4.4 中心裂纹板

采用本节弹性动力学的 Fourier 本征变换–边界无单元法对本例进行了计算. 由于对称性, 我们仅考虑此矩形裂纹板的四分之一情形. 边界无单元法的边界节点设置如图 5.4.5 所示.

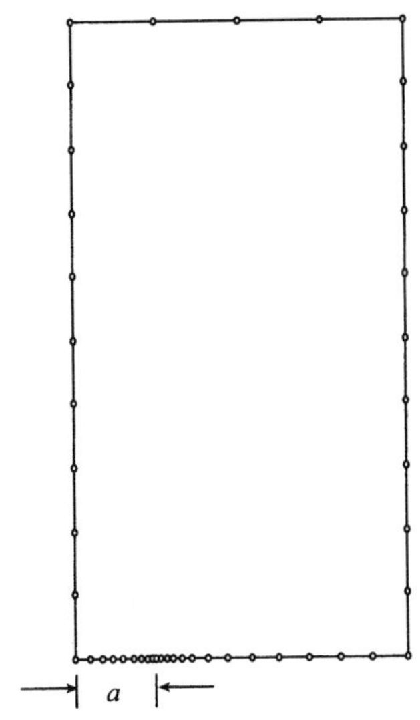

图 5.4.5　中心裂纹板的边界节点配置

在变换域中取 10 个 Gauss-Hermite 点 ω_k, $k = 1, 2, \cdots, 10$, 进行计算. 在得到 Fourier 变换域中的节点位移值后, 由数值 Fourier 本征反变换得到时间域中的解.

计算所得的正则动态应力强度因子 ($K_{\rm I}(t)/K_{\rm I}$, $K_{\rm I}$ 为静态应力强度因子) 与边界元法的计算结果的比较如图 5.4.6 所示.

由图 5.4.6 可以看出, 边界无单元法的计算结果与传统的边界元法的计算结果吻合得很好.

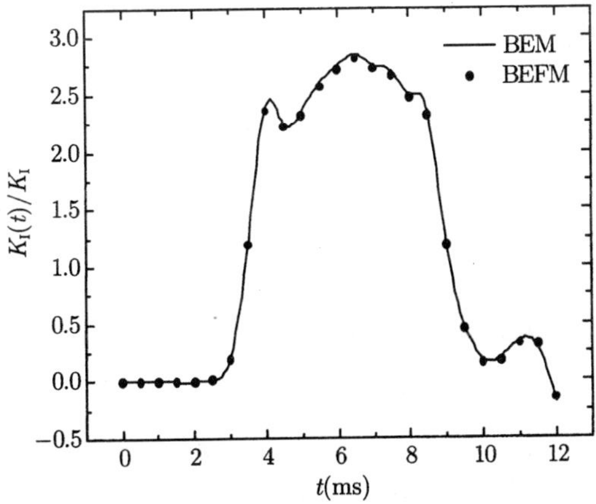

图 5.4.6　正则应力强度因子

本节基于改进的移动最小二乘法建立了弹性动力学的 Fourier 本征变换–边界无单元法. 改进的移动最小二乘法不会形成奇异或病态的方程组, 可提高计算精度和效率. 改进的移动最小二乘法中所含的待定常数较少, 这样只需较少的节点的变量的值就可通过逼近函数得到任意场点的变量的值, 那么基于改进的移动最小二乘法形成的无网格方法求解问题时可大大减少域内节点的数量.

由于采用了 Fourier 本征变换及其数值反变换, 本节的弹性动力学的 Fourier 本征变换–边界无单元法比上节的 Laplace 变换–边界无单元法具有更快的计算效率, 具体原因是:

(1) Fourier 变换为纯虚数变换;

(2) 变换域中采样点少. 本节的弹性动力学的 Fourier 本征变换 - 边界无单元法由于在变换域中取 10 个 Gauss-Hermite 点 ω_k, $k=1,2,\cdots,10$, 即可得到较高精度的解;

(3) 数值 Fourier 本征反变换计算量小.

数值算例表明, 本节的弹性动力学的 Fourier 本征变换–边界无单元法具有较高的精度.

5.5 插值型边界无单元法

边界无单元法中, 对本质边界条件是直接施加的. 由于其形成形函数的改进的移动最小二乘法仍然是一种逼近格式, 而非插值格式, 所以直接施加边界条件会带来一定的误差. 本节采用第 2 章建立的改进的移动最小二乘插值法建立试函数, 解决了边界无单元法中本质边界条件直接施加带来的问题.

基于改进的移动最小二乘插值法建立形函数, 结合势问题和弹性力学的边界积分方程, 推导了插值型边界无单元法离散化边界积分方程, 给出了插值型边界无单元法的内点变量的离散化积分公式, 从而建立了势问题和弹性力学的插值型边界无单元法 (Interpolating boundary element-free method, 即 IBEFM).

本节的插值型边界无单元法采用了具有插值特性的形函数, 既具有无网格方法的优点, 还可以方便地施加本质边界条件. 插值型边界无单元法从理论上提高了求解精度, 并且具有降维、节约计算时间的优点, 便于工程应用. 最后通过数值算例分析, 验证了本节插值型边界无单元法的有效性和正确性.

除了采用改进的移动最小二乘插值法的试函数与边界无单元法不同, 本节的其他公式和边界无单元法的公式完全相同. 为了内容的完整性, 本节简要叙述相关公式, 重点列出相关算例的计算结果.

5.5.1 势问题的插值型边界无单元法

考虑如式 (3.1.1)－(3.1.3) 所列出的二维 Poisson 方程

$$\nabla^2 u(\boldsymbol{x}) + b(\boldsymbol{x}) = 0, \quad \boldsymbol{x} \in \Omega, \tag{5.5.1}$$

边界条件为

$$u(\boldsymbol{x}) = \bar{u}(\boldsymbol{x}), \quad \boldsymbol{x} \in \Gamma_u, \tag{5.5.2}$$

$$q(\boldsymbol{x}) = \frac{\partial u(\boldsymbol{x})}{\partial \boldsymbol{n}} = \bar{q}, \quad \boldsymbol{x} \in \Gamma_q, \tag{5.5.3}$$

其中各变量的含义见第 3 章.

由加权残数法可得势问题的积分弱形式为

$$\begin{aligned}\int_\Omega (\nabla^2 u(\boldsymbol{x}) + b(\boldsymbol{x}))u^*(\xi,\boldsymbol{x})\mathrm{d}\Omega = &\int_{\Gamma_q} (q(\boldsymbol{x}) - \bar{q}(\boldsymbol{x}))u^*(\xi,\boldsymbol{x})\mathrm{d}\Gamma \\ &- \int_{\Gamma_u} (u(\boldsymbol{x}) - \bar{u}(\boldsymbol{x}))q^*(\xi,\boldsymbol{x})\mathrm{d}\Gamma,\end{aligned} \tag{5.5.4}$$

其中 u^* 为 Poisson 方程的基本解.

对方程 (5.5.4) 进行分部积分, 可得内点的边界积分方程

$$u(\xi) = \int_\Gamma q(\boldsymbol{x})u^*(\xi,\boldsymbol{x})\mathrm{d}\Gamma - \int_\Gamma u(\boldsymbol{x})q^*(\xi,\boldsymbol{x})\mathrm{d}\Gamma + \int_\Omega b(\boldsymbol{x})u^*(\xi,\boldsymbol{x})\mathrm{d}\Omega, \tag{5.5.5}$$

和边界点的边界积分方程

$$C(\xi)u(\xi) = \int_\Gamma q(\boldsymbol{x})u^*(\xi,\boldsymbol{x})\mathrm{d}\Gamma - \int_\Gamma u(\boldsymbol{x})q^*(\xi,\boldsymbol{x})\mathrm{d}\Gamma + \int_\Omega b(\boldsymbol{x})u^*(\xi,\boldsymbol{x})\mathrm{d}\Omega, \tag{5.5.6}$$

其中 $C(\xi)$ 为自由项, 由边界点 ξ 处的边界几何形状决定. 将边界 Γ 离散化为 N_e 个积分子域 Γ_i,

$$\Gamma = \bigcup_{i=1}^{N_\mathrm{e}} \Gamma_i, \tag{5.5.7}$$

于是, 式 (5.5.6) 可写为

$$\begin{aligned}C(\xi)u(\xi) = &\sum_{i=1}^{N_\mathrm{e}} \int_{\Gamma_i} q(\boldsymbol{x})u^*(\xi,\boldsymbol{x})\mathrm{d}\Gamma - \sum_{i=1}^{N_\mathrm{e}} \int_{\Gamma_i} u(\boldsymbol{x})q^*(\xi,\boldsymbol{x})\mathrm{d}\Gamma \\ &+ \sum_{i=1}^{N_\mathrm{e}} \left(\sum_{k=1}^{K} w_k (bu^*(\xi,\boldsymbol{x}))_k \right) A_i,\end{aligned} \tag{5.5.8}$$

其中 w_k 是与函数 (bu^*) 在第 k 个 Gauss 积分点的值对应的权系数, N_{e} 为区域 Ω 上的积分子域总数, K 为每个积分子域上的 Gauss 积分点数, A_i 为积分子域的面积.

在每个积分子域 Γ_i 均选取若干节点, 相应地得到每个节点的影响域. 所有节点的影响域的并集必须覆盖 Γ, 节点总数为 M.

利用改进的移动最小二乘插值法建立域内任意场点的位势 $u(\boldsymbol{x})$ 的逼近函数, 由式 (2.2.75) 可得

$$u(\boldsymbol{x})=\boldsymbol{\Phi}^{\mathrm{T}}(\boldsymbol{x})\boldsymbol{u}=\boldsymbol{S}u+\sum_{i=1}^{m}a_i(\boldsymbol{x})\tilde{p}_i(\boldsymbol{x}), \tag{5.5.9}$$

$$q(\boldsymbol{x})=\boldsymbol{\Phi}^{\mathrm{T}}(\boldsymbol{x})\boldsymbol{q}=\boldsymbol{S}q+\sum_{i=1}^{m}a_i(\boldsymbol{x})\tilde{p}_i(\boldsymbol{x}), \tag{5.5.10}$$

其中形函数矩阵为

$$\boldsymbol{\Phi}^{\mathrm{T}}(\boldsymbol{x})=(\Phi_1(\boldsymbol{x}),\Phi_2(\boldsymbol{x}),\cdots,\Phi_n(\boldsymbol{x}))=\boldsymbol{v}^{\mathrm{T}}+\boldsymbol{p}^{\mathrm{T}}(\boldsymbol{x})\boldsymbol{A}^{-1}(\boldsymbol{x})\boldsymbol{F}_W(\boldsymbol{x}), \tag{5.5.11}$$

且矩阵 $\boldsymbol{F}_W(\boldsymbol{x})=(\varpi_{kJ}(\boldsymbol{x}))_{\bar{m}\times n}$ 的元素表达式见式 (2.2.73),

$$\tilde{p}_0(\boldsymbol{x};\bar{\boldsymbol{x}})=\frac{1}{\left[\sum\limits_{I\in\tau_{\boldsymbol{x}}}w(\boldsymbol{x},\boldsymbol{x}_I)\right]^{1/2}}, \tag{5.5.12}$$

$$\tilde{p}_i(\boldsymbol{x};\bar{\boldsymbol{x}})=p_i(\bar{\boldsymbol{x}})-\boldsymbol{S}p_i(\boldsymbol{x}),\quad i=1,2,\cdots,\bar{m}, \tag{5.5.13}$$

$$\boldsymbol{p}^{\mathrm{T}}(\boldsymbol{x})=(g_1(\boldsymbol{x}),g_2(\boldsymbol{x}),\cdots,g_{\bar{m}}(\boldsymbol{x})), \tag{5.5.14}$$

$$g_i(\boldsymbol{x})=p_i(\boldsymbol{x})-\boldsymbol{S}p_i(\boldsymbol{x}), \tag{5.5.15}$$

$$\boldsymbol{v}^{\mathrm{T}}=(v(\boldsymbol{x},\boldsymbol{x}_1),v(\boldsymbol{x},\boldsymbol{x}_2),\cdots,v(\boldsymbol{x},\boldsymbol{x}_n)), \tag{5.5.16}$$

$$v(\boldsymbol{x},\boldsymbol{x}_I)=\frac{w(\boldsymbol{x},\boldsymbol{x}_I)}{\sum\limits_{J\in\tau_{\boldsymbol{x}}}w(\boldsymbol{x},\boldsymbol{x}_J)}, \tag{5.5.17}$$

$$\boldsymbol{S}u=\sum_{I\in\tau_{\boldsymbol{x}}}v(\boldsymbol{x},\boldsymbol{x}_I)u_I, \tag{5.5.18}$$

$$u_I=u(\boldsymbol{x}_I), \tag{5.5.19}$$

$$q_I=q(\boldsymbol{x}_I). \tag{5.5.20}$$

这样, 对节点 ξ^J, 由方程 (5.5.8) 可得

$$
\begin{aligned}
C(\xi^J)u(\xi^J) =& \sum_{i=1}^{N_\mathrm{e}} \int_{\Gamma_i} u^*(\xi^J, \boldsymbol{x}) \sum_{I=1}^{n} \Phi_I(\boldsymbol{x}) q(\xi^I) \mathrm{d}\Gamma \\
&- \sum_{i=1}^{N_\mathrm{e}} \int_{\Gamma_i} q^*(\xi^J, \boldsymbol{x}) \sum_{I=1}^{n} \Phi_I(\boldsymbol{x}) u(\xi^I) \mathrm{d}\Gamma \\
&+ \sum_{i=1}^{N_\mathrm{e}} \left(\sum_{k=1}^{K} w_k (bu^*(\xi^J, \boldsymbol{x}))_k \right) A_i.
\end{aligned} \tag{5.5.21}
$$

采用局部坐标, 经积分变换方程 (5.5.21) 可变形为

$$
\begin{aligned}
C(\xi^J)u(\xi^J) =& \sum_{i=1}^{N_\mathrm{e}} \sum_{I=1}^{n} q(\xi^I) \int_{-1}^{1} u^*(\xi^J, \boldsymbol{x}) \Phi_I(\boldsymbol{x}) J(\eta) \mathrm{d}\eta \\
&- \sum_{i=1}^{N_\mathrm{e}} \sum_{I=1}^{n} u(\xi^I) \int_{-1}^{1} q^*(\xi^J, \boldsymbol{x}) \Phi_I(\boldsymbol{x}) J(\eta) \mathrm{d}\eta \\
&+ \sum_{i=1}^{N_\mathrm{e}} \left(\sum_{k=1}^{K} w_k (bu^*(\xi^J, \boldsymbol{x}))_k \right) A_i.
\end{aligned} \tag{5.5.22}
$$

其中 η 是局部坐标, $J(\eta)$ 是 Jacobi 行列式.

对方程 (5.5.22) 进行数值积分, 可得源点 ξ^J 处的节点变量的线性代数方程组

$$
\boldsymbol{C}^J \boldsymbol{U} + \tilde{\boldsymbol{H}}^J \boldsymbol{U} = \boldsymbol{G}^J \boldsymbol{Q} + B_J, \tag{5.5.23}
$$

其中 $\boldsymbol{C}^J$ 为 M 维向量,

$$
\boldsymbol{C}^J = (0, \cdots, 0, C(\xi^J), 0, \cdots, 0), \tag{5.5.24}
$$

$$
B_J = \sum_{i-1}^{N_\mathrm{e}} \left(\sum_{k-1}^{K} w_k (bu^*(\xi^J, \boldsymbol{x}))_k \right) A_i, \tag{5.5.25}
$$

$$
\tilde{\boldsymbol{H}}^J = (\tilde{h}_{J1}, \tilde{h}_{J2}, \cdots, \tilde{h}_{JM}), \tag{5.5.26}
$$

$$
\boldsymbol{G}^J = (g_{J1}, g_{J2}, \cdots, g_{JM}), \tag{5.5.27}
$$

$$
\tilde{h}_{JI} = \sum_{i=1}^{N_\mathrm{e}} \sum_{\alpha=1}^{k_i} q^*(\xi^J, \eta_\alpha) \Phi_k^*(\eta_\alpha) J(\eta_\alpha) w_\alpha, \tag{5.5.28}
$$

$$
g_{JI} = \sum_{i=1}^{N_\mathrm{e}} \sum_{\alpha=1}^{k_i} u^*(\xi^J, \eta_\alpha) \Phi_k^*(\eta_\alpha) J(\eta_\alpha) w_\alpha, \tag{5.5.29}
$$

η_α 为 Gauss 积分点, w_α 为对应的积分权系数, k_i 为第 i 个积分子域上的 Gauss 积分点数, $I, J=1,2,\cdots,M$.

依次将边界离散节点 $\xi^J(J=1,2,\cdots,M)$ 作为源点, 将所有节点得到的方程 (5.5.23) 联立可得

$$\boldsymbol{HU}=\boldsymbol{GQ}+\boldsymbol{B}, \tag{5.5.30}$$

其中

$$\boldsymbol{U}=(u_1,u_2,\cdots,u_M)^{\mathrm{T}}, \tag{5.5.31}$$

$$\boldsymbol{Q}=(q_1,q_2,\cdots,q_M)^{\mathrm{T}}, \tag{5.5.32}$$

$$\boldsymbol{H}=(\boldsymbol{H}^1,\boldsymbol{H}^2,\cdots,\boldsymbol{H}^M)^{\mathrm{T}}, \tag{5.5.33}$$

$$\boldsymbol{G}=(\boldsymbol{G}^1,\boldsymbol{G}^2,\cdots,\boldsymbol{G}^M)^{\mathrm{T}}, \tag{5.5.34}$$

$$\boldsymbol{B}=(B_1,B_2,\cdots,B_M)^{\mathrm{T}}, \tag{5.5.35}$$

$\boldsymbol{H}^J$ 的表达式见式 (5.1.29).

直接代入边界条件后式 (5.5.30) 可整理为如下形式的线性方程组

$$\boldsymbol{AX}=\boldsymbol{F}, \tag{5.5.36}$$

其中 $\boldsymbol{A}$ 为 $M\times M$ 阶方阵, 且是可逆阵; $\boldsymbol{X}$ 和 $\boldsymbol{F}$ 都是 M 维的列向量.

由方程 (5.5.36) 可确定所有边界节点的位势和位势梯度.

当源点 ξ 位于区域 Ω 内时, 由式 (5.5.5) 可得

$$\begin{aligned}u(\xi)=&\sum_{i=1}^{N_{\mathrm{e}}}\int_{\Gamma_i}u^*(\xi,\boldsymbol{x})\sum_{I=1}^{n}\Phi_I(\boldsymbol{x})q(\xi^I)\mathrm{d}\Gamma\\&-\sum_{i=1}^{N_{\mathrm{e}}}\int_{\Gamma_i}q^*(\xi,\boldsymbol{x})\sum_{I=1}^{n}\Phi_I(\boldsymbol{x})u(\xi^I)\mathrm{d}\Gamma+\sum_{i=1}^{N_{\mathrm{c}}}\left(\sum_{k=1}^{K}w_k(bu^*)_k\right)A_i,\end{aligned} \tag{5.5.37}$$

即可得到点 ξ 处的未知量的值.

5.5.2 弹性力学的插值型边界无单元法

为了讨论的方便, 假设体积力 $b_i=0$, 这时弹性问题的边界积分方程为

$$C_{ij}(\xi)u_i(\xi)=\int_{\Gamma}u_{ij}^*(\xi,\boldsymbol{x})t_i(\boldsymbol{x})\mathrm{d}\Gamma-\int_{\Gamma}t_{ij}^*(\xi,\boldsymbol{x})u_i(\boldsymbol{x})\mathrm{d}\Gamma. \tag{5.5.38}$$

将边界 Γ 离散化为 N_{e} 个积分子域 Γ_m, 式 (5.5.38) 变形为

$$C_{ij}(\xi)u_i(\xi)=\sum_{m=1}^{N_{\mathrm{e}}}\int_{\Gamma_m}u_{ij}^*(\xi,\boldsymbol{x})t_i(\boldsymbol{x})\mathrm{d}\Gamma-\sum_{m=1}^{N_{\mathrm{e}}}\int_{\Gamma_m}t_{ij}^*(\xi,\boldsymbol{x})u_i(\boldsymbol{x})\mathrm{d}\Gamma. \tag{5.5.39}$$

在边界 Γ 上配置 M 个离散节点, 由改进的移动最小二乘插值法的逼近函数表达式 (2.2.75) 构造任意边界点 $\boldsymbol{x}$ 的位移和面力试函数

$$u_i(\boldsymbol{x})=\sum_{I=1}^{n}\Phi_I(\boldsymbol{x})u_{iI}=\boldsymbol{S}u_i+\sum_{i=1}^{m}a_i(\boldsymbol{x})\tilde{p}_i(\boldsymbol{x}), \tag{5.5.40}$$

$$t_i(\boldsymbol{x})=\sum_{I=1}^{n}\Phi_I(\boldsymbol{x})t_{iI}=\boldsymbol{S}q_i+\sum_{i=1}^{m}a_i(\boldsymbol{x})\tilde{p}_i(\boldsymbol{x}), \tag{5.5.41}$$

其中

$$u_{iI}=u_i(\boldsymbol{x}_I), \tag{5.5.42}$$

$$q_{iI}=q_i(\boldsymbol{x}_I), \tag{5.5.43}$$

$$\boldsymbol{S}u_i=\sum_{I\in\tau_{\boldsymbol{x}}}v(\boldsymbol{x},\boldsymbol{x}_I)u_{iI}, \tag{5.5.44}$$

$$\boldsymbol{S}q_i=\sum_{I\in\tau_{\boldsymbol{x}}}v(\boldsymbol{x},\boldsymbol{x}_I)q_{iI}. \tag{5.5.45}$$

依次将每个节点作为单位集中力的作用点即源点, 将边界任意点 $\boldsymbol{x}$ 的位移和面力的逼近函数式 (5.5.40)、(5.5.41) 代入式 (5.5.39), 可得弹性力学的边界无单元法的离散化边界积分方程

$$\begin{aligned}C_{ij}(\xi^J)u_i(\xi^J)=&\sum_{m=1}^{N_\mathrm{e}}\int_{\Gamma_m}u_{ij}^*(\xi^J,\boldsymbol{x})\sum_{I=1}^{n}\Phi_I(\boldsymbol{x})t_i(\xi^I)\mathrm{d}\Gamma\\&-\sum_{m=1}^{N_\mathrm{e}}\int_{\Gamma_m}t_{ij}^*(\xi^J,\boldsymbol{x})\sum_{I=1}^{n}\Phi_I(\boldsymbol{x})u_i(\xi^I)\mathrm{d}\Gamma,\end{aligned} \tag{5.5.46}$$

这里 ξ^J 是节点.

对方程 (5.5.46) 作积分变换可得

$$\begin{aligned}C_{ij}(\xi^J)u_i(\xi^J)=&\sum_{m=1}^{N_\mathrm{e}}\sum_{I=1}^{n}t_i(\xi^I)\int_{-1}^{1}\int_{-1}^{1}u_{ij}^*(\xi^J,\boldsymbol{x})\Phi_I(\eta)J(\xi,\eta)\mathrm{d}\xi\mathrm{d}\eta\\&-\sum_{m=1}^{N_\mathrm{e}}\sum_{I=1}^{n}u_i(\xi^I)\int_{-1}^{1}\int_{-1}^{1}t_{ij}^*(\xi^J,\boldsymbol{x})\Phi_I(\eta)J(\xi,\eta)\mathrm{d}\xi\mathrm{d}\eta,\end{aligned} \tag{5.5.47}$$

其中 $i,j=1,2,3$.

对边界源点 ξ^J, 方程 (5.5.47) 可写为

$$\boldsymbol{C}^J\boldsymbol{U}^J+\sum_{m=1}^{N_\mathrm{e}}\left[\left(\int_{-1}^{1}\int_{-1}^{1}\boldsymbol{t}^*\boldsymbol{\Phi}J(\xi,\eta)\mathrm{d}\xi\mathrm{d}\eta\right)\boldsymbol{U}\right]=\sum_{m=1}^{N_\mathrm{e}}\left[\left(\int_{-1}^{1}\int_{-1}^{1}\boldsymbol{u}^*\boldsymbol{\Phi}J(\xi,\eta)\mathrm{d}\xi\mathrm{d}\eta\right)\boldsymbol{T}\right], \tag{5.5.48}$$

其中

$$\boldsymbol{C}^J = \begin{bmatrix} C_{11}^J & C_{12}^J & C_{13}^J \\ C_{21}^J & C_{22}^J & C_{23}^J \\ C_{31}^J & C_{32}^J & C_{33}^J \end{bmatrix}, \tag{5.5.49}$$

$$\boldsymbol{U}^J = (u_{1J}, u_{2J}, u_{3J})^{\mathrm{T}}, \tag{5.5.50}$$

$$\boldsymbol{t}^* = \begin{bmatrix} t_{11}^* & t_{12}^* & t_{13}^* \\ t_{21}^* & t_{22}^* & t_{23}^* \\ t_{31}^* & t_{32}^* & t_{33}^* \end{bmatrix}, \tag{5.5.51}$$

$$\boldsymbol{u}^* = \begin{bmatrix} u_{11}^* & u_{12}^* & u_{13}^* \\ u_{21}^* & u_{22}^* & u_{23}^* \\ u_{31}^* & u_{32}^* & u_{33}^* \end{bmatrix}, \tag{5.5.52}$$

$$\boldsymbol{\Phi} = (\boldsymbol{\Phi}_1, \boldsymbol{\Phi}_2, \cdots, \boldsymbol{\Phi}_M), \tag{5.5.53}$$

$$\boldsymbol{\Phi}_k = \begin{bmatrix} \Phi_k(\xi,\eta) & 0 & 0 \\ 0 & \Phi_k(\xi,\eta) & 0 \\ 0 & 0 & \Phi_k(\xi,\eta) \end{bmatrix}, \tag{5.5.54}$$

$$\boldsymbol{U} = (u_{11}, u_{21}, u_{31}, u_{12}, u_{22}, u_{32}, \cdots, u_{1M}, u_{2M}, u_{3M})^{\mathrm{T}}, \tag{5.5.55}$$

$$\boldsymbol{T} = (t_{11}, t_{21}, t_{31}, t_{12}, t_{22}, t_{32}, \cdots, t_{1M}, t_{2M}, t_{3M})^{\mathrm{T}}. \tag{5.5.56}$$

对源点 ξ^J, 沿边界积分子域逐一完成积分运算后代数叠加, 可得

$$\boldsymbol{C}^J \boldsymbol{U}^J + \tilde{\boldsymbol{H}}^J \boldsymbol{U} = \boldsymbol{G}^J \boldsymbol{T}, \tag{5.5.57}$$

其中

$$\tilde{\boldsymbol{H}}^J = (\boldsymbol{H}_1^J, \boldsymbol{H}_2^J, \cdots, \boldsymbol{H}_M^J), \tag{5.5.58}$$

$$\boldsymbol{G}^J = (\boldsymbol{G}_1^J, \boldsymbol{G}_2^J, \cdots, \boldsymbol{G}_M^J), \tag{5.5.59}$$

并且

$$\boldsymbol{H}_k^J = \begin{bmatrix} H_{11}^{Jk} & H_{12}^{Jk} & H_{13}^{Jk} \\ H_{21}^{Jk} & H_{22}^{Jk} & H_{23}^{Jk} \\ H_{31}^{Jk} & H_{32}^{Jk} & H_{33}^{Jk} \end{bmatrix}, \tag{5.5.60}$$

$$\boldsymbol{G}_k^J = \begin{bmatrix} G_{11}^{Jk} & G_{12}^{Jk} & G_{13}^{Jk} \\ G_{21}^{Jk} & G_{22}^{Jk} & G_{23}^{Jk} \\ G_{31}^{Jk} & G_{32}^{Jk} & G_{33}^{Jk} \end{bmatrix}, \tag{5.5.61}$$

$$H_{ij}^{JI}=\sum_{m=1}^{N_{\mathrm{e}}}\sum_{\alpha=1}^{k_m}t_{ij}^*(\xi^J;\xi_\alpha,\eta_\alpha)\Phi_I(\xi_\alpha,\eta_\alpha)J(\xi_\alpha,\eta_\alpha)w_\alpha, \tag{5.5.62}$$

$$G_{ij}^{JI}=\sum_{m=1}^{N_{\mathrm{e}}}\sum_{\alpha=1}^{k_m}u_{ij}^*(\xi^J;\xi_\alpha,\eta_\alpha)\Phi_I(\xi_\alpha,\eta_\alpha)J(\xi_\alpha,\eta_\alpha)w_\alpha, \tag{5.5.63}$$

其中 (ξ_α,η_α) 是积分点坐标, $\Phi_I(\xi_\alpha,\eta_\alpha)$ 为形函数在第 m 个积分子域的第 α 积分点的取值, $I,J=1,2,\cdots,M$.

将式 (5.5.57) 对所有边界节点 ξ^J 轮换, 即 $J=1,2,\cdots,M$, 类似二维问题将 $\boldsymbol{C}^J$ 扩展后, 即可组合得到边界节点位移分量和面力分量之间的矩阵方程

$$\boldsymbol{HU}=\boldsymbol{GT}, \tag{5.5.64}$$

其中

$$\boldsymbol{H}=\begin{bmatrix}\boldsymbol{H}_1^1 & \boldsymbol{H}_2^1 & \cdots & \boldsymbol{H}_M^1\\ \boldsymbol{H}_1^2 & \boldsymbol{H}_2^2 & \cdots & \boldsymbol{H}_M^2\\ \vdots & \vdots & \ddots & \vdots\\ \boldsymbol{H}_1^M & \boldsymbol{H}_2^M & \cdots & \boldsymbol{H}_M^M\end{bmatrix}, \tag{5.5.65}$$

矩阵 $\boldsymbol{G}$ 由 $\boldsymbol{G}_k^J$ 直接组装形成, 形式与 $\boldsymbol{H}$ 相同.

对不考虑体积力的边值问题, 内点的边界积分方程为

$$u_j(\xi)=\int_\Gamma u_{ij}^*(\xi,\boldsymbol{x})t_i(\boldsymbol{x})\mathrm{d}\Gamma-\int_\Gamma t_{ij}^*(\xi,\boldsymbol{x})u_i(\boldsymbol{x})\mathrm{d}\Gamma. \tag{5.5.66}$$

将式 (5.5.40) 和式 (5.5.41) 代入式 (5.5.66) 并离散化, 可得

$$u_j(\xi)=\sum_{m=1}^{N_{\mathrm{e}}}\int_{\Gamma_m}u_{ij}^*(\xi,\boldsymbol{x})\sum_{I=1}^{n}\Phi_I(\boldsymbol{x})t_i(\xi^I)\mathrm{d}\Gamma-\sum_{m=1}^{N_{\mathrm{e}}}\int_{\Gamma_m}t_{ij}^*(\xi,\boldsymbol{x})\sum_{I=1}^{n}\Phi_I(\boldsymbol{x})u_i(\xi^I)\mathrm{d}\Gamma. \tag{5.5.67}$$

由应力应变关系以及几何关系可得弹性体内任意点的应力为

$$\sigma_{ij}=\int_\Gamma D_{kij}t_k\mathrm{d}\Gamma-\int_\Gamma S_{kij}u_k\mathrm{d}\Gamma, \tag{5.5.68}$$

这里 D_{kij} 和 S_{kij} 的表达式分别见式 (5.2.41) 和式 (5.2.42).

将式 (5.5.40) 和式 (5.5.41) 代入式 (5.5.68) 并离散化, 得

$$\sigma_{ij}=\sum_{m=1}^{N_{\mathrm{e}}}\sum_{I=1}^{n}t_k(\xi^I)\int_{\Gamma_m}D_{kij}\Phi_I(\boldsymbol{x})\mathrm{d}\Gamma-\sum_{m=1}^{N_{\mathrm{e}}}\sum_{I=1}^{n}u_k(\xi^I)\int_{\Gamma_m}S_{kij}\Phi_I(\boldsymbol{x})\mathrm{d}\Gamma. \tag{5.5.69}$$

5.5.3 数值算例

为了得到插值型的逼近函数, 以下算例选取了在插值节点处奇异的权函数

$$w(\boldsymbol{x}-\boldsymbol{x}_I)=\begin{cases}\dfrac{\rho_I^2}{|\boldsymbol{x}-\boldsymbol{x}_I|^2}\left(1-\dfrac{\rho_I}{|\boldsymbol{x}-\boldsymbol{x}_I|}\right)^2, & \text{当}\ |\boldsymbol{x}-\boldsymbol{x}_I|\leqslant\rho_I,\\ 0, & \text{当}\ |\boldsymbol{x}-\boldsymbol{x}_I|>\rho_I.\end{cases} \tag{5.5.70}$$

基函数选取二次基, 形函数如式 (5.5.11).

1. 矩形域上的 Laplace 方程

设有一个矩形域上的稳态温度场, 其控制方程为

$$\nabla^2 T=\frac{\partial^2 T}{\partial x_1^2}+\frac{\partial^2 T}{\partial x_2^2}=0,\quad x_1\in[0,5],\quad x_2\in[0,10], \tag{5.5.71}$$

边界条件为

$$T(x_1,0)=0,\quad 0<x_1<5, \tag{5.5.72}$$

$$T(0,x_2)=0,\quad 0<x_2<10, \tag{5.5.73}$$

$$T(x_1,10)=100\sin(\pi x_1/10),\quad 0<x_1<5, \tag{5.5.74}$$

$$\frac{\partial T(5,x_2)}{\partial x_1}=0,\quad 0<x_2<10. \tag{5.5.75}$$

该温度场问题的解析解为

$$T(x_1,x_2)\frac{100\sin(\pi x_1/10)\mathrm{sh}(\pi x_2/10)}{\mathrm{sh}(\pi)}. \tag{5.5.76}$$

如图 5.5.1 所示, 在矩形区域 Ω 的边界上均匀布置了 46 个节点. 为了验证本节方法的有效性, 给出了矩形区域内 $x_1=2.5$ 处温度的解析解和本节方法所得的数值解的对比结果, 如图 5.5.2 所示.

2. 矩形域上的 Poisson 方程

考虑一个矩形域上的稳态温度场分布, 其控制方程为

$$\nabla^2 T=-2(x_1+x_2-x_1^2-x_2^2),\quad 0\leqslant x_1\leqslant 1, 0\leqslant x_2\leqslant 1, \tag{5.5.77}$$

边界条件为

$$T(x_1,x_2)=0\quad (\text{在矩形域的边界上}). \tag{5.5.78}$$

该温度场问题的解析解为

$$T(x_1,x_2)=(x_1-x_1^2)(x_2-x_2^2). \tag{5.5.79}$$

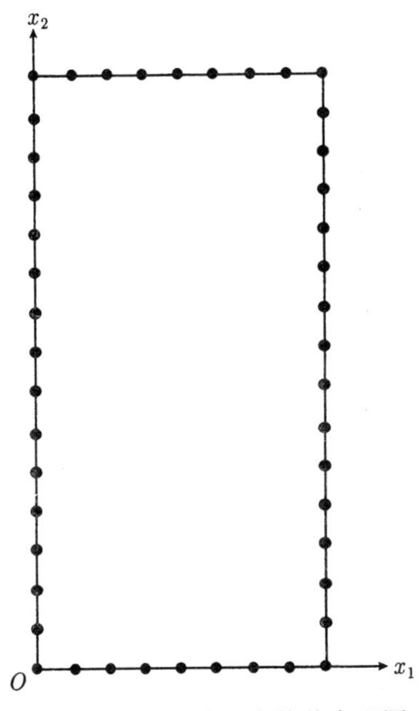

图 5.5.1 矩形边界上的节点配置

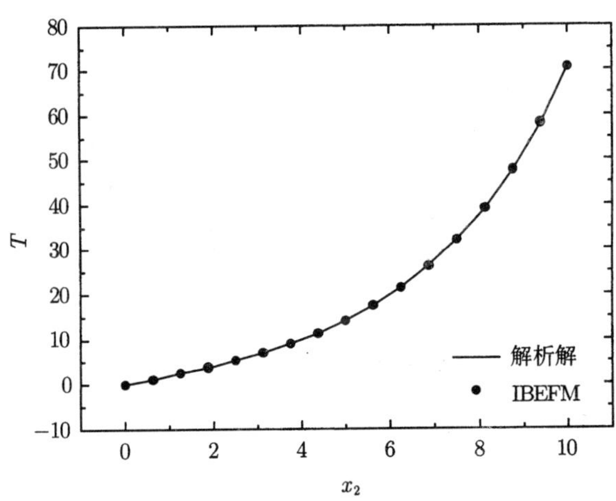

图 5.5.2 $x_1 = 2.5$ 时的温度数值解和解析解

如图 5.5.3 所示, 在矩形区域 Ω 的边界上均匀布置了 32 个节点. 图 5.5.4 给出了 $x_2 = 0.5$ 时温度的解析解和本节的方法数值解的对比结果. 同样可以看出, 本节提出的插值型边界无单元方法的计算结果和解析解吻合得很好.

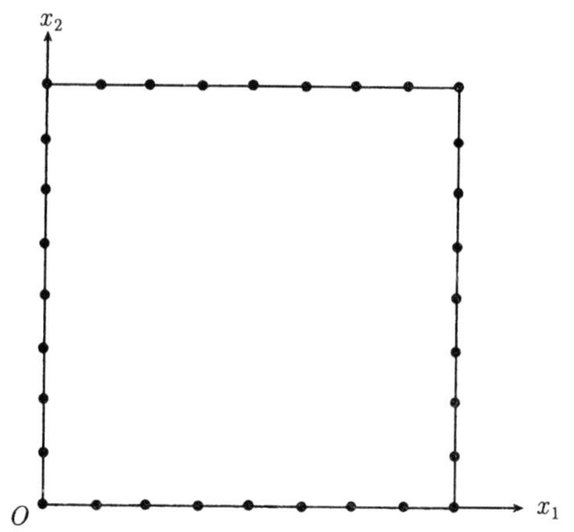

图 5.5.3　正方形边界上的节点配置

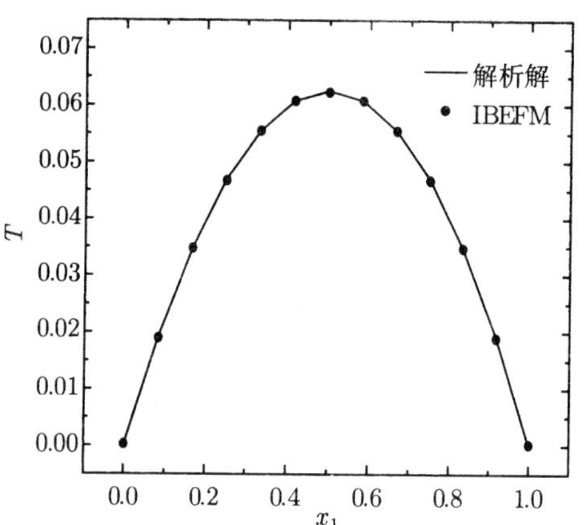

图 5.5.4　当 $x_2 = 0.5$ 时的温度数值解和解析解

3. **圆形区域上的 Laplace 方程**

考虑一个圆形区域上的稳态温度场分布, 其控制方程为

$$\nabla^2 T = 0, \tag{5.5.80}$$

边界条件为

$$T\bigg|_{r=r_0} = r_0^2 \cos\theta \sin\theta, \tag{5.5.81}$$

这里 r_0 是圆盘的半径, 且 $r_0 = 1$.

该问题的解析解为

$$u(r,\theta) = \frac{1}{2} r^2 \sin(2\theta). \tag{5.5.82}$$

如图 5.5.5 所示, 在圆盘 Ω 的边界上均匀布置了 32 个节点. 图 5.5.6 给出了当 $\theta=\pi/4$ 时温度的解析解和本节数值解的对比结果. 可以看出, 本节提出的插值型边界无单元方法的计算结果和解析解吻合得很好.

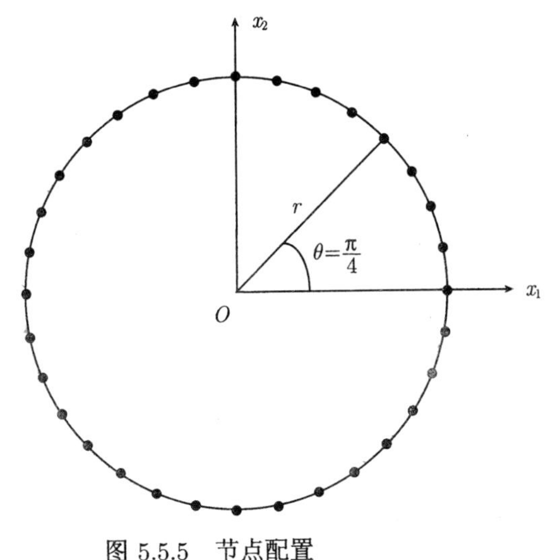

图 5.5.5 节点配置

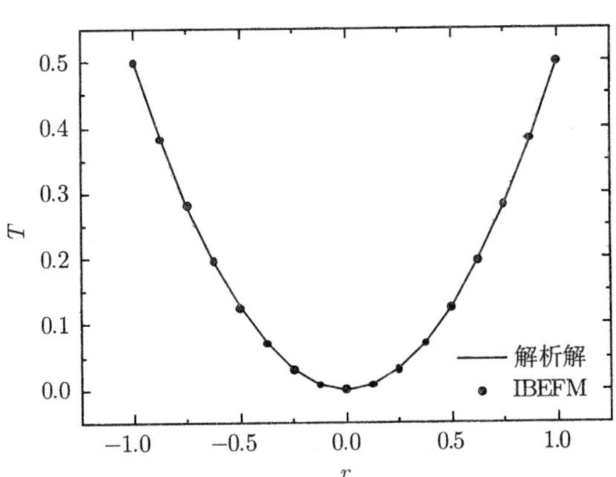

图 5.5.6 $\theta=\pi/4$ 处的温度数值解和解析解

4. 端部受剪切荷载作用的悬臂梁

如图 5.5.7 所示, 在末端受向下集中荷载作用的悬臂梁, 长 $L=48\text{m}$, 高度 $D=12\text{m}$, 厚度 $\delta=1\text{m}$, 材料的弹性模量 $E=3.0\times10^7\text{Pa}$, Poisson 比 $\nu=0.3$, 荷载 $p=1000\text{N}$, 不计自重, 按平面应力计算.

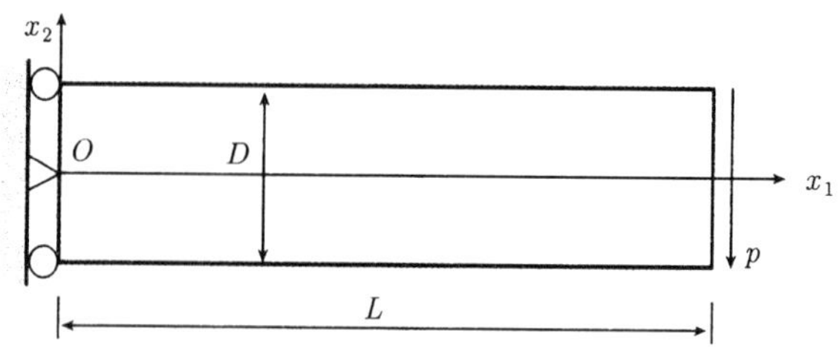

图 5.5.7　悬臂梁

位移边界条件是

$$u_1(0,0) = u_2(0,0) = u_1(0,6) = u_1(0,-6) = 0. \tag{5.5.83}$$

该问题的位移和应力的解析解分别为

$$u_1 = -\frac{px_2}{6EI}\left[(6L-3x_1)x_1 + (2+v)\left(x_2^2 - \frac{D^2}{4}\right)\right], \tag{5.5.84}$$

$$u_2 = \frac{p}{6EI}\left[3v(L-x_1)x_2^2 + (4+5v)\frac{D^2x_1}{4} + (3L-x_1)x_1^2\right], \tag{5.5.85}$$

$$\sigma_{11} = -\frac{p(L-x_1)x_2}{I}, \tag{5.5.86}$$

$$\sigma_{22} = 0, \tag{5.5.87}$$

$$\sigma_{12} = \frac{p}{2I}\left[\frac{D^2}{4} - x_2^2\right], \tag{5.5.88}$$

这里 I 是梁的横截面惯性矩, 对于单位厚度的矩形截面

$$I = \frac{D^3}{12}. \tag{5.5.89}$$

边界的节点配置如图 5.5.8 所示, 本节的方法所得的数值解如图 5.5.9 和图 5.5.10 所示, 可以看出, 插值型边界无单元法具有较高的精度.

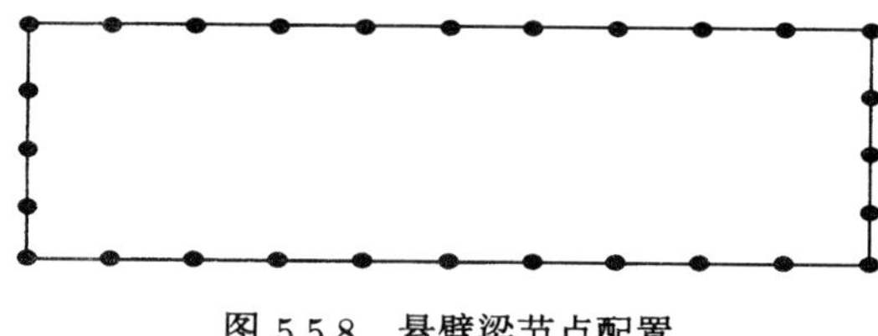

图 5.5.8　悬臂梁节点配置

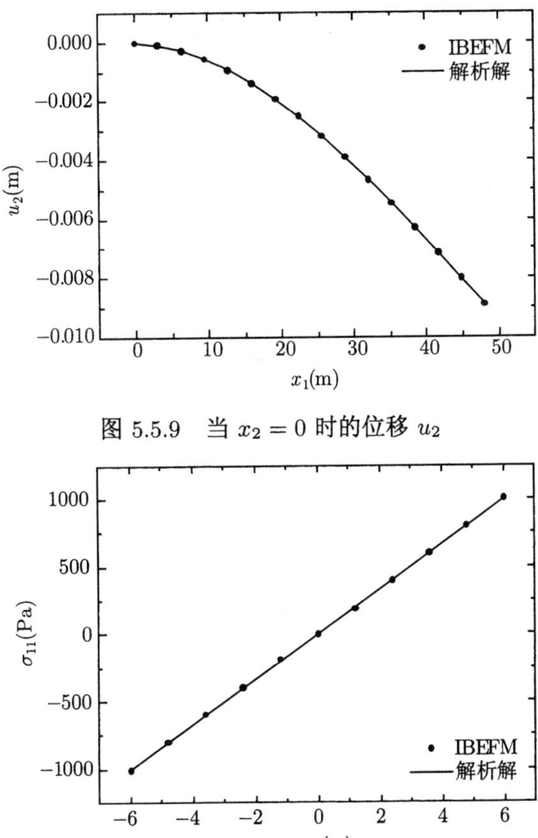

图 5.5.9 当 $x_2 = 0$ 时的位移 u_2

图 5.5.10 当 $x_1 = L/2$ 时的应力 σ_{11}

5. 受均布内压的圆环

受均布内压的圆环如图 5.5.11 所示, 其内表面承受均匀分布的压力 p 的作用, 外表面自由, 其内半径 $a = 1$, 外半径 $b = 5$, 内压 $p = 3.0 \times 10^5$, Poisson 比 $\nu = 0.25$, 弹性模量 $E = 10^6$.

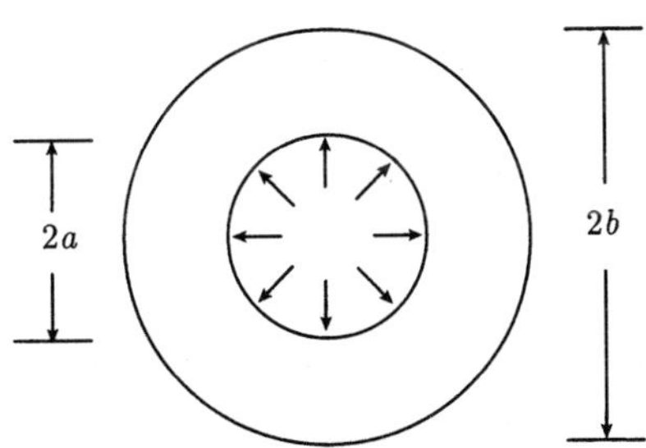

图 5.5.11 承受均布内压的圆环

在极坐标系下, 径向和环向位移的解析解为

$$u_r(r) = \frac{a^2pr}{E(b^2-a^2)}\left[1-\nu+\frac{b^2}{r^2}(1+\nu)\right], \tag{5.5.90}$$

$$u_\theta = 0. \tag{5.5.91}$$

在平面应力条件下, 应力和应变的解析解为

$$\sigma_r(r) = \frac{a^2p}{(b^2-a^2)}\left[1-\frac{b^2}{r^2}\right], \tag{5.5.92}$$

$$\sigma_\theta(r) = \frac{a^2p}{(b^2-a^2)}\left[1+\frac{b^2}{r^2}\right]. \tag{5.5.93}$$

由于对称性, 只需取四分之一圆环进行计算即可, 利用插值型边界无单元法计算时的节点设置如图 5.5.12 所示, 在四分之一圆环的边界上分布了 40 个节点.

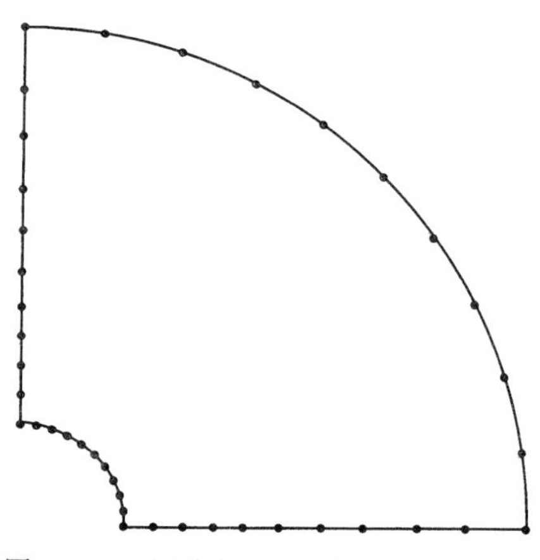

图 5.5.12　四分之一圆环边界的节点配置

为了得到插值型边界无单元法的数值解的收敛性, 我们在四分之一圆环边界上分别分布 32, 40, 48 个节点进行计算. 计算所得当 $x_2 = 0$ 时的位移 u_r 和应力 σ_r 的数值解如图 5.5.13 和图 5.5.14 所示. 可以看出, 插值型边界无单元法具有较高的精度, 且随着节点数目的增加数值解收敛于解析解.

6. 受单向拉伸作用的中心圆孔板

受单向拉伸的中心圆孔板如图 5.5.15 所示. 板的尺寸为 10m×10m, 中心圆孔半径为 1m. 材料参数为 $E = 2.0\times10^5$MPa, Poisson 比 $\nu = 0.25$. 单向拉伸均布荷载 $q = 1000$Pa.

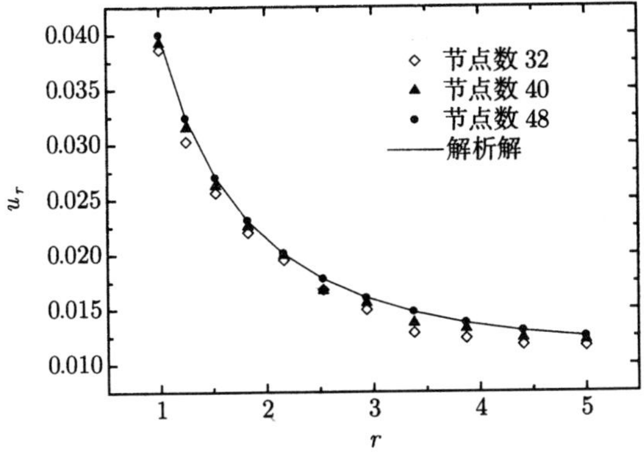

图 5.5.13 $x_2 = 0$ 时的位移 u_r

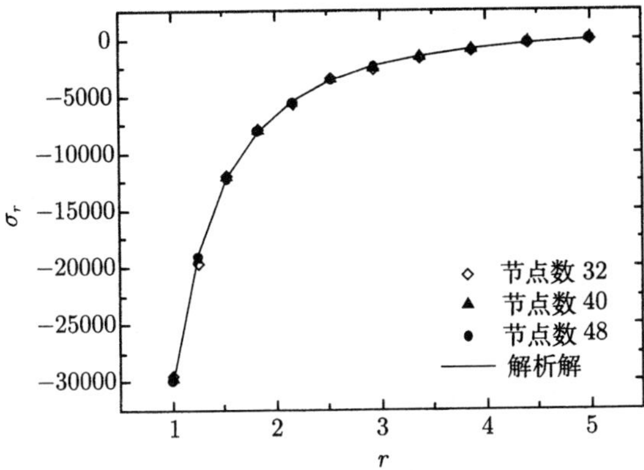

图 5.5.14 $x_2 = 0$ 时的应力 σ_r

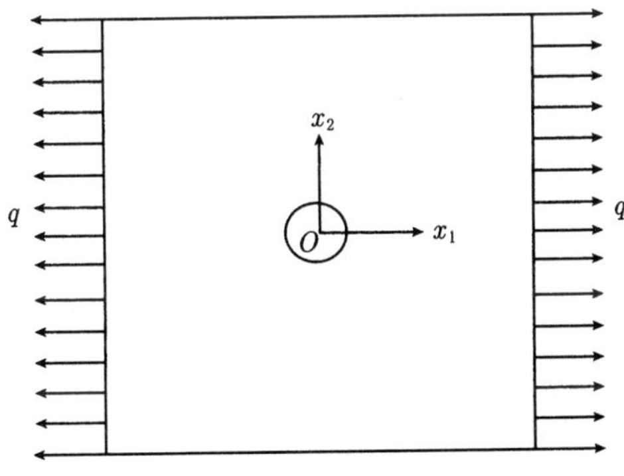

图 5.5.15 受单向拉伸作用的中心圆孔板

在极坐标下, 该问题的应力解析解为

$$\sigma_{11}(r,\theta)=q\left\{1-\frac{a^2}{r^2}\left(\frac{3}{2}\cos(2\theta)+\cos(4\theta)\right)+\frac{3}{2}\frac{a^4}{r^4}\cos(4\theta)\right\},\tag{5.5.94}$$

$$\sigma_{22}(r,\theta)=q\left\{\frac{a^2}{r^2}\left(\frac{1}{2}\cos(2\theta)-\cos(4\theta)\right)+\frac{3}{2}\frac{a^4}{r^4}\cos(4\theta)\right\},\tag{5.5.95}$$

$$\tau_{12}(r,\theta)=-q\left\{\frac{a^2}{r^2}\left(\frac{1}{2}\sin(2\theta)+\sin(4\theta)\right)-\frac{3}{2}\frac{a^4}{r^4}\sin(4\theta)\right\}.\tag{5.5.96}$$

由于对称性, 在计算时取四分之一区域作为计算模型, 中心圆孔板的边界节点配置如图 5.5.16 所示, 共布置了 34 个节点. 计算所得当 $x_1=0$ 时的应力 σ_{11} 如图 5.5.17 所示, 其中 IBEFM(Lancaster) 为基于 Lancaster 的移动最小二乘插值法的插值型边界无单元法得到的结果. 可以看出, 插值型边界无单元方法的计算结果和解析解吻合得很好.

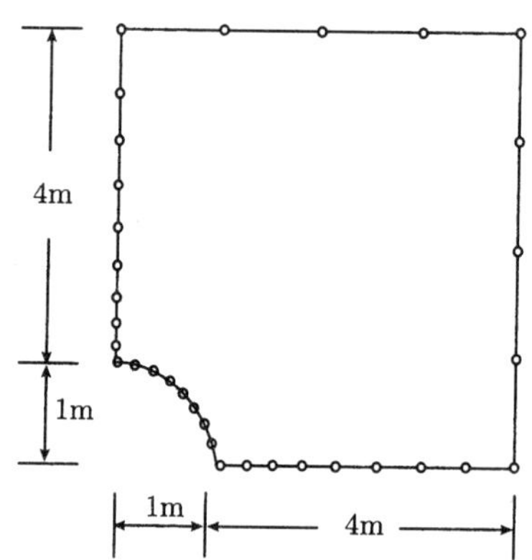

图 5.5.16　四分之一中心圆孔板的边界节点配置

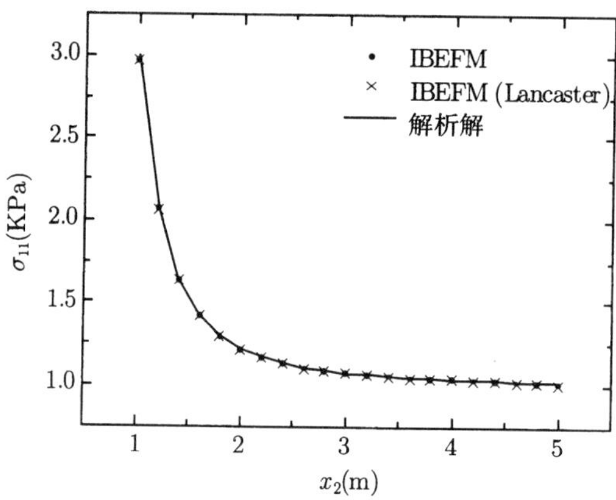

图 5.5.17　当 $x_1=0$ 时的应力 σ_{11}

7. 受单向拉伸作用的带裂纹的矩形板

矩形板如图 5.5.18 所示, $L=20\text{mm}$, $D=26\text{mm}$, $a=4\text{mm}$, $E=2.0\times10^5\text{MPa}$, $\nu=0.25$.

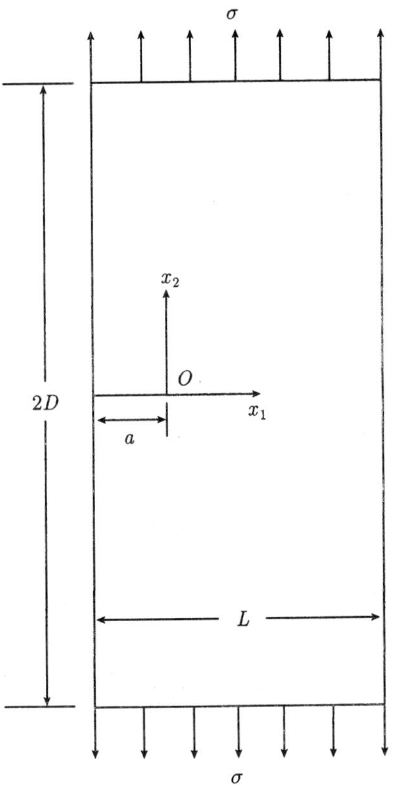

图 5.5.18 带裂纹的矩形板

裂纹尖端的应力解析解为

$$\sigma_{11}=\frac{K_{\text{I}}}{\sqrt{2\pi r}}\cos\frac{\theta}{2}\left(1-\sin\frac{\theta}{2}\sin\frac{3\theta}{2}\right), \tag{5.5.97}$$

$$\sigma_{22}=\frac{K_{\text{I}}}{\sqrt{2\pi r}}\cos\frac{\theta}{2}\left(1+\sin\frac{\theta}{2}\sin\frac{3\theta}{2}\right), \tag{5.5.98}$$

$$\sigma_{12}=\frac{K_{\text{I}}}{\sqrt{2\pi r}}\cos\frac{\theta}{2}\sin\frac{\theta}{2}\cos\frac{3\theta}{2}, \tag{5.5.99}$$

这里 K_{I} 是应力强度因子, 且

$$K_{\text{I}}=C\sigma\sqrt{a\pi}, \tag{5.5.100}$$

$$C=1.12-0.231\left(\frac{a}{L}\right)+10.55\left(\frac{a}{L}\right)^2-21.72\left(\frac{a}{L}\right)^3+30.39\left(\frac{a}{L}\right)^4. \tag{5.5.101}$$

因为对称性, 只需分析二分之一板, 如图 5.5.19 所示, 在其边界分布上分布了 58 个节点.

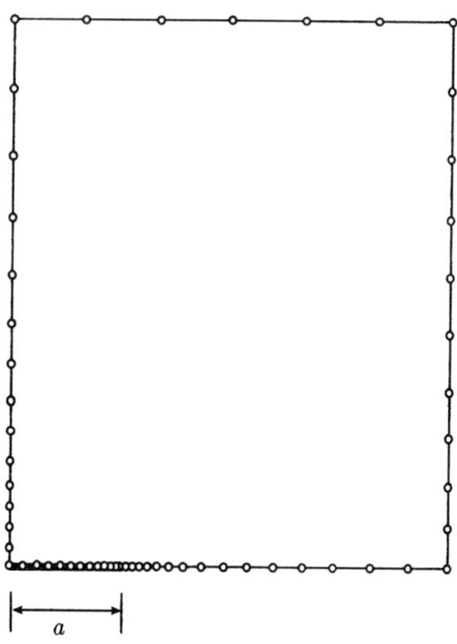

图 5.5.19　二分之一带裂纹的矩形板的边界节点

考虑正则应力强度因子 $K_{\mathrm{I}}/(\sigma\sqrt{a\pi})$, 本节的方法得到的正则应力强度因子是 1.358, 这和其解析解 1.37 以及 5.2 节中的边界无单元法得到的数值解 1.352 很接近. 图 5.5.20 给出了裂纹尖端的应力, 可以看出数值解有良好的精度[312].

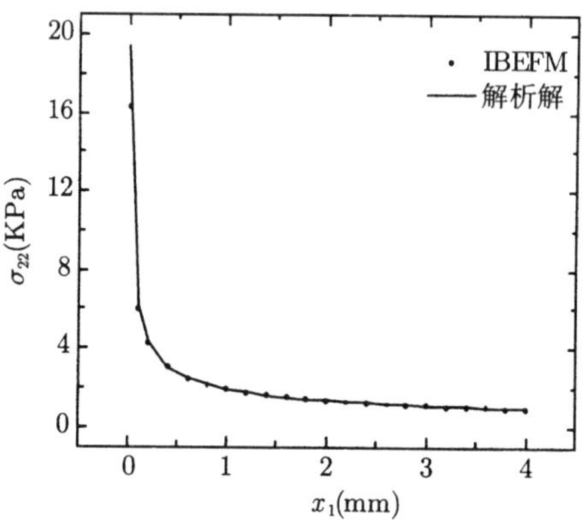

图 5.5.20　$x_2=0$ 时的应力 σ_{22}

本节将改进的移动最小二乘插值法与势问题和弹性力学的边界积分方程方法结合, 提出了势问题和弹性力学的插值型边界无单元法. 数值算例表明, 本节提出的弹性问题的插值型边界无单元法具有较高的计算精度.

本节的方法是边界积分方程无网格方法的直接解法, 边界积分方程中的基本未知量是节点的待求真值, 可以方便施加边界条件, 便于工程应用.

5.6 改进的插值型边界无单元法

边界无单元法中, 对本质边界条件是直接施加的. 但由于移动最小二乘法的形函数在节点处并不满足插值性, 所以直接施加边界条件会导致计算精度的降低. 为了解决这个问题, 上节我们基于改进的移动最小二乘插值法建立了势问题和弹性问题的插值型边界无单元法. 插值型边界无单元法可以准确施加本质边界条件, 是无网格边界积分方程方法的完全直接列式解法.

由于改进的移动最小二乘插值法是根据 Lancaster 的移动最小二乘插值法简化而来的, 其中采用的权函数是奇异权函数, 不利于数值计算, 特别是不利于节点处形函数导数的计算. 这样, 上节的插值型边界无单元法在计算节点处的导数时, 也会受到权函数奇异的影响. 为此, 本节将基于采用非奇异权函数的改进的移动最小二乘插值法, 研究建立势问题的改进的插值型边界无单元法 (Improved interpolating boundary element-free method, 即 IIBEFM). 该方法与上节的插值型边界无单元法相比, 克服了因采用奇异权函数导致的计算不便; 与 5.1－5.4 节的边界无单元法相比, 本节改进的方法具有形函数待定系数少、边界条件直接施加的优点, 并具有较高的计算精度.

5.6.1 改进的插值型边界无单元法

以下以势问题为例来建立改进的插值型边界无单元法. 本节改进的插值型边界无单元法是对上节插值型边界无单元法的改进. 与上节采用奇异权函数建立插值函数不同, 本节采用非奇异权函数来建立插值函数, 那么除了采用非奇异权函数的插值函数之外, 本节其他部分与上节和前面的边界无单元法相同. 以下只简要列出相关公式.

考虑如式 (3.1.1)－(3.1.3) 所列出的二维 Poisson 方程, 由加权残数法可得势问题的边界积分方程为

$$C(\xi)u(\xi) = \int_{\Gamma} q(\boldsymbol{x})u^*(\xi,\boldsymbol{x})\mathrm{d}\Gamma - \int_{\Gamma} u(\boldsymbol{x})q^*(\xi,\boldsymbol{x})\mathrm{d}\Gamma + \int_{\Omega} b(\boldsymbol{x})u^*(\xi,\boldsymbol{x})\mathrm{d}\Omega. \tag{5.6.1}$$

将边界 Γ 离散化为 N_{e} 个积分子域 Γ_i,

$$\Gamma = \bigcup_{i=1}^{N_{\mathrm{e}}} \Gamma_i, \tag{5.6.2}$$

于是, 式 (5.6.1) 可写为

$$
\begin{aligned}
C(\xi)u(\xi)=&\sum_{i=1}^{N_{\mathrm{e}}}\int_{\Gamma_i}q(\boldsymbol{x})u^*(\xi,\boldsymbol{x})\mathrm{d}\Gamma-\sum_{i=1}^{N_{\mathrm{e}}}\int_{\Gamma_i}u(\boldsymbol{x})q^*(\xi,\boldsymbol{x})\mathrm{d}\Gamma\\
&+\sum_{i=1}^{N_{\mathrm{c}}}\left(\sum_{k=1}^{K}w_k(bu^*(\xi,\boldsymbol{x}))_k\right)A_i,
\end{aligned}\tag{5.6.3}
$$

其中 w_k 是与函数 (bu^*) 在第 k 个 Gauss 积分点的值对应的权系数, N_{c} 为区域 Ω 上的积分子域总数, K 为每个积分子域上的 Gauss 积分点数, A_i 为积分子域的面积.

在每个积分子域 Γ_i 均选取若干节点, 相应地得到每个节点的影响域. 所有节点的影响域的并集必须覆盖 Γ, 节点总数为 M.

利用改进的移动最小二乘插值法建立域内任意场点的位势 $u(\boldsymbol{x})$ 的逼近函数, 由式 (2.2.123) 可得

$$
u(\boldsymbol{x})=\boldsymbol{\Phi}(\boldsymbol{x})\boldsymbol{u}=\sum_{I=1}^{n}\Phi_I(\boldsymbol{x})u_I,\tag{5.6.4}
$$

$$
q(\boldsymbol{x})=\boldsymbol{\Phi}(\boldsymbol{x})\boldsymbol{q}=\sum_{I=1}^{n}\Phi_I(\boldsymbol{x})q_I,\tag{5.6.5}
$$

其中

$$
\boldsymbol{\Phi}(\boldsymbol{x})=(\Phi_1(\boldsymbol{x}),\Phi_2(\boldsymbol{x}),\cdots,\Phi_n(\boldsymbol{x}))=\boldsymbol{v}^{\mathrm{T}}(\boldsymbol{x})+\boldsymbol{g}^{\mathrm{T}}(\boldsymbol{x})\tilde{\boldsymbol{A}}^{-1}(\boldsymbol{x})\tilde{\boldsymbol{B}}(\boldsymbol{x}),\tag{5.6.6}
$$

$$
\tilde{\boldsymbol{A}}(\boldsymbol{x})=\tilde{\boldsymbol{P}}^{\mathrm{T}}(\boldsymbol{x})\boldsymbol{W}(\boldsymbol{x})\tilde{\boldsymbol{P}}(\boldsymbol{x}),\tag{5.6.7}
$$

$$
\tilde{\boldsymbol{B}}(\boldsymbol{x})=\tilde{\boldsymbol{P}}^{\mathrm{T}}(\boldsymbol{x})\boldsymbol{W}(\boldsymbol{x})(\boldsymbol{E}-\boldsymbol{V}(\boldsymbol{x})),\tag{5.6.8}
$$

$$
\boldsymbol{v}^{\mathrm{T}}(\boldsymbol{x})=(v(\boldsymbol{x},\boldsymbol{x}_1),v(\boldsymbol{x},\boldsymbol{x}_2),\cdots,v(\boldsymbol{x},\boldsymbol{x}_n)),\tag{5.6.9}
$$

$$
\boldsymbol{g}^{\mathrm{T}}(\boldsymbol{x})=(g_1(\boldsymbol{x}),g_2(\boldsymbol{x}),\cdots,g_{\bar{m}}(\boldsymbol{x})),\tag{5.6.10}
$$

$$
g_i(\boldsymbol{x})=p_i(\boldsymbol{x})-\sum_{I=1}^{n}v(\boldsymbol{x},\boldsymbol{x}_I)p_i(\boldsymbol{x}_I),\tag{5.6.11}
$$

$$
\boldsymbol{W}(\boldsymbol{x})=\begin{bmatrix}w(\boldsymbol{x}-\boldsymbol{x}_1)&0&\cdots&0\\0&w(\boldsymbol{x}-\boldsymbol{x}_2)&\cdots&0\\\vdots&\vdots&\ddots&\vdots\\0&0&\cdots&w(\boldsymbol{x}-\boldsymbol{x}_n)\end{bmatrix},\tag{5.6.12}
$$

$$\tilde{\boldsymbol{P}}(\boldsymbol{x}) = \begin{bmatrix} \tilde{p}_1(\boldsymbol{x}_1)_x & \tilde{p}_2(\boldsymbol{x}_1)_x & \cdots & \tilde{p}_{\bar{m}}(\boldsymbol{x}_1)_x \\ \tilde{p}_1(\boldsymbol{x}_2)_x & \tilde{p}_2(\boldsymbol{x}_2)_x & \cdots & \tilde{p}_{\bar{m}}(\boldsymbol{x}_2)_x \\ \vdots & \vdots & \ddots & \vdots \\ \tilde{p}_1(\boldsymbol{x}_n)_x & \tilde{p}_2(\boldsymbol{x}_n)_x & \cdots & \tilde{p}_{\bar{m}}(\boldsymbol{x}_n)_x \end{bmatrix}, \tag{5.6.13}$$

$$\boldsymbol{V}(\boldsymbol{x}) = \begin{bmatrix} v(\boldsymbol{x},\boldsymbol{x}_1) & v(\boldsymbol{x},\boldsymbol{x}_2) & \cdots & v(\boldsymbol{x},\boldsymbol{x}_n) \\ v(\boldsymbol{x},\boldsymbol{x}_1) & v(\boldsymbol{x},\boldsymbol{x}_2) & \cdots & v(\boldsymbol{x},\boldsymbol{x}_n) \\ \vdots & \vdots & \ddots & \vdots \\ v(\boldsymbol{x},\boldsymbol{x}_1) & v(\boldsymbol{x},\boldsymbol{x}_2) & \cdots & v(\boldsymbol{x},\boldsymbol{x}_n) \end{bmatrix}_{n\times n}, \tag{5.6.14}$$

$$u_I = u(\boldsymbol{x}_I), \tag{5.6.15}$$

$$q_I = q(\boldsymbol{x}_I). \tag{5.6.16}$$

这样, 对节点 ξ^J, 由方程 (5.6.3) 可得

$$\begin{aligned} C(\xi^J)u(\xi^J) =& \sum_{i=1}^{N_e}\int_{\Gamma_i} u^*(\xi^J,\boldsymbol{x})\sum_{I=1}^{n}\Phi_I(\boldsymbol{x})q(\xi^I)\mathrm{d}\Gamma \\ & - \sum_{i=1}^{N_e}\int_{\Gamma_i} q^*(\xi^J,\boldsymbol{x})\sum_{I=1}^{n}\Phi_I(\boldsymbol{x})u(\xi^I)\mathrm{d}\Gamma \\ & + \sum_{i=1}^{N_c}\left(\sum_{k=1}^{K} w_k(bu^*(\xi^J,\boldsymbol{x}))_k\right)A_i. \end{aligned} \tag{5.6.17}$$

采用局部坐标, 经积分变换方程 (5.6.17) 可变形为

$$\begin{aligned} C(\xi^J)u(\xi^J) =& \sum_{i=1}^{N_e}\sum_{I=1}^{n} q(\xi^I)\int_{-1}^{1} u^*(\xi^J,\boldsymbol{x})\Phi_I(\boldsymbol{x})J(\eta)\mathrm{d}\eta \\ & - \sum_{i=1}^{N_e}\sum_{I=1}^{n} u(\xi^I)\int_{-1}^{1} q^*(\xi^J,\boldsymbol{x})\Phi_I(\boldsymbol{x})J(\eta)\mathrm{d}\eta \\ & + \sum_{i=1}^{N_c}\left(\sum_{k=1}^{K} w_k(bu^*(\xi^J,\boldsymbol{x}))_k\right)A_i. \end{aligned} \tag{5.6.18}$$

其中 η 是局部坐标, w_α 为对应的积分权系数, $J(\eta)$ 是 Jacobi 行列式.

对方程 (5.6.18) 进行数值积分, 可得源点 ξ^J 处的节点变量的线性代数方程组

$$\boldsymbol{C}^J\boldsymbol{U} + \tilde{\boldsymbol{H}}^J\boldsymbol{U} = \boldsymbol{G}^J\boldsymbol{Q} + B_J, \tag{5.6.19}$$

其中

$$\boldsymbol{C}^J=(0,\cdots,0,C(\xi^J),0,\cdots,0), \tag{5.6.20}$$

$$B_J=\sum_{i=1}^{N_c}\left(\sum_{k=1}^{K}w_k\left(bu^*(\xi^J,\boldsymbol{x})\right)_k\right)A_i, \tag{5.6.21}$$

$$\tilde{\boldsymbol{H}}^J=(\tilde{h}_{J1},\tilde{h}_{J2},\cdots,\tilde{h}_{JM}), \tag{5.6.22}$$

$$\boldsymbol{G}^J=(g_{J1},g_{J2},\cdots,g_{JM}), \tag{5.6.23}$$

$$\tilde{h}_{JI}=\sum_{i=1}^{N_e}\sum_{\alpha=1}^{k_i}q^*(\xi^J,\eta_\alpha)\Phi_k^*(\eta_\alpha)J(\eta_\alpha)w_\alpha, \tag{5.6.24}$$

$$g_{JI}=\sum_{i=1}^{N_e}\sum_{\alpha=1}^{k_i}u^*(\xi^J,\eta_\alpha)\Phi_k^*(\eta_\alpha)J(\eta_\alpha)w_\alpha, \tag{5.6.25}$$

η_α 为 Gauss 积分点, k_i 为第 i 个积分子域上的 Gauss 积分点数, $I,J=1,2,\cdots,M$.

依次将边界离散节点 $\xi^J(J=1,2,\cdots,M)$ 作为源点, 将所有节点得到的方程 (5.6.19) 联立可得

$$\boldsymbol{HU}=\boldsymbol{GQ}+\boldsymbol{B}, \tag{5.6.26}$$

其中

$$\boldsymbol{U}=(u_1,u_2,\cdots,u_M)^{\mathrm{T}}, \tag{5.6.27}$$

$$\boldsymbol{Q}=(q_1,q_2,\cdots,q_M)^{\mathrm{T}}, \tag{5.6.28}$$

$$\boldsymbol{H}=(\boldsymbol{H}^1,\boldsymbol{H}^2,\cdots,\boldsymbol{H}^M)^{\mathrm{T}}, \tag{5.6.29}$$

$$\boldsymbol{G}=(\boldsymbol{G}^1,\boldsymbol{G}^2,\cdots,\boldsymbol{G}^M)^{\mathrm{T}}, \tag{5.6.30}$$

$$\boldsymbol{B}=(B_1,B_2,\cdots,B_M)^{\mathrm{T}}, \tag{5.6.31}$$

H^J 的表达式见式 (5.1.29).

直接代入边界条件后求解式 (5.6.26) 即可得到所有边界节点的位势和位势梯度.

当源点 ξ 位于区域 Ω 内, 内点边界积分方程的离散形式为

$$\begin{aligned}u(\xi)=&\sum_{i=1}^{N_e}\int_{\Gamma_i}u^*(\xi,\boldsymbol{x})\sum_{I=1}^{n}\Phi_I(\boldsymbol{x})q(\xi^I)\mathrm{d}\Gamma\\&-\sum_{i=1}^{N_e}\int_{\Gamma_i}q^*(\xi,\boldsymbol{x})\sum_{I=1}^{n}\Phi_I(\boldsymbol{x})u(\xi^I)\mathrm{d}\Gamma+\sum_{i=1}^{N_c}\left(\sum_{k=1}^{K}w_k(bu^*)_k\right)A_i,\end{aligned} \tag{5.6.32}$$

即可得到点 ξ 处的未知量的值.

5.6.2 数值算例

在本节中, 将给出 2 个二维情形下的数值算例, 以验证本节提出的势问题的采用非奇异权函数的改进的插值型边界无单元法的有效性.

定义误差

$$e_q = \frac{1}{M}\sqrt{\sum_{I=1}^{M}\left(q_I^h - q_I\right)^2 \Big/ \sum_{I=1}^{M} q_I^2}, \tag{5.6.33}$$

其中 M 为区域边界的节点总数, q_I^h 和 q_I 分别表示节点上位势梯度的数值解和解析解.

1. 矩形域上的 Poisson 方程

考虑一个边界为 Γ 的矩形域上的温度场, 其控制方程为

$$\nabla^2 T(x_1, x_2) = -2\sin x_1 \sin x_2, \quad 0 \leqslant x_1 \leqslant \pi, 0 \leqslant x_2 \leqslant \pi, \tag{5.6.34}$$

边界条件为

$$T(x_1, x_2) = 0, \quad (x_1, x_2) \in \Gamma. \tag{5.6.35}$$

该问题的解析解为

$$T(x_1, x_2) = \sin x_1 \sin x_2. \tag{5.6.36}$$

采用线性基函数和如图 5.6.1 所示的 16 个规则节点, $d_{\max} = 2$. 图 5.6.2 给出了分别利用边界无单元法、上节的插值型边界无单元法和本节采用非奇异权函数的改进的插值型边界无单元法求得的温度在直线 $x_2 = 1$ 上的数值解. 可以看出, 本节的非奇异权函数的改进的插值型边界无单元法具有较高的计算精度.

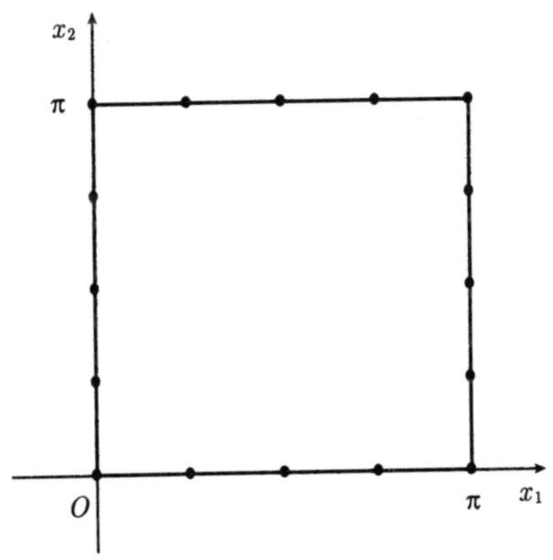

图 5.6.1 边界节点分布

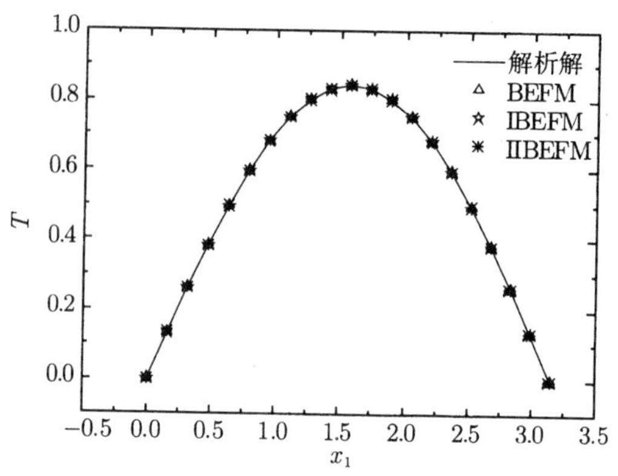

图 5.6.2　当 $x_2 = 1$ 时的数值解和解析解

图 5.6.3 给出了规则节点情形下分别利用边界无单元法、插值型边界无单元法和本节采用非奇异权函数的改进的插值型边界无单元法计算得到的误差 e_q. 除顶点外, 对所有规则节点采用式 (2.2.151) 的方式进行随机扰动, 图 5.6.4 给出了不规

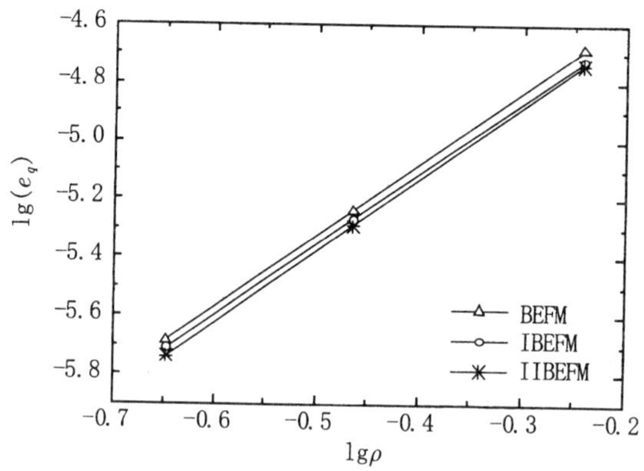

图 5.6.3　规则节点分布时的误差 e_q

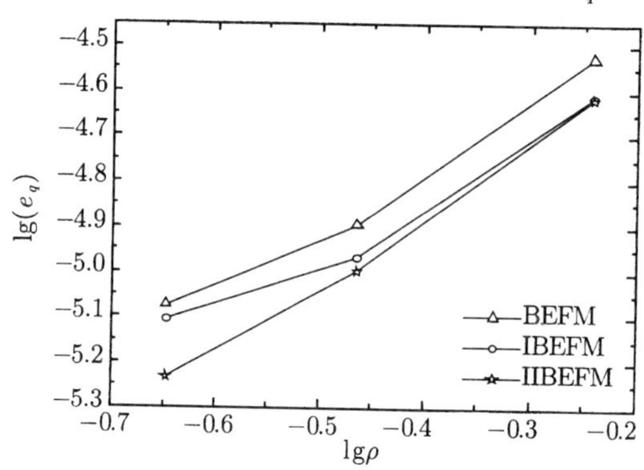

图 5.6.4　不规则节点分布时的误差 e_q

则节点分布情形下利用边界无单元法、插值型边界无单元法以及本节改进的插值型边界无单元法计算得到的误差 e_q, 其中不规则节点的影响域半径与相应规则节点的影响域半径相同. 可以看出, 边界无单元法、插值型边界无单元法和改进的插值型边界无单元法具有几乎相同的误差收敛阶, 本节采用非奇异权函数的改进的插值型边界无单元法具有更高的计算精度.

2. 带圆形弧的正方形域上的 Laplace 方程

考虑 Laplace 方程

$$\nabla^2 T = 0, \quad (x_1, x_2) \in \Omega, \tag{5.6.37}$$

其中求解区域 Ω 为一个带圆形弧的正方形区域, 如图 5.6.5 所示, 正方形的边长为 4, 并且圆形弧的半径为 1.

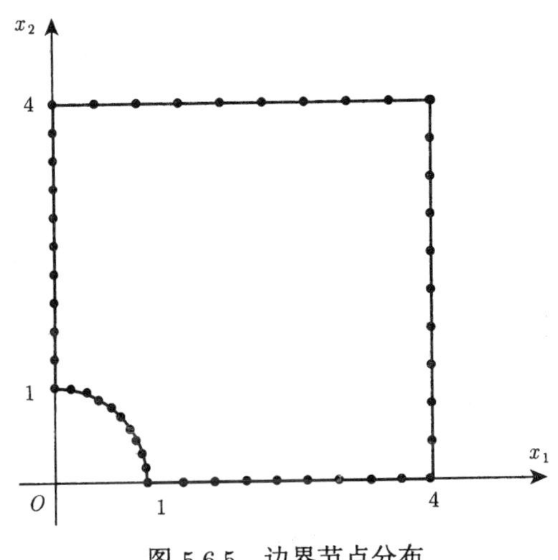

图 5.6.5 边界节点分布

该问题的解析解为

$$T(x_1, x_2) = e^{x_2} \sin x_1. \tag{5.6.38}$$

边界条件为 Dirichlet 边界条件, 且由解析解给出.

采用线性基函数和如图 5.6.5 所示的 50 个规则节点分布, $d_{\max} = 1.5$. 图 5.6.6 给出了利用边界无单元法、插值型边界无单元法和本节改进的插值型边界无单元法求得的 $x_2 = 1$ 时的数值解, 图 5.6.7 给出了它们的绝对误差. 可以看出, 边界无单元法、插值型边界无单元法和改进的插值型边界无单元法三种方法的数值解和解析解都吻合得较好, 但是本节采用非奇异权函数的改进的插值型边界无单元法具有较高的计算精度.

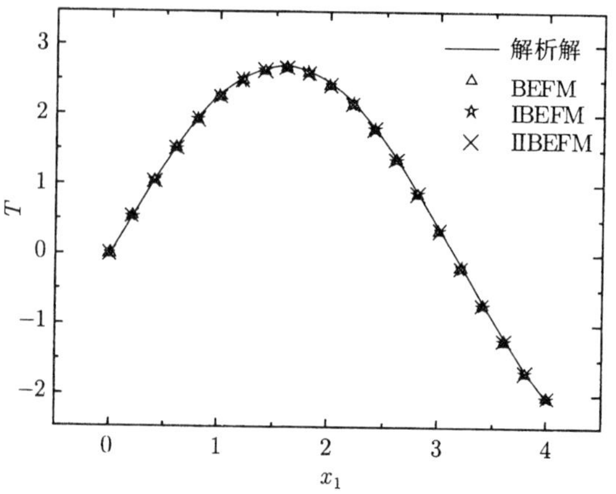

图 5.6.6　当 $x_2 = 1$ 时的数值解和解析解

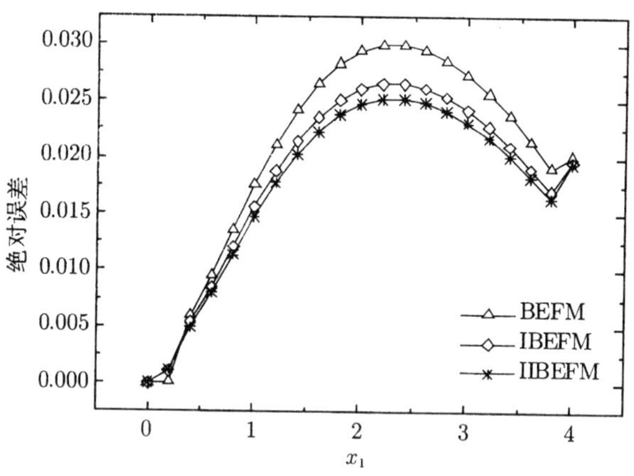

图 5.6.7　当 $x_2 = 1$ 时节点处的绝对误差

图 5.6.8 给出了规则节点情形下分别利用边界无单元法、插值型边界无单元法和本节改进的插值型边界无单元法计算得到的误差 e_q. 除顶点外, 对所有规则节点仍然采用式 (2.2.151) 的方式进行随机扰动, 图 5.6.9 给出了不规则节点分布情形下利用边界无单元法、插值型边界无单元法和改进的插值型边界无单元法计算得到的误差 e_q. 可以看出, 边界无单元法、插值型边界无单元法和改进的插值型边界无单元法仍然具有几乎相同的误差收敛阶, 本节采用非奇异权函数的改进的插值型边界无单元法具有较高的计算精度.

本节改进的插值型边界无单元法采用非奇异权函数, 克服了上节的插值型边界无单元法采用奇异权函数的缺点. 由于形函数满足插值性质, 本节改进的插值型边界无单元法可以直接施加本质边界条件, 也是无网格边界积分方程方法的直接列式解法.

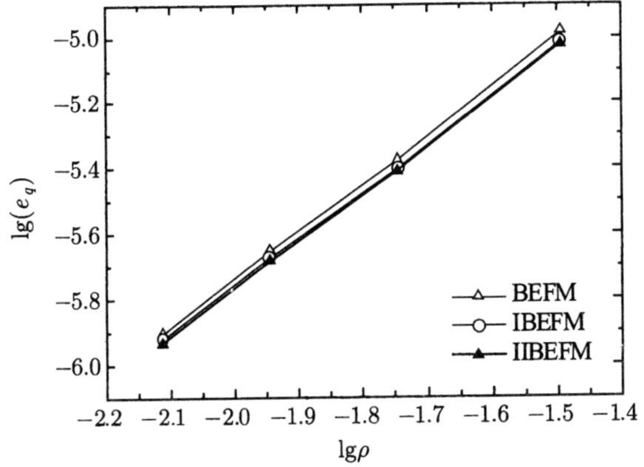

图 5.6.8 规则节点分布时的误差 e_q

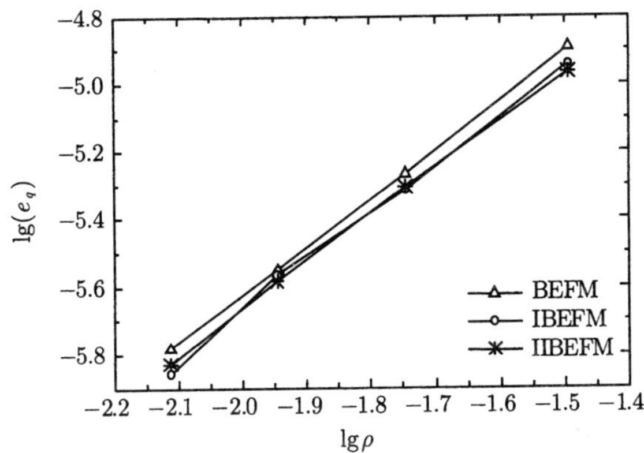

图 5.6.9 不规则节点分布时的误差 e_q

5.7 重构核粒子边界无单元法

本节建立了弹性力学的重构核粒子边界无单元法 (Reproducing kernel particle boundary element-free method, 即 RKP-BEFM).

对弹性力学问题, 基于具有插值特性的重构核粒子法形函数, 结合弹性力学的边界积分方程, 建立了重构核粒子边界无单元法离散化边界积分方程, 给出了重构核粒子边界无单元法的内点位移和应力的离散化积分公式, 从而建立了重构核粒子边界无单元法.

本节将重构核粒子法的基函数进行扩展, 形成包含裂纹尖端场特征项的扩展的重构核粒子法形函数, 将其与边界积分方程方法结合, 建立了断裂力学的重构核粒子边界无单元法.

本节方法沿用了边界无单元法的优点, 采用节点变量的真实解为未知量. 另外, 采用了具有插值特性的重构核粒子法形函数, 可以方便地直接施加本质边界条件, 所以本节的重构核粒子边界无单元法也是无网格边界积分方程方法的直接列式解法.

满足插值特性的重构核粒子法形函数具有不低于重构核函数的光滑性、能够重构多项式在插值点的精确值, 所以本节重构核粒子边界无单元法具有较高的精度.

断裂力学的重构核粒子边界无单元法可以在少量增加裂纹尖端附近边界节点密度的情况下较好地模拟裂纹尖端应力场的奇异性.

通过弹性力学和断裂力学数值算例验证了本节重构核粒子边界无单元法的有效性和正确性.

5.7.1 弹性力学的重构核粒子边界无单元法

本节的弹性力学的重构核粒子边界无单元法是基于具有插值特性的重构核粒子法形函数建立的. 所以本节插值函数部分与本章前几节的几种边界无单元法不同. 在插值函数建立之后, 与本章前几节的几种边界无单元法相同, 将结合弹性力学的边界积分方程进行公式推导.

以下简要给出二维弹性力学的重构核粒子边界无单元法的相关公式, 重点给出相关算例的重构核粒子边界无单元法计算结果.

假设体积力 $b_i = 0$, 弹性力学的边界积分方程为

$$C_{ij}(\xi)u_i(\xi) = \int_{\Gamma} u_{ij}^*(\xi, \boldsymbol{x})t_i(\boldsymbol{x})\mathrm{d}\Gamma - \int_{\Gamma} t_{ij}^*(\xi, \boldsymbol{x})u_i(\boldsymbol{x})\mathrm{d}\Gamma. \tag{5.7.1}$$

将边界 Γ 离散化为 N_{e} 个积分子域 Γ_m, 式 (5.7.1) 变形为

$$C_{ij}(\xi)u_i(\xi) = \sum_{m=1}^{N_{\mathrm{e}}} \int_{\Gamma_m} u_{ij}^*(\xi, \boldsymbol{x})t_i(\boldsymbol{x})\mathrm{d}\Gamma - \sum_{m=1}^{N_{\mathrm{e}}} \int_{\Gamma_m} t_{ij}^*(\xi, \boldsymbol{x})u_i(\boldsymbol{x})\mathrm{d}\Gamma. \tag{5.7.2}$$

在边界 Γ 上配置 M 个离散节点, 由重构核粒子法的插值函数表达式 (2.4.39) 构造任意边界点 $\boldsymbol{x}$ 的位移和面力的试函数

$$u_i(\boldsymbol{x}) = \sum_{I=1}^{n} \Psi_I(\boldsymbol{x})u_{iI}, \tag{5.7.3}$$

$$t_i(\boldsymbol{x}) = \sum_{I=1}^{n} \Psi_I(\boldsymbol{x})t_{iI}, \tag{5.7.4}$$

其中

$$\Psi_I(\boldsymbol{x}) = \frac{\hat{w}(\boldsymbol{x} - \boldsymbol{x}_I)}{\hat{w}(\boldsymbol{0})} + \boldsymbol{p}^{\mathrm{T}}(\boldsymbol{x} - \boldsymbol{x}_I)\boldsymbol{Q}^{-1}(\boldsymbol{x})[\boldsymbol{H} - \hat{\boldsymbol{H}}(\boldsymbol{x})]w(\boldsymbol{x} - \boldsymbol{x}_I). \tag{5.7.5}$$

$$\hat{\boldsymbol{H}}(\boldsymbol{x})=\sum_{I=1}^{n}\boldsymbol{p}(\boldsymbol{x}-\boldsymbol{x}_I)\frac{\hat{w}(\boldsymbol{x}-\boldsymbol{x}_I)}{\hat{w}(\boldsymbol{0})}, \tag{5.7.6}$$

$$\boldsymbol{H}=(1,0,\cdots,0)^{\mathrm{T}}, \tag{5.7.7}$$

$$\boldsymbol{Q}(\boldsymbol{x})=\sum_{I=1}^{n}\boldsymbol{H}(\boldsymbol{x}-\boldsymbol{x}_I)\boldsymbol{G}^{\mathrm{T}}(\boldsymbol{x}-\boldsymbol{x}_I). \tag{5.7.8}$$

$$\boldsymbol{G}(\boldsymbol{x}-\boldsymbol{x}_I)=\boldsymbol{p}(\boldsymbol{x}-\boldsymbol{x}_I)w(\boldsymbol{x}-\boldsymbol{x}_I), \tag{5.7.9}$$

$$u_{iI}=u_i(\boldsymbol{x}_I), \tag{5.7.10}$$

$$t_{iI}=t_i(\boldsymbol{x}_I), \tag{5.7.11}$$

且 $\hat{w}(\boldsymbol{x}-\boldsymbol{x}_I)\geqslant 0$ 是具有紧支特性的函数, 其影响域的大小 $\hat{\rho}_I$ 的选取使得其影响域内不包含任何其他邻近节点, 即 $\hat{\rho}_I<\min\{\|\boldsymbol{x}_I-\boldsymbol{x}_J\|\,|\forall J\neq I\}$.

依次将每个节点作为单位集中力的作用点即源点, 将边界任意点 $\boldsymbol{x}$ 的位移和面力的插值函数表达式 (5.7.3)、(5.7.4) 代入式 (5.7.2), 可得弹性力学的边界无单元法的离散化边界积分方程

$$\begin{aligned}C_{ij}(\xi^J)u_i(\xi^J)=&\sum_{m=1}^{N_{\mathrm{e}}}\int_{\Gamma_m}u_{ij}^*(\xi^J,\boldsymbol{x})\sum_{I=1}^{n}\Psi_I(\boldsymbol{x})t_i(\xi^I)\mathrm{d}\Gamma\\&-\sum_{m=1}^{N_{\mathrm{e}}}\int_{\Gamma_m}t_{ij}^*(\xi^J,\boldsymbol{x})\sum_{I=1}^{n}\Psi_I(\boldsymbol{x})u_i(\xi^I)\mathrm{d}\Gamma,\end{aligned} \tag{5.7.12}$$

这里 ξ^J 是节点.

对方程 (5.7.12) 作积分变换可得

$$\begin{aligned}C_{ij}(\xi^J)u_i(\xi^J)=&\sum_{m=1}^{N_{\mathrm{e}}}\sum_{I=1}^{n}t_i(\xi^I)\int_{-1}^{1}u_{ij}^*(\xi^J,\boldsymbol{x})\Psi_I(\eta)J(\eta)\mathrm{d}\eta\\&-\sum_{m=1}^{N_{\mathrm{e}}}\sum_{I=1}^{n}u_i(\xi^I)\int_{-1}^{1}t_{ij}^*(\xi^J,\boldsymbol{x})\Psi_I(\eta)J(\eta)\mathrm{d}\eta,\end{aligned} \tag{5.7.13}$$

其中 $J=1,2,\cdots,M$, M 为边界节点总数, $i,j=1,2$, Jacobi 行列式为

$$J(\eta)=\sqrt{\left(\frac{\mathrm{d}x_1}{\mathrm{d}\eta}\right)^2+\left(\frac{\mathrm{d}x_2}{\mathrm{d}\eta}\right)^2}. \tag{5.7.14}$$

下面进一步将边界离散方程 (5.7.13) 改写为矩阵形式, 最终形成所有边界配置节点位移和面力未知量的矩阵方程.

对边界源点 ξ^J, 方程 (5.7.13) 可写为

$$\boldsymbol{C}^J\boldsymbol{U}^J+\sum_{m=1}^{N_{\rm e}}\left[\left(\int_{-1}^{1}\boldsymbol{t}^*\boldsymbol{\Psi}J(\eta)\mathrm{d}\eta\right)\boldsymbol{U}\right]=\sum_{m=1}^{N_{\rm e}}\left[\left(\int_{-1}^{1}\boldsymbol{u}^*\boldsymbol{\Psi}J(\eta)\mathrm{d}\eta\right)\boldsymbol{T}\right], \tag{5.7.15}$$

其中

$$\boldsymbol{C}^J=\begin{bmatrix} C_{11}^J & C_{12}^J \\ C_{21}^J & C_{22}^J \end{bmatrix}, \tag{5.7.16}$$

$$\boldsymbol{U}^J=(u_{1J},u_{2J})^{\rm T}, \tag{5.7.17}$$

$$\boldsymbol{t}^*=\begin{bmatrix} t_{11}^* & t_{12}^* \\ t_{21}^* & t_{22}^* \end{bmatrix}, \tag{5.7.18}$$

$$\boldsymbol{u}^*=\begin{bmatrix} u_{11}^* & u_{12}^* \\ u_{21}^* & u_{22}^* \end{bmatrix}, \tag{5.7.19}$$

$$\boldsymbol{\Psi}=\begin{bmatrix} \Psi_1(\eta) & 0 & \Psi_2(\eta) & 0 & \cdots & \Psi_M(\eta) & 0 \\ 0 & \Psi_1(\eta) & 0 & \Psi_2(\eta) & \cdots & 0 & \Psi_M(\eta) \end{bmatrix}, \tag{5.7.20}$$

$$\boldsymbol{U}=(u_{11},u_{21},u_{12},u_{22},\cdots,u_{1M},u_{2M})^{\rm T}, \tag{5.7.21}$$

$$\boldsymbol{T}=(t_{11},t_{21},t_{12},t_{22},\cdots,t_{1M},t_{2M})^{\rm T}. \tag{5.7.22}$$

对源点 ξ^J, 沿边界积分子域逐一完成积分运算后代数叠加, 可得

$$\boldsymbol{C}^J\boldsymbol{U}^J+\tilde{\boldsymbol{H}}^J\boldsymbol{U}=\boldsymbol{G}^J\boldsymbol{T}, \tag{5.7.23}$$

其中

$$\tilde{\boldsymbol{H}}^J=\begin{bmatrix} H_{11}^{J1} & H_{12}^{J1} & H_{11}^{J2} & H_{12}^{J2} & \cdots & H_{11}^{JM} & H_{12}^{JM} \\ H_{21}^{J1} & H_{22}^{J1} & H_{21}^{J2} & H_{22}^{J2} & \cdots & H_{21}^{JM} & H_{22}^{JM} \end{bmatrix}, \tag{5.7.24}$$

$$\boldsymbol{G}^J=\begin{bmatrix} G_{11}^{J1} & G_{12}^{J1} & G_{11}^{J2} & G_{12}^{J2} & \cdots & G_{11}^{JM} & G_{12}^{JM} \\ G_{21}^{J1} & G_{22}^{J1} & G_{21}^{J2} & G_{22}^{J2} & \cdots & G_{21}^{JM} & G_{22}^{JM} \end{bmatrix}, \tag{5.7.25}$$

并且

$$H_{ij}^{JI}=\sum_{m=1}^{N_{\rm e}}\sum_{\alpha=1}^{k_m}t_{ij}^*(\xi^J,\eta_\alpha)\Psi_I(\eta_\alpha)J(\eta_\alpha)w_\alpha, \tag{5.7.26}$$

$$G_{ij}^{JI}=\sum_{m=1}^{N_{\rm e}}\sum_{\alpha=1}^{k_m}u_{ij}^*(\xi^J,\eta_\alpha)\Psi_I(\eta_\alpha)J(\eta_\alpha)w_\alpha, \tag{5.7.27}$$

其中 k_m 是第 m 个积分子域配置的积分点总数, η_α 是积分点坐标, w_α 是对应于 η_α 的积分权值, $\Psi_I(\eta_\alpha)$ 为形函数在第 m 个积分子域的第 α 积分点的取值. 根据不同积分子域的情况, 可采用 Gauss 积分、对数积分或 Cauchy 主值积分.

当得到所有边界节点对应的方程 (5.7.23) 后, 将各节点的 $\boldsymbol{C}^J$ 扩展成为和 $\tilde{\boldsymbol{H}}^J$ 具有相同的自由度数,

$$\tilde{\boldsymbol{C}}^J = \begin{bmatrix} 0 & 0 & \cdots & 0 & 0 & C_{11}^J & C_{12}^J & 0 & 0 & \cdots & 0 & 0 \\ 0 & 0 & \cdots & 0 & 0 & C_{21}^J & C_{22}^J & 0 & 0 & \cdots & 0 & 0 \end{bmatrix}, \tag{5.7.28}$$

$$\boldsymbol{H}^J = \tilde{\boldsymbol{C}}^J + \tilde{\boldsymbol{H}}^J. \tag{5.7.29}$$

方程 (5.7.23) 即变形为

$$\boldsymbol{H}^J \boldsymbol{U} = \boldsymbol{G}^J \boldsymbol{T}. \tag{5.7.30}$$

将式 (5.7.30) 对所有边界节点 ξ^J 轮换, 即 $J = 1, 2, \cdots, M$, 然后组合即可得到边界节点位移分量和面力分量之间的矩阵方程

$$\boldsymbol{H}\boldsymbol{U} = \boldsymbol{G}\boldsymbol{T}, \tag{5.7.31}$$

其中

$$\boldsymbol{H} = \begin{bmatrix} H_{11}^{11} & H_{12}^{11} & H_{11}^{12} & H_{12}^{12} & \cdots & H_{11}^{1M} & H_{12}^{1M} \\ H_{21}^{11} & H_{22}^{11} & H_{21}^{12} & H_{22}^{12} & \cdots & H_{21}^{1M} & H_{22}^{1M} \\ H_{11}^{21} & H_{12}^{21} & H_{11}^{22} & H_{12}^{22} & \cdots & H_{11}^{2M} & H_{12}^{2M} \\ H_{21}^{21} & H_{22}^{21} & H_{21}^{22} & H_{22}^{22} & \cdots & H_{21}^{2M} & H_{22}^{2M} \\ \vdots & \vdots & \vdots & \vdots & \ddots & \vdots & \vdots \\ H_{11}^{M1} & H_{12}^{M1} & H_{11}^{M2} & H_{12}^{M2} & \cdots & H_{11}^{MM} & H_{12}^{MM} \\ H_{21}^{M1} & H_{22}^{M1} & H_{21}^{M2} & H_{22}^{M2} & \cdots & H_{21}^{MM} & H_{22}^{MM} \end{bmatrix}. \tag{5.7.32}$$

矩阵 $\boldsymbol{G}$ 由 $\boldsymbol{G}^n$ 直接组装形成, 形式与 $\boldsymbol{H}$ 相同.

在不考虑体积力的情况下, 内点的边界积分方程为

$$u_j(\xi) = \int_\Gamma u_{ij}^*(\xi, \boldsymbol{x}) t_i(\boldsymbol{x}) \mathrm{d}\Gamma - \int_\Gamma t_{ij}^*(\xi, \boldsymbol{x}) u_i(\boldsymbol{x}) \mathrm{d}\Gamma. \tag{5.7.33}$$

将式 (5.7.3) 和式 (5.7.4) 代入式 (5.7.33) 并离散化, 可得

$$u_j(\xi) = \sum_{m=1}^{N_\mathrm{e}} \int_{\Gamma_m} u_{ij}^*(\xi, \boldsymbol{x}) \sum_{I=1}^{n} \Psi_I(\boldsymbol{x}) t_i(\xi^I) \mathrm{d}\Gamma - \sum_{m=1}^{N_\mathrm{e}} \int_{\Gamma_m} t_{ij}^*(\xi, \boldsymbol{x}) \sum_{I=1}^{n} \Psi_I(\boldsymbol{x}) u_i(\xi^I) \mathrm{d}\Gamma. \tag{5.7.34}$$

由应力应变关系以及几何关系可得弹性体内任意点的应力为

$$\sigma_{ij}=\int_{\Gamma}D_{kij}t_k\mathrm{d}\Gamma-\int_{\Gamma}S_{kij}u_k\mathrm{d}\Gamma, \tag{5.7.35}$$

这里 D_{kij} 和 S_{kij} 的表达式分别见式 (5.2.41) 和 (5.2.42).

将式 (5.7.3) 和式 (5.7.4) 代入式 (5.7.35) 并离散化, 得

$$\sigma_{ij}=\sum_{m=1}^{N_\mathrm{e}}\sum_{I=1}^{n}t_k(\xi^I)\int_{\Gamma_m}D_{kij}\Psi_I(\boldsymbol{x})\mathrm{d}\Gamma-\sum_{m=1}^{N_\mathrm{e}}\sum_{I=1}^{n}u_k(\xi^I)\int_{\Gamma_m}S_{kij}\Psi_I(\boldsymbol{x})\mathrm{d}\Gamma. \tag{5.7.36}$$

5.7.2 断裂力学的重构核粒子边界无单元法

1. 裂纹尖端位移场和应力场

根据裂纹受力情况, 裂纹可分为三种基本类型: I 型 (张开型)、II 型 (滑开型, 又称平面内剪切型) 和III型 (撕开型, 又称反平面剪切型).

对于二维断裂力学问题, 混合型裂纹尖端的位移场为

$$u_1(\boldsymbol{x})=\frac{K_\mathrm{I}}{2G}\sqrt{\frac{r}{2\pi}}\cos\frac{\theta}{2}\left[(\kappa-1)+2\sin^2\frac{\theta}{2}\right]+\frac{K_\mathrm{II}}{2G}\sqrt{\frac{r}{2\pi}}\sin\frac{\theta}{2}\left[(\kappa+1)+2\cos^2\frac{\theta}{2}\right], \tag{5.7.37}$$

$$u_2(\boldsymbol{x})=\frac{K_\mathrm{I}}{2G}\sqrt{\frac{r}{2\pi}}\sin\frac{\theta}{2}\left[(\kappa+1)-2\cos^2\frac{\theta}{2}\right]-\frac{K_\mathrm{II}}{2G}\sqrt{\frac{r}{2\pi}}\cos\frac{\theta}{2}\left[(\kappa-1)-2\sin^2\frac{\theta}{2}\right], \tag{5.7.38}$$

其中 r 为点 $\boldsymbol{x}$ 到裂纹尖端的距离, θ 是裂纹扩展角 (如图 5.7.1 所示), G 是剪切模量, κ 是 Kolosov 常数,

$$\kappa=\begin{cases}3-4\nu & \text{平面应变问题}\\ \dfrac{3-\nu}{1+\nu} & \text{平面应力问题}\end{cases}. \tag{5.7.39}$$

混合型裂纹尖端的应力场为

$$\sigma_{11}=\frac{K_\mathrm{I}}{\sqrt{2\pi r}}\cos\frac{\theta}{2}\left(1-\sin\frac{\theta}{2}\sin\frac{3\theta}{2}\right)-\frac{K_\mathrm{II}}{\sqrt{2\pi r}}\sin\frac{\theta}{2}\left(2+\cos\frac{\theta}{2}\cos\frac{3\theta}{2}\right), \tag{5.7.40}$$

$$\sigma_{22}=\frac{K_\mathrm{I}}{\sqrt{2\pi r}}\cos\frac{\theta}{2}\left(1+\sin\frac{\theta}{2}\sin\frac{3\theta}{2}\right)+\frac{K_\mathrm{II}}{\sqrt{2\pi r}}\sin\frac{\theta}{2}\cos\frac{\theta}{2}\cos\frac{3\theta}{2}, \tag{5.7.41}$$

$$\sigma_{12}=\frac{K_\mathrm{I}}{\sqrt{2\pi r}}\sin\frac{\theta}{2}\cos\frac{\theta}{2}\cos\frac{3\theta}{2}+\frac{K_\mathrm{II}}{\sqrt{2\pi r}}\cos\frac{\theta}{2}\left(1-\sin\frac{\theta}{2}\sin\frac{3\theta}{2}\right), \tag{5.7.42}$$

可见, 裂纹尖端附近的应力场具有 $1/\sqrt{r}$ 的奇异性.

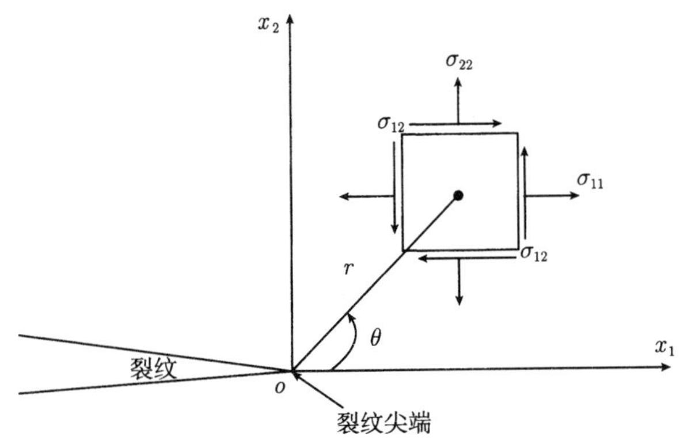

图 5.7.1 裂纹尖端的局部坐标系

2. 断裂力学的重构核粒子边界无单元法的形函数

在断裂力学的扩展的无网格 Galerkin 方法[75]中, 在裂纹尖端采用试函数扩展法和基函数扩展法两种方式来建立位移试函数.

试函数扩展法是把一些特殊函数加到试函数中, 所增加的位移系数与应力强度因子相关. 该方法的特点在于处理多裂纹问题时计算量增加相对较少, 但该方法的限制在于所有影响域内包含裂纹尖端的节点均需使用, 否则会出现不良解. 此外, 该方法的位移系数非常敏感, 且不能直接用于计算应力强度因子, 应力强度因子需通过 J 积分得到.

基函数扩展法是在基函数中加入反映裂纹尖端应力奇异性的扩展函数项, 然后由移动最小二乘法得到形函数形式. 这种方法简洁直观, 可以利用较少的节点较为精确地得到裂纹尖端的应力场, 而且计算效率较高.

对于混合型平面裂纹问题, 从式 (5.7.37)−(5.7.42) 可知, 裂纹尖端附近的位移与 $\sqrt{r}$ 成正比, 应力具有 $1/\sqrt{r}$ 奇异性. 若采用完全基函数扩展法, 即在位移试函数和面力试函数的基函数中引入裂纹尖端位移场和应力场的所有项, 可以利用较少的节点较精确地得到裂纹尖端的位移场和应力场, 但计算时间较长. 若采用局部基函数扩展法, 即只将 $\sqrt{r}$ 引入位移试函数的基函数中, 则可以在以较少节点较为精确地模拟裂纹尖端的位移场和应力场的前提下, 节省较多的计算时间.

基于以上分析, 断裂力学的重构核粒子边界无单元法的基函数类型如下:

一维情况下, 试函数的线性和二次完全扩展基分别为

$$\boldsymbol{H}^{\mathrm{T}}(x-x_I)=\left(1, x-x_I, \sqrt{r}\cos\frac{\theta}{2}, \sqrt{r}\sin\frac{\theta}{2}, \sqrt{r}\sin\frac{\theta}{2}\sin\theta, \sqrt{r}\cos\frac{\theta}{2}\sin\theta\right), \quad (5.7.43)$$

$$\boldsymbol{H}^{\mathrm{T}}(x-x_I)=\left(1, x-x_I, (x-x_I)^2, \sqrt{r}\cos\frac{\theta}{2}, \sqrt{r}\sin\frac{\theta}{2}, \sqrt{r}\sin\frac{\theta}{2}\sin\theta, \sqrt{r}\cos\frac{\theta}{2}\sin\theta\right); \quad (5.7.44)$$

二维情况下, 试函数的线性和二次完全扩展基分别为

$$\boldsymbol{H}^{\mathrm{T}}(\boldsymbol{x}-\boldsymbol{x}_I)=\left(1,x_1-x_{I1},x_2-x_{I2},\sqrt{r}\cos\frac{\theta}{2},\sqrt{r}\sin\frac{\theta}{2},\sqrt{r}\sin\frac{\theta}{2}\sin\theta,\sqrt{r}\cos\frac{\theta}{2}\sin\theta\right), \tag{5.7.45}$$

$$\boldsymbol{H}^{\mathrm{T}}(\boldsymbol{x}-\boldsymbol{x}_I)=\Big(1,x_1-x_{I1},x_2-x_{I2},(x_1-x_{I1})^2,(x_1-x_{I1})(x_2-x_{I2}),(x_2-x_{I2})^2,$$
$$\sqrt{r}\cos\frac{\theta}{2},\sqrt{r}\sin\frac{\theta}{2},\sqrt{r}\sin\frac{\theta}{2}\sin\theta,\sqrt{r}\cos\frac{\theta}{2}\sin\theta\Big); \tag{5.7.46}$$

一维情况下, 试函数的线性和二次局部扩展基分别为

$$\boldsymbol{H}^{\mathrm{T}}(x-x_I)=(1,x-x_I,\sqrt{r}), \tag{5.7.47}$$

$$\boldsymbol{H}^{\mathrm{T}}(x-x_I)=(1,x-x_I,(x-x_I)^2,\sqrt{r}); \tag{5.7.48}$$

二维情况下, 试函数的线性和二次局部扩展基分别为

$$\boldsymbol{H}^{\mathrm{T}}(\boldsymbol{x}-\boldsymbol{x}_I)=(1,x_1-x_{I1},x_2-x_{I2},\sqrt{r}), \tag{5.7.49}$$

$$\boldsymbol{H}^{\mathrm{T}}(\boldsymbol{x}-\boldsymbol{x}_I)=(1,x_1-x_{I1},x_2-x_{I2},(x_1-x_{I1})^2,(x_1-x_{I1})(x_2-x_{I2}),(x_2-x_{I2})^2,\sqrt{r}). \tag{5.7.50}$$

采用插值形式的重构核粒子法, 若取扩展的基函数为

$$\boldsymbol{H}^{\mathrm{T}}(s-s_I)=(1,s-s_I,\sqrt{r}), \tag{5.7.51}$$

其中 s 为边界曲线的弧长参数, 那么, 由改进的重构核粒子法插值形函数式 (2.4.66) 可得

$$\Psi_I(s)=\frac{\hat{w}(s-s_I)}{\hat{w}(\boldsymbol{0})}+\boldsymbol{p}^{\mathrm{T}}(s-s_I)\boldsymbol{Q}^{-1}(s)[\boldsymbol{H}-\hat{\boldsymbol{H}}(s)]w(s-s_I), \tag{5.7.52}$$

其中,

$$\boldsymbol{Q}(s)=\sum_{I=1}^{n}\boldsymbol{H}(s-s_I)\boldsymbol{H}^{\mathrm{T}}(s-s_I)\Phi_a(s-s_I)\Delta V_I, \tag{5.7.53}$$

式中 ΔV_I 为裂纹尖端附近第 I 个节点的体积.

进一步可形成扩展的重构核粒子法形函数

$$\phi_I(s)=\hat{\Psi}_I(s)+\boldsymbol{H}^{\mathrm{T}}(s-s_I)\boldsymbol{Q}^{-1}(s)[\boldsymbol{H}(0)-\hat{\boldsymbol{H}}(s)]w(s-s_I), \tag{5.7.54}$$

其中 $\hat{\Psi}_I(s)$ 为简单函数, 可取

$$\hat{\Psi}_I(s)=\frac{\hat{w}(s-s_I)}{\hat{w}(\boldsymbol{0})},\quad \hat{\rho}_I<\min\left\{\|s_I-s_J\|\,|\forall J\neq I\right\}. \tag{5.7.55}$$

具体实施时, 可取

$$\boldsymbol{H}^{\mathrm{T}}(s-s_I)=(1,\sqrt{r}), \tag{5.7.56}$$

并且取裂纹尖端点和裂纹尖端最近节点作为裂纹尖端影响域内的节点, 裂纹尖端点到最近节点以外的区域采用原来的基函数构造重构核粒子法插值函数, 即裂纹尖端点以外的节点仍采用不包含扩展项的基函数来构造形函数, 这样就既能较为精确地反映裂纹尖端点附近的位移场, 又保证了所有节点的形函数具有改进的重构核粒子法插值函数特性.

在裂纹尖端的裂纹扩展方向上, 应力和面力是相关的, 保持面力形函数在裂纹尖端的奇异性是模拟裂纹尖端奇异应力场的前提. 根据式 (5.7.40)−(5.7.42), 断裂力学的重构核粒子边界无单元法的面力试函数可采用与位移试函数不同的形式. 这里, 裂纹尖端节点的面力形函数为

$$\varphi_I(s)=\{\hat{\Psi}_I(s)+\boldsymbol{H}^{\mathrm{T}}(s-s_I)\boldsymbol{Q}^{-1}(s)[\boldsymbol{H}(0)-\hat{\boldsymbol{H}}(s)]w(s-s_I)\}\sqrt{\frac{\rho_I}{r}}, \tag{5.7.57}$$

其中 ρ_I 为裂纹尖端节点 s_I 的影响域尺寸, 可以和裂纹尖端位移附近节点的位移形函数取相同值, 这时所有节点均取

$$\boldsymbol{H}^{\mathrm{T}}(s-s_I)=(1,s-s_I,(s-s_I)^2), \tag{5.7.58}$$

具体实施时限定裂纹尖端点至最近节点以外的区域的节点按原改进的重构核粒子法插值函数处理.

我们也可取

$$\boldsymbol{H}^{\mathrm{T}}(s-s_I)=(1,\sqrt{r}), \tag{5.7.59}$$

然后利用式 (5.7.57) 构造裂纹尖端点的面力场形函数, 而其余节点的面力按原改进的重构核粒子法插值函数处理. 这样, 式 (5.7.57) 的面力形函数具有 $1/\sqrt{r}$ 奇异性, 充分表现了裂纹尖端附近的面力场的奇异特性.

3. 断裂力学的重构核粒子边界无单元法

断裂力学的重构核粒子边界无单元法的边界积分方程和离散化求解方程的推导与弹性力学的重构核粒子边界无单元法的推导相同, 只要注意在裂纹尖端附近试函数采用由局部扩展基函数得到的形函数即可.

对线弹性平面断裂力学问题, 若干条裂纹扩展互不交叉时, 将裂纹扩展方向指定为边界面, 把问题划分为 2 个 (当分析对象存在 1 条裂纹时) 或 $n+1$ 个 (当分析对象存在 n 条裂纹时) 子域, 在每个子域应用边界积分方程, 并将各子域的边界积分方程耦合后形成整体域边界积分方程. 在分析域边界布置总数为 M 个离散节点, 这些节点可分为裂纹尖端附近的节点和其他节点两部分. 对于影响域覆盖裂纹

尖端附近点的节点, 其位移形函数 $\Psi_I(s)$ 采用式 (5.7.55) 确定, 其面力形函数 $\varphi_I(s)$ 采用式 (5.7.57) 确定. 裂纹尖端点影响域以外的节点的位移形函数和面力形函数分别采用式 (5.7.3) 和 (5.7.4) 来确定.

这样, 可形成裂纹尖端附近边界位移和面力试函数

$$u_i(s) = \sum_{I=1}^{M_c} \phi_I(s) u_{iI} + \sum_{I=M_c+1}^{M} \Psi_I(s) u_{iI}, \tag{5.7.60}$$

$$t_i(s) = \sum_{I=1}^{M_c} \varphi_I(s) t_{iI} + \sum_{I=M_c+1}^{M} \Psi_I(s) t_{iI}, \tag{5.7.61}$$

其中 M_c 为影响域覆盖点 s 的裂纹尖端附近的节点数.

同理, 裂纹尖端点影响域以外的边界场点的位移和面力也可表示为式 (5.7.60) 和 (5.7.61) 的形式, 这时 $\phi_I(s)$ 和 $\varphi_I(s)$ 的影响域并不覆盖计算点, 计算时其值也自动为 0.

于是, 由弹性力学的边界积分方程 (5.7.2) 可以得到二维线弹性断裂力学的重构核粒子边界无单元法的边界积分方程的离散化形式

$$\begin{aligned} C_{ij}(\xi^J)\boldsymbol{u}_i(\xi^J) = &\sum_{m=1}^{N_{\mathrm{e}}} \int_{\Gamma_m} \boldsymbol{u}_{ij}^*(\xi^J, \boldsymbol{s}) \left(\sum_{I=1}^{M_c} \varphi_I(\boldsymbol{s}) t_{iI} + \sum_{I=M_c+1}^{M} \Psi_I(s) t_{iI} \right) \mathrm{d}\Gamma \\ &- \sum_{m=1}^{N_{\mathrm{e}}} \int_{\Gamma_m} \boldsymbol{t}_{ij}^*(\xi^J, \boldsymbol{s}) \left(\sum_{I=1}^{M_c} \phi_I(\boldsymbol{s}) u_{iI} + \sum_{I=M_c+1}^{M} \Psi_I(s) u_{iI} \right) \mathrm{d}\Gamma. \end{aligned} \tag{5.7.62}$$

由此方程出发, 通过下面数值化过程, 即可建立包括裂纹尖端附近节点在内的边界节点的基本未知量求解方程.

设裂纹尖端点为边界离散点的第一个点, 且 $M_c = 1$, 则有

$$\boldsymbol{C}^J \boldsymbol{U}^J + \sum_{m=1}^{N_{\mathrm{e}}} \left[\left(\int_{-1}^{1} \boldsymbol{t}^* \boldsymbol{\Psi} J(\eta) \mathrm{d}\eta \right) \boldsymbol{U} \right] = \sum_{m=1}^{N_{\mathrm{e}}} \left[\left(\int_{-1}^{1} \boldsymbol{u}^* \tilde{\boldsymbol{\Psi}} J(\eta) \mathrm{d}\eta \right) \boldsymbol{T} \right], \tag{5.7.63}$$

其中

$$\boldsymbol{\Psi} = \begin{bmatrix} \phi_1 & 0 & \Psi_2 & 0 & \cdots & \Psi_M & 0 \\ 0 & \phi_1 & 0 & \Psi_2 & \cdots & 0 & \Psi_M \end{bmatrix}, \tag{5.7.64}$$

$$\tilde{\boldsymbol{\Psi}} = \begin{bmatrix} \varphi_1 & 0 & \Psi_2 & 0 & \cdots & \Psi_M & 0 \\ 0 & \varphi_1 & 0 & \Psi_2 & \cdots & 0 & \Psi_M \end{bmatrix}, \tag{5.7.65}$$

其他变量的含义与式 (5.7.13) 相同.

对源点 ξ^J, 通过数值积分, 由式 (5.7.63) 可得

$$\boldsymbol{C}^J\boldsymbol{U}^J+\tilde{\boldsymbol{H}}^J\boldsymbol{U}=\boldsymbol{G}^J\boldsymbol{T}. \tag{5.7.66}$$

类似弹性力学的重构核粒子边界无单元法, 将式 (5.7.66) 对所有边界节点轮换, 即 $J=1,2,\cdots,M$, 然后组合即可得到边界节点位移分量和面力分量之间的矩阵方程

$$\boldsymbol{H}\boldsymbol{U}=\boldsymbol{G}\boldsymbol{T}. \tag{5.7.67}$$

5.7.3 数值算例

1. 无限大均匀弹性介质柱状空腔受内压问题

考虑一无限大受均布内压的均匀弹性介质柱状空腔, 其横截面如图 5.7.2 所示, 空腔直径 $d=6\text{m}$, 内压 $p=100\text{MPa}$. 材料常数为: 剪切模量 $G=94500\text{MPa}$, Poisson 比 $\nu=0.1$.

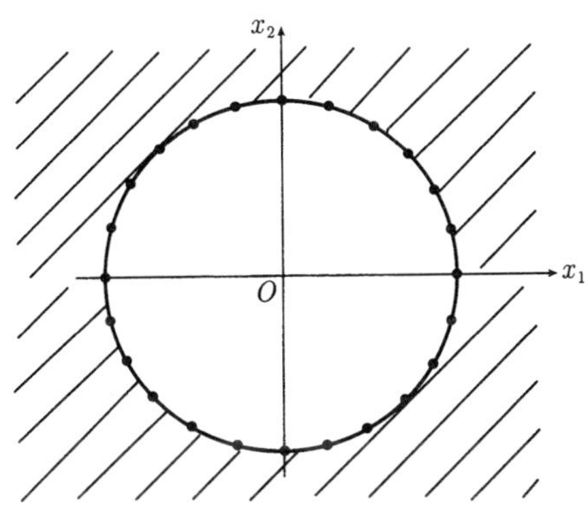

图 5.7.2 无限大弹性介质柱状空腔

这是一个平面应变问题. 利用本节建立的重构核粒子边界无单元法进行计算时, 在柱状空腔周向均匀配置 24 个节点, 注意按照边界积分规定此时节点顺序应顺时针依次布置. 计算所得的介质内 x_1 轴上的点的位移和应力与解析解的比较分别如图 5.7.3 和图 5.7.4 所示, 表 5.7.1 列出了应力的计算结果及其相对误差. 可以看出, 本节建立的弹性力学的重构核粒子边界无单元法具有较高的精度.

表 5.7.1 x_1 轴上的点的应力 σ_{22} 及其误差

离空腔中心距离 (m)	解析解 (MPa)	RKP-BEFM (MPa)	误差 (%)
3.5	73.4	73.128	0.30
4	56.25	56.168	0.15
6	25	24.905	0.38
10	9.0	8.965	0.39
20	2.25	2.241	0.40

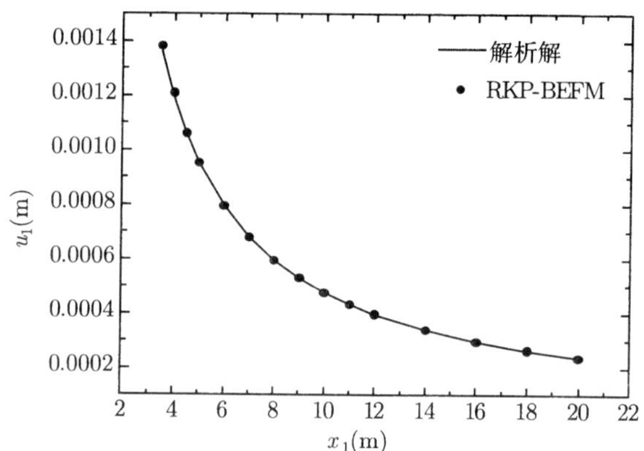

图 5.7.3　x_1 轴上的点在 x_1 方向的位移

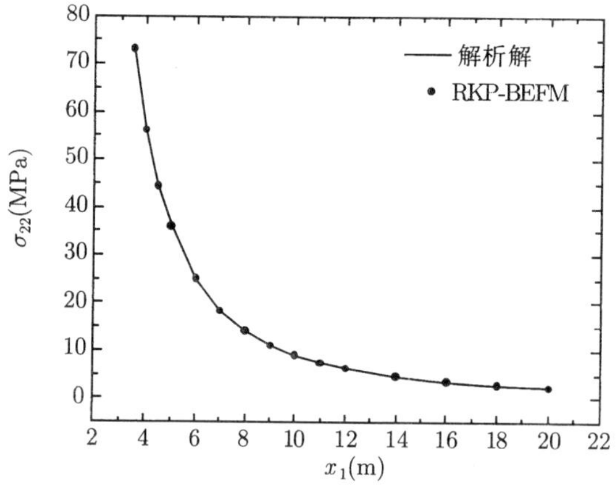

图 5.7.4　x_1 轴上的点的应力 σ_{22}

2. 中心圆孔板

考虑单位厚度中心圆孔方板在均布力作用下中心孔周围应力集中和变形情况. 材料的弹性剪切模量 $G = 80000\text{MPa}$, Poisson 比 $\nu = 0.3$. 均布面力为 $p = 100\text{MPa}$, 中心孔半径 $r = 1.0\text{m}$, 方板边长 $2a = 20\text{m}$.

这是一个平面应力问题. 利用本节提出的重构核粒子边界无单元法进行计算时, 考虑到对称性, 取 1/4 进行分析, 如图 5.7.5 所示, 在边界配置 32 个节点. 计算所得的 $x_1 = 0$ 边界上的节点在 x_1 方向的应力如图 5.7.6 所示, $x_2 = 0$ 边界上的节点在 x_1 方向的位移如图 5.7.7 所示. 可以看出, 弹性力学的重构核粒子边界无单元法具有较高精度.

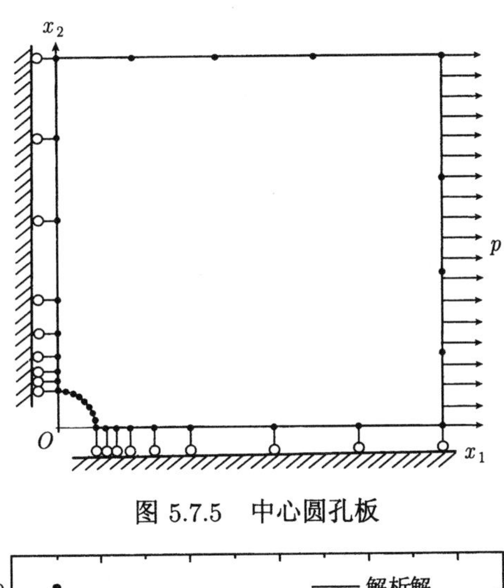

图 5.7.5 中心圆孔板

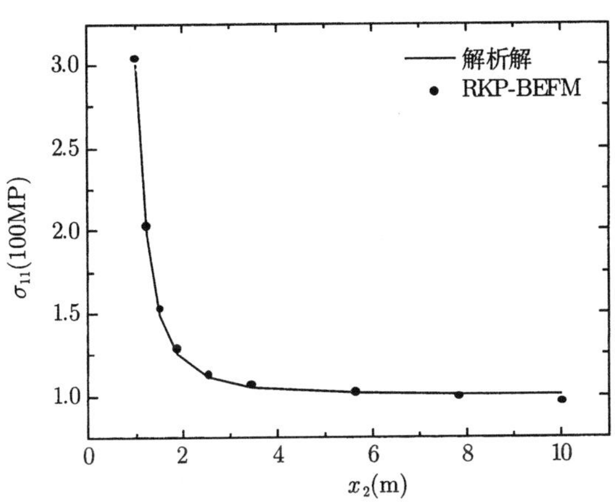

图 5.7.6 $x_1 = 0$ 边界上的节点在 x_1 方向的应力

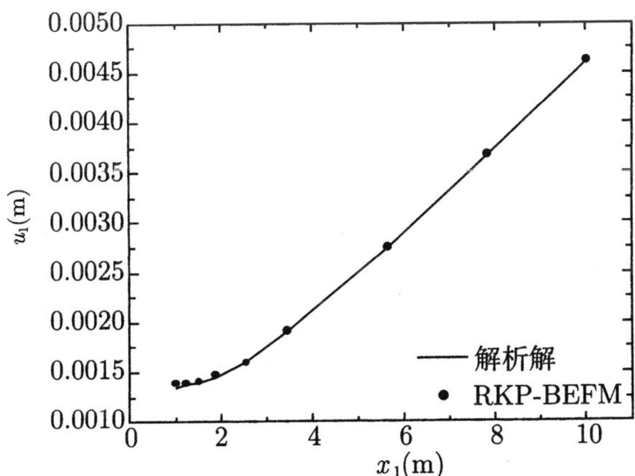

图 5.7.7 $x_2 = 0$ 边界上的节点在 x_1 方向的位移

3. 带裂纹的无限长板

如图 5.7.8 所示, 受均匀拉应力作用的带双边裂纹的无限长、有限宽板, 板宽 $b = 30\text{mm}$, 裂纹长度 $a = 10\text{mm}$. 其他参数为：拉应力 $\sigma = 50\text{MPa}$, 弹性模量 $E = 200000\text{MPa}$, Poisson 比 $\nu = 0.3$. 按平面应力问题处理.

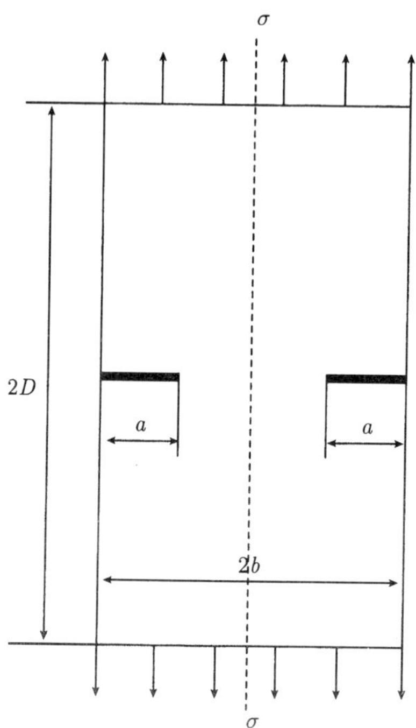

图 5.7.8　带裂纹的无限长板

将裂纹尖端附近扩展方向设为 x_1 轴, 根据式 (5.7.37) 和式 (5.7.38), 裂纹尖端附近 x_1 轴上点的位移解析解为

$$u_1(\boldsymbol{x}) = \frac{K_{\text{I}}}{2G}\sqrt{\frac{r}{2\pi}}(\kappa - 1), \tag{5.7.68}$$

$$u_2(\boldsymbol{x}) = 0; \tag{5.7.69}$$

根据式 (5.7.40)－(5.7.42), 裂纹尖端附近 x_1 轴上点的应力解析解为

$$\sigma_{11} = \sigma_{22} = \frac{K_{\text{I}}}{\sqrt{2\pi r}}, \tag{5.7.70}$$

$$\sigma_{12} = 0. \tag{5.7.71}$$

在裂纹扩展的反方向已形成的裂纹部分靠近裂纹尖端处, $\theta = \pi$, 对于 I 型裂

纹, 由根据式 (5.7.37) 和式 (5.7.38) 可知

$$u_1(\boldsymbol{x}) = 0, \tag{5.7.72}$$

$$u_2(\boldsymbol{x}) = \frac{K_{\mathrm{I}}}{2G}(\kappa + 1)\sqrt{\frac{r}{2\pi}}. \tag{5.7.73}$$

该问题的裂纹尖端应力强度因子为

$$K_{\mathrm{I}} = \left[1 + 0.122\cos^4\left(\frac{\pi a}{2b}\right)\right]\left[\frac{2b}{\pi a}\tan\left(\frac{\pi a}{2b}\right)\right]^{1/2}\sigma\sqrt{\pi a}. \tag{5.7.74}$$

用断裂力学的重构核粒子边界无单元法分析时, 考虑到区域和荷载的对称性, 取四分之一进行计算, 如图 5.7.9 所示.

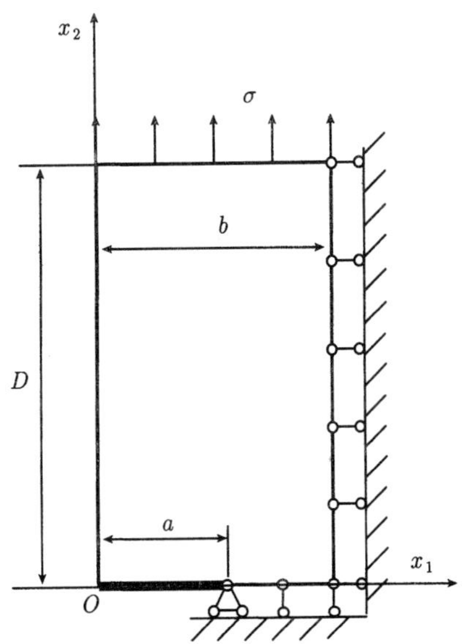

图 5.7.9 四分之一区域的边界条件

取板长 $D = 3b$, 在求解域边界共布置了 50 个节点, 如图 5.7.10 所示. 重构核粒子法基函数取式 (5.7.47) 的扩展基, 权函数为 Gauss 函数. 求得的裂纹尖端附近裂纹扩展界面上的应力如图 5.7.11 所示.

图 5.7.11 中应力解析解最靠近裂纹尖端点的坐标取值为 $x_1 = 1.05$, 当 $x_1 \to 1$ 时, 裂纹尖端应力将迅速逼近无穷大, 即 $\sigma_{22} \to +\infty$. 本节断裂力学的重构核粒子边界无单元法求出的正则应力强度因子为 $K_{\mathrm{I}}^{\mathrm{num}}/(\sigma\sqrt{\pi a}) = 1.117$, 由式 (5.7.40) 得 $K_{\mathrm{I}}/(\sigma\sqrt{\pi a}) = 1.122$.

图 5.7.12 为本节断裂力学的重构核粒子边界无单元法求得的已开裂纹的受力张开位移. 可以看出, 在裂纹尖端附近, 本节方法的数值解与解析解比较接近, 所以本节的方法具有较高的精度.

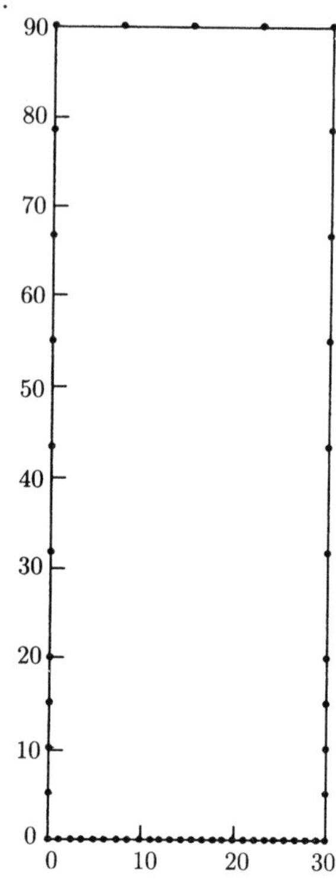

图 5.7.10　边界节点分布

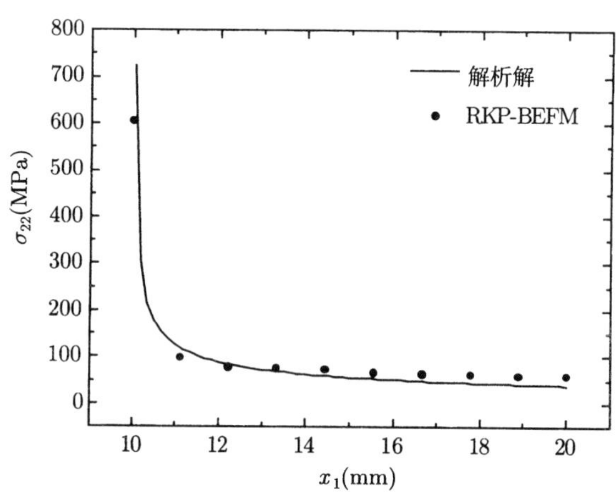

图 5.7.11　裂纹尖端附近 x_1 轴上的应力 σ_{22}

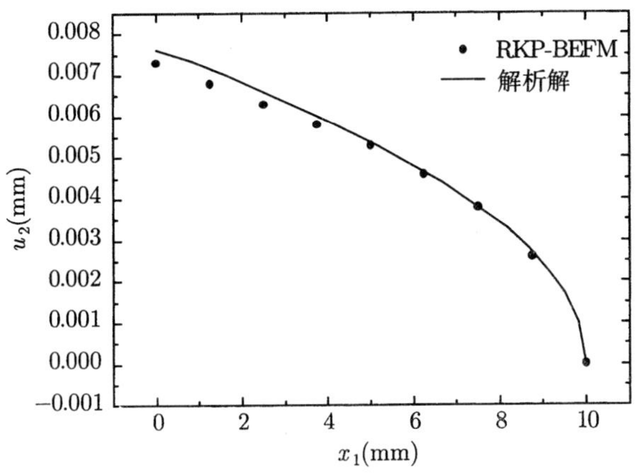

图 5.7.12 已有裂纹张开位移 u_2

本节基于具有插值特性的重构核粒子法形函数, 结合弹性力学的边界积分方程, 建立了弹性力学的重构核粒子边界无单元法. 然后, 将重构核粒子法的基函数进行扩展, 形成包含裂纹尖端场特征项的扩展的重构核粒子法形函数, 与边界积分方程方法结合, 建立了断裂力学的重构核粒子边界无单元法.

本节重构核粒子边界无单元法采用节点变量的真实解为未知量, 是无网格边界积分方程方法的直接列式解法.

通过弹性力学和断裂力学数值算例验证了本节重构核粒子边界无单元法的有效性和正确性.

第 6 章　无网格方法的数学理论

本章讨论无网格方法的数学理论, 包括移动最小二乘法、改进的移动最小二乘插值法、无单元 Galerkin 方法、插值型无单元 Galerkin 方法和有限点法的误差估计和收敛性理论.

6.1　移动最小二乘法的误差估计

无单元 Galerkin 方法是目前研究和应用最为广泛的无网格方法之一, 本节研究无单元 Galerkin 方法的形函数构造方法 —— 移动最小二乘法的误差估计和收敛性.

本节在高维情况下, 当节点和形函数满足一定条件时, 研究移动最小二乘法在 Sobolev 空间 $W^{k,p}(\Omega)$ 中的误差估计. 本节将利用 Taylor 展开式、Hölder 不等式、形函数及其导数的有界性和 Sobolev 空间的插值理论来讨论移动最小二乘近似函数及其相应的高阶导数的误差估计.

6.1.1　移动最小二乘法的误差估计

这里首先说明, 除非指明 n 维空间, 否则符号 n 仍然表示影响域覆盖点 $\boldsymbol{x}$ 的节点数.

设 Ω 是 n 维空间中一个具有 Lipschitz 连续边界的非空有界开集, $\boldsymbol{x}=(x_1,x_2,\cdots,x_n)^{\mathrm{T}}$ 表示 Ω 中的任意点. 多重指标记号 $\alpha=(\alpha_1,\alpha_2,\cdots,\alpha_n)^{\mathrm{T}}\in(\mathbf{Z}^n)^+$, 且记

$$|\alpha|:=\sum_{i=1}^{n}\alpha_i, \tag{6.1.1}$$

$$\alpha!=\alpha_1!\cdots\alpha_n!. \tag{6.1.2}$$

对任意 α, $u(\boldsymbol{x})$ 的 α 阶偏导数表示为

$$D^{\alpha}u(\boldsymbol{x})=\partial_{x_1}^{\alpha_1}\partial_{x_2}^{\alpha_2}\cdots\partial_{x_n}^{\alpha_n}u(\boldsymbol{x})=\frac{\partial^{|\alpha|}u(\boldsymbol{x})}{\partial_{x_1}^{\alpha_1}\partial_{x_2}^{\alpha_2}\cdots\partial_{x_n}^{\alpha_n}}, \tag{6.1.3}$$

特别地,

$$D^{0}u(\boldsymbol{x})\equiv u(\boldsymbol{x}). \tag{6.1.4}$$

为了方便, 我们给出 Lebesgue 空间和 Sobolev 空间的定义.

定义 6.1.1 Lebesgue 空间 $L^p(\Omega)$ 定义为

$$L^p(\Omega):=\{f(\boldsymbol{x})|\ \|f(\boldsymbol{x})\|_{L^p(\Omega)}<\infty\},\quad 1\leqslant p\leqslant\infty, \tag{6.1.5}$$

其中 L^p 范数为

$$\|f(\boldsymbol{x})\|_{L^p(\Omega)}:=\left(\int_\Omega |f(\boldsymbol{x})|^p\mathrm{d}\boldsymbol{x}\right)^{1/p},\quad 1\leqslant p<\infty; \tag{6.1.6}$$

$$\|f(\boldsymbol{x})\|_{L^\infty(\Omega)}:=\text{ess sup}\{|f(\boldsymbol{x})|\ :\boldsymbol{x}\in\Omega\},\quad p=\infty. \tag{6.1.7}$$

定义 6.1.2 Sobolev 空间 $W^{k,p}(\Omega)$ 定义为

$$W^{k,p}(\Omega):=\{f\in L^1_{\text{loc}}(\Omega)|\ \|f\|_{W^{k,p}(\Omega)}<\infty\}, \tag{6.1.8}$$

其中

$$L^1_{\text{loc}}(\Omega):=\{f|f\in L^1(K),\ \forall K\subset\Omega\}, \tag{6.1.9}$$

$$\|f\|_{W^{k,p}(\Omega)}:=\left(\sum_{|\alpha|\leqslant k}\|D^\alpha f\|_{L^p(\Omega)}\right)^{1/p},\quad 1\leqslant p<\infty, \tag{6.1.10}$$

$$\|f\|_{W^{k,\infty}(\Omega)}:=\max_{|\alpha|\leqslant k}\|D^\alpha f\|_{L^\infty(\Omega)},\quad p=\infty. \tag{6.1.11}$$

范数 $\|f\|_{W^{k,p}(\Omega)}$ 和 $\|f\|_{W^{k,\infty}(\Omega)}$ 也可分别记作 $\|f\|_{\Omega,k}$ 和 $\|f\|_{\Omega,\infty}$.

定义 6.1.3 Sobolev 半范数 $|\cdot|$ 定义为

$$|f|_{W^{k,p}(\Omega)}:=\left(\sum_{|\alpha|=k}\|D^\alpha f\|_{L^p(\Omega)}\right)^{1/p},\quad 1\leqslant p<\infty, \tag{6.1.12}$$

$$|f|_{W^{k,\infty}(\Omega)}:=\max_{|\alpha|\leqslant k}\{\text{ess sup}\,|D^\alpha u|\,,\boldsymbol{x}\in\Omega\},\quad p=\infty. \tag{6.1.13}$$

半范数 $|f|_{W^{k,p}(\Omega)}$ 和 $|f|_{W^{k,\infty}(\Omega)}$ 也可分别记作 $|f|_{\Omega,k}$ 和 $|f|_{\Omega,\infty}$.

注

$$H^k(\Omega)=W^{k,2}(\Omega), \tag{6.1.14}$$

$$H^0(\Omega)=L^2(\Omega). \tag{6.1.15}$$

引理 6.1.1(Hölder不等式) 假设 $1\leqslant p,\ q\leqslant\infty,\ \dfrac{1}{p}+\dfrac{1}{q}=1,\ (p,\ q\in\mathbf{Q})$; $a_i,\ b_i\geqslant 0,\ (a_i,\ b_i\in\mathbf{R},\ i=1,\ 2,\cdots,N)$,

(i) 如果 $\sum\limits_{i=1}^N a_i<\infty$ 和 $\sum\limits_{i=1}^N b_i<\infty$, 则

$$\sum_{i=1}^N a_ib_i\leqslant\left(\sum_{i=1}^N a_i^p\right)^{\frac{1}{p}}\left(\sum_{i=1}^N b_i^q\right)^{\frac{1}{q}}. \tag{6.1.16}$$

(ii) 如果 $f \in L^p(\Omega)$, $g \in L^q(\Omega)$, 则

$$fg \in L^1(\Omega), \quad \|fg\| \leqslant \|f\|_{L^p(\Omega)} \|g\|_{L^q(\Omega)}. \tag{6.1.17}$$

引理 6.1.2[117] 如果 $w(\boldsymbol{x}-\boldsymbol{x}_i) \in C^k$, 则

$$\sum_{i=1}^{n} D^\alpha \Phi_i(\boldsymbol{x})(\boldsymbol{x}-\boldsymbol{x}_i)^\beta = (-1)^\beta \beta! \delta_{\alpha\beta}, \quad |\beta| \leqslant m, \ |\alpha| \leqslant k, \tag{6.1.18}$$

这里 n 表示影响域覆盖点 $\boldsymbol{x}$ 的节点数.

我们作如下假设:

假设 6.1.1 存在常整数 C_0, C_1, C_2 使得对任意 $\boldsymbol{x} \in \overline{\Omega}$, 最多有 C_0 个 $\boldsymbol{x}_i$ 满足关系 $\|\boldsymbol{x}-\boldsymbol{x}_i\| \leqslant \rho_i$, 并且存在 ρ 使得 $C_1\rho_i \leqslant \rho \leqslant C_2\rho_i$.

假设 6.1.2 $\max\limits_{1\leqslant i\leqslant N} \max\limits_{\beta:|\beta|=l} \left\|D^\beta \Phi_i(\boldsymbol{x})\right\|_\infty \leqslant \dfrac{c}{\rho^l}$, $0 \leqslant l \leqslant k$.

在此基础上, 我们给出如下的定理.

定理 6.1.1 设 $w(\boldsymbol{x}-\boldsymbol{x}_i) \in C^m(\overline{\Omega}) \cap W^{m,\infty}(\Omega)$, $u(\boldsymbol{x}) \in C^{m+1}(\Omega) \cap H^{m+1}(\Omega)$, 其中 Ω 是 n 维空间中一个具有 Lipschitz 连续边界的非空有界开集. 对移动最小二乘法的逼近函数

$$u^h(\boldsymbol{x}) = \sum_{i=1}^{n} \Phi_i(\boldsymbol{x}) u(\boldsymbol{x}_i), \tag{6.1.19}$$

如果假设 6.1.1 和假设 6.1.2 满足, 则有下面的误差估计

$$\left\|u(\boldsymbol{x}) - u^h(\boldsymbol{x})\right\|_{W^{k,p}(\Omega)} \leqslant C_k \rho^{m+1-k} \|u(\boldsymbol{x})\|_{W^{m+1,p}(\Omega)}, \quad 0 \leqslant k \leqslant m, \tag{6.1.20}$$

其中 C_k 和参数 ρ 无关.

证明 为了证明

$$\left\|u(\boldsymbol{x}) - u^h(\boldsymbol{x})\right\|_{W^{k,p}(\Omega)} \leqslant C_k \rho^{m+1-k} \|u(\boldsymbol{x})\|_{W^{m+1,p}(\Omega)}, \quad 0 \leqslant k \leqslant m, \tag{6.1.21}$$

只要证明

$$\left|u(\boldsymbol{x}) - u^h(\boldsymbol{x})\right|_{W^{k,p}(\Omega)} \leqslant C_k \rho^{m+1-k} |u(\boldsymbol{x})|_{W^{m+1,p}(\Omega)}, \quad 0 \leqslant k \leqslant m. \tag{6.1.22}$$

对式 (6.1.19) 求导数得

$$D^\beta u^h(\boldsymbol{x}) = \sum_{i=1}^{n} D^\beta \Phi_i(\boldsymbol{x}) u(\boldsymbol{x}_i). \tag{6.1.23}$$

$u(\boldsymbol{x}_i)$ 在点 $\boldsymbol{x}$ 的 Taylor 展开式为

$$u(\boldsymbol{x}_i) = \sum_{|\alpha|\leqslant m} \frac{1}{\alpha!} (\boldsymbol{x}_i - \boldsymbol{x})^\alpha D^\alpha u(\boldsymbol{x})$$

$$+\sum_{|\alpha|=m+1}\frac{1}{\alpha!}(\boldsymbol{x}_i-\boldsymbol{x})^\alpha D^\alpha u(\boldsymbol{x}+\theta(\boldsymbol{x}_i-\boldsymbol{x})),\quad 0<\theta<1. \tag{6.1.24}$$

把式 (6.1.24) 代入式 (6.1.23), 得到

$$\begin{aligned}
D^\beta u^h(\boldsymbol{x}) &= \sum_{i=1}^n D^\beta\Phi_i(\boldsymbol{x})\left(\sum_{|\alpha|\leqslant m}\frac{1}{\alpha!}(\boldsymbol{x}_i-\boldsymbol{x})^\alpha D^\alpha u(\boldsymbol{x})\right.\\
&\quad\left.+\sum_{|\alpha|=m+1}\frac{1}{\alpha!}(\boldsymbol{x}_i-\boldsymbol{x})^\alpha D^\alpha u(\boldsymbol{x}+\theta(\boldsymbol{x}_i-\boldsymbol{x}))\right)\\
&= \sum_{|\alpha|\leqslant m}\sum_{i=1}^n D^\beta\Phi_i(\boldsymbol{x})\frac{1}{\alpha!}(\boldsymbol{x}_i-\boldsymbol{x})^\alpha D^\alpha u(\boldsymbol{x})\\
&\quad+\sum_{i=1}^n\sum_{|\alpha|=m+1}\frac{1}{\alpha!}(\boldsymbol{x}_i-\boldsymbol{x})^\alpha D^\alpha u(\boldsymbol{x}+\theta(\boldsymbol{x}_i-\boldsymbol{x}))\\
&= \sum_{|\alpha|\leqslant m}\delta_{\alpha\beta}D^\alpha u(\boldsymbol{x})+\sum_{i=1}^n\sum_{|\alpha|=m+1}\frac{1}{\alpha!}(\boldsymbol{x}_i-\boldsymbol{x})^\alpha D^\alpha u(\boldsymbol{x}+\theta(\boldsymbol{x}_i-\boldsymbol{x}))\\
&= D^\beta u(\boldsymbol{x})+\sum_{i=1}^n\sum_{|\alpha|=m+1}\frac{1}{\alpha!}(\boldsymbol{x}_i-\boldsymbol{x})^\alpha D^\alpha u(\boldsymbol{x}+\theta(\boldsymbol{x}_i-\boldsymbol{x})).
\end{aligned}\tag{6.1.25}$$

如果 $\partial\Omega$ 是充分光滑的, 可以选取恰当的节点分布和权函数影响域半径, 使得对 $\forall\boldsymbol{x}\in\operatorname{supp}\{\Phi_i\}\cap\Omega$, 有 $\boldsymbol{x}+\theta(\boldsymbol{x}_i-\boldsymbol{x})\in\operatorname{supp}\{\Phi_i\}\cap\Omega$. 从而, 式 (6.1.25) 是有意义的.

显然

$$\begin{aligned}
\left|D^\beta u(\boldsymbol{x})-D^\beta u^h(\boldsymbol{x})\right| &\leqslant\sum_{i=1}^n\sum_{|\alpha|=m+1}|\boldsymbol{x}_i-\boldsymbol{x}|^\alpha\left|D^\alpha u(\boldsymbol{x}+\theta(\boldsymbol{x}_i-\boldsymbol{x}))\right|\cdot\left|D^\beta\Phi_i(\boldsymbol{x})\right|\\
&\leqslant C\rho^{m+1}\sum_{i=1}^n\sum_{|\alpha|=m+1}\left|D^\alpha u(\boldsymbol{x}+\theta(\boldsymbol{x}_i-\boldsymbol{x}))\right|\cdot\left|D^\beta\Phi_i(\boldsymbol{x})\right|.
\end{aligned}\tag{6.1.26}$$

利用 Hölder 不等式可以得到

$$\begin{aligned}
&\left|D^\beta u(\boldsymbol{x})-D^\beta u^h(\boldsymbol{x})\right|^p\\
\leqslant{}& C\rho^{(m+1)p}\left(\sum_{i=1}^n\sum_{|\alpha|=m+1}\left|D^\alpha u(\boldsymbol{x}+\theta(\boldsymbol{x}_i-\boldsymbol{x}))\right|\cdot\left|D^\beta\Phi_i(\boldsymbol{x})\right|\right)^p
\end{aligned}$$

$$\leqslant C\rho^{(m+1)p}\left\{\left[\sum_{i=1}^{n}\left(\sum_{|\alpha|=m+1}|D^{\alpha}u(\boldsymbol{x}+\theta(\boldsymbol{x}_i-\boldsymbol{x}))|\right)^{p}\right]^{\frac{1}{p}}\left(\sum_{i=1}^{n}\left|D^{\beta}\Phi_i(\boldsymbol{x})\right|^{q}\right)^{\frac{1}{q}}\right\}^{p}$$

$$\leqslant C\rho^{(m+1)p}\left\{\left(\sum_{i=1}^{n}\sum_{|\alpha|=m+1}|D^{\alpha}u(\boldsymbol{x}+\theta(\boldsymbol{x}_i-\boldsymbol{x}))|^{p}\right)^{\frac{1}{p}}\left(\sum_{i=1}^{n}\left|D^{\beta}\Phi_i(x)\right|^{q}\right)^{\frac{1}{q}}\right\}^{p}$$

$$\leqslant C\rho^{(m+1)p}\sum_{i=1}^{n}\left(\sum_{|\alpha|=m+1}|D^{\alpha}u(\boldsymbol{x}+\theta(\boldsymbol{x}_i-\boldsymbol{x}))|^{p}\right)\left(\sum_{i=1}^{n}\left|D^{\beta}\Phi_i(\boldsymbol{x})\right|^{q}\right)^{\frac{p}{q}}. \quad (6.1.27)$$

根据假设 6.1.1, 存在整数 C_0, 对任意 $\boldsymbol{x}$, 使得集合的势# $\{i|w(\boldsymbol{x}-\boldsymbol{x}_i)>0\}\leqslant C_0$, 所以 $\exists\, I\in\{i|w(\boldsymbol{x}-\boldsymbol{x}_i)>0\}$ 使得

$$\sum_{i=1}^{n}\left(\sum_{|\alpha|=m+1}|D^{\alpha}u(\boldsymbol{x}+\theta(\boldsymbol{x}_i-\boldsymbol{x}))|^{p}\right)\leqslant C_0\sum_{|\alpha|=m+1}|D^{\alpha}u(\boldsymbol{x}+\theta(\boldsymbol{x}_I-\boldsymbol{x}))|^{p}. \quad (6.1.28)$$

根据假设 6.1.2, 有

$$\left|D^{\beta}\Phi_i(\boldsymbol{x})\right|_{|\beta|=k}\leqslant\frac{c}{\rho^{k}}, \quad (6.1.29)$$

于是

$$\left(\sum_{i=1}^{n}\left|D^{\beta}\Phi_i(\boldsymbol{x})\right|^{q}\right)^{\frac{p}{q}}\leqslant C_0\left(\frac{c^{q}}{\rho^{kq}}\right)^{\frac{p}{q}}=C_0c^{p}\frac{1}{\rho^{kp}}, \quad (6.1.30)$$

从而

$$\left|D^{\beta}u(\boldsymbol{x})-D^{\beta}u^{h}(\boldsymbol{x})\right|^{p}\leqslant C\rho^{(m+1)p}\sum_{|\alpha|=m+1}|D^{\alpha}u(\boldsymbol{x}+\theta(\boldsymbol{x}_I-\boldsymbol{x}))|^{p}\frac{1}{\rho^{kp}}. \quad (6.1.31)$$

因为

$$\begin{aligned}\left\|D^{\beta}u(\boldsymbol{x})-D^{\beta}u^{h}(\boldsymbol{x})\right\|_{L^{p}(\Omega)}^{p}&=\int_{\Omega}\left|D^{\beta}u(\boldsymbol{x})-D^{\beta}u^{h}(\boldsymbol{x})\right|^{p}\mathrm{d}\Omega\\&\leqslant\int_{\Omega}Cr^{(m+1-k)p}\sum_{|\alpha|=m+1}|D^{\alpha}u(\boldsymbol{x})|^{p}\mathrm{d}\Omega\\&\leqslant C\rho^{(m+1-k)p}\int_{\Omega}\sum_{|\alpha|=m+1}|D^{\alpha}u(\boldsymbol{x})|^{p}\mathrm{d}\Omega\\&=C\rho^{(m+1-k)p}|u(\boldsymbol{x})|_{W^{m+1,p}(\Omega)}^{p}. \end{aligned}\quad (6.1.32)$$

又

$$
\begin{aligned}
\left|u(\boldsymbol{x})-u^h(\boldsymbol{x})\right|_{W^{k,p}(\Omega)} &= \left(\int_\Omega \sum_{|\beta|=k}\left|D^\beta u(\boldsymbol{x})-D^\beta u^h(\boldsymbol{x})\right|^p \mathrm{d}\Omega\right)^{\frac{1}{p}} \\
&= \left(\sum_{|\beta|=k}\int_\Omega \left|D^\beta u(\boldsymbol{x})-D^\beta u^h(\boldsymbol{x})\right|^p \mathrm{d}\Omega\right)^{\frac{1}{p}} \\
&\leqslant C\rho^{(m+1-k)}\left|u(\boldsymbol{x})\right|_{W^{m+1,p}(\Omega)}, \qquad (6.1.33)
\end{aligned}
$$

所以有

$$
\left\|u(\boldsymbol{x})-u^h(\boldsymbol{x})\right\|_{W^{k,p}(\Omega)} \leqslant C_k\rho^{m+1-k}\left\|u(\boldsymbol{x})\right\|_{W^{m+1,p}(\Omega)}, \quad 0\leqslant k\leqslant m. \qquad (6.1.34)
$$

注

(1) 特别当 $p=2$ 时, 我们得到

$$
\left\|u(\boldsymbol{x})-u^h(\boldsymbol{x})\right\|_{H^k(\Omega)} \leqslant C_k\rho^{m+1-k}\left\|u(\boldsymbol{x})\right\|_{H^{m+1}(\Omega)}, \quad 0\leqslant k\leqslant m. \qquad (6.1.35)
$$

(2) 当 $k=0$ 和 $p=2$ 时, 有

$$
\left\|u(\boldsymbol{x})-u^h(\boldsymbol{x})\right\|_{L^2(\Omega)} \leqslant C_k\rho^{m+1}\left\|u(\boldsymbol{x})\right\|_{H^{m+1}(\Omega)}. \qquad (6.1.36)
$$

在上面的定理中, 在假设 $u(\boldsymbol{x})\in C^{m+1}$ 的情况下得到了移动最小二乘法在 $W^{k,p}$ 空间中的最优阶误差估计. 然而, 在许多情况下, 函数 $u(\boldsymbol{x})$ 的光滑性较低, 这就有必要在规则性较弱的情形下, 研究其相应的误差估计. 下面给出当 $u(\boldsymbol{x})\in H^{m+1}$ 时移动最小二乘法的误差估计.

定理 6.1.2 设 $w(\boldsymbol{x}-\boldsymbol{x}_i)\in C^k(\overline{\Omega})$, $u(\boldsymbol{x})\in W^{p,q}(\Omega), m\geqslant 0, q\geqslant 1$, 其中 Ω 是 n 维空间中一个具有 Lipschitz 连续边界的非空有界开集. 如果 $q>1$, 则 $pq>d$; 如果 $q=1$, 则 $p\geqslant d$. 如果假设 6.1.1 和假设 6.1.2 满足, 则有下面的误差估计

$$
\left\|u(\boldsymbol{x})-u^h(\boldsymbol{x})\right\|_{W^{l,q}(\Omega)} \leqslant c\rho^{\min\{p,m+1\}-l}\left|u(\boldsymbol{x})\right|_{W^{\min\{p,m+1\},q}(\Omega)}, 0\leqslant l\leqslant \min\{m+1,p,\ k\}, \qquad (6.1.37)
$$

特别当 $p\geqslant m+1$ 时, 有

$$
\left\|u(\boldsymbol{x})-u^h(\boldsymbol{x})\right\|_{W^{l,q}(\Omega)} \leqslant c\rho^{m+1-l}\left|u(\boldsymbol{x})\right|_{W^{m+1,q}(\Omega)}. \qquad (6.1.38)
$$

证明 根据已知条件以及 Sobolev 嵌入定理, 有 $u(\boldsymbol{x})\in C(\overline{\Omega})$. 这样, $u(\boldsymbol{x})$ 在 $\overline{\Omega}$ 上是逐点有定义的. 根据移动最小二乘法的逼近函数表达式 (6.1.19), 有

$$u^h(\boldsymbol{x}) = \sum_{i=1}^{n} \Phi_i(\boldsymbol{x}) \cdot u(\boldsymbol{x}_i), \quad \boldsymbol{x} \in \overline{\Omega}. \tag{6.1.39}$$

记 $p_1 = \min\{p, m+1\}$, $B_j \equiv B_{r_j}(\boldsymbol{x}_j)$, $1 \leqslant j \leqslant n$. 我们首先给出 $u(\boldsymbol{x}) - u^h(\boldsymbol{x})$ 在 $B_j \cap \overline{\Omega}(1 \leqslant j \leqslant n)$ 上的上界.

定义

$$\Omega_j = \{\boldsymbol{x} | \, \|\boldsymbol{x} - \boldsymbol{x}_j\| < r_j + \max_{1 \leqslant i \leqslant n} r_i\} \tag{6.1.40}$$

和

$$S_j = \{i | \mathrm{dist}(\boldsymbol{x}_i, B_j) < r_i\}, \tag{6.1.41}$$

由假设 6.1.1, $\#\{S_j\}(1 \leqslant j \leqslant n)$ 是一致有界的. 我们总是可以选取一个球 $\widetilde{B}_j \subset \Omega_j$ 使得 Ω_j 关于 $\widetilde{B}_j$ 是星形的 [117,313].

令

$$Q_j^{p_1} u(\boldsymbol{x}) = \int_{\widetilde{B}_j} \sum_{|\alpha| \leqslant p_1 - 1} \frac{(\boldsymbol{x} - \boldsymbol{y})^{\alpha}}{\alpha!} D^{\alpha} u(\boldsymbol{y}) \phi(\boldsymbol{y}) \mathrm{d}\boldsymbol{y} \tag{6.1.42}$$

为函数 $u(\boldsymbol{x})$ 在球 $\widetilde{B}_j$ 上的 $p_1 - 1$ 阶 Taylor 展开式, 其中 $\phi(\boldsymbol{y})$ 是支集在 $\widetilde{B}_j$ 上的函数. p_1 阶余项为

$$R_j^{p_1} u(\boldsymbol{x}) = u(\boldsymbol{x}) - Q_j^{p_1} u(\boldsymbol{x}). \tag{6.1.43}$$

因此, 有

$$u^h(\boldsymbol{x}) = \sum_{i=1}^{n} Q_j^{p_1} u(\boldsymbol{x}_i) \Phi_i(\boldsymbol{x}) + \sum_{i \in S_j} R_j^{p_1} u(\boldsymbol{x}_i) \Phi_i(\boldsymbol{x}). \tag{6.1.44}$$

当 r 充分小时, 根据文献 [313] 中 4.3 节的结论, 有

$$\left\| R_j^{p_1}(\boldsymbol{x}) \right\|_{W^{l,q}(\Omega_j \cap \Omega)} \leqslant c \rho^{p_1 - l} \left| u(\boldsymbol{x}) \right|_{W^{p_1,q}(\Omega_j \cap \Omega)}, \quad l = 0,\ 1,\ \cdots,\ p_1, \tag{6.1.45}$$

$$\left\| R_j^{p_1}(\boldsymbol{x}) \right\|_{L^{\infty}(\Omega_j \cap \Omega)} \leqslant c \rho^{p_1 - d/q} \left| u(\boldsymbol{x}) \right|_{W^{p_1,q}(\Omega_j \cap \Omega)}, \tag{6.1.46}$$

其中常数 c 只与 p_1、d 和 q 有关, 与参数 j 无关.

对 $\forall \boldsymbol{x} \in B_j \cap \Omega$, 有

$$u(\boldsymbol{x}) - u^h(\boldsymbol{x}) = Q_j^{p_1} u(\boldsymbol{x}) - \sum_{i=1}^{n} Q_j^{p_1} u(\boldsymbol{x}_i) \Phi_i(\boldsymbol{x}) + R_j^{p_1} u(\boldsymbol{x}) - \sum_{i \in S_j} R_j^{p_1} u(\boldsymbol{x}_i) \Phi_i(\boldsymbol{x}). \tag{6.1.47}$$

根据一致性条件, 即引理 6.1.2, 可得

$$\sum_{i=1}^{n} Q_j^{p_1} u(\boldsymbol{x}_i) \Phi_i(\boldsymbol{x}) = \sum_{i=1}^{n} \Phi_i(\boldsymbol{x}) \int_{\widetilde{B}_j} \sum_{|\alpha| \leqslant p_1 - 1} \frac{(\boldsymbol{x}_i - \boldsymbol{y})^{\alpha}}{\alpha!} D^{\alpha} u(\boldsymbol{y}) \phi(\boldsymbol{y}) \mathrm{d}\boldsymbol{y}$$

$$= \int_{\widetilde{B}_j} \sum_{|\alpha| \leqslant p_1 - 1} \frac{(\boldsymbol{x}-\boldsymbol{y})^\alpha}{\alpha!} D^\alpha u(\boldsymbol{y}) \phi(\boldsymbol{y}) \mathrm{d}\boldsymbol{y}$$

$$= Q_j^{p_1} u(\boldsymbol{x}). \tag{6.1.48}$$

于是

$$u(\boldsymbol{x}) - u^h(\boldsymbol{x}) = R_j^{p_1} u(\boldsymbol{x}) - \sum_{i \in S_j} R_j^{p_1} u(\boldsymbol{x}_i) \Phi_i(\boldsymbol{x}). \tag{6.1.49}$$

注意到, 对任意 $i \in S_j$, $\boldsymbol{x}_i \in \overline{\Omega}_j \cap \overline{\Omega}$, 于是

$$\begin{aligned} \left\| u(\boldsymbol{x}) - u^h(\boldsymbol{x}) \right\|_{W^{l,q}(\Omega_j \cap \Omega)} =& \left\| R_j^{p_1}(\boldsymbol{x}) \right\|_{W^{l,q}(\Omega_j \cap \Omega)} \\ &+ \left\| R_j^{p_1} u(\boldsymbol{x}) \right\|_{L^\infty(\Omega_j \cap \Omega)} \sum_{i \in S_j} \left\| \Phi_i(\boldsymbol{x}) \right\|_{W^{l,q}(\Omega_j \cap \Omega)}. \end{aligned} \tag{6.1.50}$$

由假设 6.1.2 易得

$$\left| D^\beta \Phi_i(\boldsymbol{x}) \right|_{|\beta| = l} \leqslant \frac{c}{\rho^l}, \tag{6.1.51}$$

从而

$$\begin{aligned} \left\| \Phi_i(\boldsymbol{x}) \right\|_{W^{l,q}(\Omega_j \cap \Omega)} &= \left(\sum_{|\beta| \leqslant l} \int_{\Omega_j \cap \Omega} \left| D^\beta \Phi_i(\boldsymbol{x}) \right|^q \mathrm{d}\Omega \right)^{\frac{1}{q}} \\ &\leqslant c_0 \left(\int_{\Omega_j \cap \Omega} \left(\frac{c}{\rho^l} \right)^q \mathrm{d}\Omega \right)^{\frac{1}{q}} \\ &\leqslant c_{01} \frac{1}{\rho^l} \left(\int_{\Omega_j \cap \Omega} 1 \mathrm{d}\Omega \right)^{\frac{1}{q}} \\ &\leqslant c_{01} \rho^{\frac{d}{q} - l}. \end{aligned} \tag{6.1.52}$$

注意, 式 (6.1.52) 中最后一个不等号要用到

$$\int_{\Omega_j \cap \Omega} 1 \mathrm{d}\Omega = O(\rho^d). \tag{6.1.53}$$

由于# $\{S_j\}$ $(1 \leqslant j \leqslant n)$ 是一致有界的, 利用式 (6.1.45) 和式 (6.1.46) 以及假设 6.1.2, 可以得到

$$\left\| u(\boldsymbol{x}) - u^h(\boldsymbol{x}) \right\|_{W^{l,q}(\Omega_j \cap \Omega)} \leqslant c \rho^{p_1 - l} \left| u(\boldsymbol{x}) \right|_{W^{l,q}(\Omega_j \cap \Omega)}, \quad 0 \leqslant l \leqslant \min\{p_1,\ k\},\ 1 \leqslant j \leqslant n. \tag{6.1.54}$$

于是, 由假设 6.1.1, 有

$$\left\|u(\boldsymbol{x})-u^h(\boldsymbol{x})\right\|_{W^{l,q}(\Omega)} \leqslant c\rho^{p_1-l}\left|u(\boldsymbol{x})\right|_{W^{p_1,q}(\Omega)}, \quad 0\leqslant l\leqslant \min\{p_1,\ k\}. \tag{6.1.55}$$

当 $p\geqslant m+1$ 时, 上面的误差估计式 (6.1.55) 变为

$$\left\|u(\boldsymbol{x})-u^h(\boldsymbol{x})\right\|_{W^{l,q}(\Omega)} \leqslant c\rho^{m+1-l}\left|u(\boldsymbol{x})\right|_{W^{m+1,q}(\Omega)}, \quad 0\leqslant l\leqslant \min\{m+1,k\}. \tag{6.1.56}$$

注　当 $l=0$ 和 $q=2$ 时, 我们得到下面的误差估计:

$$\left\|u(\boldsymbol{x})-u^h(\boldsymbol{x})\right\|_{L^2(\Omega)} \leqslant c\rho^{m+1}\left|u(\boldsymbol{x})\right|_{H^{m+1}(\Omega)}; \tag{6.1.57}$$

当 $q=2$ 时, 有如下的误差估计:

$$\left\|u(\boldsymbol{x})-u^h(\boldsymbol{x})\right\|_{H^l(\Omega)} \leqslant c\rho^{m+1-l}\left|u(\boldsymbol{x})\right|_{H^{m+1}(\Omega)}, \quad 0\leqslant l\leqslant \min\{m+1,\ k\}. \tag{6.1.58}$$

6.1.2　数值算例

取 $u(x)=\sin x$ 为待逼近的函数, 对给定的节点 x_i, 函数值 $u(x_i)$ 是已知的. 我们的目的是要用移动最小二乘法来构造近似函数 $u^h(x)$ 去逼近函数 $u(x)$, 然后求近似函数及其一阶导数的误差.

我们对 $u(x)=\sin x$ 的定义域 [2.5, 7.5] 均匀布置 11 个节点, 其中相应的权函数影响域半径为 1.5. 为了考虑 $u-u^h$ 在 L^2 范数和 H^1 范数下的误差, 我们在定义域 [2.5, 7.5] 上均匀布置 501 个节点, 权函数影响域半径分别取为 1.5, 0.75, 0.3, 0.15, 0.075 和 0.03. 权函数选为 Gauss 权函数.

L^2 范数和 H^1 范数下的误差度量定义如下:

$$\left\|u-u^h\right\|_{L^2(\Omega)} = \left(\int_\Omega (u-u^h)^2\mathrm{d}\Omega\right)^{\frac{1}{2}}, \tag{6.1.59}$$

$$\left\|u-u^h\right\|_{H^1(\Omega)} = \left(\int_\Omega [(u-u^h)^2+(u_{,x}-u^h_{,x})^2]\mathrm{d}\Omega\right)^{\frac{1}{2}}. \tag{6.1.60}$$

式 (6.1.59) 和式 (6.1.60) 的相对误差定义如下:

$$e_L = \left\|u-u^h\right\|^{\mathrm{rel}}_{L^2(\Omega)} = \frac{\left\|u-u^h\right\|_{L^2(\Omega)}}{\left\|u\right\|_{L^2(\Omega)}}, \tag{6.1.61}$$

$$e_H = \left\|u-u^h\right\|^{\mathrm{rel}}_{H^1(\Omega)} = \frac{\left\|u-u^h\right\|_{H^1(\Omega)}}{\left\|u\right\|_{H^1(\Omega)}}. \tag{6.1.62}$$

图 6.1.1—图 6.1.3 分别表示基函数为常数、线性多项式和二次多项式, 即 $m=1,2,3$ 时的形函数族. 在所有的情形下, 节点都是均匀分布的. 图 6.1.4—图 6.1.8

分别表示 m 取不同值时解析解和数值解的对比. 从图中可以看出, 当 $m=3$ 时, 数值解和解析解吻合得最好, 但是, 当 $m=4, 5$ 时, 数值解出现振荡.

基于数值结果, 移动最小二乘法关于 L^2 范数和 H^1 范数的收敛阶通过图 6.1.9 和图 6.1.10 表示. 从图中可以看出, 当 m 固定时, 相对误差随着权函数影响域半径 ρ 的减小而减小; 当权函数影响域半径 ρ 固定时, 相对误差随着 m 的增加而减小, 而且基于 L^2 范数的误差比基于 H^1 范数的误差有较高的收敛阶.

注 (1) 一般来说, 权函数影响域半径 ρ 越小, 计算结果越精确, 误差也越小. 但是, 如果 ρ 充分小, 有可能导致系数矩阵的奇异性. 所以权函数影响域半径的选值要小, 但是也要保证影响域的并集覆盖整个区域.

(2) 从图 6.1.7 和图 6.1.8 可以看出, 当 $m \geqslant 4$ 时, 结果出现振荡, 而且 m 越大, 计算量也越大. 因此, m 的最佳取值为 3.

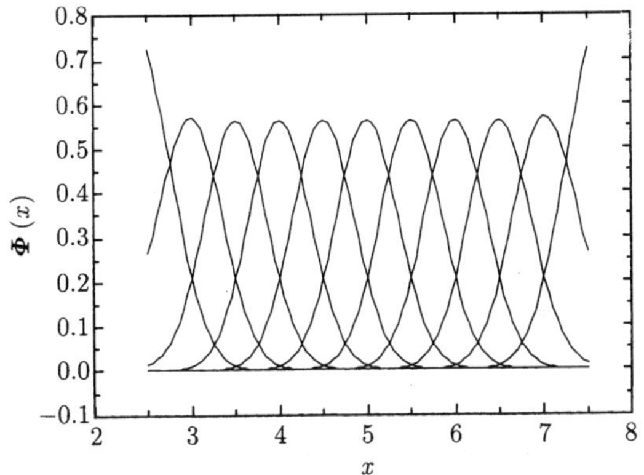

图 6.1.1 当 $m=1$ 时的 MLS 形函数族

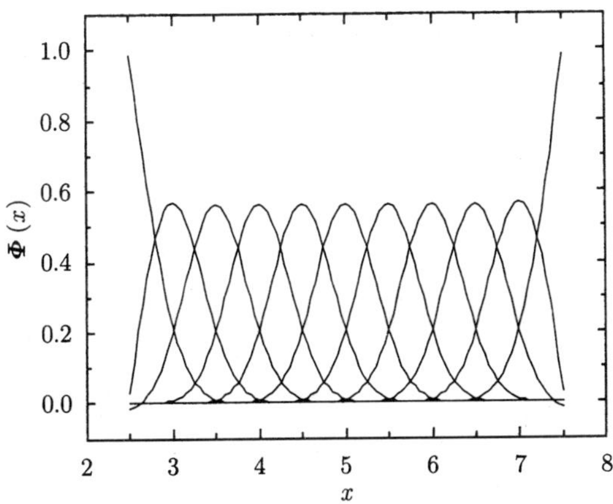

图 6.1.2 当 $m=2$ 时的 MLS 形函数族

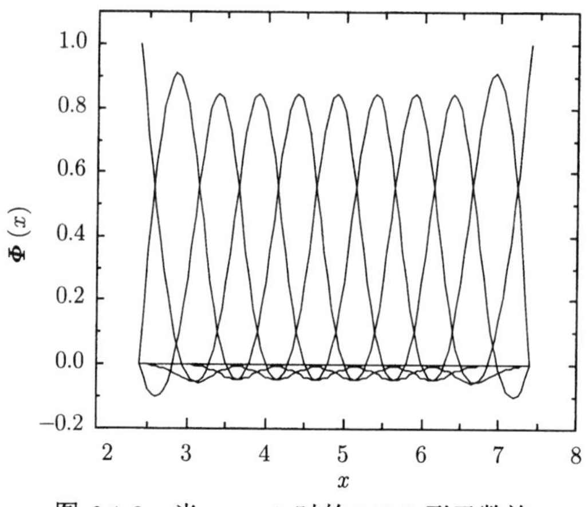

图 6.1.3　当 $m=3$ 时的 MLS 形函数族

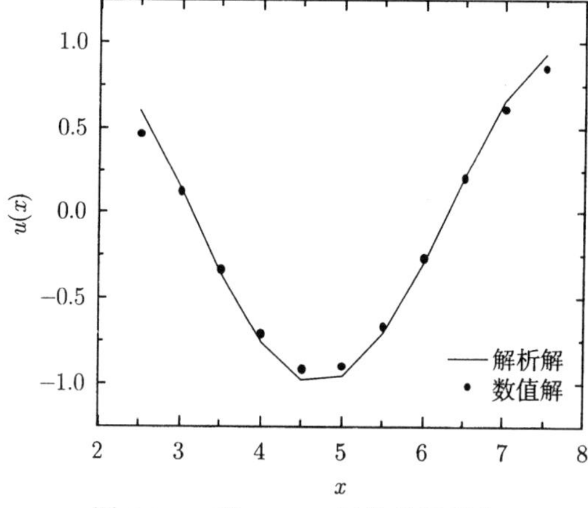

图 6.1.4　当 $m=1$ 时的曲线拟合

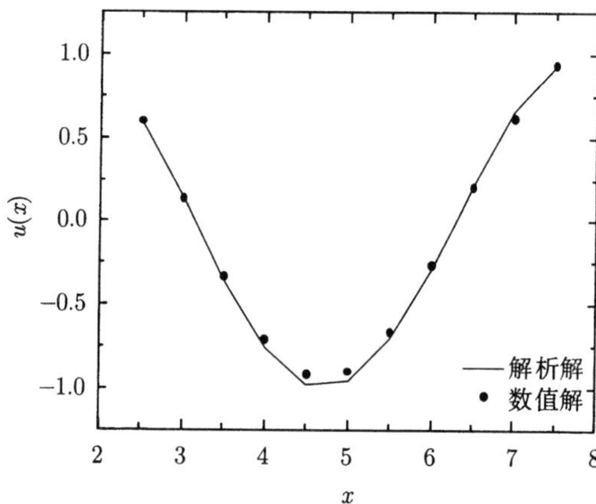

图 6.1.5　当 $m=2$ 时的曲线拟合

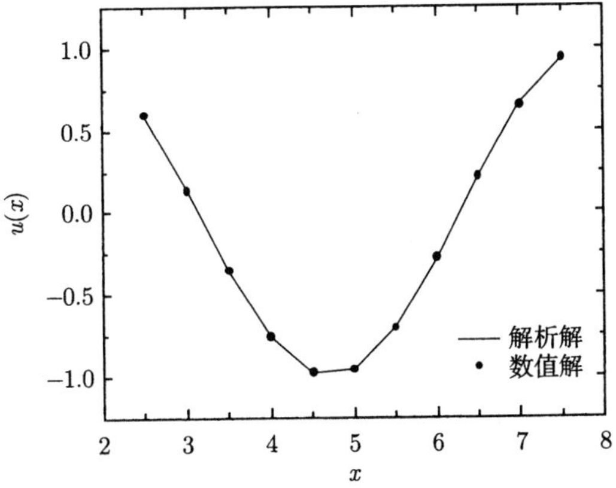

图 6.1.6 当 $m = 3$ 时的曲线拟合

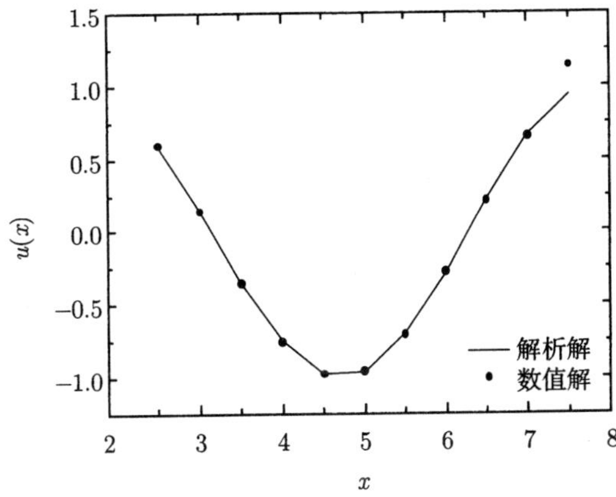

图 6.1.7 当 $m = 4$ 时的曲线拟合

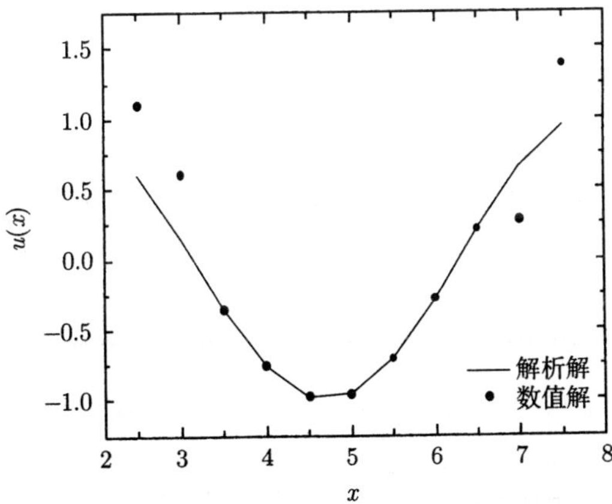

图 6.1.8 当 $m = 5$ 时的曲线拟合

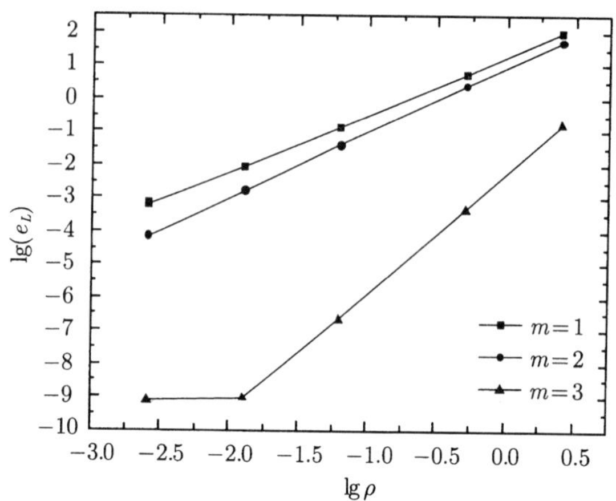

图 6.1.9　L^2 范数下的相对误差

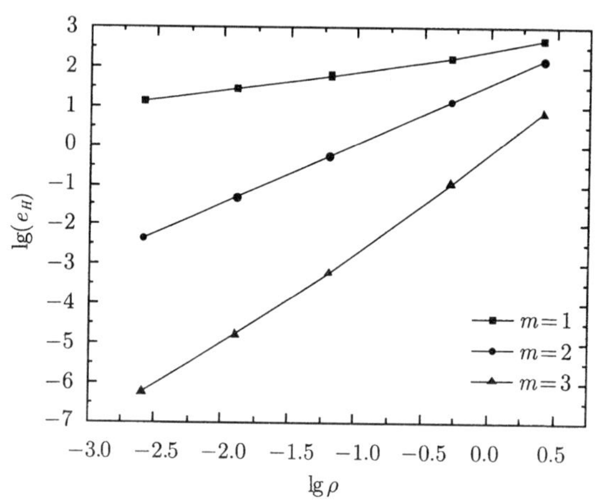

图 6.1.10　H^1 范数下的相对误差

6.2　一维改进的移动最小二乘插值法的误差估计

在移动最小二乘法中权函数是有界的, 而在改进的移动最小二乘插值法中权函数在节点处取值趋向于无穷大. 因而改进的移动最小二乘插值法的误差估计和收敛性, 不能由移动最小二乘法的结论直接获得, 必须重新进行研究. 本节就一维空间中改进的移动最小二乘插值法的误差估计和收敛性进行研究, 得到了改进的移动最小二乘插值法的逼近函数的误差估计, 并进一步讨论了逼近函数的一阶和二阶导数的误差估计, 最后给出了一些数值算例以验证本节的结论.

6.2.1 一维改进的移动最小二乘插值法的误差估计

$\boldsymbol{X}=\{\boldsymbol{x}_1,\boldsymbol{x}_2,\cdots,\boldsymbol{x}_M\}$ 表示有界域 Ω 中给定的所有节点集合, 其中 M 为节点的总数目. 对于给定的任意点 $\boldsymbol{x}\in\Omega$, 令集合 $\tau_{\boldsymbol{x}}=\{I\,|\,\|\boldsymbol{x}_I-\boldsymbol{x}\|<\rho_I\}$, ρ_I 表示节点 $\boldsymbol{x}_I$ 的权函数影响域半径, 则集合 $\tau_{\boldsymbol{x}}$ 表示影响域覆盖 $\boldsymbol{x}$ 的所有节点的编号合集.

本节讨论一维情形下, 改进的移动最小二乘插值法的误差估计, 也即有 $x\in\mathbf{R}$.

为后文需要, 我们给出 Lebesgue 空间和 Sobolev 空间的定义.

令

$$B_x(\bar{x})=\{\bar{x}\,|\,|\bar{x}-x|\leqslant\mu\rho,\bar{x}\in\Omega\subset\mathbf{R}\},\tag{6.2.1}$$

其中 $1<\mu<2$ 为已知常数.

定义指标集

$$\mathrm{H}=\{I|x_I\in\boldsymbol{X},x_I\in B_x(\bar{x})\}.\tag{6.2.2}$$

假设 h 为一个足够小的非负常数, 并且满足

$$\tau_x\subset\mathrm{H},\tag{6.2.3}$$

$$\tau_{x+h}\subset\mathrm{H}.\tag{6.2.4}$$

选取奇异权函数

$$w(x,x_I)=w(x-x_I)=\begin{cases}m_I(x)\left\|\dfrac{x-x_I}{\rho_I}\right\|^{-\alpha}, & \|x-x_I\|\leqslant\rho_I\\ 0, & \text{其他}\end{cases},\tag{6.2.5}$$

则当 $x\notin\boldsymbol{X}$ 且 $w(x,x_I)\neq0$ 时, 存在与 ρ_I 无关的常数 c_β 使得成立

$$\left|\frac{\mathrm{d}^\beta w(x,x_I)}{\mathrm{d}x^\beta}\right|\leqslant\frac{c_\beta}{\rho_I^\beta},\tag{6.2.6}$$

其中 β 为非负整数.

在本节的讨论中, 改进的移动最小二乘插值法将采用如下形式的基函数:

$$p_0(x)=1,\tag{6.2.7}$$

$$p_1(x)=x,\tag{6.2.8}$$

$$\cdots\cdots$$

$$p_m(x)=x^m.\tag{6.2.9}$$

为了获得在一维情形下改进的移动最小二乘插值法的误差估计, 需要首先作如下一些假设.

假设 6.2.1　存在常数 c_ε 和 c_I 使得

$$\rho \leqslant c_\varepsilon \varepsilon, \tag{6.2.10}$$

$$\rho \leqslant c_I \rho_I, \tag{6.2.11}$$

其中 $\varepsilon = \min\limits_{x_I, x_J \in \boldsymbol{X}, I \neq J}\{\|x_I - x_J\|\}$, $\rho = \max\limits_{x_I \in \boldsymbol{X}}\{\rho_I\}$.

该假设说明, 对于 $\forall x \in \Omega$, 影响域覆盖 x 的节点数目是有限的, 并且所有节点的权函数影响域半径的大小是一种线性关系.

假设 6.2.2　对于 $\forall x \in \Omega$, 指标集 $\tau_x \cap \tau_{x+h}$ 中的元素至少有 $m+1$ 个.

由于 $\forall x \in \Omega$, τ_x 中一定至少存在 $m+1$ 个元素, 所以只要 ρ_I 取值足够小, 假设 6.2.2 就可以实现.

我们可以证明下述引理.

引理 6.2.1　设 $m_I(x), p_i(x) \in C^d(\Omega)$, 其中 d 为一个正整数. $u^h(x, \bar{x})$ 是由改进的移动最小二乘插值法的逼近函数表达式 (2.2.56) 的局部近似函数, $u^h(x)$ 为相应的全部逼近函数, 则以下结论成立:

(a) 对于给定的 x, $u^h(x, \bar{x})$ 为关于 $\bar{x}$ 的函数, 且 $u^h(x, \bar{x}) \in C^d(\Omega)$;

(b) $u^h(x) \in C^d(\Omega)$, 并且 $u^h(x_I) = u(x_I)$, $\forall x_I \in \boldsymbol{X}$;

(c) 对于 $\forall q(y) \in P_m$, 其中 P_m 表示所有阶数不超过 m 阶的多项式集合, 则

$$(u^h(x, y) - u(y), q(y))_x = 0, \quad \forall x \in \Omega. \tag{6.2.12}$$

证明　(a) 和 (b) 由第 2 章的讨论, 是显然成立的, 因此只需证明 (c) 成立即可.

根据式 (2.2.52), (2.2.53), (2.2.58) 以及 (2.2.59), 若 $x \notin \boldsymbol{X}$, (c) 也是显然成立的. 现在只需证明对当 $\forall x_I \in \boldsymbol{X}$ 时成立

$$\lim_{x \to x_I}(u^h(x, y) - u(y), q(y))_x = 0. \tag{6.2.13}$$

事实上, 要证明上式, 只需证明 $\lim\limits_{x \to x_I}(u^h(x, y) - u(y), 1)_x = 0$ 成立.

由式 (2.2.75) 可得

$$\begin{aligned}
\lim_{x \to x_I}(u^h(x, y) - u(y), 1)_x &= \lim_{x \to x_I} \sum_{J \in \tau_x} w(x, x_J)[u^h(x, x_J) - u(x_J)] \\
&= \lim_{x \to x_I} \sum_{J \in \tau_x, J \neq I} w(x, x_J)[u^h(x, x_J) - u(x_J)] \\
&\quad + \lim_{x \to x_I} w(x, x_I)[u^h(x, x_I) - u(x_I)] \\
&= \sum_{J \in \tau_{x_I}, J \neq I} w(x_I, x_J)\left[\sum_{k \in \tau_{x_I}} u(x_k) v(x_I, x_k)\right.
\end{aligned}$$

$$
\begin{aligned}
&+\sum_{i=1}^{m}a_i(x_I)\tilde{p}_i(x_I;x_J)-u(x_J)\Bigg]\\
&+\lim_{x\to x_I}\frac{w(x,x_I)}{\sum\limits_{J\in\tau_x}w(x,x_J)}\left\{\sum_{J\in\tau_x,J\neq I}w(x,x_J)[u(x_J)-u(x_I)]\right.\\
&\left.+\sum_{i=1}^{m}a_i(x_I)\sum_{J\in\tau_x,J\neq I}w(x,x_J)[p_i(x_I)-p_i(x_J)]\right\}\\
=&\sum_{J\in\tau_{x_I},J\neq I}w(x_I,x_J)\left\{u(x_I)\right.\\
&\left.+\sum_{i=1}^{m}a_i(x_I)[p_i(x_J)-p_i(x_I)]-u(x_J)\right\}\\
&+\sum_{J\in\tau_{x_I},J\neq I}w(x_I,x_J)[u(x_J)-u(x_I)]\\
&+\sum_{i=1}^{m}a_i(x_I)\sum_{J\in\tau_{x_I},J\neq I}w(x_I,x_J)[p_i(x_I)-p_i(x_J)]\\
=&\,0.
\end{aligned}\tag{6.2.14}
$$

从而引理得证.

局部逼近函数 $u^h(x,\bar{x})$ 的收敛性可以由最小二乘法近似的误差估计中得到.

定义 6.2.1 设 $x_1<x_2<\cdots<x_\lambda$, 当满足以下 (a) 或 (b) 时:

(a) $\varphi(x_1)\geqslant 0$, $\varphi(x_2)\leqslant 0$, $\varphi(x_3)\geqslant 0$, $\cdots$,

(b) $\varphi(x_1)\leqslant 0$, $\varphi(x_2)\geqslant 0$, $\varphi(x_3)\leqslant 0$, $\cdots$.

则称函数 $\varphi(x)$ 关于集合 $E=\{x_1,x_2,\cdots,x_\lambda\}$ 是弱振荡的, 并且集合 E 上相邻的两次不等号改变, 称 $\varphi(x)$ 经历一次弱符号改变.

于是有下面引理成立.

引理 6.2.2 若 $\varphi(x)$ 在 $x_1\leqslant x\leqslant x_\lambda$ 上是连续的, 且在集合 $E=\{x_1,x_2,\cdots,x_\lambda\}$ 上是弱振荡的, 则 $\varphi(x)$ 存在 $\lambda-1$ 个根 y_k, 并且成立

$$x_1\leqslant y_1\leqslant x_2\leqslant y_2\leqslant x_3\leqslant\cdots\leqslant y_{\lambda-1}\leqslant x_\lambda.$$

于是可以证明下面引理.

引理 6.2.3 若假设 6.2.1 和 6.2.2 成立, 且 $u^h(x,\bar{x})$ 是由式 (2.31) 确定, 则对 $\forall u\in C^{m+1}(\overline{\Omega})$, $u^h(x,y)-u(y)$ 关于 y 在 $B_x(y)$ 内至少存在 $m+1$ 个根.

证明　令 $E=\{x_1,x_2,\cdots,x_n\}$ 表示影响域覆盖 x 的所有节点集合, 并且此处满足 $x_1<x_2<\cdots<x_n$. 对于给定的 x, 令 $\varphi_x(y)=u^h(x,y)-u(y)$.

将采用反证法证明本引理. 为此假设 $\varphi_x(y)$ 关于 y 在 $B_x(y)$ 内最多存在 m 个根.

由引理 6.2.2, 序列 $\varphi_x(x_1),\ \varphi_x(x_2),\ \cdots,\ \varphi_x(x_n)$ 最多只能经历 m 次弱符号改变. 现设经历弱符号改变的次数是 $\hat{m}(\hat{m}\leqslant m)$ 次, 则存在 $\hat{m}$ 阶多项式 $q_x(y)$ 使得 $q_x(x_I)$ 和 $\varphi_x(x_I)$ 具有相同的正负号 $(1\leqslant I\leqslant n)$.

于是对于给定的 $x\in\Omega$, 当 $\varepsilon(>0)$ 取值足够小时, 可得

$$|\varphi_x(x_I)-\varepsilon q_x(x_I)|\leqslant|\varphi_x(x_I)|,\quad \forall x_I\in E. \tag{6.2.15}$$

由式 (2.2.57) 的泛函 J 可得

$$\sum_{I\in\tau_x}w(x,x_I)[u^h(x,x_I)-\varepsilon q_x(x_I)-u(x_I)]^2\leqslant\sum_{I\in\tau_x}w(x,x_I)[u^h(x,x_I)-u(x_I)]^2. \tag{6.2.16}$$

这就意味着函数 $u^h(x,\bar{x})-\varepsilon q_x(\bar{x})$ 比函数 $u^h(x,\bar{x})$ 更能使泛函 J 取得更小值. 而根据改进的移动最小二乘插值法的计算过程知道, $u^h(x,\bar{x})$ 应使得泛函 J 取最小值, 这就产生了矛盾. 因此 $\varphi_x(y)$ 关于 y 在 $B_x(y)$ 内至少存在 $m+1$ 个根.

于是由 Lagrange 插值多项式的理论, 可以得到下面误差估计.

定理 6.2.1　设 $u\in C^{m+1}(\overline{\Omega})$, 并且成立假设 6.2.1 和 6.2.2. 则对任意给定 $x\in\Omega$, 存在与 ρ 无关的常数 C 使得成立:

$$|u^h(x,\bar{x})-u(\bar{x})|\leqslant C\|u^{(m+1)}\|_{L^\infty(\Omega)}\rho^{m+1},\quad \forall\bar{x}\in B_x(\bar{x}). \tag{6.2.17}$$

特别地, 当 $\bar{x}=x$ 时, 有

$$\|u^h(x)-u(x)\|_{L^\infty(\Omega)}\leqslant C\|u^{(m+1)}\|_{L^\infty(\Omega)}\rho^{m+1}. \tag{6.2.18}$$

定理 6.2.1 是改进的移动最小二乘插值法逼近函数的误差估计. 下面来讨论逼近函数的一阶导数和二阶导数的误差估计.

引理 6.2.4　若 $x_I\in\boldsymbol{X}$, 则有

$$\begin{aligned}&\sum_{J\in\tau_{x_I},J\neq I}w(x_I,x_J)[u(x_J)-u(x_I)]-\sum_{i=1}^{m}a_i(x_I)\sum_{J\in\tau_{x_I},J\neq I}w(x_I,x_J)[p_i(x_J)-p_i(x_I)]\\=&\sum_{J\in\tau_{x_I},J\neq I}w(x_I,x_J)[u(x_J)-u^h(x_I,x_J)].\end{aligned} \tag{6.2.19}$$

证明 根据式 (2.2.75) 的局部逼近函数可得

$$
\begin{aligned}
u^h(x_I,x_J) &= \sum_{J\in\tau_{x_I}} u(x_J)v(x_I,x_J) + \sum_{i=1}^{m} a_i(x_I)\tilde{p}_i(x_I;x_J) \\
&= u(x_I) + \sum_{i=1}^{m} a_i(x_I)[p_i(x_J)-p_i(x_I)].
\end{aligned} \tag{6.2.20}
$$

于是

$$
\sum_{i=1}^{m} a_i(x_I)[p_i(x_J)-p_i(x_I)] = u^h(x_I,x_J)-u(x_I). \tag{6.2.21}
$$

从而有

$$
\begin{aligned}
&\sum_{i=1}^{m} a_i(x_I) \sum_{J\in\tau_{x_I},J\neq I} w(x_I,x_J)[p_i(x_J)-p_i(x_I)] \\
&= \sum_{J\in\tau_{x_I},J\neq I} w(x_I,x_J) \sum_{i=1}^{m} a_i(x_I)[p_i(x_J)-p_i(x_I)] \\
&= \sum_{J\in\tau_{x_I},J\neq I} w(x_I,x_J)[u^h(x_I,x_J)-u(x_I)].
\end{aligned} \tag{6.2.22}
$$

于是

$$
\begin{aligned}
&\sum_{J\in\tau_{x_I},J\neq I} w(x_I,x_J)[u(x_J)-u(x_I)] - \sum_{i=1}^{m} a_i(x_I) \sum_{J\in\tau_{x_I},J\neq I} w(x_I,x_J)[p_i(x_J)-p_i(x_I)] \\
&= \sum_{J\in\tau_{x_I},J\neq I} w(x_I,x_J)[u(x_J)-u(x_I)] - \sum_{J\in\tau_{x_I},J\neq I} w(x_I,x_J)[u^h(x_I,x_J)-u(x_I)] \\
&= \sum_{J\in\tau_{x_I},J\neq I} w(x_I,x_J)[u(x_J)-u^h(x_I,x_J)].
\end{aligned} \tag{6.2.23}
$$

从而引理得证.

引理 6.2.5 设 $u\in C^{m+1}(\overline{\Omega})$. 对于任意给定 $x\in\Omega$, 若导数 $\dfrac{\partial u^h(x,y)}{\partial x}$ 存在, 则存在与 ρ 无关的常数 C 使得

$$
\left|\frac{\partial u^h(x,y)}{\partial x}\right| \leqslant C\|u^{(m+1)}\|_{L^\infty(\Omega)}\rho^m, \quad \forall y\in B_x(y). \tag{6.2.24}
$$

证明 令

$$
S(x) = \sum_{I\in\Lambda} [u^h(x+h,x_I)-u^h(x,x_I)]^2, \tag{6.2.25}
$$

并且

$$Q(y) = u^h(x+h,y) - u^h(x,y), \tag{6.2.26}$$

其中 Λ 代表由 $\tau_x \bigcap \tau_{x+h}$ 中的 $m+1$ 个元素构成的指标集.

先来证明当 $x \notin \boldsymbol{X}$ 时引理成立.

由式 (6.2.25) 和 (2.2.51) 可得

$$\begin{aligned} S(x) &\leqslant \sum_{I\in\Lambda} w(x,x_I)[u^h(x+h,x_I) - u^h(x,x_I)]^2 \\ &\leqslant \sum_{I\in\mathrm{H}} w(x,x_I)Q(x_I)[u^h(x+h,x_I) - u(x_I)] \\ &\quad + \sum_{I\in\mathrm{H}} w(x,x_I)Q(x_I)[u(x_I) - u^h(x,x_I)]. \end{aligned} \tag{6.2.27}$$

由于 $Q(y)$ 是一个 m 阶多项式, 于是由式 (6.2.12) 可得

$$\begin{aligned} &(u^h(x,y) - u(y), Q(y))_x \\ &= \sum_{I\in\mathrm{H}} w(x,x_I)[u^h(x+h,x_I) - u^h(x,x_I)][u(x_I) - u^h(x,x_I)] = 0. \end{aligned} \tag{6.2.28}$$

于是

$$S(x) \leqslant \sum_{I\in\mathrm{H}} w(x,x_I)Q(x_I)[u^h(x+h,x_I) - u(x_I)]. \tag{6.2.29}$$

当 $x \neq x_I$ 且 h 取值足够小时, 存在 ϑ_I 使得

$$w(x,x_I) = w(x+h,x_I) - w'(\vartheta_I,x_I)h. \tag{6.2.30}$$

由式 (6.2.12) 可得

$$(u^h(x+h,y) - u(y), Q(y))_x = \sum_{I\in\mathrm{H}} w(x+h,x_I)Q(x_I)[u^h(x+h,x_I) - u(x_I)] = 0. \tag{6.2.31}$$

于是有

$$\begin{aligned} S(x) &\leqslant \sum_{I\in\mathrm{H}} [w(x+h,x_I) - w'(\vartheta_I,x_I)h][u^h(x+h,x_I) - u(x_I)]Q(x_I) \\ &= -h\sum_{I\in\mathrm{H}} w'(\vartheta_I,x_I)[u^h(x+h,x_I) - u(x_I)]Q(x_I). \end{aligned} \tag{6.2.32}$$

当 $x \notin \boldsymbol{X}$ 时, 由不等式 (6.2.8), 假设 6.2.1 以及定理 6.2.1 可得

$$\left|h\sum_{I\in\mathrm{H}} w'(\vartheta_I,x_I)Q(x_I)[u^h(x+h,x_I) - u(x_I)]\right|$$

$$\leqslant \frac{c_w h}{\rho}\sum_{I\in \mathrm{H}}|Q(x_I)|\cdot|u^h(x+h,x_I)-u(x_I)|\leqslant Ch\|u^{(m+1)}\|_{L^\infty(\Omega)}\rho^m\sum_{I\in \mathrm{H}}|Q(x_I)|. \tag{6.2.33}$$

因此

$$S(x)\leqslant Ch\|u^{(m+1)}\|_{L^\infty(\Omega)}\rho^m\sum_{I\in \mathrm{H}}|Q(x_I)|,\quad x\notin \boldsymbol{X}. \tag{6.2.34}$$

利用 Hölder 不等式可得

$$\begin{aligned}\left[\sum_{I\in\Lambda}|Q(x_I)|\right]^2&\leqslant (m+1)\sum_{I\in\Lambda}|Q(x_I)|^2=(m+1)S(x)\\&\leqslant (m+1)Ch\|u^{(m+1)}\|_{L^\infty(\Omega)}\rho^m\sum_{I\in \mathrm{H}}|Q(x_I)|,\quad x\notin \boldsymbol{X}.\end{aligned} \tag{6.2.35}$$

$Q(y)$ 为一个 m 阶多项式, 于是可以记成

$$Q(y)=\sum_{I\in\Lambda}Q(x_I)l_I(y), \tag{6.2.36}$$

其中 $l_I(y)$ 为 m 阶插值多项式.

由假设 6.2.1 可以有

$$|l_I(y)|\leqslant\left(\frac{2\mu\rho}{\varepsilon}\right)^m\leqslant(2\mu)^m c_\varepsilon^m. \tag{6.2.37}$$

由于 H 中元素个数是有限的, 于是存在与 ρ 无关的常数 c_2 使得

$$\begin{aligned}\sum_{I\in \mathrm{H}}|Q(x_I)|&=\sum_{I\in \mathrm{H}}|\sum_{J\in\Lambda}Q(x_J)l_J(x_I)|\leqslant\sum_{I\in \mathrm{H}}\sum_{J\in\Lambda}|Q(x_J)|\cdot|l_J(x_I)|\\&=\sum_{J\in\Lambda}\left[|Q(x_J)|\cdot\sum_{I\in \mathrm{H}}|l_J(x_I)|\right]\leqslant(2\mu)^m c_\varepsilon^m c_2\sum_{J\in\Lambda}|Q(x_J)|.\end{aligned} \tag{6.2.38}$$

由式 (6.2.35) 和 (6.2.38) 可以有

$$\left[\sum_{I\in\Lambda}|Q(x_I)|\right]^2\leqslant(2\mu)^m c_2 c_\varepsilon^m(m+1)Ch\|u^{(m+1)}\|_{L^\infty(\Omega)}\rho^m\sum_{I\in\Lambda}|Q(x_I)|. \tag{6.2.39}$$

于是可得

$$\sum_{I\in\Lambda}|Q(x_I)|\leqslant(2\mu)^m c_2 c_\varepsilon^m(m+1)Ch\|u^{(m+1)}\|_{L^\infty(\Omega)}\rho^m. \tag{6.2.40}$$

从而

$$\begin{aligned}\frac{|Q(y)|}{h} &= \frac{1}{h}\left|\sum_{I\in\Lambda} Q(x_I)l_I(y)\right| \leqslant \frac{1}{h}\sum_{I\in\Lambda}|Q(x_I)|\cdot|l_I(y)| \leqslant \frac{1}{h}(2\mu)^m c_\varepsilon^m \sum_{I\in\Lambda}|Q(x_I)| \\ &\leqslant C\|u^{(m+1)}\|_{L^\infty(\Omega)}\rho^m, \quad x\notin \boldsymbol{X}. \end{aligned} \tag{6.2.41}$$

如果 $u^h(x,y)$ 在 x 的一阶导数存在, 则有

$$\left|\frac{\partial u^h(x,y)}{\partial x}\right| = \left|\lim_{h\to 0}\frac{Q(y)}{h}\right| \leqslant C\|u^{(m+1)}\|_{L^\infty(\Omega)}\rho^m, \quad x\notin \boldsymbol{X}. \tag{6.2.42}$$

因此当 $x\notin \boldsymbol{X}$ 时引理得证.

接下来证明当 $x = x_I\in \boldsymbol{X}$ 时引理成立.

由式 (6.2.25), (6.2.28), (6.2.30) 以及 (6.2.31) 可得

$$S(x) \leqslant -h\sum_{J\in\mathrm{H}, J\neq I} w'(\vartheta_J, x_J)[u^h(x+h, x_J) - u(x_J)]Q(x_J) + c(x,h), \tag{6.2.43}$$

其中

$$\begin{aligned} c(x,h) =& -w(x+h,x_I)[u^h(x+h,x_I)-u(x_I)]Q(x_I) \\ & - w(x,x_I)Q(x_I)[u(x_I)-u^h(x,x_I)]+[u^h(x+h,x_I)-u^h(x,x_I)]^2. \end{aligned} \tag{6.2.44}$$

于是由不等式 (6.2.38) 和 (6.2.43), 以及定理 6.2.1 可得

$$S(x) \leqslant Ch\|u^{(m+1)}\|_{L^\infty(\Omega)}\rho^m \sum_{J\in\Lambda}|Q(x_J)| + c(x,h). \tag{6.2.45}$$

令 $Q_I(y) = u^h(x_I+h, y) - u^h(x_I, y)$, 则

$$\begin{aligned}\left[\sum_{J\in\Lambda}|Q_I(x_J)|\right]^2 &\leqslant (m+1)\sum_{J\in\Lambda}|Q_I(x_J)|^2 = (m+1)S(x_I) \\ &\leqslant (m+1)Ch\|u^{(m+1)}\|_{L^\infty(\Omega)}\rho^m\sum_{J\in\Lambda}|Q_I(x_J)| + (m+1)c(x_I,h). \end{aligned} \tag{6.2.46}$$

求解不等式 (6.2.46) 可得

$$\begin{aligned}\sum_{J\in\Lambda}|Q_I(x_J)| \leqslant& \frac{1}{2}(m+1)Ch\|u^{(m+1)}\|_{L^\infty(\Omega)}\rho^m \\ &+ \frac{1}{2}\sqrt{[(m+1)Ch\|u^{(m+1)}\|_{L^\infty(\Omega)}\rho^m]^2 + 4(m+1)c(x_I,h)}. \end{aligned} \tag{6.2.47}$$

根据式 (6.2.44) 和引理 6.2.4 可得

$$\lim_{h\to 0}\frac{c(x_I,h)}{h^2}=-2c_\alpha\rho^{-2}\left\{\sum_{J\in\tau_{x_I},J\neq I}w(x_I,x_J)[u(x_J)-u^h(x_I,x_J)]\right\}^2, \tag{6.2.48}$$

其中

$$c_\alpha=\begin{cases}1 & \alpha=2\\ 0 & \alpha\neq 2\end{cases}. \tag{6.2.49}$$

于是根据定理 6.2.1 可得

$$\lim_{h\to 0}\frac{c(x_I,h)}{h^2}\leqslant C(\|u^{(m+1)}\|_{L^\infty(\Omega)}\rho^m)^2. \tag{6.2.50}$$

又由不等式 (6.2.47) 和 (6.2.50), 存在与 ρ 无关的常数 C 使得

$$\lim_{h\to 0}\frac{1}{h}\sum_{J\in\Lambda}|Q_I(x_J)|\leqslant C\|u^{(m+1)}\|_{L^\infty(\Omega)}\rho^m. \tag{6.2.51}$$

从而可得

$$\begin{aligned}\left|\frac{\partial u^h(x_I,y)}{\partial x}\right|&=\left|\lim_{h\to 0}\frac{Q_I(y)}{h}\right|\leqslant\lim_{h\to 0}\frac{1}{h}\sum_{J\in\Lambda}|Q_I(x_J)|\cdot|l_J(y)|\\&\leqslant(2\mu)^m c_\varepsilon^m\lim_{h\to 0}\frac{1}{h}\sum_{J\in\Lambda}|Q_I(x_J)|\leqslant C\|u^{(m+1)}\|_{L^\infty(\Omega)}\rho^m.\end{aligned} \tag{6.2.52}$$

因此引理得证.

定理 6.2.2 设 $u\in C^{m+1}(\overline{\Omega})$, 且成立假设 6.2.1 和假设 6.2.2, 则存在与 ρ 无关的常数 C 使得

$$\left\|\frac{\mathrm{d}u^h(x)}{\mathrm{d}x}-\frac{\mathrm{d}u(x)}{\mathrm{d}x}\right\|_{L^\infty(\Omega)}\leqslant C\|u^{(m+1)}\|_{L^\infty(\Omega)}\rho^m. \tag{6.2.53}$$

证明 因为成立

$$\left|\frac{\mathrm{d}u^h(x)}{\mathrm{d}x}-\frac{\mathrm{d}u(x)}{\mathrm{d}x}\right|=\left|\frac{\mathrm{d}u^h(x,x)}{\mathrm{d}x}-\frac{\mathrm{d}u(x)}{\mathrm{d}x}\right|, \tag{6.2.54}$$

并且

$$\frac{\mathrm{d}u^h(x,x)}{\mathrm{d}x}=\left(\frac{\partial u^h(x,y)}{\partial x}+\frac{\partial u^h(x,y)}{\partial y}\frac{\partial y}{\partial x}\right)\bigg|_{y=x}, \tag{6.2.55}$$

于是只需估计下式的上限即可,

$$\left|\frac{\partial u^h(x,y)}{\partial x}+\frac{\partial u^h(x,y)}{\partial y}-\frac{\partial u(y)}{\partial y}\right|,\quad \forall y\in B_x(y). \tag{6.2.56}$$

由于 $u^h(x,y)-u(y)$ 在 $B_x(y)$ 上关于 y 至少存在 $m+1$ 个零根, 则导数 $\dfrac{\partial}{\partial y}[u^h(x,y)-u(y)]$ 关于 y 至少存在 m 个零根. 从而根据 Lagrange 插值多项式的误差估计可得

$$\left|\frac{\partial u^h(x,y)}{\partial y}-\frac{\partial u(y)}{\partial y}\right|\leqslant C\|u^{(m+1)}\|_{L^\infty(\Omega)}\rho^m,\quad \forall y\in B_x(y). \tag{6.2.57}$$

于是由引理 6.2.5 和不等式 (6.2.57) 可以有

$$\begin{aligned}\left|\frac{\partial u^h(x,y)}{\partial x}+\frac{\partial u^h(x,y)}{\partial y}-\frac{\partial u(y)}{\partial y}\right|&\leqslant\left|\frac{\partial u^h(x,y)}{\partial y}-\frac{\partial u(y)}{\partial y}\right|+\left|\frac{\partial u^h(x,y)}{\partial x}\right|\\&\leqslant C\|u^{(m+1)}\|_{L^\infty(\Omega)}\rho^m.\end{aligned} \tag{6.2.58}$$

于是引理得证.

引理 6.2.6　设 $u\in C^{m+1}(\overline{\Omega})$. 对于 $x\in\Omega$, 若存在导数 $\dfrac{\partial^2u^h(x,y)}{\partial x\partial y}$, 则存在与 ρ 无关的常数 C 使得

$$\left|\frac{\partial^2u^h(x,y)}{\partial x\partial y}\right|\leqslant C\|u^{(m+1)}\|_{L^\infty(\Omega)}\rho^{m-1}. \tag{6.2.59}$$

证明　对于给定的 x, $u^h(x,y)$ 是关于 y 的 m 阶多项式, 可以记作

$$u^h(x,y)=\sum_{I\in\Lambda}u^h(x,x_I)l_I(y),\quad \forall x\in\Omega. \tag{6.2.60}$$

利用引理 6.2.5 可得

$$\left|\frac{\partial^2u^h(x,y)}{\partial x\partial y}\right|\leqslant\sum_{I\in\Lambda}\left|\frac{\partial u^h(x,x_I)}{\partial x}\right|\cdot\left|\frac{\partial l_I(y)}{\partial y}\right|\leqslant C\|u^{(m+1)}\|_{L^\infty(\Omega)}\rho^m\sum_{I\in\Lambda}\left|\frac{\partial l_I(y)}{\partial y}\right|. \tag{6.2.61}$$

又由假设 6.2.1 有

$$\left|\frac{\partial l_I(y)}{\partial y}\right|\leqslant\frac{m(2\mu)^{m-1}c_\varepsilon^m}{\rho}. \tag{6.2.62}$$

从而由不等式 (6.2.61) 有

$$\left|\frac{\partial^2u^h(x,y)}{\partial x\partial y}\right|\leqslant(2\mu)^{m-1}Cm(m+1)c_\varepsilon^m\|u^{(m+1)}\|_{L^\infty(\Omega)}\rho^{m-1}. \tag{6.2.63}$$

于是引理得证.

引理 6.2.7　设 $u\in C^{m+1}(\overline{\Omega})$. 对每个 $x\notin\boldsymbol{X}$, 若存在导数 $\dfrac{\partial^2u^h(x,y)}{\partial x^2}$, 则存在与 ρ 无关的常数 C 使得

$$\left|\frac{\partial^2u^h(x,y)}{\partial x^2}\right|\leqslant C\|u^{(m+1)}\|_{L^\infty(\Omega)}\rho^{m-1},\quad \forall y\in B_x(y). \tag{6.2.64}$$

因为当 $x \notin \boldsymbol{X}$ 时权函数是有界的, 类似引理 6.2.5 可以证明:

定理 6.2.3 设 $u \in C^{m+1}(\overline{\Omega})$, 且成立假设 6.2.1 和 6.2.2, 则存在与 ρ 无关的常数 C 使得

$$\left\|\frac{\mathrm{d}^2 u^h(x)}{\mathrm{d}x^2}-\frac{\mathrm{d}^2 u(x)}{\mathrm{d}x^2}\right\|_{L^\infty(\Omega)} \leqslant C\|u^{(m+1)}\|_{L^\infty(\Omega)}\rho^{m-1}. \tag{6.2.65}$$

证明 因为

$$\begin{aligned}\frac{\mathrm{d}^2 u^h(x)}{\mathrm{d}x^2}-\frac{\mathrm{d}^2 u(x)}{\mathrm{d}x^2} &= \frac{\mathrm{d}^2 u^h(x,x)}{\mathrm{d}x^2}-\frac{\mathrm{d}^2 u(x)}{\mathrm{d}x^2} \\ &= \left(\frac{\partial^2 u^h(x,y)}{\partial x^2}+2\frac{\partial^2 u^h(x,y)}{\partial x\partial y}+\frac{\partial^2 u^h(x,y)}{\partial y^2}-\frac{\partial^2 u(y)}{\partial y^2}\right)\bigg|_{y=x},\end{aligned} \tag{6.2.66}$$

则只需估计下式的上限即可,

$$\left|\frac{\partial^2 u^h(x,y)}{\partial x^2}+2\frac{\partial^2 u^h(x,y)}{\partial x\partial y}+\frac{\partial^2 u^h(x,y)}{\partial y^2}-\frac{\partial^2 u(y)}{\partial y^2}\right|, \quad \forall y \in B_x(y). \tag{6.2.67}$$

根据引理 6.2.3, $\dfrac{\partial^2 u^h(x,y)}{\partial y^2}-\dfrac{\partial^2 u(y)}{\partial y^2}$ 关于 y 在 $B_x(y)$ 上至少存在 $m-1$ 个零根. 于是又根据 Lagrange 插值多项式的误差估计可得

$$\left|\frac{\partial^2 u^h(x,y)}{\partial y^2}-\frac{\partial^2 u(y)}{\partial y^2}\right| \leqslant C\|u^{(m+1)}\|_{L^\infty(\Omega)}\rho^{m-1}. \tag{6.2.68}$$

若 $x \notin \boldsymbol{X}$, 根据不等式 (6.2.68) 以及引理 6.2.6 和 6.2.7 可得

$$\begin{aligned}&\left|\frac{\partial^2 u^h(x,y)}{\partial x^2}+2\frac{\partial^2 u^h(x,y)}{\partial x\partial y}+\frac{\partial^2 u^h(x,y)}{\partial y^2}-\frac{\partial^2 u(y)}{\partial y^2}\right| \\ &\leqslant \left|\frac{\partial^2 u^h(x,y)}{\partial x^2}\right|+2\left|\frac{\partial^2 u^h(x,y)}{\partial x\partial y}\right|+\left|\frac{\partial^2 u^h(x,y)}{\partial y^2}-\frac{\partial^2 u(y)}{\partial y^2}\right| \\ &\leqslant C\|u^{(m+1)}\|_{L^\infty(\Omega)}\rho^{m-1}.\end{aligned} \tag{6.2.69}$$

于是当 $x \notin \boldsymbol{X}$ 时定理得证.

当 $x_I \in \boldsymbol{X}$ 时, 可得

$$\frac{\mathrm{d}^2 u^h(x_I)}{\mathrm{d}x^2}-\frac{\mathrm{d}^2 u(x_I)}{\mathrm{d}x^2} = \left(\frac{\partial^2 u^h(x,y)}{\partial x^2}+2\frac{\partial^2 u^h(x,y)}{\partial x\partial y}+\frac{\partial^2 u^h(x,y)}{\partial y^2}-\frac{\partial^2 u(y)}{\partial y^2}\right)\bigg|_{y=x=x_I}. \tag{6.2.70}$$

根据式 (2.2.75) 和引理 6.2.4 有

$$\lim_{x\to x_I}\frac{\partial^2 u^h(x,x_I)}{\partial x^2} = \lim_{x\to x_I}\left\{\left(\frac{\mathrm{d}w(x,x_I)}{\mathrm{d}x}\right)^2\frac{2}{\left[\sum\limits_{J\in\tau_x} w(x,x_J)\right]^3}\right.$$

$$
\left. - \frac{1}{\left[\sum_{J \in \tau_x} w(x, x_J) \right]^2} \frac{\mathrm{d}^2 w(x, x_I)}{\mathrm{d}x^2} \right\}
$$

$$
\times \sum_{J \in \tau_{x_I}, J \neq I} w(x_I, x_J) \left[u(x_J) - u^h(x_I, x_J) \right]. \tag{6.2.71}
$$

根据式 (2.2.51) 存在与 ρ 无关的常数 c_3 使得

$$
\lim_{x \to x_I} \left\{ \left(\frac{\mathrm{d}w(x, x_I)}{\mathrm{d}x} \right)^2 \frac{2}{\left[\sum_{J \in \tau_x} w(x, x_J) \right]^3} - \frac{1}{\left[\sum_{J \in \tau_x} w(x, x_I) \right]^2} \frac{\mathrm{d}^2 w(x, x_I)}{\mathrm{d}x^2} \right\} = c_3 \rho^{-2}. \tag{6.2.72}
$$

根据定理 6.2.1 和式 (6.2.71) 容易得到

$$
\left| \frac{\partial^2 u^h(x_I, x_I)}{\partial x^2} \right| \leqslant C \| u^{(m+1)} \|_{L^\infty(\Omega)} \rho^{m-1}. \tag{6.2.73}
$$

又由不等式 (6.2.68) 和 (6.2.73), 式 (6.2.70) 以及引理 6.2.6 可得

$$
\left| \frac{\mathrm{d}^2 u^h(x_I)}{\mathrm{d}x^2} - \frac{\mathrm{d}^2 u(x_I)}{\mathrm{d}x^2} \right| \leqslant C \| u^{(m+1)} \|_{L^\infty(\Omega)} \rho^{m-1}. \tag{6.2.74}
$$

因此定理得证.

6.2.2 数值算例

在本节中, 将给出 3 个数值算例以验证本节证明的误差估计. 在算例中, 逼近函数 $u^h(x)$ 将利用改进的移动最小二乘插值法从已知函数 $u(x)$ 来构造, 并且分别定义 L_∞ 和 L_2 误差

$$
L_\infty^{(k)} \equiv \max_{x_I \in \boldsymbol{X}} |D^{(k)} u^h(x_I) - D^{(k)} u(x_I)|, \quad k = 0, 1, 2, \tag{6.2.75}
$$

$$
L_2^{(k)} \equiv \| D^{(k)} u^h - D^{(k)} u \|_{L^2(\Omega)} = \left[\int_\Omega (D^{(k)} u^h - D^{(k)} u)^2 \mathrm{d}\Omega \right]^{1/2}, \quad k = 0, 1, 2, \tag{6.2.76}
$$

其中 $\Omega \subset \mathbf{R}$ 为一个有界区间, 且 $D^{(k)} u(x) = \dfrac{\mathrm{d}^k u(x)}{\mathrm{d}x^k}$.

在本节算例中, 节点都是规则分布的, 基函数都为二次多项式, 且 $\alpha = 4$. 每个节点的权函数影响域半径都取作 $\rho_I = d_{\max} \cdot |x_I - x_{I-1}|$, 其中 $d_{\max}$ 为给定常数, 取

值应使得矩阵 (2.2.71) 是可逆的. 为简单起见, 算例中都令 $d_{\max} = 2.5$. 式 (6.2.76) 中的积分采用 4 点 Gauss 数值积分进行计算.

例 6.2.1 已知函数取作指数函数 $u(x) = e^{-2x}$, $x \in [0, 2]$.

逼近函数的一阶导数和二阶导数的 L_∞ 误差针对权函数影响域半径的变化情况如图 6.2.1 所示, 从图中可以看出一阶导数和二阶导数的收敛阶分别约为 2 和 1, 这结果与理论结果一致. 图 6.2.2 给出了逼近函数及其导数的 L_2 误差针对权函数影响域半径的变化情况. 图中它们的收敛阶大约分别是 3, 2, 1, 这也与本节的理论结果一致.

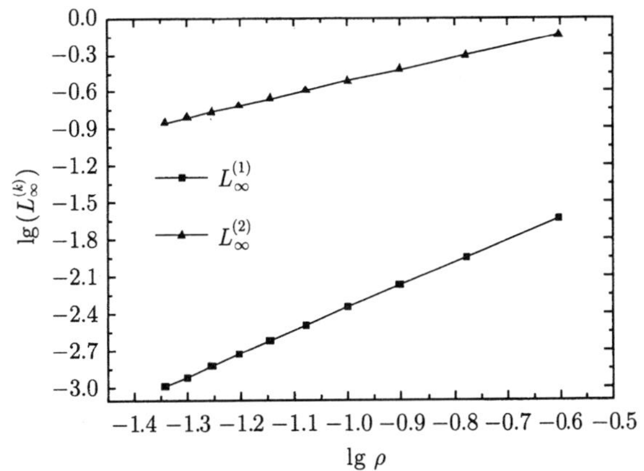

图 6.2.1 $u^h(x)$ 的一阶和二阶导数在节点处的 L_∞ 误差

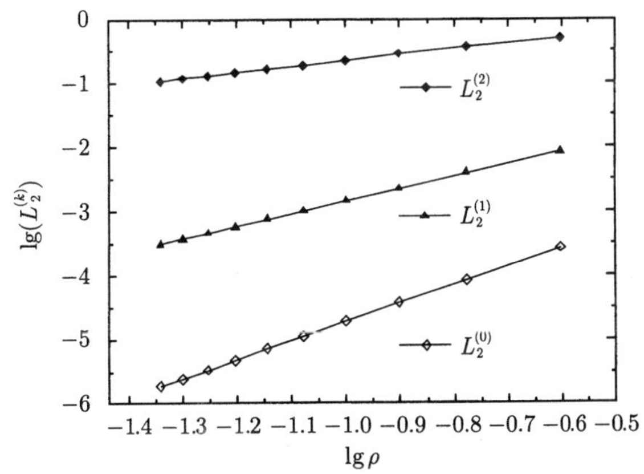

图 6.2.2 $u^h(x)$ 及其一阶和二阶导数的 L_2 误差

例 6.2.2 已知函数取作三角函数 $u(x) = \sin^2 x + \cos x$, $x \in [0, \pi]$.

图 6.2.3 给出了逼近函数 $u^h(x)$ 的一阶导数和二阶导数的 L_∞ 误差关于权函数影响域半径的变化情况. 从图中可以看出, 逼近函数一阶导数的收敛阶约为 2, 这与

本节所证理论结果一致；而二阶导数的 L_∞ 误差也接近于 2, 比所证理论结果更高. 图 6.2.4 给出了逼近函数及其一阶导数、二阶导数的 L_2 误差关于权函数影响域半径的变化情况. 该图说明, 误差随着影响域半径的减少而减少, 而且它们的误差收敛阶分别约为 3, 2, 1, 收敛阶与本节理论结果完全一致, 这也验证了本节理论结果的正确性.

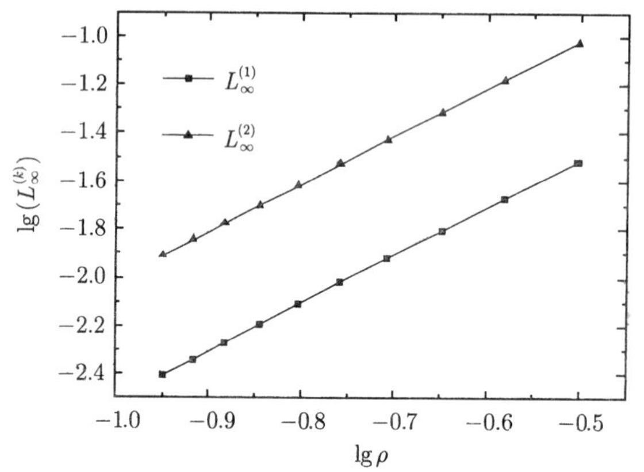

图 6.2.3　$u^h(x)$ 的一阶和二阶导数在节点处的 L_∞ 误差

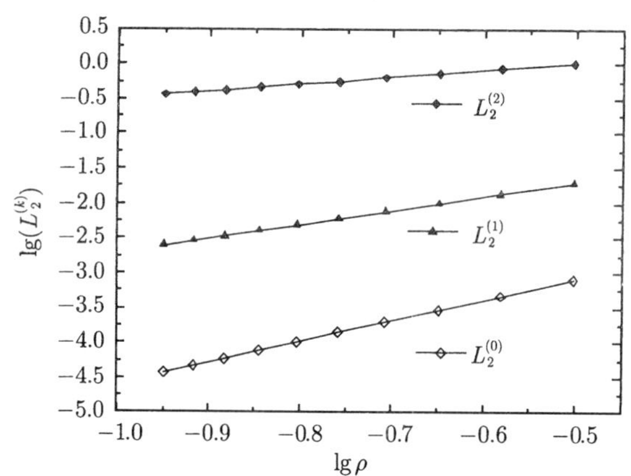

图 6.2.4　$u^h(x)$ 及其一阶和二阶导数的 L_2 误差

例 6.2.3　已知函数取作对数函数 $u(x) = \ln(x+2)$, $x \in [0,2]$.

图 6.2.5 给出了逼近函数的一阶导数和二阶导数的 L_∞ 误差随权函数影响域半径的变化情况, 该图说明一阶导数和二阶导数的收敛阶分别约为 2 和 1, 此结果与理论结果一致. 图 6.2.6 分别给出了逼近函数及其导数的 L_2 误差针对权函数影响域半径的变化情况. 图中它们的收敛阶大约分别是 3, 2, 1, 而这也与本节的理论结果完全一致.

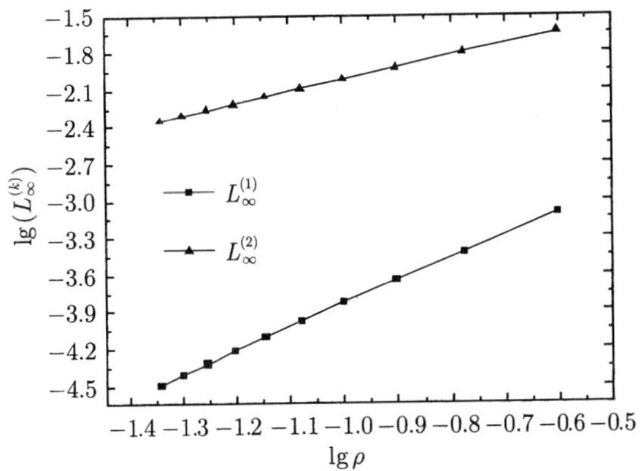

图 6.2.5 $u^h(x)$ 的一阶和二阶导数在节点处的 L_∞ 误差

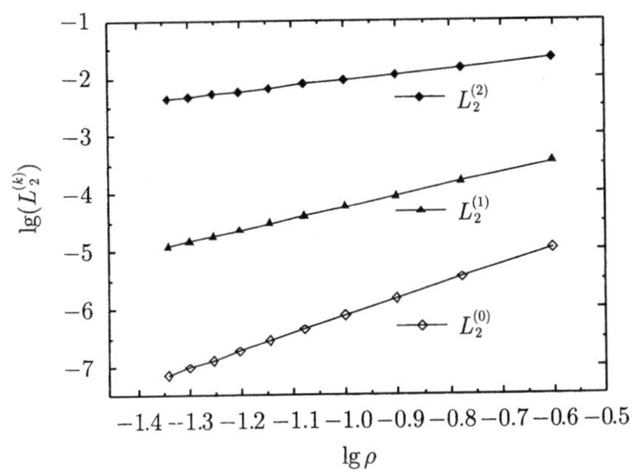

图 6.2.6 $u^h(x)$ 及其一阶和二阶导数的 L_2 误差

利用多项式理论, 通过一定的假设, 得到了改进的移动最小二乘插值法逼近函数的误差估计, 同时又进一步得到了逼近函数的一阶导数和二阶导数的误差估计. 本节的误差分析表明, 只要原函数足够光滑且基函数的阶次足够高, 则当权函数影响域半径越来越小时, 改进的移动最小二乘插值法所构造的逼近函数及其导数将分别收敛于原函数及其相应的导数, 相应的数值算例验证了本节的结论.

6.3 n 维改进的移动最小二乘插值法的误差估计

前一节研究了一维情形下改进的移动最小二乘插值法的误差估计, 得到了误差与节点权函数影响域半径之间的关系. 本节对 n 维情形下的改进的移动最小二乘插值法的误差收敛性进行研究, 得到了改进的移动最小二乘插值法的逼近函数及其各阶导数的误差估计. 最后给出了一些数值算例以验证本节的结论.

6.3.1 预备知识

为简单起见, 在 n 维空间定义以下记号:

• 对任意点 $\boldsymbol{x}=(x_1,x_2,\cdots,x_n)$, 以 $\tau_{\boldsymbol{x}}$ 表示影响域覆盖 $\boldsymbol{x}$ 的所有节点的编号合集;

• 定义 $\boldsymbol{x}^\eta=x_1^{\eta_1}\cdot x_2^{\eta_2}\cdots x_n^{\eta_n}$, 此处 $\eta=(\eta_1,\eta_2,\cdots,\eta_n)$ 为一个多重指标;

• $\boldsymbol{e}_i$ 为一个多重指标, 满足 $|\boldsymbol{e}_i|=1$ 且其第 i 个分量为 1, 也即 $\boldsymbol{e}_i=(0,\ \cdots,0,1,\ 0,\ \cdots,\ 0)$, $i=1,2,\cdots,n$;

• $\boldsymbol{e}_{ij}\in\mathbf{R}^n(i\neq j)$ 为一个多重指标, 满足 $|\boldsymbol{e}_{ij}|=2$, 且第 i 和 j 分量都为 1, 也即 $\boldsymbol{e}_{ij}=(0,\cdots,1,\cdots,1,\cdots,0)$, $i,j=1,2,\cdots,n$;

• $\boldsymbol{e}_{ii}\in\mathbf{R}^n$ 为一个多重指标, 满足 $|\boldsymbol{e}_{ii}|=2$, 且第 i 个分量为 2, 也即 $\boldsymbol{e}_{ii}=(0,\cdots,0,2,0,\cdots,0)$, $\quad i=1,2,\cdots,n$.

函数 $f(\boldsymbol{x}):\overline{\Omega}\subset\mathbf{R}^n\to\mathbf{R}$ 在 $\overline{\Omega}$ 内是属于一类 C^m 函数的, 当且仅当对 $\forall\boldsymbol{x}_1,\boldsymbol{x}_2\in\overline{\Omega}$, $D^\eta f(\boldsymbol{x}_1)$ 以及余项 $R_\eta(\boldsymbol{x}_1,\boldsymbol{x}_2)$ 满足 Taylor 展开式

$$D^\eta f(\boldsymbol{x}_1)=\sum_{|\xi|\leqslant m-|\eta|}\frac{1}{\xi!}D^{\eta+\xi}f(\boldsymbol{x}_2)(\boldsymbol{x}_1-\boldsymbol{x}_2)^\xi+R_\eta(\boldsymbol{x}_1,\boldsymbol{x}_2),\quad \boldsymbol{x}_1,\boldsymbol{x}_2\in\overline{\Omega},\ |\eta|\leqslant m. \tag{6.3.1}$$

函数 $f(\boldsymbol{x})$ 在 $\overline{\Omega}$ 内是 $C^{m,1}$ 连续的, 当且仅当 $f(\boldsymbol{x})$ 是属于一类 C^m 函数, 并且当 $|\eta|=m$ 时 $D^\eta f(\boldsymbol{x})$ 在 $\overline{\Omega}$ 内是 Lipschitz 连续的.

半模 $|f|_{m,1}$ 定义为

$$|f|_{m,1}=\sup\left\{\frac{|D^\eta f(\boldsymbol{x}_1)-D^\eta f(\boldsymbol{x}_2)|}{\|\boldsymbol{x}_1-\boldsymbol{x}_2\|}\middle|\,\boldsymbol{x}_1,\boldsymbol{x}_2\in\overline{\Omega},\ \boldsymbol{x}_1\neq\boldsymbol{x}_2,\ |\eta|=m\right\}. \tag{6.3.2}$$

假设有界域 $\overline{\Omega}$ 满足以下一致连续性假设.

假设 6.3.1 存在常数 $\gamma\geqslant 1$ 使得对 $\forall\boldsymbol{x}_1,\boldsymbol{x}_2\in\overline{\Omega}$ 能被一条曲线 Γ 连接, 并且曲线长度满足 $|\Gamma|\leqslant\gamma\|\boldsymbol{x}_1-\boldsymbol{x}_2\|$.

于是有以下关于 $R_\eta(\boldsymbol{x}_1,\boldsymbol{x}_2)$ 的重要估计.

引理 6.3.1 设区域 $\overline{\Omega}$ 满足假设 6.3.1, 且函数 $f(\boldsymbol{x})$ 在 $\overline{\Omega}$ 内是 $C^{m,1}$ 连续的, 则对 $\forall\boldsymbol{x}_1,\boldsymbol{x}_2\in\overline{\Omega}$ 成立

$$|R_\eta(\boldsymbol{x}_1,\boldsymbol{x}_2)|\leqslant c_{m-|\eta|}\,\gamma^{m-|\eta|}\|\boldsymbol{x}_1-\boldsymbol{x}_2\|^{m-|\eta|+1}\,|f|_{m,1},\quad |\eta|\leqslant m, \tag{6.3.3}$$

其中 $R_\eta(\boldsymbol{x}_1,\boldsymbol{x}_2)$ 为式 (6.3.1) 中的余项, 且当 $s>0$ 时,

$$c_s=\frac{n^s}{(s-1)!}, \tag{6.3.4}$$

当 $s=0$ 时 $c_s=1$.

6.3.2 n 维改进的移动最小二乘插值法的误差估计

假设 6.3.2 对 $\forall \boldsymbol{x}\in\Omega$, 影响域覆盖该点的节点数目是有限的, 并且对 $\forall I\in\tau_{\boldsymbol{x}}$, 存在有界 $c_I\in\mathbf{R}$ 和 $\boldsymbol{l}_I\in\mathbf{R}^n$ 使得成立 $\rho_{\boldsymbol{x}}=c_I\rho_I$ 和 $\boldsymbol{x}_I-\boldsymbol{x}=\boldsymbol{l}_I\rho_{\boldsymbol{x}}$, 其中 $\rho_{\boldsymbol{x}}=\max\limits_{I\in\tau_{\boldsymbol{x}}}\rho_I$.

假设 6.3.2 表明, 节点之间的距离和节点的权函数影响域半径之间是一种线性关系. 设 $\boldsymbol{c}$ 为区域 $\Omega\subset\mathbf{R}^n$ 中固定的一点. 下面我们将讨论改进的移动最小二乘插值法的逼近函数及其导数在 $\boldsymbol{c}$ 点取值的误差.

假设 6.3.3 若 $m_I(\boldsymbol{x})\in C^l(\overline{\Omega})$, 则对任一点 $\boldsymbol{x}$, 存在常数 $C_{m\eta}(\boldsymbol{x})$ 使得

$$D^\beta m_I(\boldsymbol{x})=\rho_{\boldsymbol{x}}^{-|\beta|}C_{w\eta}(\boldsymbol{x}),\quad |\beta|\leqslant l. \tag{6.3.5}$$

设改进的移动最小二乘插值法中使用的基函数为 m 次完全多项式. 当基函数采用完全多项式时, 改进的移动最小二乘插值法的逼近函数与基函数的具体形式无关. 因此基函数特取如下形式:

$$p_\eta(\boldsymbol{x})=(\boldsymbol{x}-\boldsymbol{c})^\eta,\quad |\eta|\leqslant m, \tag{6.3.6}$$

并且设基函数中函数个数为 $\bar{m}+1$ 个.

将式 (6.3.6) 代入式 (2.2.52), (2.2.53) 和 (2.2.80) 有

$$\tilde{p}_0(\boldsymbol{x};\bar{\boldsymbol{x}})=\frac{1}{\left[\sum\limits_{I\in\tau_{\boldsymbol{x}}}w(\boldsymbol{x},\boldsymbol{x}_I)\right]^{1/2}}, \tag{6.3.7}$$

$$\tilde{p}_\eta(\boldsymbol{x};\bar{\boldsymbol{x}})=p_\eta(\bar{\boldsymbol{x}})-\boldsymbol{S}p_\eta(\boldsymbol{x})=(\bar{\boldsymbol{x}}-\boldsymbol{c})^\eta-\sum_{I\in\tau_{\boldsymbol{x}}}v(\boldsymbol{x},\boldsymbol{x}_I)(\boldsymbol{x}_I-\boldsymbol{c})^\eta,\quad 1\leqslant|\eta|\leqslant m, \tag{6.3.8}$$

$$g_\eta(\boldsymbol{x})=p_\eta(\boldsymbol{x})-\boldsymbol{S}p_\eta(\boldsymbol{x})=(\boldsymbol{x}-\boldsymbol{c})^\eta-\sum_{I\in\tau_{\boldsymbol{x}}}v(\boldsymbol{x},\boldsymbol{x}_I)(\boldsymbol{x}_I-\boldsymbol{c})^\eta,\quad 1\leqslant|\eta|\leqslant m. \tag{6.3.9}$$

由改进的移动最小二乘插值法, 可以定义一个线性算子 $\mathscr{A}:u(\boldsymbol{x})\to u^h(\boldsymbol{x})$, 也即,

$$\mathscr{A}u(\boldsymbol{x})\equiv u^h(\boldsymbol{x})=\sum_{I\in\tau_{\boldsymbol{x}}}u(\boldsymbol{x}_I)v(\boldsymbol{x},\boldsymbol{x}_I)+\sum_{1\leqslant|\eta|\leqslant m}a_\eta(\boldsymbol{x})g_\eta(\boldsymbol{x}). \tag{6.3.10}$$

引理 6.3.2 设权函数由式 (2.2.51) 确定, 则当 $\boldsymbol{x}\neq\boldsymbol{x}_I$ 时存在与 $\rho_{\boldsymbol{x}}$ 无关的有界函数 $s_\beta^{(1)}(\boldsymbol{x},\boldsymbol{x}_I)$ 使得

$$D^\beta w(\boldsymbol{x},\boldsymbol{x}_I)=\rho_{\boldsymbol{x}}^{-|\beta|}s_\beta^{(1)}(\boldsymbol{x},\boldsymbol{x}_I),\quad |\beta|\leqslant 2,|\beta|\leqslant l. \tag{6.3.11}$$

证明　令 $\gamma_I = \dfrac{\|\boldsymbol{x}-\boldsymbol{x}_I\|^2}{\rho_I^2}$, $I \in \tau_{\boldsymbol{x}}$, 并且 $\boldsymbol{x}=(x_1,x_2,\cdots,x_n)$, $\boldsymbol{x}_I=(x_{I1},x_{I2},\cdots,x_{In})$. 根据假设 6.3.2, 存在常数 l_{Ii} 使得

$$x_i - x_{Ii} = c_I l_{Ii} \rho_I. \tag{6.3.12}$$

于是有

$$D^{\boldsymbol{e}_i}\gamma_I = \frac{2}{\rho_I^2}(x_i - x_{Ii}) = \rho_I^{-1} q_{\boldsymbol{e}_i}(\boldsymbol{x},\boldsymbol{x}_I), \quad 1 \leqslant i \leqslant n, \tag{6.3.13}$$

其中 $q_{\boldsymbol{e}_i}(\boldsymbol{x},\boldsymbol{x}_I) = 2c_I l_{Ii}$ 与 ρ_I 无关.

对式 (6.3.13) 求导, 可得

$$D^{\boldsymbol{e}_{ij}}\gamma_I = \frac{2}{\rho_I^2}D^{\boldsymbol{e}_j}(x_i - x_{Ii}) = \frac{2}{\rho_I^2}\delta_{ij} = \rho_I^{-2} q_{\boldsymbol{e}_{ij}}(\boldsymbol{x},\boldsymbol{x}_I), \tag{6.3.14}$$

其中 $q_{\boldsymbol{e}_{ij}}(\boldsymbol{x},\boldsymbol{x}_I) = 2\delta_{ij}$ 并且 δ_{ij} 是 Kronecker δ 函数.

由式 (6.3.13) 和 (6.3.14) 可知, 存在与 ρ_I 无关的有界函数 $q_\beta(\boldsymbol{x},\boldsymbol{x}_I)$ 使得

$$D^\beta \gamma_I = \rho_I^{-|\beta|} q_\beta(\boldsymbol{x},\boldsymbol{x}_I), \quad |\beta| \leqslant 2, |\beta| \leqslant l. \tag{6.3.15}$$

又由式 (2.2.51) 可知, 若 $I \in \tau_{\boldsymbol{x}}$ 且 $\boldsymbol{x} \neq \boldsymbol{x}_I$ 时有

$$D^{\boldsymbol{e}_i} w(\boldsymbol{x},\boldsymbol{x}_I) = \gamma_I^{-\alpha/2} D^{\boldsymbol{e}_i} m_I(\boldsymbol{x}) - \frac{\alpha}{2}\gamma_I^{-\alpha/2-1} m_I(\boldsymbol{x}) D^{\boldsymbol{e}_i}\gamma_I, \tag{6.3.16}$$

$$\begin{aligned}
D^{\boldsymbol{e}_{ij}} w(\boldsymbol{x},\boldsymbol{x}_I) = & -\frac{\alpha}{2}\gamma_I^{-\alpha/2-1} D^{\boldsymbol{e}_j}\gamma_I D^{\boldsymbol{e}_i} m_I(\boldsymbol{x}) + \gamma_I^{-\alpha/2} D^{\boldsymbol{e}_{ij}} m_I(\boldsymbol{x}) \\
& - \frac{\alpha}{2}\gamma_I^{-\alpha/2-1} m_I(\boldsymbol{x}) D^{\boldsymbol{e}_{ij}}\gamma_I \\
& - \frac{\alpha}{2}\gamma_I^{-\alpha/2-1} D^{\boldsymbol{e}_j} m_I(\boldsymbol{x}) D^{\boldsymbol{e}_i}\gamma_I \\
& + \frac{\alpha}{2}\left(\frac{\alpha}{2}+1\right)\gamma_I^{-\alpha/2-2} m_I(\boldsymbol{x}) D^{\boldsymbol{e}_i}\gamma_I D^{\boldsymbol{e}_j}\gamma_I.
\end{aligned} \tag{6.3.17}$$

将式 (6.3.15) 代入式 (6.3.16) 和 (6.3.17) 中, 并根据假设 6.3.2 即可证得引理.

引理 6.3.3　设 $w(\boldsymbol{x},\boldsymbol{x}_I)$ 和 $v(\boldsymbol{x},\boldsymbol{x}_I)$ 分别由式 (2.2.51) 和 (2.2.55) 确定, 则存在与 $\rho_{\boldsymbol{x}}$ 无关的有界函数 $s_\beta^{(2)}(\boldsymbol{x},\boldsymbol{x}_I)$ 使得 $\forall \boldsymbol{x} \in \Omega$,

$$D^\beta v(\boldsymbol{x},\boldsymbol{x}_I) = \rho_{\boldsymbol{x}}^{-|\beta|} s_\beta^{(2)}(\boldsymbol{x},\boldsymbol{x}_I), \quad |\beta| \leqslant 2, |\beta| \leqslant l. \tag{6.3.18}$$

证明　若 $\boldsymbol{x} \notin \boldsymbol{X}$, 则有

$$D^{\boldsymbol{e}_i} v(\boldsymbol{x},\boldsymbol{x}_I) = \frac{D^{\boldsymbol{e}_i} w(\boldsymbol{x},\boldsymbol{x}_I)\displaystyle\sum_{J\in\tau_{\boldsymbol{x}},J\neq I} w(\boldsymbol{x},\boldsymbol{x}_J) - w(\boldsymbol{x},\boldsymbol{x}_I)\sum_{J\in\tau_{\boldsymbol{x}},J\neq I} D^{\boldsymbol{e}_i} w(\boldsymbol{x},\boldsymbol{x}_J)}{\left[\displaystyle\sum_{J\in\tau_{\boldsymbol{x}}} w(\boldsymbol{x},\boldsymbol{x}_J)\right]^2}. \tag{6.3.19}$$

于是由式 (6.3.11) 可知, 当 $|\beta|=1$ 且 $\boldsymbol{x}\notin\boldsymbol{X}$ 时引理成立. 当 $|\beta|=2$ 且 $\boldsymbol{x}\notin\boldsymbol{X}$ 时, 通过继续求导, 即可证明引理成立.

由式 (2.2.55) 可知

$$D^{\boldsymbol{e}_i}v(\boldsymbol{x}_I,\boldsymbol{x}_J)=0,\quad \forall\boldsymbol{x}_I,\boldsymbol{x}_J\in\boldsymbol{X}. \tag{6.3.20}$$

于是当 $\boldsymbol{x}\in\boldsymbol{X}$ 且 $|\beta|=1$ 时, 引理成立.

令

$$h_I(\boldsymbol{x})=m_I(\boldsymbol{x})+\gamma_I^{\alpha/2}\sum_{J\in\tau_{\boldsymbol{x}},J\neq I}w(\boldsymbol{x},\boldsymbol{x}_J). \tag{6.3.21}$$

由假设 6.3.3、式 (6.3.11) 和 (6.3.15), 存在一个与 ρ_I 无关的有界函数 $h_{I\beta}(\boldsymbol{x})$, 使得

$$D^{\beta}h_I(\boldsymbol{x})=\rho_I^{-|\beta|}h_{I\beta}(\boldsymbol{x}),\quad |\beta|\leqslant 2,|\beta|\leqslant l. \tag{6.3.22}$$

由式 (2.2.55) 可得

$$D^{\boldsymbol{e}_{ij}}v(\boldsymbol{x}_I,\boldsymbol{x}_I)=D^{\boldsymbol{e}_{ij}}\left.\frac{m_I(\boldsymbol{x})}{h_I(\boldsymbol{x})}\right|_{\boldsymbol{x}=\boldsymbol{x}_I}, \tag{6.3.23}$$

$$D^{\boldsymbol{e}_{ij}}v(\boldsymbol{x}_J,\boldsymbol{x}_I)=D^{\boldsymbol{e}_{ij}}\left.\frac{\gamma_J^{\alpha/2}w(\boldsymbol{x},\boldsymbol{x}_I)}{h_J(\boldsymbol{x})}\right|_{\boldsymbol{x}=\boldsymbol{x}_J},\quad J\neq I. \tag{6.3.24}$$

由假设 6.3.3、式 (6.3.11) 和 (6.3.15), 可得

$$D^{\boldsymbol{e}_{ij}}v(\boldsymbol{x}_I,\boldsymbol{x}_J)=\rho_{\boldsymbol{x}}^{-2}s_{ij}^{(2)}(\boldsymbol{x},\boldsymbol{x}_I),\quad \forall\boldsymbol{x}_I,\boldsymbol{x}_J\in\boldsymbol{X}, \tag{6.3.25}$$

其中 $s_{ij}^{(2)}(\boldsymbol{x},\boldsymbol{x}_I)$ 是与 $\rho_{\boldsymbol{x}}$ 无关的有界函数.

那么, 当 $\boldsymbol{x}\in\boldsymbol{X}$ 且 $|\beta|=2$ 时, 此引理也成立. 从而引理得证.

令 $\boldsymbol{F}=\boldsymbol{F}(\boldsymbol{c})=(F_{\eta I})_{\bar{m}\times n}$, $\boldsymbol{F}_W=\boldsymbol{F}_W(\boldsymbol{c})=(\varpi_{\eta I})_{\bar{m}\times n}$, $\boldsymbol{F}_W\boldsymbol{F}^{\mathrm{T}}=(\psi_{\eta\xi})_{\bar{m}\times\bar{m}}$, 其中 n 表示影响域覆盖 $\boldsymbol{c}$ 的节点数. 于是可以证明下面引理.

引理 6.3.4 设列向量 $\boldsymbol{\chi}(\boldsymbol{c})=(\chi_{\eta 1})_{\bar{m}\times 1}$ 是下面方程组的解:

$$\boldsymbol{F}_W\boldsymbol{F}^{\mathrm{T}}\boldsymbol{\chi}(\boldsymbol{c})=\boldsymbol{B}, \tag{6.3.26}$$

其中 $\boldsymbol{B}=(B_{\eta 1})_{\bar{m}\times 1}$, 且其元素满足

$$B_{\eta 1}=c_{\eta 1}\rho_{\boldsymbol{c}}^{|\eta|-|t|},\quad 1\leqslant|\eta|\leqslant m, \tag{6.3.27}$$

这里 $c_{\eta 1}$ 是一个常数, t 是一个多重指标. 于是存在与 $\rho_{\boldsymbol{c}}$ 无关常数 $C_{\eta 1}$ 使得

$$\chi_{\eta 1}=C_{1\eta}\rho_{\boldsymbol{c}}^{-|\eta|-|t|},\quad 1\leqslant|\eta|\leqslant m. \tag{6.3.28}$$

证明　根据假设 6.3.2, 对 $\forall I \in \tau_{\boldsymbol{c}}$, 存在常数向量 $\boldsymbol{l}_I \in \mathbf{R}^n$ 使得

$$\boldsymbol{x}_I - \boldsymbol{c} = \boldsymbol{l}_I \rho_{\boldsymbol{c}}. \tag{6.3.29}$$

于是有

$$\begin{aligned}\tilde{p}_\eta(\boldsymbol{c};\boldsymbol{x}_I) &= (\boldsymbol{x}_I - \boldsymbol{c})^\eta - \sum_{J\in\tau_{\boldsymbol{c}}} v(\boldsymbol{c},\boldsymbol{x}_J)(\boldsymbol{x}_J - \boldsymbol{c})^\eta \\ &= \rho_{\boldsymbol{c}}^{|\eta|}\left[\boldsymbol{l}_I^\eta - \sum_{J\in\tau_{\boldsymbol{c}}} v(\boldsymbol{c},\boldsymbol{x}_J)\boldsymbol{l}_J^\eta\right] = \rho_{\boldsymbol{c}}^{|\eta|} d_{\eta I},\end{aligned} \tag{6.3.30}$$

其中 $d_{\eta I} = \boldsymbol{l}_I^\eta - \sum\limits_{J\in\tau_{\boldsymbol{c}}} v(\boldsymbol{c},\boldsymbol{x}_J)\boldsymbol{l}_J^\eta$ 与 $\rho_{\boldsymbol{c}}$ 无关. 于是可得

$$F_{\eta I} = \rho_{\boldsymbol{c}}^{|\eta|} d_{\eta I}. \tag{6.3.31}$$

对 $\forall I \in \tau_{\boldsymbol{c}}$ 成立

$$\varpi_{\eta I} = \rho_{\boldsymbol{c}}^{|\eta|}\varepsilon_{\eta I}, \tag{6.3.32}$$

其中当 $\boldsymbol{c}\neq\boldsymbol{x}_I$ 时, $\varepsilon_{\eta I} = w(\boldsymbol{c},\boldsymbol{x}_I)d_{\eta I}$; 当 $\boldsymbol{c}=\boldsymbol{x}_I$ 时, $\varepsilon_{\eta I} = v(\boldsymbol{c},\boldsymbol{x}_I)\sum\limits_{J\in\tau_{\boldsymbol{c}},J\neq I} w(\boldsymbol{c},\boldsymbol{x}_J)(\boldsymbol{l}_I^\eta - \boldsymbol{l}_J^\eta)$.

矩阵 $\boldsymbol{F}_W\boldsymbol{F}^{\mathrm{T}}$ 的元素满足

$$\psi_{\eta\xi} = \sum_{I\in\tau_{\boldsymbol{c}}} \varpi_{\eta I}F_{\xi I} = \sum_{I\in\tau_{\boldsymbol{c}}} \rho_{\boldsymbol{c}}^{|\eta|}\varepsilon_{\eta I}\rho_{\boldsymbol{c}}^{|\xi|}d_{\xi I} = \rho_{\boldsymbol{c}}^{|\eta|+|\xi|}r_{\eta\xi}, \tag{6.3.33}$$

其中 $r_{\eta\xi} = \sum\limits_{I\in\tau_{\boldsymbol{c}}} \varepsilon_{\eta I}d_{\xi I}$ 与 $\rho_{\boldsymbol{c}}$ 无关.

于是可以求得 $\boldsymbol{F}_W\boldsymbol{F}^{\mathrm{T}}$ 的行列式是

$$\det(\boldsymbol{F}_W\boldsymbol{F}^{\mathrm{T}}) = \sum_{\sigma\in S}\left\{\mathrm{sgn}(\sigma)\prod_{1\leqslant|\eta|\leqslant m}\psi_{\eta\sigma(\eta)}\right\} = \rho_{\boldsymbol{c}}^{2\sum\limits_{1\leqslant|\eta|\leqslant m}|\eta|}\kappa_1, \tag{6.3.34}$$

其中 $\kappa_1 = \sum\limits_{\sigma\in S}\mathrm{sgn}(\sigma)\prod\limits_{1\leqslant|\eta|\leqslant m} r_{\eta\sigma(\eta)}$, S 代表矩阵 $\boldsymbol{F}_W\boldsymbol{F}^{\mathrm{T}}$ 列指标的所有排列, $\sigma(\eta)$ 表示排列 $\sigma\in S$ 中处在第 η 个位置的元素, 并且 $\mathrm{sgn}(\sigma)$ 为排列 σ 的符号, 当 σ 为偶排列时取 1, σ 为奇排列时取 -1.

令 $\boldsymbol{K}_\xi = (K_{\eta\zeta})_{\bar{m}\times\bar{m}}$, 并且其第 ξ 列的元素为 $\boldsymbol{B}$ 而其他列的元素与矩阵 $\boldsymbol{F}_W\boldsymbol{F}^{\mathrm{T}}$ 的元素相同. 利用式 (6.3.33), $\boldsymbol{K}_\xi$ 的行列式可以记作

$$\det(\boldsymbol{K}_\xi) = \sum_{\sigma\in S}\mathrm{sgn}(\sigma)\prod_{1\leqslant|\eta|\leqslant m} K_{\sigma(\eta)\eta} = \sum_{\sigma\in S}\mathrm{sgn}(\sigma)B_{\sigma(\xi)1}\prod_{1\leqslant|\eta|\leqslant m,\eta\neq\xi} K_{\sigma(\eta)\eta}$$

$$
\begin{aligned}
&= \sum_{\sigma\in S} \operatorname{sgn}(\sigma) \frac{B_{\sigma(\xi)1}}{\psi_{\sigma(\xi)\xi}} \prod_{1\leqslant|\eta|\leqslant m} \psi_{\sigma(\eta)\eta} \\
&= \sum_{\sigma\in S} \operatorname{sgn}(\sigma) \frac{B_{\sigma(\xi)1}}{\rho_{\boldsymbol{c}}^{|\xi|+|\sigma(\xi)|} r_{\sigma(\xi)\xi}} \prod_{1\leqslant|\eta|\leqslant m} \rho_{\boldsymbol{c}}^{|\eta|+|\sigma(\eta)|} r_{\sigma(\eta)\eta} \\
&= \kappa_2 \rho_{\boldsymbol{c}}^{2\sum\limits_{1\leqslant|\eta|\leqslant m}|\eta|-|\xi|-|t|},
\end{aligned} \tag{6.3.35}
$$

其中 $\kappa_2 = \sum\limits_{\sigma\in S} \operatorname{sgn}(\sigma) c_{\sigma(\xi)1} \prod\limits_{1\leqslant|\eta|\leqslant m,\eta\neq\xi} r_{\sigma(\eta)\eta}$.

于是由 Cramer 法则可以解得

$$
\chi_{\xi 1} = \frac{\det(\boldsymbol{K}_\xi)}{\det(\boldsymbol{F}_W \boldsymbol{F}^{\mathrm{T}})} = \frac{\kappa_2}{\kappa_1} \rho_{\boldsymbol{c}}^{-|\xi|-|t|}. \tag{6.3.36}
$$

引理得证.

引理 6.3.5 设矩阵 $\boldsymbol{\alpha}(\boldsymbol{x}) = (\alpha_{\eta I}(\boldsymbol{x}))_{\bar{m}\times n}$ 是以下矩阵方程的解:

$$
\boldsymbol{F}_W(\boldsymbol{x})\boldsymbol{F}^{\mathrm{T}}(\boldsymbol{x})\boldsymbol{\alpha}(\boldsymbol{x}) = \boldsymbol{F}_W(\boldsymbol{x}). \tag{6.3.37}
$$

存在与 $\rho_{\boldsymbol{c}}$ 无关常数 $C_{\eta I}^{\beta}$ 使得

$$
D^{\beta}\alpha_{\eta I}(\boldsymbol{c}) = C_{\eta I}^{\beta} \rho_{\boldsymbol{c}}^{-|\eta|-|\beta|}, \quad 1 \leqslant |\eta| \leqslant m, |\beta| \leqslant 2, |\beta| \leqslant l. \tag{6.3.38}
$$

证明 根据式 (6.3.32) 和引理 6.3.4, 存在常数 $C_{\eta I}$ 使得

$$
\alpha_{\eta I}(\boldsymbol{c}) = C_{\eta I} \rho_{\boldsymbol{c}}^{-|\eta|}, \quad 1 \leqslant |\eta| \leqslant m. \tag{6.3.39}
$$

因此当 $|\beta| = 0$ 时引理成立.

下面来证明当 $|\beta| = 1$ 时引理成立.

利用引理 6.3.3 和假设 6.3.2 可得

$$
\begin{aligned}
D^{e_i} F_{\eta I} &= [D^{e_i}(\boldsymbol{x}_I - \boldsymbol{c})^{\eta} - D^{e_i} \boldsymbol{S} p_{\eta}(\boldsymbol{x})]|_{\boldsymbol{x}=\boldsymbol{c}} = -\sum_{J\in\tau_{\boldsymbol{c}}} D^{e_i} v(\boldsymbol{c}, \boldsymbol{x}_J)(\boldsymbol{x}_J - \boldsymbol{c})^{\eta} \\
&= -\rho_{\boldsymbol{c}}^{|\eta|-1} \sum_{J\in\tau_{\boldsymbol{c}}} s_{\boldsymbol{e}_i}^{(2)}(\boldsymbol{c}, \boldsymbol{x}_J) \boldsymbol{l}_J^{\eta} = \rho_{\boldsymbol{c}}^{|\eta|-1} d_{\eta I}^{\boldsymbol{e}_i},
\end{aligned} \tag{6.3.40}
$$

其中 $d_{\eta I}^{\boldsymbol{e}_i} = -\sum\limits_{J\in\tau_{\boldsymbol{c}}} s_{\boldsymbol{e}_i}^{(2)}(\boldsymbol{c}, \boldsymbol{x}_J) \boldsymbol{l}_J^{\eta}$ 与 $\rho_{\boldsymbol{c}}$ 无关.

对 $\forall I \in \tau_{\boldsymbol{c}}$, 根据引理 6.3.2 和引理 6.2.3 以及式 (6.3.40) 可得

$$
D^{e_i} \varpi_{\eta I} = \rho_{\boldsymbol{c}}^{|\eta|-1} \varepsilon_{\eta I}^{\boldsymbol{e}_i}, \tag{6.3.41}
$$

其中 $\varepsilon_{\eta j}^{\boldsymbol{e}_i}$ 与 $\rho_{\boldsymbol{c}}$ 无关, 且

$$\varepsilon_{\eta I}^{\boldsymbol{e}_i}=s_{\beta}^{(1)}(\boldsymbol{c},\boldsymbol{x}_I)\cdot d_{\eta I}+w(\boldsymbol{c},\boldsymbol{x}_I)d_{\eta I}^{\boldsymbol{e}_i},\quad 若\ \boldsymbol{c}\neq\boldsymbol{x}_I;$$

$$\varepsilon_{\eta I}^{\boldsymbol{e}_i}=s_{\boldsymbol{e}_i}^{(2)}(\boldsymbol{c},\boldsymbol{x}_I)\sum_{J\in\tau_{\boldsymbol{c}},J\neq I}w(\boldsymbol{c},\boldsymbol{x}_J)(\boldsymbol{l}_I^{\eta}-\boldsymbol{l}_J^{\eta})+\sum_{J\in\tau_{\boldsymbol{c}},J\neq I}s_{\boldsymbol{e}_i}^{(1)}(\boldsymbol{c},\boldsymbol{x}_J)(\boldsymbol{l}_I^{\eta}-\boldsymbol{l}_J^{\eta}),\quad 若\ \boldsymbol{c}=\boldsymbol{x}_I.$$

由式 (6.3.31), (6.3.32), (6.3.40) 和 (6.3.41) 可得

$$\begin{aligned}D^{\boldsymbol{e}_i}\psi_{\eta\xi}&=\sum_{I\in\tau_{\boldsymbol{c}}}D^{\boldsymbol{e}_i}\varpi_{\eta I}F_{\xi I}+\sum_{I\in\tau_{\boldsymbol{c}}}\varpi_{\eta I}D^{\boldsymbol{e}_i}F_{\xi I}\\&=\sum_{I\in\tau_{\boldsymbol{c}}}\rho_{\boldsymbol{c}}^{|\eta|-1}\varepsilon_{\eta I}^{\boldsymbol{e}_i}\cdot\rho_{\boldsymbol{c}}^{|\xi|}d_{\xi I}+\sum_{I\in\tau_{\boldsymbol{c}}}\rho_{\boldsymbol{c}}^{|\eta|}\varepsilon_{\eta I}\cdot\rho_{\boldsymbol{c}}^{|\xi|-1}d_{\xi I}^{\boldsymbol{e}_i}=\rho_{\boldsymbol{c}}^{|\eta|+|\xi|-1}r_{\eta\xi}^{\boldsymbol{e}_i},\end{aligned}\tag{6.3.42}$$

其中 $r_{\eta\xi}^{\boldsymbol{e}_i}=\sum\limits_{I\in\tau_{\boldsymbol{c}}}\varepsilon_{\eta I}^{\boldsymbol{e}_i}\cdot d_{\xi I}+\sum\limits_{I\in\tau_{\boldsymbol{c}}}\varepsilon_{\eta I}d_{\xi I}^{\boldsymbol{e}_i}$ 与 $\rho_{\boldsymbol{c}}$ 无关.

令 $(D^{\boldsymbol{e}_i}\boldsymbol{F}_W\boldsymbol{F}^{\mathrm{T}})\boldsymbol{\alpha}(\boldsymbol{c})=(b_{\eta I})_{\bar{m}\times n}$. 由式 (6.3.39) 和 (6.3.42) 可得

$$b_{\eta I}=\sum_{1\leqslant|\xi|\leqslant m}D^{\boldsymbol{e}_i}\psi_{\eta\xi}\cdot\alpha_{\xi I}(\boldsymbol{c})=\sum_{1\leqslant|\xi|\leqslant m}\rho_{\boldsymbol{c}}^{|\eta|+|\xi|-1}r_{\eta\xi}^{\boldsymbol{e}_i}\cdot C_{\xi I}\rho_{\boldsymbol{c}}^{-|\xi|}=c_{\eta I}^{\boldsymbol{e}_i}\rho_{\boldsymbol{c}}^{|\eta|-1},\tag{6.3.43}$$

其中 $c_{\eta I}^{\boldsymbol{e}_i}=\sum\limits_{1\leqslant|\xi|\leqslant m}C_{\xi I}r_{\eta\xi}^{\boldsymbol{e}_i}$ 与 $\rho_{\boldsymbol{c}}$ 无关.

令 $\boldsymbol{Y}=D^{\boldsymbol{e}_i}\boldsymbol{F}_W-(D^{\boldsymbol{e}_i}\boldsymbol{F}_W\boldsymbol{F}^{\mathrm{T}})\boldsymbol{\alpha}(\boldsymbol{c})=(Y_{\eta I})_{\bar{m}\times n}$, 于是

$$Y_{\eta I}=\rho_{\boldsymbol{c}}^{|\eta|-1}\varepsilon_{\eta I}^{\boldsymbol{e}_i}+c_{\eta I}^{\boldsymbol{e}_i}\rho_{\boldsymbol{c}}^{|\eta|-1}=(\varepsilon_{\eta I}^{\boldsymbol{e}_i}+c_{\eta I}^{\boldsymbol{e}_i})\rho_{\boldsymbol{c}}^{|\eta|-1}.\tag{6.3.44}$$

由式 (6.3.37) 可得

$$\boldsymbol{F}_W\boldsymbol{F}^{\mathrm{T}}D^{\boldsymbol{e}_i}\boldsymbol{\alpha}(\boldsymbol{c})=D^{\boldsymbol{e}_i}\boldsymbol{F}_W-(D^{\boldsymbol{e}_i}\boldsymbol{F}_W\boldsymbol{F}^{\mathrm{T}})\boldsymbol{\alpha}(\boldsymbol{c})=\boldsymbol{Y}.\tag{6.3.45}$$

利用引理 6.3.4, 存在 $C_{\eta I}^{\boldsymbol{e}_i}$ 使得

$$D^{\boldsymbol{e}_i}a_{\eta I}(\boldsymbol{c})=C_{\eta I}^{\boldsymbol{e}_i}\rho_{\boldsymbol{c}}^{-|\eta|-1},\quad 1\leqslant|\eta|\leqslant m.\tag{6.3.46}$$

因此当 $|\beta|=1$ 时引理成立.

对式 (6.3.37) 求两次导数可得

$$\boldsymbol{F}_W\boldsymbol{F}^{\mathrm{T}}D^{\boldsymbol{e}_{ij}}\boldsymbol{\alpha}(\boldsymbol{c})=\boldsymbol{Y}_2,\tag{6.3.47}$$

其中

$$\boldsymbol{Y}_2=D^{\boldsymbol{e}_{ij}}\boldsymbol{F}_W-(D^{\boldsymbol{e}_{ij}}\boldsymbol{F}_W\boldsymbol{F}^{\mathrm{T}})\boldsymbol{\alpha}(\boldsymbol{c})$$

$$
\begin{aligned}
&-(D^{e_i}\boldsymbol{F}_W\boldsymbol{F}^{\mathrm{T}})D^{e_j}\boldsymbol{\alpha}(\boldsymbol{c})-(D^{e_j}\boldsymbol{F}_W\boldsymbol{F}^{\mathrm{T}})D^{e_i}\boldsymbol{\alpha}(\boldsymbol{c})\\
&=(G_{\eta I})_{\bar{m}\times n}.
\end{aligned}
\tag{6.3.48}
$$

经过与 $|\beta|=1$ 的情形完全类似的计算, 可以证明存在常数 $c_{\eta I}^{\boldsymbol{e}_{ij}}$ 使得

$$
G_{\eta I}=\rho_{\boldsymbol{c}}^{|\eta|-2}c_{\eta I}^{\boldsymbol{e}_{ij}},\quad 1\leqslant|\eta|\leqslant m. \tag{6.3.49}
$$

利用引理 6.3.4 可知, 当 $|\beta|=2$ 时引理成立. 从而引理得证.

引理 6.3.6 对 $\forall\boldsymbol{c}\in\Omega$, 改进的移动最小二乘插值法的形函数满足

$$
D^{\beta}\Phi_I(\boldsymbol{c})=C_I^{\beta}\rho_{\boldsymbol{c}}^{-|\beta|},\quad I\in\tau_{\boldsymbol{c}},|\beta|\leqslant 2,|\beta|\leqslant l, \tag{6.3.50}
$$

其中 C_I^{β} 为与 $\rho_{\boldsymbol{c}}$ 无关的常数.

证明 由式 (6.3.8) 有

$$
\begin{aligned}
D^{\beta}g_{\eta}(\boldsymbol{c})&=D^{\beta}\left[(\boldsymbol{x}-\boldsymbol{c})^{\eta}-\sum_{I\in\tau_{\boldsymbol{x}}}v(\boldsymbol{x},\boldsymbol{x}_I)(\boldsymbol{x}_I-\boldsymbol{c})^{\eta}\right]\Bigg|_{\boldsymbol{x}=\boldsymbol{c}}\\
&=\eta!\delta_{\eta\beta}-\rho_{\boldsymbol{c}}^{|\eta|-|\beta|}\sum_{I\in\tau_{\boldsymbol{c}}}s_{\beta}^{(2)}(\boldsymbol{c},\boldsymbol{x}_I)\boldsymbol{l}_I^{\eta},\quad 1\leqslant|\eta|\leqslant m.
\end{aligned}
\tag{6.3.51}
$$

又由式 (2.2.77) 可得

$$
\Phi_I(\boldsymbol{c})=v(\boldsymbol{c},\boldsymbol{x}_I)+\sum_{1\leqslant|\eta|\leqslant m}g_{\eta}(\boldsymbol{c})\alpha_{\eta I}(\boldsymbol{c}), \tag{6.3.52}
$$

$$
D^{e_i}\Phi_I(\boldsymbol{c})=D^{e_i}v(\boldsymbol{c},\boldsymbol{x}_I)+\sum_{1\leqslant|\eta|\leqslant m}D^{e_i}g_{\eta}(\boldsymbol{c})\alpha_{\eta I}(\boldsymbol{c})+\sum_{1\leqslant|\eta|\leqslant m}g_{\eta}(\boldsymbol{c})D^{e_i}\alpha_{\eta I}(\boldsymbol{c}),
\tag{6.3.53}
$$

和

$$
\begin{aligned}
D^{e_{ij}}\Phi_I(\boldsymbol{c})=&\,D^{e_{ij}}v(\boldsymbol{c},\boldsymbol{x}_I)+\sum_{1\leqslant|\eta|\leqslant m}D^{e_{ij}}g_{\eta}(\boldsymbol{c})\alpha_{\eta I}(\boldsymbol{c})+\sum_{1\leqslant|\eta|\leqslant m}g_{\eta}(\boldsymbol{c})D^{e_{ij}}\alpha_{\eta I}(\boldsymbol{c})\\
&+\sum_{1\leqslant|\eta|\leqslant m}D^{e_i}g_{\eta}(\boldsymbol{c})D^{e_j}\alpha_{\eta I}(\boldsymbol{c})+\sum_{1\leqslant|\eta|\leqslant m}D^{e_j}g_{\eta}(\boldsymbol{c})D^{e_i}\alpha_{\eta I}(\boldsymbol{c}).
\end{aligned}
\tag{6.3.54}
$$

因此由式 (6.3.51) 以及引理 6.3.3 和 6.3.5 即可证明引理.

于是可得以下误差估计.

定理 6.3.1 设 $u(\boldsymbol{x})\in C^{m,1}(\overline{\Omega})$, $\overline{\Omega}$ 满足假设 6.3.1, 则对 $\forall\boldsymbol{c}\in\Omega$ 存在与 $\rho_{\boldsymbol{c}}$ 无关的常数 C_{η} 使得

$$
|D^{\eta}\mathscr{A}u(\boldsymbol{c})-D^{\eta}u(\boldsymbol{c})|\leqslant C_{\eta}\rho_{\boldsymbol{c}}^{m+1-|\eta|}|u|_{m,1},\quad |\eta|\leqslant 2,|\eta|\leqslant l. \tag{6.3.55}
$$

证明 由于 $u(\boldsymbol{x})\in C^{m,1}(\overline{\Omega})$, 于是 $u(\boldsymbol{x})$ 在 $\boldsymbol{c}$ 点有 Taylor 展开式

$$u(\boldsymbol{x}) = P_{\boldsymbol{c}}^m(\boldsymbol{x}) + R_0(\boldsymbol{x}, \boldsymbol{c}), \tag{6.3.56}$$

其中

$$P_{\boldsymbol{c}}^m(\boldsymbol{x}) = \sum_{|\xi| \leqslant m} \frac{1}{\xi!} D^{\xi} u(\boldsymbol{c})(\boldsymbol{x} - \boldsymbol{c})^{\xi}, \tag{6.3.57}$$

$$R_0(\boldsymbol{x}, \boldsymbol{c}) = \sum_{|\xi|=m+1} \frac{1}{\xi!} D^{\xi} u(\boldsymbol{c} + \theta(\boldsymbol{x} - \boldsymbol{c}))(\boldsymbol{x} - \boldsymbol{c})^{\xi}, \quad 0 < \theta < 1. \tag{6.3.58}$$

于是, 由引理 6.3.1, 有

$$|R_0(\boldsymbol{x}, \boldsymbol{c})| \leqslant c_m \gamma^m \cdot \|\boldsymbol{x} - \boldsymbol{c}\|^{m+1} \cdot |u|_{m,1}. \tag{6.3.59}$$

如果 $\partial\Omega$ 是充分光滑的, 当 $\|\boldsymbol{x} - \boldsymbol{c}\|$ 足够小时, 对 $\boldsymbol{c}$ 点影响域中的任意 $\boldsymbol{x}$, 点 $\boldsymbol{c} + \theta(\boldsymbol{x} - \boldsymbol{c})$ 可依旧处于 $\boldsymbol{c}$ 点的影响域中. 从而可以作运算

$$\mathscr{A} u(\boldsymbol{x}) = \mathscr{A} P_{\boldsymbol{c}}^m(\boldsymbol{x}) + \mathscr{A} R_0(\boldsymbol{x}, \boldsymbol{c}). \tag{6.3.60}$$

当基函数采用 m 次完全多项式时, 改进的移动最小二乘插值法对 m 阶多项式是能准确重构的, 于是有

$$\mathscr{A} u(\boldsymbol{x}) = \mathscr{A} P_{\boldsymbol{c}}^m(\boldsymbol{x}) + \mathscr{A} R_0(\boldsymbol{x}, \boldsymbol{c}) = P_{\boldsymbol{c}}^m(\boldsymbol{x}) + \mathscr{A} R_0(\boldsymbol{x}, \boldsymbol{c}). \tag{6.3.61}$$

从而

$$D^{\eta} \mathscr{A} u(\boldsymbol{c}) = D^{\eta} P_{\boldsymbol{c}}^m(\boldsymbol{c}) + D^{\eta} \mathscr{A} R_0(\boldsymbol{c}, \boldsymbol{c}), \quad |\eta| \leqslant 2. \tag{6.3.62}$$

根据式 (6.3.57) 有

$$D^{\eta} P_{\boldsymbol{c}}^m(\boldsymbol{c}) = D^{\eta} u(\boldsymbol{c}). \tag{6.3.63}$$

从而可得

$$D^{\eta} \mathscr{A} u(\boldsymbol{c}) - D^{\eta} u(\boldsymbol{c}) = D^{\eta} \mathscr{A} R_0(\boldsymbol{c}, \boldsymbol{c}), \quad |\eta| \leqslant 2. \tag{6.3.64}$$

根据引理 6.3.6 有

$$\begin{aligned}
&|D^{\eta} \mathscr{A} u(\boldsymbol{c}) - D^{\eta} u(\boldsymbol{c})| = |D^{\eta} \mathscr{A} R_0(\boldsymbol{c}, \boldsymbol{c})| \\
\leqslant & \sum_{I=1}^{n} |D^{\eta} \Phi_I(\boldsymbol{c})| \cdot |R_0(\boldsymbol{x}_I, \boldsymbol{c})| \\
\leqslant & \sum_{I=1}^{n} \left| C_I^{\eta} \rho_{\boldsymbol{c}}^{-|\eta|} \right| \cdot c_m \gamma^m \cdot \|\boldsymbol{x}_I - \boldsymbol{c}\|^{m+1} |u|_{m,1} \\
\leqslant & \rho_{\boldsymbol{c}}^{m+1-|\eta|} |u|_{m,1} \sum_{I=1}^{n} |C_I^{\eta}| \cdot c_m \gamma^m, \quad |\eta| \leqslant 2.
\end{aligned} \tag{6.3.65}$$

因此定理得证.

定理 6.3.1 得到的是一个局部误差估计, 由此可得改进的移动最小二乘插值法的如下全局误差估计.

定理 6.3.2 设 $u(\boldsymbol{x}) \in C^{m,1}(\overline{\Omega})$, 且满足假设 6.3.1, 则存在与 ρ 无关的常数 C_η 使得

$$\|D^\eta \mathscr{A} u - D^\eta u\|_{L^\infty(\Omega)} \leqslant C_\eta \rho^{m+1-|\eta|} |u|_{m,1}, \quad |\eta| \leqslant 2, |\eta| \leqslant l. \tag{6.3.66}$$

定理 6.3.2 是在假设 $u(\boldsymbol{x}) \in C^{m,1}(\overline{\Omega})$ 的情况下得到了插值移动最小二乘法的误差估计. 然而, 在许多情况下, 函数 $u(\boldsymbol{x})$ 的光滑性较低, 这就有必要在光滑性较弱的情形下, 研究其相应的误差估计. 通过应用第 2 章改进的移动最小二乘插值法的性质 2.2.2 和 2.2.3, 以及本节引理 6.3.6, 可得下面 Sobolev 空间中的误差估计.

定理 6.3.3 设 $u(\boldsymbol{x}) \in H^{m+1}(\Omega)$, $\Omega \subset \mathbf{R}^n$ 是一个有界的、非空的且有 Lipschitz 连续边界的区域, 则存在与 ρ 无关的常数 C_η 使得

$$\|\mathscr{A} u - u\|_{H^k(\Omega)} \leqslant C_\eta \rho^{m+1-k} \|u\|_{H^{m+1}(\Omega)}, \quad 0 \leqslant k \leqslant 2, k \leqslant l. \tag{6.3.67}$$

6.3.3 数值算例

在本节中, 将给出 3 个二维问题的数值算例, 以验证本节定理的误差估计理论. 在算例中, 逼近函数 $u^h(\boldsymbol{x})$ 将利用改进的移动最小二乘插值法从已知函数 $u(\boldsymbol{x})$ 来构造. L_2 误差定义为

$$L_2^\eta \equiv \frac{\|D^\eta \mathscr{A} u(\boldsymbol{x}) - D^\eta u(\boldsymbol{x})\|_{L^2(\Omega)}}{\|D^\eta u(\boldsymbol{x})\|_{L^2(\Omega)}} = \frac{\left[\int_\Omega (D^\eta \mathscr{A} u - D^\eta u)^2 \mathrm{d}\Omega\right]^{1/2}}{\left[\int_\Omega (D^\eta u)^2 \mathrm{d}\Omega\right]^{1/2}}, \quad |\eta| \leqslant 2. \tag{6.3.68}$$

根据定理 6.3.1 和定理 6.3.2 有

$$L_2^\eta \leqslant C \rho^{m+1-|\eta|} |u|_{m,1}, \quad |\eta| \leqslant 2. \tag{6.3.69}$$

为便于计算, 算例中区域 Ω 取为矩形域, 并且 $\alpha = 4$. 式 (6.3.68) 的积分采用 4×4 的 Gauss 数值积分进行计算. 采用规则节点分布, 且 $d_{\max} = 2.5$.

例 6.3.1 已知函数取作三角函数 $u(x_1, x_2) = \sin x_1 \cos x_2$, $\Omega = [0, \pi] \times [0, \pi] \subset \mathbf{R}^2$.

为说明逼近函数及其导数在相同基函数下的不同收敛阶, 图 6.3.1 给出了 u^h 及其一阶、二阶偏导数的 L_2 误差关于权函数影响域半径的变化情况, 其中基函数为 2 次完全多项式. 可以看出, u^h 及其一阶、二阶偏导数的误差收敛阶分别大约是 3, 2 和 1, 这与本节的理论结果完全一致.

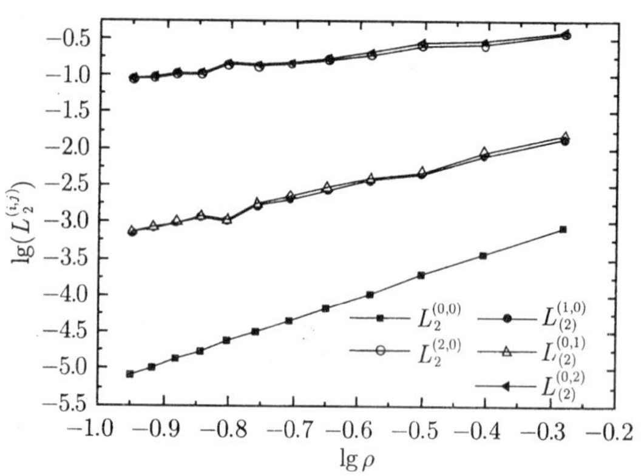

图 6.3.1　u^h 及其一阶和二阶偏导数的 L_2 误差随影响域半径的变化

为显示基函数的阶次对误差收敛阶的影响, 图 6.3.2 给出了取线性基和二次基函数时, u^h 和 $u^h_{,1}$ 的 L_2 误差关于权函数影响域半径的变化情况 ($L_2^{(i,j)}$ 表示 $u^h_{,ij}$ 的 L_2 误差, 如 $L_2^{(0,0)}$ 表示 u^h 的 L_2 误差), 各函数的误差收敛阶与理论结果一致. 从图可以看出, 相同函数在二次基下比在线性基下有更高的收敛阶, 所以从理论上来说, 要提高误差收敛阶可以通过增加基函数的阶来实现. 另外, 虽然从理论上来说, u^h 在线性基下的误差收敛阶和 $u^h_{,1}$ 在二次基下的误差收敛阶是相同的, 但是从图中可以看出 u^h 的误差更小.

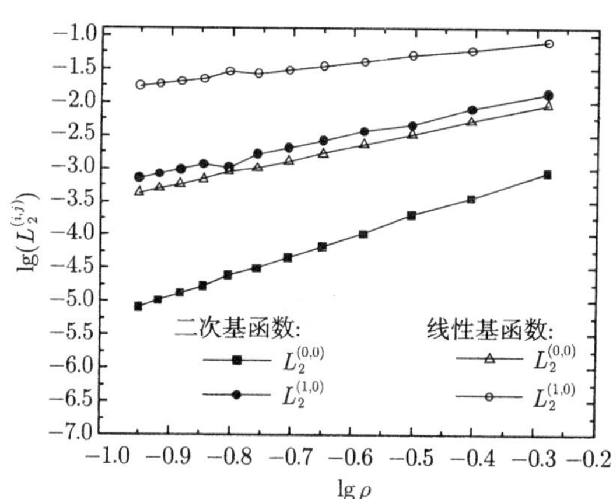

图 6.3.2　u^h 和 $u^h_{,1}$ 的 L_2 误差随影响域半径的变化

在线性基下, $u^h_{,11}$ 和 $u^h_{,22}$ 的 L_2 误差针对权函数影响域半径的变化情况如图 6.3.3 所示. 从图可以看出, 逼近函数的二阶偏导数在线性基下并不收敛于真解, 这也与理论结果完全一致.

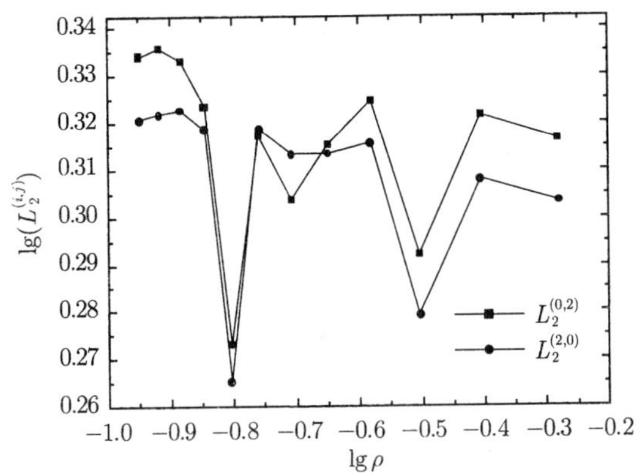

图 6.3.3 线性基下 $u^h_{,11}$ 和 $u^h_{,22}$ 的 L_2 误差随影响域半径的变化

例 6.3.2 已知函数取作 $u(x_1,x_2)=\sin x_1\ln(x_2+1)$, $\Omega=[0,\pi]\times[0,\pi]\subset\mathbf{R}^2$. 图 6.3.4 给出了逼近函数 u^h 及其一阶和二阶偏导数的 L_2 误差随权函数影响域半径变化情况, 其中基函数为二次基函数. 该图说明它们的数值误差收敛阶分别大约是 3, 2 和 1. 图 6.3.5 给出了取线性基和二次基时, u^h 和 $u^h_{,1}$ 的 L_2 的误差关于权函数影响域半径的变化情况. 从图可以看出, 在二次基下有更高的误差收敛阶. 虽然理论上讲, 线性基下的误差收敛阶和二次基下 $u^h_{,1}$ 的误差收敛阶是相同的, 但是从数值上来看 u^h 有更小的误差. 图 6.3.6 给出了 $u^h_{,11}$ 和 $u^h_{,22}$ 的 L_2 误差关于权函数影响域半径的变化. 从图中可以看出, 在线性基下逼近函数的二阶偏导数并不收敛于真解.

从图 6.3.4—图 6.3.6 可以看出, 数值结果和理论结果完全相符, 这也验证了本节理论结果的正确性.

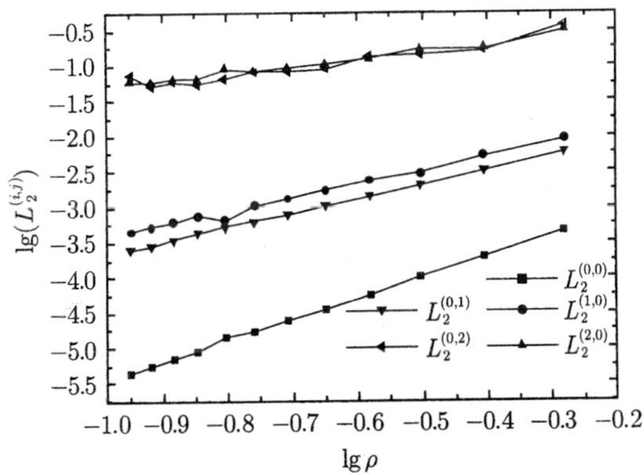

图 6.3.4 u^h 及其一阶和二阶偏导数的 L_2 误差随影响域半径的变化

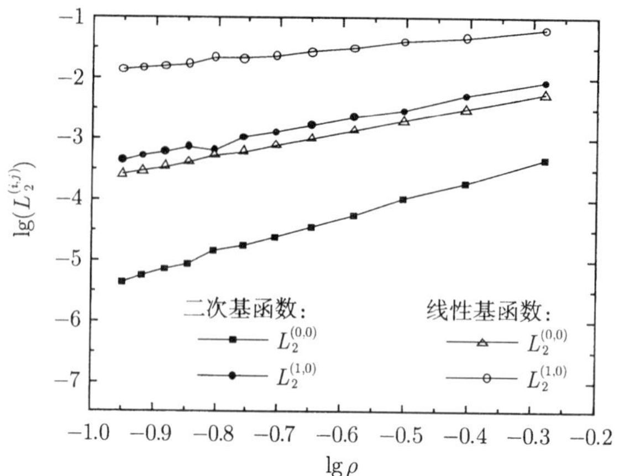

图 6.3.5　u^h 和 $u^h_{,1}$ 的 L_2 误差随影响域半径的变化

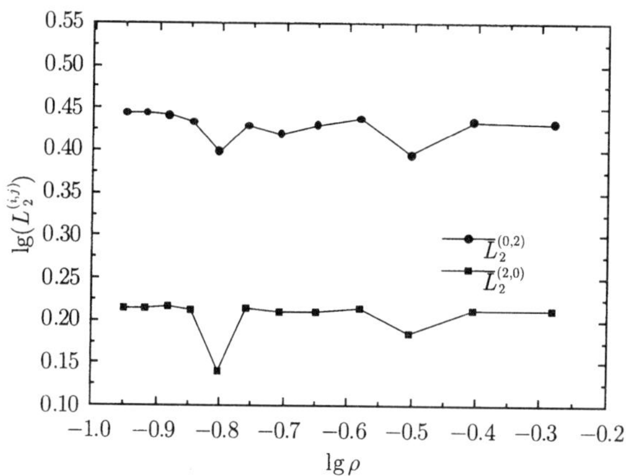

图 6.3.6　在线性基下 $u^h_{,11}$ 和 $u^h_{,22}$ 的 L_2 误差随影响域半径的变化

例 6.3.3　已知函数 $u(x_1,x_2)=e^{2x_1}\ln(x_2+1)$, $\Omega=[0,1]\times[0,1]\subset\mathbf{R}^2$. 逼近函数 u^h 及其一阶和二阶偏导数的 L_2 误差如图 6.3.7 所示, 其中基函数为二次基函数. 该图显示它们的数值误差收敛阶分别大约是 3, 2 和 1. 图 6.3.8 分别给出了取线性基和二次基时, u^h 和 $u^h_{,1}$ 的 L_2 的误差关于权函数影响域半径的变化情况. 从图可以看出, 取二次基函数时有更高的误差收敛阶. 图 6.3.9 给出了 $u^h_{,11}$ 和 $u^h_{,22}$ 的 L_2 误差关于权函数影响域半径的变化. 该图说明在线性基下逼近函数的二阶偏导数并不收敛于真解.

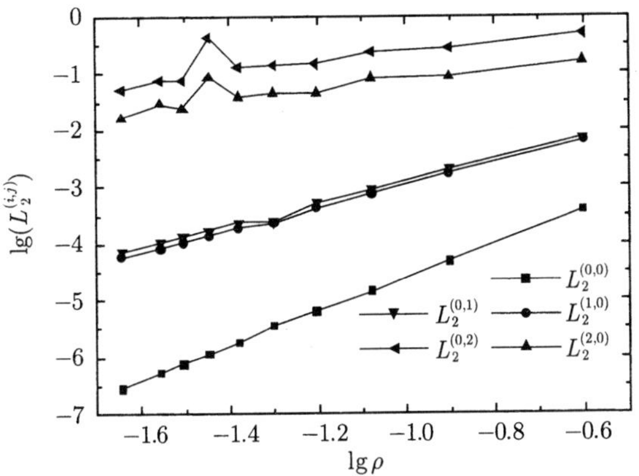

图 6.3.7 u^h 及其一阶和二阶偏导数的 L_2 误差随影响域半径的变化

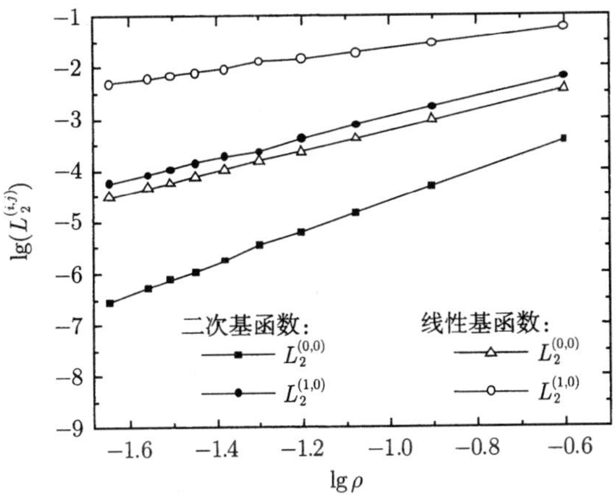

图 6.3.8 u^h 和 $u^h_{,1}$ 的 L_2 误差随影响域半径的变化

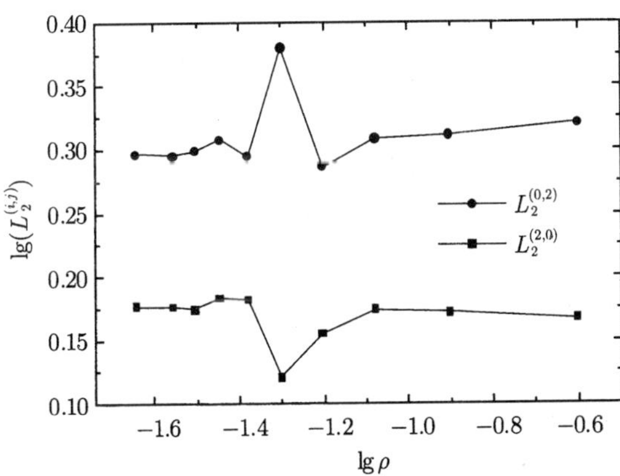

图 6.3.9 线性基下 $u^h_{,11}$ 和 $u^h_{,22}$ 的 L_2 误差随影响域半径的变化

从图 6.3.7—图 6.3.9 可以看出, 数值结果和理论结果完全相符, 再次验证了本节理论结果的正确性.

本节研究了 n 维情形下改进的移动最小二乘插值法的逼近函数及其一阶和二阶偏导数的误差估计, 得到了它们关于节点权函数影响域半径的收敛阶. 同时通过数值算例验证了理论结果的正确性.

6.4 势问题的无单元 Galerkin 方法的误差估计

无单元 Galerkin 方法是一种采用移动最小二乘法构造形函数和用 Galerkin 方法离散求解方程的无网格方法. 无单元 Galerkin 方法已经被广泛用于各个领域. 关于该方法的误差分析, 比较多的是基于数值方面的研究, 对于误差估计的数学理论研究很少.

由于无单元 Galerkin 方法的形函数不满足 Kronecker δ 性质, 所以在施加本质边界条件时不能像有限元法那样直接施加, 必须采用适当的方法来处理本质边界条件.

本节基于移动最小二乘法在 Sobolev 空间 $W^{k,p}(\Omega)$ 中的误差估计结果, 研究势问题的无单元 Galerkin 方法的误差估计.

6.4.1 势问题的无单元 Galerkin 方法

考虑二维的 Poisson 方程

$$-\Delta u = f(\boldsymbol{x}), \quad \boldsymbol{x} \in \Omega. \tag{6.4.1}$$

边界条件为

$$u = \bar{u}, \quad \boldsymbol{x} \in \Gamma_u, \tag{6.4.2}$$

$$q = \frac{\partial u}{\partial \boldsymbol{n}} = \bar{q}, \quad \boldsymbol{x} \in \Gamma_q, \tag{6.4.3}$$

其中 $f(\boldsymbol{x})$ 是给定的源函数, $\boldsymbol{n}$ 是边界上的单位外法线矢量, $\bar{u}$ 和 $\bar{q}$ 分别是本质边界 Γ_u 和自然边界 Γ_q 上的已知势函数和法向流量.

采用罚函数法施加本质边界条件, 式 (6.4.1)—(6.4.3) 的 Galerkin 弱形式为

$$\int_{\Omega} \delta(\boldsymbol{\nabla} u)^{\mathrm{T}} \cdot \boldsymbol{\nabla} u \mathrm{d}\Omega - \int_{\Omega} \delta u^{\mathrm{T}} \cdot f \mathrm{d}\Omega - \int_{\Gamma_q} \bar{q} \delta u \mathrm{d}\Gamma + \frac{\alpha}{2} \delta \int_{\Gamma_u} (u - \bar{u})^{\mathrm{T}} (u - \bar{u}) \mathrm{d}\Gamma = 0. \tag{6.4.4}$$

将移动最小二乘法的逼近函数表达式 (2.2.17) 代入式 (6.4.4), 进行数值积分后可得

$$(\boldsymbol{K} + \boldsymbol{K}^{\alpha})\boldsymbol{u} = \boldsymbol{F} + \boldsymbol{F}^{\alpha}, \tag{6.4.5}$$

其中

$$K_{IJ} = \int_{\Omega} (\Phi_{I,1}\Phi_{J,1} + \Phi_{I,2}\Phi_{J,2}) \mathrm{d}\Omega, \tag{6.4.6}$$

$$K_{IK}^{\alpha} = \alpha \int_{\Gamma_u} \Phi_I \Phi_K \mathrm{d}\Gamma, \tag{6.4.7}$$

$$F_I = \int_{\Omega} \Phi_I f \mathrm{d}\Omega + \int_{\Gamma_q} \bar{q}\Phi_I \mathrm{d}\Gamma, \tag{6.4.8}$$

$$F_I^{\alpha} = \alpha \int_{\Gamma_u} \Phi_I \bar{u} \mathrm{d}\Gamma. \tag{6.4.9}$$

6.4.2 势问题的无单元 Galerkin 方法的误差估计

设原问题为

$$\begin{cases} \text{求 } u \in V, & \text{使得} \\ a(u,v) = \langle f, v\rangle, & \forall v \in V \end{cases}, \tag{6.4.10}$$

其中 V 是定义在区域 Ω 上的函数的 Banach 空间, 双线性型 $a(\cdot\,,\,\cdot)$ 及泛函 $f \in V'$ 满足 Lax-Milgram 定理的条件. 空间 $V_M = \mathrm{span}\{\Phi_i \mid 1 \leqslant i \leqslant M\} \subset V$, 其中 Φ_i 是移动最小二乘法的形函数, 则原问题 (6.4.10) 的无单元 Galerkin 方法为

$$\begin{cases} \text{求 } u^M \in V_M, & \text{使得} \\ a(u^M, v^M) = \langle f, v^M\rangle, & \forall v^M \in V_M \end{cases}. \tag{6.4.11}$$

下面考虑误差 $\left\|u - u^M\right\|_V$.

定理 6.4.1 设双线性型 $a(\cdot\,,\,\cdot)$ 是连续且 V 椭圆的, 则存在常数, 使得

$$\left\|u - u^M\right\|_V \leqslant C \inf_{v \in V_M} \|u - v\|_V,$$

其中 u 和 u^M 分别为原问题 (6.4.10) 和无单元 Galerkin 方法离散问题 (6.4.11) 的解, $\|\cdot\|_V$ 表示 V 中的范数.

证明 在式 (6.4.10) 中令 $v = v^M \in V_M \subset V$, 并与式 (6.4.11) 相减得到

$$a(u - u^M, v^M) = 0, \quad \forall v^M \in V_M \subset V. \tag{6.4.12}$$

根据 $a(\cdot\,,\,\cdot)$ 的连续性和 V 椭圆性, 存在 α_0, β_0 使得

$$\begin{aligned} \alpha_0 \left\|u - u^M\right\|_V^2 &\leqslant a(u - u^M, u - u^M) \\ &= a(u - u^M, u - v^M) + a(u - u^M, v^M - u^M) \\ &= a(u - u^M, u - v^M) \\ &\leqslant \beta_0 \left\|u - u^M\right\|_V \left\|u - v^M\right\|_V, \end{aligned} \tag{6.4.13}$$

即

$$\left\|u-u^M\right\|_V \leqslant \frac{\beta_0}{\alpha_0}\left\|u-v^M\right\|_V, \quad \forall v^M \in V_M. \tag{6.4.14}$$

从而结论得证.

由定理 6.4.1 和定理 6.1.2 可见, 势问题的无单元 Galerkin 方法的误差估计归结为移动最小二乘法的误差估计, 这是因为

$$\inf_{v\in V_M}\|u-v\|_V \leqslant \left\|u-u^h\right\|_V. \tag{6.4.15}$$

下面考虑 Dirichlet 边值问题 (6.4.1) 和 (6.4.2) 通过罚函数法施加本质边界条件的误差估计 (只考虑齐次边界条件, 即在式 (6.4.2) 中, 令 $\bar{u}=0$. 而非齐次边界可以通过变换转化成齐次边界条件).

Dirichlet 边值问题 (6.4.1) 和 (6.4.2) 的变分形式为

$$\begin{cases} \text{求}\, u\in H_0^1(\Omega), & \text{使得} \\ a(u,v)=\displaystyle\int_\Omega fv\,\mathrm{d}\Omega, & \forall v\in H_0^1(\Omega) \end{cases}. \tag{6.4.16}$$

下面考虑 Dirichlet 边值问题 (6.4.1) 和 (6.4.2) 通过罚函数法施加本质边界条件的误差估计.

考虑如下的双线性形式

$$\tilde{a}(u,v)\equiv a_\theta(u,v)=a(u,v)+\rho^{-\theta}D(u,v), \tag{6.4.17}$$

其中

$$a(u,v)=\int_\Omega \boldsymbol{\nabla} u\boldsymbol{\nabla} v\mathrm{d}x, \tag{6.4.18}$$

$$D(u,v)=\int_{\partial\Omega} uv\mathrm{d}x. \tag{6.4.19}$$

我们考虑 $u^M=u^{\theta,M}\in V_M$ 满足

$$a_\theta(u^{\theta,M},v)=\int_\Omega fv\mathrm{d}x, \quad \text{对}\forall v\in V_M. \tag{6.4.20}$$

对 $v\in H^1(\Omega)$, 定义

$$Q_\theta(v)=a(v,v)+\rho^{-\theta}D(v,v)-2\int_\Omega fv\mathrm{d}x, \tag{6.4.21}$$

可得

$$Q_\theta(u^{\theta,M})=\min_{v\in V_M}Q_\theta(v). \tag{6.4.22}$$

下面给出势问题通过罚函数施加本质边界条件的无单元 Galerkin 方法的收敛性的一个结果.

定理 6.4.2 假设 $u \in H^l(\Omega) \cap H_0^1(\Omega)(l > 3/2)$ 是方程 (6.4.16) 的解, $u^{\theta,M} \in V_M$ 是方程 (6.4.20) 的解. 于是对任意的 $0 < \varepsilon < \min(l - 3/2, 1/2)$, 有下面的误差估计式

$$|u - u^{\theta,M}|_{H^1(\Omega)} \leqslant C(\varepsilon)\rho^{\mu}\|u\|_{H^l(\Omega)},$$

其中 $\mu = \min(k, l-1, \frac{\theta}{2}, k+\frac{1}{2}-\frac{\theta}{2}-\varepsilon, l-\frac{1}{2}-\frac{\theta}{2}-\varepsilon)$, 并且 $C(\varepsilon)$ 只依赖于 ε, 与 ρ, u 无关.

证明 对任意 $v \in H^1(\Omega)$, 定义

$$R_\theta(v) = a(u-v, u-v) + \rho^{-\theta} D\left(\frac{\partial u}{\partial \boldsymbol{n}}\rho^\theta + v, \frac{\partial u}{\partial \boldsymbol{n}}\rho^\theta + v\right), \tag{6.4.23}$$

由 Green 公式可得

$$\begin{aligned} R_\theta(v) &= a(u,u) + a(v,v) - 2a(u,v) + \rho^\theta D\left(\frac{\partial u}{\partial \boldsymbol{n}}, \frac{\partial u}{\partial \boldsymbol{n}}\right) + \rho^{-\theta} D(v,v) + 2D\left(\frac{\partial u}{\partial \boldsymbol{n}}, v\right) \\ &= a(u,u) + \rho^\theta D\left(\frac{\partial u}{\partial \boldsymbol{n}}, \frac{\partial u}{\partial \boldsymbol{n}}\right) + a(v,v) + \rho^{-\theta} D(v,v) - 2\int_\Omega f v \mathrm{d}x \\ &= a(u,u) + \rho^\theta D\left(\frac{\partial u}{\partial \boldsymbol{n}}, \frac{\partial u}{\partial \boldsymbol{n}}\right) + Q_\theta(v), \end{aligned} \tag{6.4.24}$$

于是有

$$\min_{v \in V_M} R_\theta(v) = a(u,u) + \rho^\theta D\left(\frac{\partial u}{\partial \boldsymbol{n}}, \frac{\partial u}{\partial \boldsymbol{n}}\right) + \min_{v \in V_M} Q_\theta(v). \tag{6.4.25}$$

又因为

$$R_\theta(u^{\theta,M}) = \min_{v \in V_M} R_\theta(v), \tag{6.4.26}$$

所以

$$\begin{aligned} |u - u^{\theta,M}|_{H^1(\Omega)}^2 &= a(u - u^{\theta,M}, u - u^{\theta,M}) \\ &\leqslant R_\theta(u^{\theta,M}) \leqslant R_\theta(v), \quad \text{对 } \forall v \in V_M. \end{aligned} \tag{6.4.27}$$

由定理 6.1.2, $\exists g^M \in V_M$ 使得

$$|u - g^M|_{H^s(\Omega)} \leqslant c\rho^\mu |u|_{H^l(\Omega)}, \tag{6.4.28}$$

其中 $\mu = \min(k+1-s, l-s)$, $0 \leqslant s \leqslant 1$. 从而

$$\begin{aligned} R_\theta(g^M) &= a(u - g^M, u - g^M) + \rho^{-\theta} D\left(\frac{\partial u}{\partial \boldsymbol{n}}\rho^\theta + g^M, \frac{\partial u}{\partial \boldsymbol{n}}\rho^\theta + g^M\right) \\ &= a(u - g^M, u - g^M) + \rho^\theta D\left(\frac{\partial u}{\partial \boldsymbol{n}}, \frac{\partial u}{\partial \boldsymbol{n}}\right) + \rho^{-\theta} D(g^M, g^M) + 2D\left(\frac{\partial u}{\partial \boldsymbol{n}}, g^M\right) \end{aligned}$$

$$
\begin{aligned}
&= a(u-g^M, u-g^M) + \rho^\theta \int_{\partial\Omega} \left(\frac{\partial u}{\partial \boldsymbol{n}}\right)^2 \mathrm{d}x \\
&\quad + \rho^{-\theta} \int_{\partial\Omega} (g^M)^2 \mathrm{d}x + 2\int_{\partial\Omega} \left(\frac{\partial u}{\partial \boldsymbol{n}} \cdot g^M\right)^2 \mathrm{d}x \\
&= a(u-g^M, u-g^M) + \int_{\partial\Omega} \left[\left(\rho^{\theta/2}\frac{\partial u}{\partial \boldsymbol{n}}\right)^2 + 2\left(\frac{\partial u}{\partial \boldsymbol{n}} \cdot g^M\right) + (\rho^{-\theta/2} g^M)^2\right] \mathrm{d}x \\
&= a(u-g^M, u-g^M) + \int_{\partial\Omega} \left(\rho^{\theta/2}\frac{\partial u}{\partial \boldsymbol{n}} + \rho^{-\theta/2} g^M\right)^2 \mathrm{d}x \\
&\leqslant a(u-g^M, u-g^M) + c\int_{\partial\Omega} \left[\left(\rho^{\theta/2}\frac{\partial u}{\partial \boldsymbol{n}}\right)^2 + (\rho^{-\theta/2} g^M)^2\right] \mathrm{d}x \\
&\leqslant C\left\{a(u-g^M, u-g^M) + \rho^\theta \int_{\partial\Omega} \left(\frac{\partial u}{\partial \boldsymbol{n}}\right)^2 \mathrm{d}x + r^{-\theta}\int_{\partial\Omega} (g^M)^2 \mathrm{d}x\right\} \\
&\leqslant C\left\{|u-g^M|^2_{H^1(\Omega)} + \rho^\theta \int_{\partial\Omega} \left(\frac{\partial u}{\partial \boldsymbol{n}}\right)^2 \mathrm{d}x + \rho^{-\theta}\int_{\partial\Omega} (g^M)^2 \mathrm{d}x\right\}. \qquad (6.4.29)
\end{aligned}
$$

注意到, u 在边界上为零, 记 $0 < \varepsilon < \min\left(l - \dfrac{2}{3}, \dfrac{1}{2}\right)$, 当 $s = 1/2 + \varepsilon$ 时, 有

$$
\begin{aligned}
\|g^M\|^2_{L^2(\partial\Omega)} &= \|u-g^M\|^2_{L^2(\partial\Omega)} \\
&\leqslant C(\varepsilon)\|u-g^M\|^2_{H^{\frac{1}{2}+\varepsilon}(\Omega)} \leqslant C(\varepsilon)\rho^{2\mu_1}\|u\|^2_{H^l(\Omega)}, \qquad (6.4.30)
\end{aligned}
$$

其中 $\mu_1 = \min\left(k + \dfrac{1}{2} - \varepsilon, l - \dfrac{1}{2} - \varepsilon\right)$.

又

$$
\left\|\frac{\partial u}{\partial \boldsymbol{n}}\right\|^2_{L^2(\partial\Omega)} \leqslant C(\varepsilon)\|u\|^2_{H^{\frac{3}{2}+\varepsilon}(\Omega)}, \qquad (6.4.31)
$$

将式 (6.4.30) 和式 (6.4.31) 代入式 (6.4.29), 并令 $s = 1$, 得到

$$
\begin{aligned}
R_\theta(g^M) &\leqslant C(\varepsilon)(\rho^{2\min(k,l-1)} + \rho^\theta + \rho^{2\mu_1-\theta})\|u\|^2_{H^l(\Omega)} \\
&\leqslant C(\varepsilon)\rho^{2\mu}\|u\|^2_{H^l(\Omega)}, \qquad (6.4.32)
\end{aligned}
$$

其中 $\mu = \min\left(k, l-1, \dfrac{\theta}{2}, k + \dfrac{1}{2} - \dfrac{\theta}{2} - \varepsilon, l - \dfrac{1}{2} - \dfrac{\theta}{2} - \varepsilon\right)$.

最后, 我们得到

$$
|u - u^{\theta,M}|_{H^1(\Omega)} \leqslant C(\varepsilon)\rho^\mu\|u\|_{H^l(\Omega)}, \qquad (6.4.33)
$$

其中 $\mu = \min\left(k, l-1, \dfrac{\theta}{2}, k + \dfrac{1}{2} - \dfrac{\theta}{2} - \varepsilon, l - \dfrac{1}{2} - \dfrac{\theta}{2} - \varepsilon\right)$.

6.4.3 数值算例

本节利用无单元 Galerkin 方法求解矩形区域上的稳态温度场, 并进行了误差分析.

1. 矩形域上的 Poisson 方程

$$\nabla^2 u = \frac{\partial^2 u}{\partial x_1^2} + \frac{\partial^2 u}{\partial x_2^2} = 4, \quad x_1 \in [0,\ 8], x_2 \in [-1,\ 1], \tag{6.4.34}$$

边界条件为

$$u(x_1,\ -1) = x_1^2 + 1, \quad 0 < x_1 < 8, \tag{6.4.35}$$

$$u(x,\ 1) = x_1^2 + 1, \quad 0 < x_1 < 8, \tag{6.4.36}$$

$$u(0,\ y) = x_2^2, \quad -1 < x_2 < 1, \tag{6.4.37}$$

$$u(8,\ x_2) = 64 + x_2^2, \quad -1 < x_2 < 1. \tag{6.4.38}$$

该问题的解析解为

$$u(x_1,\ x_2) = x_1^2 + x_2^2. \tag{6.4.39}$$

如图 6.4.1 所示, 在求解域内均匀布置了 11×5 个节点. 图6.4.2给出了 $x_2=0$ 处

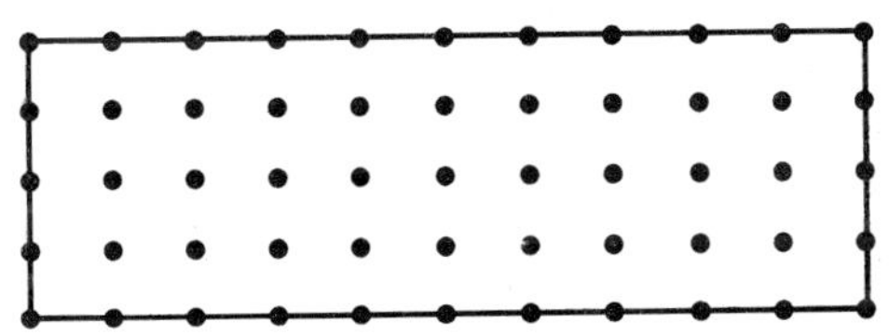

图 6.4.1 矩形区域内的均匀节点分布

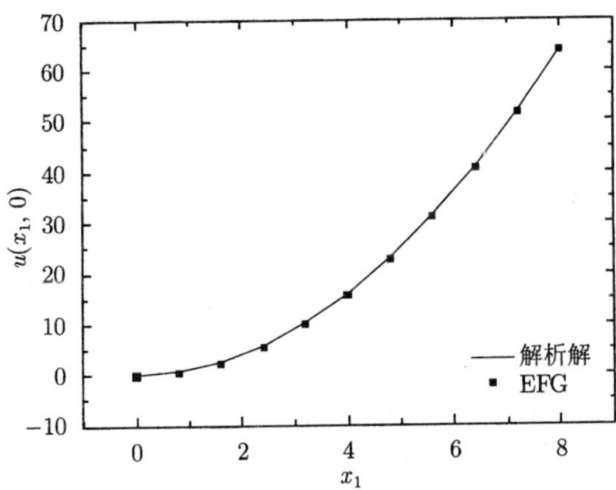

图 6.4.2 $x_2 = 0$ 处的解析解和数值解比较

的解析解和数值解的对比图. 通过图 6.4.2 可以看出, 数值解和解析解吻合得很好.

我们考虑了 $u-u^M$ 在 L^2 范数下的误差. 权函数选为 Gauss 权函数, 基函数选取为线性基, 罚因子 $\alpha=10^5$. L^2 范数的误差和相对误差度量定义如下:

$$\left\|u-u^M\right\|_{L^2(\Omega)}=\left(\int_\Omega (u-u^M)^2\mathrm{d}\Omega\right)^{\frac{1}{2}}, \tag{6.4.40}$$

$$\left\|u-u^M\right\|_{L^2(\Omega)}^{\mathrm{rel}}=\frac{\left\|u-u^M\right\|_{L^2(\Omega)}}{\left\|u\right\|_{L^2(\Omega)}}. \tag{6.4.41}$$

表 6.4.1 给出了当 $x_2=0$ 时, 解析解和不同罚因子 α 时的数值解的比较. 结果表明不同罚因子对解的影响是不同的. 基于数值结果, 势问题的无单元 Galerkin 方法关于 L^2 范数的收敛阶通过图 6.4.3 表示. 从图 6.4.3 可以看出, 相对误差随着权函数影响域半径 ρ 的减小而减小.

表 6.4.1　不同罚因子 α 时的数值解和解析解

节点坐标	解析解	数值解			
		$\alpha=10^3$	$\alpha=10^6$	$\alpha=10^9$	$\alpha=10^{12}$
(0.0, 0)	0	0.0328	0.0963	0.095	0.005
(0.8,0)	0.64	0.651	0.578	0.6777	0.593
(1.6,0)	2.56	2.2066	2.3537	2.4253	2.356
(2.4,0)	5.76	5.2233	5.3122	5.5305	5.9299
(3.2,0)	10.24	9.7397	9.9138	9.8565	9.5612
(4,0)	16.00	15.352	15.655	15.733	16.007
(4.8,0)	23.04	22.558	22.72	22.657	22.758
(5.6,0)	31.36	30.725	30.955	31.129	31.536
(6.4,0)	40.96	40.337	40.665	40.525	40.951
(7.2,0)	51.84	50.667	51.352	51.575	52.015
(8.0,0)	64.00	63.811	63.832	63.89	63.979

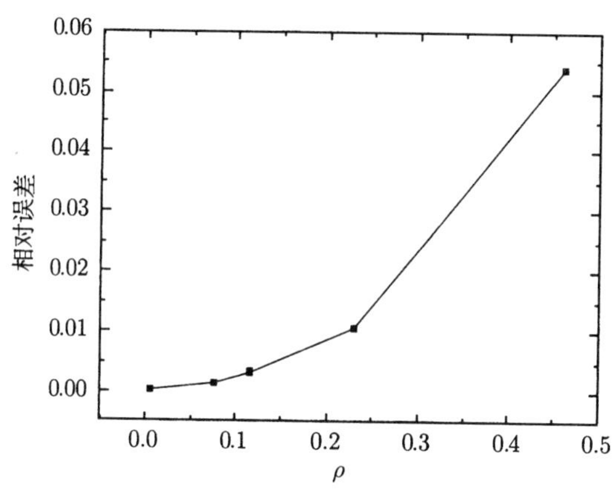

图 6.4.3　误差和权函数影响域半径的关系

2. 矩形域上的 Laplace 方程

设有一个矩形域上的稳态温度场, 其控制方程和边界条件分别为

$$\nabla^2 T = \frac{\partial^2 T}{\partial x_1^2} + \frac{\partial^2 T}{\partial x_2^2} = 0, \quad x_1 \in [0,5], x_2 \in [0,10], \tag{6.4.42}$$

边界条件为

$$T(x_1, 0) = 0, \quad 0 < x_1 < 5, \tag{6.4.43}$$

$$T(0, x_2) = 0, \quad 0 < x_2 < 10, \tag{6.4.44}$$

$$T(x_1, 10) = 100\sin(\pi x_1/10), \quad 0 < x_1 < 5, \tag{6.4.45}$$

$$\frac{\partial T(5, x_2)}{\partial x_2} = 0, \quad 0 < x_2 < 10. \tag{6.4.46}$$

该温度场的解析解为

$$u(x_1, x_2) = \frac{100\sin(\pi x_1/10)\sinh(\pi x_2/10)}{\sinh(\pi)}. \tag{6.4.47}$$

如图 6.4.4 所示, 在求解域内均匀布置了 6×11 个节点. 图 6.4.5 给出了 $x_1 = 2$ 处的解析解和数值解的对比. 可以看出, 数值解和解析解吻合得很好.

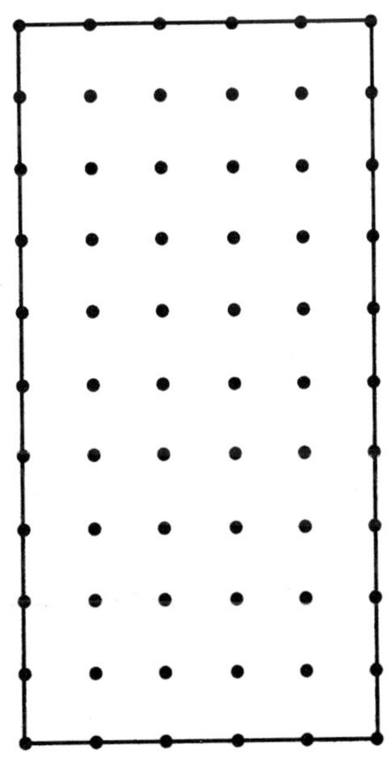

图 6.4.4 矩形区域的节点分布

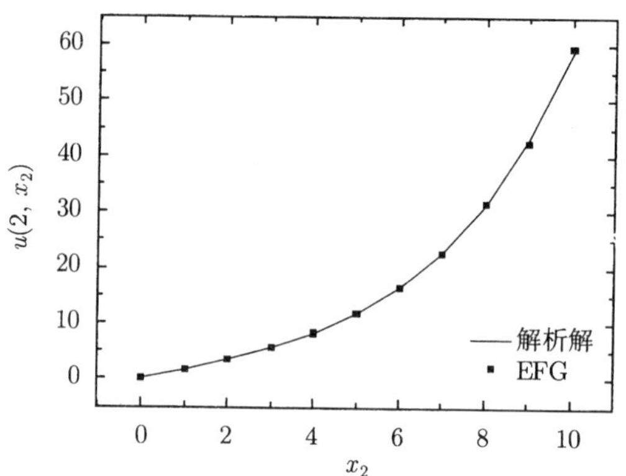

图 6.4.5　$x_1 = 2$ 处的数值解和解析解

我们考虑 $u - u^M$ 在 L^2 范数下的误差. 权函数选为 Gauss 权函数, 基函数选取为线性基. L^2 范数的误差度量如式 (6.4.40) 和式 (6.4.41) 定义. 表 6.4.2 给出了当 $x_1 = 2$ 时, 解析解和不同罚因子 α 时的数值解的比较, 结果表明不同罚因子对解的影响是不同的. 基于数值结果, 势问题的无单元 Galerkin 方法的关于 L^2 范数的收敛阶通过图 6.4.6 表示. 可以看出, 相对误差随着权函数影响域半径 ρ 的减小而减小.

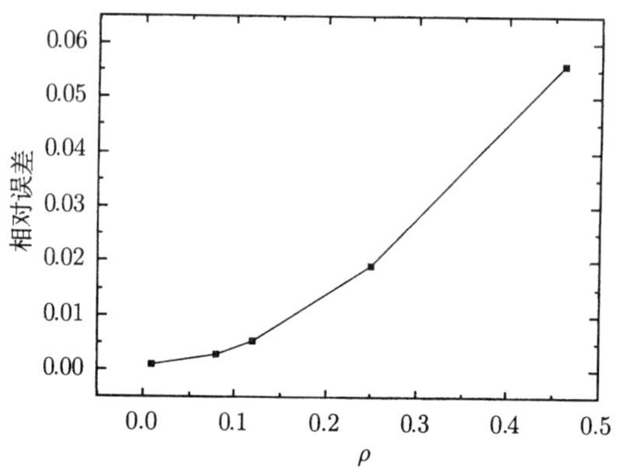

图 6.4.6　L^2 范数下的相对误差

表 6.4.2　不同罚因子 α 时的数值解和解析解

节点坐标	解析解	数值解			
		$\alpha = 10^5$	$\alpha = 10^7$	$\alpha = 10^9$	$\alpha = 10^{11}$
(2,10)	58.779	58.81	59.266	59.267	59.799
(2,9)	42.862	43.622	43.135	42.521	42.655
(2,8)	31.21	31.620	31.358	31.668	31.535
(2,7)	22.664	22.963	22.726	22.652	22.701

续表

节点坐标	解析解	数值解			
		$\alpha=10^5$	$\alpha=10^7$	$\alpha=10^9$	$\alpha=10^{11}$
(2,6)	16.374	16.569	16.393	16.523	16.392
(2,5)	11.713	11.836	11.709	11.753	11.833
(2,4)	8.2171	8.2906	8.2802	8.2573	8.2396
(2,3)	5.5392	5.5796	5.5226	5.5896	5.6820
(2,2)	3.4125	3.4312	3.4991	3.4833	3.4523
(2,1)	1.6254	1.6260	1.6176	1.6955	1.6555
(2,0)	0	0.0003	0.0005	0.0002	0.0002

注

(1) 一般来说, 在一定范围内, 权函数影响域半径 ρ 越小, 计算结果越精确, 误差也越小. 但是, 如果 ρ 充分小, 有可能导致系数矩阵的奇异性. 所以权函数影响域半径的选值要小, 但是必须保证影响域的并集覆盖整个求解区域.

(2) 罚因子的大小一般取为 $1.0\times10^3\sim1.0\times10^{12}$.

6.5 弹性力学的无单元 Galerkin 方法的误差估计

本节基于移动最小二乘法在 Sobolev 空间 $W^{k,p}(\Omega)$ 中的误差估计以及弹性力学问题的变分弱形式中出现的双线性形式的连续性和强制性, 研究弹性力学问题的无单元 Galerkin 方法的误差估计以及该方法数值解的误差和权函数影响域半径之间的关系.

6.5.1 弹性力学的无单元 Galerkin 方法

二维弹性力学问题的控制方程为

平衡方程

$$\sigma_{ij,j}+b_i=0,\quad \boldsymbol{x}\in\Omega; \tag{6.5.1}$$

几何方程

$$\varepsilon_{ij}=\frac{1}{2}(u_{i,j}+u_{j,i}),\quad \boldsymbol{x}\in\Omega; \tag{6.5.2}$$

物理方程

$$\sigma_{ij}=D_{ijkl}\varepsilon_{kl},\quad \boldsymbol{x}\in\Omega; \tag{6.5.3}$$

边界条件

$$\sigma_{ij}n_j=\bar{t}_i,\quad \boldsymbol{x}\in\Gamma_t, \tag{6.5.4}$$

$$u_i=\bar{u}_i,\quad \boldsymbol{x}\in\Gamma_u, \tag{6.5.5}$$

其中, Γ_u 为给定的位移边界, Γ_t 为给定的面力边界, $\bar{u}_i$ 为给定的位移, $\bar{t}_i$ 为给定的面力, n_j 为边界 Γ_t 的外法线方向余弦, f_i 为域 Ω 内给定的体力, D_{ijkl} 为弹性常数构成的四阶张量.

函数 $\bar{u}_i$ 是定义在部分边界或者整个边界上, 它们可以光滑延拓到整个区域, 记为 ϕ_i. 如果令 $\hat{u}_i = u_i - \phi_i$, 可以得到关于 $\hat{u}_i$ 的齐次位移边界条件的方程组.

平衡方程

$$\hat{\sigma}_{ij,j} + \hat{b}_i = 0, \quad \boldsymbol{x} \in \Omega; \tag{6.5.6}$$

边界条件

$$\hat{\sigma}_{ij} n_j = \hat{t}_i, \quad \boldsymbol{x} \in \Gamma_t, \tag{6.5.7}$$

$$\hat{u}_i = 0, \quad \boldsymbol{x} \in \Gamma_u, \tag{6.5.8}$$

其中

$$\hat{b}_i = b_i + \frac{D_{ijkl}}{2}(\phi_{k,l} + \phi_{l,k}), \tag{6.5.9}$$

$$\hat{t}_i = t_i - \frac{D_{ijkl}}{2} n_j (\phi_{k,l} + \phi_{l,k}). \tag{6.5.10}$$

不失一般性, 可以在弹性力学方程 (6.5.1)—(6.5.5) 中, 令 $\bar{u}_i = 0$, 即考虑齐次位移边界条件的情形.

式 (6.5.1) 等号两边乘以试验函数 δv_i, 并在 Ω 上积分, 利用分部积分可得

$$-\int_\Omega \sigma_{ij} \delta v_{i,j} \mathrm{d}\Omega + \int_{\Gamma_t} \bar{t}_i \delta v_i \mathrm{d}\Gamma + \int_\Omega b_i \delta v_i \mathrm{d}\Omega = 0. \tag{6.5.11}$$

利用罚函数法引入本质边界条件可以得到

$$\int_\Omega \sigma_{ij} \delta v_{i,j} \mathrm{d}\Omega - \int_{\Gamma_t} \bar{t}_i \delta v_i \mathrm{d}\Gamma - \int_\Omega b_i \delta v_i \mathrm{d}\Omega + \alpha \int_{\Gamma_u} u_i \delta v_i \mathrm{d}\Gamma = 0. \tag{6.5.12}$$

式 (6.5.12) 可以写成

$$\int_\Omega D_{ijkl} u_{k,l} \delta v_{i,j} \mathrm{d}\Omega + \alpha \int_{\Gamma_u} u_i \delta v_i \mathrm{d}\Gamma = \int_{\Gamma_t} \bar{t}_i \delta v_i \mathrm{d}\Gamma + \int_\Omega b_i \delta v_i \mathrm{d}\Omega. \tag{6.5.13}$$

根据第 2 章的移动最小二乘法的逼近函数表达式 (2.2.17), 可得

$$\boldsymbol{u} = \sum_{I=1}^{n} \boldsymbol{\Phi}_I \boldsymbol{u}_I, \tag{6.5.14}$$

其中

$$\boldsymbol{u} = \begin{bmatrix} u_1(\boldsymbol{x}) \\ u_2(\boldsymbol{x}) \end{bmatrix}, \tag{6.5.15}$$

$$\boldsymbol{u}_I = \begin{bmatrix} u_{I1} \\ u_{I2} \end{bmatrix}, \tag{6.5.16}$$

$$\boldsymbol{\Phi}_I = \begin{bmatrix} \Phi_I(\boldsymbol{x}) & 0 \\ 0 & \Phi_I(\boldsymbol{x}) \end{bmatrix}. \tag{6.5.17}$$

利用式 (6.5.14) 作为 $\boldsymbol{u}$ 和 $\delta\boldsymbol{v}$ 的近似, 代入式 (6.5.13) 可得如下离散方程

$$(\boldsymbol{K} + \boldsymbol{K}^{\alpha})\boldsymbol{u} = \boldsymbol{F} + \boldsymbol{F}^{\alpha}, \tag{6.5.18}$$

其中

$$\boldsymbol{D} = \frac{\bar{E}}{(1+\bar{\nu})(1-2\bar{\nu})} \begin{bmatrix} 1-\bar{\nu} & \bar{\nu} & 0 \\ \bar{\nu} & 1-\bar{\nu} & 0 \\ 0 & 0 & \dfrac{1-2\bar{\nu}}{\bar{\nu}} \end{bmatrix}, \tag{6.5.19}$$

$$\bar{E} = \begin{cases} E, & \text{平面应变问题} \\ \dfrac{(1+2\nu)E}{(1+\nu)}, & \text{平面应力问题} \end{cases}, \tag{6.5.20}$$

$$\boldsymbol{K}_{IJ} = \int_{\Omega} \boldsymbol{B}_I^{\mathrm{T}} \boldsymbol{D} \boldsymbol{B}_J \mathrm{d}\Omega, \tag{6.5.21}$$

$$\boldsymbol{B}_I = \begin{bmatrix} \Phi_{I,1} & 0 \\ 0 & \Phi_{I,2} \\ \Phi_{I,2} & \Phi_{I,1} \end{bmatrix}, \tag{6.5.22}$$

$$\boldsymbol{F}_I = \int_{\Gamma_t} \Phi_I \bar{\boldsymbol{t}} \mathrm{d}\Gamma + \int_{\Omega} \Phi_I \boldsymbol{b} \mathrm{d}\Omega, \tag{6.5.23}$$

$$\boldsymbol{K}_{IJ}^{\alpha} = \alpha \int_{\Gamma_u} \Phi_I \boldsymbol{S} \Phi_J \mathrm{d}\Gamma, \tag{6.5.24}$$

$$\boldsymbol{F}_I^{\alpha} = \alpha \int_{\Gamma_u} \Phi_I \boldsymbol{S} \bar{\boldsymbol{u}} \mathrm{d}\Gamma, \tag{6.5.25}$$

$$\boldsymbol{S} = \begin{bmatrix} s_1 & 0 \\ 0 & s_2 \end{bmatrix}, \tag{6.5.26}$$

$$s_i = \begin{cases} 1, & \text{当 } \Gamma_u \text{ 上有位移约束} \\ 0, & \text{当 } \Gamma_u \text{ 上无位移约束} \end{cases}. \tag{6.5.27}$$

6.5.2　弹性力学的无单元 Galerkin 方法的误差估计

为了估计 $\|\boldsymbol{u}-\boldsymbol{u}^M\|_1$, 我们定义如下的函数空间 V:

$$V=\{v\in(H^1(\Omega))^2|\text{在}\Gamma_u\text{上}v=0\},\tag{6.5.28}$$

双线性形式 $B(\cdot,\cdot)$,

$$B(\boldsymbol{u},\boldsymbol{v})=\int_\Omega D_{ijkl}u_{k,l}v_{i,j}\mathrm{d}\Omega+\alpha\int_{\Gamma_u}u_iv_i\mathrm{d}\Gamma,\quad\forall\boldsymbol{u},\boldsymbol{v}\in V,\tag{6.5.29}$$

和泛函

$$F(\cdot)F(\boldsymbol{v})=\int b_iv_i\mathrm{d}\Omega+\int_{\Gamma_t}\bar{t}_iv_i\mathrm{d}\Gamma,\quad\forall\boldsymbol{v}\in V.\tag{6.5.30}$$

于是式 (6.5.1)－(6.5.3) 的变分弱形式为：求 $\boldsymbol{u}\in V$, 使得对 $\forall\boldsymbol{v}\in V$, 有

$$B(\boldsymbol{u},\boldsymbol{v})=F(\boldsymbol{v}).\tag{6.5.31}$$

对于线性弹性问题而言, 弹性常数 D_{ijkl} 满足

$$D_{ijkl}=D_{jikl}=D_{klij},\quad\|D_{ijkl}\|_{0,\infty,\Omega}\leqslant M,\quad\forall i,j,k,l,\tag{6.5.32}$$

且存在常数 $C_0>0$, 使得

$$D_{ijkl}\xi_{ij}\xi_{kl}\geqslant C_0\xi_{ij}\xi_{ij},\quad\forall(\xi_{ij})\in S^2,\tag{6.5.33}$$

其中 S^2 为二阶对称矩阵的集合.

双线性形式 $B(\cdot,\cdot)$ 是对称的, 根据 Schwarz 不等式和 Sobolev 迹定理, 可以得到 $B(\cdot,\cdot)$ 的连续性和强制性, 即

$$\begin{cases}\exists\alpha_1>0,\alpha_1\|\boldsymbol{v}\|_1\leqslant B(\boldsymbol{v},\boldsymbol{v}),\quad\forall\boldsymbol{v}\in(H^1(\Omega))^2\\\exists\alpha_2>0,B(\boldsymbol{u},\boldsymbol{v})\leqslant\alpha_2\|\boldsymbol{u}\|_1^2\|\boldsymbol{v}\|_1^2,\quad\forall\boldsymbol{u},\boldsymbol{v}\in(H^1(\Omega))^2\end{cases}.\tag{6.5.34}$$

定义 $V_M=\mathrm{span}\{\Phi_i|1\leqslant i\leqslant M\}\subset V$, 则弹性力学的无单元 Galerkin 方法为：求 $\boldsymbol{u}^M\in V_M$, 使得对 $\forall\boldsymbol{v}^M\in V_M$, 有

$$B(\boldsymbol{u}^M,\boldsymbol{v}^M)=F(\boldsymbol{v}^M).\tag{6.5.35}$$

根据式 (6.5.34), 方程 (6.5.31) 和 (6.5.35) 都有唯一确定的解.

关于误差 $\|\boldsymbol{u}-\boldsymbol{u}^M\|_1$, 有如下的定理:

定理 6.5.1　设 $\boldsymbol{u}$ 和 $\boldsymbol{u}^M$ 分别为方程 (6.5.31) 和方程 (6.5.35) 的解, 如果定理 6.1.2 的条件成立, 且双线性型 $B(\cdot,\cdot)$ 满足式 (6.5.34), 则存在常数 C, 使得下面的误差估计成立

$$\|\boldsymbol{u}-\boldsymbol{u}^M\|_1\leqslant C\rho\|\boldsymbol{u}\|_2.\tag{6.5.36}$$

证明 在式 (6.5.31) 中, 令 $\boldsymbol{v}=\boldsymbol{v}^M\in V_M\subset V$, 并和式 (6.5.29) 相减得到

$$B(\boldsymbol{u}-\boldsymbol{u}^M,\boldsymbol{v}^M)=0,\quad \forall\boldsymbol{v}^M\in V_M\subset V. \tag{6.5.37}$$

根据 $B(\cdot,\cdot)$ 的连续性和 V 椭圆性, 存在 α_1,α_2 使得

$$\begin{aligned}\alpha_1\left\|\boldsymbol{u}-\boldsymbol{u}^M\right\|_1^2&\leqslant B(\boldsymbol{u}-\boldsymbol{u}^M,\boldsymbol{u}-\boldsymbol{u}^M)\\&=B(\boldsymbol{u}-\boldsymbol{u}^M,\boldsymbol{u}-\boldsymbol{v}^M)+B(\boldsymbol{u}-\boldsymbol{u}^M,\boldsymbol{v}^M-\boldsymbol{u}^M)\\&=B(\boldsymbol{u}-\boldsymbol{u}^M,\boldsymbol{u}-\boldsymbol{v}^M)\\&\leqslant\alpha_2\left\|\boldsymbol{u}-\boldsymbol{u}^M\right\|_1\left\|\boldsymbol{u}-\boldsymbol{v}^M\right\|_1,\end{aligned} \tag{6.5.38}$$

即

$$\left\|\boldsymbol{u}-\boldsymbol{u}^M\right\|_1\leqslant\frac{\alpha_2}{\alpha_1}\left\|\boldsymbol{u}-\boldsymbol{v}^M\right\|_1,\quad\forall\boldsymbol{v}^M\in V_M. \tag{6.5.39}$$

在式 (6.5.39) 中, 令 $C=\dfrac{\alpha_2}{\alpha_1}$, 从而有

$$\left\|\boldsymbol{u}-\boldsymbol{u}^M\right\|_1\leqslant C\inf_{\boldsymbol{v}^M\in V_M}\left\|\boldsymbol{u}-\boldsymbol{v}^M\right\|_1,\quad\forall\boldsymbol{v}^M\in V_M. \tag{6.5.40}$$

根据定理 6.1.2, 有

$$\left\|\boldsymbol{u}-\boldsymbol{u}^h\right\|_1\leqslant C\rho\left\|\boldsymbol{u}\right\|_2,\quad\boldsymbol{u}^h\in V_M, \tag{6.5.41}$$

利用式 (6.5.33) 和式 (6.5.34), 就得到

$$\left\|\boldsymbol{u}-\boldsymbol{u}^M\right\|_1\leqslant C\rho\left\|\boldsymbol{u}\right\|_2. \tag{6.5.42}$$

6.5.3 数值算例

本节对端部受剪切荷载作用的悬臂梁进行了计算.

如图 6.5.1 所示悬臂梁, 在末端受剪切荷载作用, 梁的几何参数取为长 $L=48$, 高度 $D=12$, 厚度 $t=1$. 材料的弹性模量 $E=3\times10^7$, Poisson 比 $\nu=0.3$. 荷载 $p=1000$, 不计自重, 按平面应力计算.

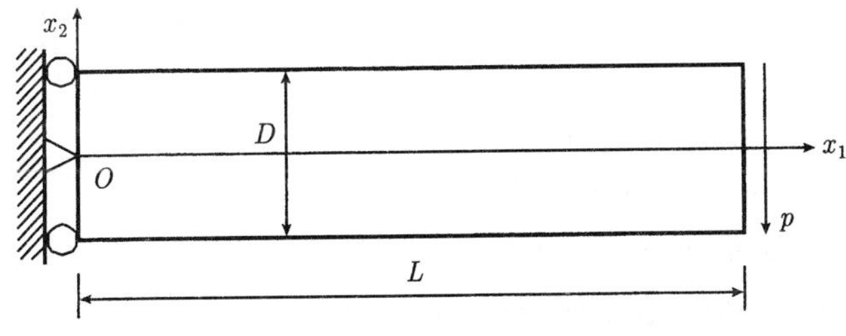

图 6.5.1 悬臂梁

该问题的位移解析解为

$$u_1 = -\frac{px_2}{6EI}\left[(6L - 3x_1)x_1 + (2+\nu)[x_2^2 - \frac{D^2}{4}]\right], \tag{6.5.43}$$

$$u_2 = \frac{p}{6EI}\left[3\nu(L - x_1)x_2^2 + (4+5\nu)\frac{D^2 x_1}{4} + (3L - x_1)x_1^2\right]; \tag{6.5.44}$$

应力解析解为

$$\sigma_{11} = -\frac{p(L - x_1)x_2}{I}, \tag{6.5.45}$$

$$\sigma_{22} = 0, \tag{6.5.46}$$

$$\sigma_{12} = \frac{p}{2I}\left[\frac{D^2}{4} - x_2^2\right], \tag{6.5.47}$$

这里 I 是梁的横截面惯性矩, 对于单位厚度的矩形截面

$$I = \frac{D^3}{12}. \tag{6.5.48}$$

利用无单元 Galerkin 方法进行计算, 本质边界条件采用罚函数法进行处理. 在矩形求解域内布置 55 个节点, 节点分布及背景积分网格分别见图 6.5.2 和图 6.5.3. 基函数取线性基, 权函数取三次样条函数, 罚因子 $\alpha = 3\times 10^{10}$.

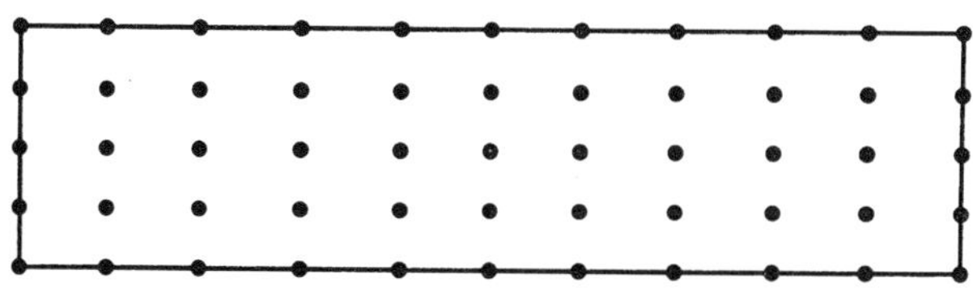

图 6.5.2　悬臂梁布点

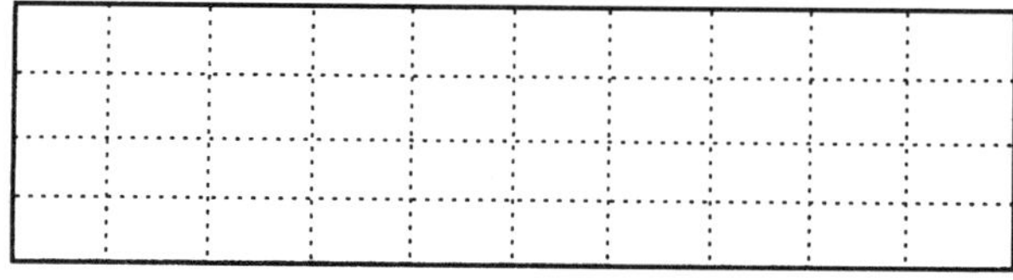

图 6.5.3　求解域上的背景积分网格

当 $x_2 = 0$ 时的 x_2 方向位移及当 $x_1 = L/2$ 时的正应力和剪应力变化分别如图 6.5.4 —图 6.5.6 所示.

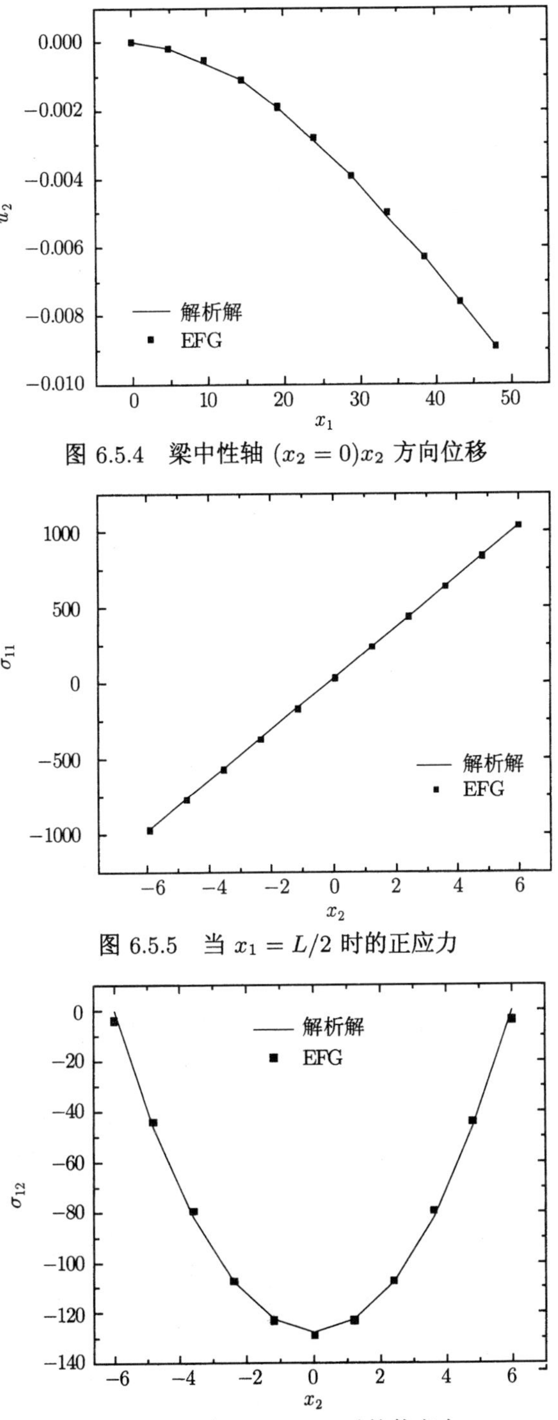

图 6.5.4　梁中性轴 $(x_2 = 0)x_2$ 方向位移

图 6.5.5　当 $x_1 = L/2$ 时的正应力

图 6.5.6　当 $x_1 = L/2$ 时的剪应力

弹性力学问题的无单元 Galerkin 方法的误差通过图 6.5.7 和图 6.5.8 表示. 从图 6.5.7 和图 6.5.8 中可以看出, 相对误差随着权函数影响域半径 ρ 的减小而减小, 从而验证了定理结论的正确性.

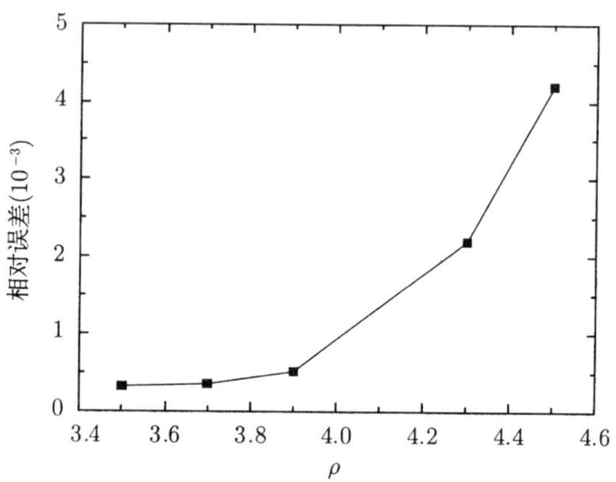

图 6.5.7　当 $x_2 = 0$ 时 x_2 方向位移的误差随影响域半径的变化

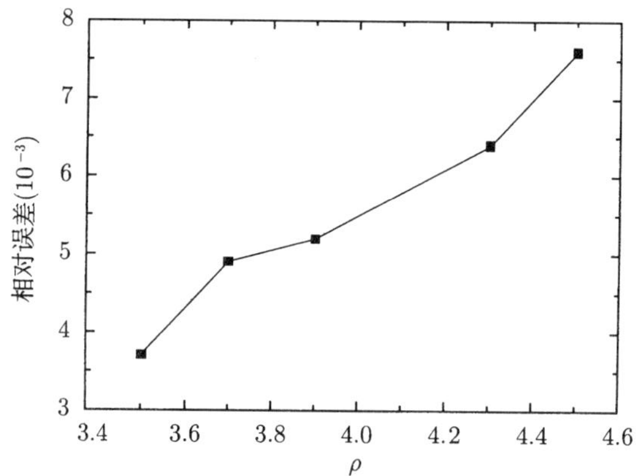

图 6.5.8　当 $x_1 = L/2$ 时正应力的误差随影响域半径的变化

6.6　热传导问题的无单元 Galerkin 方法的误差估计

考虑如下的热传导问题

$$u_t + Au = f, \quad (x,t) \in \Omega \times [0,T], \tag{6.6.1a}$$

$$u(x,0) = u_0(x), \quad x \in \Omega, \tag{6.6.1b}$$

$$u(x,t) = 0, \quad (x,t) \in \partial\Omega \times [0,T], \tag{6.6.1c}$$

其中 Ω 表示平面上具有光滑边界 $\partial\Omega$ 的有界区域, A 为一致椭圆微分算子, A 和 f 可以同时是非线性的, T 为正常数.

本节首先将建立问题 (6.6.1) 变分形式的无单元 Galerkin 方法的逼近格式, 然后对问题 (6.6.1) 的真解和无单元 Galerkin 方法逼近解之间的误差进行研究, 推导出相应的误差估计公式, 研究误差和权函数影响域半径与时间步长之间的关系.

6.6.1 线性热传导问题的无单元 Galerkin 方法的误差估计

考虑线性情形的热传导问题, 即在问题 (6.6.1) 中取算子 $A=-\Delta$.

1. 半离散格式及其误差估计

问题 (6.6.1) 所对应的变分形式为

$$\begin{cases} \left(\dfrac{\partial u}{\partial t}, v\right)+a(u,v)=(f,v), \quad \forall v\in H_0^1(\Omega) \\ u(0)=u_0 \end{cases}, \tag{6.6.2}$$

其中 $a(u,v)=\int_\Omega \nabla u\nabla v\mathrm{d}x=(\nabla u,\nabla v)$.

在空间 $H^1(\Omega)$ 中, 取有限维空间 $V_M=\mathrm{span}\{\Phi_I|1\leqslant I\leqslant M\}$, 其中 Φ_I 为移动最小二乘法的形函数. 将移动最小二乘法的逼近函数表达式 (2.2.17) 代入式 (6.6.2) 就得到热传导问题的无单元 Galerkin 方法半离散格式为

$$\begin{cases} \left(\dfrac{\partial u^M}{\partial t}, v^M\right)+a(u^M,v^M)=(f,v^M), \quad \forall v^M\in V_M \\ u^M(0)=u_0^M \end{cases}. \tag{6.6.3}$$

从应用的观点看来, 直接求解式 (6.6.3) 是不方便的, 为此先对式 (6.6.3) 进行变换.

假设未知函数 $u^M(t)\in V_M$ 的形式为

$$u^M(t)=\sum_{i=1}^n \lambda_i(t)\Phi_i(x), \quad t\in[0,T], \tag{6.6.4}$$

初值 $u_0^M\in V_M$ 可以表示为

$$u_0^M=\sum_{i=1}^n \lambda_{0,i}\Phi_i(x). \tag{6.6.5}$$

将式 (6.6.4) 和式 (6.6.5) 代入半离散问题 (6.6.3), 则

$$\begin{cases} \displaystyle\sum_{i=1}^M (\Phi_i,\Phi_j)\frac{\mathrm{d}\lambda_i(t)}{\mathrm{d}t}+\sum_{i=1}^M a(\Phi_i,\Phi_j)\lambda_i(t)=(f(t),\Phi_j) \\ \lambda_j(0)=\lambda_{0,i} \end{cases}, \quad 1\leqslant i,j\leqslant M. \tag{6.6.6}$$

式 (6.6.6) 可以表示为如下的常微分方程组：

$$\begin{cases} \boldsymbol{A}\dfrac{\mathrm{d}\boldsymbol{\lambda}(t)}{\mathrm{d}t}+\boldsymbol{B}\boldsymbol{\lambda}(t)=\boldsymbol{K}(t) \\ \boldsymbol{\lambda}(0)=\boldsymbol{\lambda}_0 \end{cases}, \tag{6.6.7}$$

其中

$$\boldsymbol{A}=[(\Phi_i,\Phi_j)],\quad 1\leqslant i,j\leqslant M, \tag{6.6.8}$$

$$\boldsymbol{B}=[a(\Phi_i,\Phi_j)],\quad 1\leqslant i,j\leqslant M, \tag{6.6.9}$$

$$\boldsymbol{\lambda}(t)=(\lambda_1(t),\lambda_2(t),\cdots,\lambda_M(t))^{\mathrm{T}}, \tag{6.6.10}$$

$$\boldsymbol{K}(t)=(k_1(t),k_2(t),\cdots,k_M(t))^{\mathrm{T}}, \tag{6.6.11}$$

$$k_i(t)=(f(t),\Phi_i), \tag{6.6.12}$$

$$\boldsymbol{\lambda}_0=(\lambda_{0,1},\lambda_{0,2},\cdots,\lambda_{0,M})^{\mathrm{T}}. \tag{6.6.13}$$

求出 $\boldsymbol{\lambda}(t)$ 后代入式 (6.6.4) 就得到 $u^M(t)$.

下面给出问题 (6.6.2) 的解析解和半离散问题 (6.6.3) 的无单元 Galerkin 方法逼近解之间的误差估计.

在研究误差估计之前, 首先定义如下的椭圆投影算子：

$$P_M:H^1(\Omega)\to V_M,\quad a(P_Mu,v^M)=a(u,v^M),\quad \forall v^M\in V_M, \tag{6.6.14}$$

称 P_Mu 为 u 在空间 V_M 上的椭圆投影. 这里 $a(u,v)=\displaystyle\int_\Omega \boldsymbol{\nabla}u\boldsymbol{\nabla}v\mathrm{d}\Omega$ 为双线性形式. 不失一般性, 假设 $a(u,v)$ 满足下面条件

$$a(u,v)\leqslant \alpha_1\|u\|_1\|v\|_1,\quad \forall u,v\in H^1(\Omega), \tag{6.6.15}$$

$$a(u,u)\geqslant \beta_1\|u\|_1^2,\quad \forall u\in H^1(\Omega). \tag{6.6.16}$$

定理 6.6.1　设 $u(t)$ 和 $u^M(t)$ 分别为问题 (6.6.2) 和 (6.6.3) 的解, 且定理 2.1 中的条件满足, 则存在常数 C, 使得对 $\forall u\in H^2(\Omega)$ 有下面的误差估计：

$$\left\|u^M(t)-u(t)\right\|\leqslant\left\|u_0^M-u_0\right\|+C\rho^2\left\{\|u_0\|_2+\int_0^t\|u_t\|_2\mathrm{d}s\right\},\quad 0\leqslant t\leqslant T. \tag{6.6.17}$$

证明　令 $\theta(t)=u^M(t)-P_Mu(t)$, $\varphi(t)=P_Mu(t)-u(t)$, 先将误差表示成两部分之和, 即

$$e(t)=u^M(t)-u(t)=u^M(t)-P_Mu(t)+P_Mu(t)-u(t)=\theta(t)+\varphi(t). \tag{6.6.18}$$

由定理 6.1.2, 可以得到如下估计式

$$\|\varphi(t)\|=\|P_Mu(t)-u(t)\|\leqslant C\rho^2\left\|u(t)\right\|_2\leqslant C\rho^2\left\{\|u_0\|_2+\int_0^t\left\|u_{,t}(t)\right\|_2\mathrm{d}s\right\}. \tag{6.6.19}$$

下面只要考虑 $\|\theta(t)\|$ 的估计式, 对于 $\theta(t)$, 有

$$\begin{aligned}(\theta_{,t}(t),v^M)+(\nabla\theta(t),\nabla v^M)&=((u^M-P_Mu)_{,t},v^M)+(\nabla(u^M-P_Mu),\nabla v^M)\\&=(u^M_{,t},v^M)+(\nabla u^M,\nabla v^M)-(P_Mu_{,t},v^M)-(\nabla P_Mu,\nabla v^M)\\&=(f,v^M)-(P_Mu_{,t},v^M)-(\nabla u,\nabla v^M)\\&=(u_t-P_Mu_{,t},v^M)\\&=-(\varphi_{,t},v^M).\end{aligned}\tag{6.6.20}$$

在式 (6.6.20) 中, 令 $v^M=\theta$, 有

$$(\theta_{,t},\theta)+(\nabla\theta,\nabla\theta)=-(\varphi_{,t},\theta). \tag{6.6.21}$$

因为 $(\theta_{,t},\theta)=\dfrac{1}{2}\dfrac{\mathrm{d}}{\mathrm{d}t}\|\theta\|^2$ 和 $\|\nabla\theta\|\geqslant 0$, 有

$$\frac{1}{2}\frac{\mathrm{d}}{\mathrm{d}t}\|\theta\|^2\leqslant\|\varphi_{,t}(t)\|\cdot\|\theta(t)\|, \tag{6.6.22}$$

$$\frac{\mathrm{d}}{\mathrm{d}t}\|\theta\|\leqslant\|\varphi_{,t}(t)\|. \tag{6.6.23}$$

式 (6.6.23) 两边对 t 积分, 得到

$$\|\theta(t)\|\leqslant\|\theta(0)\|+\int_0^t\|\varphi_{,t}(t)\|\mathrm{d}s. \tag{6.6.24}$$

为了估计 $\|\theta(0)\|$, 有

$$\begin{aligned}\|\theta(0)\|&=\left\|u_0^M-P_Mu_0\right\|\\&=\left\|u_0^M-u_0+u_0-P_Mu_0\right\|\\&\leqslant\left\|u_0^M-u_0\right\|+\|u_0-P_Mu_0\|\\&\leqslant\left\|u_0^M-u_0\right\|+C\rho^2\|u_0\|_2.\end{aligned}\tag{6.6.25}$$

为了估计 $\|\varphi_{,t}(t)\|$, 有

$$\|\varphi_{,t}(t)\|=\|P_Mu_{,t}(t)-u_{,t}(t)\|\leqslant C\rho^2\left\|u_{,t}(t)\right\|_2. \tag{6.6.26}$$

将式 (6.6.25) 和式 (6.6.26) 代入式 (6.6.24), 得到关于 $\theta(t)$ 的估计式

$$\|\theta(t)\|\leqslant\left\|u_0^M-u_0\right\|+C\rho^2\left\|u_0\right\|_p+C\rho^2\int_0^t\left\|u_{,t}(t)\right\|_2\mathrm{d}s. \tag{6.6.27}$$

根据式 (6.6.19) 和式 (6.6.27), 可得

$$\left\|u^M(t)-u(t)\right\| \leqslant \left\|u_0^M-u_0\right\|+C\rho^2\left\{\|u_0\|_2+\int_0^t\|u_{,t}\|_2\mathrm{d}s\right\}. \tag{6.6.28}$$

定理 6.6.2　设 $u(t)$ 和 $u^M(t)$ 分别为问题 (6.6.2) 和问题 (6.6.3) 的解, 且定理 6.1.1 中的条件满足, 则存在常数 C, 使得对 $\forall u\in H^2(\Omega)$ 有下面的误差估计

$$\left|u^M(t)-u(t)\right|_1 \leqslant \left|u_0^M-u_0\right|+C\rho\left\{\|u_0\|_2+\int_0^t\|u_{,t}(t)\|_2\mathrm{d}s+\left(\int_0^t\|u_{,t}(t)\|_1^2\mathrm{d}s\right)^{1/2}\right\},$$
$$0\leqslant t\leqslant T. \tag{6.6.29}$$

证明　在式 (6.6.20) 中取 $v^M=\theta_{,t}$, 得到

$$(\theta_{,t},\theta_{,t})+(\boldsymbol{\nabla}\theta,\boldsymbol{\nabla}\theta_{,t})=-(\varphi_{,t},\theta_{,t}), \tag{6.6.30}$$

即

$$\|\theta_{,t}\|^2+\frac{1}{2}\frac{\partial}{\partial t}a(\theta,\theta)=-(\varphi_{,t},\theta_{,t}), \tag{6.6.31}$$

从而有

$$\|\theta_{,t}\|^2+\frac{1}{2}\frac{\partial}{\partial t}a(\theta,\theta)\leqslant\frac{1}{2}\left(\|\varphi_{,t}\|^2+\|\theta_{,t}\|^2\right), \tag{6.6.32}$$

也即

$$\|\theta_{,t}\|^2+\frac{\partial}{\partial t}a(\theta,\theta)\leqslant\|\varphi_{,t}\|^2. \tag{6.6.33}$$

因此

$$\frac{\partial}{\partial t}a(\theta,\theta)\leqslant\|\varphi_{,t}\|^2, \tag{6.6.34}$$

即

$$\frac{\partial}{\partial t}|\theta|_1^2\leqslant\|\varphi_{,t}\|^2. \tag{6.6.35}$$

对式 (6.6.35) 积分得

$$|\theta|_1^2\leqslant|\theta(0)|_1^2+\int_0^t\|\varphi_{,t}\|^2\mathrm{d}t, \tag{6.6.36}$$

因此

$$|\theta|_1\leqslant|\theta(0)|_1+\left(\int_0^t\|\varphi_{,t}\|^2\mathrm{d}t\right)^{1/2}. \tag{6.6.37}$$

由式 (6.6.18), 有

$$\left|u^M(t)-u(t)\right|_1\leqslant|\varphi|_1+|\theta|_1\leqslant|\varphi|_1+|\theta(0)|_1+\left(\int_0^t\|\varphi_{,t}\|^2\mathrm{d}t\right)^{1/2}. \tag{6.6.38}$$

由定理 6.1.2 和椭圆投影算子, 可以得到如下估计式:

$$|\varphi(t)|_1 = |P_M u(t) - u(t)|_1 \leqslant C\rho \|u(t)\|_2 \leqslant C\rho \left\{ \|u_0\|_2 + \int_0^t \|u_{,t}(t)\|_2 \mathrm{d}s \right\}. \quad (6.6.39)$$

为了估计 $|\theta(0)|_1$, 我们有

$$\begin{aligned} |\theta(0)|_1 &= \left|u_0^M - P_M u_0\right|_1 = \left|u_0^M - u_0 + u_0 - P_M u_0\right| \\ &\leqslant \left|u_0^M - u_0\right| + |u_0 - P_M u_0| \\ &\leqslant \left|u_0^M - u_0\right| + C\rho \|u_0\|_2 . \end{aligned} \quad (6.6.40)$$

为了估计 $\|\varphi_{,t}(t)\|$, 我们有

$$\|\varphi_{,t}(t)\| = \|P_M u_{,t}(t) - u_{,t}(t)\| \leqslant C\rho \|u_{,t}(t)\|_1 . \quad (6.6.41)$$

将式 (6.6.39)、式 (6.6.40) 和式 (6.6.41) 代入式 (6.6.38), 可得

$$\left|u^M(t) - u(t)\right|_1 \leqslant \left|u_0^M - u_0\right| + C\rho \left\{ \|u_0\|_2 + \int_0^t \|u_{,t}(t)\|_2 \mathrm{d}s + \left(\int_0^t \|u_{,t}(t)\|_1^2 \mathrm{d}s \right)^{1/2} \right\}. \quad (6.6.42)$$

2. 全离散格式及其误差估计

为了数值求解半离散问题 (6.6.3), 我们对 (6.6.3) 的等价形式 (6.6.7) 进行求解. 对式 (6.6.7) 的时间变量 t 用 Crank-Nicholson 格式离散, 得到如下的全离散方程:

$$\begin{cases} \boldsymbol{A}\dfrac{\boldsymbol{\lambda}^{n+1} - \boldsymbol{\lambda}^n}{\Delta t} + \boldsymbol{B}\dfrac{\boldsymbol{\lambda}^{n+1} + \boldsymbol{\lambda}^n}{2} = \dfrac{\boldsymbol{K}^{n+1} + \boldsymbol{K}^n}{2} \\ \boldsymbol{\lambda}(0) = \boldsymbol{\lambda}_0 \end{cases}. \quad (6.6.43)$$

整理式 (6.6.43), 可得

$$(2\boldsymbol{A} + \boldsymbol{B}\Delta t)\boldsymbol{\lambda}^{n+1} = (2\boldsymbol{A} - \boldsymbol{B}\Delta t)\boldsymbol{\lambda}^n + \Delta t(\boldsymbol{K}^{n+1} + \boldsymbol{K}^n). \quad (6.6.44)$$

因此, 对于 $n = 0, 1, \cdots, N-1$, 每一步都要解一个形如式 (6.6.44) 的代数方程组, 从而可以得到全离散方程 (6.6.43) 的数值解.

我们也可以把全离散方程写成另一种形式, 即

$$\begin{cases} \left(\dfrac{u_{n+1}^M - u_n^M}{\Delta t}, v^M \right) + a(u_{n+1/2}^M, v^M) = (f_{n+1/2}, v^M), \quad \forall v^M \in V_M \\ (u_0^M - u_0, v^M) = 0 \end{cases}, \quad (6.6.45)$$

其中 $\Delta t = \dfrac{T}{N}, 0 = t_0 < t_1 < \cdots < t_{N-1} < t_N = T$, $u_n = u(x, t_n)$, $u_n^M = u^M(x, t_n)$,

$u_{n+1/2}^M = \dfrac{u_{n+1}^M + u_n^M}{2}$, $f_{n+1/2} = \dfrac{f_{n+1} + f_n}{2}$, $u_0^M = u^M(x,0)$, $u_0 = u_0(x)$.

下面给出全离散问题 (6.6.45) 的无单元 Galerkin 方法逼近解相对于问题 (6.6.2) 的解析解的误差估计.

定理 6.6.3 设 $u(t)$ 和 u_n^M 分别为问题 (6.6.2) 和问题 (6.6.45) 的解, 且满足定理 6.1.1 中的条件, 则存在常数 C, 使得对 $\forall u \in H^2(\Omega)$ 有下面的误差估计

$$\|u_n^M - u(t_n)\|_0^2 \leqslant C\left[\int_0^T \left(\left\|\frac{\partial^2 f}{\partial t^2}\right\|_0^2 + \left\|\frac{\partial^2 u}{\partial t^2}\right\|_2^2\right) \mathrm{d}t\right] \Delta t^4 + C\rho^4 \left(\int_0^T \left\|\frac{\partial u}{\partial t}\right\|_2^2 \mathrm{d}t + \|u_0\|_2^2\right). \tag{6.6.46}$$

证明 令 $\theta^n = u_n^M - P_M u(t_n)$, $\varphi^n = P_M u(t_n) - u(t_n)$, 先将误差表示成两个部分之和, 即

$$e(t_n) = u_n^M - u(t_n) = u_n^M - P_M u(t_n) + P_M u(t_n) - u(t_n) = \theta^n + \varphi^n. \tag{6.6.47}$$

由定理 6.1.2 和椭圆投影算子, 可以得到如下估计式

$$\|\varphi^n\| = \|P_M u(t_n) - u(t_n)\| \leqslant C\rho^2 \|u(t_n)\|_2 \leqslant C\rho^2 \left\{\|u_0\|_2 + \int_0^{t^2} \|u_{,t}\|_2 \,\mathrm{d}s\right\}. \tag{6.6.48}$$

式 (6.6.3) 的真解 $u(x,t)$ 满足下列关系式

$$(u_{n+1} - u_n, v) + (\nabla u_{n+1/2}, \nabla v)\Delta t = (f_{n+1/2}, v)\Delta t + E_n(v), \tag{6.6.49}$$

其中 $|E_n(v)| \leqslant C\left[\left(\int_{t_n}^{t_{n+1}} \left\|\dfrac{\partial^2 f}{\partial t^2}\right\|_0^2 \mathrm{d}t\right)^{1/2} + \left(\int_{t_n}^{t_{n+1}} \left\|\dfrac{\partial^2 u}{\partial t^2}\right\|_2^2 \mathrm{d}t\right)^{1/2}\right] \Delta t^{5/2} \|v\|_0$.

事实上, 式 (6.6.3) 的第一个方程两边对 t 从 t_n 到 t_{n+1} 求积分得

$$(u_{n+1} - u_n, v) + \int_{t_n}^{t_{n+1}} (\nabla u, \nabla v)\mathrm{d}t = \left(\int_{t_n}^{t_{n+1}} f\mathrm{d}t, v\right), \tag{6.6.50}$$

将式 (6.6.49) 和式 (6.6.50) 进行比较可以得到

$$E_n(v) = \left(\int_{t_n}^{t_{n+1}} (f - f_{n+1/2})\mathrm{d}t, v\right) - \left(\int_{t_n}^{t_{n+1}} \nabla(u - u_{n+1/2})\mathrm{d}t, v\right). \tag{6.6.51}$$

由 Schwarz 不等式以及一维线性插值理论可得

$$\left|\left(\int_{t_n}^{t_{n+1}} (f - f_{n+1/2})\mathrm{d}t, v\right)\right| \leqslant C\left(\int_{t_n}^{t_{n+1}} \left\|\frac{\partial^2 f}{\partial t^2}\right\|_0^2 \mathrm{d}t\right)^{1/2} \Delta t^{5/2} \|v\|_0, \tag{6.6.52}$$

$$\left|\left(\int_{t_n}^{t_{n+1}}\nabla(u-u_{n+1/2})\mathrm{d}t,v\right)\right|\leqslant C\left(\int_{t_n}^{t_{n+1}}\left\|\frac{\partial^2 u}{\partial t^2}\right\|_2^2\mathrm{d}t\right)^{1/2}\Delta t^{5/2}\|v\|_0. \tag{6.6.53}$$

根据式 (6.6.52) 和式 (6.6.53) 知式 (6.6.49) 成立.

由式 (6.6.45) 的第一式可以得到

$$(u_{n+1}^M-u_n^M,v^M)+a(u_{n+1/2}^M,v^M)\Delta t=(f_{n+1/2},v^M)\Delta t. \tag{6.6.54}$$

式 (6.6.49) 和式 (6.6.54) 相减得到

$$(\theta_{n+1}-\theta_n,v)+(\nabla\theta_{n+1/2},\nabla v)\Delta t=-E_n(v)+(\varphi_{n+1}-\varphi_n,v)\Delta t. \tag{6.6.55}$$

在式 (6.6.55) 中, 令 $v=\theta_{n+1}+\theta_n$, 有

$$\begin{aligned}&\|\theta_{n+1}\|_0^2-\|\theta_n\|_0^2+\frac{1}{2}a(\theta_{n+1}+\theta_n,\theta_{n+1}+\theta_n)\Delta t\\=&-E_n(\theta_{n+1}+\theta_n)+(\varphi_{n+1}-\varphi_n,\theta_{n+1}+\theta_n)\Delta t,\end{aligned} \tag{6.6.56}$$

又

$$a(\theta_{n+1}+\theta_n,\theta_{n+1}+\theta_n)\geqslant 0, \tag{6.6.57}$$

$$\begin{aligned}|E_n(\theta_{n+1}+\theta_n)|\leqslant& C\left[\left(\int_{t_n}^{t_{n+1}}\left\|\frac{\partial^2 f}{\partial t^2}\right\|_0^2\mathrm{d}t\right)^{1/2}+\left(\int_{t_n}^{t_{n+1}}\left\|\frac{\partial^2 u}{\partial t^2}\right\|_2^2\mathrm{d}t\right)^{1/2}\right]\Delta t^{5/2}\|\theta_{n+1}+\theta_n\|_0\\\leqslant& C\left[\left(\int_{t_n}^{t_{n+1}}\left\|\frac{\partial^2 f}{\partial t^2}\right\|_0^2\mathrm{d}t\right)^{1/2}\right.\\&\left.+\left(\int_{t_n}^{t_{n+1}}\left\|\frac{\partial^2 u}{\partial t^2}\right\|_2^2\mathrm{d}t\right)^{1/2}\right]\Delta t^{4/2}\|\theta_{n+1}+\theta_n\|_0\Delta t^{1/2}\\\leqslant& C\left[\int_{t_n}^{t_{n+1}}\left(\left\|\frac{\partial^2 f}{\partial t^2}\right\|_0^2+\left\|\frac{\partial^2 u}{\partial t^2}\right\|_2^2\right)\mathrm{d}t\right]\Delta t^4+\frac{\|\theta_{n+1}+\theta_n\|_0^2}{4}\Delta t,\end{aligned} \tag{6.6.58}$$

$$\begin{aligned}|(\varphi_{n+1}-\varphi_n,\theta_{n+1}+\theta_n)\Delta t|\leqslant&\|\varphi_{n+1}-\varphi_n\|_0|\Delta t|\cdot\|\theta_{n+1}+\theta_n\|_0\\\leqslant& C\rho^2\|u_{n+1}-u_n\|_0|\Delta t|\cdot\|\theta_{n+1}+\theta_n\|_0\\\leqslant& C\rho^2\left(\int_{t_n}^{t_{n+1}}\left\|\frac{\partial u}{\partial t}\right\|_2^2\mathrm{d}t\right)^{1/2}\|\theta_{n+1}+\theta_n\|_0\cdot\Delta t^{3/2}\\\leqslant& C\rho^4\left(\int_{t_n}^{t_{n+1}}\left\|\frac{\partial u}{\partial t}\right\|_2^2\mathrm{d}t\right)\Delta t^2+\frac{1}{4}\|\theta_{n+1}+\theta_n\|_0^2\cdot\Delta t,\end{aligned} \tag{6.6.59}$$

将式 (6.6.57)、(6.6.58) 和 (6.6.59) 代入式 (6.6.56), 得到

$$\|\theta_{n+1}\|_0^2 - \|\theta_n\|_0^2 \leqslant \frac{1}{2}\|\theta_{n+1}+\theta_n\|_0^2 \cdot \Delta t + L_n, \tag{6.6.60}$$

其中

$$L_n = C\left[\int_{t_n}^{t_{n+1}}\left(\left\|\frac{\partial^2 f}{\partial t^2}\right\|_0^2 + \left\|\frac{\partial^2 u}{\partial t^2}\right\|_2^2\right)\mathrm{d}t\right]\Delta t^4 + C\rho^4\left(\int_{t_n}^{t_{n+1}}\left\|\frac{\partial u}{\partial t}\right\|_2^2\mathrm{d}t\right)\Delta t^2. \tag{6.6.61}$$

又因为

$$\frac{1}{2}\|\theta_{n+1}+\theta_n\|_0^2 \leqslant \|\theta_{n+1}\|_0^2 + \|\theta_n\|_0^2, \tag{6.6.62}$$

从而式 (6.6.62) 可以进一步转化为

$$\frac{1-\Delta t}{1+\Delta t}\|\theta_{n+1}\|_0^2 - \|\theta_n\|_0^2 \leqslant L_n. \tag{6.6.63}$$

对式 (6.6.63) 两边同时乘以 $\left(\frac{1-\Delta t}{1+\Delta t}\right)^n$ 并对 n(从 0 到 n) 求和得

$$\left(\frac{1-\Delta t}{1+\Delta t}\right)^{n+1}\|\theta_{n+1}\|_0^2 \leqslant \sum_{j=0}^{n} L_j \leqslant \sum_{n=0}^{N-1} L_n, \tag{6.6.64}$$

即

$$\|\theta_{n+1}\|_0^2 \leqslant \left(\frac{1+\Delta t}{1-\Delta t}\right)^{n+1}\sum_{n=0}^{N-1} L_n \leqslant \left(\frac{1+\Delta t}{1-\Delta t}\right)^{N}\sum_{n=0}^{N-1} L_n. \tag{6.6.65}$$

又

$$\left(\frac{1+\Delta t}{1-\Delta t}\right)^N = \left(1+\frac{2\Delta t}{1-\Delta t}\right)^N < \left(1+\frac{2a}{1-a}\right)^N \leqslant e^{\frac{2a}{1-a}}, \quad \Delta t \leqslant a, \tag{6.6.66}$$

$$\sum_{n=0}^{N-1} L_n \leqslant C\left[\int_0^T\left(\left\|\frac{\partial^2 f}{\partial t^2}\right\|_0^2 + \left\|\frac{\partial^2 u}{\partial t^2}\right\|_2^2\right)\mathrm{d}t\right]\Delta t^4 + C\rho^4\left(\int_0^T\left\|\frac{\partial u}{\partial t}\right\|_2^2\mathrm{d}t\right)\Delta t^2, \tag{6.6.67}$$

将式 (6.6.64) 和式 (6.6.65) 代入式 (6.6.63) 得

$$\|\theta_{n+1}\|_0^2 \leqslant C\left[\int_0^T\left(\left\|\frac{\partial^2 f}{\partial t^2}\right\|_0^2 + \left\|\frac{\partial^2 u}{\partial t^2}\right\|_2^2\right)\mathrm{d}t\right]\Delta t^4 + C\rho^4\int_0^T\left\|\frac{\partial u}{\partial t}\right\|_2^2\mathrm{d}t. \tag{6.6.68}$$

又

$$\left\|u_n^M - u(t_n)\right\|_0^2 = \|\theta_n+\varphi_n\|_0^2 \leqslant C\left(\|\theta_n\|_0^2 + \|\varphi_n\|_0^2\right), \tag{6.6.69}$$

将式 (6.6.48) 和式 (6.6.68) 代入式 (6.6.69) 得到

$$\left\|u_n^M - u(t_n)\right\|_0^2 \leqslant C\left[\int_0^T\left(\left\|\frac{\partial^2 f}{\partial t^2}\right\|_0^2 + \left\|\frac{\partial^2 u}{\partial t^2}\right\|_2^2\right)\mathrm{d}t\right]\Delta t^4 + C\rho^4\left(\int_0^T\left\|\frac{\partial u}{\partial t}\right\|_2^2\mathrm{d}t + \|u_0\|_2^2\right). \tag{6.6.70}$$

6.6.2 非线性热传导问题的无单元 Galerkin 方法的误差估计

考虑非线性情形的热传导问题, 即在问题 (6.6.1) 中, 算子 A 是非线性的, 并且 f 依赖于解 u.

非线性问题 (6.6.1) 的变分离散方程为

$$\begin{cases} \left(\dfrac{\partial u^M}{\partial t}, v^M\right) + a(u^M, v^M) = (f(u^M), v^M), \quad \forall v^M \in V_M \\ u^M(0) = u_0^M \end{cases}, \tag{6.6.71}$$

其中与算子 A 相关的双线性形式 $a(u,v) = (Au, v)$.

定义算子 A 的线性近似算子 A_M 如下:

$$A_M : V_M \to V_M; \quad (A_M u, v) = a(u,v), \quad \forall u, v \in V_M. \tag{6.6.72}$$

同时, 我们也给出如下的正交投影 P_0:

$$P_0 : H^1(\Omega) \to V_M; \quad (P_0 u, v) = (u, v), \quad \forall u \in H^1(\Omega), v \in V_M. \tag{6.6.73}$$

于是, 问题 (6.6.71) 可以写成如下的形式:

$$\begin{cases} \left(\dfrac{\partial u^M}{\partial t}, v^M\right) + a(A_M u^M, v^M) = (P_0 f(u^M), v^M), \qquad \forall v^M \in V_M \\ u^M(0) = u_0^M \end{cases}. \tag{6.6.74}$$

对于非线性算子 A, 定义投影 P 如下:

$$a(Pu, v) = a(u, v). \tag{6.6.75}$$

因为

$$(A_M Pu, v) = a(Pu, v) = a(u, v), \tag{6.6.76}$$

$$(P_0 Au, v) = (Au, v) = a(u, v), \tag{6.6.77}$$

所以

$$A_M P = P_0 A. \tag{6.6.78}$$

下面给出半离散问题 (6.6.71) 的无单元 Galerkin 方法的逼近解 $u^M(t)$ 相对于非线性问题 (6.6.1) 的解析解 $u(t)$ 的误差估计.

定理 6.6.4 设 $u(t)$ 和 $u^M(t)$ 分别为问题 (6.6.1) 和问题 (6.6.71) 的解, 且满足定理 6.1.1 中的条件, 则存在常数 C, 使得对 $\forall u \in H^2(\Omega)$ 有下面的误差估计

$$\left\|u^M(t) - u(t)\right\| \leqslant C\left\{\left\|u_0^M - u_0\right\| + \rho^2\left(\|u_0\|_2 + \|u_{,t}\|_2\right) + \rho^2 \int_0^t \left(\|u\|_p + \|u_{,t}\|_2\right) \mathrm{d}t\right\}, \quad 0 \leqslant t \leqslant T. \tag{6.6.79}$$

证明　令 $\theta(t)=u^M(t)-Pu(t)$, $\varphi(t)=Pu(t)-u(t)$, 先将误差表示成两部分之和, 即

$$e(t)=u^M(t)-u(t)=u^M(t)-Pu(t)+Pu(t)-u(t)=\theta(t)+\varphi(t). \tag{6.6.80}$$

由定理 6.1.2, 可以得到如下估计式:

$$\|\varphi(t)\|=\|Pu(t)-u(t)\|\leqslant C\rho^2\|u(t)\|_2, \tag{6.6.81}$$

$$\|\varphi_{,t}(t)\|=\|Pu_{,t}(t)-u_{,t}(t)\|\leqslant C\rho^2\|u_{,t}(t)\|_2. \tag{6.6.82}$$

下面只要考虑 $\|\theta(t)\|$ 的估计式, 对于 $\theta(t)$, 有

$$\begin{aligned}\theta_{,t}+A_M\theta&=(u^M-Pu)_{,t}+A_M(u^M-Pu)\\&=u^M_{,t}-Pu_{,t}+A_Mu^M-P_0Au\\&=f(u^M)-\varphi_{,t}(t)-u_{,t}-P_0Au\\&=f(u^M)-\varphi_{,t}(t)-u_{,t}-APu+APu-P_0Au\\&=f(u^M)-\varphi_{,t}(t)-u_{,t}-APu+APu-A_MPu\\&=f(u^M)-f(u)+(A-A_M)Pu-\varphi_{,t}(t).\end{aligned} \tag{6.6.83}$$

令 $E_M(t)=\exp(-tA_M)$, 则关于 $\theta(t)$ 的方程 (6.6.83) 的解为

$$\theta(t)=E_M(t)\theta(0)+\int_0^t E_M(t-s)(f(u^M(s))-f(u(s))-\varphi_s(s))\mathrm{d}s, \tag{6.6.84}$$

于是有

$$\|\theta(t)\|\leqslant C\left\{\|\theta(0)\|+\int_0^t(\|\varphi\|+\|\varphi_{,t}\|)\mathrm{d}t\right\}. \tag{6.6.85}$$

$\|\theta(0)\|$ 的估计和式 (6.6.25) 一样, 根据式 (6.6.25)、式 (6.6.66) 和式 (6.6.67), 可以得到

$$\|\theta(t)\|\leqslant C\left\{\left\|u_0^M-u_0\right\|+\rho^2\|u_0\|_2+\rho^2\int_0^t(\|u\|_2+\|u_{,t}\|_2)\mathrm{d}t\right\}. \tag{6.6.86}$$

根据式 (6.6.80), 得到

$$\left\|u^M(t)-u(t)\right\|\leqslant C\left\{\left\|u_0^M-u_0\right\|+\rho^2(\|u_0\|_2+\|u_{,t}\|_2)+\rho^2\int_0^t(\|u\|_2+\|u_{,t}\|_2)\mathrm{d}t\right\}. \tag{6.6.87}$$

注　由以上定理证明过程可以看出, 抛物型方程的半离散解的误差与权函数影响域半径 ρ 有关, 全离散解的误差估计不仅和影响域半径 ρ 有关, 而且与离散时间变量 t 的步长 Δt 密切相关.

6.6.3 数值算例

本节给出线性热传导问题的无单元 Galerkin 方法的数值算例, 并且进行了误差分析. 数值算例验证了定理给出的误差估计.

考虑如下的二维热传导问题

$$\frac{\partial u}{\partial t}=\frac{\partial^2 u}{\partial x_1^2}+\frac{\partial^2 u}{\partial x_2^2},\quad 0\leqslant x_1,x_2\leqslant \pi, 0<t<1. \tag{6.6.88}$$

边界条件为

$$u|_{\partial\Omega}=0. \tag{6.6.89}$$

初始条件为

$$u(x_1,x_2,0)=10\sin x_1\sin x_2,\quad 0\leqslant x_1,x_2\leqslant \pi. \tag{6.6.90}$$

该问题的解析解为

$$u(x_1,x_2,t)=10\sin x_1\sin x_2\exp(-2t). \tag{6.6.91}$$

我们利用无单元 Galerkin 方法求解二维热传导问题, 采用罚函数法施加本质边界条件, 罚因子 $\alpha=10^5$. 如图 6.6.1 所示, 在求解域内均匀布置了 11×11 个节点. 权函数选为三次样条函数, 基函数取线性基, $\Delta t=0.01$. 图 6.6.2—图 6.6.6 分别给出了函数 $u(x_1,x_2,t)$ 在 $x_1=\pi/2$ 处的解析解和数值解. 图 6.6.7—图 6.6.9 分别给出了函数 $u(x_1,x_2,t)$ 在 $x_2=7\pi/10$ 处的解析解和数值解.

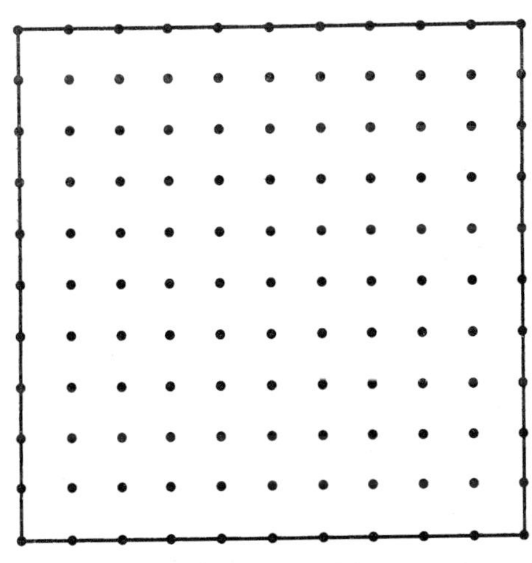

图 6.6.1 均匀节点分布

从图 6.6.2—图 6.6.9 可以看出, 无单元 Galerkin 方法求解二维热传导问题得到的数值解和解析解吻合得很好.

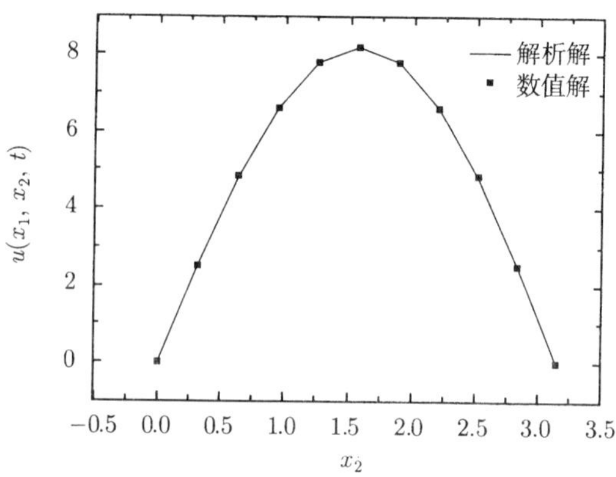

图 6.6.2　$u(x_1, x_2, t)$ 在 $t = 0.1$, $x_1 = \pi/2$ 处的数值解和解析解

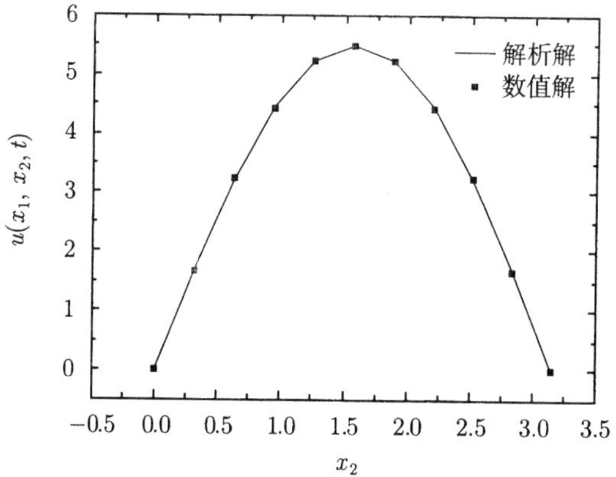

图 6.6.3　$u(x_1, x_2, t)$ 在 $t = 0.3$, $x_1 = \pi/2$ 处的数值解和解析解

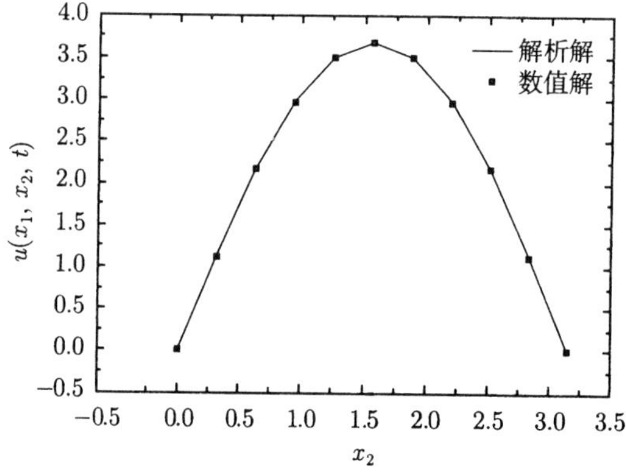

图 6.6.4　$u(x_1, x_2, t)$ 在 $t = 0.5$, $x_1 = \pi/2$ 处的数值解和解析解

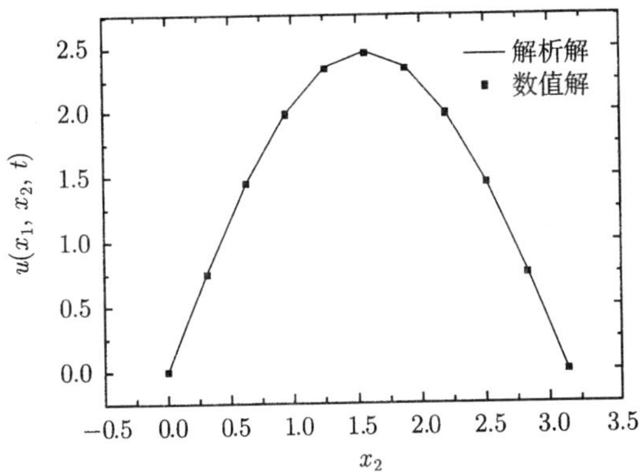

图 6.6.5 $u(x_1, x_2, t)$ 在 $t = 0.7$, $x_1 = \pi/2$ 处的数值解和解析解

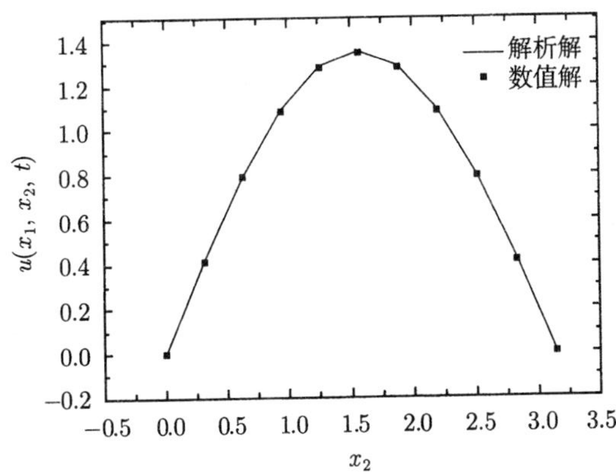

图 6.6.6 $u(x_1, x_2, t)$ 在 $t = 1$, $x_1 = \pi/2$ 处的数值解和解析解

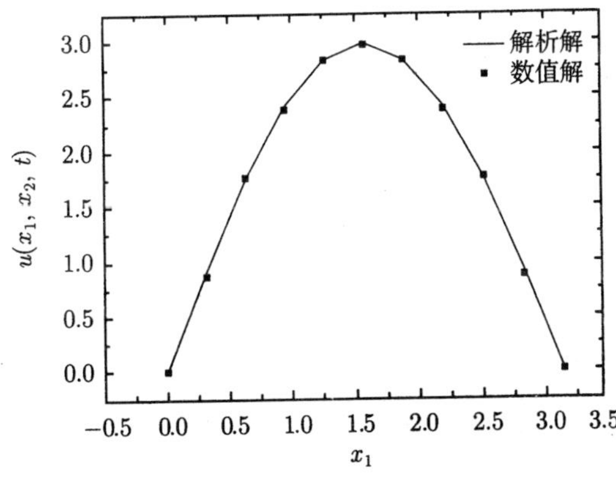

图 6.6.7 $u(x_1, x_2, t)$ 在 $t = 0.5$, $x_2 = 7\pi/10$ 处的数值解和解析解

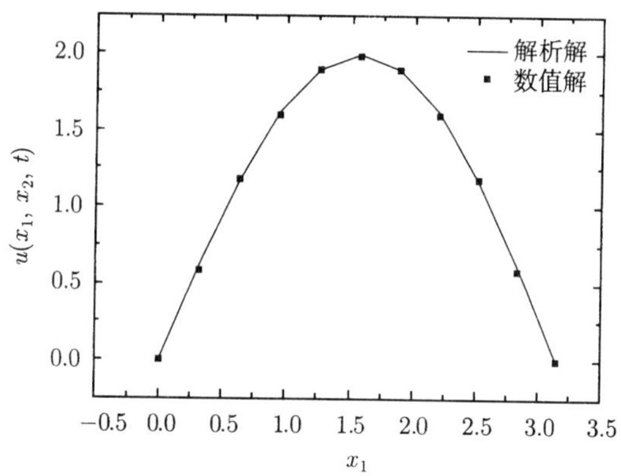

图 6.6.8　$u(x_1, x_2, t)$ 在 $t = 0.7$, $x_2 = 7\pi/10$ 处的数值解和解析解

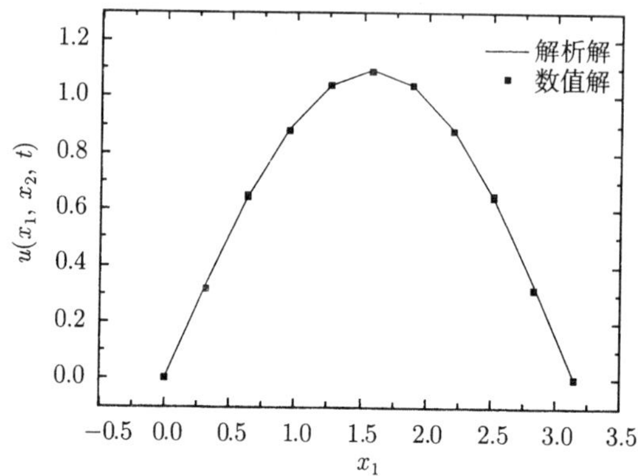

图 6.6.9　$u(x_1, x_2, t)$ 在 $t = 1$, $x_2 = 7\pi/10$ 处的数值解和解析解

我们考虑 $u - u^M$ 当 $t = 0.5$ 时在 L^2 范数下的误差. L^2 范数的误差定义为

$$\left\|u - u^M\right\|_{L^2(\Omega)} = \left(\int_\Omega (u - u^M)^2 \mathrm{d}\Omega\right)^{\frac{1}{2}}, \tag{6.6.92}$$

相对误差定义为

$$\left\|u - u^M\right\|_{L^2(\Omega)}^{\mathrm{rel}} = \frac{\left\|u - u^M\right\|_{L^2(\Omega)}}{\left\|u\right\|_{L^2(\Omega)}}. \tag{6.6.93}$$

热传导问题的无单元 Galerkin 方法关于 L^2 范数的收敛阶通过图 6.6.10 表示. 可以看出, 相对误差随着权函数影响域半径 ρ 的减小而减小, 从而验证了定理结论的正确性.

为了研究误差与离散时间变量 t 的步长 Δt 之间的关系, 我们考虑在节点数和权函数影响域半径不变的情况下, 改变步长 Δt, 计算当 $x_1 = \pi/2$, $t = 0.5$ 时的解析解和数值解, 如表 6.6.1 所示. 从表 6.6.1 中可以看出, 误差随着步长 Δt 的减小而减小, 从而验证了定理结论的正确性.

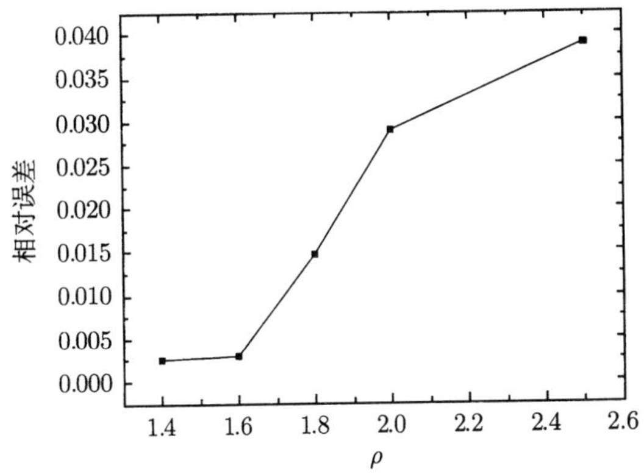

图 6.6.10 L^2 范数下的相对误差和影响域半径的关系

表 6.6.1 不同时间步长时的数值解和解析解比较

节点号	解析解	数值解			
		$\Delta t=10^{-1}$	$\Delta t=10^{-2}$	$\Delta t=10^{-3}$	$\Delta t=10^{-4}$
56	0	0.001613	0.00129	0.00085	0.00015
57	1.1368	1.0538	1.1172	1.1169	1.1173
58	2.1623	2.1194	2.1683	2.1686	2.1684
59	2.9762	2.9342	2.9657	2.9657	2.9658
60	3.4987	3.4993	3.4977	3.4979	3.4978
61	3.6788	3.6489	3.6719	3.672	3.672
62	3.4987	3.4993	3.4977	3.4979	3.4978
63	2.9762	2.9342	2.9657	2.9657	2.9658
64	2.1623	2.1194	2.1683	2.1686	2.1684
65	1.1368	1.0538	1.1172	1.1169	1.1173
66	0	0.001613	0.00129	0.00085	0.00015

6.7 插值型无单元 Galerkin 方法的误差估计和超收敛性

本节是在第 2 章改进的移动最小二乘插值法的基础上, 利用控制方程的等效积分弱形式, 推导了两点边值问题的插值型无单元 Galerkin. 与传统的无单元 Galerkin 方法相比, 插值型无单元 Galerkin 方法具有本质边界条件直接施加的优点.

本节将基于改进的移动最小二乘插值法的误差估计理论, 研究两点边值问题的插值型无单元 Galerkin 方法的误差估计.

在有限元中, 对所得的数值结果进行后处理, 以提高有限元解及其导数的计算精度是有限元超收敛研究的一项重要内容. 本节将研究插值型无网格方法的超收敛性. 本节首先对改进的移动最小二乘插值法的超收敛性进行了研究, 给出了改进的移动最小二乘插值法的逼近函数及其一阶导数在一维情形下的超收敛点. 再通过数值研究, 得出两点边值问题的插值型无单元 Galerkin 方法在改进的移动最小二乘插值法的超收敛点上依然有超收敛特性. 利用这些超收敛点, 可以构造出具有更高精度的数值解.

6.7.1 两点边值问题的插值型无单元 Galerkin 方法

考虑具有以下微分方程形式的两点边值问题:

$$\begin{cases} -\dfrac{\mathrm{d}}{\mathrm{d}x}\left(p\dfrac{\mathrm{d}u}{\mathrm{d}x}\right)+q\dfrac{\mathrm{d}u}{\mathrm{d}x}+gu=f, & x\in\Gamma=(a,b) \\ u(a)=u(b)=0 \end{cases}, \tag{6.7.1}$$

其中 p, q, g 和 f 为已知的且具有足够光滑性的函数, $p(x)\geqslant p_{\min}>0$. 假设对于 $\forall f\in C(\Gamma)$ 问题 (6.7.1) 有解且唯一.

问题 (6.7.1) 的 Galerkin 弱形式为

$$\int_\Gamma \delta u_{,x}pu_{,x}\mathrm{d}x+\int_\Gamma \delta uqu_{,x}\mathrm{d}x+\int_\Gamma \delta ugu\mathrm{d}x=\int_\Gamma \delta uf\mathrm{d}x. \tag{6.7.2}$$

根据改进的移动最小二乘插值法逼近函数表达式 (2.2.75), 未知函数 $u(\boldsymbol{x})$ 在任意给定点 x 可以近似为

$$u(x)\approx \boldsymbol{\Phi}(x)\boldsymbol{u}=\sum_{I=1}^{n}\Phi_I(x)u_I, \tag{6.7.3}$$

其中 n 表示影响域覆盖点 x 的节点数.

将式 (6.7.3) 代入式 (6.7.2) 中, 有

$$\int_\Gamma \delta\boldsymbol{u}^{\mathrm{T}}\boldsymbol{\Phi}_{,x}^{\mathrm{T}}\boldsymbol{\Phi}_{,x}\boldsymbol{u}p\mathrm{d}x+\int_\Gamma \delta\boldsymbol{u}^{\mathrm{T}}\boldsymbol{\Phi}^{\mathrm{T}}\boldsymbol{\Phi}_{,x}\boldsymbol{u}q\mathrm{d}x+\int_\Gamma \delta\boldsymbol{u}^{\mathrm{T}}\boldsymbol{\Phi}^{\mathrm{T}}\boldsymbol{\Phi}\boldsymbol{u}g\mathrm{d}x=\int_\Gamma \delta\boldsymbol{u}^{\mathrm{T}}\boldsymbol{\Phi}^{\mathrm{T}}f\mathrm{d}x. \tag{6.7.4}$$

由节点试验函数 $\delta\boldsymbol{u}$ 的任意性, 可以得到问题 (6.7.1) 的离散方程为

$$\boldsymbol{K}\boldsymbol{u}=\boldsymbol{F}, \tag{6.7.5}$$

其中

$$\boldsymbol{K}=\int_\Gamma p\boldsymbol{\Phi}_{,x}^{\mathrm{T}}\boldsymbol{\Phi}_{,x}\mathrm{d}x+\int_\Gamma q\boldsymbol{\Phi}^{\mathrm{T}}\boldsymbol{\Phi}_{,x}\mathrm{d}x+\int_\Gamma g\boldsymbol{\Phi}^{\mathrm{T}}\boldsymbol{\Phi}\mathrm{d}x, \tag{6.7.6}$$

$$\boldsymbol{F}=\int_\Gamma \boldsymbol{\Phi}^{\mathrm{T}}f\mathrm{d}x. \tag{6.7.7}$$

考虑到改进的移动最小二乘插值法的形函数满足 Kronecker δ 函数性质, 因此本质边界条件可以直接代入式 (6.7.5) 中, 然后通过求解该线性方程组, 即可解得所求函数在各个节点的取值.

以上即为两点边值问题的插值型无单元 Galerkin 方法.

6.7.2 两点边值问题插值型无单元 Galerkin 方法的误差估计

本节将讨论两点边值问题的插值型无单元 Galerkin 方法解的误差估计. 设改进的移动最小二乘插值法中的基函数为 m 次完全多项式, 且权函数足够光滑, 令 $\boldsymbol{X}=\{x_1,x_2,\cdots,x_M\}$ 表示区间 Γ 上的所有节点. 权函数影响域半径之间存在关系 $\rho=\max\{\rho_I\}\leqslant c_I\rho_I$, 其中 c_I 为与影响域半径无关的常数.

为了得到两点边值问题的插值型无单元 Galerkin 方法的解的最优误差估计, 首先来证明在 n 维空间中, 形函数空间的函数成立以下逆性质.

定理 6.7.1 设 $\Phi_I(\boldsymbol{x})$ 由式 (2.2.77) 确定, 则对 $\forall v_h(\boldsymbol{x})\in\mathrm{span}\{\Phi_I(\boldsymbol{x})|1\leqslant I\leqslant M\}$, 存在与 ρ 无关的常数 C 使得成立

$$\|v_h(\boldsymbol{x})\|_{H^k}\leqslant C\rho^{n-k}\|v_h(\boldsymbol{x})\|_{H^n},\quad 0\leqslant k\leqslant m,-m\leqslant n\leqslant m. \tag{6.7.8}$$

证明 根据引理 6.3.6, 存在与 ρ 无关的函数 $C_\beta(\boldsymbol{x})$ 使得

$$D^\beta v_h(\boldsymbol{x})=C_\beta(\boldsymbol{x})\rho_{\boldsymbol{x}}^{-|\beta|}. \tag{6.7.9}$$

根据假设 6.3.2, 节点的权函数影响域半径之间是一种线性关系. 于是可以合理地假设存在与 ρ 无关的有界函数 $C_1(\boldsymbol{x})$ 和 $C_2(\boldsymbol{x})$ 使得成立

$$C_1(\boldsymbol{x})\rho\leqslant\rho_{\boldsymbol{x}}\leqslant C_2(\boldsymbol{x})\rho. \tag{6.7.10}$$

于是有

$$\begin{aligned}|v_h(\boldsymbol{x})|_{H^k}^2&=\sum_{|\beta|=k}\int_\Omega[D^\beta v_h(\boldsymbol{x})]^2\mathrm{d}\Omega\\&\leqslant\sum_{|\beta|=k}\int_\Omega[C_\beta(\boldsymbol{x})C_2(\boldsymbol{x})\rho^{-k}]^2\mathrm{d}\Omega,\quad 0\leqslant k\leqslant m,\end{aligned} \tag{6.7.11}$$

以及

$$\begin{aligned}|v_h(\boldsymbol{x})|_{H^n}^2&=\sum_{|\beta|=n}\int_\Omega[D^\beta v_h(\boldsymbol{x})]^2\mathrm{d}\Omega\\&\geqslant\sum_{|\beta|=n}\int_\Omega[C_\beta(\boldsymbol{x})C_1(\boldsymbol{x})\rho^{-n}]^2\mathrm{d}\Omega.\quad 0\leqslant n\leqslant m.\end{aligned} \tag{6.7.12}$$

从而可得

$$\|v_h(\boldsymbol{x})\|_{H^k} \leqslant C\rho^{n-k}\|v_h(\boldsymbol{x})\|_{H^n}, \quad 0 \leqslant k, n \leqslant m, \tag{6.7.13}$$

其中 C 为与 ρ 无关的常数.

于是

$$\|v_h(\boldsymbol{x})\|_{H^k} \leqslant C\rho^{-k}\|v_h(\boldsymbol{x})\|_{H^0}, \quad 0 \leqslant k \leqslant m. \tag{6.7.14}$$

另外成立

$$\begin{aligned}\|v_h(\boldsymbol{x})\|_{H^0}^2 &\leqslant \|v_h(\boldsymbol{x})\|_{H^n}\|v_h(\boldsymbol{x})\|_{H^{-n}} \\ &\leqslant \|v_h(\boldsymbol{x})\|_{H^n} \cdot C\rho^n\|v_h(\boldsymbol{x})\|_{H^0}, \quad -m \leqslant n \leqslant 0.\end{aligned} \tag{6.7.15}$$

由式 (6.7.14) 和 (6.7.15) 可得

$$\|v_h(\boldsymbol{x})\|_{H^k} \leqslant C\rho^{n-k}\|v_h(\boldsymbol{x})\|_{H^n}, \quad 0 \leqslant k \leqslant m, -m \leqslant n \leqslant 0. \tag{6.7.16}$$

因此根据式 (6.7.13) 和 (6.7.16) 即可证明定理.

下面来讨论两点边值问题的插值型无单元 Galerkin 方法解的各阶模的误差. 为此, 定义问题 (6.7.1) 的解空间为

$$H_0^1(\Gamma) = \{v | v \in H^1(\Gamma), v(a) = v(b) = 0\}. \tag{6.7.17}$$

因此, 与问题 (6.7.1) 相对应的变分问题为: 找出 $u \in H_0^1(\Gamma)$ 使得满足

$$a(u, v) = (f, v), \quad \forall v \in H_0^1(\Gamma), \tag{6.7.18}$$

其中

$$a(u, v) = \int_\Gamma p u_{,x} v_{,x} \mathrm{d}x + \int_\Gamma q u_{,x} v \mathrm{d}x + \int_\Gamma g u v \mathrm{d}x, \tag{6.7.19}$$

$$(f, v) = \int_\Gamma f v \mathrm{d}x. \tag{6.7.20}$$

设双线性算子 $a(\cdot,\cdot)$ 在空间 $H_0^1(\Gamma)$ 上连续并且满足强制条件, 也即,

$$|a(u, v)| \leqslant \overline{M}\|u\|_{H^1(\Gamma)}\|v\|_{H^1(\Gamma)}, \quad \forall u, v \in H_0^1(\Gamma), \tag{6.7.21}$$

$$a(v, v) \geqslant \alpha\|v\|_{H^1(\Gamma)}^2, \quad \forall v \in H_0^1(\Gamma), \tag{6.7.22}$$

其中 $\alpha > 0$ 和 $\overline{M} < \infty$ 都为常数.

由于改进的移动最小二乘插值法形函数满足 Kronecker δ 函数性质, 于是可以定义两点边值问题的插值型无单元 Galerkin 方法的有限维数值解空间为

$$V_M(\Gamma) = \{v | v \in \operatorname{span}\{\Phi_I(x), 1 \leqslant I \leqslant M\}, v(a) = v(b) = 0\}. \tag{6.7.23}$$

因此, 与问题 (6.7.1) 相对应的插值型无单元 Galerkin 方法为: 找出 $u^M \in V_M(\Gamma)$ 使得满足

$$a(u^M, v) = (f, v), \quad \forall v \in V_M(\Gamma). \tag{6.7.24}$$

显然, 此处成立 $V_M(\Gamma) \subset H_0^1(\Gamma)$, 于是可得以下定理.

定理 6.7.2 设 u 为变分问题 (6.7.18) 的解, 而 u^M 为插值型无单元 Galerkin 方法逼近问题 (6.7.24) 的解. 于是成立

(a) $a(u - u^M, v) = 0, \forall v \in V_M(\Gamma)$; (6.7.25)

(b) $a(u - u^M, u - u^M) = \inf\limits_{v \in V_M(\Gamma)} a(u - v, u - v)$; (6.7.26)

(c) $\|u - u^M\|_{H^1(\Gamma)} \leqslant C \inf\limits_{v \in V_M(\Gamma)} \|u - v\|_{H^1(\Gamma)}$. (6.7.27)

令 $\|u - u^M\|_L^2 = a(u - u^M, u - u^M)$, 可得下面的误差估计.

定理 6.7.3 设 $u \in H^{m+1}(\Gamma)$, u 和 u^M 分别为问题 (6.7.18) 和 (6.7.24) 的解. 则存在与 ρ 无关的常数 C_1 和 C_2 使得成立

$$\|u - u^M\|_L \leqslant C_1 \rho^m \|u\|_{H^{m+1}(\Gamma)}; \tag{6.7.28}$$

$$\|u - u^M\|_{H^1(\Gamma)} \leqslant C_2 \rho^m \|u\|_{H^{m+1}(\Gamma)}. \tag{6.7.29}$$

证明 根据定理 6.7.2 和定理 6.3.3 可得

$$\begin{aligned} \|u - u^M\|_L^2 &= a(u - u^M, u - u^M) = \inf_{v \in V_M(\Gamma)} a(u - v, u - v) \\ &\leqslant a(u - \mathscr{A}u, u - \mathscr{A}u) \leqslant M \|u - \mathscr{A}u\|_{H^1(\Gamma)}^2 \leqslant C_1 \rho^{2m} \|u\|_{H^{m+1}(\Gamma)}^2, \end{aligned} \tag{6.7.30}$$

并且

$$\|u - u^M\|_{H^1(\Gamma)} \leqslant C \inf_{v \in V_M(\Gamma)} \|u - v\|_{H^1(\Gamma)} \leqslant C \|\mathscr{A}u - u\|_{H^1(\Gamma)} \leqslant C_2 \rho^m \|u\|_{H^{m+1}(\Gamma)}. \tag{6.7.31}$$

于是定理得证.

利用著名的 Aubin-Nitsche 方法, 可以证明 L^2 模意义下的误差估计.

定理 6.7.4 设 $u \in H^{m+1}(\Gamma)$, u 和 u^M 分别为问题 (6.7.18) 和 (6.7.24) 的解. 则存在与 ρ 无关的常数 C 使得

$$\|u - u^M\|_{L^2(\Gamma)} \leqslant C \rho^{m+1} \|u\|_{H^{m+1}(\Gamma)}. \tag{6.7.32}$$

证明 对 $\forall g \in L^2(\Omega)$, 设方程

$$a(\varphi, v) = (g, v), \quad \forall v \in H_0^1(\Gamma) \tag{6.7.33}$$

的广义解为 $\varphi \in H_0^1 \cap H^2$.

当 $a(\cdot,\cdot)$ 的系数足够光滑时, 必存在先验估计

$$\|\varphi\|_{H^2(\Gamma)} \leqslant \|g\|_{L^2(\Gamma)}. \tag{6.7.34}$$

若令 $v = u - u^M$, 则有

$$a(\varphi, u - u^M) = (g, u - u^M). \tag{6.7.35}$$

由定理 6.7.2, 对一切函数 $v^M \in V_M$, 有

$$a(v^M, u - u^M) = 0. \tag{6.7.36}$$

由式 (6.7.35) 和 (6.7.36) 可得

$$a(\varphi - v^M, u - u^M) = (g, u - u^M). \tag{6.6.37}$$

在式 (6.7.37) 中若令 $v^M = \mathscr{A}\varphi$, $g = u - u^M$, 则有

$$\begin{aligned}\|u - u^M\|_{L^2(\Gamma)}^2 &= (u - u^M, u - u^M)\\ &= a(\varphi - \mathscr{A}\varphi, u - u^M)\\ &\leqslant M\|\varphi - \mathscr{A}\varphi\|_{H^1(\Gamma)}\|u - u^M\|_{H^1(\Gamma)}\\ &\leqslant MC_1\rho\|\varphi\|_{H^2(\Gamma)} \cdot C_2\rho^m\|u\|_{H^{m+1}(\Gamma)}.\end{aligned} \tag{6.7.38}$$

由式 (6.7.34) 和 (6.7.38) 可得

$$\|u - u^M\|_{L^2(\Gamma)} \leqslant C\rho^{m+1}\|u\|_{H^{m+1}(\Gamma)}. \tag{6.7.39}$$

于是定理得证.

利用定理 6.7.1 的逆性质, 可以证明误差的高阶模估计.

定理 6.7.5　设 $u \in H^{m+1}(\Gamma)$, u 和 u^M 分别为问题 (6.7.18) 和 (6.7.24) 的解. 则存在与 ρ 无关的常数 C 使得

$$\|u - u^M\|_{H^s(\Gamma)} \leqslant C\rho^{m+1-s}\|u\|_{H^{m+1}(\Gamma)}, \quad 0 \leqslant s \leqslant m. \tag{6.7.40}$$

证明　由定理 6.7.1 可得

$$\|u^M - \mathscr{A}u\|_{H^s(\Gamma)} \leqslant Ch^{1-s}\|u^M - \mathscr{A}u\|_{H^1(\Gamma)}. \tag{6.7.41}$$

于是由定理 6.3.3 和 6.7.3 可得

$$\|u^M - \mathscr{A}u\|_{H^s(\Gamma)} \leqslant Ch^{1-s}\left[\|u^M - u\|_{H^1(\Gamma)} + \|u - \mathscr{A}u\|_{H^1(\Gamma)}\right]$$

$$\leqslant Ch^{m+1-s}\|u\|_{H^{m+1}(\Gamma)}. \tag{6.7.42}$$

因为有

$$\|u-u^M\|_{H^s(\Gamma)} \leqslant \|u-\mathscr{A}u\|_{H^s(\Gamma)} + \|\mathscr{A}u-u^M\|_{H^s(\Gamma)}, \tag{6.7.43}$$

故而由式 (6.7.42), (6.7.43) 以及定理 6.3.3, 可得

$$\|u-u^M\|_{H^s(\Gamma)} \leqslant C\rho^{m+1-s}\|u\|_{H^{m+1}(\Gamma)}. \tag{6.7.44}$$

从而定理得证.

6.7.3 改进的移动最小二乘插值法的超收敛性

在有限元中, 通过区域网格的加密或者有限元基函数阶次的提高, 从理论上来看可以提高计算精度. 然而, 随着网格的增加和基函数阶次的提高, 导致最终形成的离散方程组的阶数急剧增加, 从而使得计算机的计算误差大量增加, 这就使得网格的加密或者基函数阶次的提高只能在一定程度上改善计算精度. 因而怎样对有限元方法所得的数值结果进行后处理, 来提高有限元解及其导数的计算精度是有限元超收敛研究的一项重要内容.

无网格方法是利用节点来替代有限元中的网格划分, 这就使得无网格方法形成的离散方程组的阶数通常比有限元的更高. 由上一节的误差估计可知, 增加区域中节点数目和基函数的阶次, 从理论上可以改善精度. 但是与有限元类似, 节点数增多会使得离散方程组的阶数急剧增加, 基函数阶次的提高会使得无网格形函数计算过程中要求逆矩阵的阶数的增加, 而这些增加都会使得计算机的计算误差增加. 这就使得无网格方法中, 当增加节点数目和基函数的阶次时, 有时可能并不能有效改善精度. 因此研究无网格方法的超收敛性, 对无网格方法所得的数值结果进行后处理, 来提高无网格解及其导数的计算精度也是非常有意义的.

本节将就无网格方法的超收敛性作一些讨论. 首先来研究改进的移动最小二乘插值法在一些点上的超收敛性.

令

$$\hat{p}_1(x,\bar{x}) = \tilde{p}_1(x,\bar{x}), \tag{6.7.45}$$

$$\hat{p}_i(x,\bar{x}) = \tilde{p}_i(x,\bar{x}) - \sum_{j=1}^{i-1}\frac{(\tilde{p}_i,\hat{p}_j)_x}{(\hat{p}_j,\hat{p}_j)_x}\hat{p}_j(x,\bar{x}), \quad i=2,3,\cdots, \tag{6.7.46}$$

$$\hat{g}_i(x) = \hat{p}_i(x,x), \quad i=1,2,3,\cdots. \tag{6.7.47}$$

于是在函数 $\hat{g}_{m+1}(x)$ 的零点有比全局误差估计 (6.7.32) 更高的收敛阶.

定理 6.7.6 设 $u^M(x)$ 由式 (2.2.76) 确定, 为改进的移动最小二乘插值法构造的逼近函数. 若 $u(x)\in C^{m+2}(\Gamma)$, 则存在与 ρ 无关的常数 C 使得成立

$$\left|u(\omega)-u^M(\omega)\right| \leqslant C\rho^{m+2}\|u\|_{H^{m+2}(\Gamma)}, \tag{6.7.48}$$

其中 ω 为函数 $\hat{g}_{m+1}(x)$ 的任意一个零根.

证明　由式 (6.7.45) 和 (6.7.46) 可得

$$(\hat{p}_i(x,\cdot),\hat{p}_j(x,\cdot))_x=0,\quad i\neq j. \tag{6.7.49}$$

令 $\mathscr{A}_s u(x)$ 表示取基函数为 $s(s<m+2)$ 次完全多项式时, 由改进的移动最小二乘插值法构造的逼近函数. 由式 (2.2.76) 可得

$$\mathscr{A}_s u(x)=\boldsymbol{S}u+\sum_{i=1}^{s}\frac{(\hat{p}_i,u)_x}{(\hat{p}_i,\hat{p}_i)_x}\hat{g}_i(x). \tag{6.7.50}$$

由定理 6.3.3 可得

$$u(x)=\boldsymbol{S}u+\sum_{i=1}^{s}\frac{(\hat{p}_i,u)_x}{(\hat{p}_i,\hat{p}_i)_x}\hat{g}_i(x)+O(\|u\|_{H^{s+1}(\Gamma)}\rho^{s+1}). \tag{6.7.51}$$

若 $u(x)\in C^{m+2}(\Gamma)$, 则有

$$u(x)=\mathscr{A}_m u(x)+\frac{(\hat{p}_{m+1},u)_x}{(\hat{p}_{m+1},\hat{p}_{m+1})_x}\hat{g}_{m+1}(x)+O(\|u\|_{H^{m+2}(\Gamma)}\rho^{m+2}). \tag{6.7.52}$$

于是, 当 $\hat{g}_{m+1}(w)=0$ 时有

$$u(w)=\mathscr{A}_m u(w)+O(\|u\|_{H^{m+2}(\Gamma)}\rho^{m+2}). \tag{6.7.53}$$

从而定理得证.

令

$$\hat{\varphi}_{m+1}(x)=\frac{\mathrm{d}}{\mathrm{d}x}\frac{(\hat{p}_{m+1},u)_x}{(\hat{p}_{m+1},\hat{p}_{m+1})_x}\hat{g}_{m+1}(x), \tag{6.7.54}$$

则可以得到改进的移动最小二乘插值法的逼近函数的一阶导数在一些点具有比全局误差更高的收敛阶.

定理 6.7.7　设 $u^M(x)$ 由式 (2.2.76) 确定, 为改进的移动最小二乘插值法构造的逼近函数. 若 $u(x)\in C^{m+2}(\Gamma)$, 则存在与 ρ 无关的常数 C 使得成立

$$\left|\frac{\mathrm{d}}{\mathrm{d}x}u(\omega)-\frac{\mathrm{d}}{\mathrm{d}x}u^M(\omega)\right|\leqslant C\rho^{m+1}\|u\|_{H^{m+2}(\Gamma)}, \tag{6.7.55}$$

其中 ω 为函数 $\hat{\varphi}_{m+1}(x)$ 的任意零根.

证明　由式 (6.7.53) 和定理 6.3.3 可得

$$\frac{\mathrm{d}}{\mathrm{d}x}u(x)=\frac{\mathrm{d}}{\mathrm{d}x}\mathscr{A}_m u(x)+\frac{\mathrm{d}}{\mathrm{d}x}\frac{(\hat{p}_{m+1},u)_x}{(\hat{p}_{m+1},\hat{p}_{m+1})_x}\hat{g}_{m+1}(x)+O(\|u\|_{H^{m+2}(\Gamma)}\rho^{m+1}). \tag{6.7.56}$$

于是, 若 $\hat{\varphi}_{m+1}(w)=0$ 时, 有

$$\frac{\mathrm{d}}{\mathrm{d}x}u(w)=\frac{\mathrm{d}}{\mathrm{d}x}\mathscr{A}_m u(w)+O(\|u\|_{H^{m+2}(\Gamma)}\rho^{m+1}). \tag{6.7.57}$$

从而定理得证.

定理 6.7.7 的超收敛性与函数 $u(x)$ 的取值有关, 这就使得即使是相同的求解区域和节点分布, 对于不同的逼近函数也得分别计算其超收敛点, 这显然是很不方便的, 为此有必要讨论一下与逼近函数取值无关的逼近函数一阶导数的超收敛点.

给定 $w\in\Gamma$, 现来讨论在该点逼近函数的一阶导数是否有超收敛性. 设改进的移动最小二乘插值法的基函数为

$$p_i(x)=(x-w)^i,\quad i=0,1,\cdots,m. \tag{6.7.58}$$

令

$$\hat{\vartheta}_{m+1}(x)=\frac{\mathrm{d}}{\mathrm{d}x}\frac{(\hat{p}_{m+1},p_{m+1})_x}{(\hat{p}_{m+1},\hat{p}_{m+1})_x}\hat{g}_{m+1}(x), \tag{6.7.59}$$

则可以得到下面与函数 $u(x)$ 取值无关的逼近函数一阶导数的超收敛性.

定理 6.7.8 设基函数有式 (6.7.58) 的形式, $u^M(x)$ 由式 (2.2.76) 确定. 若 $u(x)\in C^{m+2}(\Gamma)$, 且 ω 是 $\hat{\vartheta}_{m+1}(x)$ 的零根, 则存在与 ρ 无关的常数 C 使得成立

$$\left|\frac{\mathrm{d}}{\mathrm{d}x}u(\omega)-\frac{\mathrm{d}}{\mathrm{d}x}u^M(\omega)\right|\leqslant C\rho^{m+1}\|u\|_{H^{m+2}(\Gamma)}. \tag{6.7.60}$$

证明 若 $u(x)\in C^{m+2}(\Gamma)$, 则存在 ξ 使得

$$u(y)=u(w)+\sum_{i=1}^{m+1}\frac{u^{(i)}(w)}{i!}(y-w)^i+\frac{u^{(m+2)}(\xi)}{(m+2)!}(y-w)^{m+2}. \tag{6.7.61}$$

于是

$$(\hat{p}_{m+1},u)_x=\left(\hat{p}_{m+1},u(w)+\sum_{i=1}^{m+1}\frac{u^{(i)}(w)}{i!}(y-w)^i+\frac{u^{(m+2)}(\xi)}{(m+2)!}(y-w)^{m+2}\right)_x. \tag{6.7.62}$$

根据引理 6.2.2 的正交性和式 (6.7.52) 可得

$$(\hat{p}_{m+1},u)_x=\left(\hat{p}_{m+1},\frac{u^{(m+1)}(w)}{(m+1)!}(y-w)^{m+1}\right)_x+\left(\hat{p}_{m+1},\frac{u^{(m+2)}(\xi)}{(m+2)!}(y-w)^{m+2}\right)_x. \tag{6.7.63}$$

若基函数有式 (6.7.58) 的形式, 则

$$\frac{\left(\hat{p}_{m+1},\dfrac{u^{(m+2)}(\xi)}{(m+2)!}(y-w)^{m+2}\right)_x}{(\hat{p}_{m+1},\hat{p}_{m+1})_x}\hat{g}_{m+1}(x)=O(\|u\|_{H^{m+2}(\Gamma)}\rho^{m+2}), \tag{6.7.64}$$

$$\frac{\left(\hat{p}_{m+1}, \dfrac{u^{(m+1)}(w)}{(m+1)!}(y-w)^{m+1}\right)_x}{(\hat{p}_{m+1}, \hat{p}_{m+1})_x}\hat{g}_{m+1}(x) = \frac{u^{(m+1)}(w)}{(m+1)!}\frac{(\hat{p}_{m+1}, (y-w)^{m+1})_x}{(\hat{p}_{m+1}, \hat{p}_{m+1})_x}\hat{g}_{m+1}(x)$$
$$= O(\|u\|_{H^{m+1}(\Gamma)}\rho^{m+1}). \tag{6.7.65}$$

于是由式 (6.7.52) 以及式 (6.7.63)−(6.7.65) 可得

$$\frac{\mathrm{d}}{\mathrm{d}x}u(x) = \frac{\mathrm{d}}{\mathrm{d}x}\mathscr{A}_m u(x) + \frac{u^{(m+1)}(w)}{(m+1)!}\hat{\vartheta}_{m+1}(x) + \frac{\mathrm{d}}{\mathrm{d}x}O(\|u\|_{H^{m+2}(\Gamma)}\rho^{m+2}) \tag{6.7.66}$$

于是当 $\hat{\vartheta}_{m+1}(w) = 0$ 时, 利用定理 6.3.2 有

$$\frac{\mathrm{d}}{\mathrm{d}x}u(w) = \frac{\mathrm{d}}{\mathrm{d}x}\mathscr{A}_m u(w) + O(\|u\|_{H^{m+2}(\Gamma)}\rho^{m+1}). \tag{6.7.67}$$

因此定理得证.

注 (1) 定理 6.7.6−6.7.8 讨论了改进的移动最小二乘插值法的超收敛性, 而至于插值型无单元 Galerkin 方法的超收敛性的理论研究目前还有一定的困难, 有待于进一步研究. 但是根据有限元的有关理论可知, 逼近函数或其导数在某个点具有超收敛性时, 其有限元解或其相应导数在该点通常也具有超收敛性. 后文从数值上可以验证, 插值型无单元 Galerkin 方法的解及其一阶导数在相应改进的移动最小二乘插值法的超收敛点上具有超收敛的特性.

(2) 超收敛点的一个重要意义, 就是利用这些超收敛点可以重构逼近函数或其导数, 使得重构的函数具有更高的计算精度, 后文从数值上完全验证了这一点.

6.7.4 数值算例

在本节中, 将给出 2 个数值算例来验证本节定理的误差估计理论, 并研究插值型无单元 Galerkin 方法的解的超收敛性. 算例中每个节点的权函数影响域半径都取作 $\rho_I = d_{\max}\cdot|x_I - x_{I-1}|$. 为简单起见, 算例中都令 $d_{\max} = 2.5$ 且 $\alpha = 4$. 逼近函数的误差采用以下半模误差

$$|e_k| \equiv \left\|\frac{\mathrm{d}^k}{\mathrm{d}x^k}u^M(x) - \frac{\mathrm{d}^k}{\mathrm{d}x^k}u(x)\right\|_{L^2(\Gamma)} = \left[\int_\Gamma\left(\frac{\mathrm{d}^k}{\mathrm{d}x^k}u^M - \frac{\mathrm{d}^k}{\mathrm{d}x^k}u\right)^2\mathrm{d}\Gamma\right]^{1/2}, \tag{6.7.68}$$

其中 u 和 u^M 分别是解析解和插值型无单元 Galerkin 方法的数值解, 且式 (6.7.68) 中的积分采用 4 点 Gauss 数值积分进行计算.

为研究超收敛性的需要, 定义误差

$$r_k(x) \equiv \frac{\mathrm{d}^k}{\mathrm{d}x^k}u^M(x) - \frac{\mathrm{d}^k}{\mathrm{d}x^k}u(x). \tag{6.7.69}$$

1. 线弹性问题

控制方程为

$$Eu_{,xx} + x = 0, \quad 0 < x < 1, \tag{6.7.70}$$

其边界条件为

$$u(0) = 0, \quad u(1) = \frac{1}{3E}, \tag{6.7.71}$$

其中 E 为非零常数.

该线弹性问题的解析解为

$$u(x) = \frac{1}{E}\left(\frac{x}{2} - \frac{x^3}{6}\right). \tag{6.7.72}$$

令 $E = 1$. 当使用 21 个规则节点且为二次基函数时, 位移和应力的数值解和解析解分别如图 6.7.1 和图 6.7.2 所示, 图中数值解和解析解拟合得很好, 可以看出插值型无单元 Galerkin 方法具有较高的计算精度.

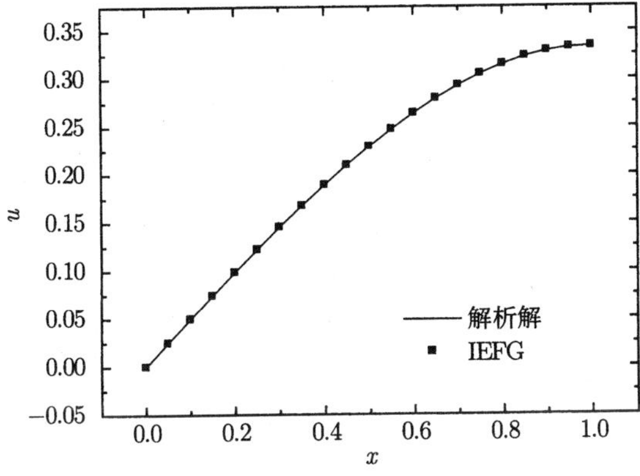

图 6.7.1 位移的数值解和解析解

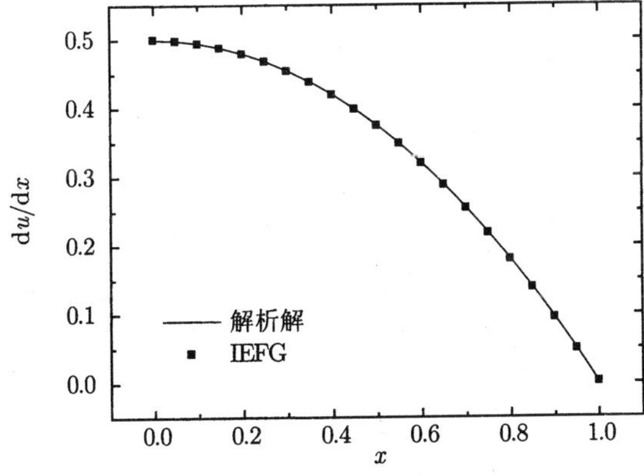

图 6.7.2 应力的数值解和解析解

图 6.7.3 给出了无单元 Galerkin 方法和插值型无单元 Galerkin 方法在节点处的绝对误差. 此处, 无单元 Galerkin 方法对于本质边界条件的处理采用的是罚函数法, 罚因子取值为 10^8, 并且权函数取作三次样条权函数. 从此图可以看出, 插值型无单元 Galerkin 方法的解比无单元 Galerkin 方法的解有较高的计算精度, 这也说明了插值型无单元 Galerkin 方法的优越性. 无单元 Galerkin 方法和插值型无单元 Galerkin 方法的 Matlab 程序分别重复运行 500 次, 它们的平均每次运行时间分别是 0.0267 秒和 0.0253 秒, 这显示插值型无单元 Galerkin 方法具有较高的计算效率.

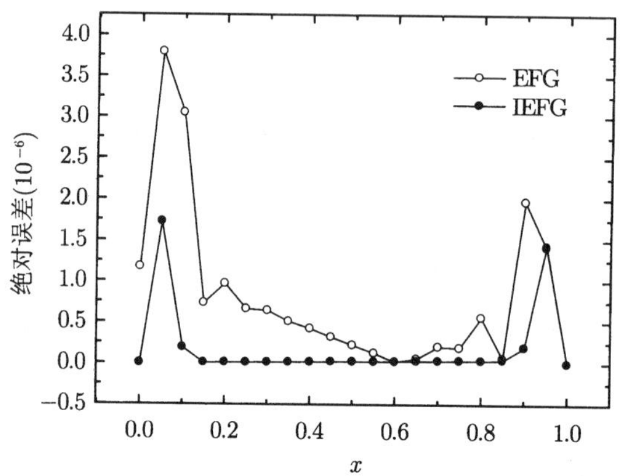

图 6.7.3　EFG 和 IEFG 方法在节点处的绝对误差

在线性基和二次基下, 误差 $|e_0|$、$|e_1|$ 和 $|e_2|$ 随权函数影响域半径的变化情况分别如图 6.7.4—图 6.7.6 所示. 从图中可以看出, 整体上误差随着权函数影响域半径的减少而下降, 但是在线性基下 $|e_2|$ 并不随着权函数影响域半径的减少而下降, 这就意味着位移的二阶导数在线性基下并不收敛于真解. 从图中还可以看出, 在线性和

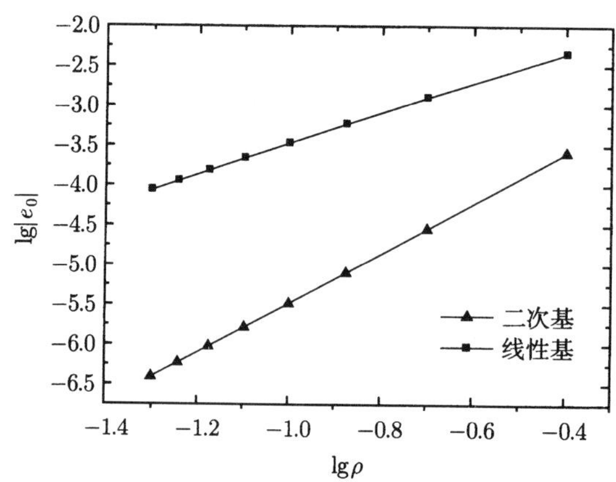

图 6.7.4　线性基和二次基下误差 $|e_0|$ 随影响域半径的变化

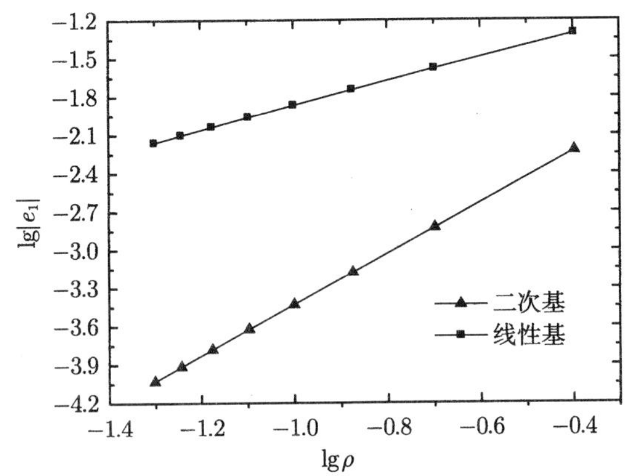

图 6.7.5 线性基和二次基下误差 $|e_1|$ 随影响域半径的变化

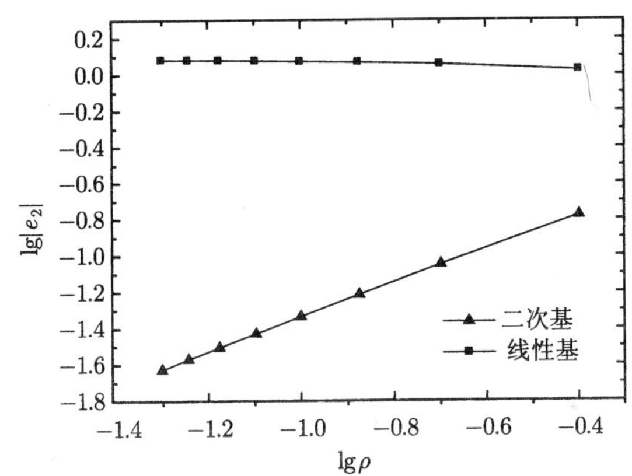

图 6.7.6 线性基和二次基下误差 $|e_2|$ 随影响域半径的变化

二次基下, $|e_0|$ 的收敛阶分别约为 2 和 3, $|e_1|$ 的收敛阶分别约为 1 和 2, 而 $|e_2|$ 的收敛阶分别约为 -0.1 和 1, 这个结果与本节的理论结果一致, 验证了本节理论结果的正确性.

下面从数值上来研究插值型无单元 Galerkin 方法的超收敛性. 为尽量减少计算误差的影响, 基函数仅考虑线性基的情形.

图 6.7.7 和图 6.7.8 分别给出了 21 个规则节点和 11 个不规则节点时, 插值型无单元 Galerkin 方法的误差曲线 r_0 和超收敛曲线 $\frac{1}{5}\hat{g}_{m+1}(x)$. 从图中可以看出, 在线性基下, 仅有节点是超收敛曲线 $\hat{g}_{m+1}(x)$ 的零根, 也即仅有节点为位移的超收敛点; 并且明显可以看出, 插值型无单元 Galerkin 方法的位移数值解在节点处有相对更小的误差, 这意味着插值型无单元 Galerkin 方法的解在改进的移动最小二乘插值法的超收敛点上具有超收敛特性.

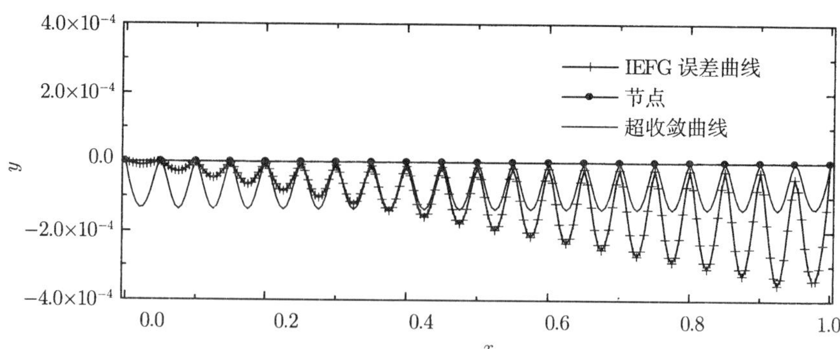

图 6.7.7　21 个规则节点下的 IEFG 方法的位移误差曲线 r_0 和超收敛曲线 $\frac{1}{5}\hat{g}_{m+1}(x)$

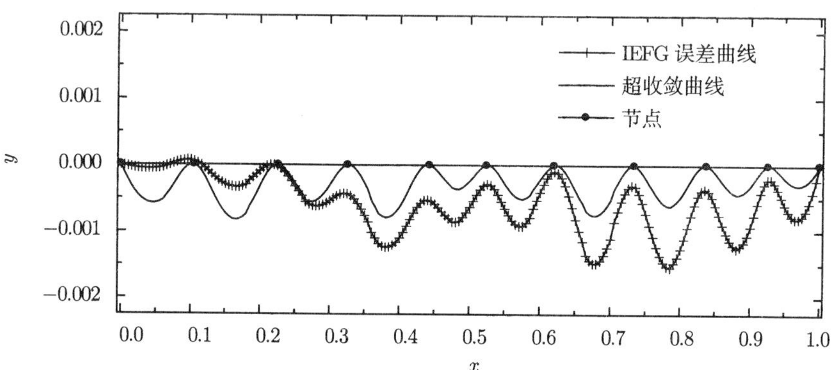

图 6.7.8　11 个不规则节点下的 IEFG 方法的位移误差曲线 r_0 和超收敛曲线 $\frac{1}{5}\hat{g}_{m+1}(x)$

图 6.7.9 和图 6.7.10 分别给出了 21 个规则节点和 11 个不规则节点时, 插值型无单元 Galerkin 方法解的一阶导数误差曲线 r_1 和超收敛曲线 $\frac{1}{5}\hat{\vartheta}_{m+1}(x)$. 从图中可以看出, 在线性基下, 所有节点中除边界点外都是超收敛曲线 $\hat{\vartheta}_{m+1}(x)$ 的零根, 而且任意两个相邻节点之间还存在一个零根, 这些零根都是超收敛点. 同时可以发

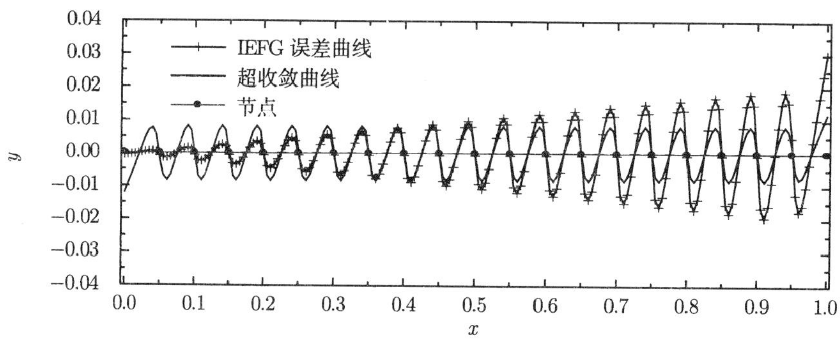

图 6.7.9　21 个规则节点下的 IEFG 方法的应力误差曲线 r_0 和超收敛曲线 $\frac{1}{5}\hat{\vartheta}_{m+1}(x)$

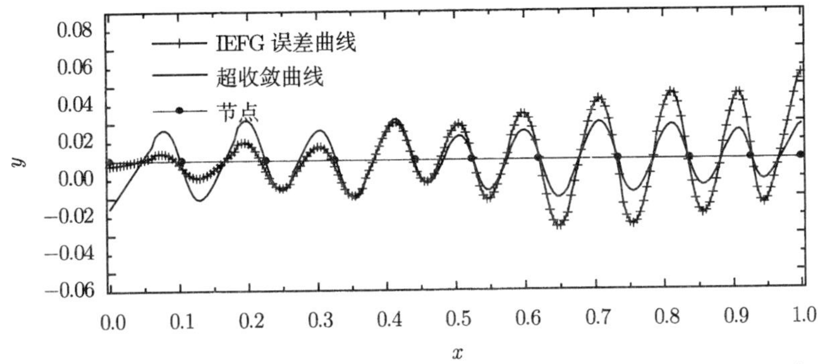

图 6.7.10 11 个不规则节点下的 IEFG 方法的应力误差曲线 r_0 和超收敛曲线 $\frac{1}{5}\hat{\vartheta}_{m+1}(x)$

现, 插值型无单元 Galerkin 方法的应力数值解在超收敛点有非常小的误差, 若利用这些超收敛点上的应力数值解来重构应力, 必将得到精度更好的数值结果.

2. 两点边值问题

考虑如下两点边值问题

$$u_{,xx} + \pi^2 u = 2\pi^2 \sin(\pi x), \quad 0 < x < 1, \tag{6.7.73}$$

其边界条件为

$$u(0) = u(1) = 0. \tag{6.7.74}$$

该问题的解析解为

$$u(x) = \sin(\pi x). \tag{6.7.75}$$

图 6.7.11 和图 6.7.12 分别给出了 u 和 $u_{,x}$ 的数值解和解析解, 其中节点为 21 个规则节点, 且基函数阶次为 2 次. 图中数值解和解析解拟合得很好, 显示出插值型无单元 Galerkin 方法具有较高的计算精度.

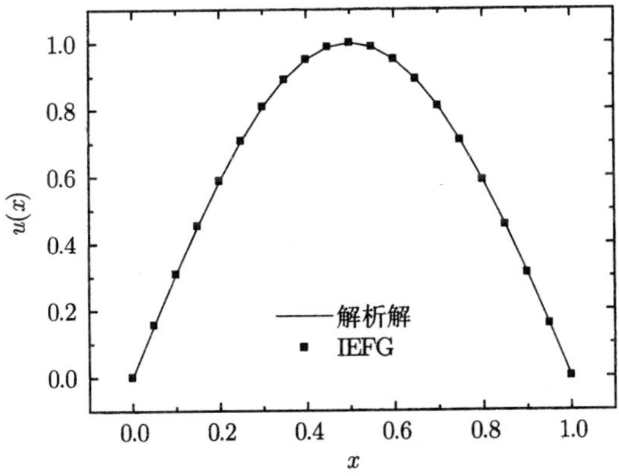

图 6.7.11 u 的数值解和解析解

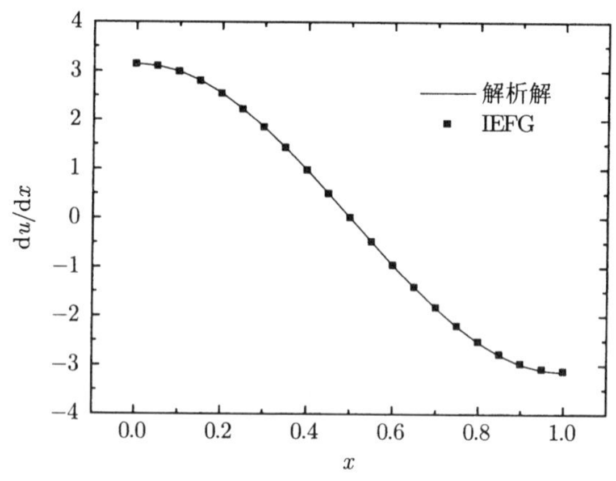

图 6.7.12 $u_{,x}$ 的数值解和解析解

图 6.7.13 给出了无单元 Galerkin 方法和插值型无单元 Galerkin 方法在节点处的绝对误差. 此处, 无单元 Galerkin 方法对于本质边界条件的处理依旧采用的是罚函数法, 罚因子取值为 10^{10}, 并且权函数取作三次样条权函数. 从此图可以看出, 插值型无单元 Galerkin 方法的解总体上比无单元 Galerkin 方法的解有更高的计算精度, 这也说明了插值型无单元 Galerkin 方法是一种具有较高精度的无网格方法. 无单元 Galerkin 方法和插值型无单元 Galerkin 方法的 Matlab 程序分别重复运行 500 次, 它们的平均每次运行时间分别是 0.0361 秒和 0.0325 秒, 这再次显示了插值型无单元 Galerkin 方法具有较高的计算效率.

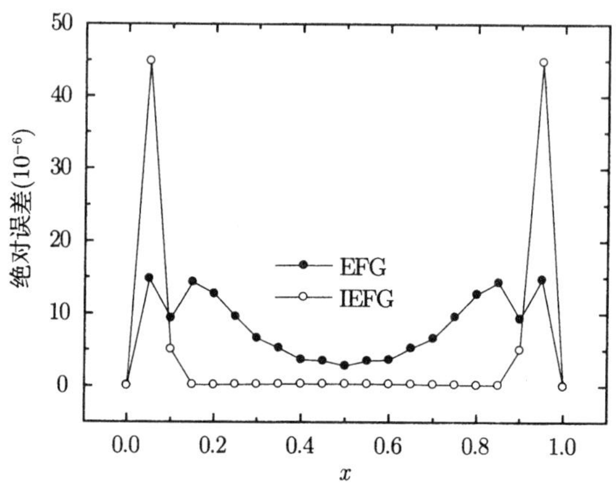

图 6.7.13 EFG 和 IEFG 方法在节点处的绝对误差

图 6.7.14—图 6.7.16 分别给出了误差 $|e_0|$、$|e_1|$ 和 $|e_2|$ 在线性基和二次基下随权函数影响域半径的变化情况.

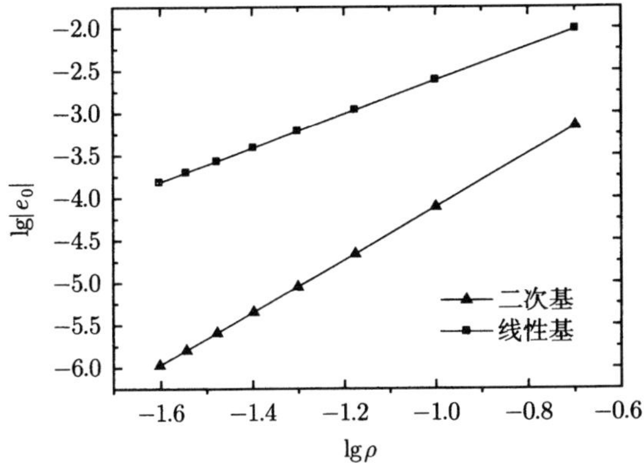

图 6.7.14 线性基和二次基下误差 $|e_0|$ 随影响域半径的变化

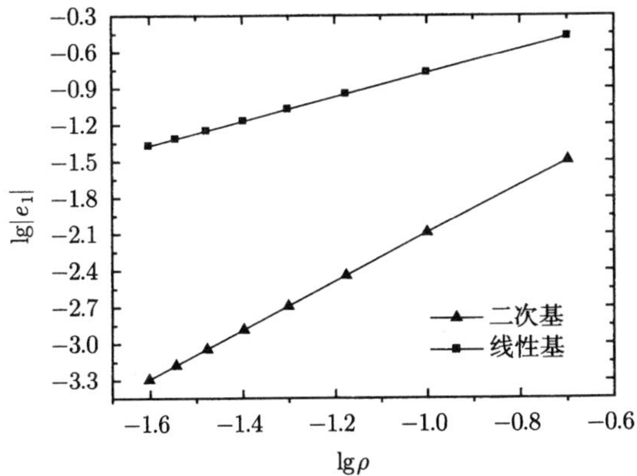

图 6.7.15 线性基和二次基下误差 $|e_1|$ 随影响域半径的变化

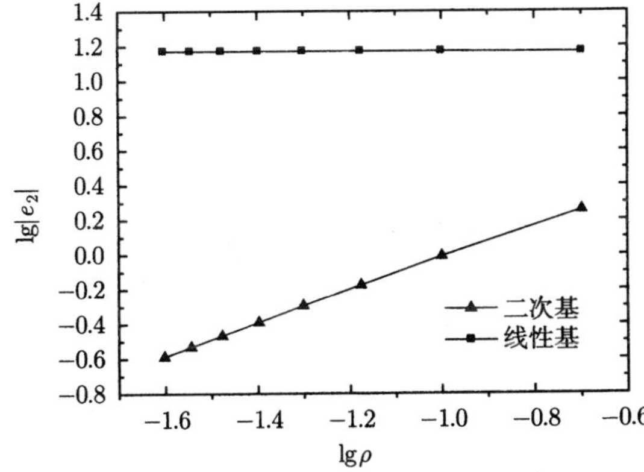

图 6.7.16 线性基和二次基下误差 $|e_2|$ 随影响域半径的变化

从图 6.7.14－图 6.7.16 可以看出, 在线性和二次基下, $|e_0|$ 的收敛阶分别约为 2 和 3, $|e_1|$ 的收敛阶分别约为 1 和 2, 而 $|e_2|$ 的收敛阶分别约为 -0.004 和 1, 这个结果也与本节的理论结果一致, 再次从数值上验证了本节理论结果的正确性. 图 6.7.14 也显示误差 $|e_2|$ 并不随着权函数影响域半径的减小而收敛于零, 这就意味着若想使得待求函数二阶导数的数值解有较高的精度, 基函数的阶次至少为二阶.

下面从数值上来研究插值型无单元 Galerkin 方法的超收敛性, 基函数仅考虑线性基的情形.

图 6.7.17 和图 6.7.18 分别给出了 21 个规则节点和 11 个不规则节点时, 插值型无单元 Galerkin 方法的误差曲线 r_0 和改进的移动最小二乘插值法的超收敛曲线 $\hat{g}_{m+1}(x)$. 从图中可以看出, 在超收敛曲线 $\hat{g}_{m+1}(x)$ 的零点, 也即改进的移动最小二乘插值法逼近函数的超收敛点, 插值型无单元 Galerkin 方法的位移在超收敛点有相对更小的误差, 这与本节的理论结果一致, 再次验证了本节结果的正确性.

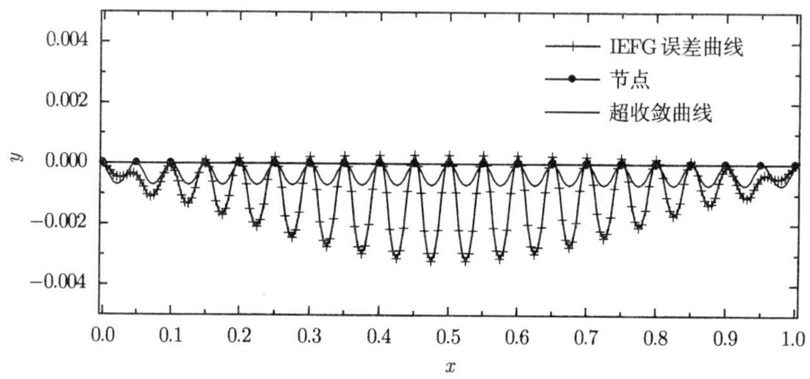

图 6.7.17　21 个规则节点下的 IEFG 方法的位移误差曲线 r_0 和超收敛曲线 $\hat{g}_{m+1}(x)$

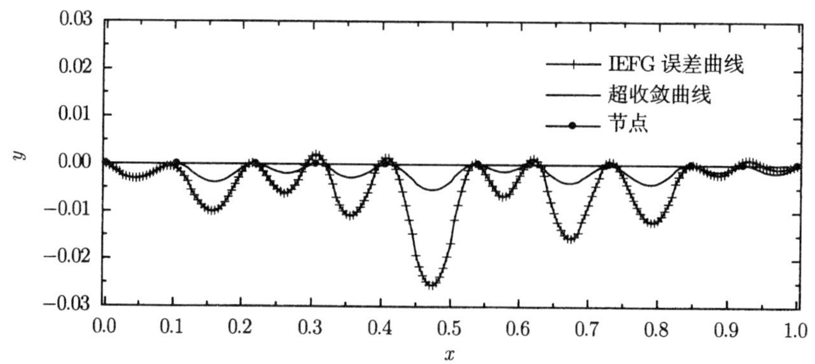

图 6.7.18　11 个不规则节点下的 IEFG 方法的位移误差曲线 r_0 和超收敛曲线 $\hat{g}_{m+1}(x)$

图 6.7.19 和图 6.7.20 分别给出了 21 个规则节点和 11 个不规则节点时, 插值型

无单元 Galerkin 方法解的一阶导数误差曲线 r_1 及其相应的超收敛曲线 $\hat{\vartheta}_{m+1}(x)$. 从图中可以看出, 在线性基下, 所有节点中除边界点外都是超收敛曲线 $\hat{\vartheta}_{m+1}(x)$ 的零根, 而且任意两个相邻节点之间还存在一个零根, 这些零根都是超收敛点. 可以看出, 插值型无单元 Galerkin 方法的解的一阶导数在超收敛点有非常小的误差, 若利用这些超收敛点上的应力数值解来重构应力, 必将得到精度更好的数值结果.

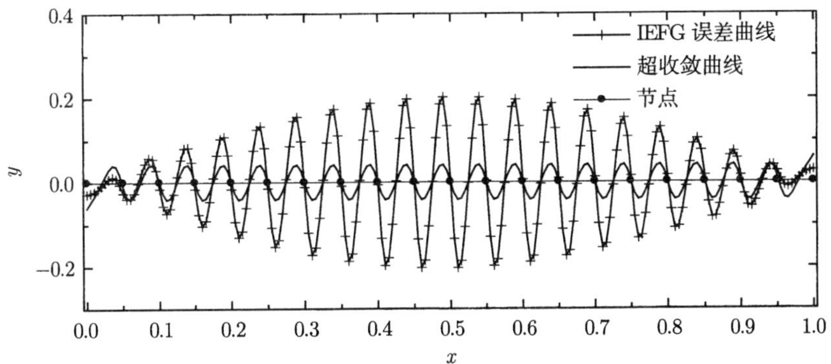

图 6.7.19 21 个规则节点下一阶导数数值解误差曲线 r_0 和超收敛曲线 $\hat{\vartheta}_{m+1}(x)$

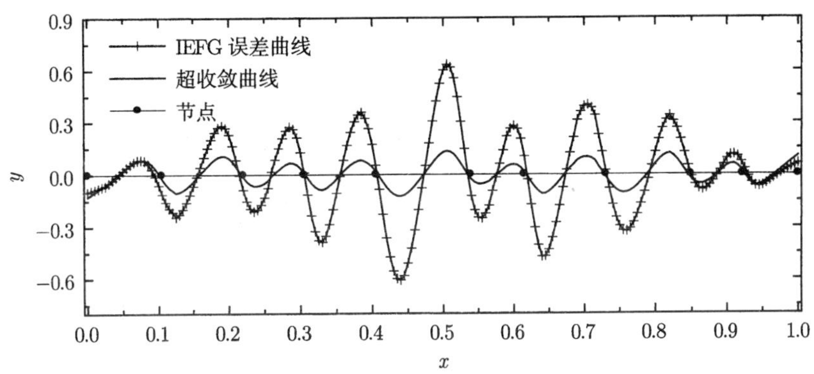

图 6.7.20 11 个不规则节点下一阶导数数值解误差曲线 r_0 和超收敛曲线 $\hat{\vartheta}_{m+1}(x)$

本节利用改进的移动最小二乘插值法的误差估计结果, 研究了两点边值问题的插值型无单元 Galerkin 方法解的误差估计, 得到了待求函数及其各阶导数的误差上限.

本节研究了插值无网格方法的超收敛性. 首先对改进的移动最小二乘插值法的超收敛性进行了研究, 给出了改进的移动最小二乘插值法的逼近函数及其一阶导数在一维空间中的超收敛点. 通过数值算例, 研究了两点边值问题的插值型无单元 Galerkin 方法的超收敛性. 数值结果显示, 插值型无单元 Galerkin 方法在改进的移动最小二乘插值法的超收敛点依然有超收敛特性. 利用这些超收敛点, 可以构造出具有更高精度的数值解.

6.8 有限点法的误差估计和收敛性

有限点法是一种采用移动最小二乘法构造形函数, 并采用配点法离散求解方程的无网格方法. 和目前已有的无网格方法相比, 有限点法具有可以直接施加边界条件、不需要在区域内部求积分、计算量小等优点.

本节基于移动最小二乘法的误差估计公式和 Sobolev 空间的多项式插值性质来研究有限点法的误差估计, 并且研究误差与权函数影响域半径及系数矩阵条件数的关系.

6.8.1 有限点法

考虑如下的控制方程

$$L(u(\boldsymbol{x})) = f(\boldsymbol{x}), \quad \boldsymbol{x} \in \Omega, \tag{6.8.1}$$

和边界条件

$$B(u(\boldsymbol{x})) = \bar{t}, \quad \boldsymbol{x} \in \Gamma_t, \tag{6.8.2}$$

$$u(\boldsymbol{x}) = \bar{u}, \quad \boldsymbol{x} \in \Gamma_u, \tag{6.8.3}$$

其中 L 和 B 为微分算子, $f(\boldsymbol{x})$ 是源函数, $\bar{t}$ 和 $\bar{u}$ 为边界上的已知函数.

在有限点法中, 采用配点法来离散控制方程, 由式 (6.8.1)－(6.8.3) 可得

$$L(u(\boldsymbol{x}_j)) = f(\boldsymbol{x}_j), \quad j = 1, 2, \cdots, n_r, \tag{6.8.4}$$

$$B(u(\boldsymbol{x}_j)) = \bar{t}, \quad j = 1, 2, \cdots, n_t, \tag{6.8.5}$$

$$u(\boldsymbol{x}_j) = \bar{u}, \quad j = 1, 2, \cdots, n_u, \tag{6.8.6}$$

其中 n_r、n_t 和 n_u 分别表示区域 Ω、边界 Γ_t 和 Γ_u 上的节点数.

式 (6.8.4)－(6.8.6) 可写成矩阵形式

$$\boldsymbol{K}\boldsymbol{u} = \boldsymbol{f}, \tag{6.8.7}$$

其中 $\boldsymbol{K}$ 是刚度矩阵, $\boldsymbol{u}$ 是节点参数 u_i 的向量, $\boldsymbol{f}$ 为节点上已知量的向量.

根据移动最小二乘法的逼近函数表达式 (2.2.17), 可得

$$\boldsymbol{u}^M = \boldsymbol{N}\boldsymbol{u}, \tag{6.8.8}$$

其中 $\boldsymbol{N}$ 是形函数矩阵.

于是有

$$\boldsymbol{K}\boldsymbol{N}^{-1}\boldsymbol{u}^M = \boldsymbol{f}. \tag{6.8.9}$$

6.8.2 有限点法的误差估计和收敛性

定义函数空间

$$U^e(\boldsymbol{x})=\left\{u^e(\boldsymbol{x})\left|u^e(\boldsymbol{x})\in C^{m+1}(\overline{\Omega})\cap H^{m+1}(\Omega),u(\boldsymbol{x})=\sum_{i=1}^{n}\Phi_i^k(\boldsymbol{x})u^e(\boldsymbol{x}_i)\right.\right\}. \tag{6.8.10}$$

由定理 6.1.2, 有

$$\begin{aligned}u(\boldsymbol{x})&=\sum_{i=1}^{n}\Phi_i(\boldsymbol{x})u^e(\boldsymbol{x}_i)\\&=\sum_{i=1}^{n}\Phi_i(\boldsymbol{x})(R^{m+1}u^e(\boldsymbol{x}_i)+Q^{m+1}u^e(\boldsymbol{x}_i))\\&=Q^{m+1}u^e(\boldsymbol{x})+\sum_{i=1}^{n}\Phi_i(\boldsymbol{x})R^{m+1}u^e(\boldsymbol{x}_i)\\&=u^e(\boldsymbol{x})-R^{m+1}u^e(\boldsymbol{x})+\sum_{i=1}^{n}\Phi_i(\boldsymbol{x})R^{m+1}u^e(\boldsymbol{x}_i),\end{aligned} \tag{6.8.11}$$

以及

$$\left\|u(\boldsymbol{x})-u^e(\boldsymbol{x})\right\|_{L^2(\Omega)}\leqslant c\rho^{m+1}\left|u(\boldsymbol{x})\right|_{H^{m+1}(\Omega)}. \tag{6.8.12}$$

定理 6.8.1 如果

$$w(\boldsymbol{x}-\boldsymbol{x}_i)\in C^m\left(\overline{\Omega}\right)\cap W^{m,\infty}(\Omega), \tag{6.8.13}$$

$$u^e(\boldsymbol{x})\in C^{m+1}\left(\overline{\Omega}\right)\cap H^{m+1}(\Omega), \tag{6.8.14}$$

$$u(\boldsymbol{x})\in C^{m+1}\left(\overline{\Omega}\right)\cap H^{m+1}(\Omega), \tag{6.8.15}$$

其中 $\Omega\subset\mathbf{R}^d$ 是一个具有 Lipschitz 连续边界的非空有界开集, 微分算子 L 的最高阶数为 s, 且满足假设 6.1.1 和假设 6.1.2, 则有下面的误差估计

$$\begin{aligned}\frac{\left\|u(x)-u^M(\boldsymbol{x})\right\|}{\left\|u^M(\boldsymbol{x})\right\|}\leqslant&C_1\cdot\mathrm{Cond}(\boldsymbol{K}\boldsymbol{N}^{-1})\\&\cdot\rho^{m-s+1}\frac{\left\|f(\boldsymbol{x})\right\|_{H^{m-s+1}(\Omega)}+C_2\left\|u(\boldsymbol{x})\right\|_{H^{m+1}(\Omega)}+C_3\left\|u^e(\boldsymbol{x})\right\|_{H^{m+1}(\Omega)}}{\|\boldsymbol{f}\|},\end{aligned} \tag{6.8.16}$$

其中 $C_k(k=1,2,3)$ 与 ρ 无关.

证明 一般情况下, 微分算子 L 可以写成

$$L=\sum_{h=0}^{s}\xi_h L^h, \tag{6.8.17}$$

其中 h 是微分算子的阶数, ξ_h 是 h 阶微分算子的系数, s 是算子 L 的最高阶数.

由式 (6.8.17) 可得

$$\begin{aligned}\sum_{i=1}^{n} L\Phi_i(\boldsymbol{x})u^e(\boldsymbol{x}_i) &= \sum_{i=1}^{n} L\Phi_i(\boldsymbol{x})\left[u(\boldsymbol{x}_i)-\sum_{j=1}^{n}\Phi_j(\boldsymbol{x}_i)R^{m+1}u^e(\boldsymbol{x}_j)+R^{m+1}u^e(\boldsymbol{x}_i)\right]\\ &= \sum_{i=1}^{n}\sum_{h=0}^{s}\xi_h L^h\Phi_i(\boldsymbol{x})[Q^{m+1-s+h}u(\boldsymbol{x}_i)+R^{m+1-s+h}u(\boldsymbol{x}_i)]\\ &\quad -\sum_{i=1}^{n} L\Phi_i(\boldsymbol{x})\left[\sum_{j=1}^{n}\Phi_j(\boldsymbol{x}_i)R^{m+1}u^e(\boldsymbol{x}_j)-R^{m+1}u^e(\boldsymbol{x}_i)\right]. \end{aligned} \tag{6.8.18}$$

根据引理 6.1.2, 可得

$$\begin{aligned}\sum_{i=1}^{n} L\Phi_i(\boldsymbol{x})u^e(\boldsymbol{x}_i) &= \sum_{h=0}^{s}\xi_h L^h\Phi_i(\boldsymbol{x})Q^{m+1-s+h}u(\boldsymbol{x})\\ &\quad +\sum_{i=1}^{n}\sum_{h=0}^{s}\xi_h L^h\Phi_i(\boldsymbol{x})R^{m+1-s+h}u(\boldsymbol{x}_i)\\ &\quad -\sum_{i=1}^{n} L\Phi_i(\boldsymbol{x})\left[\sum_{j=1}^{n}\Phi_j(\boldsymbol{x}_i)R^{m+1}u^e(\boldsymbol{x}_j)-R^{m+1}u^e(\boldsymbol{x}_i)\right]\\ &= Q^{m+1-s}f(\boldsymbol{x})+\sum_{i=1}^{n}\sum_{h=0}^{s}\xi_h L^h\Phi_i(\boldsymbol{x})R^{m+1-s+h}u(\boldsymbol{x}_i)\\ &\quad -\sum_{i=1}^{n} L\Phi_i(\boldsymbol{x})\left[\sum_{j=1}^{n}\Phi_j(\boldsymbol{x}_i)R^{m+1}u^e(\boldsymbol{x}_j)-R^{m+1}u^e(\boldsymbol{x}_i)\right]\\ &= f(\boldsymbol{x})-R^{m+1-s}f(\boldsymbol{x})+\sum_{i=1}^{n}\sum_{h=0}^{s}\xi_h L^h\Phi_i(\boldsymbol{x})R^{m+1-s+h}u(\boldsymbol{x}_i)\\ &\quad -\sum_{i=1}^{n} L\Phi_i(\boldsymbol{x})\left[\sum_{j=1}^{n}\Phi_j(\boldsymbol{x}_i)R^{m+1}u^e(\boldsymbol{x}_j)-R^{m+1}u^e(\boldsymbol{x}_i)\right]. \end{aligned} \tag{6.8.19}$$

于是, 式 (6.8.19) 可以表示为

$$\sum_{i=1}^{n} L\Phi_i(\boldsymbol{x})u^e(\boldsymbol{x}_i) = f(\boldsymbol{x})+r(\boldsymbol{x}), \tag{6.8.20}$$

其中

$$r(\boldsymbol{x}) = \sum_{i=1}^{n}\sum_{h=0}^{s}\xi_h L^h\Phi_i(\boldsymbol{x})R^{m+1-s+h}u(\boldsymbol{x}_i) - R^{m+1-s}f(\boldsymbol{x})$$

$$-\sum_{i=1}^{n} L\Phi_i(\boldsymbol{x}) \left[\sum_{j=1}^{n} \Phi_j(\boldsymbol{x}_i) R^{m+1} u^e(\boldsymbol{x}_j) - R^{m+1} u^e(\boldsymbol{x}_i)\right]. \tag{6.8.21}$$

式 (6.8.21) 写成矩阵形式为

$$\boldsymbol{K}\boldsymbol{u}^e = \boldsymbol{f} + \boldsymbol{r}. \tag{6.8.22}$$

式 (6.8.22) 可以写成

$$\boldsymbol{K}\boldsymbol{N}^{-1}\boldsymbol{u} = \boldsymbol{f} + \boldsymbol{r}. \tag{6.8.23}$$

定义 $\boldsymbol{M} = \boldsymbol{K}\boldsymbol{N}^{-1}$, 式 (6.8.9) 和 (6.8.23) 可以表示为

$$\boldsymbol{M}\boldsymbol{u}^M = \boldsymbol{f}, \tag{6.8.24}$$

$$\boldsymbol{M}\boldsymbol{u} = \boldsymbol{f} + \boldsymbol{r}. \tag{6.8.25}$$

由矩阵理论可得

$$\frac{\left\|u^M(\boldsymbol{x}) - u(\boldsymbol{x})\right\|}{\left\|u^M(\boldsymbol{x})\right\|} \leqslant \mathrm{Cond}(\boldsymbol{M}) \frac{\|\boldsymbol{r}(\boldsymbol{x})\|}{\|\boldsymbol{f}(\boldsymbol{x})\|}. \tag{6.8.26}$$

因为 $s \geqslant 1$ 是控制微分算子的最高阶数, 再由假设 6.1.2, 所以

$$\max_{1\leqslant i\leqslant N} \|L\Phi_i(\boldsymbol{x})\|_\infty \leqslant \frac{c}{\rho^s}, \quad 0 < c < \infty. \tag{6.8.27}$$

利用式 (6.1.45)、(6.1.46)、(6.8.21)、(6.8.27)、假设 6.1.2 和三角不等式, 可以得到

$$\begin{aligned}
&\|\boldsymbol{r}(\boldsymbol{x})\|_{W^{l,p}(B_j\cap\Omega)} \\
\leqslant& \left\|R^{m+1-s} f(\boldsymbol{x})\right\|_{W^{l,p}(B_j\cap\Omega)} \\
&+ \sum_{i=1}^{n}\sum_{h=0}^{s} |\xi_h| \cdot \left\|L^h \Phi_i(\boldsymbol{x})\right\|_{W^{l,p}(B_j\cap\Omega)} \left\|R^{m+1-s+h} u(\boldsymbol{x}_i)\right\|_{W^{l,p}(B_j\cap\Omega)} \\
&+ \sum_{i=1}^{n} \|L\Phi_i(\boldsymbol{x})\|_{W^{l,p}(B_j\cap\Omega)} \left\|R^{m+1} u^e(\boldsymbol{x}_i)\right\|_{L^\infty(B_j\cap\Omega)} \\
&+ \sum_{i=1}^{n} \|L\Phi_i(\boldsymbol{x})\|_{W^{l,p}(B_j\cap\Omega)} \sum_{j=1}^{n} \|\Phi_j(\boldsymbol{x})\|_{L^\infty(B_j\cap\Omega)} \left\|R^{m+1} u^e(\boldsymbol{x}_i)\right\|_{L^\infty(B_j\cap\Omega)}.
\end{aligned} \tag{6.8.28}$$

根据文献 [313], 有下面的不等式

$$\left\|R^{m+1-s} f(\boldsymbol{x})\right\|_{W^{l,p}(B_j\cap\Omega)} \leqslant c_1 \rho^{m-s+1-l} \|f(\boldsymbol{x})\|_{W^{m-s+1-l,p}(\Omega_j\cap\Omega)}, \tag{6.8.29}$$

$$\|L\Phi_i(\boldsymbol{x})\|_{W^{l,p}(B_j\cap\Omega)} \leqslant c_2\rho^{\frac{d}{p}-s-l}, \tag{6.8.30}$$

$$\left\|L^h\Phi_i(\boldsymbol{x})\right\|_{W^{l,p}(B_j\cap\Omega)} \leqslant c_3\rho^{\frac{d}{p}-h-l}, \tag{6.8.31}$$

$$\left\|R^{m+1-s+h}u(\boldsymbol{x})\right\|_{L^\infty(B_j\cap\Omega)} \leqslant c_4\rho^{m+1-s+h-\frac{d}{p}}\left\|u(\boldsymbol{x})\right\|_{W^{m+1-s+h,p}(\Omega_j\cap\Omega)}, \tag{6.8.32}$$

$$\|\Phi_j(\boldsymbol{x})\|_{L^\infty(B_j\cap\Omega)} \leqslant c_5, \tag{6.8.33}$$

$$\left\|R^{m+1}u^e(\boldsymbol{x})\right\|_{L^\infty(B_j\cap\Omega)} \leqslant c_5\rho^{m+1-\frac{d}{p}}\left\|u^e(\boldsymbol{x})\right\|_{W^{m+1,p}(\Omega_j\cap\Omega)}, \tag{6.8.34}$$

其中 $0\leqslant l\leqslant m+1$.

把式 (6.8.29)—(6.8.34) 代入式 (6.8.28), 有

$$\begin{aligned}\|r(\boldsymbol{x})\|_{W^{l,p}(\Omega)} \leqslant{} & c_1\rho^{m-s+1-l}\|f(\boldsymbol{x})\|_{W^{m-s+1-l,p}(\Omega_j\cap\Omega)} \\ & + c_2'\sum_{h=0}^{s}|\xi_h|\cdot\rho^{m+1-s-l}\|u(\boldsymbol{x})\|_{W^{m+1-s+h,p}(\Omega_j\cap\Omega)} \\ & + c_3'\rho^{m+1-s-l}\|u^e(\boldsymbol{x})\|_{W^{m+1,p}(\Omega_j\cap\Omega)} \\ \leqslant{} & c_1'\rho^{m-s+1-l}\Big\{\|f(\boldsymbol{x})\|_{W^{m-s+1-l,p}(\Omega_j\cap\Omega)} + c_2'\|u(\boldsymbol{x})\|_{W^{m+1-s+h,p}(\Omega_j\cap\Omega)} \\ & + c_3'\|u^e(\boldsymbol{x})\|_{W^{m+1,p}(\Omega_j\cap\Omega)}\Big\}.\end{aligned} \tag{6.8.35}$$

令 $p=2$ 和 $l=0$ 且 $(m+1)p>d$, 有

$$\begin{aligned}\|r(\boldsymbol{x})\|_{L^2(\Omega)} \leqslant{} & C_1\rho^{m-s+1}\left\{\|f(\boldsymbol{x})\|_{W^{m-s+1-l,p}(\Omega_j\cap\Omega)} + C_2\|u(\boldsymbol{x})\|_{W^{m+1-s+h,p}(\Omega_j\cap\Omega)}\right. \\ & \left.+C_3\|u^e(\boldsymbol{x})\|_{W^{m+1,p}(\Omega_j\cap\Omega)}\right\},\end{aligned} \tag{6.8.36}$$

其中 C_1、C_2、C_3 是常数. 于是我们得到有限点法的误差估计式

$$\begin{aligned}\frac{\left\|u(\boldsymbol{x})-u^M(\boldsymbol{x})\right\|}{\left\|u^M(\boldsymbol{x})\right\|} \leqslant{} & C_1\cdot\mathrm{Cond}(\boldsymbol{K}\boldsymbol{N}^{-1})\cdot\rho^{m-s+1} \\ & \cdot\frac{\|f(\boldsymbol{x})\|_{H^{m-s+1}(\Omega)}+C_2\|u(\boldsymbol{x})\|_{H^{m+1}(\Omega)}+C_3\|u^e(\boldsymbol{x})\|_{H^{m+1}(\Omega)}}{\|\boldsymbol{f}\|}.\end{aligned} \tag{6.8.37}$$

注 (1) 有限点法的误差分析表明, 最后的系数矩阵 $\boldsymbol{K}\boldsymbol{N}^{-1}$ 的条件数不仅可以用来估计线性系统解的准确性, 而且也直接影响配点法的误差.

(2) 有限点法的误差和权函数影响域半径密切相关.

(3) $\|r(\boldsymbol{x})\|_{L^2(\Omega)}$ 依赖于近似函数及其导数的值和权函数影响域半径.

6.8.3 数值算例

考虑如下的偏微分方程

$$\frac{\partial^2 u}{\partial x_1^2}+\frac{\partial^2 u}{\partial x_2^2}=4,\quad (x_1,x_2)\in[0,1]\times[0,1]. \tag{6.8.38}$$

边界条件为

$$u(x_1,0)=x^2,\quad 0<x_1<1, \tag{6.8.39}$$

$$u(x_1,1)=x_1^2+1,\quad 0<x_1<1, \tag{6.8.40}$$

$$u(0,x_2)=x_2^2,\quad 0<x_2<1, \tag{6.8.41}$$

$$u(1,x_2)=x_2^2+1,\quad 0<x_2<1. \tag{6.8.42}$$

该问题的解析解为

$$u(x_1,x_2)=x_1^2+x_2^2. \tag{6.8.43}$$

我们在求解区域内部布置了 11×11 个节点 (见图 6.8.1). 计算过程中, 多项式基函数取为线性基函数, 权函数取 Gauss 函数. 图 6.8.2 给出了中性轴上各节点沿 x_2 方向的数值解和解析解的对比, 图 6.8.3 给出了当 $x_2=0.4$ 时各节点沿 x_1 方向的数值解和解析解的对比. 图 6.8.4 和图 6.8.5 分别给出了误差与权函数影响域半径 ρ 及矩阵条件数 Cond $(\boldsymbol{KN}^{-1})$ 的关系图. 从图 6.8.2 和图 6.8.3 中可以看出, 数值解和解析解吻合得很好. 从图 6.8.4 和图 6.8.5 中可以看出, 误差随着影响域半径和 Cond$(\boldsymbol{KN}^{-1})$ 的减小而减小, 从而验证了定理 6.8.1 结论的正确性.

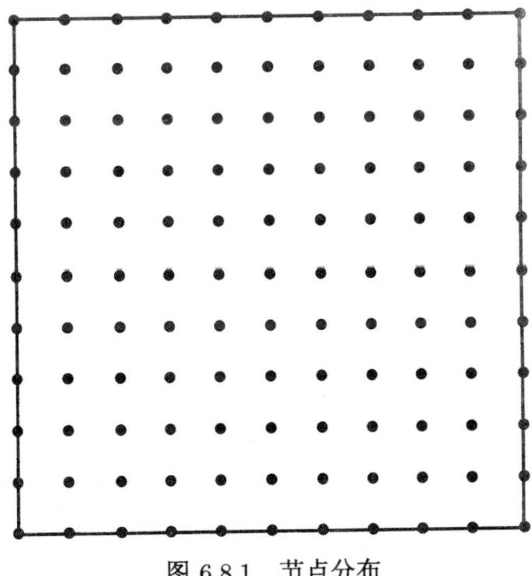

图 6.8.1 节点分布

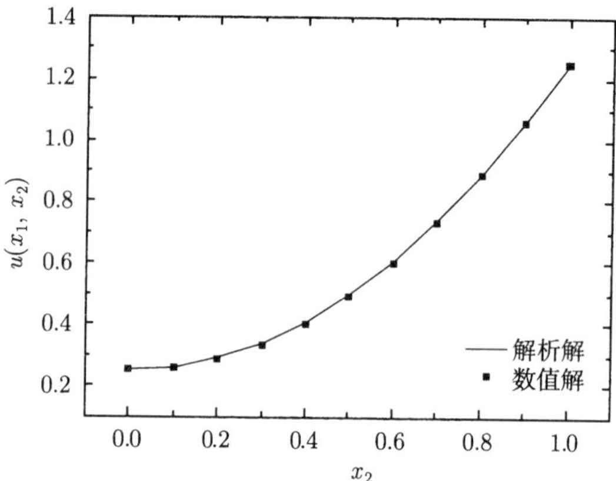

图 6.8.2　$u(x_1,x_2)$ 在 $x_1=0.5$ 时的数值解和解析解

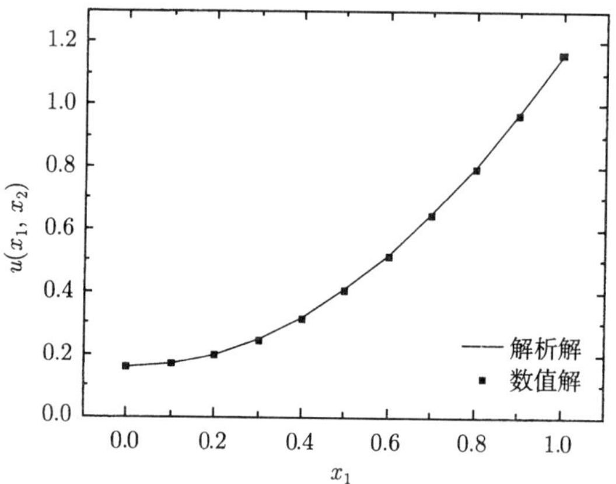

图 6.8.3　$u(x_1,x_2)$ 在 $x_2=0.4$ 时的数值解和解析解

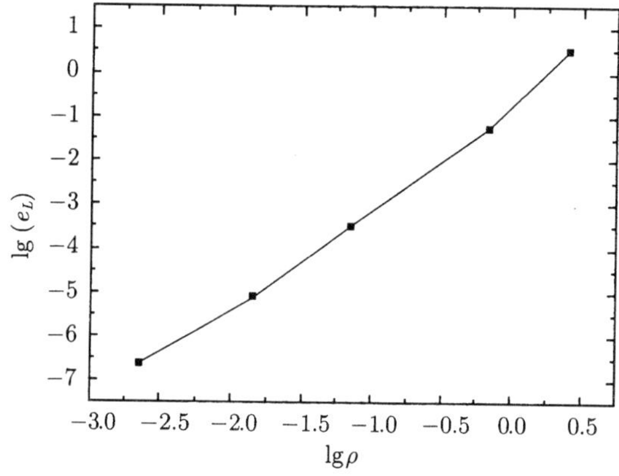

图 6.8.4　误差与影响域半径的关系

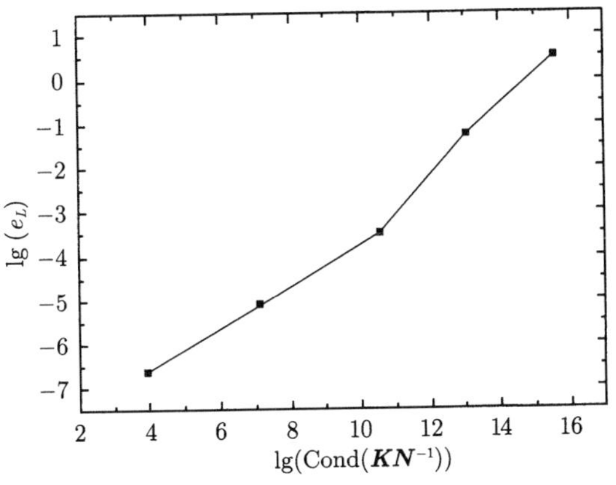

图 6.8.5 误差和 Cond($\boldsymbol{KN}^{-1}$) 的关系

考虑如下的偏微分方程

$$\nabla^2 u(x_1,x_2) = -2(x_1 + x_2 - x_1^2 - x_2^2), \quad 0 \leqslant x_1 \leqslant 1, \quad 0 \leqslant x_2 \leqslant 1, \tag{6.8.44}$$

和边界条件

$$u(x_1,x_2) = 0, \quad 在区域的边界上. \tag{6.8.45}$$

该问题的解析解为

$$u(x_1,x_2) = (x_1 - x_1^2)(x_2 - x_2^2). \tag{6.8.46}$$

如图 6.8.6 所示, 我们在求解区域内部布置了 13×13 个节点. 计算过程中, 基函数取为线性基函数, 权函数取 Gauss 函数. 图 6.8.7 给出了 $x_1 = 0.5$ 处的解析解和数值解的对比. 图 6.8.8 给出了 $x_2 = 0.25$ 处的解析解和数值解的对比.

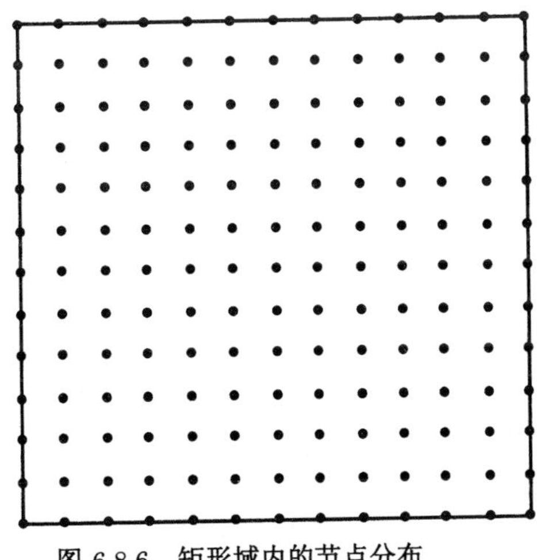

图 6.8.6 矩形域内的节点分布

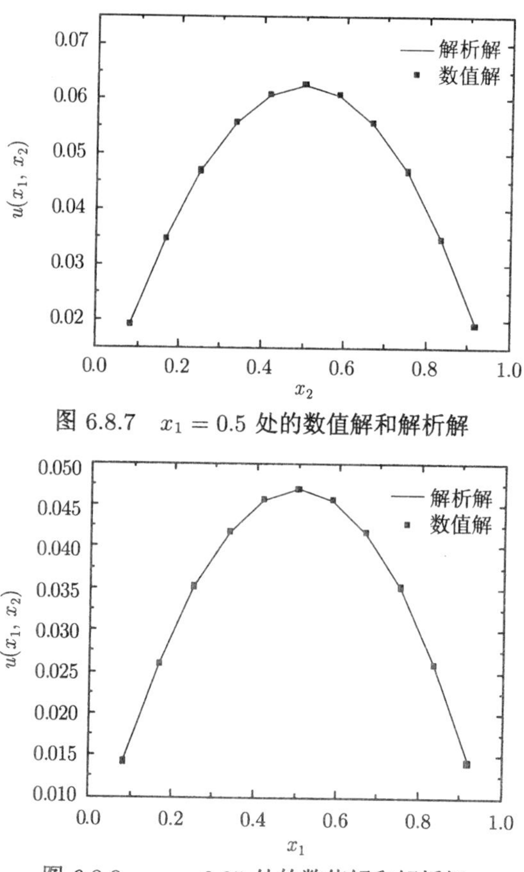

图 6.8.7　$x_1 = 0.5$ 处的数值解和解析解

图 6.8.8　$x_2 = 0.25$ 处的数值解和解析解

图 6.8.9 和图 6.8.10 分别给出了误差和权函数影响域半径 ρ 与矩阵条件数

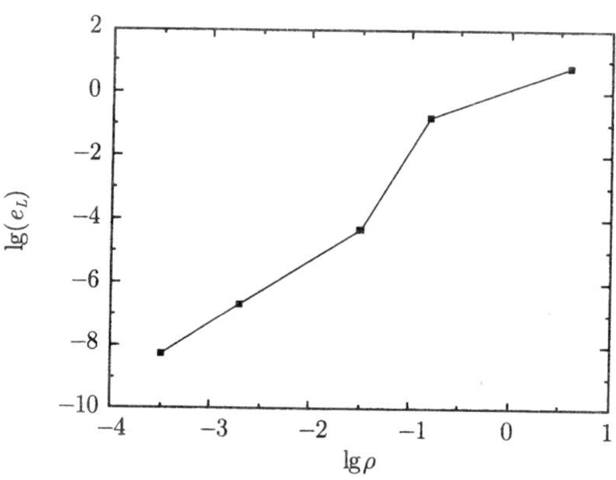

图 6.8.9　误差与影响域半径的关系

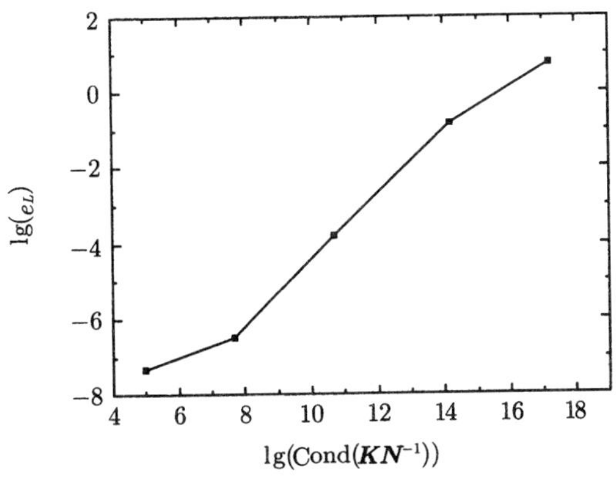

图 6.8.10 误差和 Cond($\boldsymbol{KN}^{-1}$) 的关系

Cond ($\boldsymbol{KN}^{-1}$) 的关系图. 从图 6.8.7 和图 6.8.8 中可以看出, 数值解和解析解吻合得很好. 从图 6.8.9 和图 6.8.10 中可以看出, 误差随着权函数影响域半径和 Cond($\boldsymbol{KN}^{-1}$) 的减小而减小, 从而验证了定理 6.8.1 结论的正确性.

附录 弹塑性力学的插值型无单元 Galerkin 方法的 Matlab 程序

本附录为二维弹塑性力学的插值型无单元 Galerkin 方法的 Matlab 程序，与第 4.3 节数值算例 2 (受均布荷载作用的悬臂梁) 对应. 为使读者较为容易看懂并学会如何编写无网格方法的 Matlab 程序，在以下程序中做了较为详细的说明. 读者可以先看懂并运行此程序，再试着做第 4.3 节的其他算例.

****

```
%主程序 main
%7/2014
%第4.3节数值算例 2(受均布荷载作用的悬臂梁)
tic %时间开关
clear; %清屏
%定义几何参数
Lx=8.0;
Ly=1.0;
young=1.0e5; nu=0.25; %弹性模量和 Poisson 比
qufuyingli=25; %屈服极限
q=1; %荷载集度
nx=20; ny=4;
ndivl=8; ndivw=4;
dmax=2.0;

%建立弹性刚度矩阵
Dmat=(young/(1-nu^2))*[1 nu 0; nu 1 0; 0 0 (1-nu)/2];

%建立节点信息
[x, numnod, dm]=mesh1(Lx, Ly, nx, ny, dmax);

%作域内节点分布图
figure
```

```
hold on
plot(x(1, :), x(2, :), 'k.', 'markersize', 13.4); axis equal; axis
off;
plot(x(1, 1:(ny+1)), x(2, 1:(ny+1)), 'k -', 'linewidth', 2); axis
equal;
plot(x(1, (numnod-ny):numnod), x(2, (numnod-ny):numnod), 'k -',
' linewidth', 2); axis equal;
plot(x(1, 1:(ny+1):(numnod-ny)), x(2, 1:(ny+1):(numnod-ny)),
'k -', 'linewidth', 2); axis equal;
plot(x(1, (ny+1):(ny+1):numnod), x(2, (ny+1):(ny+1):numnod),
'k -', 'linewidth', 2); axis equal;
hold off
%建立域内积分单元和角点信息
[xc, conn, numcell, numq]=mesh2(Lx, Ly, ndivl, ndivw);

%建立边界上的积分单元信息，nnu 表示本质边界积分单元角点编号
% nnt 表示应力边界上积分单元角点编号
[nnu, nnt, lthu, ltht, numT1, numT2]=mesh3(numq, xc);

%建立 Gauss 积分点信息
quado=4; % 4 点 Gauss 积分
[gauss]=gauss2(quado);
numq2=numcell*quado^2;
gs=zeros(4, numq2);
[gs]=egauss(xc, conn, gauss, numcell);

%首先，对结构作完全弹性计算
%建立刚度矩阵 K
[k]=kjuzhen(numnod, gs, x, dm, dmax, Dmat);
%建立向量 F
[f]=fjuzhen(numnod, nnt, numT2, xc, gauss, x, dm, dmax);
%施加本质边界条件，对矩阵 K 和向量 F 作相应变换
[fa, ga, LLL, ennn, exu]=fajuzhen(f, k, x);
%求出所有非本质边界节点的位移
F=fa;
```

```
K=ga;
u=K\F; %此处 u 表示除本质边界节点之外节点的位移

[u, u2]=fuyuan(numnod, ennn, exu, LLL, u); %复原, 求出所有节点位移
%此处 u 是所有节点的位移, 以一维向量表示, u2 也表示所有节点位移, 以二维向量表示

%右端中点的挠度
    %找出右端中点
    for i=1:numnod
        xi=x(1, i);
        yi=x(2, i);
        if ((abs(xi-8.0)<100*eps)&(abs(yi-0.5)<100*eps))
            dian=i;
        end
    end
znaodu=u2(2, dian);
%判断结构是否有进入塑性变形
%计算节点应力
ind=0;
for cg=x
      ind=ind+1;
      gpos=cg(1:2);
      v=domain(gpos, x, dm, numnod);
      L=length(v);
      en=zeros(1, 2*L);
      [phi, dphix, dphiy]=shape(gpos, x, v, dm); %对于给定的 Gauss 积分点, 计算其形函数
      Bmat=zeros(3, 2*L);
      for j=1:L
          Bmat(1:3, (2*j-1):2*j)=[dphix(j) 0; 0 dphiy(j); dphiy(j) dphix(j)];
      end
      for i=1:L
          en(2*i-1)=2*v(i)-1;
```

```
            en(2*i)=2*v(i);
        end
        stress(1:3, ind)=Dmat*Bmat*u(en);
end
%计算节点等效应力
dengxiaostress=zeros(numnod, 1);
for i=1:numnod
        stressx=stress(1, i);
        stressy=stress(2, i);
        stressxy=stress(3, i);
        dengxiaostress(i)=sqrt(stressx^2+stressy^2-stressx*stressy+3*
        stressxy^2);
end
%找出所有节点等效应力的最大值
max1=dengxiaostress(1);
for i=2:numnod
        if ((dengxiaostress(i)-max1)>100*eps)
            max1=dengxiaostress(i);
        end
end
%计算 Gauss 积分点应力
ind=0;
for gg=gs
        ind=ind+1;
        gpos=gg(1:2);
        v=domain(gpos, x, dm, numnod);
        L=length(v);
        en=zeros(1, 2*L);
       [phi, dphix, dphiy]=shape(gpos, x, v, dm);
        Bmat=zeros(3, 2*L);
        for j=1:L
            Bmat(1:3, (2*j-1):2*j)=[dphix(j) 0; 0 dphiy(j); dphiy(j)
            dphix(j)];
        end
        for i=1:L
```

```
            en(2*i-1)=2*v(i)-1;
            en(2*i)=2*v(i);
        end
        gosstress(1:3, ind)=Dmat*Bmat*u(en);
end
%计算 Gauss 积分点等效应力
dgosstress=zeros(numq2, 1);
for i=1:numq2
        gosstressx=gosstress(1, i);
        gosstressy=gosstress(2, i);
        gosstressxy=gosstress(3, i);
        dgosstress(i)=sqrt(gosstressx^2+gosstressy^2-gosstressx*
        gosstressy+3*gosstressxy^2);
end
%找出所有 Gauss 积分点等效应力的最大值
max2=dgosstress(1);
for i=2:ind
        if ((dgosstress(i)-max2)>100*eps)
            max2=dgosstress(i);
        end
end
%寻找域内等效应力的最大值
if ((max1-max2)>100*eps)
        max=max1;
else
        max=max2;
end

%若最大等效应力大于屈服极限，则结构进入塑性变形，对外部荷载进行分步逐段
加载
if ((max-qufuyingli)>100*eps)
        np=100; %增量加载次数
        naodu=zeros(np+2, 1);
        inp=0;
        LL=max/qufuyingli;
```

```
F0=(1/LL)*F; %结构进入塑性，对结构作初始加载 F0，并对结构作完全弹性处理
u0=K\F0;
[u0, uuu2]=fuyuan(numnod, ennn, exu, LLL, u0); % u0 节点位移，以一维向量表示
uu=uuu2; %第一次加载完毕的节点位移，以二维向量表示

%初始加载 F0 下的右端中点挠度
naodu(2)=uu(2, dian)*1000;
%计算节点应力
ind=0;
for cg=x
    ind=ind+1;
    gpos=cg(1:2);
    v=domain(gpos, x, dm, numnod);
    L=length(v);
    en=zeros(1, 2*L);
    [phi, dphix, dphiy]=shape(gpos, x, v, dm);
    Bmat=zeros(3, 2*L);
    for j=1:L
        Bmat(1:3, (2*j-1):2*j)=[dphix(j) 0; 0 dphiy(j);
        dphiy(j) dphix(j)];
    end
    for i=1:L
        en(2*i-1)=2*v(i)-1;
        en(2*i)=2*v(i);
    end
    stress(1:3, ind)=Dmat*Bmat*u0(en);
end
%初始加载 F0 下的 Gauss 积分点应力
ind=0;
for gg=gs
    ind=ind+1;
    gpos=gg(1:2);
    v=domain(gpos, x, dm, numnod);
```

```
            L=length(v);
            en=zeros(1, 2*L);
            [phi, dphix, dphiy]=shape(gpos, x, v, dm);
            Bmat=zeros(3, 2*L);
            for j=1:L
                Bmat(1:3, (2*j -1):2*j)=[dphix(j) 0; 0 dphiy(j);
                dphiy(j) dphix(j)];
            end
            for i=1:L
                en(2*i-1)=2*v(i)-1;
                en(2*i)=2*v(i);
            end
     gosstress(1:3, ind)=Dmat*Bmat*u0(en);
end
%初始加载 F0 下的 Gauss 积分点等效应力
dgosstress=zeros(numq2, 1);
for i=1:numq2
    gosstressx=gosstress(1, i);
    gosstressy=gosstress(2, i);
    gosstressxy=gosstress(3, i);
    dgosstress(i)=sqrt(gosstressx^2+gosstressy^2-gosstressx*
    gosstressy+3*gosstressxy^2);
end

%对外部加载进行分段增量加载，循环计算：进行第 2 次，第 3 次加载 ……
u=u0;
inp=0;
for ip=1:np
    inp=inp+1;
    %计算增量加载所对应的刚度矩阵 K，以及每个 Gauss 积分点的弹塑性矩阵
Dep
    [kp, dep]=kpjuzhen(numq2, numnod, ennn, gs, x, dm, Dmat,
    gosstress, dgosstress, qufuyingli, young, nu);
    K=kp;
    Fi=((np+ip*(LL-1))/(np*LL))*F; %增量加载外部荷载;
```

```
%对增量加载的等效荷载矩阵进行矫正
[junhengF]=junhengFjuzhen(numnod, gs, ennn, x, dm, gosstress);
zengF=Fi-junhengF; %增量加载的等效荷载向量
zengu=K\zengF; %计算节点位移增量
[zengu, uuu2]=fuyuan(numnod, ennn, exu, LLL, zengu);
u=u+zengu; %计算节点本次加载完毕的位移, 以一维向量表示
uu=uu+uuu2; %节点当前位移, 以二维向量表示

%取右端中点的挠度
naodu(inp+2)=uu(2, dian)*1000;
%计算节点应力增量
ind=0;
for cg=x
    ind=ind+1;
    gpos=cg(1:2);
    v=domain(gpos, x, dm, numnod);
    L=length(v);
    en=zeros(1, 2*L);
    [phi, dphix, dphiy]=shape(gpos, x, v, dm);
    Bmat=zeros(3, 2*L);
for j=1:L
    Bmat(1:3, (2*j-1):2*j)=[dphix(j) 0; 0 dphiy(j); dphiy(j)
    dphix(j)];
end
for i=1:L
    en(2*i-1)=2*v(i)-1;
    en(2*i)=2*v(i);
end
stressx=stress(1, ind);
stressy=stress(2, ind);
stressxy=stress(3, ind);
dstress=sqrt(stressx^2+stressy^2-stressx*stressy+3*stressxy^2);
      if ((dstress-qufuyingli)>100*eps)
          [Dep]=Depjuzhen(stressx, stressy, stressxy, dstress,
          young, nu);
```

```
    else
        Dep=Dmat;
    end
    zengstress(1:3, ind)=Dep*Bmat*zengu(en);
end
%计算该次加载完毕节点应力
stress=stress+zengstress;
%计算 Gauss 积分点的应力增量
ind=0;
for gg=gs
    ind=ind+1;
    gpos=gg(1:2);
    v=domain(gpos, x, dm, numnod);
    L=length(v);
    en=zeros(1, 2*L);
    [phi, dphix, dphiy]=shape(gpos, x, v, dm);
    Bmat=zeros(3, 2*L);
    for j=1:L
        Bmat(1:3, (2*j-1):2*j)=[dphix(j) 0; 0 dphiy(j);
        dphiy(j) dphix(j)];
    end
    for i=1:L
        en(2*i-1)=2*v(i)-1;
        en(2*i)=2*v(i);
    end
    Dep=dep(1:3, (3*ind-2):(3*ind));
    zenggosstress(1:3, ind)=Dep*Bmat*zengu(en);
end
%计算 Gauss 积分点在此次加载完毕的应力
gosstress=gosstress+zenggosstress;
%计算域内每个 Gauss 积分点在此次加载完毕的等效应力
dgosstress=zeros(ind, 1);
for i=1:ind
    gosstressx=gosstress(1, i);
    gosstressy=gosstress(2, i);
```

```
          gosstressxy=gosstress(3, i);
          dgosstress(i)=sqrt(gosstressx^2+gosstressy^2-gosstressx*
          gosstressy+3*gosstressxy^2);
        end
    end
end

%结构作为完全弹性体时，右端中点的弹性挠度
hezai=zeros(np+2, 1); %荷载向量
hezai(1)=0;
hezai(2)=q/LL;
for i=1:np
      j=i+2;
      hezai(j)=((np+i*(LL-1))/(np*LL))*q;
end
tannaodu=zeros(2+np, 1); %弹性计算结果
tannaodu(2)=naodu(2);
for i=1:np
      tannaodu(i+2)=naodu(2)*(hezai(i+2)/hezai(2));
end

figure %作图，右端中点按完全弹性计算的挠度，以及按弹塑性计算的挠度
plot(naodu, hezai, 'r -', tannaodu, hezai, 'b -');
xlabel('v/mm'), ylabel('q/N/m');

%结构底端节点的挠度
ind=0;
for i=1:numnod
      xi=x(1, i);
      yi=x(2, i);
      if (abs(yi-0.0)<100*eps)
        ind=ind+1;
        dianhao(ind)=i;
    end
end
```

```
weiyizhi=uu(2, dianhao)*1000;
figure %作图
plot(x(1, dianhao), weiyizhi, 'r -+')

toc

**************************************************************************
%子程序 mesh1
%%%确定矩形域的节点坐标，以及每个节点的影响域半径

function[x, numnod, dm]=mesh1(Lx, Ly, nx, ny, dmax)

numnod=(nx+1)*(ny+1);
for i=1:(nx+1)
      for j=1:(ny+1)
         x(1, ((ny+1)*(i-1)+j))=(Lx/nx)*(i-1);
         x(2, ((ny+1)*(i-1)+j))=-(Ly/ny)*(j-1)+Ly;
    end
end
xspac=Lx/nx;
yspac=Ly/ny;
dm(1, 1:numnod)=dmax*xspac*ones(1, numnod);
dm(2, 1:numnod)=dmax*yspac*ones(1, numnod);

**************************************************************************
%子程序 mesh2
%%%建立矩形域的背景积分网格角点坐标，以及每个网格的角点编号

function[xc, conn, numcell, numq]=mesh2(Lx, Ly, ndivl, ndivw)

numcell=ndivw*ndivl;
numq=(ndivl+1)*(ndivw+1);
%建立网格角点坐标
for i=1:(ndivl+1)
```

```
      for j=1:(ndivw+1)
        xc(1, ((ndivw+1)*(i-1)+j))=(Lx/ndivl)*(i-1);
        xc(2, ((ndivw+1)*(i-1)+j))=-(Ly/ndivw)*(j-1)+Ly;
    end
end
%建立每个网格角点编号
for j=1:ndivl
      for i=1:ndivw
        elemn=(j-1)*ndivw+i;
        nodet(elemn, 1)=elemn+j;
        nodet(elemn, 2)=nodet(elemn, 1)+(ndivw+1);
        nodet(elemn, 3)=nodet(elemn, 2)-1;
        nodet(elemn, 4)=nodet(elemn, 1)-1;
      end
end
conn=nodet';

**************************************************************************
%子程序 mesh3
%%%建立边界上的积分单元信息

function[nnu, nnt, lthu, ltht, numT1, numT2]=mesh3(numq, xc)

ind1=0; ind2=0;
for j=1:numq
      x=xc(1, j);
      y=xc(2, j);
      if(abs(x-0.0)<100*eps)
        ind1=ind1+1;
        nnu(ind1)=j;
      end
      if(abs(y-1.0)<100*eps)
        ind2=ind2+1;
        nnt(ind2)=j;
      end
```

```
end

lthu=ind1;
ltht=ind2;
numT1=lthu-1;
numT2=ltht-1;

**************************************************************************
%子程序 gauss2
%%%建立 4 点 Gauss 积分的积分点和权系数

function[v]=gauss2(k)

v(1, 1)=-.861136311594052575224;
v(1, 2)=-.339981043584856264803;
v(1, 3)=-v(1, 2);
v(1, 4)=-v(1, 1);
v(2, 1)=.347854845137453857373;
v(2, 2)=.652145154862546142627;
v(2, 3)=v(2, 2);
v(2, 4)=v(2, 1);

**************************************************************************
%子程序 egauss
%%%建立背景积分网格 Gauss 积分的所有积分点和权系数

function[gs]=egauss(xc, conn, gauss, numcell)

index=0;
one=ones(1, 4);
psiJ=[-1, +1, +1, -1]; etaJ=[-1, -1, +1, +1];
for e=1:numcell
      je=conn(1:4, e);
      xe=xc(1, je);
      ye=xc(2, je);
```

```
    for i=1:4
      for j=1:4
        index=index+1;
        eta=gauss(1, i); psi=gauss(1, j);
        N=.25*(one+psi*psiJ).*(one+eta*etaJ);
        NJpsi=.25*psiJ.*(one+eta*etaJ);
        NJeta=.25*etaJ.*(one+psi*psiJ);
        xpsi=NJpsi*xe'; ypsi=NJpsi*ye'; xeta=NJeta*xe'; yeta=NJeta*
        ye';
        jcob=xpsi*yeta-xeta*ypsi;
        xq=N*xe'; yq=N*ye';
        gs(1, index)=xq;
        gs(2, index)=yq;
        gs(3, index)=gauss(2, i)*gauss(2, j);
        gs(4, index)=jcob;
      end
    end
end

************************************************************************
%子程序 shape
%%%计算形函数

function[phi, dphix, dphiy]=shape(gpos, z, v, dm)

L=length(v);
won=ones(1, L);
nv=z(1:2, v);
dif=gpos*won-nv;
[w, dwdx, dwdy]=cubwgt(dif, v, dm);
```

%计算 v

```
vv=sum(w);
v=w/vv;
```

%计算 $\boldsymbol{b}^{\mathrm{T}}\boldsymbol{A}^{-1}\boldsymbol{B}$

```
%先计算 b^T, 取线性基, 所以 b 就一个元素
b=zeros(2, 1);
b(1)=gpos(1)-nv(1, :)*w'/vv;
b(2)=gpos(2)-nv(2, :)*w'/vv;
c=zeros(L, 2);
c(:, 1)=(nv(1, :)-(nv(1, :)*w'/vv)*ones(1, L))';
c(:, 2)=(nv(2, :)-(nv(2, :)*w'/vv)*ones(1, L))';
W=diag(w);
A=c'*W*c;
B=c'*W;
phi=v+b'*inv(A)*B;
%以下求形函数导数
%先计算 dv/dx
for i=1:L
      dvdx(i)=(dwdx(i)*vv-w(i)*sum(dwdx))/vv^2;
      dvdy(i)=(dwdy(i)*vv-w(i)*sum(dwdy))/vv^2;
end
%计算 b^T A^-1 B 的导数
dbdx=[1-dvdx*nv(1, :)', -dvdx*nv(2, :)']';
dbdy=[-dvdy*nv(1, :)', 1-dvdy*nv(2, :)']';
dcdx=[(-(nv(1, :)*dwdx'*vv-nv(1, :)*w'*sum(dwdx))/vv^2)*ones(1,L);
((-(nv(2, :)*dwdx'*vv-nv(2, :)*w'*sum(dwdx))/vv^2)*ones(1, L))]';
dcdy=[((-(nv(1, :)*dwdy'*vv-nv(1, :)*w'*sum(dwdy))/vv^2)*ones(1,
L)); ((-(nv(2, :)*dwdy'*vv-nv(2, :)*w'*sum(dwdy))/vv^2)
*ones(1, L))]';
dAdx=zeros(2, 2);
dAdy=zeros(2, 2);
for i=1:L
      dAdx=dAdx+2*w(i)*(dcdx(i, 1:2)'*c(i, 1:2))+dwdx(i)*c(i, :)'
      *c(i, :);
      dAdy=dAdy+2*w(i)*dcdy(i, :)'*c(i, :)+dwdy(i)*c(i, :)'*c(i, :);
end
dnAdx=-inv(A)*dAdx*inv(A);
```

```
dnAdy=-inv(A)*dAdy*inv(A);
dWdx=diag(dwdx);
dWdy=diag(dwdy);
dBdx=dcdx'*W+c'*dWdx;
dBdy=dcdy'*W+c'*dWdy;
phi;
dphix=dvdx+dbdx'*inv(A)*B+b'*dnAdx*B+b'*inv(A)*dBdx;
dphiy=dvdy+dbdy'*inv(A)*B+b'*dnAdy*B+b'*inv(A)*dBdy;
end

***********************************************************************
%子程序 cubwgt
%权函数

function[w, dwdx, dwdy]=cubwgt(dif, v, dm)
L=length(v);
ww=zeros(1,L);
dwdx=zeros(1,L);
dwdy=zeros(1,L);
w=zeros(1,L);
alf=4;
for i=1:L
      dif(1, i);
      dif(2, i);
rx=dif(1,i)/dm(1, v(i));
ry=dif(2,i)/dm(2, v(i));
r=(rx^2+ry^2)^(0.5);
if r<0.0000001
      ww=1000000000000;
      dwwdx=10000000000000000000;
      dwwdy=10000000000000000000;
else
ww=1/r^alf;
drdx=rx*sign(dif(1, i))/(r*dm(1, v(i)));
```

```
drdy=ry*sign(dif(2, i))/(r*dm(2, v(i)));
dwwdx=(-alf)*drdx/r^(alf+1);
dwwdy=(-alf)*drdy/r^(alf+1);
end
w(i)=ww;
dwdx(i)=dwwdx;
dwdy(i)=dwwdy;
end
end

*************************************************************************
%子程序 domain
%确定对 Gauss 积分点有影响的节点编号

function v=domain(gpos, x, dm, nnodes)

dif=gpos*ones(1, nnodes)-x;
a=dm-abs(dif);
b=[a; zeros(1, nnodes)];
c=all(b>=-100*eps);
v=find(c);

*************************************************************************
%子程序 kjuzhen
%计算刚度矩阵 K

function[k]=kjuzhen(numnod, gs, x, dm, dmax, Dmat)

k=sparse(numnod*2, numnod*2);
for gg=gs
      gpos=gg(1:2);
      weight=gg(3);
      jac=gg(4);
      v=domain(gpos, x, dm, numnod);
```

```
    L=length(v);
    en=zeros(1, 2*L);
    [phi, dphix, dphiy]=shape(gpos, x, v, dm);
    Bmat=zeros(3, 2*L);
    for j=1:L
      Bmat(1:3, (2*j-1):2*j)=[dphix(j) 0; 0 dphiy(j); dphiy
    (j) dphix(j)];
    end
    for i=1:L
      en(2*i-1)=2*v(i)-1;
      en(2*i)=2*v(i);
    end
    k(en, en)=k(en, en)+sparse((weight*jac)*Bmat'*Dmat*Bmat);
end

*********************************************************************
%子程序 fjuzhen
%计算向量 F

function[f]=fjuzhen(numnod, nnt, numT2, xc, gauss, x, dm, dmax)

f=zeros(numnod*2, 1);
t=[0; q]; %外部荷载
for i=1:numT2
     j=i+1;
     m1=nnt(i);
     m2=nnt(j);
     x1=xc(1, m1);
     x2=xc(1, m2);
     y1=xc(2, m1);
     y2=xc(2, m2);
     jcob=abs((x2-x1)/2);
     for n=1:4
       si=gauss(1, n);
```

```
        weight=gauss(2, n);
        N1=(1-si)/2;
        N2=(1+si)/2;
        xgpos=N1*x1+N2*x2;
        ygpos=y1;
        gpos=[xgpos; ygpos];
        v=domain(gpos, x, dm, numnod);
        L=length(v);
        [phi, dphix, dphiy]=shape(gpos, x, v, dm);
        Amat=zeros(2, 2*L);
        for j=1:L
          Amat(1:2, (2*j-1):2*j)=[phi(j) 0; 0 phi(j)];
        end
        en=zeros(1, 2*L);
        for i=1:L
          en(2*i-1)=2*v(i)-1;
          en(2*i)=2*v(i);
        end
        f(en)=f(en)+Amat'*t*weight*jcob;
    end
end
**********************************************************************
%子程序 fajuzhen
%施加本质边界条件，对矩阵 K 和向量 F 作相应变换

function[fa, ka, L, en, exu]=fajuzhen(f, k, x)

fa=f;
c=find(x(1, :)==0);
L=length(c);
exu=zeros(2*L, 1);
en=zeros(2*L, 1)';
for i=1:L
      en(2*i-1)=2*c(i)-1;
      en(2*i)=2*c(i);
```

```
end

%因为本质边界条件为零，所以直接令相应项为零即可
fa(en)=[];
ka=k;
ka(:, en)=[];
ka(en, :)=[];

***********************************************************************
%子程序 fuyuan
%复原，求出所有节点位移

function[a, b]=fuyuan(numnod, en, exu, L, u)

a=zeros(2*numnod, 1);
b=zeros(2, numnod);
indd=0;
 inddd=0;
    ind=1;
for i=1:numnod
    indd=indd+1;
    if 2*i-1~=en(ind)
        b(1, indd)=u(2*(i-inddd)-1);
        b(2, indd)=u(2*(i-inddd));
    else
        b(1, indd)=exu(ind);
        b(2, indd)=exu(ind+1);
        inddd=inddd+1;
        ind=ind+2;
        if ind>2*L
          ind=ind-2;
        end
    end
 end
 for i=1:numnod
```

```
    a(2*i-1)=b(1, i);
    a(2*i)=b(2, i);
end

****************************************************************************
%子程序 kpjuzhen
%计算增量加载所对应的刚度矩阵 K，也即计算与当前应力状况相对应的刚度矩阵 K，以及每个 Gauss 积分点的弹塑性矩阵 Dep

function[kp, dep]=kpjuzhen(numq2, numnod, ennn, gs, x, dm, Dmat,
gosstress, dgosstress, qufuyingli, young, nu)

kp=sparse(numnod*2, numnod*2); %刚度矩阵
dep=zeros(3, 3*numq2);
ind=0;
for gg=gs
     ind=ind+1;
     gpos=gg(1:2);
     weight=gg(3);
     jac=gg(4);
     v=domain(gpos, x, dm, numnod);
     L=length(v);
     [phi, dphix, dphiy]=shape(gpos, x, v, dm);
     Bmat=zeros(3, 2*L);
     for j=1:L
       Bmat(1:3, (2*j-1):2*j)=[dphix(j) 0; 0 dphiy(j);
       dphiy(j) dphix(j)];
     end
     en=zeros(1, 2*L);
     for i=1:L
       en(2*i-1)=2*v(i)-1;
       en(2*i)=2*v(i);
     end
     stressx=gosstress(1, ind);
```

```
        stressy=gosstress(2, ind);
        stressxy=gosstress(3, ind);
        dstress=dgosstress(ind);
        if ((dstress-qufuyingli)>100*eps)
          [Dep]=Depjuzhen(stressx, stressy, stressxy, dstress, young,
        nu); %塑性矩阵 Dep
        else
          Dep=Dmat; %弹性矩阵 De
        end
        kp(en, en)=kp(en, en)+sparse((weight*jac)*Bmat'*Dep*Bmat);
        dep(1:3, (3*ind-2):(3*ind))=Dep;
end
kp(:, ennn)=[];
kp(ennn, :)=[];

************************************************************************
%子程序 Depjuzhen
%计算弹塑性矩阵

function[Dep]=Depjuzhen(stressx, stressy, stressxy, dstress,
young, nu)

Dep=zeros(3, 3);
pianstressx=stressx-(stressx+stressy)/3;
pianstressy=stressy-(stressx+stressy)/3;
pianstressxy=stressxy;
Et=0.2*young;
H=(young*Et)/(young-Et);
P=((2*H)/(9*young))*dstress^2+(stressxy^2)/(1+nu);
R=pianstressx^2+2*nu*pianstressx*pianstressy+pianstressy^2;
Q=R+2*(1-nu^2)*P;
Dep(1, 1)=pianstressy^2+2*P;
Dep(2, 2)=pianstressx^2+2*P;
Dep(3, 3)=R/(2*(1+nu))+((2*H)/(9*young))*(1-nu)*(dstress^2);
```

```
Dep(2, 1)=(-1)*pianstressx*pianstressy+2*nu*P;
Dep(3, 1)=(-1)*((pianstressx+nu*pianstressy)/(1+nu))*stressxy;
Dep(3, 2)=(-1)*((pianstressy+nu*pianstressx)/(1+nu))*stressxy;
Dep(1, 2)=Dep(2, 1);
Dep(1, 3)=Dep(3, 1);
Dep(2, 3)=Dep(3, 2);
Dep=(young/Q)*Dep;

*********************************************************************
%子程序 junhengFjuzhen
%对增量加载的等效荷载向量进行矫正，以提高精度

function[junhengF]=junhengFjuzhen(numnod, gs, enn, x, dm,
gosstress)

junhengF=zeros(numnod*2, 1);
ind=0;
for gg=gs
      ind=ind+1;
      gpos=gg(1:2);
      weight=gg(3);
      jac=gg(4);
      v=domain(gpos, x, dm, numnod);
      L=length(v);
      en=zeros(1, 2*L);
      [phi, dphix, dphiy]=shape(gpos, x, v, dm);
      Bmat=zeros(3, 2*L);
      for j=1:L
        Bmat(1:3, (2*j-1):2*j)=[dphix(j) 0; 0 dphiy(j); dphiy(j)
        dphix(j)];
      end
      for i=1:L
        en(2*i-1)=2*v(i)-1;
        en(2*i)=2*v(i);
```

```
    end
    stress=zeros(3, 1);
    stress=gosstress(1:3, ind);
    junhengF(en)=junhengF(en)+((weight*jac)*Bmat'*stress);
end
junhengF(enn)=[];
*******************************************************************
```

参 考 文 献

[1] Zienkiewicz O C, Taylor R L. The finite element method (Fifth edition) Volume 1: The Basis. Oxford: Butterworth-Heinemann, 2000

[2] 嵇醒, 臧跃龙, 程玉民. 边界元进展及通用程序. 上海: 同济大学出版社, 1997

[3] Belytschko T, Krongauz Y, Organ D, et al. Meshless methods: An overview and recent developments. Computer Methods in Applied Mechanics and Engineering, 1996, 139: 3-47

[4] Gingold R A, Moraghan J J. Smoothed particle hydrodynamics: Theory and applications to nonspherical stars. Monthy Notices of the Royal Astronomical Society, 1977, 18: 375-389

[5] Lancaster P, Salkauskas K. Surfaces generated by moving least square methods. Mathematics of Computation, 1981, 37: 141-158

[6] Cheng Y M, Li J H. A complex variable meshless method for fracture problems. Science in China Ser. G Physics, Mechanics & Astronomy, 2006, 49(1): 46-59

[7] Liew K M, Feng C,Cheng Y M, et al. Complex variable moving least-squares method: A meshless approximation technique. International Journal for Numerical Methods in Engineering, 2007, 70(1): 46-70

[8] Liu W K, Jun S, Zhang Y F. Reproducing kernel partical methods. International Journal for Numerical Methods in Fluids, 1995, 20:1081-1106

[9] Chen L, Cheng Y M. The complex variable reproducing kernel particle method for elasto-plasticity problems. Science China Physics, Mechanics & Astronomy, 2010, 53(5): 954-965

[10] Babuška I, Melenk J M. The partition of unity method. International Journal for Numerical Methods in Engineering, 1997, 40: 727-758

[11] Frink R. Scattered data interpolation: Test of some methods. Mathematics of Computation, 1972, 38: 181-199

[12] Liu G R, Gu Y T. A point interpolation method for two-dimensional solids. International Journal for Numerical Methods in Engineering, 2001, 50: 937-951

[13] Gu L. Moving Kriging interpolation and element-free Galerkin method. International Journal for Numerical Methods in Engineering, 2003, 56(1): 1-11

[14] Belytschko T, Lu Y Y, Gu L. Element-free Galerkin Methods. International Journal for Numerical Methods in Engineering, 1994, 37: 229-256

[15] 程玉民, 李九红. 弹性力学的复变量无网格方法. 物理学报, 2005, 54(10): 4463-4471

[16] Atluri S N, Zhu T L. The meshless local Petrov-Galerkin (MLPG) approach for solving problems in elasto-statics. Computational Mechanics, 2000, 25: 169-179

[17] 程玉民, 陈美娟. 弹性力学的一种边界无单元法. 力学学报, 2003, 35(2): 181-186

[18] Zhang X, Liu X H, Song K Z, et al. Least-square collocation meshless method. International Journal for Numerical Methods in Engineering, 2001, 51(9): 1089-1100

[19] Zhu T, Atluri S N. A modified collocation method and a penalty formulation for enforcing the essential boundary conditions in the element free Galerkin method. Computational Mechanics, 1998, 21: 211-222

[20] Nayroles B, Touzot G, Villon P. Generalizing the finite element method: Diffuse approximation and diffuse elements. Computational Mechanics, 1992, 10: 307-318

[21] Zhang Z, Li D M, Cheng Y M, Liew K M. The improved element-free Galerkin method for three-dimensional wave equation. Acta Mechanica Sinica, 2012, 28(3): 808-818

[22] Ren H P, Cheng Y M. The interpolating element-free Galerkin (IEFG) method for two-dimensional elasticity problems. International Journal of Applied Mechanics, 2011, 3(4): 735-758

[23] 戴保东, 程玉民. 势问题的径向基函数 — 局部边界积分方程方法. 物理学报, 2007, 56(2): 597-603

[24] Duarte M, Oden J T. An h-p adaptive method using clouds. Computer Methods in Applied Mechanics and Engineering, 1996, 139: 237-262

[25] Oñate E, Idelsohn S, Zienkiewicz O C, et al. A finite point method in computational mechanics. Applications to convective transport and fluid flow. International Journal for Numerical Methods in Engineering, 1996, 39: 3839-3866

[26] Cheng R J, Cheng Y M. Error estimates for the finite point method. Applied Numerical Mathematics, 2008, 58(6): 884-898

[27] Sukumar N, Moran T, Belytschko T. The natural element method in solid mechanics. International Journal for Numerical Methods in Engineering, 1998, 43(5): 839-887

[28] 王兆清, 冯伟. 自然单元法研究进展. 力学进展, 2004, 34(4): 437-445

[29] 董轶, 马永其, 冯伟. 弹性力学的杂交自然单元法. 力学学报, 2012, 44(3): 568-575

[30] Liew K M, Cheng R J. Numerical study of the three-dimensional wave equation using the mesh-free kp-Ritz method. Engineering Analysis with Boundary Elements, 2013, 37: 977-989

[31] Idelsohn S R, Oñate E, Calvo N, et al. The meshless finite element method. International Journal for Numerical Methods in Engineering, 2003, 58: 893-912

[32] 程玉民, 彭妙娟, 李九红. 复变量移动最小二乘法及其应用. 力学学报, 2005, 37(6): 719-723

[33] Peng M J, Liu P, Cheng Y M. The complex variable element-free Galerkin (CVEFG) method for two-dimensional elasticity problems. International Journal of Applied Mechanics, 2009, 1(2): 367-385

[34] 陈丽, 程玉民. 弹性力学的复变量重构核粒子法. 物理学报, 2008, 57(1): 1-10

[35] 李树忱, 程玉民. 基于单位分解法的无网格数值流形方法. 力学学报, 2004, 36(4): 496-500

[36] Gao H F, Cheng Y M. A complex variable meshless manifold method for fracture problems. International Journal of Computational Methods, 2010, 7(1): 55-81

[37] Mukherjee Y X, Mukherjee S. The boundary node method for potential problems. Internatioal Journal for Numerical Methods in Engineering, 1997, 40: 797-815

[38] Zhang J M, Yao Z H, Li Hong. A hybrid boundary node method. International Journal for Numerical Methods in Engineering, 2002, 53: 751-763

[39] Atluri S N, Sladek J, Sladek V, et al. The local boundary integral equation (LBIE) and it's meshless implementation for linear elasticity. Computational Mechanics. 2000, 25: 180-198

[40] 戴保东, 程玉民. 基于径向基函数的局部边界积分方程方法. 机械工程学报, 2006, 42(11): 150-155

[41] Gu Y T, Liu G R. A boundary point interpolation method for stress analysis of solids. Computational Mechanics, 2002, 28(1): 47-54

[42] 程玉民, 彭妙娟. 弹性动力学的边界无单元法. 中国科学 G 辑, 2005, 35(4): 435-448

[43] Liew K M, Cheng Y M, Kitipornchai S. Boundary element-free method (BEFM) and its application to two-dimensional elasticity problems. International Journal for Numerical Methods in Engineering, 2006, 65(8): 1310-1332

[44] 秦义校, 程玉民. 弹性力学的重构核粒子边界无单元法. 物理学报, 2006, 55(7): 3215-3222

[45] Peng M J, Cheng Y M. A boundary element-free method (BEFM) for two-dimensional potential problems. Engineering Analysis with Boundary Elements, 2009, 33(1): 77-82

[46] Liew K M, Cheng Y M. Complex variable boundary element-free method for two-dimensional elastodynamic problems. Computer Methods in Applied Mechanics and Engineering, 2009, 198(49-52): 3925-3933

[47] Belytschko T, Lu Y Y and Gu L. Crack propagation by element-free Galerkin methods. Engineering Fracture Mechanics, 1995, 51: 295-315

[48] Lucy L B. A numerical approach to the testing of the fission hypothesis. The Astrophysical Journal, 1977, 8(12): 1013-1024

[49] Libersky L D, Petschek A G, et al. High strain Lagrangian hydrodynamics: A three-dimensional SPH code for dynamic material response. Journal of Computational Physics, 1993, 109: 67-75

[50] Swegle J W, Hicks D L, Attaway S W. Smoothed particle hydrodynamics stability analysis. Journal of Computational Physics, 1995, 116: 123-134

[51] Swegle J W, Attaway S W. On the feasibility of using smoothed particle hydrodynamics for underwater explosion calculations. Computational Mechanics, 1995, 17: 151-168

[52] Chen J K, Beraun J E, Jih C J. An improvement for tensile instability in smoothed particle hydrodynamics. Computational Mechanics, 1998, 23: 279-287

[53] Johnson G R, Stryk R A, Beissel S R. SPH for high velocity impact computations. Computer Methods in Applied Mechanics and Engineering, 1996, 139:347-373

[54] Johnson G R, Beissel S R. Normalized smoothing functions for SPH impact computations. International Journal for Numerical Methods in Engineering, 2002, 53: 825-843

[55] Liu M B, Liu G R, Zong Z. An overview on smoothed particle hydrodynamics. International Journal of Computational Methods, 2008, 5(1):135-188

[56] Liu M B, Shao J R, Chang J Z. On the treatment of solid boundary in smoothed particle hydrodynamics. Science China—Technological Sciences, 2012, 55(1): 244-254

[57] Ma G W, Wang X J, Ren F. Numerical simulation of compressive failure of heterogeneous rock-like materials using SPH method. International Journal of Rock Mechanics and Mining Sciences, 2011, 48(3): 353-363

[58] Ma G W, Wang Q S, Yi X W. A modified SPH Method for dynamic failure simulation of heterogeneous material. Mathematical Problems in Engineering, 2014, 2014: 808359

[59] Belytschko T, Krongauz Y et al. Smoothing and accelerated computations in the element free Galerkin method. Journal of Computational and Applied Mathematics, 1996, 74: 111-126

[60] Krongauz Y, Belytschko T. EFG approximation with discontinuous derivatives. International Journal for Numerical Methods in Engineering, 1998, 41: 1215-1233

[61] Dolbow J, Belytschko T. Numerical integration of the Galerkin weak form in meshfree methods. Computational Mechanics, 1999, 23: 219-230

[62] Belytschko T, Gu L, Lu Y Y. Fracture and crack growth by element free Galerkin methods. Modlling and Simulation in Materials Science and Engineering, 1994, 2: 519-534

[63] Lu Y Y, Belytschko T. Element-free Galerkin methods for wave propagation and dynamic fracture. Computer Methods in Applied Mechanics and Engineering, 1995, 126: 131-153

[64] Belytschko T, Tabbara M. Dynamic fracture using element-free Galerkin methods. International Journal for Numerical Methods in Engineering, 1996, 39: 923-938

[65] Beissel S, Belytschko T. Nodal integration of the element free Galerkin method. Computer Methods in Applied Mechanics and Engineering, 1996, 139: 49-74

[66] Mukherjee Y X, Mukherjee S. On boundary conditions in the element-free Galerkin method. Computational Mechanics, 1997, 19: 264-270

[67] Kaljevic I, Saigal S. An improved element free Galerkin formulation. International Journal for Numerical Methods in Engineering, 1997, 40: 2953-2974

[68] Ponthot J P, Belytschko T. Arbitrary Lagrangian-Eulerian formulation for element-free Galerkin method. Computer Methods in Applied Mechanics and Engineering, 1998, 152: 19-46

[69] Smolinski P, Palmer T. Procedures for multi-time step integration of element free Galerkin methods for diffusion problems. Computers & Structures, 2000, 77: 171-183

[70] Krysl P, Belytschko T. ESFLIB: A library to compute the element free Galerkin shape functions. Computer Methods in Applied Mechanics and Engineering, 2001, 190: 2181-2205

[71] Alves M K, Rossi R. A modified element-free Galerkin method with essential boundary conditions enforced by an extended partition of unity finite element weight function. International Journal for Numerical Methods in Engineering, 2003, 57: 1523-1552

[72] Krysl P, Belytschko T. Analysis of thin shells by element-free Galerkin method. Computational Mechanics, 1995, 17: 26-35

[73] Belytschko T, Lu Y Y, Gu L, et al. Element-free Galerkin methods for static and dynamic fracture. International Journal of Solids and Structures, 1995, 32: 2547-2570

[74] Sukumar N, Moran B, Black T, et al. An element-free Galerkin method for three-dimensional fracture mechanics. Computational Mechanics, 1997, 20: 170-175

[75] Fleming M, Chu Y A, Moran B, et al. Enriched element-free Galerkin methods for crack tip fields. International Journal for Numerical Methods in Engineering, 1997, 40: 1483-1504

[76] Bouillard Ph, Seleau S. Element-free Galerkin solutions for Helmholtz problems: Formulation and numerical assessment of the pollution effect. Computer Methods in Applied Mechanics and Engineering, 1998, 162: 317-335

[77] Xu Y, Saigal S. An element free Galerkin analysis of steady dynamic grcwth of a mode I crack in elastic-plastic materials. International Journal of Sounds and Structures, 1999, 36: 1045-1079

[78] Belytschko T, Organ D, Gerlach C. Element-free Galerkin methods for dynamic fracture in concrete. Computer Methods in Applied Mechanics and Engineering, 2000, 187: 385-399

[79] Kargarmovin M H, Toussi H E, Faribotz S J. Elasto-plastic element-free Galerkin method. Computational Mechanics, 2004, 33(3): 206-214

[80] Lee S H, Yoon Y C. An improved crack analysis technique by element-free Galerkin method with auxiliary supports. International Journal for Numerical Methods in Engineering, 2003, 56: 1291-1314

[81] Rao B N and Rahman S. An enriched meshless method for non-linear enriched fracture mechanics. International Journal for Numerical Methods in Engineering, 2004, 59: 197-223

[82] Liew K M, Ren J, Kitipornchai S. Analysis of the pseudoelastic behavior of a SMA beam by the element-free Galerkin method. Engineering Analysis with Boundary Elements, 2004, 28: 497-507

[83] Zhang Z, Liew K M, Cheng Y M, et al. Analyzing 2D fracture problems with the

improved element-free Galerkin method. Engineering Analysis with Boundary Elements, 2008, 32: 241-250

[84] Zhang Z, Zhao P, Liew K M. Analyzing three-dimensional potential problems with the improved element-free Galerkin method. Computational Mechanics, 2009, 44(2): 273-284

[85] Zhang Z, Wang J F, Cheng Y M, et al. The improved element-free Galerkin method for three-dimensional transient heat conduction problems. Science China Physics, Mechanics & Astronomy, 2013, 56(8): 1568-1580

[86] Ren H P, Cheng Y M. The interpolating element-free Galerkin (IEFG) method for two-dimensional potential problems. Engineering Analysis with Boundary Elements, 2012, 36(5): 873-880

[87] Oñate E, Idelsohn S, et al. A stabilized finite point method for analysis of fluid mechanics problems. Computer Methods in Applied Mechanics and Engineering, 1996, 139: 315-346

[88] Oñate E, Idelsohn S. A mesh-free finite point method for advective-diffusive transport and fluid flow problems. Computational Mechanics, 1998, 21: 283-292

[89] Wang W X, Takao Y. Isoparametric finite point method in computational mechanics. Computational Mechanics, 2004, 33: 481-490

[90] Wawreńczuk A, Kuhnert J, Siedow N. FPM computations of glass cooling with radiation. Computer Methods in Applied Mechanics and Engineering, 2007, 196: 4656-4671

[91] Ortega E, Oñate E, Idelsohn S, et al. An adaptive finite point method for the shallow water equations. International Journal for Numerical Methods in Engineering, 2011, 88: 180-204

[92] Lin H, Atluri S N. The meshless local Petrov-Galerkin (MLPG) method for solving incompressible Navier-Stokes equations. Computer Modeling in Engineering & Sciences, 2001, 2: 117-142

[93] Atluri S N, Shen S P. The meshless local Petrov-Galerkin (MLPG): A simple & less-costly alternative to the finite element and boundary element methods. Computer Modeling in Engineering and Sciences, 2002, 3(1): 11-51

[94] Tang Z, Shen S P, Atluri S N. Analysis of materials with strain gradient effects: A meshless local Petrov-Galerkin (MLPG) approach, with nodal displacements only. CMES - Computer Modeling in Engineering & Sciences, 2003, 4(1): 177-196

[95] Raju I S, Phillips D R, Krishnamurthy T. A radial basis function approach in the meshless local Petrov-Galerkin method for Euler-Bernoulli beam problems. Computational Mechanics, 2004, 34: 464-474

[96] Xiao J R. Local Heaviside weighted MLPG meshless methods for two-dimensional solids using compactly supported radial basis functions. Computer Methods in Applied Mechanics and Engineering, 2004, 193: 117-138

[97] 杨秀丽, 戴保东, 栗振锋. 弹性力学的复变量无网格局部 Petrov-Galerkin 法. 物理学报, 2012, 61(5): 050204

[98] Yang X L, Dai B D, Zhang W W. The complex variable meshless local Petrov-Galerkin approach for two-dimensional potential problem. Chinese Physics B, 2012, 21(10): 100208

[99] Wang Q F, Dai B D, Li Z F. The complex variable meshless local Petrov-Galerkin method for transient heat conduction problems. Chinese Physics B, 2013, 21(8): 080203

[100] Dai B D, Wang Q F, Zhang W W, et al. The complex variable meshless local Petrov-Galerkin method for elastodynamic problems. Applied Mathematics and Computation, 2014, 243: 311-321

[101] Dai B D, Cheng J, Zheng B J. A moving Kriging interpolation-based meshless local Petrov-Galerkin method for elastodynamic analysis. International Journal of Applied Mechanics, 2013, 5(1): 1350011

[102] Zhu P, Zhang L W, Liew K M. Geometrically nonlinear thermomechanical analysis of moderately thick functionally graded plates using a local Petrov-Galerkin approach with moving Kriging interpolation. Composite Structures, 2014, 107: 298-314

[103] Dai B D, Zheng B J. Numerical solution of transient heat conduction problems using improved meshless local Petrov-Galerkin method. Applied Mathematics and Computation, 2013, 219: 10044-10052

[104] Chen L, Liu C, Ma H P, et al. An interpolating local Petrov-Galerkin method for potential problems. International Journal of Applied Mechanics, 2014, 6(1): 1450009

[105] Liu W K, Jun S, Li S, et al. Reproducing kernel particle methods for structural dynamics. International Journal for Numerical Methods in Engineering, 1995, 38: 1655-1679

[106] Chen J S, Pan C, Wu C T. Reproducing kernel particle methods for large deformation analysis of non-linear structure. Computer Methods in Applied Mechanics and Engineering, 1996, 139: 195-229

[107] Chen J S, Pan C, Wu W T. Large deformation analysis of rubber based on a reproducing kernel particle method. Computational Mechanics, 1997, 19: 211-227

[108] Jun S, Liu W K, Belytschko T. Explicit reproducing kernel particle methods for large deformation problems. International Journal for Numerical Methods in Engineering, 1998, 41: 137-166

[109] Liew K M, Ng T Y, Wu Y C. Meshfree method for large deformation analysis—a reproducing kernel particle approach. Engineering Structures, 2002, 24: 543-551

[110] Donning B M, Liu W K. Meshless methods for shear-deformable beams and plates. Computer Methods in Applied Mechanics and Engineering, 1998, 152: 47-71

[111] Aluru N R. A reproducing Kernel particle method for meshless analysis of microelectromechanical systems. Computational Mechanics, 1999, 23: 324-338

[112] Zhou J X, Zhang H Y, Zhang L. Reproducing kernel particle method for free and forced vibration analysis. Journal of Sound and Vibration, 2005, 279: 389-402

[113] Cheng R J, Liew K M. The reproducing kernel particle method for two-dimensional unsteady heat conduction problems. Computational Mechanics, 2009, 45(1): 1-10

[114] Liu W K, Uras R A, Chen Y. Enrichment of the finite element with the reproducing kernel particle method. Current Topics in Computational Mechanics, 1995, 305: 253-258

[115] Chen J S, Yoon S, Wang H P, et al. An improved reproducing kernel particle method for nearly incompressible finite elasticity. Computer Methods in Applied Mechanics and Engineering, 2000, 181: 117-145

[116] Chen J S, Han W, You Y, et al. A reproducing kernel method with nodal interpolation property. International Journal for Numerical Methods in Engineering, 2003, 56: 935-960

[117] Li S, Liu W K. Moving least-square reproducing kernel method Part I Methodology and convergence. Computer Methods in Applied Mechanics and Engineering, 1997, 143: 113-154

[118] Li S, Liu W K. Moving least-square reproducing kernel method Part II Fourier analysis. Computer Methods in Applied Mechanics and Engineering, 1996, 139: 159-193

[119] Li S, Liu W K. Reproducing kernel hierarchical partition of unity, Part I: Formulation and theory. International Journal for Numerical Methods in Engineering, 1999, 45: 251-288

[120] Li S, Liu W K. Reproducing kernel hierarchical partition of unity, Part II: Applications. International Journal for Numerical Methods in Engineering, 1999, 45: 289-317

[121] Liu W K, Chen Y, Chang C T, et al. Advances in multiple scale kernel particle methods. Computational Mechanics, 1996, 18: 73-111

[122] Duarte A, Oden J T. Hp clouds: A h-p meshless method. Numerical Methods for Partial Differential Equations, 1996, 12: 673-705

[123] Chen J S, Hu W, Puso M. Orbital hp-clouds for solving Schrödinger equation in quantum mechanics. Computer Methods in Applied Mechanics and Engineering, 2007, 196:37-40

[124] Liszka T J, Duarte C, Tworzydlo W W. Hp-meshless cloud method. Computer Methods in Applied Mechanics and Engineering, 1996, 139: 263-288

[125] Oden J T, Duarte A, Zienkiewicz O C. A new cloud-based hp finite element method. Computer Methods in Applied Mechanics and Engineering, 1998, 153: 117-126

[126] Mendoncca P T R, Barcellos C S, Duarte A. Investigations on the Hp-cloud method by solving Timoshenko beam problems. Computational Mechanics, 2000, 25: 286-295

[127] Garcia O, Fancello E A et al. Hp-Clouds in Mindlin's thick plate model. International Journal for Numerical Methods in Engineering, 2000, 47(8): 1381-1400

[128] Babuška I, Melenk J M. The partition of unity finite element method: Basic theory and applications. Computer Methods in Applied Mechanics and Engineering, 1996, 139:

289-314

[129] Strouboulis T, Babuška I, Copps K. The design and analysis of the generalized finite element method. Computer Methods in Applied Mechanics and Engineering, 2000, 181: 43-69

[130] Dolbow J, Moes N, Belytschko T. Discontinuous enrichment in finite elements with a partition of unity method. Finite Elements in Analysis and Design, 2000, 36(3): 235-260

[131] Duarte C A, Hamzeh O N, Liszka T J, et al. A generalized finite element method for the simulation of three-dimensional dynamic crack propagation. Computer Methods in Applied Mechanics and Engineering, 2001, 190: 2227-2262

[132] Leung H, Baiz P M. Partition of unity and drilling rotations in the boundary element method (BEM). International Journal of Solids and Structures, 2013, 50(2): 379-395

[133] Natarajan S, Chakraborty S, Ganapathi M. A parametric study on the buckling of functionally graded material plates with internal discontinuities using the partition of unity method. European Journal of Mechanics A – Solids, 2014, 44: 136-147

[134] 吴宗敏. 径向基函数、散乱数据拟和与无网格偏微分方程数值解. 工程数学学报, 2002, 19(2): 1-11

[135] Kansa E J. Multiquadrics - a scatered data approximation scheme with applications to computational fluid dynamics - I. Computational & Applied Mathematics, 1990, 19(8/9): 127-145

[136] Kansa E J. Multiquadrics - a scatered data approximation scheme with applications to computational fluid dynamics - II. Computational & Applied Mathematics, 1990, 19(8/9): 147-161

[137] Wendland H. Meshless Galerkin method using radial basis functions. Mathematics of Computation, 1999, 68(228): 1521-1531

[138] Bouhamidi A, Jbilou K. Messless thin plate splines methods for the modified Helmholtz equation. Computer Methods in Applied Mechanics and Engineering, 2008, 197 (45-48): 3733-3741

[139] Braun J, Sambridge. A numerical method for solving partial differential equation highly irregular evolving grid. Natural, 1995, 376: 655-660

[140] Cueto E, Sukumar N, Calvol B, et al. Overview and recent advances in natural neighbour Galerkin methods. Archives of Computational Methods in Engineering, 2003, 10(4): 307-384

[141] García J A, Gascón LI, Cueto E, et al. Messless methods with application to liquid composite molding simulation. Computer Methods in Applied Mechanics and Engineering, 2009, 198: 2700-2709

[142] Ma Y Q, Dong Y, Zhou Y K. The incremental hybrid natural element method for elastoplasticity problems. Mathematical Problems in Engineering, 2014, 2014: 979216

[143] Liew K M, Wang, J, Tan M J. Nonlinear analysis of laminated composite plates using the mesh-free kp-Ritz method based on FSDT. Computer Methods in Applied Mechanics and Engineering, 2004, 193(45-47): 4763-4779

[144] Liew K M, Hu Y G, Zhao X. Dynamic stability analysis of composite laminated cylindrical shells via the mesh-free kp-Ritz method. Computer Methods in Applied Mechanics and Engineering, 2006, 196(1-3): 147-160

[145] Liew K M, Wang J, Tan M J. Postbuckling analysis of laminated composite plates using the mesh-free kp-Ritz method. Computer Methods in Applied Mechanics and Engineering, 2006, 195(7-8): 551-570

[146] Zhao X, Liew K M. Geometrically nonlinear analysis of functionally graded plates using the element-free kp-Ritz method. Computer Methods in Applied Mechanics and Engineering, 2009, 198(33-36): 2796-2811

[147] Cheng R J, Liew K M. Analyzing two-dimensional sine-Gordon equation with the mesh-free reproducing kernel particle Ritz method. Computer Methods in Applied Mechanics and Engineering, 2012, 245-246: 132-143

[148] Lei Z X, Liew K M, Yu J L. Large deflection analysis of functionally graded carbon nanotube-reinforced composite plates by the element-free kp-Ritz method. Computer Methods in Applied Mechanics and Engineering, 2013, 256: 189-199

[149] Cheng R J, Liew K M. Modeling of biological population problems using the element-free Kp-Ritz method. Applied Mathematics and Computation, 2014, 227: 274-290

[150] Wei Q, Cheng R J. The improved moving least-square Ritz method for the one-dimensional sine-Gordon equation. Mathematical Problems in Engineering, 2014, 2014: 383219

[151] Liu G R, Gu Y T. A matrix triangularization algorithm for point interpolation method. Computer Methods in Applied Mechanics and Engineering, 2003, 28(1): 2269-2295

[152] Wang J G, Liu G R. A point interpolation meshless method based on radial basis functions. International Journal for Numerical Methods in Engineering, 2002, 54: 1623-1648

[153] Zhao X, Liu G R, Dai K Y. A linearly conforming radial point interpolation method (LC-RPIM) for shells. Computational Mechanics, 2009, 43(3): 403-413

[154] Euripides J, Sellountos, Adelia Sequeira. An advanced meshless LBIE/RBF method for solving two-dimensional incompressible fluid flows. Computational Mechanics, 2008, 41(5): 617-631

[155] Miers L S, Telles J C F. The boundary element-free methods for elastoplastic implicit anaiysis. International Journal for Numerical Methods in Engineering, 2008, 76: 1090-1107

[156] Miers L S, Telles J C F. Two-dimensional elastostatic analysis of FGMs via BEFM. Engineering Analysis with Boundary Elements, 2008, 32(12): 1006-1011

[157] Belytschko T, Organ D, Krongauz Y. A coupled finite element—element-free Galerkin method. Computational Mechanics, 1995, 17: 186-195

[158] Hegen D. Element-free Galerkin methods in combination with finite element approaches. Computer Methods in Applied Mechanics and Engineering, 1996, 135: 143-166

[159] Antonio Huerta, Sonia Fernadez-Mendez. Enrichment and coupling of the finite element and meshless methods. International Journal for Numerical Methods in Engineering, 2000, 48: 1615-1636

[160] Rao B N, Rahman S. A coupled meshless-finite element method for fracture analysis of cracks. International Journal of Pressure Vessels and Piping, 2001, 78: 647-657

[161] Xiao Q Z, Dhanasekar M. Coupling of FE and EFG using collocation approach. Advances in Engineering Software, 2002, 33: 507-515

[162] 李九红, 程玉民. 一种新的无网格方法与有限元耦合法. 工程数学学报, 2008, 25(6): 1035-1043

[163] Liu G R, Gu Y T. Coupling of element free Galerkin and hybrid boundary element methods using modified variational formulation. Computational Mechanics, 2000, 26(2): 166-173

[164] Gu Y T, Liu G R. A coupled element-free Galerkin/boundary element method for stress analysis of two-dimension solid. Computer Methods in Applied Mechanics and Engineering, 2001, 190: 4405-4419

[165] Zhang Z, Liew K M, Cheng Y M. Coupling of the improved element-free Galerkin and boundary element methods for two-dimensional elasticity problems. Engineering Analysis with Boundary Elements, 2008, 32(2): 100-107

[166] Liu G R, Gu Y T. Meshless local Petrov-Galerkin (MLPG) method in combination with finite element and boundary element approaches. Computational Mechanics, 2000, 26: 536-546

[167] Chen T, Raju I S. A coupled finite element and meshless local Petrov-Galerkin method for two-dimensional potential problems. Computer Methods in Applied Mechanics and Engineering, 2003, 192: 4533-4550

[168] 秦义校, 程玉民. 弹性力学的重构核粒子边界无单元法与有限元的耦合法. 固体力学学报, 2008, 29(2): 205-211

[169] Chen L, Liew K M, Cheng Y M. The coupling of complex variable-reproducing kernel particle method and finite element method for two-dimensional potential problems. Interaction and Multiscale Mechanics, An International Journal, 2010, 3(3): 277-298

[170] Wu Z M. Dynamically knots setting in meshless method for solving time dependent propagations equation. Computer Methods in Applied Mechanics and Engineering, 2004, 193(12-14): 1221-1229

[171] Ma L M, Wu Z M. Radial basis functions method for parabolic inverse problem. International Journal of Computer Mathematics, 2011, 88(2): 384-395

[172] Zhang J, Tanaka M, Matsumoto T. Meshless analysis of potential problems in three dimensions with the hybrid boundary node method. International Journal for Numerical Methods in Engineering, 2004, 59: 1147-1168

[173] Zhang J, Tanaka M, Endo M. The hybrid boundary node method accelerated by fast multipole expansion technique for 3D potential problems. International Journal for Numerical Methods in Engineering, 2005, 63: 660-680

[174] Zhang X, Song K Z, Lu M W. Meshless methods based on collocation with radial basis function. Computational Mechanics, 2000, 26(4): 333-343

[175] Zhang X, Lu M W. A 2-D meshless model for jointed rock structures. International Journal of Numerical Methods in Engineering, 2000, 47(10): 1649-1661

[176] Chen W, Lin J, Wang F Z. Regularized meshless method for nonhomogeneous problems. Engineering Analysis with Boundary Elements, 2011, 35(2): 253-257

[177] Sun L L, Chen W, Zhang C Z. A new formulation of regularized meshless method applied to interior and exterior anisotropic potential problems. Applied Mathematical Modelling, 2013, 37(12-13): 7452-7464

[178] Jiang X R, Chen W, Chen C S. Fast multipole accelerated boundary knot method for inhomogeneous Helmholtz problems. Engineering Analysis with Boundary Elements, 2013, 37(10): 1239-1243

[179] Wang D D, Chen J S. Locking-free stabilized conforming nodal integration for meshfree Mindlin-Reissner plate formulation. Computer Methods in Applied Mechanics and Engineering, 2004, 193(12-14): 1065-1083

[180] Wang D D, Lin Z T. Dispersion and transient analyses of Hermite reproducing kernel Galerkin meshfree method with sub-domain stabilized conforming integration for thin beam and plate structures. Computational Mechanics, 2011, 48(1): 47-63

[181] Shen S P, Atluri S N. Multiscale simulation based on the meshless local Petrov-Galerkin (MLPG) method. CMES – Computer Modeling in Engineering & Sciences, 2004, 5(3): 235-255

[182] Wu X H, Shen S P, Tao W Q. Meshless local Petrov-Galerkin collocation method for two-dimensional heat conduction problems. CMES – Computer Modeling in Engineering & Sciences, 2007, 22(1): 65-76

[183] Feng W J, Han X, Li Y S. Fracture analysis for two-dimensional plane problems of nonhomogeneous magneto-electro-thermo-elastic plates subjected to thermal shock by using the meshless local Petrov-Galerkin method. CMES – Computer Modeling in Engineering & Sciences, 2009, 48(1): 1-26

[184] Hu D A, Liang C, Han X. Penetration analysis of concrete plate by 3D FE-SPH adaptive coupling algorithm. CMC – Computers Materials & Continua, 2012, 29(2): 155-168

[185] Gao X W. A meshless BEM for isotropic heat conduction problems with heat generation and spatially varying conductivity. International Journal of Numerical Methods in

Engineering, 2006, 66(9): 1411-1431

[186] Guo L, Chen T, Gao X W. Transient meshless boundary element method for prediction of chloride diffusion in concrete with time dependent nonlinear coefficients. Engineering Analysis with Boundary Elements, 2012, 36(2): 104-111

[187] Li X L, Zhu J L. Meshless Galerkin analysis of Stokes slip flow with boundary integral equations. International Journal of Numerical Methods in Fluids, 2009, 61(11): 1201-1226

[188] Li X L, Zhu J L, Zhang S G. A meshless method based on boundary integral equations and radial basis functions for biharmonic-type problems. Applied Mathematical Modelling, 2011, 35(2): 737-751

[189] Li F, Li X L. The interpolating boundary element-free method for unilateral problems arising in variational inequalities. Mathematical Problems in Engineering, 2014, 2014: 518727

[190] Liu K Y, Long S Y, Li G Y. A simple and less-costly meshless local Petrov-Galerkin (MLPG) method for the dynamic fracture problem. Engineering Analysis with Boundary Elements, 2006, 30(1): 72-76

[191] Hu D A, Long S Y, Han X. A meshless local Petrov-Galerkin method for large deformation contact analysis of elastomers. Engineering Analysis with Boundary Elements, 2007, 31(7): 657-666

[192] Xia P, Long S Y, Wei K X. An analysis for the elasto-plastic problem of the moderately thick plate using the meshless local Petrov-Galerkin method. Engineering Analysis with Boundary Elements, 2011, 35(7): 908-914

[193] 史宝军, 袁明武, 李君. 基于核重构思想的最小二乘配点型无网格方法. 力学学报, 2003, 35(6): 697-706

[194] 史宝军, 袁明武, 舒东伟. 基于核重构的最小二乘配点法求解 Helmholtz 方程. 力学学报, 2006, 38(1): 125-129

[195] Duan Y, Tan Y J. Meshless Galerkin method based on regions partitioned into subdomains. Applied Mathematics and Computation, 2005, 162(1): 317-327

[196] Duan Y, Tan Y J. A meshless Galerkin method for Dirichlet problems using radial basis functions. Journal of Computational and Applied Mathematics, 2006, 196(2): 394-401

[197] 汤龙, 王琥, 李光耀. Kriging-HDMR 非线性近似模型方法. 力学学报, 2011, 43(4): 780-784

[198] 付东杰, 陈海波, 张培强. 改进的无奇异局部边界积分方程方法. 应用数学和力学, 2007, 28(8): 976-982

[199] 蔡永昌, 朱合华, 王建华. 基于 Voronoi 结构的无网格局部 Petrov-Galerkin 方法. 力学学报, 2003, 35(2): 187-193

[200] 田荣. 连续与非连续变形分析的有限覆盖无单元方法及其应用研究. 大连理工大学博士学位论文, 2000

[201] Tan F, Wang Y H, Miao Y. Regular hybrid boundary node method for biharmonic problems. Engineering Analysis with Boundary Elements, 2010, 34(9): 761-767

[202] 张敦福. 无网格 Galerkin 方法及裂纹扩展数值模拟研究. 山东大学博士学位论文, 2007

[203] 杨波, 欧阳洁, 蒋涛. PTT 黏弹性流体的光滑粒子动力学方法模拟. 力学学报, 2011, 43(4): 667-673

[204] Wang X D, Ouyang J, Yang B X. Simulating free surface flow problems using hybrid particle element free Galerkin method. Engineering Analysis with Boundary Elements, 2012, 36(3): 372-384

[205] Zhang Z, Liu G, Liu T X. An adaptive meshless computational system for elastoplastic contact problem. International Journal of Computational Methods, 2008, 5(3): 433-447

[206] Peng L X, Kitipornchai S, Liew K M. Bending analysis of folded plates by the FSDT meshless method. Thin-Walled Structures, 2006, 44(11): 1138-1160

[207] Peng L X, Tao Y P, Li H Q. Geometric nonlinear meshless analysis of ribbed rectangular plates based on the FSDT and the moving least-squares approximation. Mathematical Problems in Engineering, 2014, 2014: 548708

[208] Sun Y Z, Zhang Z, Kitipornchai S, Liew K M. Analyzing the interaction between collinear interfacial cracks by an efficient boundary element-free method. International Journal of Engineering Science, 2006, 44(1-2): 37-48

[209] Sun Y Z, Liew K M. Analyzing interaction between coplanar square cracks using an efficient boundary element-free method. International Journal for Numerical Methods in Engineering, 2012, 91(11): 1184-1198

[210] Tian Y, Zhang C L, Sun Y Z. The application of mesh-free method in the numerical simulation of beams with the size effect. Mathematical Problems in Engineering, 2014, 2014: 590271

[211] Chen S S, Li Q H, Liu Y H, et al. A meshless local natural neighbour interpolation method for analysis of two-dimensional piezoelectric structures. Engineering Analysis with Boundary Elements, 2013, 37: 273-279

[212] Chen S S, Li Q H, Liu Y H, et al. Dynamic elastoplastic analysis using the meshless local natural neighbour interpolation method. International Journal of Computational Methods, 2011, 8(3): 463-481

[213] Chen S S, Liu Y H, Li J, et al. Performance of the MLPG method for static shakedown analysis for bounded kinematic hardening structures. European Journal of Mechanics-A/Solids, 2011, 30: 183-194

[214] Krysl P, Belytschko T. Element-free Galerkin method: Convergence of the continuous and discontinuous shape functions. Computer Methods in Applied Mechanics and Engineering, 1997, 148: 257-277

[215] Chung H J, Belytschko T. An error estimate in the EFG method. Computational Mechanics, 1998, 21: 91-100

[216] Franke C, Schaback R. Convergence order estimates of the meshless collocation methods using radial basis functions. Advances in Computational Mathematics, 1998, 8: 381-399

[217] Rynne B P. Convergence of Galerkin method solutions of the integral equation for thin wire antennas. Advances in Computational Mathematics, 2000, 12: 251-259

[218] Han W M, Meng X P. Error analysis of the reproducing kernel particle method. Computer Methods in Applied Mechanics and Engineering, 2001, 190: 6157-6181

[219] Voth T E, Christon M A. Discretization errors associated with reproducing kernel methods: one dimensional domains. Computer Methods in Applied Mechanics and Engineering, 2001, 190: 2429-2446

[220] Maria G Armentano, Ricardo G Duran. Error estimates for moving least square approximations. Applied Numerical Mathematics, 2001, 37: 397-416

[221] Carlos Z. Good quality point sets and error estimates for moving least square approximations. Applied Numerical Mathematics, 2003, 47: 575-585

[222] Gavete L, Falcon S. An error indicator for the element free Galerkin method. Eur. J. Mech. A/Solids, 2001, 20: 327-341

[223] Gavete L, Cuesta J L, Ruiz A. A procedure for approximation of the error in the EFG method. International Journal for Numerical Methods in Engineering, 2002, 53: 677-690

[224] Gavete L, Gavete M L. A posteriori error approximation in EFG method. International Journal for Numerical Methods in Engineering, 2003, 58: 2239-2263

[225] Enrique P. Convergence and accuracy of the path integral approach for elastostatics. Computer Methods in Applied Mechanics and Engineering, 2002, 191: 2191-2219

[226] Rossi R, Alves M K. Recovery based error estimation and adaptivity applied to a modified element-free Galerkin method. Computational Mechanics, 2004, 33: 194-205

[227] Quinlan N J, Basa M, Lastiwka M. Truncation error in mesh-free particle methods. International Journal for Numerical Methods in Engineering, 2006, 66: 2064-2085

[228] Wu Z, Hon Y C. Convergence error estimates in solving free boundary diffusion problem by radial basis functions. Engineering Analysis with Boundary Elements, 2003, 27: 73-79

[229] Wu Z. Multivariate compactly supported positive definite radial functions. Advances in Computational Mathematics, 1995, 4: 283-292

[230] Wu Z, Schaback R. Local error estimates for radial basis function interpolation of scattered data. IMA Journal of Numerical Analysis, 1993, 13: 13-27

[231] Zhang Y X, Tan Y J. Convergence of general meshless Schwarz method using radial basis functions. Applied Numerical Mathematics, 2006, 56: 916-936

[232] Zhang Y X. Convergence of meshless Petrov-Galerkin method using radial basis functions. Applied Mathematics and Computation, 2006, 183: 307-321

[233] Cai Z J. Convergence and error estimates for meshless Galerkin methods. Applied Mathematics and Computation, 2007, 184: 908–916

[234] 段勇. 偏微分方程的无网格区域分解方法. 复旦大学博士学位论文, 2005

[235] 程荣军. 无网格方法的误差估计和收敛性研究. 上海大学博士学位论文, 2007

[236] 王聚丰. 插值型移动最小二乘法及其无网格方法的误差估计, 上海大学博士学位论文, 2013

[237] Zhang Z, Hao S Y, Liew K M, et al. The improved element-free Galerkin method for two-dimensional elastodynamics problems. Engineering Analysis with Boundary Elements, 2013, 37(12): 1576-1584

[238] Cheng R J, Liew K M. Analyzing modified equal width wave (MEW) equation using the improved element-free Galerkin method. Engineering Analysis with Boundary Elements, 2012, 36: 1322-1330

[239] Cheng R J, Wei Q. Analysis of the generalized Camassa and Holm equation with the improved element-free Galerkin method. Chinese Physics B, 2013, 22(6): 060209

[240] Peng, M J, Li R X, Cheng Y M. Analyzing three-dimensional viscoelasticity problems via the improved element-free Galerkin (IEFG) method. Engineering Analysis with Boundary Elements, 2014, 40: 104-113

[241] Cheng Y M, Liew K M, Kitipornchai S. Reply to 'Comments on 'Boundary element-free method (BEFM) and its application to two-dimensional elasticity problems". International Journal for Numerical Methods in Engineering, 2009, 78(10): 1258-1260

[242] Kitipornchai S, Liew K M, Cheng Y M. A boundary element-free method (BEFM) for three-dimensional elasticity problems. Computational Mechanics, 2005, 36(1): 13-20

[243] Liew K M, Cheng Y M, Kitipornchai S. Boundary element-free method (BEFM) for two-dimensional elastodynamic analysis using Laplace transform. International Journal for Numerical Methods in Engineering, 2005, 64(12): 1610-1627

[244] Cheng Y M, Peng M J. Boundary element-free method for elastodynamics. Science in China Ser. G Physics, Mechanics & Astronomy, 2005, 48(6): 641-657

[245] Liew K M, Cheng Y M, Kitipornchai S. Analyzing the 2D fracture problems via the enriched boundary element-free method. International Journal of Solids and Structures, 2007, 44(11-12): 4220-4233

[246] 戴保东, 程玉民. 改进的无网格局部边界积分方程方法. 机械工程学报, 2008, 44(10): 108-113

[247] Dai B D, Cheng Y M. An improved local boundary integral equation method for two-dimensional potential problems. International Journal of Applied Mechanics, 2010, 2(2): 421-436

[248] 郑保敬, 戴保东. 位势问题的改进的无网格局部 Petrov-Galerkin 法. 物理学报, 2010, 59(8): 5182-5189

[249] 程玉民, 李九红. 断裂力学的复变量无网格方法. 中国科学 G 辑, 2005, 35(5): 548-560

[250] Peng M J, Li D M, Cheng Y M. The complex variable element-free Galerkin (CVEFG) method for elasto-plasticity problems. Engineering Structures, 2011, 33(1): 127-135

[251] Cheng Y M, Wang J F, Li R X. The complex variable element-free Galerkin (CVEFG) method for two-dimensional elastodynamics problems. International Journal of Applied Mechanics, 2012, 4(4): 1250042

[252] Cheng Y M, Li R X, Peng M J. Complex variable element-free Galerkin (CVEFG) method for viscoelasticity problems. Chinese Physics B, 2012, 21(9): 090205

[253] 李冬明, 彭妙娟, 程玉民. 弹性大变形问题的复变量无单元 Galerkin 方法. 中国科学: 物理学力学天文学, 2011, 41(8): 1003-1014

[254] Li D M, Liew K M, Cheng Y M. Analyzing elastoplastic large deformation problems with the complex variable element-free Galerkin method. Computational Mechanics, 2014, 53(6): 1149-1162

[255] 任红萍. 插值型无网格方法研究. 上海大学博士学位论文, 2010

[256] Ren H P, Cheng J, Huang A X. The complex variable interpolating moving least-squares method. Applied Mathematics and Computation, 2012, 219(4): 1724-1736

[257] Ren H P, Cheng Y M. A new element-free Galerkin method based on improved complex variable moving least-squares approximation for elasticity. International Journal of Computational Materials Science and Engineering, 2012, 1(1): 1250011

[258] Bai F N, Li D M, Wang J F, et al. An improved complex variable element-free Galerkin (ICVEFG) method for two-dimensional elasticity problems. Chinese Physics B, 2012, 21(2): 020204

[259] Li D M, Bai F N, Cheng Y M, et al. A novel complex variable element-free Galerkin method for two-dimensional large deformation problems. Computer Methods in Applied Mechanics and Engineering, 2012, 233-236: 1-10

[260] Li D M, Liew K M, Cheng Y M. An improved complex variable element-free Galerkin method for two-dimensional large deformation elastoplasticity problems. Computer Methods in Applied Mechanics and Engineering, 2014, 269: 72-86

[261] Cheng Y M, Wang J F, Bai F N. A new complex variable element-free Galerkin method for two-dimensional potential problems. Chinese Physics B, 2012, 21(9): 090203

[262] Wang J F, Cheng Y M. A new complex variable meshless method for transient heat conduction problems. Chinese Physics B, 2012, 21(12): 120206

[263] Wang J F, Cheng Y M. New complex variable meshless method for advection- diffusion problems. Chinese Physics B, 2013, 22(3): 030208

[264] 任红萍, 程玉民, 张武. 改进的移动最小二乘插值法研究. 工程数学学报, 2010, 27(6): 1021-1029

[265] Ren H P, Cheng Y M, Zhang W. An improved boundary element-free method (IBEFM) for two-dimensional potential problems. Chinese Physics B, 2009, 18(10): 4065-4073

[266] Ren H P, Cheng Y M, Zhang W. An improved boundary element-free method (IBEFM) for two-dimensional elasticity problems. Science China Physics, Mechanics & Astronomy, 2010, 53(4): 758-766

[267] Zhao N, Ren H P. The interpolating element-free Galerkin method for 2D transient heat conduction problems. Mathematical Problems in Engineering, 2014, 2014: 712834

[268] Wang J F, Sun F X, Cheng Y M. An improved interpolating element-free Galerkin method with nonsingular weight function for two-dimensional potential problems. Chinese Physics B, 2012, 21(9): 090204

[269] Sun F X, Liu C, Cheng Y M. An improved interpolating element-free Galerkin method based on nonsingular weight functions. Mathematical Problems in Engineering, 2014, 2014: 323945

[270] Sun F X, Wang J F, Cheng Y M. An improved interpolating element-free Galerkin method for elasticity. Chinese Physics B, 2013, 22(12): 120203

[271] Wang J F, Wang J F, Sun F X, et al. An interpolating boundary element-free method with nonsingular weight function for two-dimensional potential problems. International Journal of Computational Methods, 2013, 10(6): 1350043

[272] 孙凤欣. 基于非奇异权的改进的插值型无网格方法研究. 上海大学博士学位论文, 2014

[273] Li S C, Cheng Y M, Wu Y-F. Numerical manifold method based on the method of weighted residuals. Computational Mechanics, 2005, 35(6): 470-480

[274] Li S C, Li S C, Cheng Y M. Enriched meshless manifold method for two-dimensional crack modeling. Theoretical and Applied Fracture Mechanics, 2005, 44(3): 234-248

[275] 李树忱, 程玉民. 裂纹扩展分析的无网格数值流形方法. 岩石力学与工程学报, 2005, 24(7): 1187-1195

[276] 李树忱, 程玉民, 李术才. 扩展的无网格流形方法. 岩石力学与工程学报, 2005, 24(12): 2065-2073

[277] 李树忱, 程玉民. 考虑裂纹尖端场的数值流形方法. 土木工程学报, 2005, 38(7): 96-101

[278] 李树忱, 程玉民, 李术才. 动态断裂力学的无网格流形方法. 物理学报, 2006, 55(9): 4760-4766

[279] 高洪芬, 程玉民. 弹性力学的复变量数值流形方法. 力学学报, 2009, 41(4): 480-488

[280] 高洪芬, 程玉民, 姜海辉. 弹性力学的复变量无网格数值流形方法. 应用力学学报, 2010, 27(1): 15-19

[281] Gao H F, Wei G F. Stress intensity factor for interface cracks in bimaterials using complex variable meshless manifold method. Mathematical Problems in Engineering, 2014, 2014: 353472

[282] 秦义校, 程玉民. 温度场分析的重构核粒子边界无单元法. 机械工程学报, 2008, 44(6): 95-100

[283] 秦义校, 程玉民. 势问题的重构核粒子边界无单元法. 力学学报, 2009, 41(6): 898-905

[284] Li Z H, Qin Y X, Cui X C. Interpolating reproducing kernel particle method for elastic mechanics. Acta Physica Sinica, 2012, 61(8): 080205

[285] 陈丽, 朱轶韵, 程玉民. 势问题的复变量重构核粒子法. 应用力学学报, 2009, 26(4): 619-623

[286] 陈丽, 程玉民. 瞬态热传导问题的复变量重构核粒子法. 物理学报, 2008, 57(10): 6047-6055

[287] Chen L, Cheng Y M. The complex variable reproducing kernel particle method for two-dimensional elastodynamics. Chinese Physics B, 2010, 19(9): 090204

[288] 陈丽, 程玉民. 弹塑性力学的复变量重构核粒子法. 中国科学: 物理学力学天文学, 2010, 40(2): 242-252

[289] Weng Y J, Cheng Y M. Analyzing variable coefficient advection-diffusion problems via complex variable reproducing kernel particle method. Chinese Physics B, 2013, 22(9): 090204

[290] Weng Y J, Zhang Z, Cheng Y M. The complex variable reproducing kernel particle method for two-dimensional inverse heat conduction problems. Engineering Analysis with Boundary Elements, 2014, 44: 36-44

[291] Chen L, Ma H P, Cheng Y M. Combining the complex variable reproducing kernel particle method and the finite element method for solving transient heat conduction problems. Chinese Physics B, 2013, 22(5): 050202

[292] 程荣军, 程玉民. 势问题的无单元 Galerkin 方法的误差估计. 物理学报, 2008, 57(10): 6037-6046

[293] 程荣军, 程玉民. 弹性力学的无单元 Galerkin 方法的误差估计. 物理学报, 2011, 60(7): 070206

[294] Wang J F, Hao S Y, Cheng Y M. The error estimates of the interpolating element-free Galerkin method for two-point boundary value problems. Mathematical Problems in Engineering, 2014, 2014: 641592

[295] Ren H P, Pei K Y, Wang L P. Error analysis for moving least squares approximation in 2D space. Applied Mathematics and Computation, 2014, 238: 527-546

[296] Cheng Y M, Wang W, Peng M J, et al. Mathematical aspects of meshless methods. Mathematical Problems in Engineering, 2014, 2014: 756297

[297] 程荣军, 程玉民. 带源参数的热传导反问题的无网格方法. 物理学报, 2007, 56 (10): 5569-5574

[298] 程荣军, 程玉民. 带源参数的二维热传导反问题的无网格方法. 力学学报, 2007, 39(6): 843-847

[399] Chen L, Liew K M. A local Petrov-Galerkin approach with moving Kriging interpolation for solving transient heat conduction problems. Computational Mechanics, 2011, 47(4): 455-467

[300] Li X G, Dai B D, Wang L H. A moving Kriging interpolation-based boundary node method for two-dimensional potential problems. Chin. Phys. B, 2010, 19(12): 120202

[301] Zheng B J, Dai B D. A meshless local moving Kriging method for two-dimensional solids. Applied Mathematics and Computation, 2011, 218: 563-573.

[302] Ge H X, Cheng R J. Meshless method based on moving Kriging interpolation for two-dimensional time-fractional diffusion equation. Chinese Physics B, 2014, 23(4): 040203

[303] Wang J F, Bai F N, Cheng Y M. A meshless method for the nonlinear generalized regularized long wave equation. Chinese Physics B, 2011, 20(3): 030206

[304] Cheng R J, Ge H X. Element-free Galerkin (EFG) method for a kind of two-dimensional linear hyperbolic equations. Chinese Physics B, 2009, 18(10): 4059-4064

[305] Cheng R J, Ge H X. Meshless analysis of three-dimensional steady-state heat conduction problems. Chinese Physics B, 2010, 19(9): 090201

[306] Cheng R J, Cheng Y M. A meshless method for the compound KdV-Burges equation. Chinese Physics B, 2011, 20(7): 070206

[307] Cheng R J, Liew K M. A meshless analysis for three-dimensional heat conduction problem. Engineering Analysis with Boundary Elements, 2012, 36: 203-210

[308] Ge H X, Liu Y Q, Cheng R J. Element-free Galerkin (EFG) method for time fractional partial differential equation. Chinese Physics B, 2012, 21(1): 010206

[309] Shi T Y, Cheng R J, Ge H X. Element-free Galerkin (EFG) method for generalized Fish equation. Chinese Physics B, 2013, 22(6): 060210

[310] Buhmann M D. Radial functions on compact support. Proceedings of the Edinburgh Mathematical Society, 1998, 41: 3-46

[311] Wendland H. Piecewise polynomial, positive definite and compactly supported radial basis functions of minimal degree. Advances in Computational Mathematices, 1995, 4: 389-396

[312] Brebbia C A, Telles J C F, Wrobel L C. Boundary element techniques theory and applications in engineering, Berlin: Springer-Verlag, 1984

[313] Brenner S C, Scott L R. The mathematical theory of finite element methods. New York: Springer, 1994

索　　引

(以汉语拼音为序)